清华大学信息科学技术学院教材——信息与通信工程系列

微波工程基础

Foundations for Microwave Engineering

李宗谦　佘京兆　高葆新

Li Zongqian　She Jingzhao　Gao Baoxin

清华大学出版社

北　京

内容简介

本书比较系统和深入地论述了微波技术的基本理论和基本分析方法。主要内容包括电磁场概述、传输线理论、导波与波导、微波网络、无源和有源微波电路、微波天线、微波传播、微波工程子系统等。全书采用场与路相结合的分析方法，以阐明基本概念为主，并给出定量的数学分析和应用举例。各章之间相互呼应，有机结合，自成系统。

该书适于作为高等院校无线电技术专业本科生的教材，也可供从事微波工程技术的科技人员阅读和参考。

图书在版编目(CIP)数据

微波工程基础/李宗谦，佘京兆，高葆新编著.—北京：清华大学出版社，2004（2019.3重印）
（清华大学信息科学技术学院教材——信息与通信工程系列）
ISBN 978-7-302-07501-1

Ⅰ. 微… Ⅱ. ①李… ②佘… ③高… Ⅲ. 微波技术－高等学校－教材 Ⅳ. TN015

中国版本图书馆 CIP 数据核字（2003）第 097438 号

责任编辑：王仁康　邹开颜　赵从棉
版式设计：刘祎淼
责任印制：杨　艳

出版发行：清华大学出版社
　　网　　址：http://www.tup.com.cn，http://www.wqbook.com
　　地　　址：北京清华大学学研大厦 A 座　　**邮　　编**：100084
　　社 总 机：010-62770175　　**邮　　购**：010-62786544
　　投稿与读者服务：010-62776969，c-service@tup.tsinghua.edu.cn
　　质 量 反 馈：010-62772015，zhiliang@tup.tsinghua.edu.cn
印 装 者：北京九州迅驰传媒文化有限公司
经　　销：全国新华书店
开　　本：185mm×230mm　**印　张**：31　**插　页**：1　**字　　数**：640 千字
版　　次：2004 年 1 月第 1 版　　**印　　次**：2019 年 3 月第10次印刷
定　　价：89.00 元

产品编号：007836-04/TN

出版说明

本套教材是针对清华大学信息科学技术学院所属电子工程系、计算机科学与技术系、自动化系、微电子研究所、软件学院的现行本科培养方案和研究生培养计划的课程设置而组织编写的。这些培养方案和培养计划是基于清华大学对研究型大学的定位和对研究型教学的强调，吸纳多年来在教学改革与实践中所取得的成果和形成的共识，历经多届试用和不断修订而形成的。贯穿于其中的“本科教育的通识性、培养模式的宽口径、教学方式的研究型、专业课程的前沿性”的相关思想将成为我们组编本套教材所力求体现的基本指导原则。

本套教材以本科教材为主并适量包括研究生教材。定位上，属于信息学科大类中各个基本方向的基本理论和前沿技术的一套高等院校教材。层次上，覆盖学院公共基础课程、专业技术基础课程、专业课程、研究生课程。领域上，涉及 6 个系列 14 个领域，即学院公共基础课程系列，信息与通信工程系列（含通信、信息处理等领域），微电子光电子系列（含微电子、光电子等领域），计算机科学与技术系列（含计算机科学、计算机网络与安全、计算机应用、软件工程、网格计算等领域），自动化系列（含控制理论与控制工程、模式识别与智能控制、检测与电子技术、系统工程、现代集成制造等领域），实验实践系列。类型上，以文字教材为主并适量包括多媒体教材，以主教材为主并适量包括习题集、教师手册等辅助教材，以基本理论和工程技术教材为主并适量包括实验和实践课程教材。列入这套教材中的著作，大多是清华大学信息科学技术学院所属系所院开设的课程中经过较长教学实践而形成的，既有多年教学经验和教学改革基础上新编著的教材，也有部分已出版教材的更新和修订版本。教材总体上将突出求新与求实的风格，力求反映所属领域的基本理论和新进展，力求做到学科先进性和教学适用性的统一。

本套教材的主要读者对象为电子科学与技术、信息与通信工程、计算机科学与技术、控制科学与工程、系统科学、电气工程、机械工程、化学与技术工程、核能工程等相关理工专业的大学生和研究生，以及相应领域和部门的科学工作者和工程技术人员。我们希望，这套教材既能为在校大学生和研究生的学习提供内容先进、论述系统和适于教学的教材或参考书，也能为广大科学工作者与工程技术人员的知识更新与继续学习提供适合的和有价值的进修或自学读物。我们同时要感谢使用本系列教材的广大教师、学生和科技工作者的热情支持，并热忱欢迎提出批评和意见。

《清华大学信息科学技术学院教材》编委会

2003 年 10 月

前　言

Preface

无线电波谱是一种资源，微波在其中占有十分重要的地位，其频谱比较宽，可以穿透对流层和电离层，因而许多电子信息系统都采用微波作为载频。微波在国民经济和国防建设中发挥着不可替代的作用。近二三十年来，微波的服务领域不断扩大，新器件、新技术，特别是新系统的不断出现，进一步推动了微波工程技术的发展。微波技术和微波工程是电子信息系统中不可或缺的有机组成部分。许多电子信息系统，如微波通信、卫星通信、移动通信、雷达、微波遥感、全球定位系统(GPS)、遥控遥测系统、电子对抗系统等都离不开微波；光纤通信与微波技术的紧密结合、高速数字系统的设计也需引入微波技术的分析方法，因此电子信息领域的研究人员、工程技术人员具备比较系统的微波技术和微波工程的知识，掌握该领域的基本原理和分析方法是十分必要的。多年来，清华大学电子工程系在制定教学计划时总是将微波工程基础作为电子信息工程专业的必修课，并不断地强调微波工程在大学本科学生知识结构中的重要性。

微波技术和微波工程的内容比较多，通常是将相关的内容写成三或四本书，读者若想了解该领域的全貌势必要读许多书。大学本科教学中的一个重要的宗旨是在保证一定的深度的前提下，尽可能地拓宽学生的知识面。为了这个目标，本书将与微波工程有关的技术领域综合在一本书中，希望能够比较全面地论述微波工程的各个层面，并尽可能地找出微波工程各个技术领域的内在联系，以加强全书的系统性。本书除绪论之外共分九章，分别为电磁场概述、传输线理论、导波与波导、微波网络、无源微波电路、有源微波电路、天线、电波传播、微波工程系统。这九章可分为四部分或四个层次。

第一部分仅含第1章电磁场概述，该章概述了电磁场方程组、本构关系、边界条件以及一系列重要的定理。电磁场理论是微波工程的理论基础，也是全书的基础。学习了微波工程基础之后，许多读者都将进一步体会到电磁场理论的完整严密和应用的广泛性，可以说微波工程是应用电磁场理论的最生动的例子。

传输线理论（第2章）、导波与波导（第3章）和微波网络（第4章）这三章属于第二部分，分别代表了不同于低频集总参数电路的微波电路的三种分析方法，是微波电路的理论基础。传输线理论讲的是分布参数电路的分析方法和工具，不涉及电磁场而仅仅引入电压电流沿传输线波动的概念，与低频集总参数电路的区别是，在电路的分析中考虑了传输线的长度，故历史上传输线理论曾被称为长线理论。导波与波导是用场的方法分析立体的或平面的传输线，导波理论考虑了波导的横向结构，描述了微波传输线上的电磁场的分布和波导的特性。在传输线理论和导波理论的基础上，微波网络用散射矩阵等网络参量描述微波电路的外部特性，并进一步导出直观上不易想像的微波电路的特性。表面上看，传输线理论、导波与波导和微波网络是三种不同的分析方法，但是三者却有着内在的联系，例如：用电磁场理论和导波理论还可导出多导体传输线电报方程；传输线理论是导波理论的简化；微波网络的酉条件、互易性等性质是由传输线理论和电磁场理论导出的；微波网络理论包容了传输线理论，将传输线理论与微波网络结合可给出含信号源和负载的微波电路的形式解。可以说，只有综合或交替使用上述三种方法才能得心应手地分析微波电路，这一点在本书的第三部分将进一步得到印证。随着高速数字信号向高速率窄脉冲发展，其频谱已落入微波波段，传输线的长线效应不可忽视。在第2章的2.7节讨论了高速数字信号在传输线上的传播特性。

无源微波电路（第5章）、有源微波电路（第6章）、天线（第7章）和电波传播（第8章）等四章属于第三部分。无源微波电路和有源微波电路的分析设计是建立在传输线理论、导波理论和微波网络理论的基础之上的，第5章和第6章包含了大量的无源和有源微波电路的例子，这些例子是第2、3和4章给出的微波电路三种基本分析方法的具体应用。第7章讲述的是电磁波的辐射和接收，第8章讲述的是电磁波在自由空间和近地空间的传播规律。显而易见，天线和电波传播的分析计算离不开电磁场理论，同时也要用到传输线理论、导波理论和微波网络理论，例如，巧妙地应用电磁场的互易定理和散射参量的互易性可以方便地导出发射和接收天线的互易性，这说明天线的互易性和微波网络的互易性本质上是相通的。第三部分内容与电子信息系统密切相关。以通信系统为例，无源和有源微波电路、天线和电波传播完成了通信系统框图的发射、接收和信道功能，在通信系统中是不可缺少的。

第四部分为微波工程系统（第9章），该部分并不全面介绍各种电子信息系统，而仅仅以卫星通信系统为例说明如何将第三部分的内容构成一个具体的通信系统，以便使读者初步建立微波工程系统的概念。

全书从电磁场理论开始，然后讨论微波技术的分析方法、各种具体的传输线、微波部件和电波传播，最后给出微波工程系统的概念，这就是全书的主线。

本书的编写有一个历史过程：1986 年为清华大学电子工程系的本科生编写了讲义《微波工程基础》(李宗谦)；1991 年由西安交通大学出版社出版了《微波技术》一书(李宗谦、佘京兆)，该书获 1996 年度电子部优秀教材二等奖；1996 年由东南大学出版社出版了《微波工程基础》一书(李宗谦、佘京兆)，该书获 2002 年度清华大学优秀教材一等奖。与 1996 年版相比，这次改版我们作了较大的修订，许多章节或作修改，或增删内容。

本书由三位作者共同完成，其中佘京兆编写了第 5 章，高葆新编写了第 6 章，其余各章由李宗谦编写并统编全书。

清华大学电子工程系的各届领导和同事对本书的编写给予了很大的支持和鼓励。在多年的教学实践中，作者与电子工程系学生之间的不断切磋对本书的改写也起到了重要作用，这正是教学相长的具体体现，借此机会向他们表示感谢。在前两个版本和本次版本成书的过程中，清华大学的陆大绘教授、杨弃疾教授、林德云教授、石长生教授、郑君里教授，东南大学出版社的朱经邦老师，国防科技大学的姚德森教授，西安交通大学出版社的杨潞老师，北京理工大学的张德齐教授，浙江大学的黄恭宽教授，西安交通大学的苏毅哲教授，以及许多未曾谋面和署名的老师、同仁作了大量的工作，借此机会向他们表示感谢。

虽然作者作了努力，不足之处仍在所难免，诚恳期盼各位学术先辈、同仁和读者批评指正。

李宗谦

2003 年 8 月于清华园

目录

Contents

0 绪论

本绪论将简要叙述微波的范围、微波的优点、微波的应用，以及本书结构和使用本书的注意事项。

0.1 微波的范围

通常微波指的是分米波、厘米波和毫米波。关于其频率范围，一种说法是 300MHz～300GHz（$1MHz=10^6 Hz$，$1GHz=10^9 Hz$），相应的自由空间中的波长约为 1m～1mm；另一种说法是 1GHz～1000GHz，相应的自由空间中的波长约为 30cm～0.3mm。波长 λ 与频率 f 的乘积等于光速 c，即

$$f\lambda = c$$

这里，频率 f 的单位为 Hz，波长 λ 的单位为 m，光速 $c=3\times10^8 m/s$。从超长波直至亚毫米波的波段划分列于表 0.1。当频率再高、波长再短时将达到远红外、红外，与光波相衔接。从表 0.1 可以看出微波的频率范围在整个无线电波波谱中的重要地位。

表 0.1 无线电波的波段划分

波　段	频率	波长/m	波　段	频率/GHz	波长
超长波（VLF）	3kHz～30MHz	$10^5\sim10^4$	分米波（UHF）	0.3～3	1m～0.1m
长波（LF）	30kHz～300kHz	$10^4\sim10^3$	厘米波（SHF）	3～30	10cm～1cm
中波（MF）	0.3MHz～3MHz	$10^3\sim10^2$	毫米波（EHF）	30～300	10mm～1mm
短波（HF）	3MHz～30MHz	100～10	亚毫米波	300～3000	1mm～0.1mm
超短波（VHF）	30MHz～300MHz	10～1			

注：VLF—Very Low Frequency，LF—Low Frequency，MF—Medium Frequency，HF—High Frequency，VHF—Very High Frequency，UHF—Ultrahigh Frequency，SHF—Super-High Frequency，EHF—Extremely High Frequency

表 0.1 中的分米波、厘米波和毫米波又可细分为 17 个波段，各有其相应的英文符号，这些符号在科技文献中经常出现。表 0.2 列出了这 17 个波段的频率范围、相应的波长和英文符号。表 0.2 中的 Q、U、M 和 E 波段相互有所重叠。

表 0.2　微波波段的划分及其相应符号

符　号	频率/GHz	波　长	符　号	频率/GHz	波　长
UHF	0.3～1.12	1m～0.27m	Ka	26.5～40.0	11mm～7.5mm
L	1.12～1.7	0.27m～0.18m	Q	33.0～50.0	9.1mm～6.0mm
LS	1.7～2.6	0.18m～0.12m	U	40.0～60.0	7.5mm～5.0mm
S	2.6～3.95	12cm～7.6cm	M	50.0～75.0	6.0mm～4.0mm
C	3.95～5.85	7.6cm～5.1cm	E	60.0～90.0	5.0mm～3.3mm
XC	5.85～8.2	5.1cm～3.7cm	F	90.0～140.0	3.3mm～2.1mm
X	8.2～12.4	3.7cm～2.3cm	G	140.0～220.0	2.1mm～1.4mm
Ku	12.4～18.0	2.3cm～1.7cm	R	220.0～325.0	1.4mm～0.9mm
K	18.0～26.5	1.7cm～1.1cm			

0.2　微波的优点

微波波谱处于无线电波谱的高端，波长比较短，由此带来一系列的优点。因为波长短，使得同样尺寸天线的辐射具有较高的方向性和分辨能力，或相同性能的天线具有相对小的尺寸。在微波波段，电波在大气中衰减比较小(与红外、光波相比较)，并且能够穿过电离层。对于通信、雷达、遥感、遥控、遥测、全球定位系统 GPS(global positioning satellites)等应用系统来说，微波确实提供了非常好的性能：低的大气传播衰减，高的辐射方向性和高的分辨率。因为波长短，同样的相对频率带宽，微波能提供较宽的可用的频谱，例如分米波段、厘米波段和毫米波段的频谱宽度分别为 2.7GHz、27GHz 和 270GHz，这是一个非常丰富的频谱资源，必须很好地分配和利用。因为波长短，使得微波设备的尺寸可以做得相对较小，便于安装在各种飞行物中，例如飞机、导弹、卫星等。正是由于微波的这些优点，微波工程在国防工业和信息产业中的地位是至关重要的，几十年来对微波波谱的开发和利用经久不衰。

0.3　微波的应用

近几十年来，微波工程与技术得到了迅速的发展，已深入到工业、农业、军事、生物、医学等各个领域。当今世界是信息的世界，微波波谱是一种非常宝贵的资源。

微波工程技术在通信系统中占有非常重要的地位，它是各种通信系统的必不可少的部分，例如微波中继通信、移动通信、卫星通信、星际飞行器与地球之间的通信等都离不开微波技术。

雷达是传统的微波工程技术的应用领域，微波工程早期的发展动力来自二战对雷达的需求。各种各样的雷达系统安装于地面、飞机、导弹、卫星、舰船、汽车上，它们都离不开微波部件。近年来，合成孔径雷达取得了长足的进展，使得雷达由"点"目标的观测发展到对"面"目标的观测，即对地成像观测，这为微波遥感的发展提供了强有力的观测工具。

微波遥感从机载平台或卫星平台上对地球进行观测，其最突出的优点就是它的全天候特点，不受云层覆盖的影响，在地球资源调查、农业林业监测、地质水旱灾害预测、海洋气象观测等方面取得了大量的资料和有用的成果，为地理信息系统提供实时的动态信息。微波遥感又可分为主动和被动两类：雷达散射计和合成孔径雷达属于主动微波遥感，因为遥感设备向地面主动地发射电磁波信号；微波辐射计属于被动微波遥感，因为它不发射电磁波信号，仅仅是接收自然界的各种地物，以及人工地物本身发射的非相干的微波辐射。

卫星除了可以用于通信，还可用于电视广播和构成全球定位系统 GPS，这些系统都离不开微波器件和部件。特别应当指出的是，在进行系统设计时，还必须考虑到电波传播的特性，才能优化整个链路的设计。

射电天文学是由于微波工程技术的发展而形成的天文学的分支，在地面建立几十米、数百米口径的大型抛物面天线，再配以高增益、低噪声、宽频带的微波接收机，可捕捉来自宇宙星体的微波辐射，利用这些信息研究宇宙的起源和构造。1962 年由无线电领域的科学家测得宇宙背景辐射信号，其强度相当于绝对温度 2.7K，后被证实那就是宇宙大爆炸时的残余热辐射。这一发现被授予 1978 年的诺贝尔物理学奖。

在一个大系统中，例如通信系统、雷达系统、遥感系统或 GPS，微波工程系统通常是其中的一个子系统，其特征是微波系统工作在微波波段。从硬件的观点而言，微波设备是一个大系统的子系统，但在确定大系统的总体指标时，微波子系统的指标和参数起着非常关键的作用，例如天线的方向图，天线的增益，微波子系统的噪声、增益、工作频率、尺寸、重量等都是影响全局的参数。

电磁兼容性 EMC(electromagnetic compatibility)是各种包含微波、射频信息系统的不容忽视的问题。随着系统复杂性的增加、工作频率的提高、系统集成度的增加，电磁兼容性变得愈加重要。通常可分为三个层次的电磁兼容性：系统级，例如通信卫星、飞机、军舰等；印刷电路板级；芯片级。

近年来，国内外开展了微机电系统的研究工作，例如制成用手掌可以托起的(或更小的)具有遥控通信功能的小型、微小型飞机，其工艺采用制作半导体芯片的技术。在这种系统中，基于电磁理论的微波技术大有用武之地，当然这里也需要解决电磁兼容性问题。

传统的微波工程研究的是频域信号的产生、放大、变换、传输、辐射、传播、散射、接收、检测等技术，而随着大规模、高密度、高速数字集成电路的发展，数字通信高达 2.4Gb/s 的速度，使得时域微波的问题变得愈来愈突出。时域脉冲信号高达 2.4Gb/s 时其频谱将更宽，芯片内部和集成电路的互联线的互耦串音等问题都向传统的频域微波工程提出了挑战。

由于集成度的提高、小型化的需求，频域和时域微波电路的元器件、部件的封装成为电路的有机组成部分。微波工程技术的分析方法在这一领域可以大显身手，用以提高芯片的性能、可靠性、成品率，加快商业化的步伐。

除了信息领域之外，微波工程技术在工业、农业、生物、医学领域的主要应用是利用微波的热效应，也可以说是微波能的应用。用微波对各种类型的介质材料进行加热可深入到材料的内部，具有快速加热的特点，易于控制，在食品、木材、造纸等方面都有应用。在农业上，可用微波处理种子、杀虫等；在医学方面可用微波治癌、处理伤口、制作微波手术刀，在外科手术的同时迅速止血。

0.4 本书的结构

除绪论外，全书共分九章。第 1 章电磁场概述，用较少的篇幅简要介绍了场方程、边界条件和一些重要定理。第 2 章传输线理论，讨论了传输线上的波动过程，引入了史密斯圆图，分析了各种匹配技术，引入电源波的概念，借助电源波给出了信源与负载都失配时的入射波反射波，从而给出了简单传输线电路的形式解，由此说明三种匹配概念的区别与联系。传输线是分布参数电路，本章还讨论了有耗分布参数电路的噪声问题。本章的最后导出了时域信号通过简单分布参数电路的形式解，给出了若干例子。第 3 章导波与波导，从场的观点讲述了导波的一般特点和各种具体传输线的结构和特点，包括矩形波导、圆波导、同轴线、平行双线、带线、微带线、耦合带线和耦合微带线等，进一步对传输线理论做了推广，本章还简单介绍了光纤。第 4 章微波网络，是微波技术中电路理论的进一步发展，介绍了微波网络的各种网络参量、微波网络的性质，本章以散射参量作为主要的微波网络参量。本章还介绍了微波网络的等效电源波定理，将传输线理论和微波网络理论紧密地联系起来。第 5 章无源微波电路，讨论了从一端口到六端口的各种无源微波器件与电路，以及谐振腔、非互易器件，最后简单介绍了微波滤波器。有源微波电路的种类繁多，限于篇幅，在第 6 章有源微波电路中，选择了三类典型的有源微波电路进行了讨论，其中包括混频器、微波晶体管放大器、微波二极管和三极管振荡器。第 7 章天线，在导出电偶极子辐射场后，对天线的各种参数做了较详细的分析，然后讨论了振子天线、阵列天线、口面天线的基本原理，最后介绍了抛物面天线。第 8 章电波传播，讨论了电磁波在自由空间、对流层、电离层中电波传播的特点和地面对电波传播的影响。第 9 章微波工程系统，以卫星通信为例讨论了微波工程子系统的概念。介绍了卫星通信系统的构成、通信链路的分析计算，这一章的目的是使读者了解前述各章微波工程的各个子课题以及微波元器件在微波工程系统中的作用。

全书从电磁场概述开始到微波工程系统终止。电磁场理论是基础，中间七章是微波工程的各种课题，从不同的角度描述了微波工程技术的概念、方法、部件。第 9 章将表面上看互不相关的材料统一在微波工程系统中。

0.5 对读者的建议

读者在学习微波工程课程时有三点值得注意。

其一，场与路相结合的分析方法。本书在第 1 章中简要回忆了电磁场的基本概念和定理，并且在适当的章节进一步应用电磁场理论分析微波工程技术问题，尤其是在第 3 章导波、第 4 章微波网络和第 7 章天线等课题中。这样做的目的是帮助读者复习和巩固电磁场的基本概念。在本书中，路的理论，包括传输线理论和网络理论都是可以从场的理论导出的，因此它是场的理论的某种简化。

其二，模型、仿真和实验相结合的观点。微波工程技术所处理的对象是非常复杂的，因为场是空间时间的函数，场量本身又是矢量，并且器件电路的几何尺寸与微波波长是可以相互比拟的。为了分析一个具体的电路，需要建立一个分析的模型。电磁场理论、传输线理论、导波、网络理论都是分析的模型，同时又是建立具体电路模型的工具，它们都只能在一定的近似程度上说明电路的特性。通常计算机对一个具体电路的仿真计算可能比模型分析的结果精确些，同时在软件的支持下可以对具体电路的参数进行调整、模拟实验过程，即用计算机进行实验。最后，在模型分析、仿真研究的基础上设计出合理的优化电路，而后加工制造、调试、实验。综上所述，模型、仿真、实验相结合的观点是一种科学的方法论。本书的重点是建立模型，如何作计算机的数值仿真和真正的实验调试，读者应参考有关的专著。

其三，注意建立微波工程系统和微波工程子系统的概念，这将有助于这门课程的学习。

在学习本课程时，读者应具备电磁场理论、线性代数、信号与系统和通信电路原理方面的知识。虽然本书中用到了诸如波动方程、贝塞尔方程等数理方程方面的内容，但读者不必担心没有修过数理方程课程，本书将在有关章节结合具体问题予以介绍。

本书各章的关系流程图如下：

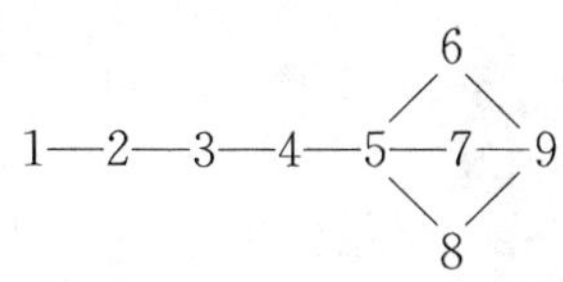

使用本教材开设微波工程或微波技术课，根据学时数和课程要求有几种方案可供选择：其一，按本书各章流程图学习全部内容，估计学时为80学时左右；其二，学习部分内容，例如

1—2—3—4—5

1—2—3—4—5—6

1—2—3—4—5—7

1—2—3—4—5—8

其三，学习全部九章内容，但每章适当删去若干节，保留最必要的材料。第1章是复习性质的，事实上并不占用授课学时，可由学生自己阅读，或在学习过程中查阅。第9章的内容是可更换的，根据教师和学生现在或将来所从事的工作领域，安排相应的微波工程系统的内容，例如微波接力通信系统、微波遥感系统、雷达、电子对抗、微波电磁兼容等等。

本书是微波工程的一本基础的入门书，它为读者勾画了微波工程的建筑材料和建筑框架、微波工程的理论基础和分析方法。如何提高、构造新的微波工程系统是学习了本课程之后的任务。希望本书对读者有所裨益，作者将感到无比欣慰。

1 电磁场概述

1.1 引　　言

本章将对时变电磁场的基本概念和基本定律作一简要叙述，首先介绍麦克斯韦电磁场方程组、媒质的本构关系和边界条件，然后导出一系列对本书有用的概念和定理，其中包括坡印亭定理、惟一性定理、对偶性、波动方程和矢量位、反作用和互易定理。熟悉这些内容是必要的和有益的，因为这些内容构成了全书的基础。当应用时变电磁场的基本概念去解决微波工程中的各种问题时，我们才能体会到"场"的概念的重要性，应用的广泛性和高度的概括性。由于应用了这些基本的概念和定理，才使我们对许多问题的叙述更加简洁并使其便于理解和记忆。

1.2 时变电磁场方程组和媒质的本构关系

麦克斯韦根据前人大量的实验与理论的结果总结出电磁场方程组，这些方程的真实性已被实验所证实。媒质的本构关系（亦称物质方程、辅助方程）描述了媒质的性质，这种描述是表象的。场方程和本构关系构成了一个完整的方程组。原则上，给定源的分布、媒质的性质和媒质的几何形状，电磁场问题总是有解的。由此可见，我们可以把场方程和本构关系作为微波技术理论的一个主要的出发点，作为全书的基础之一。虽然微波工程的领域极其广泛，但可以在麦克斯韦方程组和本构关系的基础上统一起来，表面上相异的各个领域存在着内在的联系。此外，需要指出的是本构关系是不同学科的结合点，为了导出某种具体的媒质的本构关系常常要借助于其他学科的知识，仅仅依据电磁理论是不够的。

场方程是宏观电磁现象的普遍规律，其四个微分形式的方程为

$$\nabla\times\boldsymbol{E}=-\frac{\partial\boldsymbol{B}}{\partial t}\tag{1.2.1a}$$

$$\nabla\times\boldsymbol{H}=\frac{\partial\boldsymbol{D}}{\partial t}+\boldsymbol{J}\tag{1.2.1b}$$

$$\nabla\cdot\boldsymbol{D}=\rho\tag{1.2.1c}$$

$$\nabla\cdot\boldsymbol{B}=0\tag{1.2.1d}$$

式(1.2.1a)称作法拉第电磁感应定律，式(1.2.1b)称作安培全电流定律，式(1.2.1c)称作电场的高斯定律，式(1.2.1d)称作磁场的高斯定律。式(1.2.1)中各物理量的名称和量纲如下。

$\boldsymbol{E}$：电场强度(V/m)

$\boldsymbol{D}$：电位移(C/m^2)

$\boldsymbol{H}$：磁场强度(A/m)

$\boldsymbol{B}$：磁感应强度(Wb/m^2)

$\boldsymbol{J}$：电流密度(A/m^2)

ρ：自由电荷密度(C/m^3)

迄今为止，人们尚未从实验上发现电荷的不守恒现象，因此我们有电荷定守恒定律

$$\nabla\cdot\boldsymbol{J}+\frac{\partial\rho}{\partial t}=0\tag{1.2.2}$$

此式又称电流连续性方程。

关于算符∇，请读者参看本书末附录Ⅱ。

安培全电流定律中的$\dfrac{\partial\boldsymbol{D}}{\partial t}$称作位移电流，在场方程中补充这一项是麦克斯韦的极其重要的贡献。电场和磁场的高斯定律在形式上与静电场没有区别，但是，把这一定律从静电场和静磁场推广到时变场时，它的物理内容发生了变化。磁场的高斯定律描述了磁荷不能单独存在这一物理事实。

考虑到电荷守恒定律，可以从安培全电流定律推出电场的高斯定律。对式(1.2.1b)取散度，并注意到一个矢量的旋度的散度恒等于零，于是

$$\nabla\cdot\left(\frac{\partial\boldsymbol{D}}{\partial t}+\boldsymbol{J}\right)=0\tag{1.2.3}$$

将此式中对空间的微分运算与对时间的微分运算交换顺序，再代入式(1.2.2)，得

$$\frac{\partial}{\partial t}(\nabla\cdot\boldsymbol{D}-\rho)=0\tag{1.2.4}$$

对时间作积分，得

$$\nabla\cdot\boldsymbol{D}-\rho=c\tag{1.2.5}$$

式中，c是与时间无关的常数，因为我们所讨论的对象是时变场，可取$c=0$，于是得到电场的高斯定律。类似地，对法拉第电磁感应定律取散度可得到磁场的高斯定律。

上述讨论表明，4个场方程并不是相互独立的，从两个旋度方程和电流连续性方程可

以导出两个散度方程。但是这并不说明两个散度方程是无用的，相反，在有些情况下使用两个散度方程是必要的和方便的。一般来说，在大多数情况下求解时变电磁场问题常常从两个旋度方程入手。两个旋度方程是两个矢量微分方程，在给定源 $\boldsymbol{J}$ 和 ρ 后，在两个矢量微分方程中共计是四个未知的场矢量 $\boldsymbol{E}$、$\boldsymbol{H}$、$\boldsymbol{D}$ 和 $\boldsymbol{B}$，显然从两个矢量微分方程去求解四个未知矢量是不够的，还必须再补充两个矢量关系式。待补充的方程应给出 $\boldsymbol{E}$ 和 $\boldsymbol{D}$、$\boldsymbol{B}$ 和 $\boldsymbol{H}$ 之间的关系，它们描述了媒质的性质，称作本构关系。

均匀、线性、各向同性媒质中的本构关系为

$$\boldsymbol{D} = \varepsilon \boldsymbol{E} \tag{1.2.6}$$

$$\boldsymbol{B} = \mu \boldsymbol{H} \tag{1.2.7}$$

式中，ε、μ 是标量。ε 称作电容率(或介电常数)，单位是 F/m；μ 称作导磁率，单位是H/m。真空中的电容率和导磁率分别为

$$\varepsilon_0 = 8.854 \times 10^{-12}\,\mathrm{F/m}$$

$$\mu_0 = 4\pi \times 10^{-7}\,\mathrm{H/m} = 1.2566 \times 10^{-6}\,\mathrm{H/m}$$

在实际工作中常常引入相对介电常数(相对电容率)ε_r 和相对导磁率 μ_r，

$$\varepsilon = \varepsilon_r \varepsilon_0 \tag{1.2.8}$$

$$\mu = \mu_r \mu_0 \tag{1.2.9}$$

对于非磁性材料，$\mu_r = 1$，ε_r 则随具体材料而异。

对于导电媒质，有

$$\boldsymbol{J} = \sigma \boldsymbol{E} \tag{1.2.10}$$

式中，σ 称作电导率，单位是 Ω/m。

各向异性材料的电容率、导磁率和电导率不能简单地用标量表示，而要用张量电容率、张量导磁率和张量电导率来表示。在第 5 章讨论铁氧体器件时，我们将给出张量导磁率的具体例子。

1.3 谐变电磁场方程组和媒质的本构关系

谐变电磁场是时变电磁场的特例。采用时间因子 $\mathrm{e}^{\mathrm{j}\omega t}$，谐变场的瞬时值为

$$\boldsymbol{E}(\boldsymbol{r},t) = \mathrm{Re}[\dot{\boldsymbol{E}}(\boldsymbol{r})\mathrm{e}^{\mathrm{j}\omega t}] \tag{1.3.1a}$$

$$\boldsymbol{H}(\boldsymbol{r},t) = \mathrm{Re}[\dot{\boldsymbol{H}}(\boldsymbol{r})\mathrm{e}^{\mathrm{j}\omega t}] \tag{1.3.1b}$$

$$\boldsymbol{D}(\boldsymbol{r},t) = \mathrm{Re}[\dot{\boldsymbol{D}}(\boldsymbol{r})\mathrm{e}^{\mathrm{j}\omega t}] \tag{1.3.1c}$$

$$\boldsymbol{B}(\boldsymbol{r},t) = \mathrm{Re}[\dot{\boldsymbol{B}}(\boldsymbol{r})\mathrm{e}^{\mathrm{j}\omega t}] \tag{1.3.1d}$$

式(1.3.1)中 $\dot{\boldsymbol{E}}(\boldsymbol{r})$、$\dot{\boldsymbol{H}}(\boldsymbol{r})$、$\dot{\boldsymbol{D}}(\boldsymbol{r})$、$\dot{\boldsymbol{B}}(\boldsymbol{r})$ 是复数振幅，它们是空间坐标 $\boldsymbol{r}$ 的函数，Re 表示取实部。在直角坐标系中，场量可以分解为三个分量，下面以 $\dot{\boldsymbol{E}}(\boldsymbol{r})$ 为例再作详细说明：

$$\dot{\boldsymbol{E}}(\boldsymbol{r}) = \hat{\boldsymbol{x}}\dot{E}_x + \hat{\boldsymbol{y}}\dot{E}_y + \hat{\boldsymbol{z}}\dot{E}_z \tag{1.3.2}$$

式中，$\hat{\boldsymbol{x}}$、$\hat{\boldsymbol{y}}$、$\hat{\boldsymbol{z}}$ 是直角坐标系中的单位矢量，

$$\left.\begin{aligned}\dot{E}_x &= E_{xm}e^{j\varphi_x}\\ \dot{E}_y &= E_{ym}e^{j\varphi_y}\\ \dot{E}_z &= E_{zm}e^{j\varphi_z}\end{aligned}\right\} \tag{1.3.3}$$

$\dot{E}_x$、$\dot{E}_y$、$\dot{E}_z$ 称为电场强度各分量的相量，相量是一个复数符号，它的模代表时谐时间函数的振幅，幅角表示时谐时间函数的相位。

本书中的绝大部分内容只与谐变电磁场有关，所以采用简化的复数符号，省去 Re 和相量上的点，于是

$$\boldsymbol{E}(\boldsymbol{r},t) = \boldsymbol{E}(\boldsymbol{r})e^{j\omega t} \tag{1.3.4}$$

或

$$\boldsymbol{E}(t) = \boldsymbol{E}e^{j\omega t} \tag{1.3.5}$$

$\boldsymbol{H}(\boldsymbol{r},t)$、$\boldsymbol{D}(\boldsymbol{r},t)$、$\boldsymbol{B}(\boldsymbol{r},t)$亦有类似的表示方法，即

$$\boldsymbol{H}(t) = \boldsymbol{H}e^{j\omega t} \tag{1.3.6}$$

$$\boldsymbol{D}(t) = \boldsymbol{D}e^{j\omega t} \tag{1.3.7}$$

$$\boldsymbol{B}(t) = \boldsymbol{B}e^{j\omega t} \tag{1.3.8}$$

将式(1.3.5)～(1.3.8)代入式(1.3.1)，得复数形式的电磁场方程组

$$\nabla \times \boldsymbol{E} = -j\omega\boldsymbol{B} \tag{1.3.9a}$$

$$\nabla \times \boldsymbol{H} = j\omega\boldsymbol{D} + \boldsymbol{J} \tag{1.3.9b}$$

$$\nabla \cdot \boldsymbol{D} = \rho \tag{1.3.9c}$$

$$\nabla \cdot \boldsymbol{B} = 0 \tag{1.3.9d}$$

电荷守恒定律为

$$\nabla \cdot \boldsymbol{J} + j\omega\rho = 0 \tag{1.3.10}$$

对于线性各向同性媒质，复数形式电磁场方程组中的两个旋度方程可写作

$$\nabla \times \boldsymbol{E} = -j\omega\mu\boldsymbol{H} \tag{1.3.11a}$$

$$\nabla \times \boldsymbol{H} = j\omega\varepsilon\boldsymbol{E} + \boldsymbol{J} \tag{1.3.11b}$$

式(1.3.11b)中的电流 $\boldsymbol{J}$ 可分解为两部分：场在媒质中引起的传导电流和激发电磁场的激励电流，前者将引起损耗。现在，我们把式(1.3.11b)中的传导电流和激励电流分开来写，即有

$$\nabla \times \boldsymbol{H} = j\omega\varepsilon\boldsymbol{E} + \sigma\boldsymbol{E} + \boldsymbol{J} \tag{1.3.12}$$

式中，$\boldsymbol{J}$ 仅代表激励电流，为了简化符号，$\boldsymbol{J}$ 未加任何下标。在今后的讨论中，根据上下文的意思很容易弄清 $\boldsymbol{J}$ 的具体含义。

对于导电媒质，亦称有耗媒质，可引入复介电常数。由式(1.3.12)有

$$\nabla \times \boldsymbol{H} = j\omega\tilde{\varepsilon}\boldsymbol{E} + \boldsymbol{J} \tag{1.3.13}$$

式中，$\tilde{\varepsilon}$ 称作复介电常数，且

$$\tilde{\varepsilon} = \varepsilon + \frac{\sigma}{j\omega} = \varepsilon - j\frac{\sigma}{\omega} \tag{1.3.14}$$

或

$$\tilde{\varepsilon} = \varepsilon(1 - j\tan\delta) \tag{1.3.15}$$

其中

$$\tan\delta = \frac{\sigma}{\omega\varepsilon} \tag{1.3.16}$$

称为介质的损耗角正切，它表示介质损耗的大小。有时也用到相对复介电常数$\tilde{\varepsilon}_r$，

$$\tilde{\varepsilon}_r = \frac{\tilde{\varepsilon}}{\varepsilon_0} = \varepsilon_r(1 - j\tan\delta) \tag{1.3.17}$$

当介质无损耗时，$\tan\delta$ 等于零，$\tilde{\varepsilon}$ 等于 ε，$\tilde{\varepsilon}_r$ 等于 ε_r。

对于线性各向同性有耗媒质，谐变电磁场方程组中的两个旋度方程可写作

$$\nabla \times \boldsymbol{E} = -j\omega\mu\boldsymbol{H} \tag{1.3.18a}$$

$$\nabla \times \boldsymbol{H} = j\omega\tilde{\varepsilon}\boldsymbol{E} + \boldsymbol{J} \tag{1.3.18b}$$

1.4 边界条件

边界条件描述了媒质分界面两侧场量之间的关系。式(1.2.1)是电磁场方程组的微分形式，四分方程中的每一个都分别对应着一个边界条件。为了推导边界条件，我们把微分形式的电磁场方程改写为积分形式。

考虑任意一个矢量 $\boldsymbol{A}$ 的散度和旋度在体积 V 上的积分，包围 V 的封闭面为 S，有下述两个矢量恒等式：

$$\int_V \nabla \cdot \boldsymbol{A} \mathrm{d}v = \oint_S \hat{\boldsymbol{n}} \cdot \boldsymbol{A} \mathrm{d}s \tag{1.4.1}$$

$$\int_V \nabla \times \boldsymbol{A} \mathrm{d}v = \oint_S \hat{\boldsymbol{n}} \times \boldsymbol{A} \mathrm{d}s \tag{1.4.2}$$

式(1.4.1)是数学上的高斯定律，式中，$\hat{\boldsymbol{n}}$ 是封闭面 S 的外法向单位矢量，$\mathrm{d}v$ 是体积元。式(1.4.2)可由式(1.4.1)演绎出来：用 $\boldsymbol{C}\times\boldsymbol{A}$ 取代式(1.4.1)中的 $\boldsymbol{A}$，得

$$\int_V \nabla \cdot (\boldsymbol{C} \times \boldsymbol{A}) \mathrm{d}v = \oint_S \hat{\boldsymbol{n}} \cdot (\boldsymbol{C} \times \boldsymbol{A}) \mathrm{d}s \tag{1.4.3}$$

利用矢量恒等式

$$\nabla \cdot (\boldsymbol{C} \times \boldsymbol{A}) = \boldsymbol{A} \cdot (\nabla \times \boldsymbol{C}) - \boldsymbol{C} \cdot (\nabla \times \boldsymbol{A}) \tag{1.4.4}$$

设 $\boldsymbol{C}$ 是任意常矢量，式(1.4.4)变为

$$\nabla \cdot (\boldsymbol{C} \times \boldsymbol{A}) = -\boldsymbol{C} \cdot (\nabla \times \boldsymbol{A}) \tag{1.4.5}$$

将式(1.4.5)代入到式(1.4.3)，得

$$-\int_V \boldsymbol{C} \cdot (\nabla \times \boldsymbol{A})\,\mathrm{d}v = \oint_S \hat{\boldsymbol{n}} \cdot (\boldsymbol{C} \times \boldsymbol{A})\,\mathrm{d}s \tag{1.4.6}$$

注意到式(1.4.6)右端面积分中的被积函数

$$\hat{\boldsymbol{n}} \cdot (\boldsymbol{C} \times \boldsymbol{A}) = -\boldsymbol{C} \cdot (\hat{\boldsymbol{n}} \times \boldsymbol{A}) \tag{1.4.7}$$

于是,式(1.4.6)变为

$$\int_V \boldsymbol{C} \cdot (\nabla \times \boldsymbol{A})\,\mathrm{d}v = \oint_S \boldsymbol{C} \cdot (\hat{\boldsymbol{n}} \times \boldsymbol{A})\,\mathrm{d}s \tag{1.4.8}$$

因为 $\boldsymbol{C}$ 是任意常矢量,所以由式(1.4.8)可以导出式(1.4.2)。

将式(1.4.1)和式(1.4.2)应用于式(1.2.1),得到积分形式的电磁场方程组

$$\oint_S \hat{\boldsymbol{n}} \times \boldsymbol{E}\,\mathrm{d}s = -\int_V \frac{\partial \boldsymbol{B}}{\partial t}\,\mathrm{d}v \tag{1.4.9a}$$

$$\oint_S \hat{\boldsymbol{n}} \times \boldsymbol{H}\,\mathrm{d}s = \int_V \frac{\partial \boldsymbol{D}}{\partial t}\,\mathrm{d}v + \int_V \boldsymbol{J}\,\mathrm{d}v \tag{1.4.9b}$$

$$\oint_S \hat{\boldsymbol{n}} \cdot \boldsymbol{D}\,\mathrm{d}s = \int_V \rho\,\mathrm{d}v \tag{1.4.9c}$$

$$\oint_S \hat{\boldsymbol{n}} \cdot \boldsymbol{B}\,\mathrm{d}s = 0 \tag{1.4.9d}$$

式(1.4.9)与一般参考书中的表述形式稍有不同。下面将会看到,用式(1.4.9)可以简便地推出矢量形式的边界条件。

假设边界面是不动的,那么积分号内对时间的偏导数可提到积分外面,并用$\frac{\mathrm{d}}{\mathrm{d}t}$代替$\frac{\partial}{\partial t}$,于是积分形式的场方程变为

$$\oint_S \hat{\boldsymbol{n}} \times \boldsymbol{E}\,\mathrm{d}s = -\frac{\mathrm{d}}{\mathrm{d}t}\int_V \boldsymbol{B}\,\mathrm{d}v \tag{1.4.10a}$$

$$\oint_S \hat{\boldsymbol{n}} \times \boldsymbol{H}\,\mathrm{d}s = \frac{\mathrm{d}}{\mathrm{d}t}\int_V \boldsymbol{D}\,\mathrm{d}v + \int_V \boldsymbol{J}\,\mathrm{d}v \tag{1.4.10b}$$

$$\oint_S \hat{\boldsymbol{n}} \cdot \boldsymbol{D}\,\mathrm{d}s = \int_V \rho\,\mathrm{d}v \tag{1.4.10c}$$

$$\oint_S \hat{\boldsymbol{n}} \cdot \boldsymbol{B}\,\mathrm{d}s = 0 \tag{1.4.10d}$$

假设在媒质分界面处场矢量的值是有限的,但可以不连续,那么对于非运动的媒质分界面,可利用式(1.4.10)导出边界条件。

考虑一个界面,它把空间分成区域 1 和区域 2,在界面附近做一个小的高斯盒,如图 1.1 所示。小高斯盒的厚度为 δ,上底面和下底面的面积都是 a,上底面在区域 1,下底面在区域 2。设分界面的法向矢量 $\hat{\boldsymbol{n}}$ 由区域 2 指向区域 1。小高斯盒的小体积为 $\Delta V = a\delta$,

在推导边界条件时，我们首先令厚度 $\delta\to 0$，然后再令上下底的面积 $a\to 0$，使小高斯盒的体积收缩为一个点，这样便得到该点附近场量的性质，即该点的场量所满足的边界条件。

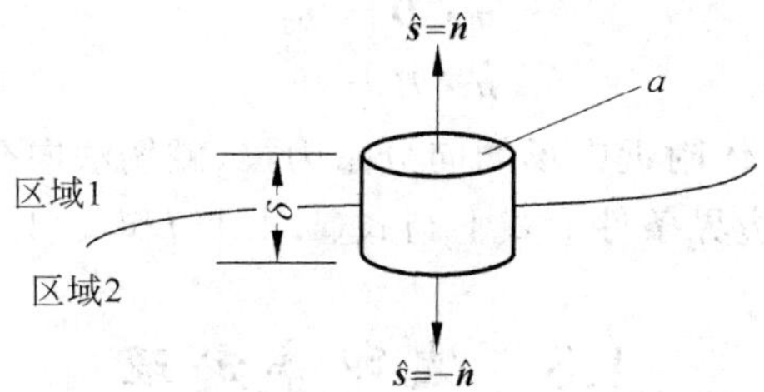

图 1.1 推导边界条件所用的示意图

因为假定 $\boldsymbol{B}$ 和 $\boldsymbol{D}$ 在媒质分界面上是有限的，那么当 $\delta\to 0$ 时，式(1.4.10a)和式(1.4.10b)中右端的两个包含 $\boldsymbol{B}$ 和 $\boldsymbol{D}$ 的体积分就消失了。对电流 $\boldsymbol{J}$ 和电荷源 ρ 的积分为

$$\int_V \boldsymbol{J}\,\mathrm{d}v = \boldsymbol{J}\delta a \tag{1.4.11}$$

$$\int_V \rho\,\mathrm{d}v = \rho\delta a \tag{1.4.12}$$

若 $\boldsymbol{J}$ 和 ρ 是有限值，$\delta\to 0$ 时，上述两个体积也将消失。若体电流密度 $\boldsymbol{J}$ 和体电荷密度 ρ 是无限的，例如理想导体，则必须引入面电荷密度 ρ_S 和面电流密度 $\boldsymbol{J}_S$，分别表示为

$$\rho_S = \lim_{\delta\to 0}\rho\delta \tag{1.4.13}$$

$$\boldsymbol{J}_S = \lim_{\delta\to 0}\boldsymbol{J}\delta \tag{1.4.14}$$

ρ_S 的单位是 $\mathrm{C/m^2}$，$\boldsymbol{J}_S$ 的单位是 A/m。电磁场方程组(1.4.10)左端的四个面积分可以这样处理：当 $\delta\to 0$ 时面积分只是在小高斯盒的上下底面有效，忽略在小高斯盒侧面的积分。小高斯盒的外法线单位矢量在上底面为 $\hat{\boldsymbol{n}}$，在下底面为 $-\hat{\boldsymbol{n}}$。最后令 $a\to 0$，得到

$$\hat{\boldsymbol{n}}\times(\boldsymbol{E}_1-\boldsymbol{E}_2)=0 \tag{1.4.15a}$$

$$\hat{\boldsymbol{n}}\times(\boldsymbol{H}_1-\boldsymbol{H}_2)=\boldsymbol{J}_S \tag{1.4.15b}$$

$$\hat{\boldsymbol{n}}\cdot(\boldsymbol{D}_1-\boldsymbol{D}_2)=\rho_S \tag{1.4.15c}$$

$$\hat{\boldsymbol{n}}\cdot(\boldsymbol{B}_1-\boldsymbol{B}_2)=0 \tag{1.4.15d}$$

这就是与式(1.2.1)或式(1.3.9)相应的四个边界条件。其中，下标1、2分别表示区域1和区域2的场量。式(1.4.15a)说明在分界面处电场强度 $\boldsymbol{E}$ 的切向分量相等，或者说，电场强度 $\boldsymbol{E}$ 的切向分量连续。式(1.4.15b)说明在分界面处磁场强度 $\boldsymbol{H}$ 的切向分量之差等于面电流密度，当分界面处没有面电流时，在分界面处磁场 $\boldsymbol{H}$ 的切向分量相等。式(1.4.15c)说明在分界面处电位移矢量 $\boldsymbol{D}$ 的法向分量之差等于面电荷密度。式(1.4.15d)说明在分界面处磁感应强度 $\boldsymbol{B}$ 的法向分量相等，或者说法向分量连续。

若假定媒质2是理想导体，媒质1中的场满足的边界条件为

$$\hat{\boldsymbol{n}} \times \boldsymbol{E} = 0 \tag{1.4.16a}$$

$$\hat{\boldsymbol{n}} \times \boldsymbol{H} = \boldsymbol{J}_S \tag{1.4.16b}$$

$$\hat{\boldsymbol{n}} \cdot \boldsymbol{D} = \rho_S \tag{1.4.16c}$$

$$\hat{\boldsymbol{n}} \cdot \boldsymbol{B} = 0 \tag{1.4.16d}$$

这四个式子表明在理想导体附近电场切向分量为零,磁场法向分量为零。

对于时谐电磁场,其边界条件形式上与式(1.4.15)和式(1.4.16)完全相同。

1.5 坡印亭定理

坡印亭定理是能量守恒定律在电磁场理论中的具体形式。

1.5.1 时变场的坡印亭定理

利用矢量恒等式(1.4.4),即

$$\nabla \cdot (\boldsymbol{E} \times \boldsymbol{H}) = \boldsymbol{H} \cdot (\nabla \times \boldsymbol{E}) - \boldsymbol{E} \cdot (\nabla \times \boldsymbol{H}) \tag{1.5.1}$$

求$\nabla \cdot (\boldsymbol{E} \times \boldsymbol{H})$。将式(1.2.1a)和式(1.2.1b)代入式(1.5.1),得

$$\nabla \cdot \boldsymbol{S} = -\left(\boldsymbol{H} \cdot \frac{\partial \boldsymbol{B}}{\partial t} + \boldsymbol{E} \cdot \frac{\partial \boldsymbol{D}}{\partial t}\right) - \boldsymbol{E} \cdot \boldsymbol{J} \tag{1.5.2}$$

定义

$$\boldsymbol{S} = \boldsymbol{E} \times \boldsymbol{H} \tag{1.5.3}$$

$\boldsymbol{S}$ 称为坡印亭矢量,它的单位是 $\mathrm{W/m^2}$。式(1.5.2)称作微分形式坡印亭定理。$\boldsymbol{S}$ 表示通过单位面积的功率,或功率流密度。$-\left(\boldsymbol{H} \cdot \frac{\partial \boldsymbol{B}}{\partial t} + \boldsymbol{E} \cdot \frac{\partial \boldsymbol{D}}{\partial t}\right)$代表电磁场储能密度随时间变化的减少率。当 $\boldsymbol{J}$ 是传导电流时,在导电媒质中 $\boldsymbol{E} \cdot \boldsymbol{J} = \sigma E^2$ 代表单位体积内的损耗功率;当 $\boldsymbol{J}$ 是激励电流时,$-\boldsymbol{E} \cdot \boldsymbol{J}$ 代表电流源向场提供的功率密度。

1.5.2 谐变场的坡印亭定理

对于谐变场,利用复数符号可将式(1.5.3)改写为

$$\begin{aligned}\boldsymbol{S}(\boldsymbol{r},t) &= \boldsymbol{E}(\boldsymbol{r},t) \times \boldsymbol{H}(\boldsymbol{r},t) \\ &= \frac{1}{4}[\dot{\boldsymbol{E}}(\boldsymbol{r})\mathrm{e}^{\mathrm{j}\omega t} + \dot{\boldsymbol{E}}^*(\boldsymbol{r})\mathrm{e}^{-\mathrm{j}\omega t}] \times [\dot{\boldsymbol{H}}(\boldsymbol{r})\mathrm{e}^{\mathrm{j}\omega t} + \dot{\boldsymbol{H}}^*(\boldsymbol{r})\mathrm{e}^{-\mathrm{j}\omega t}]\end{aligned} \tag{1.5.4}$$

因为

$$\boldsymbol{E}(\boldsymbol{r},t) = \mathrm{Re}[\dot{\boldsymbol{E}}(\boldsymbol{r})\mathrm{e}^{\mathrm{j}\omega t}] = \frac{1}{2}[\dot{\boldsymbol{E}}(\boldsymbol{r})\mathrm{e}^{\mathrm{j}\omega t} + \dot{\boldsymbol{E}}^*(\boldsymbol{r})\mathrm{e}^{-\mathrm{j}\omega t}] \tag{1.5.5a}$$

$$\boldsymbol{H}(\boldsymbol{r},t) = \mathrm{Re}[\dot{\boldsymbol{H}}(\boldsymbol{r})\mathrm{e}^{\mathrm{j}\omega t}] = \frac{1}{2}[\dot{\boldsymbol{H}}(\boldsymbol{r})\mathrm{e}^{\mathrm{j}\omega t} + \dot{\boldsymbol{H}}^*(\boldsymbol{r})\mathrm{e}^{-\mathrm{j}\omega t}] \tag{1.5.5b}$$

可知式(1.5.4)是对的。把式(1.5.4)展开,得

$$\boldsymbol{S}(\boldsymbol{r},t)=\frac{1}{4}[\dot{\boldsymbol{E}}(\boldsymbol{r})\times\dot{\boldsymbol{H}}(\boldsymbol{r})\mathrm{e}^{\mathrm{j}2\omega t}+\dot{\boldsymbol{E}}^*(\boldsymbol{r})\times\dot{\boldsymbol{H}}(\boldsymbol{r})+\dot{\boldsymbol{E}}(\boldsymbol{r})\times\dot{\boldsymbol{H}}^*(\boldsymbol{r})+\dot{\boldsymbol{E}}^*(\boldsymbol{r})\times\dot{\boldsymbol{H}}^*(\boldsymbol{r})\mathrm{e}^{-\mathrm{j}2\omega t}] \tag{1.5.6}$$

在谐变电磁场中,我们所关心的是一个周期内坡印亭矢量的平均值。对式(1.5.6)所表示的坡印亭矢量求时间平均值,与 $2\omega t$ 有关的项必为零,那么坡印亭矢量的时间平均值 $\boldsymbol{S}_{\mathrm{av}}$ 为

$$\boldsymbol{S}_{\mathrm{av}}=\frac{1}{4}[\dot{\boldsymbol{E}}^*(\boldsymbol{r})\times\dot{\boldsymbol{H}}(\boldsymbol{r})+\dot{\boldsymbol{E}}(\boldsymbol{r})\times\dot{\boldsymbol{H}}^*(\boldsymbol{r})] \tag{1.5.7}$$

或

$$\boldsymbol{S}_{\mathrm{av}}=\frac{1}{2}\mathrm{Re}[\dot{\boldsymbol{E}}(\boldsymbol{r})\times\dot{\boldsymbol{H}}^*(\boldsymbol{r})] \tag{1.5.8}$$

为了书写方便,省去 Re 和下角标 av,复数形式的坡印亭矢量可简单地写作

$$\boldsymbol{S}=\frac{1}{2}\boldsymbol{E}\times\boldsymbol{H}^* \tag{1.5.9}$$

式(1.5.9)表示的是时间平均值,式(1.5.3)表示的是瞬时值,二者相差一个 1/2 因子。

利用矢量恒等式(1.4.4),对式(1.5.9)取散度,得

$$\nabla\cdot\boldsymbol{S}=\frac{1}{2}(\boldsymbol{H}^*\cdot\nabla\times\boldsymbol{E}-\boldsymbol{E}\cdot\nabla\times\boldsymbol{H}^*) \tag{1.5.10}$$

将式(1.3.9a)和式(1.3.9b)代入式(1.5.10),得

$$\nabla\cdot\boldsymbol{S}=\frac{1}{2}\mathrm{j}\omega(-\boldsymbol{H}^*\cdot\boldsymbol{B}+\boldsymbol{E}\cdot\boldsymbol{D}^*)-\frac{1}{2}\boldsymbol{E}\cdot\boldsymbol{J}^* \tag{1.5.11}$$

这就是微分形式的复数坡印亭定理。

当媒质是各向同性时,式(1.5.11)可以改写为

$$\nabla\cdot\boldsymbol{S}=-\mathrm{j}2\omega(\overline{w}_{\mathrm{m}}-\overline{w}_{\mathrm{e}})-\frac{1}{2}\boldsymbol{E}\cdot\boldsymbol{J}^* \tag{1.5.12}$$

式中,$\overline{w}_{\mathrm{m}}$ 和 $\overline{w}_{\mathrm{e}}$ 分别是磁场能量密度和电场能量密度的时间平均值。

$$\overline{w}_{\mathrm{m}}=\frac{1}{4}\mu\boldsymbol{H}^*\cdot\boldsymbol{H} \tag{1.5.13}$$

$$\overline{w}_{\mathrm{e}}=\frac{1}{4}\varepsilon\boldsymbol{E}\cdot\boldsymbol{E}^* \tag{1.5.14}$$

它们是从恒定电流磁场能量密度和静电场能量密度推广而得,只是多了因子 1/2,这是因为对时间求平均值的缘故。

在微波工程中最有用的是积分形式的复数坡印亭定理。将式(1.5.12)对体积 V 做积分,应用数学上的高斯定理,得

$$\oint_S\boldsymbol{S}\cdot\mathrm{d}\boldsymbol{s}=-\mathrm{j}2\omega\oint_V(\overline{w}_{\mathrm{m}}-\overline{w}_{\mathrm{e}})\mathrm{d}v-\oint_V\frac{1}{2}\boldsymbol{E}\cdot\boldsymbol{J}^*\mathrm{d}v \tag{1.5.15}$$

1.6 惟一性定理

本节关于惟一性定理的证明仅限于谐变场。

考察空间某一区域内的场，给定该区域内的场源和区域边界上的场值，该区域内的场就是惟一的。

考虑空间某一区域 V，V 被一封闭曲面 S 包围，V 中包含场源 $\boldsymbol{J}$ 和 ρ，如图 1.2 所示。暂时设 V 中的媒质是有耗的。

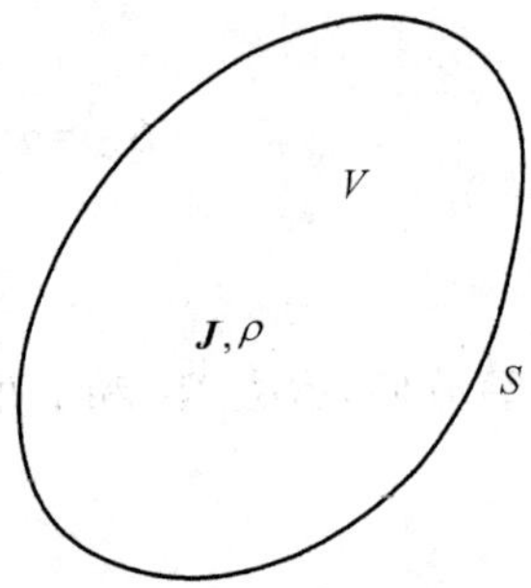

图 1.2 讨论惟一性定理的示意图

用反证法，不妨设 V 中存在两组不同的电磁场，即 $\boldsymbol{E}_1$、$\boldsymbol{H}_1$ 和 $\boldsymbol{E}_2$、$\boldsymbol{H}_2$，这两组场由同一组场源产生，并在边界上有同样的场值。将两组场相减，得一组差场，记作 $\delta\boldsymbol{E}$ 和 $\delta\boldsymbol{H}$，它们分别为

$$\left.\begin{aligned}\delta\boldsymbol{E} &= \boldsymbol{E}_1 - \boldsymbol{E}_2\\ \delta\boldsymbol{H} &= \boldsymbol{H}_1 - \boldsymbol{H}_2\end{aligned}\right\} \tag{1.6.1}$$

只需证明体积 V 内处处都有 $\delta\boldsymbol{E}=0$ 和 $\delta\boldsymbol{H}=0$，惟一性定理便得证。因为 $\boldsymbol{E}_1$、$\boldsymbol{H}_1$ 和 $\boldsymbol{E}_2$、$\boldsymbol{H}_2$ 具有同样的场源，所以差场 $\delta\boldsymbol{E}$、$\delta\boldsymbol{H}$ 必满足无源场方程，即对差场而言，体积 V 内无源。将差场代入积分形式的复数坡印亭定理(1.5.15)，得

$$\oint_S \hat{\boldsymbol{n}}\cdot\delta\boldsymbol{S}\mathrm{d}s = -\mathrm{j}2\omega\int_V(\delta\overline{w}_\mathrm{m} - \delta\overline{w}_\mathrm{e})\mathrm{d}v - \int_V \frac{1}{2}\sigma\,|\,\delta\boldsymbol{E}^2\,|\,\mathrm{d}v \tag{1.6.2}$$

式中，$\hat{\boldsymbol{n}}$ 是封闭面外法向单位矢量，$\delta\boldsymbol{S}$、δw_m、δw_e 分别为

$$\delta\boldsymbol{S} = \frac{1}{2}\delta\boldsymbol{E}\times\delta\boldsymbol{H}^* \tag{1.6.3}$$

$$\delta w_\mathrm{m} = \frac{1}{4}\mu\,|\,\delta\boldsymbol{H}\,|^2 \tag{1.6.4}$$

$$\delta w_\mathrm{e} = \frac{1}{4}\varepsilon\,|\,\delta\boldsymbol{E}\,|^2 \tag{1.6.5}$$

因为在封闭面 S 上 $\delta\boldsymbol{E}=0$ 和 $\delta\boldsymbol{H}=0$，故式(1.6.2)左端为零，那么

$$\int_V \frac{1}{2}\sigma\,|\,\delta\boldsymbol{E}\,|^2\,\mathrm{d}v = -\mathrm{j}2\omega\int_V(\delta w_\mathrm{m} - \delta w_\mathrm{e})\mathrm{d}v \tag{1.6.6}$$

式(1.6.6)的左端是实数，右端是虚数，上式成立的充要条件为

$$\int_V \frac{1}{2}\sigma\,|\,\delta\boldsymbol{E}\,|^2\,\mathrm{d}v = 0 \tag{1.6.7}$$

和

$$-\mathrm{j}2\omega\int_V(\delta w_{\mathrm{m}}-\delta w_{\mathrm{e}})\mathrm{d}v=0 \tag{1.6.8}$$

从式(1.6.7)得出 $\delta\boldsymbol{E}=0$,将此结果代入到式(1.6.8),得 $\delta\boldsymbol{H}=0$,这与起初的假设矛盾,故定理得证。

在开始证明时我们曾假定 V 中的媒质是有耗的,对于无耗媒质,可以作为电导率 σ 趋于零但并不等于零的极限情况处理,这样就完成了惟一性定理的证明。若一开始便假定电导率 $\sigma=0$,式(1.6.2)中并不出现对 $\frac{1}{2}\sigma|\delta\boldsymbol{E}|^2$ 积分这一项,因而便不能得出 $|\delta\boldsymbol{H}|^2=0$,从式(1.6.8)只能得到体积 V 内电场储能等于磁场储能这一结论。

对于区域边界上的场值,即边值,应作进一步的分析。把 $\hat{\boldsymbol{n}}\cdot\delta\boldsymbol{S}$ 改写一下便可看出有下述三种具体情况使得 $\hat{\boldsymbol{n}}\cdot\delta\boldsymbol{S}$ 等于零。

(1) $\hat{\boldsymbol{n}}\cdot\delta\boldsymbol{S}=\hat{\boldsymbol{n}}\cdot(\delta\boldsymbol{E}\times\delta\boldsymbol{H}^*)=\delta\boldsymbol{H}^*\cdot(\hat{\boldsymbol{n}}\times\delta\boldsymbol{E})$,由此可见只要在封闭面上 $\hat{\boldsymbol{n}}\times\delta\boldsymbol{E}=0$,便有 $\hat{\boldsymbol{n}}\cdot\delta\boldsymbol{S}=0$,因而式(1.6.2)左端的面积分等于零。这说明只要确定封闭面上的电场的切向分量,那么解便是惟一的。

(2) $\hat{\boldsymbol{n}}\cdot\delta\boldsymbol{S}=\hat{\boldsymbol{n}}\cdot(\delta\boldsymbol{E}\times\delta\boldsymbol{H}^*)=\delta\boldsymbol{E}\cdot(\hat{\boldsymbol{n}}\times\delta\boldsymbol{H}^*)$,由此可见只要在封闭面上 $\hat{\boldsymbol{n}}\times\delta\boldsymbol{H}^*=0$,便有 $\hat{\boldsymbol{n}}\cdot\delta\boldsymbol{S}=0$,因而式(16.2)左端的面积分等于零。这说明只要确定封闭面上的磁场的切向分量,那么解便是惟一的。

(3) $\hat{\boldsymbol{n}}\cdot\delta\boldsymbol{S}=\hat{\boldsymbol{n}}\cdot(\delta\boldsymbol{E}\times\delta\boldsymbol{H}^*)=\delta\boldsymbol{E}_{\tau1}\cdot\delta\boldsymbol{H}_{\tau2}-\delta\boldsymbol{E}_{\tau2}\cdot\delta\boldsymbol{H}_{\tau1}$,其中 $\hat{\boldsymbol{n}}$、$\hat{\boldsymbol{\tau}}_1$、$\hat{\boldsymbol{\tau}}_2$ 是封闭面 S 上某点的正交坐标系,如图 1.3 所示,$\hat{\boldsymbol{n}}$ 是法向单位矢量、$\hat{\boldsymbol{\tau}}_1$ 和 $\hat{\boldsymbol{\tau}}_2$ 是切向单位矢量。$\delta\boldsymbol{E}_{\tau1}$、$\delta\boldsymbol{E}_{\tau2}$ 和 $\delta\boldsymbol{H}_{\tau1}$、$\delta\boldsymbol{H}_{\tau2}$ 分别是差场的电场的两个切向分量和差场的磁场的两个切向分量。只要在封闭面上 $\delta\boldsymbol{E}_{\tau1}=\delta\boldsymbol{H}_{\tau1}=0$ 或 $\delta\boldsymbol{E}_{\tau2}=\delta\boldsymbol{H}_{\tau2}=0$,便有 $\hat{\boldsymbol{n}}\cdot\delta\boldsymbol{S}=0$,式(1.6.2)左端的面积分等于零,解便是惟一的。

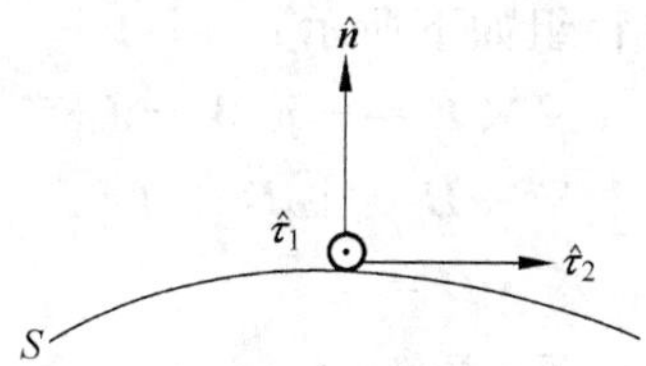

图 1.3 封闭曲面上某点的正交坐标系

以上三种情况表明,对于边值来说,若给定边界上电场的切向分量,或给定边界上的磁场的切向分量,或给定非正交的电场和磁场的各一个切向分量,那么体积 V 内的解便是惟一的。

有了惟一性定理,可以用任何方便的方法去寻求电磁场问题的解,只要此解符合惟一性定理所要求的条件,这个解肯定就是对的。

1.7 等效源和广义电磁场方程组

如果关心的仅仅是空间某个区域的场,我们可以把这个区域的解看作是该区域以外的源或边界上的源所产生的场,这些源可以不是真正的源,而是等效源。引入等效源后,仍使所关心的区域的边界上具有同样的边值,并使所关心的区域内保持原来的场和源,这种等效就是成立的。等效源并不惟一,若两个不同的源在所关心的区域给出相同的解,就说这两个源对所关心的区域是等效的。

下面举例说明等效源的概念。小电流环与假想的磁偶极子的磁力线分别如图 1.4 和图 1.5 所示。图中,I 是流过小电流环的电流,q_{m} 是磁偶极子的磁荷。如果我们不去仔细研究源所在的区域的场,就源的外部区域而言两个场是相同的,而源的内部的场却完全不同,这种等效仅对源外区域成立。

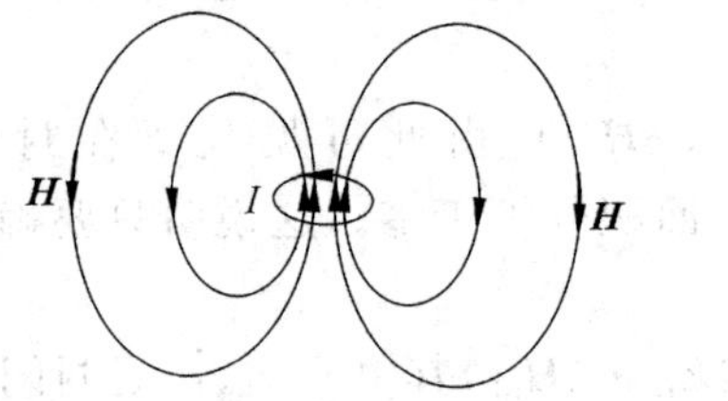

图 1.4 电流环在源外区域的等效

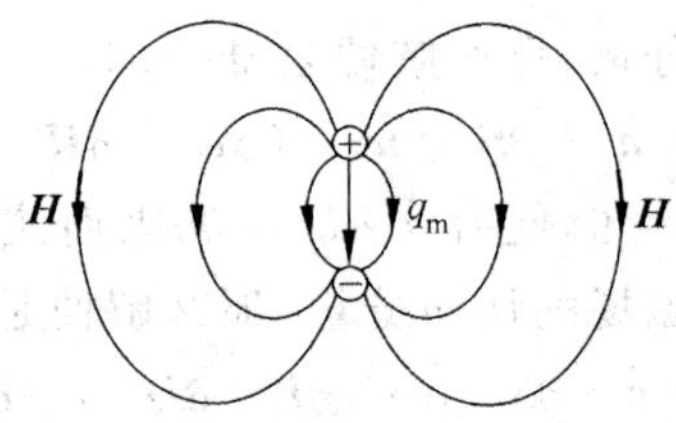

图 1.5 磁偶极在源外区域的等效

磁荷与磁流是不存在的,但为了方便地求解电磁场问题,在电磁场方程组中引入磁荷密度 ρ_{m} 和磁流密度 $\boldsymbol{J}_{\mathrm{m}}$,它们实际上是等效源。引入磁荷密度和磁流密度之后的场方程组称作广义电磁场方程组,此方程组如下所示:

$$\nabla \times \boldsymbol{E} = -\mathrm{j}\omega \boldsymbol{B} - \boldsymbol{J}_{\mathrm{m}} \tag{1.7.1a}$$

$$\nabla \times \boldsymbol{H} = \mathrm{j}\omega \boldsymbol{D} + \boldsymbol{J}_{\mathrm{e}} \tag{1.7.1b}$$

$$\nabla \cdot \boldsymbol{D} = \rho_{\mathrm{e}} \tag{1.7.1c}$$

$$\nabla \cdot \boldsymbol{B} = \rho_{\mathrm{m}} \tag{1.7.1d}$$

式(1.7.1b)中的电流源 $\boldsymbol{J}_{\mathrm{e}}$ 与式(1.3.9b)中的电流源 $\boldsymbol{J}$ 有所不同,因为 $\boldsymbol{J}_{\mathrm{e}}$ 可能是真实的源也可能是等效的源。当 $\rho_{\mathrm{m}}=0$,$\boldsymbol{J}_{\mathrm{m}}=0$,且 $\boldsymbol{J}_{\mathrm{e}}=\boldsymbol{J}$ 时式(1.7.1)与式(1.3.9)相同,广义电磁场方程组与通常的电磁场方程组相同。

广义电磁场方程组的四个方程所对应的四个边界条件是

$$\hat{\boldsymbol{n}} \times (\boldsymbol{H}_1 - \boldsymbol{H}_2) = \boldsymbol{J}_{\mathrm{e}S} \tag{1.7.2a}$$

$$\hat{\boldsymbol{n}} \times (\boldsymbol{E}_1 - \boldsymbol{E}_2) = -\boldsymbol{J}_{\mathrm{m}S} \tag{1.7.2b}$$

$$\hat{\boldsymbol{n}} \cdot (\boldsymbol{B}_1 - \boldsymbol{B}_2) = \rho_{\mathrm{e}S} \tag{1.7.2c}$$

$$\hat{\boldsymbol{n}} \cdot (\boldsymbol{D}_1 - \boldsymbol{D}_2) = \rho_{eS} \tag{1.7.2d}$$

上述边界条件称为广义边界条件，其推导过程与式(1.4.15)的推导过程相似。设想有一分界面把空间分成两个区域：区域1和区域2。分界面的法向单位矢量 $\hat{\boldsymbol{n}}$ 从区域1指向区域2。分界面可以是两种媒质的界面，也可能不是。如能确知分界面两侧磁场的切向分量便可写出等效面电流 $\boldsymbol{J}_{eS}$；如能确知分界面两侧电场的切向分量便可写出等效面磁流 $\boldsymbol{J}_{mS}$。

关于等效源的进一步讨论，可参看1.12.1等效原理一节。

1.8 对偶性

广义电磁场方程组中的电磁场由两部分组成，即

$$\boldsymbol{E} = \boldsymbol{E}_e + \boldsymbol{E}_m \tag{1.8.1a}$$

$$\boldsymbol{H} = \boldsymbol{H}_e + \boldsymbol{H}_m \tag{1.8.1b}$$

式中，$\boldsymbol{E}_e$ 和 $\boldsymbol{H}_e$ 是由 $\boldsymbol{J}_e$ 和 ρ_e 产生的场，满足下述方程：

$$\nabla \times \boldsymbol{E}_e = -\mathrm{j}\omega\mu \boldsymbol{H}_e \tag{1.8.2a}$$

$$\nabla \times \boldsymbol{H}_e = \mathrm{j}\omega\varepsilon \boldsymbol{E}_e + \boldsymbol{J}_e \tag{1.8.2b}$$

$$\nabla \cdot (\varepsilon \boldsymbol{E}_e) = \rho_e \tag{1.8.2c}$$

$$\nabla \cdot (\mu \boldsymbol{H}_e) = 0 \tag{1.8.2d}$$

$\boldsymbol{E}_m$ 和 $\boldsymbol{H}_m$ 是由 $\boldsymbol{J}_m$ 和 ρ_m 产生的场，满足下述方程：

$$\nabla \times \boldsymbol{E}_m = -\mathrm{j}\omega\mu \boldsymbol{H}_m - \boldsymbol{J}_m \tag{1.8.3a}$$

$$\nabla \times \boldsymbol{H}_m = \mathrm{j}\omega\varepsilon \boldsymbol{E}_m \tag{1.8.3b}$$

$$\nabla \cdot (\varepsilon \boldsymbol{E}_m) = 0 \tag{1.8.3c}$$

$$\nabla \cdot (\mu \boldsymbol{H}_m) = -\rho_m \tag{1.8.3d}$$

广义电磁场方程组的对偶性可有不同的表述方法，我们给出下述形式的对偶性。在式(1.8.2)和式(1.8.3)之间作下述对偶变换：

$$\left.\begin{array}{l}
\boldsymbol{E}_e \rightarrow \boldsymbol{H}_m, \boldsymbol{H}_e \rightarrow -\boldsymbol{E}_m \\
\boldsymbol{E}_m \rightarrow \boldsymbol{H}_e, \boldsymbol{H}_m \rightarrow -\boldsymbol{E}_e \\
\boldsymbol{J}_e \rightarrow \boldsymbol{J}_m, \boldsymbol{J}_m \rightarrow -\boldsymbol{J}_e \\
\rho_e \rightarrow \rho_m, \rho_m \rightarrow -\rho_e \\
\varepsilon \rightarrow \mu, \quad \mu \rightarrow \varepsilon
\end{array}\right\} \tag{1.8.4}$$

那么，式(1.8.2)变为式(1.8.3)或式(1.8.3)变为式(1.8.2)。

由上述对偶性可推出其他的对偶性。

推论1 广义电磁场方程组(1.7.1)的对偶性。从式(1.8.1)和式(1.8.4)可引出下

述对偶性变换：

$$\left.\begin{array}{l}\boldsymbol{E}\rightarrow\boldsymbol{H},\ \boldsymbol{H}\rightarrow-\boldsymbol{E}\\ \boldsymbol{J}_{\mathrm{e}}\rightarrow\boldsymbol{J}_{\mathrm{m}},\boldsymbol{J}_{\mathrm{m}}\rightarrow-\boldsymbol{J}_{\mathrm{e}}\\ \rho_{\mathrm{e}}\rightarrow\rho_{\mathrm{m}},\rho_{\mathrm{m}}\rightarrow-\rho_{\mathrm{e}}\\ \varepsilon\rightarrow\mu,\ \mu\rightarrow\varepsilon\end{array}\right\}\tag{1.8.5}$$

因此按照式(1.8.5)所表述的对偶变换，式(1.7.1a)和式(1.7.1b)可互换。

推论 2 无源电磁场方程组的对偶性。对于无源区域，式(1.7.1a)和式(1.7.1b)变为

$$\nabla\times\boldsymbol{E}=-\mathrm{j}\omega\mu\boldsymbol{H}\tag{1.8.6a}$$

$$\nabla\times\boldsymbol{H}=\mathrm{j}\omega\varepsilon\boldsymbol{E}\tag{1.8.6b}$$

按照式(1.8.5)所表述的对偶变换，式(1.8.6a)和(1.8.6b)可互换。

在求解电磁问题时，在有些情况下，利用对偶性可以省去推导对偶公式的工作量。关于对偶性的进一步讨论及其应用可参见1.10、3.2.2和7.2.1等节。

1.9 波动方程

本节从式(1.3.11)所表述的电磁场方程组出发，导出波动方程。为方便起见，重新将式(1.3.11)抄录如下：

$$\nabla\times\boldsymbol{E}=-\mathrm{j}\omega\mu\boldsymbol{H}\tag{1.9.1a}$$

$$\nabla\times\boldsymbol{H}=\mathrm{j}\omega\varepsilon\boldsymbol{E}+\boldsymbol{J}\tag{1.9.1b}$$

取式(1.9.1a)的旋度，得

$$\nabla\times\nabla\times\boldsymbol{E}=-\mathrm{j}\omega\mu\nabla\times\boldsymbol{H}\tag{1.9.2}$$

将式(1.9.1b)代入式(1.9.2)，得

$$\nabla\times\nabla\times\boldsymbol{E}=\omega^2\varepsilon\mu\boldsymbol{E}-\mathrm{j}\omega\mu\boldsymbol{J}\tag{1.9.3}$$

令

$$\omega^2\varepsilon\mu=k^2\tag{1.9.4}$$

k 称作波数，于是

$$\nabla\times\nabla\times\boldsymbol{E}-k^2\boldsymbol{E}=-\mathrm{j}\omega\mu\boldsymbol{J}\tag{1.9.5}$$

取式(1.9.1b)的旋度，得

$$\nabla\times\nabla\times\boldsymbol{H}=\mathrm{j}\omega\varepsilon\nabla\times\boldsymbol{E}+\nabla\times\boldsymbol{J}\tag{1.9.6}$$

将式(1.9.1a)代入式(1.9.6)，得

$$\nabla\times\nabla\times\boldsymbol{H}-k^2\boldsymbol{H}=\nabla\times\boldsymbol{J}\tag{1.9.7}$$

设所讨论的区域是无源的，即 $\boldsymbol{J}=0$，注意到矢量恒等式

$$\nabla\times\nabla\times\boldsymbol{E}=\nabla(\nabla\cdot\boldsymbol{E})-\nabla^2\boldsymbol{E}\tag{1.9.8}$$

以及$\nabla \cdot \boldsymbol{E}=0$，$\nabla \cdot \boldsymbol{H}=0$，那么式(1.9.5)和式(1.9.7)变为通常的波动方程，即

$$\nabla^2 \boldsymbol{E} + k^2 \boldsymbol{E} = 0 \tag{1.9.9a}$$

$$\nabla^2 \boldsymbol{H} + k^2 \boldsymbol{H} = 0 \tag{1.9.9b}$$

在本书第3章导波与波导中将求解在不同柱状边界条件下的波动方程。

1.10 矢量位和标量位

为了求解电磁场问题常常引入辅助位函数：矢量位 $\boldsymbol{A}_e$ 和 $\boldsymbol{A}_m$（或$\boldsymbol{\Pi}_e$和$\boldsymbol{\Pi}_m$）和标量位 φ_e 和 φ_m。矢量位有时简称为矢位。首先以 $\boldsymbol{A}_e$ 和 φ_e 为例讨论。令

$$\boldsymbol{H}_e = \frac{1}{\mu} \nabla \times \boldsymbol{A}_e \tag{1.10.1}$$

由于任意矢量的旋度的散度恒等于零，故式(1.10.1)与场方程式(1.8.2d)不矛盾。将式(1.10.1)代入到式(1.8.2a)中，得

$$\nabla \times (\boldsymbol{E}_e + \mathrm{j}\omega \boldsymbol{A}_e) = 0 \tag{1.10.2}$$

因为任意标量函数的梯度的旋度恒等于零，所以可令

$$\boldsymbol{E}_e + \mathrm{j}\omega \boldsymbol{A}_e = -\nabla \varphi_e \tag{1.10.3}$$

或

$$\boldsymbol{E}_e = -\nabla \varphi_e - \mathrm{j}\omega \boldsymbol{A}_e \tag{1.10.4}$$

上述推导过程表明，$\boldsymbol{A}_e$ 和 φ_e 都不是确定的，应该对 $\boldsymbol{A}_e$ 和 φ_e 附加一定的条件，以简化 $\boldsymbol{A}_e$ 所满足的方程。将式(1.10.1)和式(1.10.4)代入到式(1.8.2b)中，得

$$\frac{1}{\mu} \nabla \times \nabla \times \boldsymbol{A}_e = \mathrm{j}\omega\varepsilon(-\nabla \varphi_e - \mathrm{j}\omega \boldsymbol{A}_e) + \boldsymbol{J}_e \tag{1.10.5}$$

利用矢量恒等式

$$\nabla \times \nabla \times \boldsymbol{A}_e = \nabla(\nabla \cdot \boldsymbol{A}_e) - \nabla^2 \boldsymbol{A}_e \tag{1.10.6}$$

式(1.10.5)变为

$$\nabla^2 \boldsymbol{A}_e + k^2 \boldsymbol{A}_e = -\mu \boldsymbol{J}_e + \nabla(\nabla \cdot \boldsymbol{A}_e + \mathrm{j}\omega\varepsilon\mu\varphi_e) \tag{1.10.7}$$

令上式右端括号内的标量为零，即

$$\nabla \cdot \boldsymbol{A}_e + \mathrm{j}\omega\varepsilon\mu\varphi_e = 0 \tag{1.10.8}$$

或

$$\varphi_e = -\frac{1}{\mathrm{j}\omega\varepsilon\mu} \nabla \cdot \boldsymbol{A}_e \tag{1.10.9}$$

这是附加于矢量位 $\boldsymbol{A}_e$ 和标量位 φ_e 的一个条件，称为洛伦兹规范条件。在这一条件下，式(1.10.7)变为

$$\nabla^2 \boldsymbol{A}_e + k^2 \boldsymbol{A}_e = -\mu \boldsymbol{J}_e \tag{1.10.10}$$

将式(1.10.9)代入式(1.10.4)得

$$\boldsymbol{E}_e = -j\omega\boldsymbol{A}_e - \frac{j}{\omega\varepsilon\mu}\nabla(\nabla\cdot\boldsymbol{A}_e) \tag{1.10.11}$$

可以证明，$\boldsymbol{A}_e$ 与电流源 $\boldsymbol{J}_e$ 的关系为

$$\boldsymbol{A}_e = \frac{\mu}{4\pi}\int_V \boldsymbol{J}_e \frac{e^{-jkr}}{r}dv' \tag{1.10.12}$$

式中，r 是源所在的点到观察点之间的距离，积分是对源所在的区域进行的。$\boldsymbol{A}_e$ 的推导过程将在第 7 章中给出。一旦求出 $\boldsymbol{A}_e$，便可依据式(1.10.1)和式(1.10.11)计算由电流源 $\boldsymbol{J}_e$ 所产生的电场 $\boldsymbol{E}_e$ 和磁场 $\boldsymbol{H}_e$。

仿照上述推导过程可以引入 $\boldsymbol{A}_m$，只要令

$$\boldsymbol{E}_m = -\frac{1}{\varepsilon}\nabla\times\boldsymbol{A}_m \tag{1.10.13}$$

将式(1.10.13)代入到式(1.8.3b)中得，得

$$\nabla\times(\boldsymbol{H}_m + j\omega\boldsymbol{A}_m) = 0 \tag{1.10.14}$$

因为任意标量函数的旋度恒等于零，所以令

$$\boldsymbol{H}_m + j\omega\boldsymbol{A}_m = -\nabla\varphi_m \tag{1.10.15}$$

或

$$\boldsymbol{H}_m = -\nabla\varphi_m - j\omega\boldsymbol{A}_m \tag{1.10.16}$$

将式(1.10.13)和式(1.10.16)代入到式(1.8.3a)中，得

$$-\frac{1}{\varepsilon}\nabla\times\nabla\times\boldsymbol{A}_m = -j\omega\mu(-\nabla\varphi_m - j\omega\boldsymbol{A}_m) - \boldsymbol{J}_m \tag{1.10.17}$$

利用矢量恒等式

$$\nabla\times\nabla\times\boldsymbol{A}_m = \nabla(\nabla\cdot\boldsymbol{A}_m) - \nabla^2\boldsymbol{A}_m \tag{1.10.18}$$

式(1.10.17) 变为

$$\nabla^2\boldsymbol{A}_m + k^2\boldsymbol{A}_m = -\varepsilon\boldsymbol{J}_m + \nabla(\nabla\cdot\boldsymbol{A}_m + j\omega\varepsilon\mu\varphi_m) \tag{1.10.19}$$

令上式右端括号中的标量为零，即

$$\nabla\cdot\boldsymbol{A}_m + j\omega\varepsilon\mu\varphi_m = 0 \tag{1.10.20}$$

或

$$\varphi_m = -\frac{1}{j\omega\varepsilon\mu}\nabla\cdot\boldsymbol{A}_m \tag{1.10.21}$$

在式(1.10.20)的条件下，式(1.10.19)变为

$$\nabla^2\boldsymbol{A}_m + k^2\boldsymbol{A}_m = -\varepsilon\boldsymbol{J}_m \tag{1.10.22}$$

将式(1.10.21)代入式(1.10.16)，得

$$\boldsymbol{H}_m = -j\omega\boldsymbol{A}_m - \frac{j}{\omega\varepsilon\mu}\nabla(\nabla\cdot\boldsymbol{A}_m) \tag{1.10.23}$$

$\boldsymbol{A}_m$ 与磁流源 $\boldsymbol{J}_m$ 的关系为

$$\boldsymbol{A}_{\mathrm{m}}=\frac{\varepsilon}{4\pi}\int_V \boldsymbol{J}_{\mathrm{m}}\frac{\mathrm{e}^{-\mathrm{j}kr}}{r}\mathrm{d}v' \tag{1.10.24}$$

按照对偶变换式(1.8.4)，可得 $\boldsymbol{A}_{\mathrm{e}}$ 和 $\boldsymbol{A}_{\mathrm{m}}$ 的变换关系为 $\boldsymbol{A}_{\mathrm{e}}\to\boldsymbol{A}_{\mathrm{m}}$ 和 $\boldsymbol{A}_{\mathrm{m}}\to-\boldsymbol{A}_{\mathrm{e}}$。依据式(1.10.13)和式(1.10.23)可计算磁流源 $\boldsymbol{J}_{\mathrm{m}}$ 产生的电场 $\boldsymbol{E}_{\mathrm{m}}$ 和磁场 $\boldsymbol{H}_{\mathrm{m}}$。

有些文献中引用赫兹矢位Π_{e}和Π_{m}，它们与 $\boldsymbol{A}_{\mathrm{e}}$ 和 $\boldsymbol{A}_{\mathrm{m}}$ 的关系为

$$\Pi_{\mathrm{e}}=\frac{\boldsymbol{A}_{\mathrm{e}}}{\mathrm{j}\omega\varepsilon\mu} \tag{1.10.25}$$

$$\Pi_{\mathrm{m}}=\frac{\boldsymbol{A}_{\mathrm{m}}}{\mathrm{j}\omega\varepsilon\mu} \tag{1.10.26}$$

1.11 反作用和互易定理

在微波工程的许多课题中都要用到反作用和互易的概念，例如电磁场的激励耦合问题(第 3 章)、微波网络的可逆问题(第 4 章)、天线辐射接收问题(第 7 章)。

从广义电磁场方程组入手可以引出反作用和互易定理。考虑线性、各向同性媒质，假设有两组相同频率的源 $\boldsymbol{J}_{\mathrm{e1}}$、$\boldsymbol{J}_{\mathrm{m1}}$ 和 $\boldsymbol{J}_{\mathrm{e2}}$、$\boldsymbol{J}_{\mathrm{m2}}$。这里 $\boldsymbol{J}_{\mathrm{e1}}$、$\boldsymbol{J}_{\mathrm{m1}}$ 产生的场是 $\boldsymbol{E}_1$、$\boldsymbol{H}_1$，$\boldsymbol{J}_{\mathrm{e2}}$、$\boldsymbol{J}_{\mathrm{m2}}$ 产生的场是 $\boldsymbol{E}_2$、$\boldsymbol{H}_2$，它们满足的电磁场方程组分别是

$$\nabla\times\boldsymbol{E}_1=-\mathrm{j}\omega\mu\boldsymbol{H}_1-\boldsymbol{J}_{\mathrm{m1}} \tag{1.11.1a}$$

$$\nabla\times\boldsymbol{H}_1=\mathrm{j}\omega\varepsilon\boldsymbol{E}_1+\boldsymbol{J}_{\mathrm{e1}} \tag{1.11.1b}$$

$$\nabla\times\boldsymbol{E}_2=-\mathrm{j}\omega\mu\boldsymbol{H}_2-\boldsymbol{J}_{\mathrm{m2}} \tag{1.11.2a}$$

$$\nabla\times\boldsymbol{H}_2=\mathrm{j}\omega\varepsilon\boldsymbol{E}_2+\boldsymbol{J}_{\mathrm{e2}} \tag{1.11.2b}$$

利用矢量恒等式

$$\nabla\cdot(\boldsymbol{A}\times\boldsymbol{B})=\boldsymbol{B}\cdot(\nabla\times\boldsymbol{A})-\boldsymbol{A}\cdot(\nabla\times\boldsymbol{B}) \tag{1.11.3}$$

可得下述矢量等式：

$$\begin{aligned}&\nabla\cdot(\boldsymbol{E}_1\times\boldsymbol{H}_2-\boldsymbol{E}_2\times\boldsymbol{H}_1)\\&=\boldsymbol{H}_2\cdot(\nabla\times\boldsymbol{E}_1)-\boldsymbol{E}_1\cdot(\nabla\times\boldsymbol{H}_2)-\boldsymbol{H}_1\cdot(\nabla\times\boldsymbol{E}_2)\\&\quad+\boldsymbol{E}_2\cdot(\nabla\times\boldsymbol{H}_1)\end{aligned} \tag{1.11.4}$$

将式(1.11.1)和式(1.11.2)代入式(1.11.4)的右端，得

$$\begin{aligned}&\nabla\cdot(\boldsymbol{E}_1\times\boldsymbol{H}_2-\boldsymbol{E}_2\times\boldsymbol{H}_1)\\&=-\boldsymbol{H}_2\cdot\boldsymbol{J}_{\mathrm{m1}}-\boldsymbol{E}_1\cdot\boldsymbol{J}_{\mathrm{e2}}+\boldsymbol{H}_1\cdot\boldsymbol{J}_{\mathrm{m2}}+\boldsymbol{E}_2\cdot\boldsymbol{J}_{\mathrm{e1}}\end{aligned} \tag{1.11.5}$$

对式(1.11.5)作体积分，利用数学上的高斯定律将体积分变为面积分，得

$$\oint_S(\boldsymbol{E}_1\times\boldsymbol{H}_2-\boldsymbol{E}_2\times\boldsymbol{H}_1)\cdot\mathrm{d}\boldsymbol{s}=\langle 1,2\rangle-\langle 2,1\rangle \tag{1.11.6}$$

其中

$$\langle 1,2\rangle = \int_V (\boldsymbol{J}_{e1} \cdot \boldsymbol{E}_2 - \boldsymbol{J}_{m1} \cdot \boldsymbol{H}_2)\,\mathrm{d}v \tag{1.11.7}$$

$$\langle 2,1\rangle = \int_V (\boldsymbol{J}_{e2} \cdot \boldsymbol{E}_1 - \boldsymbol{J}_{m2} \cdot \boldsymbol{H}_1)\,\mathrm{d}v \tag{1.11.8}$$

式(1.11.7)称作场2对源1的反作用,式(1.11.8)称作场1对源2的反作用。符号$\langle 1,2\rangle$中的前一个标号与源有关,第二个标号与场有关,表示源1置于场2之中。

当源为面电流和面磁流时,式(1.11.7)和式(1.11.8)的体积分变为面积分。

对于无源区域($\boldsymbol{J}_{e1}=\boldsymbol{J}_{m1}=\boldsymbol{J}_{e2}=\boldsymbol{J}_{m2}=0$),式(1.11.6)变为

$$\oint_S (\boldsymbol{E}_1 \times \boldsymbol{H}_2 - \boldsymbol{E}_2 \times \boldsymbol{H}_1) \cdot \mathrm{d}\boldsymbol{s} = 0 \tag{1.11.9}$$

当场2对源1的反作用等于场1对源2的反作用时,即

$$\langle 1,2\rangle = \langle 2,1\rangle \tag{1.11.10}$$

我们说这个系统是互易的或可逆的。

下面应用电磁场互易定理证明一个命题:紧贴着理想导体表面放置的平行于导体表面的电流源不可能在空间激励起电磁波。

证明 如图1.6所示,取一包围导体和电流源的无限大的封闭曲面S,电流源$\boldsymbol{J}_{e1}$紧贴着理想导体表面,电流源$\boldsymbol{J}_{e2}$位置任意。令封闭曲面S趋向于无限大,对于电磁波而言,空间只要有一点衰减,封闭曲面S表面的场就为零,由于衰减场景在S面的面积分为零,即式(1.11.6)左端的面积分等于零,因而可知式(1.11.10)成立。具体到本命题为

$$\int_V \boldsymbol{J}_{e1} \cdot \boldsymbol{E}_2\,\mathrm{d}v = \int_V \boldsymbol{J}_{e2} \cdot \boldsymbol{E}_1\,\mathrm{d}v$$

式中,场$\boldsymbol{E}_1$和$\boldsymbol{E}_2$分别是电流源$\boldsymbol{J}_{e1}$和$\boldsymbol{J}_{e2}$产生的场。源2在导体表面形成的电场的切向分量为零,而本命题假设$\boldsymbol{J}_{e1}$是紧贴理想导体表面并平行于导体表面放置,故上式的左端为零,于是

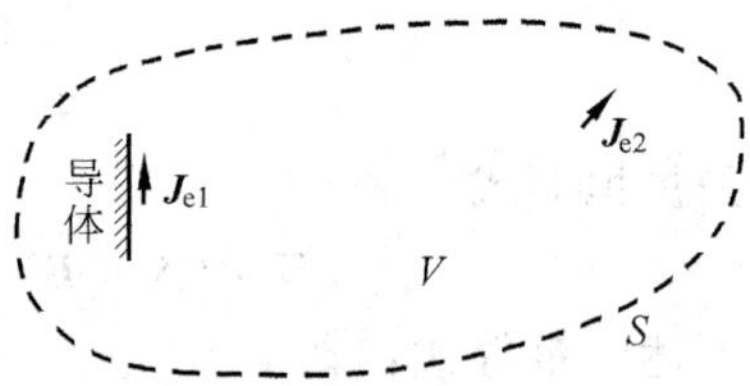

图1.6 电磁场互易定理应用举例

$$\int_V \boldsymbol{J}_{e2} \cdot \boldsymbol{E}_1\,\mathrm{d}v = 0$$

式中$\boldsymbol{J}_{e2}$是任意的,即其方向和位置是任意的。若上式成立,必须有$\boldsymbol{E}_1=0$,命题得证。

仿照理想导体,我们假想一种理想导磁体,这种理想导磁体的表面磁场的切向分量等于零,即理想导磁体的边界条件为

$$\hat{\boldsymbol{n}} \times \boldsymbol{H} = 0$$

式中$\hat{\boldsymbol{n}}$是理想导磁体表面的法向单位矢量。类似地,有这样的命题:紧贴在理想导磁体表面并平行于导磁体表面放置的磁流源不可能在空间激励起电磁波。假设$\boldsymbol{J}_{e1}=\boldsymbol{J}_{e2}=0$,引入磁流源$\boldsymbol{J}_{m1}$和$\boldsymbol{J}_{m2}$,令$\boldsymbol{J}_{m1}$置于理想导磁体附近,利用电磁场互易定理可完成该命题的

证明。

1.12 等效原理和镜像定理

1.12.1 等效原理

在 1.7 节中我们已引入了等效源的概念，本小节再进一步说明等效面电流、等效面磁流和等效原理。图 1.7 给出了实际问题和各种等效问题的示意描述。

图 1.7(a)是一个实际问题的描述：辐射源是 $\boldsymbol{J}_{\mathrm{e}}$ 和 $\boldsymbol{J}_{\mathrm{m}}$，由它所产生的场在整个空间的解是 $\boldsymbol{E}$ 和 $\boldsymbol{H}$。假想一个封闭面 S 将源包围在体积 V_1 中，S 面以外的区域记作 V_2，现在我们所关心的仅仅是 V_2 中的解，那么可以用 S 面上的等效面电流密度 $\boldsymbol{J}_{\mathrm{e}S}$ 和等效面磁流密度 $\boldsymbol{J}_{\mathrm{m}S}$ 取代 $\boldsymbol{J}_{\mathrm{e}}$ 和 $\boldsymbol{J}_{\mathrm{m}}$，保证 V_2 中的解仍是 $\boldsymbol{E}$ 和 $\boldsymbol{H}$，这就是等效原理。设想 V_2 中的解为 $\boldsymbol{E}$ 和 $\boldsymbol{H}$，V_1 中的解为 $\boldsymbol{E}'$、$\boldsymbol{H}'$，那么由于 S 面两侧的场不连续，就相当于 S 面上存在面电流密度 $\boldsymbol{J}_{\mathrm{e}S}$ 和面磁流密度 $\boldsymbol{J}_{\mathrm{m}S}$，如图 1.7(b)所示，且

$$\boldsymbol{J}_{\mathrm{e}S} = \hat{\boldsymbol{n}} \times (\boldsymbol{H} - \boldsymbol{H}') \tag{1.12.1}$$

$$\boldsymbol{J}_{\mathrm{m}S} = -\hat{\boldsymbol{n}} \times (\boldsymbol{E} - \boldsymbol{E}') \tag{1.12.2}$$

$\hat{\boldsymbol{n}}$ 是 S 面法向单位矢量，指向 V_2。若用式(1.12.1)和式(1.12.2)所表示的 S 面上的等效面源取代体积 V_1 中的 $\boldsymbol{J}_{\mathrm{e}}$ 和 $\boldsymbol{J}_{\mathrm{m}}$，则惟一性定理保证了所得体积 V_2 中的解确是 $\boldsymbol{E}$ 和 $\boldsymbol{H}$，而体积 V_1 中的解为 $\boldsymbol{E}'$，$\boldsymbol{H}'$。这里 $\boldsymbol{E}'$ 和 $\boldsymbol{H}'$ 是人为设定的，通常我们设 $\boldsymbol{E}'=\boldsymbol{H}'=0$，那么等效

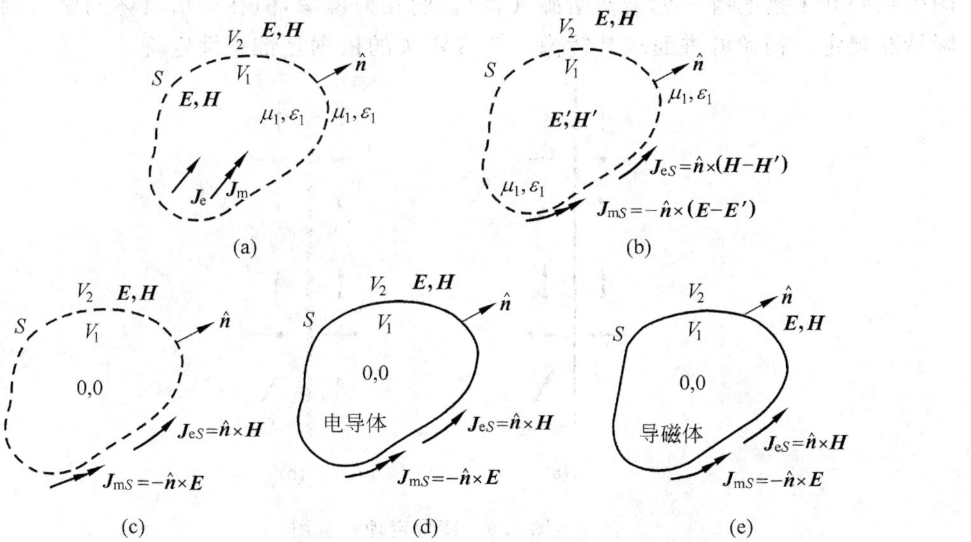

图 1.7 讨论等效原理所用的示意图

(a) 实际问题 (b) 等效问题 (c) 罗夫等效 (d) 电导体等效 (e) 导磁体等效

面电流密度和等效面磁流密度变为

$$\boldsymbol{J}_{eS} = \hat{\boldsymbol{n}} \times \boldsymbol{H} \tag{1.12.3}$$

$$\boldsymbol{J}_{mS} = -\hat{\boldsymbol{n}} \times \boldsymbol{E} \tag{1.12.4}$$

如图 1.7(c)所示，这是所谓罗夫等效。进一步，体积 V_1 用理想导体取代，如图 1.7(d)所示。因为靠近导体的面电流源不可能在体积 V_2 中激励起任何电磁场，那么只有在导体表面放置的面磁流源才能在体积 V_2 中激励起电磁场，这是所谓电导体等效。如果 V_1 用理想导磁体取代，如图 7.1(e)所示，因为靠近理想导磁体的面磁流源不可能在 V_2 中激励起任何电磁场，那么只有在导磁体表面放置的面电流源才能在体积 V_2 中激励起电磁场，这是所谓导磁体等效。在计算辐射问题时常常采用电导体或导磁体等效。

等效原理在计算天线的辐射场时是非常有用的。有时我们很难找到场源 $\boldsymbol{J}_e$ 和 $\boldsymbol{J}_m$，但却能近似地确定某一口面的场分布，再由口面的场分布按上述等效原理求出等效面源，进而计算天线的辐射场。对于电导体等效和导磁体等效，如果表面 S 是一开拓到无限远的平表面还要用到镜像定理。

1.12.2 镜像定理

说明镜像定理的示意图如图 1.8 所示。图中直线代表无限大理想导体平面，波浪线代表理想导磁体平面，单箭头代表电流源，双箭头代表磁流源，图中镜像源和初始源的方向和位置关系保证了电导体表面的电场切向分量为零，磁导体表面的磁场切向分量为零。图中我们并未指明哪一侧是初始源，因为它们互为镜像，但在分析具体问题时则应根据实际情况规定好初始源进而求其镜像。镜像定理的依据是惟一性定理。

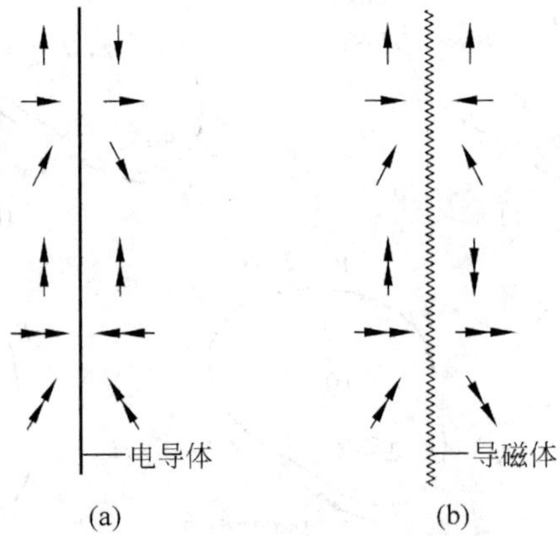

图 1.8 镜像定理示意图

(a) 理想导电平面的初始源与镜像源 (b) 理想导磁平面的初始源与镜像源

利用镜像定理求辐射场的步骤大致是：①首先求出镜像源，然后移去导电平面或导磁平面；②假设全部空间是同一媒质；③初始源与镜像源都存在，但不存在导电平面与导磁平面边界，在这种情况下求解的场只在初始源一侧有效。

将等效原理与镜像定理结合起来，是计算各种天线辐射场的有效方法，例如波导口的辐射，喇叭天线、抛物面天线、透镜天线、缝隙天线的辐射，在本书第 7 章中将举例说明。

习 题

1.1 试从谐变电磁方程组的两个旋度方程导出两个散度方程。

1.2 试从(1.4.15)写出理想导体表面的边界条件。

1.3 试从广义电磁场方程组(1.7.1)导出广义坡印亭定理

$$\nabla\cdot\boldsymbol{S}=\frac{1}{2}\mathrm{j}\omega(-\boldsymbol{H}^*\cdot\boldsymbol{B}+\boldsymbol{E}\cdot\boldsymbol{D}^*)-\frac{1}{2}(\boldsymbol{E}\cdot\boldsymbol{J}_e^*+\boldsymbol{H}^*\cdot\boldsymbol{J}_m)$$

其中 $\boldsymbol{S}=\frac{1}{2}\boldsymbol{E}\times\boldsymbol{H}^*$。

1.4 试证

$$\varphi_e=-\nabla\cdot\Pi_e$$

$$\nabla^2\Pi_e-k^2\Pi_e=-\frac{\boldsymbol{J}_e}{\mathrm{j}\omega\varepsilon}$$

$$\boldsymbol{E}_e=\nabla(\nabla\cdot\Pi_e)+k^2\Pi_e$$

$$\boldsymbol{H}_e=\mathrm{j}\omega\varepsilon\nabla\times\Pi_e$$

1.5 根据对偶变换写出与习题 1.4 的四个方程相对应的四个方程。

1.6 在理想导体表面所包围的体积中充满各向同性媒质，并放置两组源 $\boldsymbol{J}_{e1}$、$\boldsymbol{J}_{m1}$ 和 $\boldsymbol{J}_{e2}$、$\boldsymbol{J}_{m2}$，证明这一系统是互易的。

1.7 按照对偶变换式(1.8.4)，导出 $\boldsymbol{A}_e$ 和 $\boldsymbol{A}_m$ 的对偶变换关系 $\boldsymbol{A}_e\to\boldsymbol{A}_m$ 和 $\boldsymbol{A}_m\to-\boldsymbol{A}_e$。

1.8 证明：紧贴并平行于理想导磁体表面放置的磁流源不可能在空间激励起电磁波。

1.9 试求理想导体附近电场法向分量 $\boldsymbol{E}_n$ 在 $\hat{\boldsymbol{n}}$ 方向的导数$\frac{\partial \boldsymbol{E}_n}{\partial n}$和磁场切向分量在 $\hat{\boldsymbol{n}}$ 方向的导数$\frac{\partial \boldsymbol{H}\boldsymbol{\tau}}{\partial n}$。$\hat{\boldsymbol{n}}$ 是导体表面的法向分量，$\hat{\boldsymbol{\tau}}$ 是表面的切向分量，$\hat{\boldsymbol{\tau}}_1$，$\hat{\boldsymbol{\tau}}_2$ 和 $\hat{\boldsymbol{n}}$ 构成本地直角坐标系，参见图 1.3。

2 传输线理论

2.1 引　　言

随着信息系统工作频率的提高和高速数字电路的发展，必须考虑传输距离对信号幅度相位(频域)和波形时延(时域)的影响。本章从电路的观点出发，将传输线看作分布参数电路，与下一章导波理论相比较，传输线理论不考虑具体传输线的结构和横向纵向的场分布，只关心电压电流或等效电压电流沿传输线的变化。相对于场的理论而言，传输线是一种简化的模型，它不包括横向(垂直于传输线的截面)场分布的信息，却保留了纵向(沿传输线方向)波动现象的主要特征。对于许多微波工程中各种器件部件，采用这种简化的模型进行分析计算仍然是非常有效的和简洁的。在频域，我们所关心的是稳态解，应用入射波、反射波、幅度、相位等概念来描述线上的工作状态；在时域，我们所关心的是瞬态解，应用入射波、反射波、时延、瞬态波形等概念来描述线上的工作状态。传统的传输线理论注重频域稳态解。在实际工作中，由于高速数字电路的飞速发展，传输线上时域信号的瞬态解正日益引起人们的关注和研究。

2.2 传输线波动方程和它的解

2.2.1 传输线波动方程

图 2.1 是一小段传输线的等效电路，这段传输线的长度为 Δz。R_1 为单位长度损耗电阻；G_1 为单位长度损耗电导；L_1 为单位长度电感，简称分布电感；C_1 为单位长度电容，简称分布电容。当 $R_1=0$、$G_1=0$时称为无耗传输线。下章将要证明，图 2.1 所示的传输线分布

参数等效电路仅适用于 TEM 波传输线，但是本章的基本概念和结论却有着广泛的适用性。

由图 2.1 可以求得$(R_1+\mathrm{j}\omega L_1)\Delta z$上的电压降$\Delta V$为

$$\Delta V=I(R_1+\mathrm{j}\omega L_1)\Delta z \tag{2.2.1}$$

用Δz除上式两端，得

$$\frac{\Delta V}{\Delta z}=(R_1+\mathrm{j}\omega L_1)I \tag{2.2.2}$$

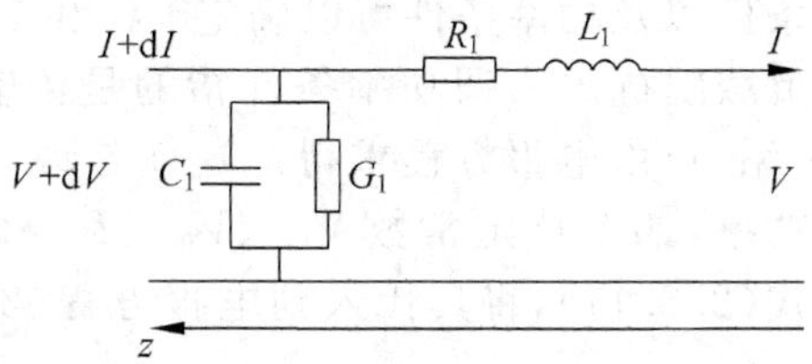

图 2.1 传输线分布参数等效电路

类似地，流过并联导纳$(G_1+\mathrm{j}\omega C_1)\Delta z$的电流$\Delta I$为

$$\Delta I=V(G_1+\mathrm{j}\omega C_1)\Delta z \tag{2.2.3}$$

用Δz除上式两端，得

$$\frac{\Delta I}{\Delta z}=(G_1+\mathrm{j}\omega C_1)V \tag{2.2.4}$$

当Δz趋于零时式(2.2.2)和式(2.2.4)变为一组微分方程

$$\frac{\mathrm{d}V}{\mathrm{d}z}=(R_1+\mathrm{j}\omega L_1)I \tag{2.2.5}$$

$$\frac{\mathrm{d}I}{\mathrm{d}z}=(G_1+\mathrm{j}\omega C_1)V \tag{2.2.6}$$

据称这一组微分方程为一佚名的电报员导出，故称之为电报员方程，后又简化为电报方程。对式(2.2.5)再求导，并将式(2.2.6)代入，得

$$\frac{\mathrm{d}^2V}{\mathrm{d}z^2}=(R_1+\mathrm{j}\omega L_1)(G_1+\mathrm{j}\omega C_1)V \tag{2.2.7}$$

此式称为电压波动方程。引入传播常数ν，$\nu=\sqrt{(R_1+\mathrm{j}\omega L_1)(G_1+\mathrm{j}\omega C_1)}$，上式可改写为

$$\frac{\mathrm{d}^2V}{\mathrm{d}z^2}=\nu^2V \tag{2.2.8}$$

类似地，电流波动方程为

$$\frac{\mathrm{d}^2I}{\mathrm{d}z^2}=\nu^2I \tag{2.2.9}$$

传播常数ν是一个复数，表示为

$$\nu=\alpha+\mathrm{j}\beta \tag{2.2.10}$$

式中，α是单位长度的衰减，称为衰减系数；β是单位长度的相移，称为相移常数。

2.2.2 波动方程的解

波动方程(2.2.8)和(2.2.9)的通解为

$$V = V_{0+}e^{\nu z} + V_{0-}e^{-\nu z} \tag{2.2.11}$$

$$I = I_{0+}e^{\nu z} + I_{0-}e^{-\nu z} \tag{2.2.12}$$

式中,V_{0+}、V_{0-}和I_{0+}、I_{0-}是待定常数,下角标的+、-号与指数项的指数前的符号一致。根据传输线的终端的阻抗条件以及功率条件可以确定V_{0+}和V_{0-}。所谓终端的阻抗条件指的是传输线终端所接的负载阻抗。所谓功率条件指的是传输线上的传输功率。I_{0+}与V_{0+}的关系、I_{0-}与V_{0-}的关系,可由电报方程求得。这就是说,只要给定传输线终端的阻抗条件和传输线上的传输功率,四个待定常数V_{0+}、V_{0-}、I_{0+}和I_{0-}就完全确定了。若已知传输线上电压的通解为式(2.2.11),将其代入到电报方程(2.2.5)中,得传输线上电流的解为

$$I = \frac{\nu}{R_1 + j\omega L_1}(V_{0+}e^{\nu z} - V_{0-}e^{-\nu z}) \tag{2.2.13}$$

事实上$(R_1+j\omega L_1)$与ν的比值

$$\frac{R_1 + j\omega L_1}{\nu} = \sqrt{\frac{R_1 + j\omega L_1}{G_1 + j\omega C_1}} \tag{2.2.14}$$

对于无耗传输线$R_1=0, G_1=0$,则

$$\nu = j\omega\sqrt{L_1 C_1} = j\beta \tag{2.2.15}$$

即$\alpha=0$,且式(2.2.14)变为实数,令其为Z_C,

$$Z_C = \sqrt{\frac{L_1}{C_1}} \tag{2.2.16}$$

Z_C具有阻抗的量纲,取决于传输线固有的分布电感和分布电容,故称作传输线的特性阻抗。引入特性阻抗后式(2.2.13)可改写为

$$I = \frac{1}{Z_C}(V_{0+}e^{j\beta z} - V_{0-}e^{-j\beta z}) \tag{2.2.17}$$

对于无耗传输线,式(2.2.11)和式(2.2.12)变为

$$V = V_+ + V_- \tag{2.2.18}$$

$$I = I_+ + I_- \tag{2.2.19}$$

式中

$$V_+ = V_{0+}e^{j\beta z} \tag{2.2.20}$$

$$V_- = V_{0-}e^{-j\beta z} \tag{2.2.21}$$

$$I_+ = I_{0+}e^{j\beta z} \tag{2.2.22}$$

$$I_- = I_{0-}e^{-j\beta z} \tag{2.2.23}$$

$$I_+ = \frac{V_+}{Z_C} \tag{2.2.24}$$

$$I_- = -\frac{V_-}{Z_C} \tag{2.2.25}$$

式(2.2.18)～(2.2.25)所引入的这些简单的关系式和符号是非常有用的。此后各节还要对它们做进一步的加工处理。

2.2.3 相速和波长

为了简化，我们在求解波动方程时省去了时间因子 $e^{j\omega t}$，现在将时间因子补入式(2.2.20)和式(2.2.21)，得

$$V_+ = V_{0+}e^{j(\beta z+\omega t)} \tag{2.2.26}$$

$$V_- = V_{0-}e^{-j(\beta z-\omega t)} \tag{2.2.27}$$

然后可根据这两个式子讨论相速。简而言之，相速是等相位面传播的速度。在传输线理论中等相位面是垂直于 z 轴的平面。以 V_- 为例，其相位因子为$(\beta z-\omega t)$，令

$$\beta z - \omega t = \text{常数} \tag{2.2.28}$$

这是角频率为 ω 的稳态波在 z 点 t 时刻的相位。经过 Δt 时间后，等相位面传播了一段距离 Δz，其相位仍保持不变，即

$$\beta(z+\Delta z) - \omega(t+\Delta t) = \text{常数} \tag{2.2.29}$$

上述两式相减，得

$$\beta\Delta z - \omega\Delta t = 0 \tag{2.2.30}$$

用 Δt 除上式，并令 Δt 趋于零，得到导数$\frac{dz}{dt}$，即为相速 v_p，

$$v_p = \frac{dz}{dt} = \frac{\omega}{\beta} = \frac{1}{\sqrt{L_1C_1}} \tag{2.2.31}$$

导数$\frac{dz}{dt}>0$，这说明若时间变化 $\Delta t>0$，等相位面传播一段距离 $\Delta z>0$，显然意味着 V_- 是向正 z 方向传播的波。用同样的方法可以证明 V_+ 是向负 z 方向传播的波。应当指出的是，这一关于 V_- 和 V_+ 传播方向的结论与如何选取时间因子密切相关。国内外有关电磁场、微波的书大多采用 $e^{j\omega t}$ 形式的时间因子，少数采用 $e^{-j\omega t}$ 形式。若时间因子取为 $e^{-j\omega t}$，那么 V_- 和 V_+ 就分别对应着向负 z 和正 z 方向传播的波。

通过相速可求得传输线上的波长 λ_g 为

$$\lambda_g = \frac{v_p}{f} = \frac{2\pi v_p}{\omega} = \frac{2\pi}{\beta} \tag{2.2.32}$$

式中，f 是频率，有时 λ_g 简称为线上波长。上式还给出了相位常数的另一种形式的表达式

$$\beta = \frac{2\pi}{\lambda_g} \tag{2.2.33}$$

2.3 阻抗与驻波

前一节我们已求得传输线上电压和电流的一般形式的解，电压和电流被分解为向正 z 方向和负 z 方向传播的两个波。为了工程计算的需要，本节将引入适当的参量来描述传输线上波的状态。这些参量包括反射系数、阻抗、导纳、归一化阻抗、归一化导纳、驻波系数和行波系数等。所有这些参数都与传输线相对于波长的长度有关，这是分布参数电路与低频集总参数电路最重要的区别。

2.3.1 反射系数

传输线终端接一负载阻抗 Z_F，如图 2.2 所示，这里用双线表示具有长度的传输线，单线则表示仅仅是一种连接关系，而不必考虑其长度的影响。请注意，负载阻抗 Z_F 的概念不是低频电路的集总参数阻抗，它描述了终端这一点的电压 V_F 和电流 I_F 的比值关系，即 $Z_F=V_F/I_F$，因此是一个等效的概念。

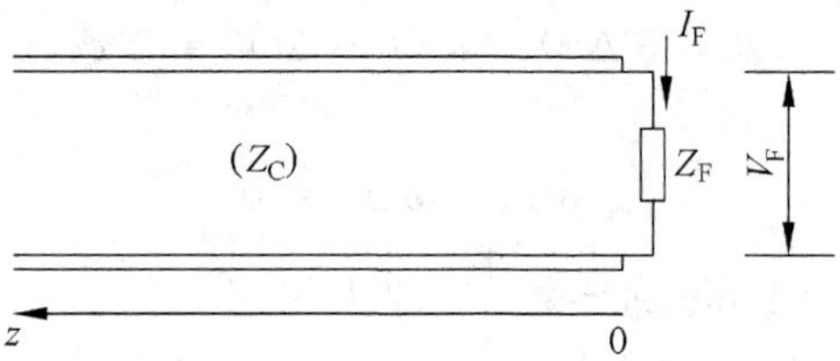

图 2.2 终端接负载阻抗的传输线

一般说来，传输线上同时存在着入射波(即入射到负载端的波)和反射波(即从负载端反射的波)。V_+ 和 V_- 哪个是入射波，哪个是反射波？这与 z 轴的取法有关。按习惯，z 轴的原点取在负载阻抗 Z_F 所在的点，z 轴自右向左，这样，由于 V_+ 是向负 z 轴方向传播的波，所以 V_+ 是入射波，当然 V_- 就是反射波。现在引入电压反射系数，反射波电压 V_- 与入射波电压 V_+ 之比称作电压反射系数，简称反射系数，记作 Γ，有

$$\Gamma=\frac{V_-}{V_+}=\frac{V_{0-}\,\mathrm{e}^{-\mathrm{j}\beta z}}{V_{0+}\,\mathrm{e}^{\mathrm{j}\beta z}}=\frac{V_{0-}}{V_{0+}}\mathrm{e}^{-\mathrm{j}2\beta z} \tag{2.3.1}$$

Γ 是坐标 z 的函数，因此讲到反射系数 Γ 就意味着讲传输线上某一截面处的反射系数。在传输线理论中，各个参量如反射系数、阻抗、导纳、归一化阻抗、归一化导纳等都是对某一截面而言的。如前所述，坐标原点取在 Z_F 所在点，那么负载阻抗 Z_F 所在点的反射系数 Γ_F 为

$$\Gamma_F=\Gamma|_{z=0}=V_{0-}/V_{0+} \tag{2.3.2}$$

任意截面处的反射系数 Γ 又可写作

$$\Gamma = \Gamma_F e^{-j2\beta z} \tag{2.3.3}$$

因为$|\Gamma| = |\Gamma_F|$,所以反射系数的模在传输线上处处相等,换句话说,反射系数的模在均匀传输线上是不变的,这是反射系数的一个非常重要的特点。

引入反射系数Γ后,传输线上z点的电压$V(z)$和电流$I(z)$可以写成下述形式:

$$V(z) = V_+ (1+\Gamma) \tag{2.3.4}$$

$$I(z) = I_+ (1-\Gamma) \tag{2.3.5}$$

2.3.2 输入阻抗与输入导纳

某一截面的电压$V(z)$与电流$I(z)$之比称作该截面的输入阻抗,用Z_i表示。输入阻抗与反射系数之间的关系表现为分式线性关系,即

$$Z_i = \frac{V}{I} = \frac{V_+ (1+\Gamma)}{I_+ (1-\Gamma)} \tag{2.3.6}$$

注意到入射波电压V_+与入射波电流I_+之比等于传输线的特性阻抗,那么上式可写作

$$Z_i = Z_C \frac{1+\Gamma}{1-\Gamma} \tag{2.3.7}$$

特性阻抗Z_C的倒数为特性导纳,记作Y_C,输入阻抗Z_i的倒数为输入导纳,记作Y_i,则

$$Y_i = Y_C \frac{1-\Gamma}{1+\Gamma} \tag{2.3.8}$$

负载阻抗

$$Z_F = Z_C \frac{1+\Gamma_F}{1-\Gamma_F} \tag{2.3.9}$$

负载导纳

$$Y_F = Y_C \frac{1-\Gamma_F}{1+\Gamma_F} \tag{2.3.10}$$

从式(2.3.7)～(2.3.10)求出反射系数Γ和负载反射系数Γ_F分别为

$$\Gamma = \frac{Z_i - Z_C}{Z_i + Z_C} \tag{2.3.11}$$

$$\Gamma = \frac{Y_C - Y_i}{Y_C + Y_i} \tag{2.3.12}$$

$$\Gamma_F = \frac{Z_F - Z_C}{Z_F + Z_C} \tag{2.3.13}$$

$$\Gamma_F = \frac{Y_C - Y_F}{Y_C + Y_F} \tag{2.3.14}$$

在有些情况下,我们对于具体的Z_i和Z_C不感兴趣,所关心的仅仅是归一化阻抗$\bar{z}_i$和归一化导纳$\bar{y}_i$,分别为

$$\bar{z}_i = \frac{Z_i}{Z_C} = \frac{1+\Gamma}{1-\Gamma} \tag{2.3.15}$$

$$\bar{y}_i = \frac{Y_i}{Y_C} = \frac{1-\Gamma}{1+\Gamma} \tag{2.3.16}$$

这里用小写英文字母加横来表示归一化。式(2.3.15)和式(2.3.16)是两个非常重要的关系式，它们是2.4节史密斯阻抗圆图和导纳圆图的基础。

2.3.3 输入阻抗与输入导纳的另一种表示式

有时候我们会用到输入阻抗的另一种表示式。将某一截面的电压 $V(z)$ 和电流 $I(z)$ 写成三角函数的形式有

$$V(z) = (V_{0+} + V_{0-})\cos\beta z + j(V_{0+} - V_{0-})\sin\beta z \tag{2.3.17}$$

$$I(z) = \frac{V_{0+} - V_{0-}}{Z_C}\cos\beta z + \mathrm{j}\,\frac{V_{0+} + V_{0-}}{Z_C}\sin\beta z \tag{2.3.18}$$

输入阻抗为

$$Z_i(z) = \frac{(V_{0+} + V_{0-})\cos\beta z + \mathrm{j}(V_{0+} - V_{0-})\sin\beta z}{\dfrac{V_{0+} - V_{0-}}{Z_C}\cos\beta z + \mathrm{j}\,\dfrac{V_{0+} + V_{0-}}{Z_C}\sin\beta z} \tag{2.3.19}$$

显然，当 $z=0$ 时，$Z_i(0) = Z_F = Z_C(V_{0+} + V_{0-})/(V_{0+} - V_{0-})$。将式(2.3.19)的分子和分母同除以 $(V_{0+} - V_{0-})\cos\beta z/Z_C$，并注意到 Z_F 的表示式，那么输入阻抗可以写为

$$Z_i = Z_C\,\frac{Z_F + \mathrm{j}Z_C\tan\beta z}{Z_C + \mathrm{j}Z_F\tan\beta z} \tag{2.3.20}$$

类似地，输入导纳的表示式也可写为

$$Y_i = Y_C\,\frac{Y_F + \mathrm{j}Y_C\tan\beta z}{Y_C + \mathrm{j}Y_F\tan\beta z} \tag{2.3.21}$$

归一化输入阻抗和归一化输入导纳的表示式为

$$\bar{z}_i = \frac{\bar{z}_F + \mathrm{j}\tan\beta z}{1 + \mathrm{j}\bar{z}_F\tan\beta z} \tag{2.3.22}$$

$$\bar{y}_i = \frac{\bar{y}_F + \mathrm{j}\tan\beta z}{1 + \mathrm{j}\bar{y}_F\tan\beta z} \tag{2.3.23}$$

有三种特殊情况应予特别注意：终端短路、终端开路和终端匹配。其一，$\bar{z}_F=0$，这相当于终端短路，其对应的归一化输入阻抗为

$$\bar{z}_i(\bar{z}_F = 0) = \mathrm{j}\tan\beta z \tag{2.3.24}$$

其二，$\bar{z}_F=\pm\mathrm{j}\infty$，这相当于终端开路，于是归一化输入阻抗为

$$\bar{z}_i(\bar{z}_F = \pm\mathrm{j}\infty) = -\mathrm{j}\cot\beta z \tag{2.3.25}$$

其三，$\bar{z}_F=1$，这相当于终端所接的负载阻抗等于传输线的特性阻抗，其相应的归一化阻抗 $\bar{z}_i(\bar{z}_F=1)=1$，称作终端匹配。

2.3.4 传输线的工作状态

所谓传输线的工作状态指的是传输线上电压和电流的分布状态，它取决于负载反射系数，也就是说取决于终端负载和传输线的特性阻抗。下面先分析两个极端情况(行波状态和纯驻波状态)，然后再讨论一般的工作状态。

(1) 行波状态

当终端负载阻抗 Z_F 等于传输线特性阻抗 Z_C，即终端匹配时，传输线工作在行波状态，这时 Z_F 称为匹配负载。在行波状态时，反射系数等于零，线上的电压等于入射波电压，线上的电流等于入射波电流，电压电流之比等于传输线的特征阻抗 Z_C。因为 Z_C 为实数且大于零，所以线上电压电流同相，线上任意截面的输入阻抗等于传输线的特性阻抗，归一化输入阻抗等于 1。入射波所携带的功率 P_{inc} 为

$$P_{inc} = \mathrm{Re}\left[\frac{1}{2}V_{0+}I_{0+}^{*}\right] \tag{2.3.26}$$

式中，Re 表示取实部，* 号表示共轭。所谓终端接入 $Z_F=Z_C$ 的匹配负载，不一定是真的接入一个电阻，准确的意思是设法将全部入射功率吸收，使之不产生反射。

(2) 纯驻波状态

纯驻波状态也称全反射状态。当终端短路、终端开路或终端负载阻抗为纯电抗时，传输线处于全反射工作状态。由反射系数的表示式可以证明这时反射系数的模等于 1，即

$$|\Gamma| = |\Gamma_F| = \left|\frac{Z_F - Z_C}{Z_F + Z_C}\right| = 1 \tag{2.3.27}$$

若传输线特性阻抗 Z_C 为实数，将 $Z_F=0$、$\pm j\infty$、jx 代入上式验证，可知其正确。在全反射工作状态，入射功率全部被反射。反射功率 P_{ref} 的表示式为

$$P_{ref} = \mathrm{Re}\left[\frac{1}{2}V_{0-}I_{0-}^{*}\right] \tag{2.3.28}$$

以终端短路和终端开路为例分析全反射状态的线上电压电流的分布和输入阻抗的变化规律。终端短路时，负载端的反射系数 $\Gamma_F=-1$，将其代入到式(2.3.3)，再代入到电压电流的表示式(2.3.4)和(2.3.5)得

$$V(z) = j2V_{0+}\sin\left(\frac{2\pi}{\lambda_g}z\right) \tag{2.3.29}$$

$$I(z) = \frac{2V_{0+}}{Z_C}\cos\left(\frac{2\pi}{\lambda_g}z\right) \tag{2.3.30}$$

上述二式补上时间因子 $e^{j\omega t}$，然后取虚部(或实部)，由此写出线上电压电流的瞬时值。观察瞬时值沿 z 轴的分布，用小写字母 $v(z,t)$ 和小写字母 $i(z,t)$ 表示线上电压电流的瞬时值，则

$$v(z,t) = \mathrm{Im}[V\mathrm{e}^{\mathrm{j}\omega t}] = 2V_{0+}\sin\left(\frac{2\pi}{\lambda_g}z\right)\cos\omega t \tag{2.3.31a}$$

$$i(z,t) = \mathrm{Im}[I\mathrm{e}^{\mathrm{j}\omega t}] = 2\frac{V_{0+}}{Z_C}\cos\left(\frac{2\pi}{\lambda_g}z\right)\sin\omega t \tag{2.3.31b}$$

终端开路的线上电压电流瞬时值的表示式为

$$v(z,t) = 2V_{0+}\cos\left(\frac{2\pi}{\lambda_g}z\right)\sin\omega t \tag{2.3.32a}$$

$$i(z,t) = 2\frac{V_{0+}}{Z_C}\sin\left(\frac{2\pi}{\lambda_g}z\right)\cos\omega t \tag{2.3.32b}$$

图 2.3 是终端短路和终端开路时线上电压电流和归一化输入阻抗的分布示意图。因为电压电流瞬时值是随时间变化的，图中的曲线仅仅是在 $\cos\omega t=\pm1$ 和 $\sin\omega t=\pm1$ 这样一些特定时刻的线上电压电流沿线的分布。从图中曲线可以看出，电压的波节点恰好是电流的波腹点。归一化输入阻抗的周期为 1/2 线上波长，并且每经过 1/4 波长短路点变成开路点，反之亦然。

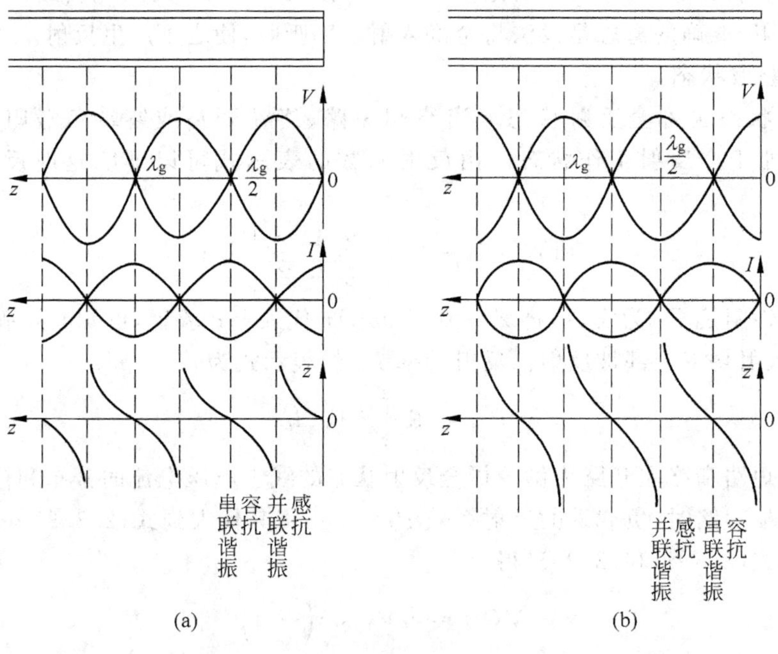

图 2.3 纯驻波状态线上电压电流和归一化输入阻抗分布图

(a) 终端短路 (b) 终端开路

(3) 驻波状态

这是传输线上的一般工作状态，前两种情况是它的特例。事实上，在大多数情况下负

载只能吸收入射波的一部分能量,其余部分能量被反射回去。显然,反射系数的模大于等于零小于等于1,即 $0\leqslant|\Gamma|\leqslant 1$。$\Gamma=0$ 和 $|\Gamma|=1$ 是上述一般情况的特例。由式(2.3.23)~(2.3.25)以及式(2.2.24)知,沿线的电压和电流可写作

$$V = V_{+}\left(1+\Gamma_{\mathrm{F}}\mathrm{e}^{-\mathrm{j}2\beta z}\right) \tag{2.3.33}$$

$$I = \frac{V_{+}}{Z_{\mathrm{C}}}\left(1-\Gamma_{\mathrm{F}}\mathrm{e}^{-\mathrm{j}2\beta z}\right) \tag{2.3.34}$$

为了描绘电压电流的幅度沿线分布的情况,并使电压电流分布图具有通用性,只考虑电压电流的相对变化,即只考虑上述二式括号中的因子$(1+\Gamma)$和$(1-\Gamma)$。这里,给定负载后,Γ_{F} 是不变量,沿线变化的仅仅是 Γ 的相位因子 $\mathrm{e}^{-\mathrm{j}2\beta z}$,旋转 Γ 矢量,并利用矢量合成可以画出沿线电压电流的幅度变化示意图,如图 2.4 所示。矢量$(1+\Gamma)$和$(1-\Gamma)$分别对应于电压 V 和电流 I。注意观察 Γ 的变化,当观察点从负载端向信号源方向移动时,即向正 z 方向移动时,Γ 的相位是逐渐落后的,相应的 Γ 矢量顺时针方向旋转。合成矢量的长度对应电压 V 或电流 I 的幅度。$(1+|\Gamma|)$对应于电压或电流的波幅,$(1-|\Gamma|)$对应于电压或电流的波节。

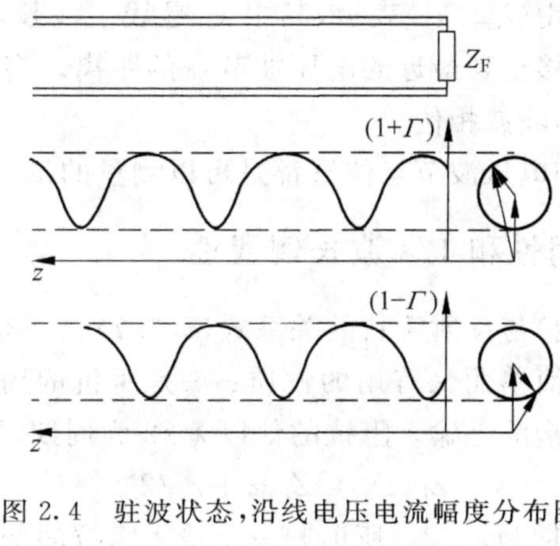

图 2.4 驻波状态,沿线电压电流幅度分布图

2.3.5 驻波参量

引入驻波参量的目的一方面是为了评价传输线上工作状态的优劣,另一方面是测量输入阻抗、负载阻抗的需要。驻波参量包括电压驻波系数、行波系数以及电压波节点位置。

电压驻波系数 ρ,简称为驻波系数,定义为传输线上电压最大值 $V_{\max}$ 与电压最小值 $V_{\min}$之比,即

$$\rho = \frac{V_{\max}}{V_{\min}} \tag{2.3.35}$$

式中，$V_{\max}=|V_{+}(1+|\Gamma|)|$，$V_{\min}=|V_{+}(1-|\Gamma|)|$，显然，驻波系数与反射系数的模的关系为

$$\rho=\frac{1+|\Gamma|}{1-|\Gamma|}\geqslant 1 \tag{2.3.36}$$

电压驻波系数的倒数叫做行波系数，用符号 K 表示为

$$K=\frac{V_{\min}}{V_{\max}} \tag{2.3.37}$$

行波系数与反射系数的模的关系为

$$K=\frac{1-|\Gamma|}{1+|\Gamma|}\leqslant 1 \tag{2.3.38}$$

很容易从式(2.3.36)和式(2.3.38)解得反射系数的模为

$$|\Gamma|=\frac{\rho-1}{\rho+1} \tag{2.3.39}$$

$$|\Gamma|=\frac{1-K}{1+K} \tag{2.3.40}$$

电压波节点位置通常用$(l_{\min}/\lambda_g)$表示，其中 λ_g 是线上波长，$l_{\min}$通常是指从某一指定的截面 z 处向信号源方向移动到最近的电压波节点的距离。有时称$(l_{\min}/\lambda_g)$为指定的截面 z 处的驻波相位，或简称驻波相位。

驻波系数、行波系数和电压波节点位置都是可以测量的量。

2.3.6 阻抗的周期性和 1/4 波长倒置性

由输入阻抗(输入导纳)与反射系数的关系式(2.3.7)、(2.3.8)、(2.3.15)、(2.3.16)，可以引出输入阻抗的两个简单而又有用的性质：一是阻抗的周期性，二是归一化输入阻抗的倒置性。所谓周期性指的是输入阻抗的值以 $\lambda_g/2$ 为周期，即

$$Z_i(z)=Z_i(z+\lambda_g/2) \tag{2.3.41}$$

这是因为反射系数 Γ 的周期为$\lambda_g/2$。所谓归一化输入阻抗的倒置性指的是两个相距$\lambda_g/4$的截面处的归一化输入阻抗互为倒数，因为 $\Gamma\left(z+\frac{\lambda_g}{4}\right)=-\Gamma(z)$，由式(2.3.15)可以证明

$$\bar{z}_i(z)=\frac{1}{\bar{z}_i\left(z+\frac{\lambda_g}{4}\right)} \tag{2.3.42}$$

以下例题都很简单，不需复杂计算，读者应能迅速准确地求解。各题只作简单说明。

【例 2.1】 终端短路，在距终端 $\lambda_g/4$ 处向负载看入的输入阻抗为开路，在距终端$\lambda_g/2$处向负载看入的输入阻抗为短路。

【例 2.2】 电路如图 2.5 所示。求截面 C 处的反射系数 Γ_C。这个例题的特点是中间

截面 B 处并联了阻抗 Z_C，在计算反射系数时必须注意区别 $\Gamma_{B右}$ 和 $\Gamma_{B左}$，一般说来 $\Gamma_{B右} \neq \Gamma_{B左}$。因 $Z_F = Z_C$，故有 $\Gamma_A = 0$，$\Gamma_{B右} = 0$，$Z_{B右} = Z_C$，从而 $\bar{z}_{B左} = 1/2$，$\Gamma_{B左} = -1/3$，考虑到从 B 点到 C 点的距离为 l，最后得到 C 截面处的反射系数 $\Gamma_C = -e^{-j2\beta l}/3$。

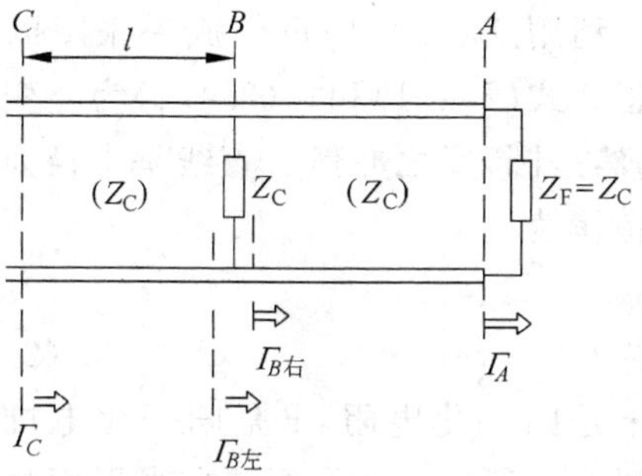

图 2.5 例题 2.2 电路图

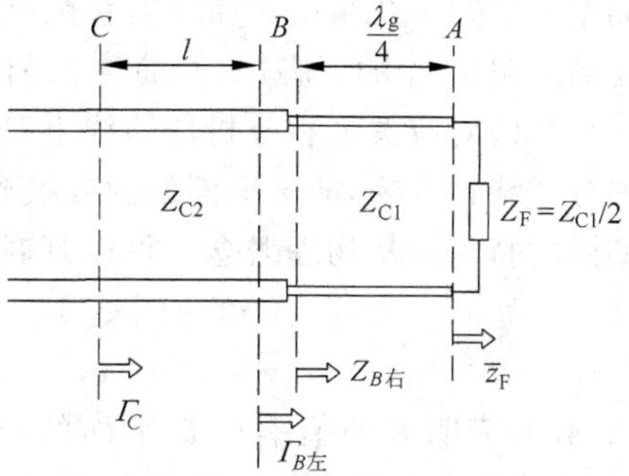

图 2.6 例题 2.3 电路图

【例 2.3】 电路图如图 2.6 所示，终端负载阻抗为 $Z_{C1}/2$，与特性阻抗为 Z_{C1} 的传输线相接，经 1/4 波长后再与特性阻抗为 Z_{C2} 的传输线相接，试求 C 截面处的反射系数 Γ_C。

求解过程如下：$Z_F = Z_{C1}/2$ 称为非归一化负载阻抗，将 Z_F 按特性阻抗 Z_{C1} 归一化，得 $\bar{z}_F = 1/2$；经 1/4 波长变换后，截面 $B_右$ 处的归一化输入阻抗为 $\bar{z}_{B右} = 2$，将 $\bar{z}_{B右}$ 按特性阻抗 Z_{C1} 反归一化，得到 $Z_{B右} = 2Z_{C1}$。$Z_{B右}$ 现在作为特性阻抗等于 Z_{C2} 的传输线的负载，那么 $B_左$ 截面处的反射系数 $\Gamma_{B左} = (Z_{B右} - Z_{C2})/(Z_{B右} + Z_{C2}) = (2Z_{C1} - Z_{C2})/(2Z_{C1} + Z_{C2})$。最后得截面 C 处的反射系数 $\Gamma_C = \Gamma_{B左} \times e^{-j2\beta l}$，其中 l 是截面 B 与 C 之间的距离。本例题的用意是提醒读者注意归一化和反归一化的计算过程。

2.4 史密斯圆图

史密斯圆图是传输线理论中的辅助的图解工具，用于研究阻抗或导纳的变换是非常方便的。史密斯圆图概括了前面讨论的传输线理论的许多特点，使用方便，具有一定的直观性，在微波工程领域已经沿用了半个多世纪。随着扫频信号源、网络分析仪等现代微波测试系统的发展，将史密斯圆图显示在计算机屏幕上，能够快速直观地显示出阻抗或导纳随频率变化的轨迹。一个实用的史密斯圆图附于本书末。

2.4.1 阻抗圆图

根据归一化阻抗与反射系数之间的关系式可以绘制出阻抗圆图。传输线理论给出

$$\bar{z}=\frac{1+\Gamma}{1-\Gamma} \tag{2.4.1}$$

$$\Gamma=\frac{\bar{z}-1}{\bar{z}+1} \tag{2.4.2}$$

它们给出了归一化阻抗 $\bar{z}$ 和反射系数 Γ 之间的变换关系。这里，为了简化，我们省去了归一化输入阻抗 $\bar{z}_i$ 的下脚标，并简称为归一化阻抗。利用式(2.4.1)可作成一张图以便查找 $\bar{z}$ 与 Γ 的对应关系和分析传输线电路的匹配状态。式(2.4.1)和式(2.4.2)为复变函数中的分式线性变换，故 $\bar{z}$ 平面的圆变换到 Γ 平面仍然是圆，反之亦然。直线是半径为无限大的圆的特例。从物理概念上可以判断 Γ 和 $\bar{z}$ 的范围为

$$0\leqslant|\Gamma|\leqslant 1 \tag{2.4.3}$$

$$\bar{z}=r+\mathrm{j}x,\quad r\geqslant 0,\quad x\in(-\infty,+\infty) \tag{2.4.4}$$

式(2.4.3)表明 Γ 的值落在 Γ 平面的单位圆内。r 是归一化电阻，x 是归一化电抗。式(2.4.4)表明 $\bar{z}$ 的值落在 $\bar{z}$ 平面的右半平面内，如图 2.7 所示。$\bar{z}$ 平面的右半平面的点与 Γ 平面单位圆内的点一一对应。虽然也可以将 Γ 平面单位圆内的点映射到 $\bar{z}$ 平面的右半平面，并在 $\bar{z}$ 的右半平面标注 Γ 的值，但是无限大的右半平面作成的图总是不方便和不现实的，所以习惯上是将 $\bar{z}$ 的右半平面的点映射到 Γ 平面的单位圆，并在 Γ 平面的单位圆中标注 $\bar{z}$ 的值和 Γ 的值，这样便构成了圆图。

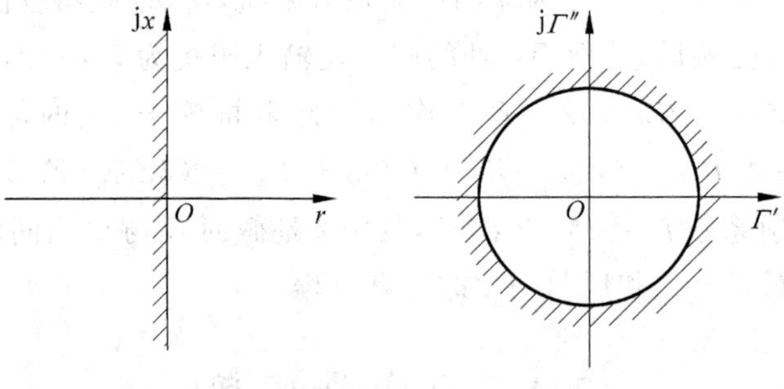

图 2.7 $\bar{z}$ 平面的右半平面与 Γ 平面的单位圆

Γ 的标注很简单，因为如前所述，当 Γ 沿均匀传输线移动时，Γ 的模不变，所以在 Γ 平面的单位圆内 Γ 是同心圆。从负载端向信号源方向移动时，Γ 顺时针旋转，从信号源向负载方向移动时，Γ 逆时针旋转，这一点很重要，要牢记，否则很容易将计算结果搞错。回忆式(2.3.3)

$$\Gamma=\Gamma_{\mathrm{F}}\mathrm{e}^{-\mathrm{j}2\beta z}$$

因为坐标原点取在负载所在的位置，那么线上任意点 $z\geqslant 0$，这时我们可用两个截面之间的距离 l 取代上式中的 z，于是有

$$\Gamma=\Gamma_{\mathrm{F}}\mathrm{e}^{-\mathrm{j}2\beta l} \tag{2.4.5}$$

和

$$\Gamma_{\mathrm{F}} = \Gamma \mathrm{e}^{\mathrm{j}2\beta l} \tag{2.4.6}$$

为了帮助记忆，将式(2.4.5)和式(2.4.6)用图 2.8 表示出来，在距负载 z_{F} 为 l 处有一幅度为 1 的入射波，图中标出了 Γ 和 Γ_{F} 的位置及其表示式，要特别注意指数项的符号。

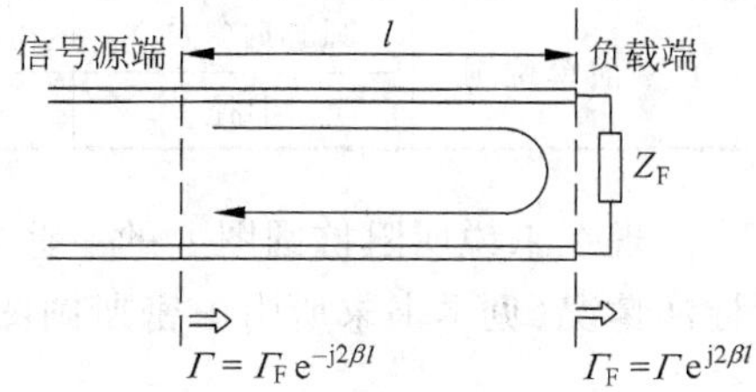

图 2.8　Γ 与 Γ_{F} 的关系

$\bar{z}$ 平面的右半平面的点如何映射到 Γ 平面的单位圆内以及如何标注是一个比较细致的工作。现将反射系数 Γ 分为实部和虚部两部分，$\Gamma=\Gamma'+\mathrm{j}\Gamma''$，其中 Γ' 为实部，$\mathrm{j}\Gamma''$ 为虚部，那么式(2.4.1)可改写为

$$r+\mathrm{j}x = \frac{1-\Gamma'^2-\Gamma''^2}{(1-\Gamma')^2+\Gamma''^2} + \mathrm{j}\frac{2\Gamma''}{(1-\Gamma')^2+\Gamma''^2} \tag{2.4.7}$$

由复数相等的充分必要条件可得下述两个方程：

$$r = \frac{1-\Gamma'^2-\Gamma''^2}{(1-\Gamma')^2+\Gamma''^2} \tag{2.4.8}$$

$$x = \frac{2\Gamma''}{(1-\Gamma')^2+\Gamma''^2} \tag{2.4.9}$$

经整理，式(2.4.8)和式(2.4.9)变为

$$\left(\Gamma'-\frac{r}{r+1}\right)^2+\Gamma''^2 = \left(\frac{1}{r+1}\right)^2 \tag{2.4.10}$$

$$(\Gamma'-1)^2+\left(\Gamma''-\frac{1}{x}\right)^2 = \left(\frac{1}{x}\right)^2 \tag{2.4.11}$$

这是 Γ 平面上的两个圆的方程。式(2.4.10)表明，$\bar{z}$ 平面的等 r 直线映射为 Γ 平面的等 r 圆，其圆心在 $\left(\frac{r}{r+1},0\right)$，半径为 $\frac{1}{r+1}$。式(2.4.11)表明，$\bar{z}$ 平面的等 x 直线映射为 Γ 平面的等 x 圆，其圆心在 $\left(1,\frac{1}{x}\right)$，半径为 $\frac{1}{|x|}$。Γ 平面单位圆内的等 r 圆是完整的圆，Γ 平面单位圆内的等 x 圆只是等 x 圆的一部分曲线。根据以上所述列出两个表，表 2.1 和表 2.2 分别说明了 $\bar{z}$ 平面上的 3 条等 r 直线和 5 条等 x 直线如何映射为 Γ 平面上的圆，并给出了它们的圆心和半径。

表 2.1　等 r 直线的映射

$\bar{z}$ 平面 r		0	1	∞
Γ 平面单位圆	圆心(Γ',Γ'')	(0,0)	(1/2,0)	(1,0)
	半径	1	1/2	0

表 2.2　等 x 直线的映射

$\bar{z}$ 平面 x		0	1	∞	-1	$-\infty$
Γ 平面单位圆	圆心 (Γ',Γ'')	$(1,\infty)$	$(1,1)$	$(1,0)$	$(1,-1)$	$(1,0)$
	半径	∞	1	0	1	0

现在来说明阻抗圆图上的一些主要的关键的点、线、面的意义(见图 2.9)和各种参数标注情况(见本书末所附史密斯圆图)。

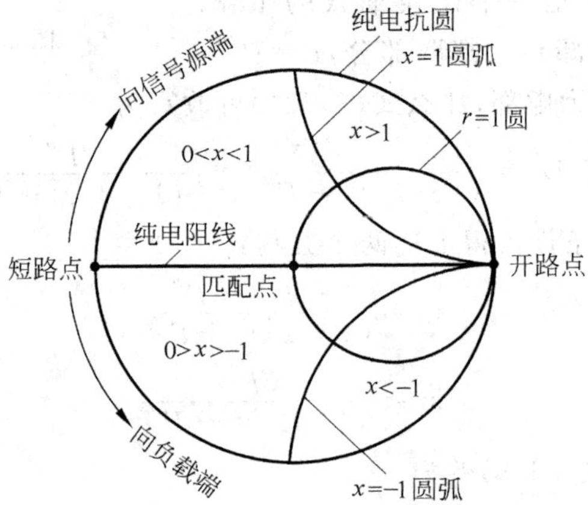

图 2.9　阻抗圆图的一些重要的点、线、面

(1) 匹配点,即阻抗圆图的中心点。中心点的 $|\Gamma|=0$,$\bar{z}=1$,$\rho=1$,相应于传输线上的行波状态。

(2) 纯电抗圆、开路点和短路点。$|\Gamma|=1$ 的单位圆为纯电抗圆。Γ 的正实轴与纯电抗圆的交点为开路点;Γ 的负实轴与纯电抗圆的交点为短路点。

(3) 纯电阻线,$x=0$,$\bar{z}=r$。因为 $\Gamma=(\bar{z}-1)/(\bar{z}+1)$,所以 Γ 也是实数。当 $\Gamma=|\Gamma|$ 时,也就是 Γ 位于 Γ 的正实轴上,其对应的归一化阻抗

$$\bar{z}=r=\frac{1+|\Gamma|}{1-|\Gamma|}=\rho>1 \tag{2.4.12}$$

当 $\Gamma=-|\Gamma|$ 时,也就是 Γ 位于 Γ 的负实轴上,其对应的归一化阻抗

$$\bar{z}=r=\frac{1-|\Gamma|}{1+|\Gamma|}=K<1 \tag{2.4.13}$$

由此可知纯电阻线上的 r 的数值代表了驻波系数($r>1$)或行波系数($r<1$)。

(4) 感性与容性半圆。Γ 平面单位圆内的上半圆 $x>0$,所以是感抗;Γ 平面单位圆内的下半圆 $x<0$,所以是容抗。

(5) $r=1$ 圆是一个重要的圆,因为它通过匹配点,并将圆图分成 $0<r<1$ 和 $r>1$ 两

个区域，$r=1$ 圆内的点为 $r>1$ 区域。

(6) $x=1$ 圆弧将上半圆分成 $0<x<1$ 和 $x>1$ 两部分，$x=1$ 圆弧右侧的点为 $x>1$ 的区域；$x=-1$ 圆弧将下半圆分成 $0>x>-1$ 和 $x<-1$ 两部分，$x=-1$ 圆弧右侧的点为 $x<-1$ 的区域。

(7) $|\Gamma|$ 的标注：一般圆图上并未标注反射系数的模，匹配点的 $|\Gamma|=0$，纯电抗圆的 $|\Gamma|=1$，中间的 $|\Gamma|$ 的值是等分的，可用尺子测量得到 $|\Gamma|$ 的具体数值。

(8) Γ 相位的标注：在 $|\Gamma|=1$ 的大圆上标注了相对波长 l/λ_g 的数值和相位 $2\beta l$ 的数值。因为 Γ 的周期是半波长，所以最大的相对波长数为 0.5，相位的范围为 $0°\sim\pm180°$。

(9) 旋转方向：圆图还注明了顺时针旋转为向始端(信号源端)方向移动，逆时针旋转为向终端(负载端)方向移动。

(10) r 值的标注：r 值标注在纯电阻线上，开路点为 ∞，短路点为 0，匹配点为 1。

(11) x 值的标注：x 值标注在 $|\Gamma|=1$ 大圆的内侧等 x 线与 $|\Gamma|=1$ 大圆的交点处。

(12) 等 ρ 圆。有些圆图上画出用虚线描绘的同心圆，这些同心圆是不等间距的，与其对应的 r 值已标注在纯电阻线上。

以上所述 12 条虽然有些麻烦，但用熟了就习惯了，迄今为止还未找到比圆图更一目了然的阻抗、导纳、反射系数及其相互变换的图示方法。

【例 2.4】 已知同轴线的特性阻抗 $Z_C=75\Omega$，线上波长 $\lambda=10\text{cm}$，负载阻抗 $Z_F=(50+\text{j}50)\Omega$，求

(1) 负载 Z_F 在阻抗圆图上的位置；

(2) 驻波比 ρ 和相对于负载 Z_F 所在截面的驻波相位 l_{min}/λ_g(设 $\lambda_g=\lambda$)；

(3) 反射系数 Γ_F 的模和相位 $\theta(\Gamma_F=|\Gamma_F|e^{j\theta})$；

(4) 距终端 $l_1=7\text{cm}$、截面 T_1 处的输入阻抗 Z_b；

(5) 用矢量作图法画出线上电压电流分布示意图，并标出 l_{min} 的位置。

解 由 Z_F 计算归一化阻抗 $\bar{z}_F=Z_F/Z_C=0.67+\text{j}0.67$，$\bar{z}_F$ 位于图 2.10 的 a 点。由 a 点沿等 ρ 圆(等 $|\Gamma|$ 圆)旋转，与纯电阻线有两个交点，与纯电阻线右半边的交点在 $r=2.5$，驻波系数 $\rho=2.5$ 处。由 ρ 可计算 $|\Gamma_F|$，$|\Gamma_F|=\dfrac{\rho-1}{\rho+1}=0.43$。由 a 点顺时针方向旋转到纯电阻线的左半边所对应的电长度 $l_{min}/\lambda=0.382$。由图上查出 Γ_F 的相位 $\theta=98°$。计算 $l_1/\lambda=0.7=0.5+0.2$，由 a 点沿等 ρ 圆顺时针旋转 0.7λ 到 b 点，由于阻抗的周期为半波长，所以只需旋转 0.2λ 便到 b 点，b 点的归一化阻抗 $\bar{z}_b=1.3-\text{j}1$，截面 T_1 处的阻抗 $Z_b=\bar{z}_bZ_C=(105-\text{j}50)\Omega$。

图 2.11 是例题 2.4 的电压分布示意图. 在这张图的右边是矢量 Γ 与 1 的合成图，垂直向上的矢量为 1，小圆的半径为 Γ_F 的模，Γ_F 与 1 的夹角为 98°，$(1+\Gamma_F)$ 的模便是 $z=0$

点的电压相对值。顺时针旋转 Γ 矢量，然后取 $(1+\Gamma)$ 的模，特别是 $(1+|\Gamma|)$ 和 $(1-|\Gamma|)$ 就是电压分布示意图上的最大值与最小值，如图中虚线所示。

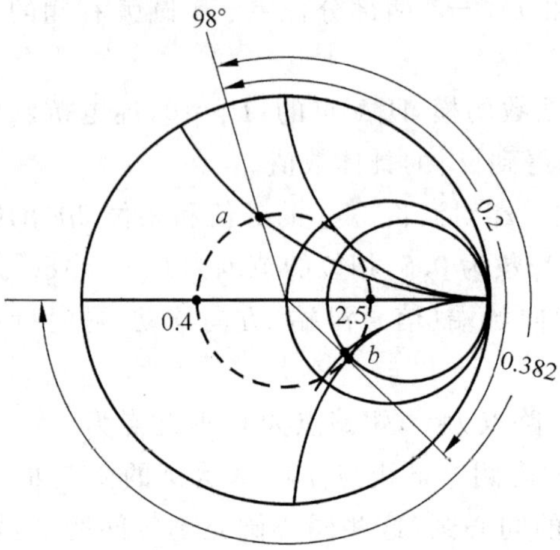

图 2.10 例题 2.4 的圆图求解示意图

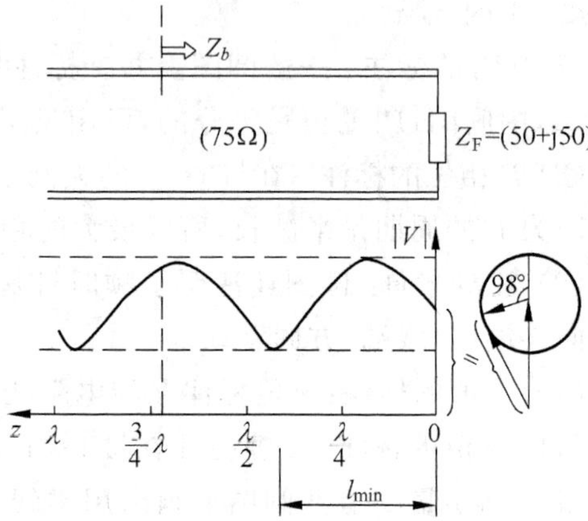

图 2.11 例题 2.4 的电压电流分布示意图

2.4.2 导纳圆图

根据归一化导纳与反射系数之间的关系式同样可以绘制出另一张圆图，称作导纳圆图。但是实际上只要经过适当的变换，便可将阻抗圆图变换为导纳圆图。这样，只需有一张圆图，解题时视需要可将其理解为阻抗圆图，亦可理解为导纳圆图。解题的过程中有时需要来回变换，并联时使用导纳圆图比较方便，处理沿线变化的阻抗的计算问题使用阻抗圆图比较方便，处理沿线变化的导纳计算问题还是使用导纳圆图。现在来说明如何将阻抗圆图变换为导纳圆图，以及相反的变换过程。

回忆归一化阻抗和导纳的表示式

$$\bar{z}=\frac{1+\Gamma}{1-\Gamma}=r+\mathrm{j}x \tag{2.4.14}$$

$$\bar{y}=\frac{1-\Gamma}{1+\Gamma}=g+\mathrm{j}b \tag{2.4.15}$$

式中，g 是归一化电导，b 是归一化电纳。将归一化阻抗表示式中的 Γ 变为 $-\Gamma$，式(2.4.14)的右边就变为式(2.4.15)的右边。这意味着作变换 $\Gamma\to-\Gamma$，则有 $\bar{z}\to\bar{y}$，$r\to g$，$x\to b$，即归一化阻抗、归一化电阻和归一化电抗分别变为归一化导纳、归一化电导和归一化电纳，阻抗圆图就变成了导纳圆图。注意到 $-\Gamma=\Gamma\mathrm{e}^{\mathrm{j}\pi}$，所以实施变换 $\Gamma\to-\Gamma$，就是让反射系数 Γ 在圆图上旋转 180°，如图 2.12 所示。若归一化阻抗在阻抗圆图上位于 A 点，作变换 $\Gamma\to-\Gamma$，A 点移到 B 点，B 点则代表归一化导纳在导纳圆图上的位置。上述变换过程，并未对圆图作任何修正，并且保留了圆图上的所有的已标注好的数字，但是它们的意义变了，即 $\bar{z}\to\bar{y}$，$r\to g$，$x\to b$。相反的变换过程同样成立：作变换 $\Gamma\to-\Gamma$，导纳圆图变为阻抗圆图。

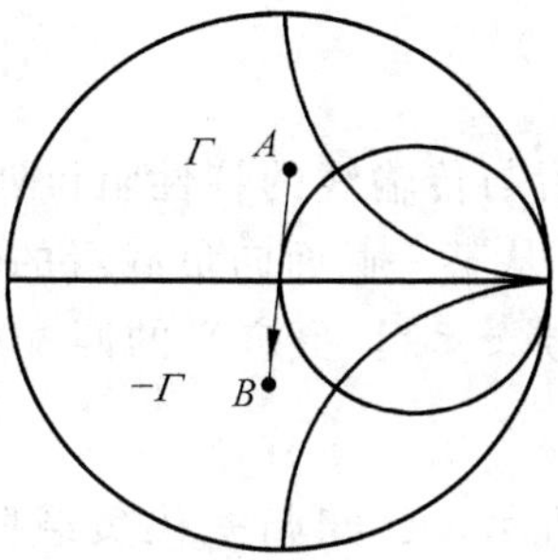

图 2.12　$\Gamma\to-\Gamma$ 的变换在圆图上的表示

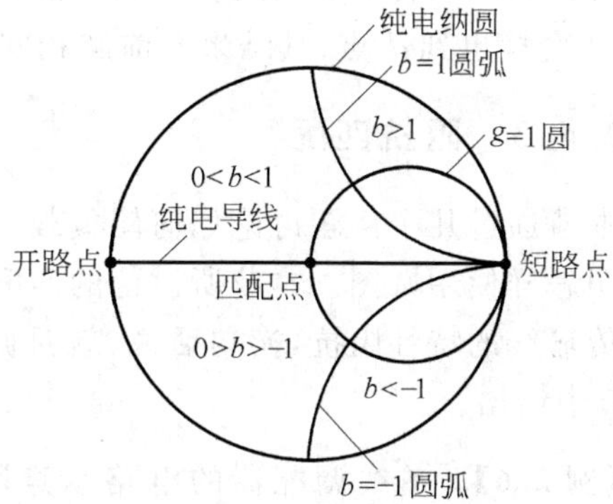

图 2.13　导纳圆图的一些重要的点线面

因为 $\bar{y}=1/\bar{z}$，故当 $x=0$ 时 $g=\dfrac{1}{r}$，当 $r=0$ 时 $b=\dfrac{1}{x}$。由此可以得出推论：当实施变换 $\Gamma\to-\Gamma$ 后，匹配点不变，$r=1$ 圆变为 $g=1$ 圆，纯电阻线变为纯电导线，$x=\pm1$ 圆弧变为 $b=\pm1$ 圆弧，开路点变为短路点，短路点变为开路点，电抗圆变为电纳圆，电阻圆变为电导圆，上半圆的点表示 $b>0$，呈容性，下半圆内的点 $b<0$，呈感性。导纳圆图的一些重要的点、线、面示于图 2.13。

【例 2.5】 电路示于图 2.14。传输线的特性阻抗 $Z_C=50\Omega$，线上波长 $\lambda=10\text{cm}$，负载阻抗 $Z_F=(75+\text{j}75)\Omega$，求距终端负载 $l=2.12\text{cm}$ 处的输入导纳 Y_d。

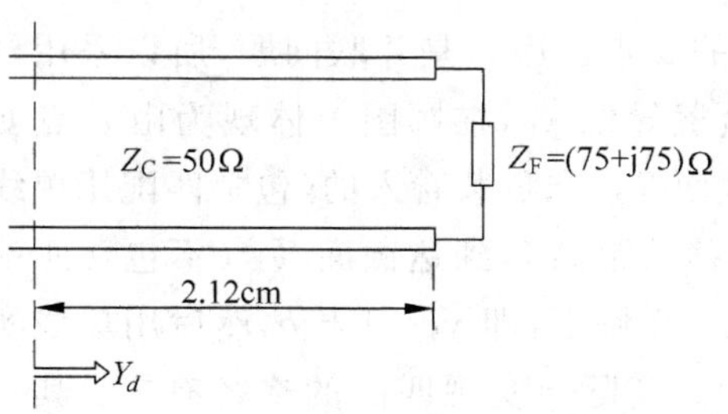

图 2.14　例题 2.5 的电路图

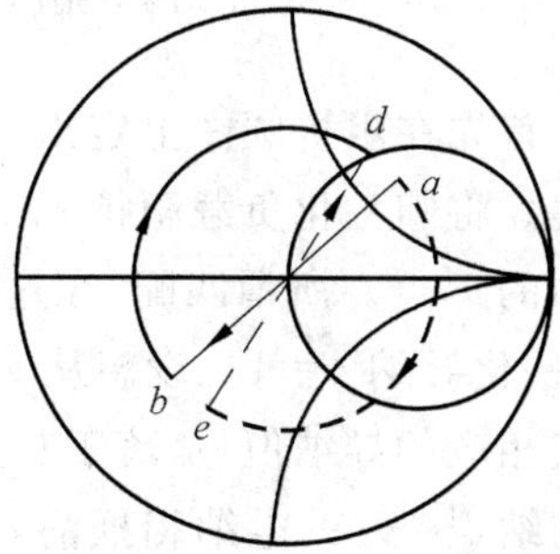

图 2.15　例题 2.5 的圆图求解示意图

解　由 Z_F 计算归一化阻抗 $\bar{z}_F=Z_F/Z_C=1.5+\text{j}1.5$，$\bar{z}_F$ 位于图 2.15 的 a 点，作 $\Gamma_F\to-\Gamma_F$ 变换至 b 点，b 点即为 $\bar{y}_F$ 所在的位置，$\bar{y}_b=0.33-\text{j}0.33$。由 b 点顺时针方向在等 ρ

圆上旋转 0.212λ 到 d 点，d 点即相应于距终端 2.12cm 处的归一化输入导纳，$\bar{y}_d=1+$ j1.22，反归一化得 $Y_d=\bar{y}_d Y_C=\bar{y}_d/Z_C=\left(\frac{1}{50}+\mathrm{j}\,\frac{1.22}{50}\right)\frac{1}{\Omega}$。求解的另一条途径是，首先由 a 点顺时针方向旋转 0.212λ 到 e 点，e 点相应的归一化输入阻抗 $\bar{z}_e=0.4-\mathrm{j}0.49$，然后作 $\Gamma\rightarrow-\Gamma$ 变换也到 d 点，其结果与前解相同。

2.4.3 阻抗匹配

本节通过几个例题讨论如何使负载阻抗经过变换后与传输线的特性阻抗匹配，进一步阐明怎样使用圆图。本节所讨论的匹配概念指的是：从某一截面向负载看的输入阻抗等于传输线的特性阻抗，换句话说，就是归一化输入阻抗 $\bar{z}=1$。更广义的匹配概念将在 2.6 节中给出。

【例 2.6】 单线调配器的电路示意图如图 2.16 所示。已知归一化负载阻抗 $\bar{z}_F=0.3-\mathrm{j}0.5$，采用并联单线实现匹配，求单线的位置 l 和长度 l_1。

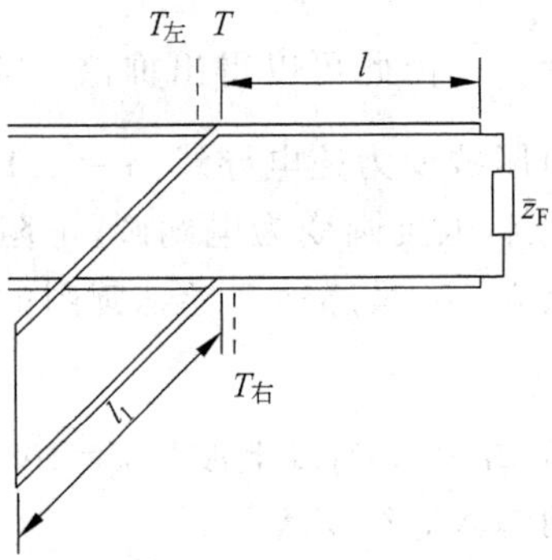

图 2.16　例题 2.6 的电路图

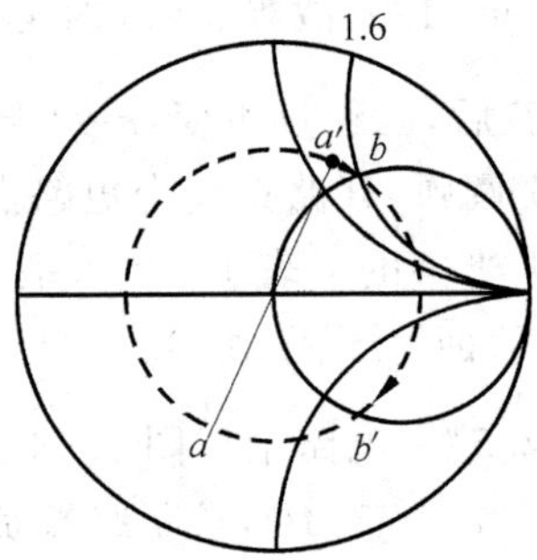

图 2.17　例题 2.6 的圆图求解示意图

解　首先在阻抗圆图上定出 $\bar{z}_F$，如图 2.17 的 a 点。因为是并联问题，所以采用导纳圆图为宜。将归一化负载阻抗 $\bar{z}_F$ 变为归一化负载导纳 $\bar{y}_F$，在圆图上体现为由 a 点变到中心对称的 a' 点。所谓匹配，在这里指的是从截面 $T_左$ 向负载看入的(包括匹配用单线在内的)归一化导纳 $\bar{y}=1$。设想从 $\bar{z}_F$ 向信号源端移动距离 l，到达截面 $T_右$(不包含匹配用单线)，其相应的导纳值 $\bar{y}_b$ 落于 b 点，若 b 点在 $g=1$ 圆上，即 $\bar{y}_b=1+\mathrm{j}b$，然后用单线实现 $-\mathrm{j}b$ 的电纳，与 $\bar{y}_b$ 的电纳相抵消，便能实现匹配。实际上实现匹配的途径有二：其一是 $a\rightarrow a'\rightarrow b\rightarrow$ 匹配点；其二是 $a\rightarrow a'\rightarrow b'\rightarrow$ 匹配点。

第二个途径的具体数据如下：$l=(0.322-0.17)\lambda=0.152\lambda$，$b'$ 点的电纳为 $\mathrm{j}b=-\mathrm{j}1.6$，所以短线必须提供 j1.6 的电纳与 −j1.6 相抵消。用短路线实现 j1.6 的电纳所需的短路线长度可利用导纳圆图查出，从纯电导线的右端点(相应于短路点)顺时针旋转至

单位圆与 $b=1.6$ 圆的交点，旋转的长度为 $l_1=(0.250+0.160)\lambda=0.41\lambda$。

图 2.18 为例题 2.6 线上电压分布示意图。当调好匹配时传输线处于行波状态，但仅仅是截面 $T_{左}$ 的左边处于行波状态，在截面 $T_{右}$ 的右边仍为驻波状态，在短路支线上为纯驻波状态。在不连续点处，三段线上的电压必须相等，设不连续点处电压 $V=1\text{V}$，则

$$V=V_{+左}=1\text{V}$$
$$V=V_{+右}+V_{-右}=V_{+右}(1+\Gamma_{\text{F}}\text{e}^{-\text{j}2\beta l})$$
$$V=V_{+支}+V_{-支}=V_{+支}(1-\text{e}^{-\text{j}2\beta l_1})$$

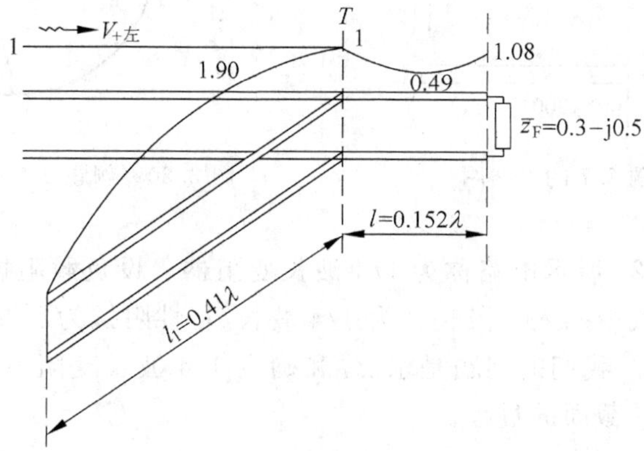

图 2.18 例题 2.6 线上电压分布示意图

由归一化负载阻抗 $\bar{z}_{\text{F}}=0.3-\text{j}0.5$ 可以计算出或从阻抗圆图上查出 $\Gamma_{\text{F}}=0.62\text{e}^{-\text{j}123°}$。$l$ 和 l_1 一经确定，再由圆图查出 $(1+\Gamma_{\text{F}}\text{e}^{-\text{j}2\beta l})$ 和 $(1-\text{e}^{-\text{j}2\beta l_1})$，从而计算得到 $|V_{+右}|=1.3\text{V}$，$|V_{+支}|=0.95\text{V}$，进一步计算得到负载处的电压幅度为 1.08V，主线上的最小电压幅度为 0.49V，支线上的最大电压幅度为 1.90V，根据这些数据便可大致画出线上电压分布的示意图。

【例 2.7】 一个半波振子天线的等效阻抗为 $Z_{\text{F}}=(65+\text{j}30)\Omega$，与特性阻抗为 $Z_{\text{C}}=300\Omega$ 的平行双线连接，为了达到负载阻抗与传输线特性阻抗匹配的目的，可串联一集总参数的可调电容，其电路如图 2.19 所示。这种集总参数与分布参数混合的结构只在频率不太高时用，有一定的近似性。试求串联容抗的数值和位置。

解 本例题的圆图求解示意图如图 2.20 所示。由给定的 Z_{F} 和 Z_{C} 数值计算归一化负载阻抗 $\bar{z}_{\text{F}}=0.217+\text{j}0.1$。因为是串联电路，所以不必变换到导纳圆图。在阻抗圆图上查到 $\bar{z}_{\text{F}}=0.217+\text{j}0.1$ 点，记作 a 点，由 a 点开始沿等 ρ 圆顺时针旋转，与 $r=1$ 的圆相交于 b 点（b 点在上半圆），b 点的归一化阻抗 $\bar{z}_b=1+\text{j}1.7$，这是从 $T_{右}$ 截面向负载看的归一化输入阻抗。查圆图可知 $l=(0.182-0.016)\lambda=0.166\lambda$。$\bar{z}_b$ 按 $Z_{\text{C}}=300\Omega$ 反归一化得 $Z_b=(300+\text{j}510)\Omega$，于是串联容抗应为 $-\text{j}510\Omega$。注意，等 ρ 圆与 $r=1$ 圆的另一交点为

b'，为使负载阻抗与传输线特性阻抗匹配，这时串联电抗必须是感抗，并且串联感抗的位置在距终端负载 l' 处。无论用何种方法匹配都可使从 $T_{左}$ 截面向负载方向看的归一化输入阻抗等于 1。

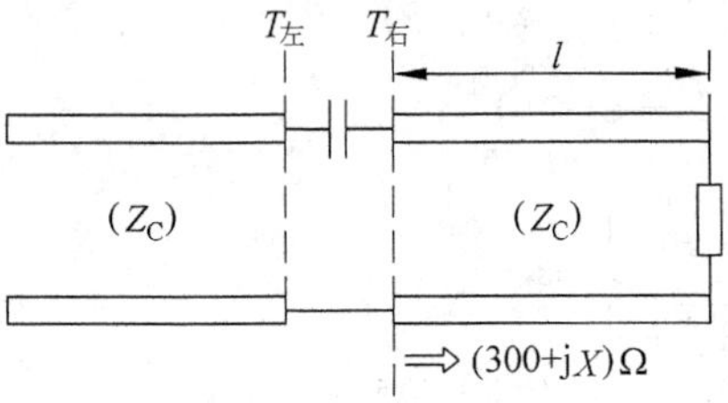

图 2.19　例题 2.7 的电路图

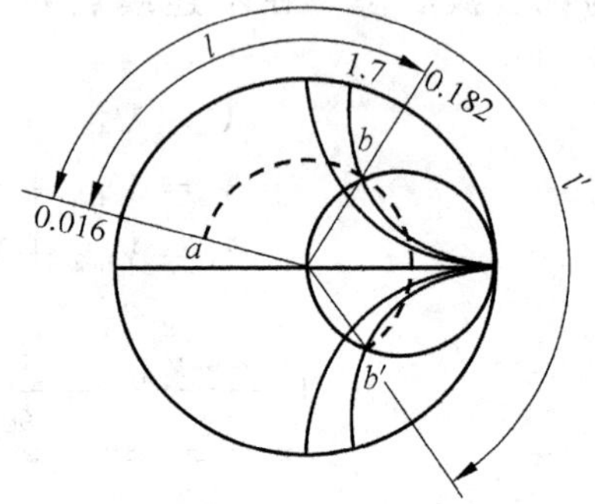

图 2.20　例题 2.7 的圆图求解示意图

【例 2.8】　图 2.21 所示电路称为 1/4 波长变阻器。设负载阻抗 $Z_F=R_F+jX_F$，在特性阻抗为 Z_C 的传输线中插入一段长度为 1/4 波长、特性阻抗为 Z'_C 的传输线，使 $T_{C左}$ 截面的左侧处于行波状态。我们的问题是求 Z'_C 和确定 1/4 波长变阻段的位置。下面简述负载阻抗 Z_F 变换到 $T_{C左}$ 截面的过程。

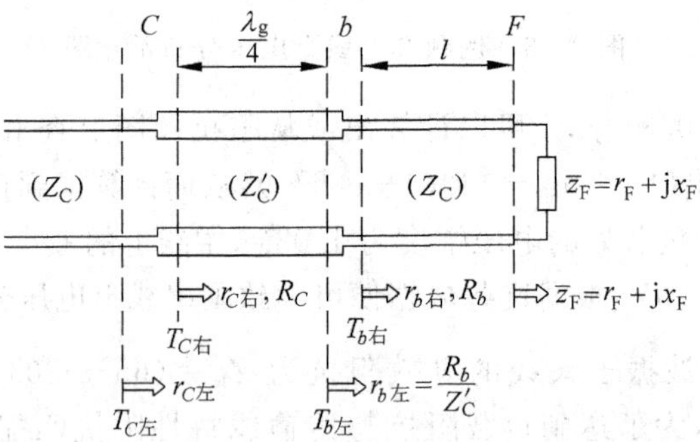

图 2.21　例题 2.8 的电路图——1/4 波长变阻器

Z_F 经过一段长为 l 的传输线的变换在截面 $T_{b右}$ 处变为纯阻 R_b，R_b 作为中间一段传输线的负载对 Z'_C 归一化，得 $r_{b左}=R_b/Z'_C$。经 1/4 波长变换，得 $T_{C右}$ 截面处的归一化阻抗 $r_{C右}=1/r_{b左}=Z'_C/R_b$，这是根据归一化阻抗的倒置性作出的。$r_{C右}$ 对 Z'_C 反归一化得 $R_{C右}=Z'^2_C/R_b$。现在 $R_{C右}$ 又作为左侧传输线的负载，$R_{C右}$ 对 Z_C 归一化，得 $r_{C左}=Z'^2_C/R_bZ_C$。为了达到匹配的目的，我们可令 $r_{C左}=1$，于是得到 $Z'^2_C=R_bZ_C$，这样就求出了中间一段 1/4 波长传输线的特性阻抗 $Z'_C=\sqrt{R_bZ_C}$。

具体数据：雷达使用的天线初级馈源，在截面 T_F 处的负载阻抗 $Z_F=(50-j35)\Omega$，同轴线的特性阻抗 $Z_C=50\Omega$，用 1/4 波长变阻器进行调配，试求 1/4 波长变阻段的特性阻抗 Z'_C和位置 l。

解 Z_F 对 Z_C 归一化，$\bar{z}_F=1-j0.7$，$\bar{z}_F$ 位于图 2.22 中的 a 点，沿等 ρ 圆顺时针旋转与纯电阻线交于 b 点和 b' 点，b 点对应于 $r_{b右}$，且 $r_{b右}<1$，即$R_b<Z_C$，b'点对应于 $r_{b'右}$，且 $r_{b'右}>1$，即 $R_{b'}>Z_C$。查阻抗圆图 $r_{b右}=0.5$，$R_b=25\Omega$，$r_{b'右}=2$，$R_{b'}=100\Omega$。由此计算出 1/4 波长变阻段的特性阻抗有两个可能的值，分别为 $Z'_C=\sqrt{50\times25}=35.4\Omega$ 和 $Z'_C=\sqrt{50\times100}=70.7\Omega$，与它们相应的 l 和 l'分别为 $0.154\lambda_g$ 和 $0.354\lambda_g$。由于结构上的原因，通常取 Z'_C小于 Z_C 的值。

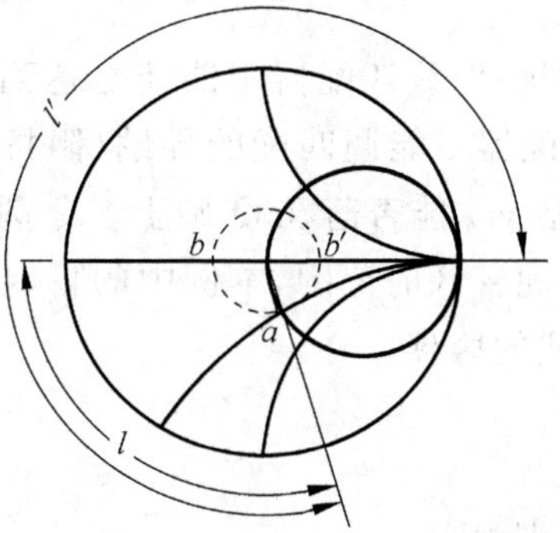

图 2.22 例题 2.8 的圆图求解示意图

【例 2.9】 本例仅说明双线调配器的调配过程和匹配盲区的概念，具体的计算问题留待习题中解决。双线调配器的电路示于图 2.23。设有一负载导纳，通过两个相距为 $\lambda/8$的并联电纳（短路线）调匹配。为了说明匹配的过程，我们首先从左向右进行分析，然后再从右向左进行分析。

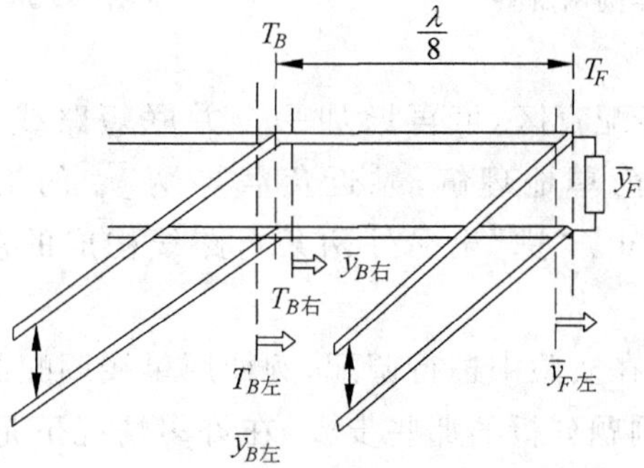

图 2.23 例题 2.9 双线调配器的电路图

从左向右的分析：按匹配要求应有 $\bar{y}_{B左}=1$，位于截面 T_B 处的短路线提供一个电纳 $-\mathrm{j}b_B$，以抵消 $\bar{y}_{B右}=1+\mathrm{j}b_B$ 中的 $+\mathrm{j}b_B$，所以 $\bar{y}_{B右}$ 的轨迹必然在 $g=1$ 的圆上，由截面 T_B 向负载方向移动到截面 T_F，注意应是逆时针旋转，$\bar{y}_{B右}$ 变为 $\bar{y}_{F左}$。将 $g=1$ 圆逆时针旋转 $\lambda/8$，变为图 2.24 中的 Q 圆，Q 圆称作反演圆。$\bar{y}_{F左}$ 的轨迹即为 Q 圆，这意味着只要 $\bar{y}_{F左}$ 落在反演圆上，匹配就是可能的。截面 T_F 处的并联短路线所起的作用是提供一个电纳，使 $\bar{y}_F$ 变为 $\bar{y}_{F左}$，且 $\bar{y}_{F左}$ 落在反演圆上。

从右向左的分析：归一化负载导纳 $\bar{y}_F=g_F+\mathrm{j}b_F$ 与截面 T_F 处的并联短路线所提供的电纳相加，这相应于保持 g_F 不变，换句话说，沿等 g 圆移动使 $\bar{y}_{F左}$ 落到 Q 圆上，Q 圆顺时针旋转 $\lambda/8$，变为 $g=1$ 圆，截面 T_B 处的可调短路线提供一个电纳使 $\bar{y}_{B左}=1$，达到匹配。

对于某一区域的导纳(阻抗)双线匹配器不能使之达到匹配，即不论两短路线如何调节都不能使 $\bar{y}_{B左}=1$。双线匹配器不能调匹配的导纳(阻抗)区域称作双线匹配器的匹配盲区。判断匹配盲区的关键是 $\bar{y}_{F左}$ 能否落在 Q 圆上。Q 圆的位置与截面 T_F 和 T_B 的距离有关，Q 圆的位置决定了匹配盲区的范围，本例中的盲区的范围是与 Q 圆相切的 $g=2$ 的圆内区域，图 2.24 中划斜线的区域。

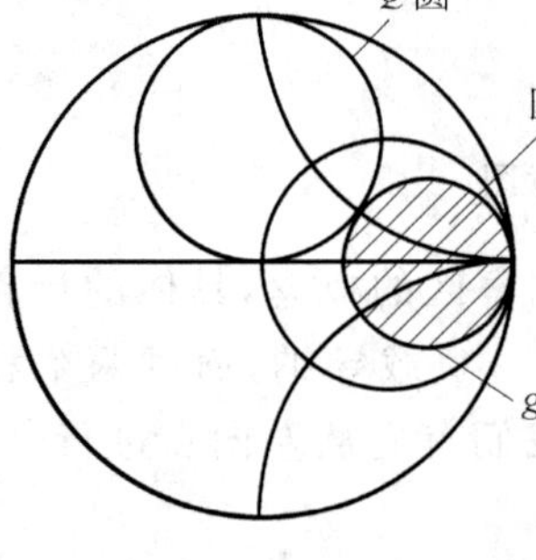

图 2.24　双线调配器圆图解释

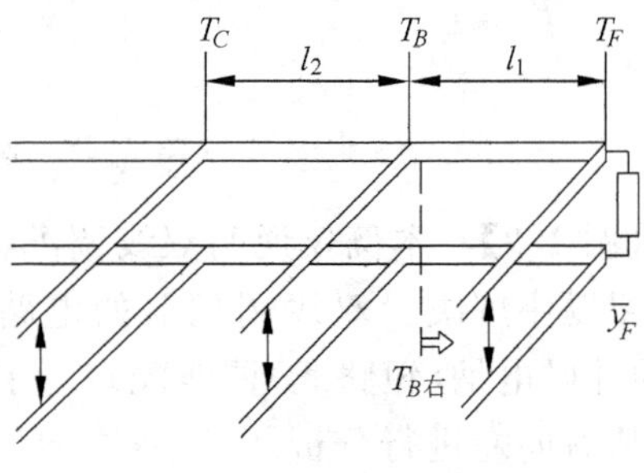

图 2.25　三线调配器电路图

【例 2.10】 为消除匹配盲区，可再增加一个并联短路线，从而构成三线调配器如图 2.25 所示。可以这样简单地理解，靠近负载导纳 $\bar{y}_F$ 的第一个短路线总可以使从 $T_{B右}$ 向负载端看入的导纳 $\bar{y}_{B右}$"逃"出另外两条短路线构成的双线调配器所划定的匹配盲区。

最后，应该说明一点，在实验中进行调配，例如用单线调配器、双线调配器或三线调配器，并不总是按照前面各例题分析的那些步骤，在许多情况下是靠经验，边调节边观察驻波系数(反射系数)的变化，使之逐步接近匹配。

2.5 功率衰减与噪声

2.5.1 无耗传输线上的功率关系

回忆无耗传输线上的电压和电流表示式

$$V = V_+ + V_- \tag{2.5.1}$$

$$I = I_+ + I_- \tag{2.5.2}$$

其中

$$V_\pm = V_{0\pm}\,\mathrm{e}^{\pm \mathrm{j}\beta z} \tag{2.5.3}$$

$$I_\pm = I_{0\pm}\,\mathrm{e}^{\pm \mathrm{j}\beta z} \tag{2.5.4}$$

$$I_\pm = \pm V_\pm / Z_C \tag{2.5.5}$$

按习惯，功率 P 的表示式为

$$P = \frac{1}{2}VI^* = \frac{1}{2}(V_+ + V_-)(I_+ + I_-)^*$$

展开得

$$P = \frac{1}{2}V_+ I_+^* + \frac{1}{2}V_- I_-^* + \frac{1}{2}V_+ I_-^* + \frac{1}{2}V_- I_+^*$$

将式(2.5.5)代入上式，得

$$P = \frac{1}{2}\frac{|V_+|^2}{Z_C} - \frac{1}{2}\frac{|V_-|^2}{Z_C} - \frac{1}{2}\frac{V_+ V_-^*}{Z_C} + \frac{1}{2}\frac{V_- V_+^*}{Z_C} \tag{2.5.6}$$

式中，第一项为入射功率，记作 P_+ 或 P_{inc}；第二项为反射功率，记作 P_- 或 P_{ref}；第三和第四项互为共轭，故两项之差为纯虚数，表示无功功率。第一项与第二项之差为负载所吸收的功率，或传输到负载的功率，记作 P_{Trans} 或 P_{Load}，即

$$P_{\mathrm{Trans}} = P_{\mathrm{inc}} - P_{\mathrm{ref}} \tag{2.5.7}$$

式(2.5.7)中三项功率关系的示意图如图 2.26 所示。反射波功率与入射波功率之比定义

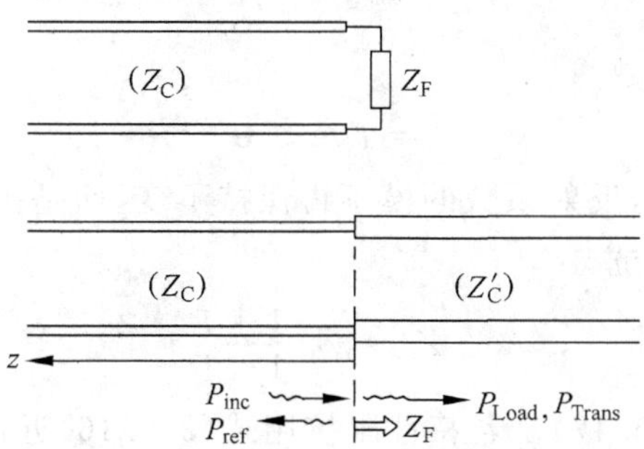

图 2.26 传输线上的功率关系示意图

为反射率,反射率等于电压反射系数的模的平方,即

$$\frac{P_{\text{ref}}}{P_{\text{inc}}} = \frac{|V_-|^2}{|V_+|^2} = |\Gamma|^2 \tag{2.5.8}$$

因此式(2.5.7)也可用反射率表示为

$$P_{\text{Trans}} = P_{\text{inc}}(1 - |\Gamma|^2) \tag{2.5.9}$$

2.5.2 有耗传输线

回忆有耗传输线的电压电流的表示式

$$V = V_+ + V_- \tag{2.5.10}$$

$$I = I_+ + I_- \tag{2.5.11}$$

其中

$$V_\pm = V_{0\pm}\mathrm{e}^{\pm\nu Z} \tag{2.5.12}$$

$$I_\pm = I_{0\pm}\mathrm{e}^{\pm\nu Z} \tag{2.5.13}$$

$$\nu = \alpha + \mathrm{j}\beta \tag{2.5.14}$$

$$I_\pm = \pm V_\pm \Big/ \sqrt{\frac{R_1 + \mathrm{j}\omega L_1}{G_1 + \mathrm{j}\omega C_1}} \tag{2.5.15}$$

对于有耗传输线,传播常数 ν 和特性阻抗为复数,这使得有耗传输线的分析变得比较复杂。为了简化,我们对特性阻抗作近似处理,而对传播常数不作近似处理,这样既保留了有耗传输线有别于无耗传输线的主要特点,又使分析比较简单。如果$(R_1/\mathrm{j}\omega L_1) \ll 1$,$(G_1/\mathrm{j}\omega C_1) \ll 1$,那么

$$\sqrt{\frac{R_1 + \mathrm{j}\omega L_1}{G_1 + \mathrm{j}\omega C_1}} = \sqrt{\frac{L_1}{C_1}}\sqrt{\frac{1 + R_1/\mathrm{j}\omega L_1}{1 + G_1/\mathrm{j}\omega C_1}} \approx \sqrt{\frac{L_1}{C_1}}$$

$\sqrt{L_1/C_1}$形式上与无耗传输线的特性阻抗 Z_C 的表示式相同,作为有耗传输线特性阻抗 Z_C 的近似值,即

$$Z_\mathrm{C} \approx \sqrt{\frac{L_1}{C_1}} \tag{2.5.16}$$

有耗传输线的反射系数

$$\Gamma = \Gamma_\mathrm{F}\mathrm{e}^{-2\alpha z}\mathrm{e}^{-\mathrm{j}2\beta z} \tag{2.5.17}$$

沿均匀有耗传输线移动时,反射系数的模不再保持不变,而是按 $\mathrm{e}^{-2\alpha z}$ 的因子衰减。

有耗传输线的输入阻抗

$$Z_\mathrm{i} = Z_\mathrm{C}\frac{1 + \Gamma}{1 - \Gamma} \tag{2.5.18}$$

式中,Γ 的表示式如式(2.5.17)。若特性阻抗用式(2.5.16)近似表示,那么上式也是一个近似式。

有耗传输线向负 z 方向传输的功率 P_+ 和向正 z 方向传输的功率 P_- 分别为

$$P_+ = \frac{1}{2}V_+ I_+^* \approx \frac{1}{2}\frac{|V_{0+}|^2}{Z_C}e^{2\alpha z} \tag{2.5.19}$$

$$P_- = \frac{1}{2}V_- I_-^* \approx \frac{1}{2}\frac{|V_{0-}|^2}{Z_C}e^{-2\alpha z} \tag{2.5.20}$$

上述二式都表明传输功率按 $e^{-2\alpha|z|}$ 规律衰减。为分析方便，将传输功率写成下述形式：

$$P(z) = P(0)e^{-2\alpha z} \tag{2.5.21}$$

式中，$P(0)$是 $z=0$ 处的功率，$P(z)$是 z 截面处的功率。功率衰减因子为 $e^{-2\alpha z}$，它是 $P(z)$与 $P(0)$之比。按 dB(分贝)计算的功率衰减为

$$\begin{aligned}\text{衰减(dB)} &= 10\lg e^{-2\alpha z} = -20\alpha z\lg e \\ &= -8.686\alpha z\end{aligned} \tag{2.5.22}$$

奈贝与 dB 的换算关系为 1 奈贝＝8.686dB，若用奈贝计算功率衰减，则功率衰减为

$$\text{衰减(奈贝)} = -\alpha z \tag{2.5.23}$$

2.5.3 负载的噪声功率

本小节讨论负载电阻传输给无耗传输线的噪声功率。设传输线是无耗的，其特性阻抗为 Z_C，终端接一纯阻性负载 R，其绝对温度为 T_p。在室温时直到亚毫米波的整个无线电频段，电阻在频带 Δf 内的噪声电压均方值为[32]

$$\overline{v_n^2} = 4kT_pR\Delta f \tag{2.5.24}$$

式中，k 为波尔兹曼常数，其值为 1.3806×10^{-23}J/K，T_p 是电阻的物理温度。负载电阻传输给无耗传输线的噪声功率可根据图 2.27 所示的等效电路求出，传输线用 Z_C 等效。

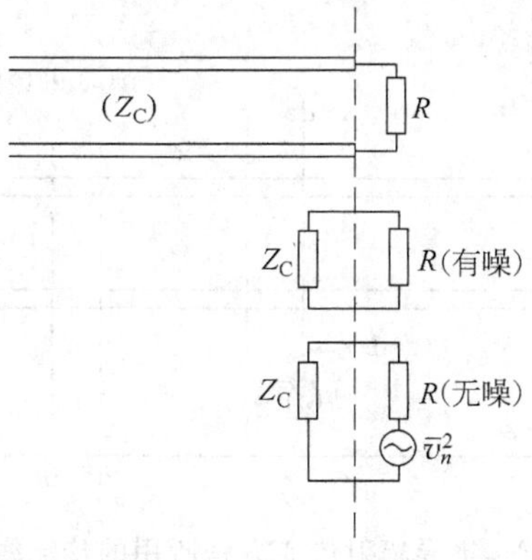

图 2.27 求解负载 R 的噪声功率的等效电路

传输线所获得的噪声功率 N' 为

$$N' = \frac{\left(\dfrac{\sqrt{\overline{v_n^2}}Z_C}{R+Z_C}\right)^2}{Z_C} = kT_p\Delta f\left[\frac{4RZ_C}{(R+Z_C)^2}\right] \tag{2.5.25}$$

引用反射率$|\Gamma|^2$ 可将上式方括号中的因子改写为

$$\left[\frac{4RZ_C}{(R+Z_C)^2}\right] = 1 - |\Gamma|^2 \tag{2.5.26}$$

令

$$N = kT_p\Delta f \tag{2.5.27}$$

那么

$$N' = N(1-|\Gamma|^2) \tag{2.5.28}$$

当负载电阻与传输线匹配时反射率等于零，于是 $N'=N$，N 称作负载电阻 R 对匹配传输线的入射噪声功率，或称负载电阻 R 在频带 Δf 内的资用噪声功率。

2.5.4 有耗传输线的噪声温度

有耗传输线的噪声温度指的是传输线上向某一方向传播的噪声温度，它是由辐射传递方程制约的。本小节首先讨论有耗传输线噪声功率的衰减和产生的概念，然后给出传输线上的辐射传递方程(它是更广义的矢量辐射传递方程的特例)和它的形式解。

在正、负 z 方向都无限延伸的有耗传输线如图 2.28 所示。在集总参数电路中，电阻的物理温度和噪声温度是相同的，但是在传输线中二者却不一定相同。在某一截面处的物理温度用 $T_p(z)$表示；在某一截面处向某一方向传递的噪声温度用 $T(z)$表示。一般情况下，$T_p(z)$不等于 $T(z)$，前者是没有方向性的，而后者有方向性，即必须规定是向哪个方向传递的噪声温度。

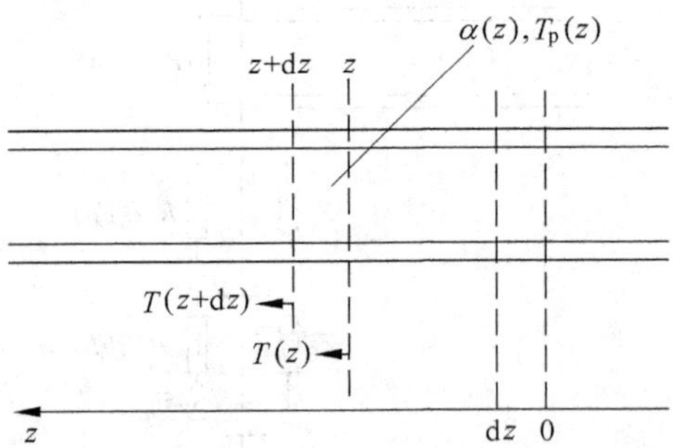

图 2.28　推导辐射传递方程所用的传输线示意图

为了便于引入必要的概念，先暂时假定图 2.28 所示为一均匀传输线，衰减常数处处等于 α，物理温度 T_p 处处等于噪声温度 T，且与坐标 z 无关。下面分析一小段有耗传输线 dz 所引起的噪声功率的衰减和增加。假想有耗传输线在 $z=0$ 处断开，移出正 z 部分，然后接上匹配的无耗传输线，这时右边半无限长有耗传输线相当于左端无耗传输线的匹配负载，其物理温度为 $T(T_p=T)$，它向左端无耗传输线入射的噪声功率即为资用噪声功率 $kT\Delta f$。类似地，假想有耗传输线在 $z=dz$ 处断开，移去左边传输线，接上匹配的无耗传输线，这时左端无耗传输线接收的噪声功率仍为资用噪声功率 $kT\Delta f$。可见，在 $z=0$ 处入射的噪声功率到 $z=dz$ 处所衰减的功率在数值上恰好等于 dz 段中产生的向正 z 方向入射的噪声功率。上述这一段论证，可用更简单的物理概念予以说明：在热平衡的条件下，dz 这一小段有耗传输线损耗的噪声功率等于产生的噪声功率，这样才能保持温度 T 不变。

利用式(2.5.21)可求得一小段有耗传输线 dz 引起的功率衰减，对式(2.5.21)求微分，得

$$dP=-2P\alpha dz \tag{2.5.29}$$

用资用噪声功率 $kT\Delta f$ 取代功率 P，在热平衡条件下，一小段有耗传输线 dz 产生的噪声功率

$$dN=-dP=2kT\Delta f\alpha dz \tag{2.5.30}$$

由式(2.5.27)可知，噪声温度与噪声功率是一一对应的，也就是说，噪声温度的高低完全代表了噪声功率的大小。同样，微分温度也与微分功率一一对应，故在理论推导和实际应用中常常用温度这一参量取代噪声功率。因为式(2.5.30)中的噪声温度就等于传输线的物理温度，所以在书写时未加区别而采用了同一个符号 T，它既代表传输线的物理温度，又代表传输线上的噪声温度。但在一般情况下，传输线的物理温度和噪声温度是不等的，并且是坐标 z 的函数，分别用 $T_p(z)$ 和 $T(z)$ 表示，如图 2.28 所示。传输线的衰减常数也是 z 的函数，用 $\alpha(z)$ 表示。下面将列出 $T(z)$ 所满足的微分方程，并给出 $T(z)$ 的形式解。

传输线上截面 z 和 $z+dz$ 处的噪声温度分别记作 $T(z)$ 和 $T(z+dz)$，这一小段传输线的物理温度为 $T_p(z)$，两截面之间的噪声温度差 dT 可写作

$$\begin{aligned} dT(z) &= 2\alpha(z)T_p(z)dz-2\alpha(z)T(z)dz \\ &= [T_p(z)-T(z)]2\alpha(z)dz \end{aligned} \tag{2.5.31}$$

此式右端第一项为这一小段传输线所产生的微分噪声功率，取决于物理温度，且与物理温度 $T_p(z)$ 成正比，右端第二项为这一小段传输线对噪声温度 $T(z)$ 造成的微分衰减。显然，若 $T(z)$ 与 $T_p(z)$ 相等，则温度差 $dT(z)$ 等于零，这正是式(2.5.30)所描述的情况。式(2.5.31)是直接从物理概念写出的微分式，它表示距离为 dz 的两截面之间的噪声温度差等于该小段传输线产生和衰减的噪声温度之差。令 $2\alpha(z)dz=d\tau$，以及

$$\tau(z_1,z_2)=\int_{z_1}^{z_2}2\alpha(z)dz \tag{2.5.32}$$

可以改写式(2.5.31)，式中，z_1 和 z_2 是任意选取的两个坐标点。利用 $d\tau$ 这一符号可将式

(2.5.31)改写为

$$\frac{\mathrm{d}T(z)}{\mathrm{d}\tau}+T(z)=T_{\mathrm{p}}(z) \tag{2.5.33}$$

这是噪声温度 $T(z)$ 所满足的微分方程，称作辐射传递方程，其右端 $T_{\mathrm{p}}(z)$ 称作噪声源函数。

参考图 2.29，将式(2.5.33)中的 z 用 z' 替换，并且两端同乘以指数因子 $\mathrm{e}^{\tau(0,z')}$，可以

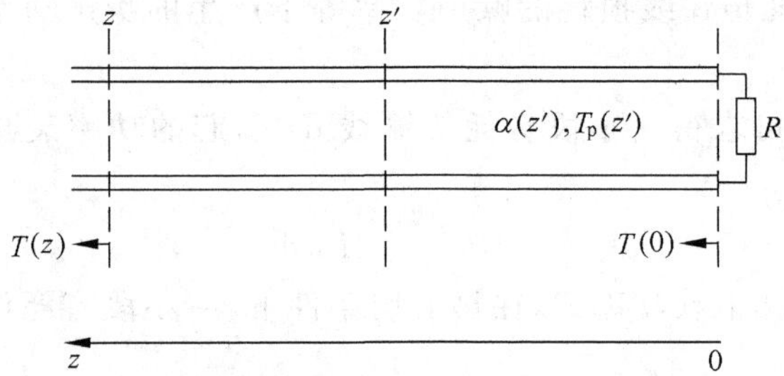

图 2.29　求解传输线上噪声温度所用的传输线电路

很容易给出辐射传递方程的形式解。由此上式左端变为

$$\frac{\mathrm{d}T(z')}{\mathrm{d}\tau'}\mathrm{e}^{\tau(0,z')}+T\mathrm{e}^{\tau(0,z')}=\frac{\mathrm{d}}{\mathrm{d}\tau'}[T(z')\mathrm{e}^{\tau(0,z')}]$$

其中，$\mathrm{d}\tau'=2\alpha(z')\mathrm{d}z'$，$\tau(0,z')=\int_0^{z'}2\alpha(z)\mathrm{d}z$。于是辐射传递方程化为

$$\frac{\mathrm{d}}{\mathrm{d}\tau'}[T(z')\mathrm{e}^{\tau(0,z')}]=T_{\mathrm{p}}(z')\mathrm{e}^{\tau(0,z')}$$

对此式两端作积分，有

$$\int_0^{\tau(0,z)}\frac{\mathrm{d}}{\mathrm{d}\tau'}[T(z')\mathrm{e}^{\tau(0,z')}]\mathrm{d}z'=\int_0^{\tau(0,z)}T_{\mathrm{p}}(z')\mathrm{e}^{\tau(0,z')}\mathrm{d}\tau'$$

上式左端定积分可以求得，即

$$T(z)\mathrm{e}^{\tau(0,z)}-T(0)=\int_0^{\tau(0,z)}T_{\mathrm{p}}(z')\mathrm{e}^{\tau(0,z')}\mathrm{d}\tau'$$

再用指数因子 $\mathrm{e}^{-\tau(0,z)}$ 乘上式两端，并移项，得

$$T(z)=T(0)\mathrm{e}^{-\tau(0,z)}+\mathrm{e}^{-\tau(0,z)}\int_0^{\tau(0,z)}T_{\mathrm{p}}(z')\mathrm{e}^{\tau(0,z')}\mathrm{d}\tau'$$

注意到

$$\mathrm{e}^{-\tau(0,z)}\mathrm{e}^{\tau(0,z')}=\mathrm{e}^{-[\tau(0,z)-\tau(0,z')]}=\mathrm{e}^{-\tau(z',z)}$$

最后得辐射传递方程的形式解为

$$T(z)=T(0)\mathrm{e}^{-\tau(0,z)}+\int_0^z 2T_{\mathrm{p}}(z')\alpha(z')\mathrm{e}^{-\tau(z',z)}\mathrm{d}z' \tag{2.5.34}$$

式中，$T(0)$是 $z=0$ 点向正 z 方向发出的噪声温度，$T(0)$中包含了负载电阻向传输线提供的噪声温度，以及半无限长有耗传输线向负 z 方向发出的经负载反射的噪声温度。习题 2.16 是应用这一形式解的具体例子。

2.6 包含信号源和负载的传输线电路

细心的读者会发现，到现在为止，我们所讨论的传输线电路是不完整的，因为只在终端有负载，信号源端没有画任何符号，只假定有一个入射波传过来。这一节将讨论最简单的但完整的信号源与终端负载同时存在的传输线电路，为方便称其为简单完整的传输线电路或简单传输线电路。

2.6.1 归一化电压与归一化电流

我们曾引入了归一化阻抗和归一化导纳，现在来引入归一化电压和归一化电流。用小写字母 v 和 i 分别代表归一化电压和电流，大写的 V 和 I 代表通常意义的电压和电流，相对于归一化电压和电流而言，称 V 和 I 为非归一化电压和非归一化电流。规定

$$v = V/\sqrt{Z_C} \tag{2.6.1}$$

$$i = I\sqrt{Z_C} \tag{2.6.2}$$

可以验证，归一化电压与归一化电流之比等于归一化阻抗，即

$$\bar{z} = \frac{v}{i} = \frac{Z}{Z_C} \tag{2.6.3}$$

还可以验证，用归一化电压和电流表示的功率与用非归一化电压电流表示的功率相等，即

$$P = \frac{1}{2}vi^* = \frac{1}{2}VI^* \tag{2.6.4}$$

可以证明，归一化电流 i_+ 等于归一化电压 v_+，推导式为

$$i_+ = I_+\sqrt{Z_C} = \frac{V_+}{Z_C}\sqrt{Z_C} = V_+/\sqrt{Z_C} = v_+ \tag{2.6.5}$$

类似地，归一化电流 i_- 等于归一化电压 v_- 的负值，即

$$i_- = I_-\sqrt{Z_C} = -\frac{V_-}{Z_C}\sqrt{Z_C} = -\frac{V_-}{\sqrt{Z_C}} = -v_- \tag{2.6.6}$$

非归一化的电压 V 等于 V_+ 与 V_- 之和，非归一化的电流 I 等于 I_+ 与 I_- 之和，使其归一化，得

$$v = v_+ + v_- \tag{2.6.7}$$

$$i = i_+ + i_- \tag{2.6.8}$$

2.6.2 简单完整的传输线电路的形式解

因为 v_+ 等于 i_+，v_- 等于 $-i_-$，故可令

$$v_+ = i_+ = a \tag{2.6.9}$$

$$v_- = -i_- = b \tag{2.6.10}$$

称 a 为内向波，b 为外向波，于是

$$v = a + b \tag{2.6.11}$$

$$i = a - b \tag{2.6.12}$$

简单完整的包含信号源和负载的传输线电路示于图 2.30(a)，一段特性阻抗为 Z_C 的传输线，一端接负载 Z_F，另一端接信号源，信号源的阻抗为 Z_g，信号源的电压为 V_g。在截面 T_g 处的非归一化电压电流为 V 和 I，向负载的波为内向波 a，向信号源的波为外向波 b。在截面 T_g 处的非归一化集总参数等效电路如图 2.30(b)所示，Z_L 是向负载看的输入阻抗。在截面 T_g 处的归一化集总参数等效电路如图 2.30(c)所示。由于阻抗与反射系数之间的关系为

$$\bar{z}_L = \frac{1+\Gamma_L}{1-\Gamma_L} \tag{2.6.13}$$

$$\bar{z}_g = \frac{1+\Gamma_g}{1-\Gamma_g} \tag{2.6.14}$$

因此还可以有用反射系数给出的等效电路，如图 2.30(d)所示，图中的 $\hat{a}$ 称作电源波，下文将予以说明，由图 2.30(b)，根据非归一化的集总参数等效电路可列出下述两个方程：

$$V = IZ_L \tag{2.6.15}$$

$$V = V_g - IZ_g \tag{2.6.16}$$

两端除以 $\sqrt{Z_C}$，使上述二式归一化，得

$$v = i\bar{z}_L \tag{2.6.17a}$$

$$v = v_g - i\bar{z}_g \tag{2.6.17b}$$

或

$$a + b = (a-b)\frac{1+\Gamma_L}{1-\Gamma_L} \tag{2.6.18a}$$

$$a + b = v_g - (a-b)\frac{1+\Gamma_g}{1-\Gamma_g} \tag{2.6.18b}$$

由式(2.6.18a)可得外向波与内向波之间的简单关系式

$$b = \Gamma_L a \tag{2.6.19}$$

将式(2.6.19)代入式(2.6.18b)，整理后得

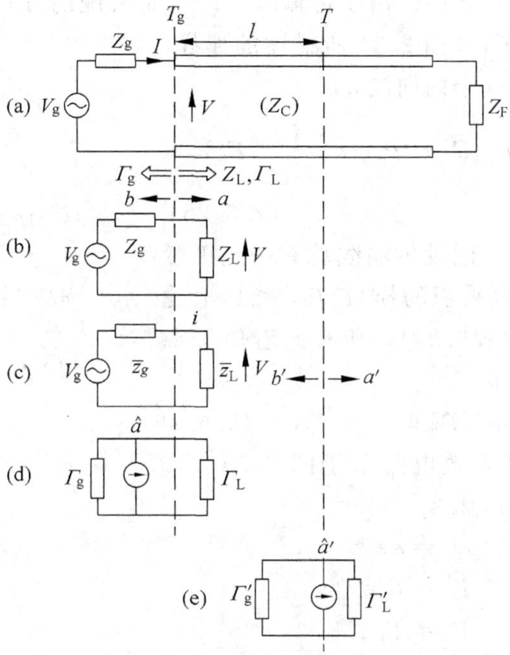

图 2.30　包含信号源和负载的传输线电路与电源波

$$a = \frac{1}{1 - \Gamma_g \Gamma_L}\left[\frac{1}{2} v_g (1 - \Gamma_g)\right] \tag{2.6.20}$$

当负载匹配时，Γ_L 等于零，令满足这一条件的内向波为电源波，记作 $\hat{a}$，

$$\hat{a} = \frac{1}{2} v_g (1 - \Gamma_g) \tag{2.6.21}$$

注意到

$$\frac{1}{2}(1 - \Gamma_g) = \frac{z_C}{z_g + z_C} \tag{2.6.22}$$

可以说$(1-\Gamma_g)/2$就是分压比，是负载匹配时传输特性阻抗 z_C 上的电压与总电压 v_g 之比，可称作分压系数. 记作 K_g，于是

$$\hat{a} = K_g v_g \tag{2.6.23}$$

从上述三式可以看出，电源波只与 v_g 和 $\bar{z}_g$ 有关，与负载条件无关。至此，我们完全解释了图 2.30(d)所示的等效电路。利用电源波的符号内向波表示式(2.6.20)可改写为

$$a = \frac{\hat{a}}{1 - \Gamma_g \Gamma_L} \tag{2.6.24}$$

式(2.6.24)和式(2.6.19)为简单传输线电路的形式解。

图 2.30(d)是由电源波和反射系数构成的等效电路，可用来从波的反射叠加的概念

导出简单传输线电路的形式解。由于传输线两端都是失配的，即 $\bar{z}_F \neq 1, \bar{z}_g \neq 1$，波在传输线上来回反射，没有终了，如图 2.31 所描述的那样。

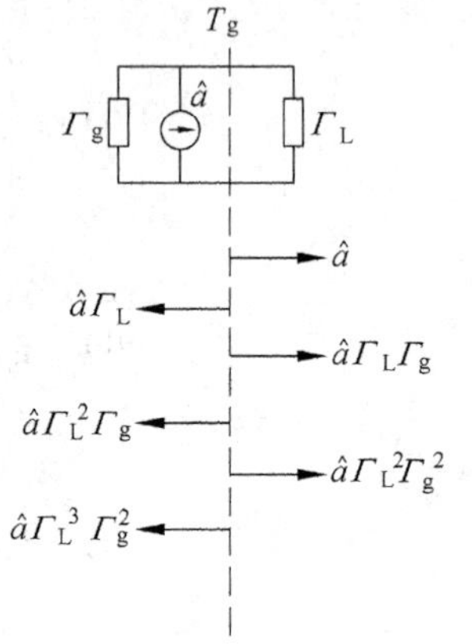

图 2.31 传输线上波的多次反射

所有向着负载的波合成一个内向波 a，

$$a = \hat{a} + \hat{a}\Gamma_g\Gamma_L + \hat{a}\Gamma_g^2\Gamma_L^2 + \cdots + \hat{a}\sum_{i=0}^{\infty}(\Gamma_g\Gamma_L)^i \tag{2.6.25}$$

这是无穷等比级数之和。假设传输线总有一点极微弱的衰减，两个反射系数乘积的模 $|\Gamma_g\Gamma_L| < 1$，上述无穷级数收敛，即为式(2.6.24)。所有向着信号源端的波合成一个外向波 b，

$$b = \hat{a}\Gamma_L + \hat{a}\Gamma_L^2\Gamma_g + \hat{a}\Gamma_L^3\Gamma_g^2 + \cdots = \Gamma_L a \tag{2.6.26}$$

当截面移到 T 处时，其等效电路示于图 2.30(e)。截面 T 和 T_g 的距离为 l，那么

$$\hat{a}' = \hat{a}e^{-j\beta l} \tag{2.6.27}$$

$$\Gamma_g' = \Gamma_g e^{-j2\beta l} \tag{2.6.28}$$

$$\Gamma_L' = \Gamma_L e^{j2\beta l} \tag{2.6.29}$$

$$a' = \frac{\hat{a}'}{1-\Gamma_g'\Gamma_L'} = \frac{\hat{a}e^{-j\beta l}}{1-\Gamma_g\Gamma_L} = ae^{-j\beta l} \tag{2.6.30}$$

$$b' = \Gamma_L' a' = \Gamma_L e^{j2\beta l} a e^{-j\beta l} = be^{j\beta l} \tag{2.6.31}$$

2.6.3 匹配的基本概念

利用上一节的结果，我们来讨论三种匹配的基本概念。

(1) 信号源匹配

在没有引入简单完整的传输线电路之前，本章前述各节均暗含假设 $\Gamma_g = 0$，这时 $\hat{a} = v_g/2, a = \hat{a}, b = \Gamma_L a$，且传输线上只有一次入射和一次反射，因此称为入射波和反射波，用 v_+ 和 v_- 表示。$a = v_+$ 和 $b = v_-$ 实际是一般情况的特例。在微波系统中负载处于变动状态，即 Γ_L 是经常变动的，由内向波的表示式(2.6.24)可知，当 Γ_L 变化时，内向波的幅度将发生变化。如设法使 $\Gamma_g = 0$，那么信号源将输出恒定不变的电源波，这当然是非常理想的。$\Gamma_g = 0$ 的信号源称作匹配信号源。

(2) 负载匹配

$Z_F = Z_C, \bar{z}_F = 1$ 或 $\Gamma_L = 0$ 都表达同一个意思，表示负载与传输线匹配，简称负载匹配，这时传输线上的波处于行波状态，$a = \hat{a}, b = 0$。2.4.3 节给出的阻抗匹配的例子都属于负载匹配的范围。那些例子都假定了 $\Gamma_g = 0$。

(3) 共轭匹配

在包含信号源和负载的传输线电路中，取定一截面 T，若 $Z_L^* = Z_g$，相应地 $\Gamma_L^* = \Gamma_g$，称

这种情况为共轭匹配。共轭匹配时负载能得到最大功率，因为此时内向波

$$a = \frac{\hat{a}}{1 - |\Gamma_L|^2} \tag{2.6.32}$$

负载吸收的功率为

$$P = \frac{1}{2}|a|^2(1 - |\Gamma_L|^2) = \frac{1}{2}\frac{|\hat{a}|^2}{1 - |\Gamma_L|^2} \tag{2.6.33}$$

一旦在某一截面处看达到共轭匹配，那么在均匀传输线上任一截面处看都是共轭匹配的。从式(2.6.33)，或从阻抗圆图上都可以证明这一结论。其实，从能量的观点看，对于无耗传输线，在某一截面处看负载得到最大功率，那么从其他截面处看仍然得到最大功率。在微波有源电路中，特别是微波功率放大器中，为了得到最大的功率传输效果，常常把电路调到共轭匹配。

2.7 传输线电路中信号的时域分析

本章前述各节主要分析了信号在微波电路中的频域特性，没有涉及到微波电路中高速信号的时域分析，本节将对传输线电路中的高速数字信号的时域特性进行初步分析。随着数字通信系统传输速率的提高，高速计算机系统的飞速发展，长线效应引起的时域信号的时延和阻抗不匹配引起的时域信号的波形畸变成为一个突出的问题，必须予以足够的重视。就目前的传输速率而言，采用 TEM 波或准 TEM 波来描述高速数字电路的连线是一种可以接受的模型，在分析时域信号时，传输线理论仍是有效的工具。

2.7.1 分布参数高速数字电路的特征参数

对于数字电路而言，有两种观点:集总参数电路和分布参数电路。在高速数字电路的情况下，用分布参数电路模型取代集总参数电路的模型是不可避免的。以高速计算机系统为例，有两类典型的电路结构:其一，电路板(circuit board);其二，数据总线(date bus)。电路板通过母板上的插槽与数据总线相连接，数据总线的长度比较长，大约为 30cm，这对高速数字电路而言是相当长的。在这两类电路结构中，我们都将电路连线上的信号看作 TEM 波或准 TEM 波，以便于分析信号的时延和畸变。本小节将时域信号与传输线理论相结合，分析传输线长度、信号上升前沿等因素对时域信号传输的影响，给出一些重要的特征参量，描述时域高速数字信号在传输线上传播的特征。

1. 传播速度和传播延迟

依据传输线理论，在无损耗和无色散的条件下，准 TEM 波信号的传播速度 V_S 与分布电容 C_1、分布电感 L_1 的关系为

$$V_S = \frac{1}{\sqrt{L_1 C_1}} \tag{2.7.1}$$

仿照微带线准 TEM 波的分析结果(参看 3.7.2 节),通过计算分布电容,引入有效相对介电常数 ε_{eff},时域信号的传播速度 V_S 可以写作

$$V_S = \frac{C}{\sqrt{\varepsilon_{eff}}} \tag{2.7.2}$$

其中,C 是真空中的光速。

引用传播延迟分析时域信号在传输线的特性是十分方便的。传播延迟的意义是单位长度传输线所引起的时延,在高速数字电路中,传播延迟采用的单位是 $ps \cdot cm^{-1}$(皮秒/厘米)。在真空中,光的传播速度等于 $3\times10^{-2}cm \cdot ps^{-1}$,那么在电路板或数据总线上,传播延迟 D 为

$$D = 33.3\sqrt{\varepsilon_{eff}}$$

例如,对于玻璃纤维电路板,等效相对介电常数 $\varepsilon_{eff}=4.5$,传播延迟 $D=71ps \cdot cm^{-1}$。

2. 上升时间和上升长度(rise time and length of rising edge)

典型的逻辑门的输出是逻辑 1 或逻辑 0,逻辑门的输出将在逻辑 1 和逻辑 0 之间转换,门开关所对应的输出电压跳变的幅度为 ΔV,但跳变并不是瞬间完成的,所需的时间称作上升时间 T_R(rise time)或下降时间 T_F(fall time)。图 2.32 给出了逻辑门的电压输出波形,可用升余弦滚降信号来代表,图中标明了上升时间 T_R、下降时间 T_F 以及脉冲宽度。习惯上,从 $0.1\Delta V$ 上升到 $0.9\Delta V$ 相应的时间被定义为上升时间 T_R。为了简化,本章假定上升时间和下降时间相等,即 $T_R=T_F$,这不影响分析结果和结论的一般性。在 CMOS 中,ΔV 是 5V;在 TTL 中,ΔV 是 3.7V。

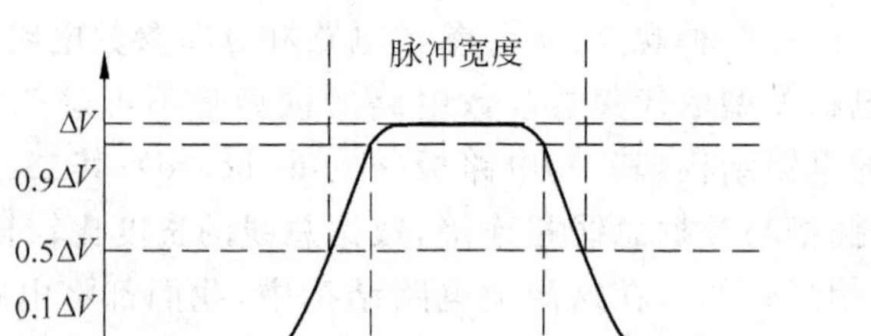

图 2.32 逻辑门的电压输出波形(升余弦滚降信号)

在分布参数电路中,信号传播一段距离需要一段时间,相应地,一段时间间隔也对应着传输线上的一段长度。理想的逻辑开关是不需要时间的,上升时间为零。实际的逻辑开关的上升时间不为零,上升时间 T_R 对应的长度被定义为上升长度 L,且有

$$L = \frac{T_R}{D} \tag{2.7.3}$$

这就是说，上升长度 L 等于上升时间 T_R 除以传播延迟 D，或者说上升长度 L 正比于上升时间 T_R，反比于传播延迟 D。举例来说，一个门电路上升时间 T_R 为 1.5ns，$\varepsilon_{eff}=4.5$，上升长度 L 为 21.1cm，这意味着一段 21.1cm 的传输线，一端连接逻辑门的输出端，当其接近 5V(CMOS)时，另一端几乎仍是 0V。

3. 集总和分布参数电路的判别

本小节开始曾提到"集总和分布"两种观点，依据上升长度 L 可以给出一个判别依据：当 $L<L_{lump}$ 时，高速数字电路可以看作集总参数电路。

$$L_{lump} = \frac{T_R}{6D} = \frac{T_R}{200\sqrt{\varepsilon_{eff}}} \tag{2.7.4}$$

当然，这并不是一个严格的判别依据。如果高速数字电路不可以被看作集总参数电路，那么需要考虑传输线所引起的时延可能造成信号的不同步。

4. 时钟信号频谱和非周期升余弦信号频谱的第一个零点频率

高速数字电路中的时钟频率已达 2GHz，本身已处于微波波段，时钟信号为周期矩形信号，周期 T 为 0.5ns，它具有无限多的谱线。在周期矩形信号的谱线的第一个零点之内集中了信号的主要能量，第一个零点的频率

$$f_0 = \frac{1}{\tau} \tag{2.7.5}$$

其中，τ 是脉冲宽度。假定时钟频率为 2GHz，估计一下 f_0 的量级：若 $\tau=T/2$，那么 $f_0=$ 4GHz；若 τ 更小，例如 $\tau=T/4$，那么 $f_0=$8GHz。这说明，时钟频率为 2GHz，其频谱可能达到 4GHz 或更高，处于微波波段。

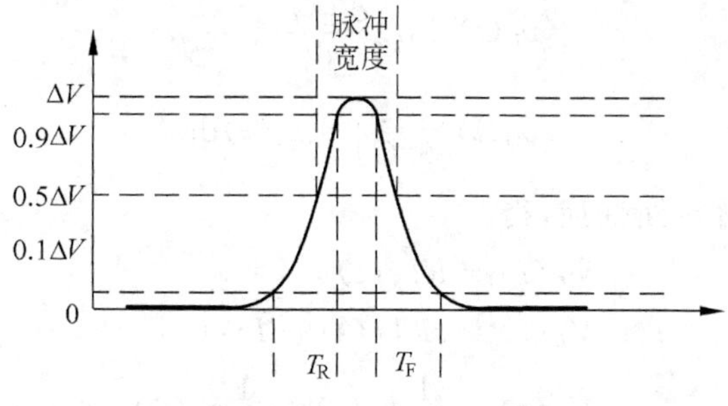

图 2.33　升余弦脉冲(升余弦滚降信号的特例)

因为高速数据信号并非是周期矩形信号，所以从非周期信号的角度来分析信号的频谱是恰当的。可将其看作升余弦脉冲(升余弦滚降信号的特例)，如图 2.33 所示，它的信

号能量集中在 $0\sim\frac{1}{2T_{\mathrm{R}}}$ 的范围内，T_{R} 是上升时间。$\frac{1}{2T_{\mathrm{R}}}$ 对应了升余弦脉冲的第一个零点频率。为了说明非周期升余弦脉冲所占用的频谱宽度，有的文献将 $\frac{1}{2T_{\mathrm{R}}}$ 称为拐点频率(knee frequency) f_{knee}，记为

$$f_{\mathrm{knee}}=\frac{1}{2T_{\mathrm{R}}} \tag{2.7.6}$$

它与上升时间成反比。若 $T_{\mathrm{R}}=T/2$，那么 $f_{\mathrm{knee}}=2\mathrm{GHz}$，可见其频谱也处于微波波段。

如上所述，在高速数字电路中，无论是时钟信号还是非周期升余弦脉冲频谱的第一个零点频率都等于或高于时钟信号的频率，处于微波波段，因此有必要采用传输线的分析方法处理高速数字电路中的信号传输问题。分析时域信号的有效工具是拉普拉斯变换，因此我们将首先在 s 域建立传输线电报方程和波动方程，然后讨论传输线上的时域信号。

2.7.2 s 域传输线波动方程和它的解

本小节将频域的传输线理论的基本关系改变为 s 域的关系式，以便其适用于拉普拉斯变换求解。具体来说就是，依据电阻 R、电容 C、电感 L 的 s 域元件模型建立 s 域的电报方程，导出 s 域的波动方程、给出 s 域波动方程的解。在此基础上得出负载端时域电压信号的两种一般表达式，研究传输线的长度引起的时域信号的时延，分析数字电路的输入阻抗输出阻抗与传输线特性阻抗不匹配引起的时域信号波形的畸变。

1. s 域传输线电报方程和波动方程

在集总参数电路中，电阻 R、电容 C、电感 L 的时域关系为

$$v_R(t)=Ri_R(t) \tag{2.7.7a}$$

$$v_L(t)=L\frac{\mathrm{d}i_L(t)}{\mathrm{d}t} \tag{2.7.7b}$$

$$v_C(t)=\frac{1}{C}\int_{-\infty}^{t}i_C(\tau)\mathrm{d}\tau \tag{2.7.7c}$$

将上述时域关系作拉普拉斯变换，得

$$V_R(s)=RI_R(s) \tag{2.7.8a}$$

$$V_L(s)=sLI_L(s)-Li_L(0) \tag{2.7.8b}$$

$$V_C(s)=\frac{1}{sC}I_C(s)+\frac{1}{s}v_C(0) \tag{2.7.8c}$$

假定电感的初始电流和电容的初始电压为零，R、C、L 的 s 域元件模型简化为

$$V_R(s)=RI_R(s) \tag{2.7.9a}$$

$$V_L(s)=sLI_L(s) \tag{2.7.9b}$$

$$V_C(s)=\frac{1}{sC}I_C(s) \tag{2.7.9c}$$

依据简化的 R、C、L 的 s 域元件模型，参考本章中给出的传输线分布参数等效电路(图 2.1)，可以列出下述方程：

$$\Delta V(s)=I(s)(R_1+sL_1)\,\Delta z \tag{2.7.10a}$$

$$\Delta I(s)=V(s)(G_1+sC_1)\,\Delta z \tag{2.7.10b}$$

相应的 s 域电报方程为

$$\frac{\mathrm{d}V(s)}{\mathrm{d}z}=(R_1+sL_1)I(s) \tag{2.7.11a}$$

$$\frac{\mathrm{d}I(s)}{\mathrm{d}z}=(G_1+sC_1)V(s) \tag{2.7.11b}$$

对式(2.7.11b)微分，代入式(2.7.11a)，对式(2.7.11a)微分，代入式(2.7.11b)，得 s 域电压电流的波动方程

$$\frac{\mathrm{d}^2V(s)}{\mathrm{d}z^2}=(R_1+sL_1)(G_1+sL_1)V(s) \tag{2.7.12a}$$

$$\frac{\mathrm{d}^2I(s)}{\mathrm{d}z^2}=(R_1+sL_1)(G_1+sC_1)I(s) \tag{2.7.12b}$$

引入 s 域传播常数 $\nu(s)$，且

$$\nu^2(s)=(R_1+sL_1)(G_1+sC_1) \tag{2.7.13}$$

$$\nu(s)=\sqrt{(R_1+sL_1)(G_1+sC_1)} \tag{2.7.14}$$

形式上，s 域传播常数与频域传播常数是类似的。为简便起见，有时采用与频域传播常数相同的简化的符号 ν，而不采用 $\nu(s)$，读者从上下文可以很容易理解它是 s 域还是频域的传播常数。

若传输线无耗，s 域传播常数简化为

$$\nu(s)=s\sqrt{L_1C_1} \tag{2.7.15}$$

2. s 域传输线波动方程的解

s 域波动方程的通解为

$$V(z,s)=V_{0+}(s)\mathrm{e}^{\nu z}+V_{0-}(s)\mathrm{e}^{-\nu z} \tag{2.7.16a}$$

$$I(z,s)=I_{0+}(s)\mathrm{e}^{\nu z}+I_{0-}(s)\mathrm{e}^{-\nu z} \tag{2.7.16b}$$

将式(2.7.16a)代入到式(2.7.11a)，得

$$I(z,s)=\frac{\nu}{R_1+sL_1}(V_{0+}\mathrm{e}^{\nu z}-V_{0-}\mathrm{e}^{-\nu z}) \tag{2.7.17}$$

在传输线无耗的条件下 $R_1=G_1=0$，(R_1+sL_1) 与 ν 的比值为

$$\frac{R_1+sL_1}{\nu}=\sqrt{\frac{R_1+sL_1}{G_1+sC_1}}=\sqrt{\frac{L_1}{C_1}} \tag{2.7.18}$$

这正是传输线的特性阻抗 Z_C，即

$$Z_C=\sqrt{\frac{L_1}{C_1}} \tag{2.7.19}$$

下面将 s 域波动方程的通解改写为与时延有关的形式，使其更适合于时域信号的求解。注意到准 TEM 波信号的传播速度 $V_S=1/\sqrt{L_1C_1}$，那么

$$\nu(s)z=s\frac{z}{V_S}=s\tau_z \tag{2.7.20}$$

其中，$\tau_z=\dfrac{z}{V_S}$是传播距离 z 所需要的时延。据此，s 域波动方程的通解可改写为

$$V(z,s)=V_{0+}(s)e^{s\tau_z}+V_{0-}(s)e^{-s\tau_z}=V_+(z,s)+V_-(z,s) \tag{2.7.21a}$$

$$I(z,s)=I_{0+}(s)e^{s\tau_z}+I_{0-}(s)e^{-s\tau_z}=I_+(z,s)+I_-(z,s) \tag{2.7.21b}$$

式中

$$V_+(z,s)=V_{0+}(s)e^{s\tau_z} \tag{2.7.22}$$

$$V_-(z,s)=V_{0-}(s)e^{-s\tau_z} \tag{2.7.23}$$

$$I_+(z,s)=I_{0+}(s)e^{s\tau_z}=\frac{V_+(z,s)}{Z_C} \tag{2.7.24}$$

$$I_-(z,s)=I_{0-}(s)e^{-s\tau_z}=-\frac{V_-(z,s)}{Z_C} \tag{2.7.25}$$

式(2.7.20)～式(2.7.25)与频域解的表示式有所不同，主要是指数函数项的表示式不同。

3. s 域电压反射系数、输入阻抗和电压透射系数

(1) s 域电压反射系数

s 域电压反射系数为反射波电压与入射波电压之比，简称反射系数，记作 $\Gamma(s)$，表示为

$$\Gamma(z,s)=\frac{V_-(z,s)}{V_+(z,s)}=\frac{V_{0-}(s)e^{-s\tau_z}}{V_{0+}(s)e^{+s\tau_z}}=\Gamma_F(s)e^{-2s\tau_z} \tag{2.7.26}$$

式中

$$\Gamma_F(s)=\frac{V_{0-}(s)}{V_{0+}(s)} \tag{2.7.27}$$

(2) s 域输入阻抗

引入电压反射系数之后，传输线上 z 点的电压和电流可表示为

$$V(z,s)=V_+(z,s)[1+\Gamma(z,s)] \tag{2.7.28}$$

$$I(z,s)=I_+(z,s)[1-\Gamma(z,s)] \tag{2.7.29}$$

传输线上 z 点的输入阻抗为

$$Z_i(z,s)=\frac{V(z,s)}{I(z,s)}=\frac{V_+(z,s)[1+\Gamma(z,s)]}{I_+(z,s)[1-\Gamma(z,s)]}=Z_C\frac{1+\Gamma(z,s)}{1-\Gamma(z,s)} \tag{2.7.30}$$

传输线上 z 点的归一化输入阻抗为

$$\bar{z}_i(z,s)=\frac{1+\Gamma(z,s)}{1-\Gamma(z,s)} \tag{2.7.31}$$

反射系数与归一化输入阻抗的关系可表示为

$$\Gamma(z,s)=\frac{\bar{z}_i(z,s)-1}{\bar{z}_i(z,s)+1} \tag{2.7.32}$$

反射系数与输入阻抗的关系为

$$\Gamma(z,s)=\frac{Z_i(z,s)-Z_C}{Z_i(z,s)+Z_C} \tag{2.7.33}$$

（3）s 域电压透射系数

s 域电压透射系数 $T(z,s)$ 在时域信号分析中是一个有用的参数，以后将举例予以说明。$T(z,s)$ 等于 1 加电压反射系数，即

$$T(z,s)=1+\Gamma(z,s) \tag{2.7.34}$$

s 域电压透射系数 $T(z,s)$ 与输入阻抗的关系为

$$T(z,s)=\frac{2Z_i(z,s)}{Z_i(z,s)+Z_C} \tag{2.7.35}$$

2.7.3 简单传输线电路负载端时域信号的形式解

1. 负载端时域信号的第一种形式解

采用拉普拉斯变换的方法可以给出负载端时域信号的形式解。我们的研究对象界定为图 2.34 所示的简单传输线电路，电路中包含：时域信号源、时域电压信号 $v_g(t)$、s 域信号源内阻 $Z_g(s)$、s 域负载阻抗 $Z_F(s)$、一段长度为 l 的传输线，传输线的特性阻抗为 Z_C。虽然此传输线电路比较简单，但是具有相当广泛的代表性。对于这样的电路，我们关心的是负载阻抗 Z_F 处的电压波形，因此需要分析计算时域信号注入后，负载阻抗 Z_F 处的电压是如何随时间变化的。

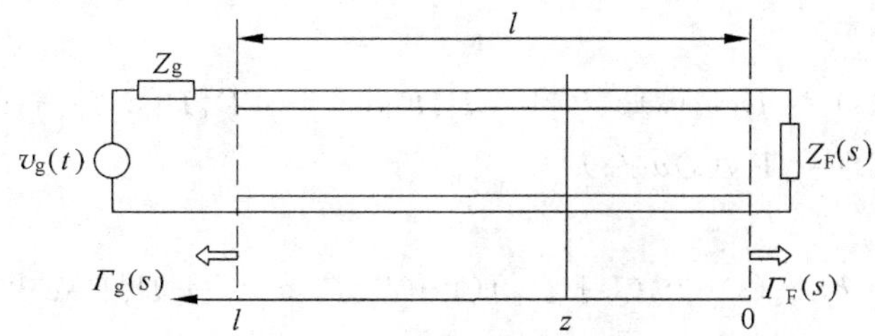

图 2.34 简单传输线电路

分析计算负载阻抗 Z_F 处的时域电压波形的主要步骤是：首先，对时域信号 $v_g(t)$ 进行拉普拉斯变换，得到相应的 s 域电压信号 $V_g(s)$；然后，写出经多次反射后形成的负载阻抗 Z_F 处的 s 域电压的表示式 $V_F(s)$；最后，对 $V_F(s)$ 作拉普拉斯反变换得到负载阻抗 Z_F 处的时域电压波形。

首先利用拉普拉斯变换将时域信号 $V_g(t)$ 变换为 s 域电压信号 $V_g(s)$，然后引用 s 域信号的一些结果。非归一化 s 域电压信号 $V_g(s)$ 为

$$V_g(s)=\int_0^{+\infty}V_g(t)\mathrm{e}^{-st}\mathrm{d}t=L[V_g(t)] \tag{2.7.36}$$

算符 L 表示拉普拉斯变换。归一化 s 域电压 $v_g(s)$ 为

$$v_g(s)=\frac{V_g(s)}{\sqrt{Z_C}} \tag{2.7.37}$$

式中 Z_C 是传输线的特性阻抗。在 2.6 节中已经提到，当负载匹配时加到传输线的电压是传输线特性阻抗与信号源内阻分压的结果，可写作 $K_g v_g(s)$，K_g 称作信号源端的分压系数，记为

$$K_g=\frac{Z_C}{Z_g+Z_C} \tag{2.7.38}$$

它与信号源端反射系数 Γ_g 的关系为

$$K_g=\frac{1}{2}(1-\Gamma_g) \tag{2.7.39}$$

式中

$$\Gamma_g=\frac{Z_g-Z_C}{Z_g+Z_C} \tag{2.7.40}$$

由于信号源端和负载端都是不匹配的，两端都有反射，负载阻抗 Z_F 处的归一化 s 域电压是多次反射波的叠加。负载处的归一化 s 域电压 $v_F(s)$ 可分解为内向波 $a_F(s)$ 与外向波 $b_F(s)$ 之和，即

$$v_F(s)=a_F(s)+b_F(s) \tag{2.7.41}$$

其中

$$a_F(s)=K_g v_g(s)\mathrm{e}^{-s\tau_l}(1+\Gamma_g\Gamma_F\mathrm{e}^{-2s\tau_l}+\Gamma_g^2\Gamma_F^2\mathrm{e}^{-4s\tau_l}+\cdots) \tag{2.7.42}$$

$$b_F(s)=\Gamma_F(s)a_F(s) \tag{2.7.43}$$

于是有

$$v_F(s)=K_g v_g(s)\mathrm{e}^{-s\tau_l}(1+\Gamma_F)(1+\Gamma_g\Gamma_F\mathrm{e}^{-2s\tau_l}+\Gamma_g^2\Gamma_F^2\mathrm{e}^{-4s\tau_l}+\cdots) \tag{2.7.44}$$

式中，τ_l 是一段长度为 l 的传输线相应的时延，Γ_g 和 Γ_F 都是 s 的函数。$v_F(s)$ 式中的 $(1+\Gamma_F)$ 是负载端电压透射系数 T_F，即

$$T_F = (1+\Gamma_F) = \frac{2Z_F}{Z_F + Z_C} \tag{2.7.45}$$

有时采用电压透射系数 T_F 是方便的，那么 $v_F(s)$还可改写为

$$v_F(s) = K_g v_g(s) e^{-s\tau_l} T_F(s)(1+\Gamma_g\Gamma_F e^{-2s\tau_l} + \Gamma_g^2\Gamma_F^2 e^{-4s\tau_l} + \cdots) \tag{2.7.46}$$

$v_F(s)$的拉普拉斯反变换即为负载阻抗 Z_F 处的归一化时域电压波形 $v_F(t)$，表示为

$$v_F(t) = \frac{1}{2\pi j}\int_{\sigma-j\infty}^{\sigma+j\infty} v_F(s) e^{st} ds = L^{-1}[v_F(s)] \tag{2.7.47}$$

算符 L^{-1}表示拉普拉斯反变换。为分析方便，将 $v_F(t)$分解为许多子项，

$$v_F(t) = v_{F0}(t) + v_{F1}(t) + v_{F2}(t) + \cdots + v_{Fn}(t) + \cdots \tag{2.7.48}$$

各子项的表达式和意义说明如下：

(1) $v_{F0}(t)$是不包含多次反射的主要子项，简称主项，表示为

$$v_{F0}(t) = L^{-1}\{v_g(s)K_g[1+\Gamma_F(s)]e^{-s\tau_l}\} \tag{2.7.49}$$

或

$$v_{F0}(t) = L^{-1}[v_g(s)K_g(s)T_F(s)e^{-s\tau_l}] \tag{2.7.50}$$

若 $\Gamma_g=0$ 或 $\Gamma_F=0$，则 $v_F(t)$中仅含 $v_{F0}(t)$项，$v_{F0}(t)$项不包含从信源和负载端的来回反射。

(2) $v_{F1}(t)$和 $v_{F2}(t)$对应的是时域信号在信源和负载端的一次和二次来回反射项，它们的表示式为

$$v_{F1}(t) = L^{-1}[v_g(s)K_g T_F \Gamma_g \Gamma_F e^{-3s\tau_l}] \tag{2.7.51}$$

$$v_{F2}(t) = L^{-1}[v_g(s)K_g T_F \Gamma_g^2 \Gamma_F^2 e^{-5s\tau_l}] \tag{2.7.52}$$

(3) 一般子项 $v_{Fn}(t)$对应的是时域信号在信源和负载端的 n 次来回反射，其表示式为

$$v_{Fn}(t) = L^{-1}[v_g(s)K_g T_F \Gamma_g^n \Gamma_F^n e^{-(2n+1)s\tau_l}] \tag{2.7.53}$$

$n=0,1,2,\cdots$。理论上，$v_{F0}(t)$、一次来回反射项 $v_{F1}(t)$、二次来回反射项 $v_{F2}(t)$等各项之和就是简单传输线电路中负载端时域信号的形式解。

$v_{F0}(t)$不包含波在信号源端和负载端之间的来回反射，是负载处时域电压信号的主项，相对而言，求解比较简单。在后面的例题中，当负载比较复杂时，我们只计算 $v_{F0}(t)$这一项。在以下三个理想情况，$v_F(t)$的表达式可进一步简化。

(1) 若 $\Gamma_g=0$，则 $T_g=\frac{1}{2}$，$v_F(t)$中仅含 $v_{F0}(t)$项，

$$v_F(t) = v_{F0}(t) = L^{-1}\left[\frac{1}{2}v_g(s)T_F(s)e^{-s\tau_l}\right] \tag{2.7.54}$$

(2) 若 $\Gamma_F=0$，则 $T_F=1$，$v_F(t)$中也仅含 $v_{F0}(t)$项，

$$v_F(t) = v_{F0}(t) = L^{-1}[v_g(s)K_g(s)e^{-s\tau_l}] \tag{2.7.55}$$

(3) 若 $\Gamma_g=0$ 并且 $\Gamma_F=0$，则 $\Gamma_g=\frac{1}{2}$ 并且 $T_F=1$，$v_F(t)$ 中也仅含 $v_{F0}(t)$ 项，

$$v_F(t) = v_{F0}(t) = L^{-1}\left[\frac{1}{2}v_g(s)e^{-s\tau_l}\right] = \frac{1}{2}v_g(t-\tau_l) \tag{2.7.56}$$

以上计算的是归一化的负载端的时域电压。如果将 $v_g(s)$ 反归一化，得实际的信源电压 $V_g(s)=v_g(s)Z_C$，用 $V_g(s)$ 取代 $v_{F0}(t)$、$v_{F1}(t)$、$v_{F2}(t)$ 和 $v_{Fn}(t)$ 中的 $v_g(s)$，便可得到负载端的实际的时域电压 $V_{F0}(t)$、$V_{F1}(t)$、$V_{F2}(t)$ 和 $V_{Fn}(t)$。

2. 负载端时域信号的第二种形式解

依据卷积定理可以给出另一种形式负载端时域信号的形式解。一般项 $v_{Fn}(t)$ 的表示式为

$$v_{Fn}(t) = L^{-1}[v_g(s)K_g T_F \Gamma_g^n \Gamma_F^n e^{-(2n+1)s\tau_l}] \tag{2.7.57}$$

式中，$n=0,1,2,\cdots$。令

$$H_n(s) = K_g T_F \Gamma_g^n \Gamma_L^n \tag{2.7.58}$$

$H_n(s)$ 是不包含传输线时延的电路的系统函数（或称网络函数）。若 $H_n(s)$ 的拉普拉斯逆变换为

$$h_n(t) = L^{-1}[H_n(s)] \tag{2.7.59}$$

由时移特性可知，$H_n(\omega)e^{-j(2n+1)\omega\tau}$ 的拉普拉斯逆变换为

$$h_n[t-(2n+1)\tau_l] = L^{-1}[H_n(s)e^{-(2n+1)s\tau_l}] \tag{2.7.60}$$

$v_g(s)$ 的拉普拉斯逆变换即为给定的归一化时域信号 $v_g(t)$，即

$$v_g(t) = L^{-1}[v_g(s)] \tag{2.7.61}$$

再依据时域卷积定理求得一般子项 $v_{Fn}(t)$ 的表示式

$$v_{Fn}(t) = \int_{-\infty}^{+\infty} v_g(t)h_n[t-(2n+1)\tau_l-\tau]d\tau \tag{2.7.62}$$

$v_{F0}(t)$ 是重要的子项，是不包含多次反射的主项，下面将其单独列出：

$$v_{F0}(t) = \int_{-\infty}^{+\infty} v_g(t)h_n(t-\tau_l-\tau)d\tau \tag{2.7.63}$$

其中

$$h_0(t-\tau_l) = L^{-1}[H_0(s)e^{-s\tau_l}] \tag{2.7.64}$$

$$H_0(s) = K_g T_F = K_g(1+\Gamma_F) = K_g + K_g\Gamma_F \tag{2.7.65}$$

3. 传输线上坐标 z 处的时域信号的形式解

通常，我们关心的是负载端的时域电压波形，但是有时候对传输线上坐标 z 处的时域电压波形也感兴趣，下面对此作一些简单说明。z 点是信号源和负载之间的某一点，参看

图 2.34。用 Γ_z 替换 Γ_F，便可将 $H_n(s)$ 变换为 $H_n(s,z)$，从而求得传输线上坐标 z 处的时域电压波形。由传输线理论知，Γ_z 和 Γ_F 的关系为

$$\Gamma_z = \Gamma_F e^{-2s\tau_z} \tag{2.7.66}$$

$$H_n(s,z) = K_g(1+\Gamma_z)\Gamma_g^n\Gamma_z^n = K_g\Gamma_g^n\Gamma_z^n + K_g\Gamma_g^n\Gamma_z^{(n+1)} \tag{2.7.67}$$

这里，将 $H_n(s,z)$ 分解为两项更便于求解。由拉普拉斯逆变换，一般子项的时域表示式为

$$\begin{aligned} h_n(t,z) &= L^{-1}[H_n(s,z)e^{-(2n+1)s(\tau_l-\tau_z)}] \\ &= L^{-1}[(K_g\Gamma_g^n\Gamma_z^n + K_g\Gamma_g^n\Gamma_z^{(n+1)})e^{-(2n+1)s(\tau_l-\tau_z)}] \end{aligned} \tag{2.7.68}$$

进一步的更详细的求解过程此处从略。

2.7.4 负载端时域信号的形式解应用举例

【例 2.11】 CMOS 驱动器的输出阻抗为 20Ω，它与特性阻抗为 50Ω 的传输线相连，传输线另一端，即接收端的输入阻抗为 1MΩ。CMOS 驱动器的输出电压的上升时间为 2.0ns，电压跳变的幅度为 5V，即从 0V 跳变到 5V。假定时域信号从传输线一端到另一端所需的时间为 $\tau=5.0$ns。现在来分析负载端的电压波形。

解 首先计算电源端分压系数 K_g、负载端的分压比 K_F、电压透射系数 T_F、电源端反射系数 Γ_g 和负载端反射系数 Γ_F。可得

$$K_g = \frac{Z_C}{Z_g + Z_C} = \frac{50}{20+50} = \frac{5}{7}$$

$$K_F = \frac{Z_F}{Z_F + Z_C} \approx 1$$

$$T_F = 2K_F \approx 2$$

$$\Gamma_g = \frac{Z_g - Z_C}{Z_g + Z_C} = \frac{20-50}{20+50} = -\frac{3}{7}$$

$$\Gamma_F = \frac{Z_F - Z_C}{Z_F + Z_C} \approx 1$$

在这个例题中，K_g、K_F、Γ_g 和 Γ_F 都与 s 无关。逆变换的求解比较简单，

$$V_{F0}(t) = L^{-1}[V_g(s)K_gT_Fe^{-s\tau_l}] = \frac{10}{7}L^{-1}[V_g(s)e^{-s\tau_l}]$$

由傅里叶变换的时移特性，可得

$$V_{F0}(t) = \frac{10}{7}V_g(t-\tau_l)$$

类似地

$$V_{F1}(t) = \frac{10}{7}\left(-\frac{3}{7}\right)L^{-1}[V_g(s)e^{-3s\tau_l}] = -\frac{30}{49}V_g(t-3\tau_l)$$

$$V_{F2}(t)=\left(-\frac{30}{49}\right)\left(-\frac{3}{7}\right)L^{-1}[V_g(s)e^{-5s\tau_l}]=\frac{90}{343}V_g(t-5\tau_l)$$

在 0～6τ 之间的 $V_g(t)$ 的波形，$V_{F0}(t)$、$V_{F1}(t)$、$V_{F2}(t)$ 的波形，合成的 $V_F(t)$ 的波形如图 2.35(a)、(b)、(c)、(d)、(e)所示。

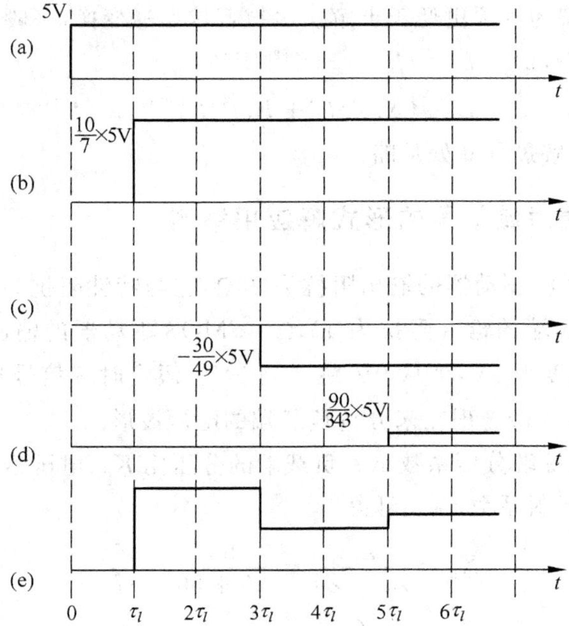

图 2.35 例题 2.11 的图

(a) $V_g(t)$的波形 (b) $V_{F0}(t)$的波形 (c) $V_{F1}(t)$的波形 (d) $V_{F2}(t)$的波形 (e) 合成的 $V_F(t)$的波形

【例 2.12】 设信号源是脉宽为$\frac{\tau}{2}$的脉冲信号，其余条件和参数同例 2.11，画出负载端的电压波形。

解 脉冲信号可看作时间相差$\frac{\tau}{2}$的极性相反的两个阶跃电压之和。利用上题的结果，改变合成的 $V_F(t)$波形的极性，且延迟一段时间 τ，形成波形 $-V_F(t-\tau)$，然后相减，便很容易画出负载端的脉冲信号的电压波形。图 2.36 中后两个脉冲是不希望有的脉冲信号，它们分别对应 $V_{F1}(t)$和 $V_{F2}(t)$。

【例 2.13】 如图 2.37 所示，负载端并联一个 40pF 电容，电容上的起始电压为 0，其余条件和参数与例 2.11 相同。画出负载端的电压波形。注意：在拐点频率 $f_{knee}=1\text{GHz}$ 时，负载端并联的 40pF 电容相当的容抗比 1MΩ 小得多，可以只考虑电容的作用。

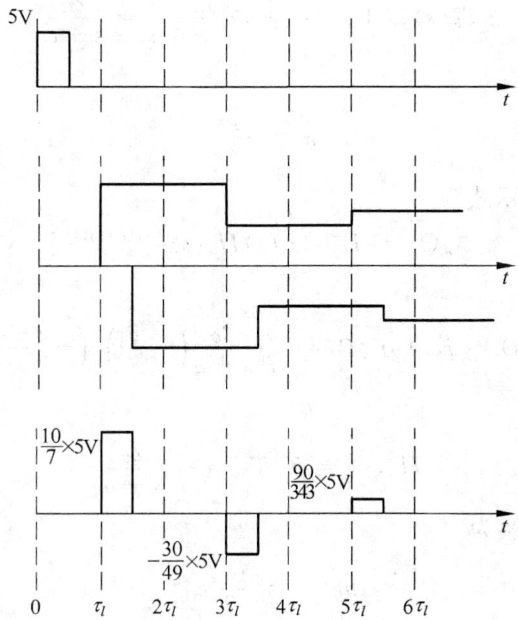

图 2.36　例题 2.12 的图

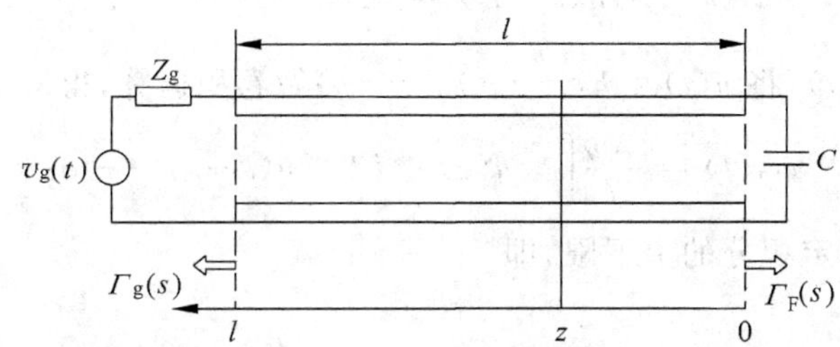

图 2.37　例题 2.13 的电路图

解　首先计算电源端分压系数 K_g、电源端反射系数 Γ_g、负载端反射系数 Γ_F 和电压透射系数 T_F。分别为

$$K_g = \frac{Z_C}{Z_g + Z_C} = \frac{50}{20 + 50} = \frac{5}{7}$$

$$\Gamma_g = \frac{Z_g - Z_C}{Z_g + Z_C} = \frac{20 - 50}{20 + 50} = -\frac{3}{7}$$

$$\Gamma_F(s) = \frac{Z_F - Z_C}{Z_F + Z_C} \approx \frac{\dfrac{1}{sC} - Z_C}{\dfrac{1}{sC} + Z_C} = \frac{\alpha - s}{\alpha + s}$$

$$T_{\mathrm{F}}(s)=1+\Gamma_{\mathrm{F}}\approx 1+\frac{\alpha-s}{\alpha+s}=\frac{2\alpha}{s+\alpha}$$

式中

$$\alpha=\frac{1}{CZ_{\mathrm{C}}}$$

一般项 $v_{\mathrm{F}n}(t)$的表示式为

$$v_{\mathrm{F}n}(t)=L^{-1}[v_{\mathrm{g}}(s)H_n(s)\mathrm{e}^{-(2n+1)s\tau_l}]$$

式中

$$H_n(s)=K_{\mathrm{g}}T_{\mathrm{F}}\Gamma_{\mathrm{g}}^n\Gamma_{\mathrm{F}}^n=\frac{5}{7}\frac{2\alpha}{s+\alpha}\left(-\frac{3}{7}\right)^n\left(-\frac{s-\alpha}{s+\alpha}\right)^n$$

对于主项

$$H_0(s)=K_{\mathrm{g}}T_{\mathrm{F}}=\frac{5}{7}\frac{2\alpha}{s+\alpha}$$

$H_0(s)$的拉普拉斯反变换为

$$h_0(t)=\frac{10\alpha}{7}\mathrm{e}^{-\alpha t}$$

由延时定理(时域平移),$H_0(s)\mathrm{e}^{-s\tau_l}$的拉普拉斯反变换为$h_0(t-\tau_l)u(t-\tau_l)$,即

$$h_0(t-\tau_l)u(t-\tau_l)=\frac{10\alpha}{7}\mathrm{e}^{-\alpha(t-\tau_l)}u(t-\tau_l)$$

$v_{\mathrm{g}}(t)$为阶跃函数 $u(t)$,将 $u(t)$和 $h_0(t-\tau_l)u(t-\tau_l)$做卷积运算,得 $v_{\mathrm{F0}}(t)$为

$$v_{\mathrm{F0}}(t)=\frac{10\alpha}{7}\int_0^{t-\tau_l}u(\tau)\mathrm{e}^{-\alpha(t-\tau_l-\tau)}u(t-\tau_l-\tau)\mathrm{d}\tau$$

这里,由阶跃函数确定积分的上下限,即

$$\tau>0$$

$$t-\tau_l-\tau>0$$

两条件合并,有

$$t-\tau_l>\tau>0$$

积分结果为

$$v_{\mathrm{F0}}(t)=\frac{10}{7}[1-\mathrm{e}^{-\alpha(t-\tau_l)}]$$

当 $t=\tau_l$ 时,$v_{\mathrm{F0}}(t)=0$。输入电压波形和负载端的电压波形如图 2.38 所示。$v_{\mathrm{F0}}(t)$与集总参数电路的区别只是有时延 τ_l,但是若进一步补充计算 $v_{\mathrm{F1}}(t)$、$v_{\mathrm{F2}}(t)$、…、$v_{\mathrm{F}n}(t)$、…并相加,则 $v_{\mathrm{F}}(t)$波形变得比较复杂,其波形与集总参数电路的区别则不仅仅只是有时延 τ_l,$v_{\mathrm{F1}}(t)$、$v_{\mathrm{F2}}(t)$、…的计算留作习题。

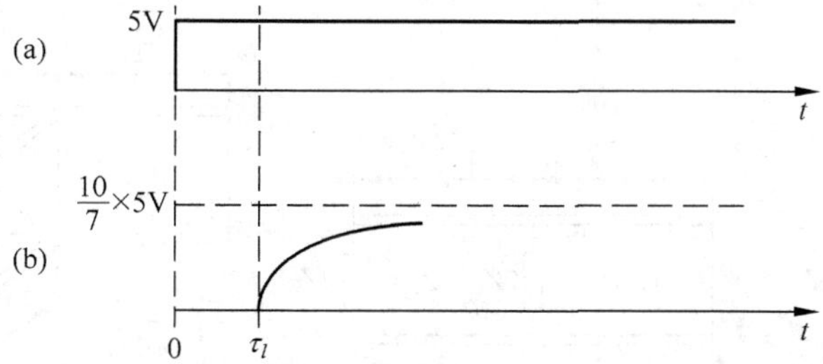

图 2.38 例题 2.13 的波形图

(a) 输入波形 (b) 负载端波形

习 题

2.1 求本题附图(a)和(b)所示电路的反射系数 Γ_A、$\Gamma_{B右}$、$\Gamma_{B左}$、Γ_C。

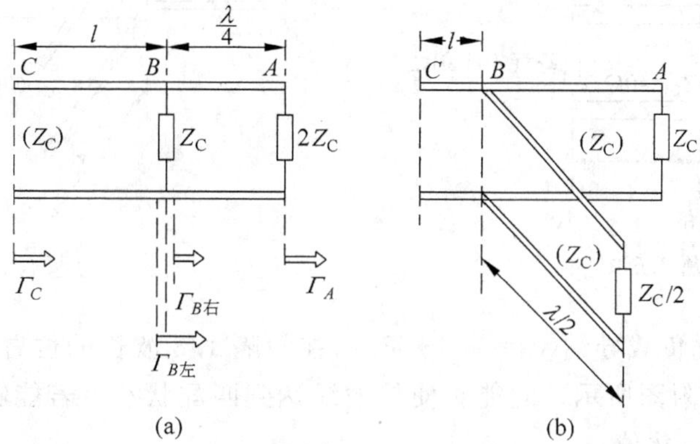

习题 2.1 图

2.2 求本题附图(a)、(b)和(c)所示电路的输入阻抗,并画出线上电压$|V|$分布示意图。

2.3 已知传输线负载的归一化阻抗 $\bar{z}_F=0.67+j0.4$,试画出线上电压$|V|$分布示意图。

2.4 已知传输线负载的归一化阻抗 $\bar{z}_F=3+j1$,现用并联单线调匹配,试确定并联短路线的位置和长度,并画出线上电压分布示意图。

2.5 已知传输线的归一化负载阻抗 $\bar{z}_F=0.3-j0.5$,现用并联短路线调匹配,但限制短路线的长度 l 小于 1/4 线上波长,试确定并联短路线的位置和长度。

2.6 求本题附图所示电路的截面 C 处的输入阻抗 z_i。

2.7 求本题附图所示电路的输入阻抗 Z_i。

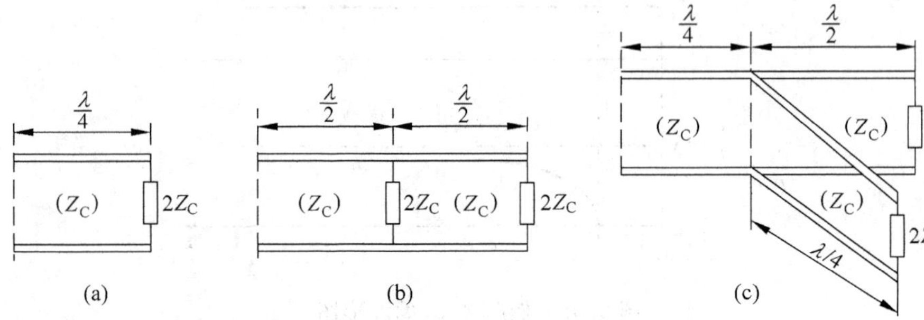

习题 2.2 图

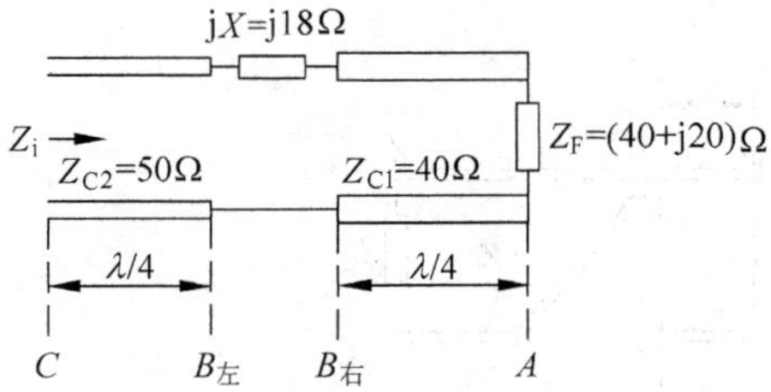

习题 2.6 图

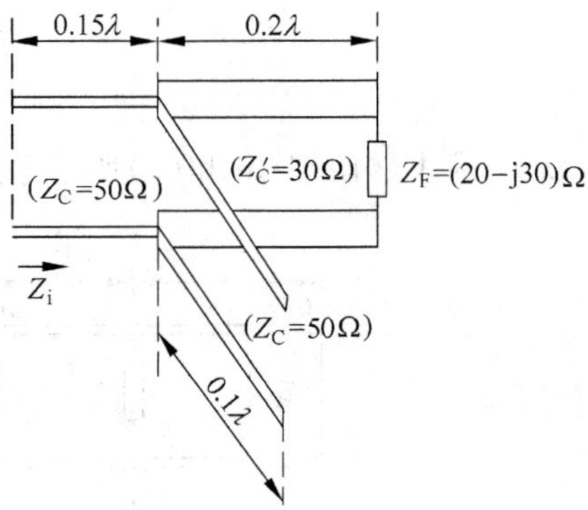

习题 2.7 图

2.8　设归一化负载导纳 $\bar{y}_F=0.8+\mathrm{j}2.2$，在间隔 1/8 波长的位置上并联两个容性电纳 $\bar{y}_1$ 和 $\bar{y}_2$，如本题附图所示。问能否使传输线达到匹配状态？若能够达到匹配状态，试求出 $\bar{y}_1$ 和 $\bar{y}_2$ 的归一化值。

2.9　设归一化负载导纳 $\bar{y}_F=2.2+\mathrm{j}0.6$，其余条件同习题 2.8。问能否使传输线达到匹配状态？若能够达到匹配状态，试求出 $\bar{y}_1$ 和 $\bar{y}_2$ 的归一化值。

2.10　传输线电路如本题附图，试求截面 A 处的输入阻抗。

2.11　传输线归一化负载导纳为 $\bar{y}_F$，用两个并联短路线调匹配，其位置如本题附图所示，试分析 $\bar{y}_F$ 的匹配盲区，用斜线画在简单圆图示意图上。若两并联短路线的长度不得超过 1/4 线上波长，其匹配盲区又如何？

2.12　传输线电路如本题附图，为使截面 T_2 处匹配，试求最小距离 d 和串联电抗 $\mathrm{j}X$ 的数值。

2.13　传输线电路如本题附图，信号源内阻 $R_g=75\Omega$，传输线特性阻抗 $Z_C=50\Omega$，负载阻抗 $R_F=100\Omega$，信号源电压最大值 $V_g=100\mathrm{V}$，传输线的传播常数为 $\beta=2\pi/\lambda$，改变传

输线的长度 l，问消耗在负载 R_F 上的最大功率是多少？此时 l/λ 的值是多少？

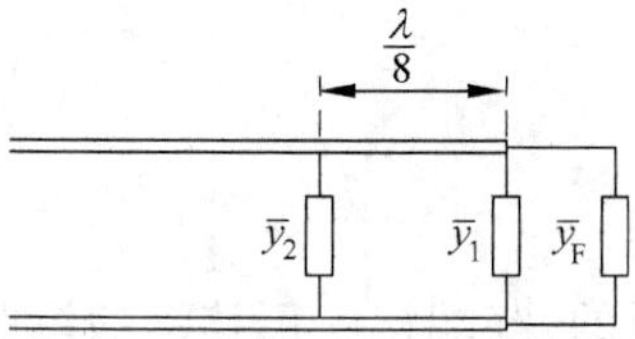

习题 2.8 图

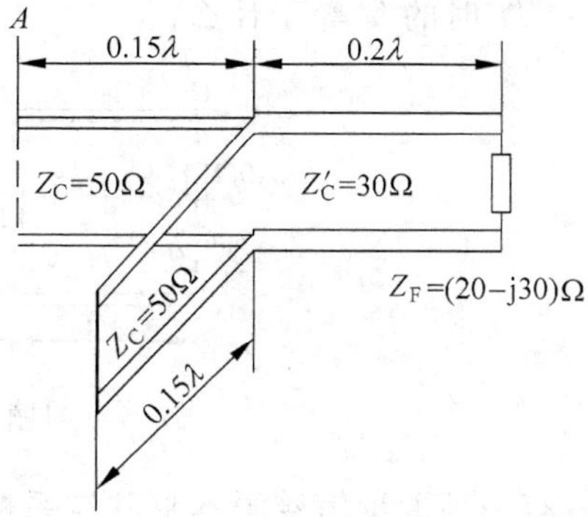

习题 2.10 图

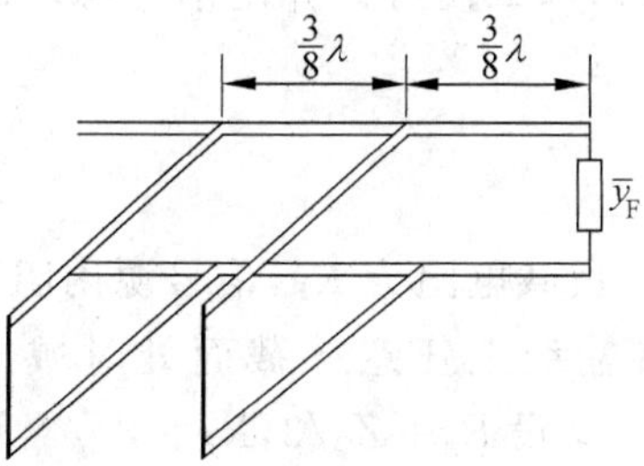

习题 2.11 图

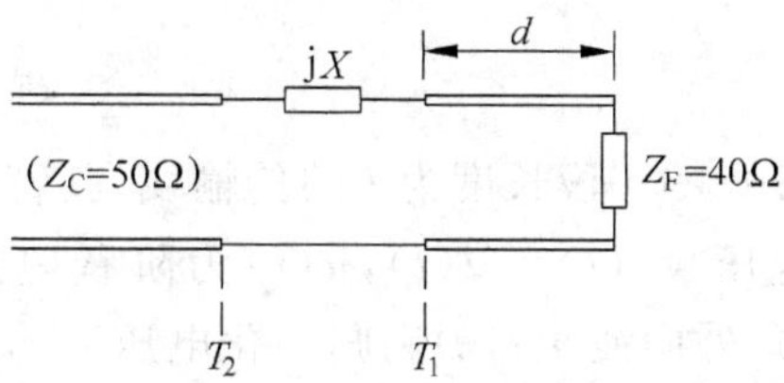

习题 2.12 图

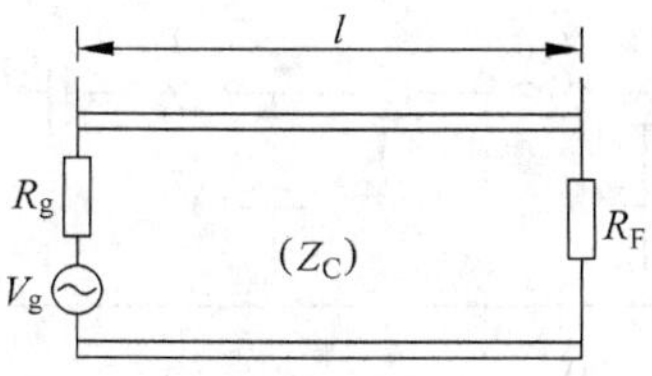

习题 2.13 图

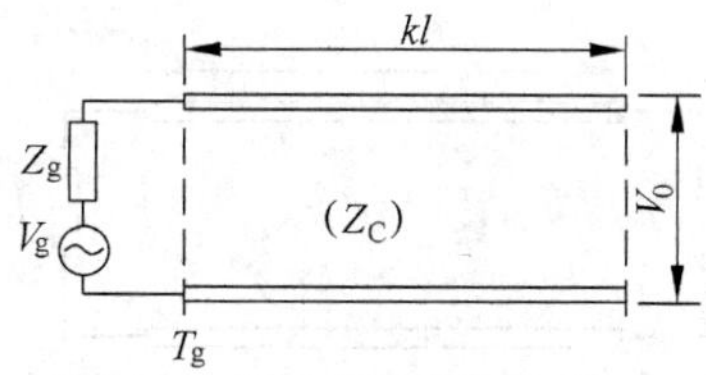

习题 2.14 图

2.14 试证明本题附图电路的开路端电压 V_0 如下：

$$V_0 = \frac{V_g(1-\Gamma_g)e^{-j\beta l}}{1-\Gamma_g e^{-j2\beta l}}$$

式中，Γ_g 是参考面 T_g 处信号源的反射系数。

2.15 电路如本题附图所示，已知信号源电压的最大幅度为 V_g，试求 A 点和 B 点的电压相量 $\dot{V}_A$ 和 $\dot{V}_B$ 以及 R_{FA} 和 R_{FB} 上消耗的功率。

2.16 一半无限长有耗传输线，物理温度为 T_0，特性阻抗为 Z_C，衰减系数为 α（常数),终端接一负载电阻 R,其噪声温度为 T_R,试求距终端 l 处的噪声温度 T,并讨论当 $R=Z_C$,$T_R=T_0$ 时的 T 等于什么。

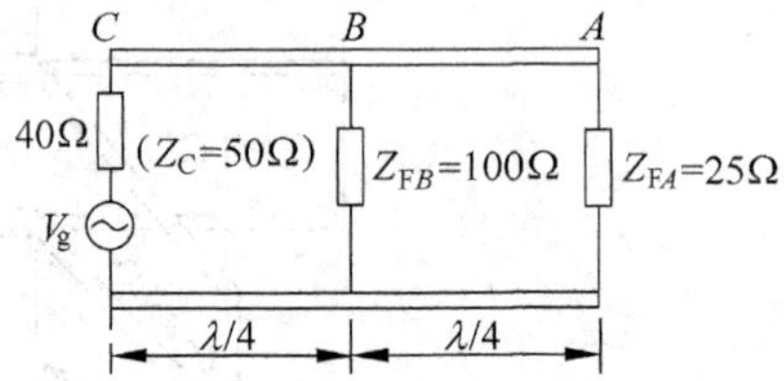

习题 2.15 图

2.17　有一种测量信号源本身驻波系数的方法是这样的:终端接一可移动的短路器,其相应的反射系数的模$|\Gamma_L|=1$,当移动短路器时,电源波 $\hat{a}$ 保持不变,而内向波将发生改变,如能测得最大和最小内向波的幅度$|a_{max}|$和 $a_{min}|$,那么便可计算出信号源端的驻波系数 ρ_g,试证明

$$\rho_g=\frac{|a_{max}|}{|a_{min}|}$$

2.18　一段长度为 l 的传输线,其特性阻抗为 Z_C,负载电阻为 R_F,信号源内阻为 R_g,信号电压 $V_g(t)=u(t)$,$u(t)$为阶跃电压,试导出传输线上任意 z 截面处时域内向波 $a(t,z)$、外向波 $b(t,z)$和归一化电压 $v(t,z)$的表示式。又设 $R_g=Z_C/3$,$R_F=Z_C/3$,请画出 $a(t,z)$、$b(t,z)$和 $v(t,z)$在 z 截面处随时间 t 变化的波形图。z 坐标原点取在信号源端且 z 轴指向负载端。

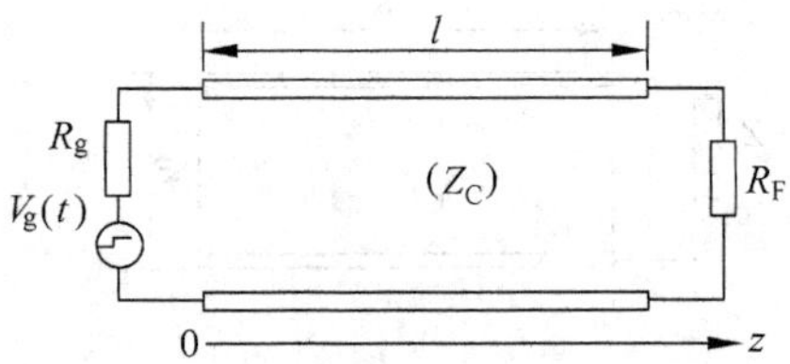

习题 2.18 图

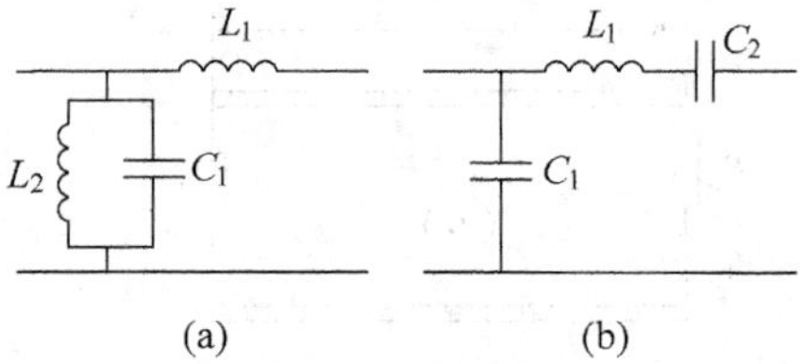

习题 2.19 图

2.19　传输线分布参数等效电路如本题附图(a)和附图(b)所示,试导出相应的电报方程和波动方程及相应的传播常数。

2.20　玻璃纤维电路板的等效介电常数 $\varepsilon_{eff}=2.5$,计算该电路板上的传输线的传播延迟 D,计算长度 $l=30\text{cm}$ 的传输线所引起的时延 τ_l。

2.21　一个门电路的上升时间为 1.0ns,玻璃纤维电路板的等效介电常数 $\varepsilon_{eff}=2.5$,计算其上升长度。

2.22　一段长度为 l 的传输线,其特性阻抗为 Z_C,信号源内阻为 R_g,信号电压

$v_g(t)=u(t)$，$u(t)$为阶跃电压，负载电阻为 R_F。试导出负载端的时域电压表示式。设 $R_F=Z_C/3$，$R_g=Z_C/3$，画出负载端的时域电压波形。

2.23 导出例题 2.13 的 $v_{F1}(t)$和 $v_{F2}(t)$的表示式，并画出 $v_{F0}(t)+v_{F1}(t)+v_{F2}(t)$三项相加之后的负载端的时域电压波形图。

2.24 一段长度为 l 的传输线，其特性阻抗为 Z_C，信号源内阻为 $R_g=Z_C$，信号电压 $v_g(t)=u(t)$，$u(t)$为阶跃电压，负载 R_F 与电容 C 并联。试导出负载端的时域电压 $v_{F0}(t)$表示式，并画出负载端时域电压波形 $v_{F0}(t)$的示意图。

2.25 一段长度为 l 的传输线，其特性阻抗为 Z_C，信号源内阻为 $R_g=Z_C$，信号电压 $v_g(t)=u(t)$，$u(t)$为阶跃电压，负载 R_F 与电感 L 串联。试导出负载端的时域电压 $v_{F0}(t)$表示式，并画出负载端时域电压波形 $v_{F0}(t)$的示意图。

3 导波与波导

3.1 引　　言

在微波工程中使用着多种类型的传输线，如同轴线、平行双线、矩形波导、圆波导、介质线、带状线、微带线等，如图 3.1 所示。工程技术人员根据所选用的工作频段和微波工程系统的要求不同，选用不同类型的传输线。这些传输线起着引导能量和传输信息的作用，它们所传输的电磁波统称为导波。研究各种类型的传输线都要涉及到下述一些概念和问题，诸如导波分类、场型分析、临界波数、传播常数、波阻抗、特性阻抗、等效阻抗、功率容量、工作频带、损耗衰减、结构尺寸、制造工艺、体积重量、工作环境等。我们不可能对每一种类型的传输线都做全面的讨论，因此，首先对导波的一般规律加以研究，然后再分析几种常用的传输线，希望能达到举一反三的目的。

在微波工程中有两类基本的分析方法，其一是场的方法，其二是路的方法。这两种方法有着密切的联系，互相补充、交替使用，使得微波工程既有严格的理论基础，又有简化的等效方法。为了掌握好这门技术必须牢固地建立起场和波的概念，对于低频电路中的许多概念和使用的许多术语，如电压、电流、阻抗、导纳等都应用场和波的概念重新加以考察。本章将用电磁场理论研究传输线，并从场的理论引出传输线理论。

图 3.1 所示各种具体的传输线，有的是单根空心导体，如矩形波导、圆波导；有的是多根柱状导体，如同轴线、平行双线；有的是导体与介质的混合结构，如微带线、耦合微带线；有的是单纯由介质构成的传输线，如介质光波导与光纤。这些导波机构所传播的电磁波的场的构造，因导波机构的不同而有所区别，是不同类型的导波。每一种导波

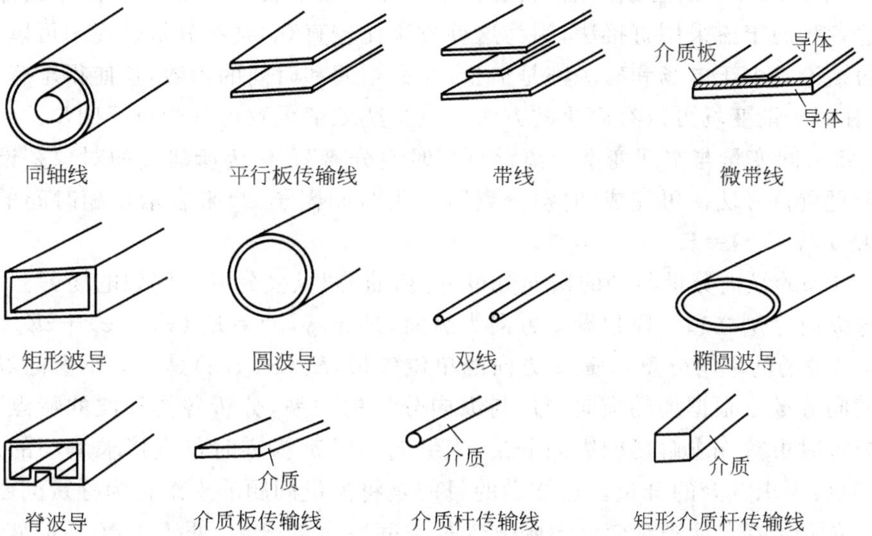

图 3.1 各种类型的传输线

机构又可以有多种形式的导波场或称导波模，每一个导波模就是电磁场方程组的一个解，这个解满足导波机构所给定的边界条件。根据激励条件可判断产生哪些导波模。存在着三类比较简单的但却是基本的导波模：横电波、横磁波和横电磁波。

(1) 横电波，又称 TE 波、H 波，其电场的纵向分量为零，即 $E_z=0$，但磁场的纵向分量不等于零，即 $H_z\neq 0$。

(2) 横磁波，又称 TM 波、E 波，其磁场的纵向分量等于零，即 $H_z=0$，但电场的纵向分量不等于零，即 $E_z\neq 0$。

(3) 横电磁波，又称 TEM 波，其电场和磁场的纵向分量都为零，即 $E_z=H_z=0$。

这三类导波模又是了解更复杂的导波模的基础。当单独一种 TE 波或 TM 波不能满足边界条件时，可用 TE 波和 TM 波的组合来满足边界条件，称之为混合模。混合模的纵向电场和纵向磁场都不为零，但可以有某一横向场分量为零。有些导波机构，如微带线不是严格的 TEM 波，称之为准 TEM 波。

3.2 规则金属波导的一般理论

3.2.1 直接法求解

在柱状边界条件下求解无源电磁场有两种方法，一是直接法，即直接求解电磁场的某一个分量，然后再根据电磁场方程组计算其余的各个场分量；二是辅助位函数法，即首先

求出矢量位 $\boldsymbol{A}$,或相应的赫兹矢位,然后再求各个电场和磁场分量。两种方法都有效,但对于初学者我们宁愿采用直接法,因为这种方法比较直观,且在分析过程中可以引出一些有意义的结论。由于电场和磁场都是矢量,又是空间和时间的函数,这使得求解工作较为复杂,幸好对于谐变场可以有简化的方法。直接法求解大致可分为以下四步:

(1) 将时间变量与空间变量分离,简称"时空分离"。因为所研究的对象是谐变场,所以借助于复数符号法便可完成"时空分离",即用时间因子 $e^{j\omega t}$ 来表示场随时间的变化,例如电场 $\boldsymbol{E}(x,y,z;t)=\boldsymbol{E}(x,y,z)e^{j\omega t}$。

(2) 将场的纵向分量与场的横向分量分离,简称"纵横分离",例如电场 $\boldsymbol{E}$ 被分解为横向分量与纵向分量之和。通常设 z 方向为纵向,$\boldsymbol{E}(x,y,z)=\boldsymbol{E}_T(x,y,z)+\hat{\boldsymbol{z}}E_z(x,y,z)$,$E_z(x,y,z)$是场的纵向分量,$\hat{\boldsymbol{z}}$ 是 z 方向的单位矢量,$\boldsymbol{E}_T(x,y,z)$是与 $\hat{\boldsymbol{z}}$ 垂直的场分量,称作场的横向分量。根据场的横向分量与纵向分量的关系,分析各类导波的特点。当纵向分量不为零时可首先求解场的纵向分量,当纵向分量都为零时可直接求解场的某一个横向分量,而后再求其余的分量。这样做的目的是将矢量问题的求解化为标量问题的求解。

(3) 按照分离变量法对待求的函数进行空间变量的分离,便于求解。例如 E_z 和 H_z 分解为

$$E_z(x,y,z) = E_z(x,y)e^{\mp jk_z z} \tag{3.2.1a}$$

$$H_z(x,y,z) = H_z(x,y)e^{\mp jk_z z} \tag{3.2.1b}$$

$e^{\mp jk_z z}$ 描述了波沿正 z 和负 z 方向的传播,k_z 为 z 方向的传播常数,$E_z(x,y)$和 $H_z(x,y)$描述了横截面内的分布,$E_z(x,y)$和 $H_z(x,y)$为实函数。

(4) 最后,根据已求得的一个场分量的表示式求出其余的全部场分量。

3.2.2 纵向场分量和横向场分量的关系

为了研究 TE 波、TM 波和 TEM 波的特点,先做些准备工作:从场方程导出电磁场的横向场分量与纵向场分量的关系。假定波沿着 z 方向传播,垂直于 z 方向的场分量称作场的横向分量,平行于 z 方向的场分量称作场的纵向分量。将算子∇也分解为横向部分和纵向部分,得

$$\nabla = \nabla_T + \nabla_z \tag{3.2.2}$$

在直角坐标系和圆柱坐标系中,算子∇ 的横向部分∇_T分别为

$$\nabla_T = \hat{\boldsymbol{x}}\frac{\partial}{\partial x} + \hat{\boldsymbol{y}}\frac{\partial}{\partial y} \tag{3.2.3a}$$

$$\nabla_T = \hat{\boldsymbol{r}}\frac{\partial}{\partial r} + \hat{\theta}\frac{1}{r}\frac{\partial}{\partial \theta} \tag{3.2.3b}$$

算子∇ 的纵向部分∇_z为

$$\nabla_z = \hat{\boldsymbol{z}}\frac{\partial}{\partial z} \tag{3.2.4}$$

上述三式中 $\hat{\boldsymbol{x}}$、$\hat{\boldsymbol{y}}$、$\hat{\boldsymbol{z}}$、$\hat{\boldsymbol{r}}$、$\hat{\theta}$ 为相应坐标方向的单位矢量。在无源区域，电磁场方程组的两个旋度方程可改写为

$$(\nabla_T + \nabla_z) \times (\boldsymbol{E}_T + \boldsymbol{E}_z) = -\mathrm{j}\omega\mu(\boldsymbol{H}_T + \boldsymbol{H}_z) \tag{3.2.5}$$

$$(\nabla_T + \nabla_z) \times (\boldsymbol{H}_T + \boldsymbol{H}_z) = \mathrm{j}\omega\varepsilon(\boldsymbol{E}_T + \boldsymbol{E}_z) \tag{3.2.6}$$

式中，$\boldsymbol{E}_T$ 和 $\boldsymbol{H}_T$ 是场的横向分量，$\boldsymbol{E}_z$ 和 $\boldsymbol{H}_z$ 是场的纵向分量，$\boldsymbol{E}_z = \hat{z}E_z$，$\boldsymbol{H}_z = \hat{z}H_z$。式(3.2.5)和式(3.2.6)的横向部分和纵向部分应分别相等，于是，两个方程分解为下述四个方程：

$$(\nabla_T \times \boldsymbol{E}_z) + (\nabla_z \times \boldsymbol{E}_T) = -\mathrm{j}\omega\mu\boldsymbol{H}_T \tag{3.2.7}$$

$$(\nabla_T \times \boldsymbol{H}_z) + (\nabla_z \times \boldsymbol{H}_T) = \mathrm{j}\omega\varepsilon\boldsymbol{E}_T \tag{3.2.8}$$

$$\nabla_T \times \boldsymbol{E}_T = -\mathrm{j}\omega\mu\boldsymbol{H}_z \tag{3.2.9}$$

$$\nabla_T \times \boldsymbol{H}_T = \mathrm{j}\omega\varepsilon\boldsymbol{E}_z \tag{3.2.10}$$

式(3.2.9)和式(3.2.10)将在以后讨论。下面的推导集中在式(3.2.7)和式(3.2.8)，目的是设法从中消去$\nabla_z \times \boldsymbol{E}_T$ 和$\nabla_z \times \boldsymbol{H}_T$。用$\nabla_z$叉乘式(3.2.8)，得

$$\nabla_z \times \nabla_T \times \boldsymbol{H}_z + \nabla_z \times \nabla_z \times \boldsymbol{H}_T = \mathrm{j}\omega\varepsilon\nabla_z \times \boldsymbol{E}_T \tag{3.2.11}$$

应用矢量恒等式

$$\boldsymbol{A} \times (\boldsymbol{B} \times \boldsymbol{C}) = \boldsymbol{B}(\boldsymbol{A} \cdot \boldsymbol{C}) - (\boldsymbol{A} \cdot \boldsymbol{B})\boldsymbol{C} \tag{3.2.12}$$

式(3.2.11)左端的两项变为

$$\nabla_z \times \nabla_T \times \boldsymbol{H}_z = \nabla_T(\nabla_z \cdot \boldsymbol{H}_z) - (\nabla_z \cdot \nabla_T)\boldsymbol{H}_z \tag{3.2.13}$$

$$\nabla_z \times \nabla_z \times \boldsymbol{H}_T = \nabla_z(\nabla_z \cdot \boldsymbol{H}_T) - (\nabla_z \cdot \nabla_z)\boldsymbol{H}_T \tag{3.2.14}$$

设我们所讨论的电磁波沿 z 方向传播，为了简单起见，只考虑向$+\hat{z}$ 方向传播的波，因此电场磁场的各个分量必定都包含 $\mathrm{e}^{-\mathrm{j}k_z z}$ 这一因子。k_z 为 z 方向的传播常数。式(3.2.13)中的$\nabla_z \cdot \nabla_T = 0$，且

$$\nabla_z \cdot \boldsymbol{H}_z = -\mathrm{j}k_z H_z \tag{3.2.15}$$

式(3.2.14)中的$\nabla_z \cdot \boldsymbol{H}_T = 0$，且

$$(\nabla_z \cdot \nabla_z)\boldsymbol{H}_T = -k_z^2\boldsymbol{H}_T \tag{3.2.16}$$

于是式(3.2.11)简化为

$$-\mathrm{j}k_z\nabla_T\boldsymbol{H}_z + k_z^2\boldsymbol{H}_T = \mathrm{j}\omega\varepsilon(\nabla_z \times \boldsymbol{E}_T) \tag{3.2.17}$$

从式(3.2.7)中解出$\nabla_z \times \boldsymbol{E}_T$，然后代入式(3.2.17)，得

$$-\mathrm{j}k_z\nabla_T\boldsymbol{H}_z + k_z^2\boldsymbol{H}_T = k^2\boldsymbol{H}_T - \mathrm{j}\omega\varepsilon(\nabla_T \times \boldsymbol{E}_z) \tag{3.2.18}$$

其中 $k^2 = \omega^2\varepsilon\mu$。整理式(3.2.18)，得

$$(k^2 - k_z^2)\boldsymbol{H}_T = \mathrm{j}\omega\varepsilon\nabla_T \times \boldsymbol{E}_z - \mathrm{j}k_z\nabla_T\boldsymbol{H}_z \tag{3.2.19}$$

应用矢量恒等式

$$\nabla \times (\psi\boldsymbol{A}) = \nabla\psi \times \boldsymbol{A} + \psi\nabla \times \boldsymbol{A} \tag{3.2.20}$$

式中 ψ 是任意标量函数，$\boldsymbol{A}$ 是任意矢量函数。式(3.2.19)中的

$$\nabla_T \times \boldsymbol{E}_z = \nabla_T \times (E_z \hat{z}) = \nabla E_z \times \hat{z} + E_z \nabla_T \times \hat{z} \tag{3.2.21}$$

因为 $\hat{z}$ 是常矢量，$\nabla_T \times \hat{z}=0$，且 $\nabla E_z \times \hat{z} = -\hat{z} \times \nabla E_z$，于是

$$\nabla_T \times \boldsymbol{E}_z = -\hat{z} \times \nabla E_z \tag{3.2.22}$$

最后得

$$(k^2 - k_z^2)\boldsymbol{H}_T = -\mathrm{j}\omega\varepsilon\hat{z} \times \nabla_T E_z - \mathrm{j}k_z \nabla_T H_z \tag{3.2.23}$$

根据无源电磁场方程的对偶性，得到式(3.2.23)的对偶式为

$$(k^2 - k_z^2)\boldsymbol{E}_T = \mathrm{j}\omega\mu\hat{z} \times \nabla_T H_z - \mathrm{j}k_z \nabla_T E_z \tag{3.2.24}$$

式(3.2.23)和式(3.2.24)的右端仅含场的纵向分量，左端仅含场的横向分量，这就是说已知场的纵向分量可以求得场的横向分量。这是两个非常重要的公式，由这两个式子可以引出 TE 波、TM 波和 TEM 波的许多有意义的结论。

3.2.3 TE 波、TM 波和 TEM 波的特点

(1) TE 波

令式(3.2.23)和式 3.2.24)中的 $E_z=0$，且假定 $k^2-k_z^2\neq 0$，那么

$$\boldsymbol{H}_T = -\frac{\mathrm{j}k_z}{k^2 - k_z^2} \nabla_T H_z \tag{3.2.25}$$

$$\boldsymbol{E}_T = \frac{\mathrm{j}\omega\mu}{k^2 - k_z^2}\hat{z} \times \nabla_T H_z \tag{3.2.26}$$

从式(3.2.25)解出 $\nabla_T H_z$，然后代入式(3.2.26)，得

$$\boldsymbol{E}_T = -\frac{\omega\mu}{k_z}\hat{z} \times \boldsymbol{H}_T \tag{3.2.27}$$

此式说明 TE 波的 $\boldsymbol{E}_T$、$\boldsymbol{H}_T$ 和 $\hat{z}$ 互相垂直，且成右手关系，$\boldsymbol{E}_T$ 和 $\boldsymbol{H}_T$ 的数值之比为 $(\omega\mu/k_z)$，它具有阻抗的量纲，称作 TE 波的波阻抗，记作 η_{TE}，即

$$\eta_{\mathrm{TE}} = \frac{\omega\mu}{k_z} \tag{3.2.28}$$

利用波阻抗这一符号，TE 波的电场横分量与磁场横分量之间的关系可以改写为

$$\boldsymbol{E}_T = -\eta_{\mathrm{TE}}\hat{z} \times \boldsymbol{H}_T \tag{3.2.29}$$

或

$$\boldsymbol{H}_T = \frac{1}{\eta_{\mathrm{TE}}}\hat{z} \times \boldsymbol{E}_T \tag{3.2.30}$$

在求解具体的“柱状”导波机构的电磁场时，对于 TE 波首先求解 H_z 分量，所以必须考虑 H_z 所满足的边界条件。导波机构边界的法向分量为

$$H_n = \hat{\boldsymbol{n}} \cdot \boldsymbol{H}_T = -\frac{\mathrm{j}k_z}{k^2 - k_z^2}\frac{\partial H_z}{\partial n} \tag{3.2.31}$$

其中 $\hat{\boldsymbol{n}}$ 是导波机构边界的法向单位矢量。对于理想导体，在边界上 $H_n=0$，于是我们得到

H_z 所满足的边界条件为

$$\left.\frac{\partial H_z}{\partial n}\right|_{\text{边界上}} = 0 \tag{3.2.32}$$

(2) TM 波

令式(3.2.23)和式(3.2.24)中的 $H_z=0$,且假定 $k^2-k_z^2\neq 0$,那么

$$\boldsymbol{E}_T = \frac{-\mathrm{j}k_z}{k^2-k_z^2}\nabla_T E_z \tag{3.2.33}$$

$$\boldsymbol{H}_T = \frac{-\mathrm{j}\omega\varepsilon}{k^2-k_z^2}\hat{\boldsymbol{z}}\times\nabla_T E_z \tag{3.2.34}$$

从式(3.2.33)解出$\nabla_T E_z$,然后代入式(3.2.34),得

$$\boldsymbol{H}_T = \frac{1}{\eta_{\mathrm{TM}}}\hat{\boldsymbol{z}}\times\boldsymbol{E}_T \tag{3.2.35}$$

式中 η_{TM} 为 TM 波的波阻抗,且

$$\eta_{\mathrm{TM}} = \frac{k_z}{\omega\varepsilon} \tag{3.2.36}$$

此式说明 $\boldsymbol{E}_T$、$\boldsymbol{H}_T$ 和 $\hat{\boldsymbol{z}}$ 成右手关系,三者互相垂直。此式还可写成另外一种形式为

$$\boldsymbol{E}_T = -\eta_{\mathrm{TM}}\hat{\boldsymbol{z}}\times\boldsymbol{H}_T \tag{3.2.37}$$

对于 TM 波,应首先求解 E_z。在导波机构边界上,E_z 是电场的切向分量,因此当边界为理想导体时

$$E_z\big|_{\text{边界上}} = 0 \tag{3.2.38}$$

(3) TEM 波

令式(3.2.23)和式(3.2.24)中的 E_z 和 H_z 同时为零,得

$$(k^2-k_z^2)\boldsymbol{H}_T = 0 \tag{3.2.39}$$

$$(k^2-k_z^2)\boldsymbol{E}_T = 0 \tag{3.2.40}$$

假设电场和磁场的横向分量有非零解,即 $\boldsymbol{E}_T\neq 0$,$\boldsymbol{H}_T\neq 0$,若上述二式成立,必有 $k_z=k$,这意味着沿 $\hat{\boldsymbol{z}}$ 方向传播的 TEM 波的传播常数等于均匀平面波的传播常数。令 TE 波波阻抗中的 $k_z=k$,便得到 TEM 波的波阻抗 η_{TEM} 为

$$\eta_{\mathrm{TEM}} = \frac{\omega\mu}{k} = \sqrt{\frac{\mu}{\varepsilon}} \tag{3.2.41}$$

这表明 TEM 波的波阻抗就等于均匀平面波的波阻抗,记作 η 亦可。令 TM 波波阻抗中的 $k_z=k$ 亦可得同样结果。将 TEM 波作为 TE 或 TM 波的特殊情况处理,令 $k_z=k$,可得

$$\boldsymbol{E}_T = -\eta_{\mathrm{TEM}}\hat{\boldsymbol{z}}\times\boldsymbol{H}_T \tag{3.2.42}$$

此式表明 TEM 波的 $\boldsymbol{E}_T$、$\boldsymbol{H}_T$ 和 $\hat{\boldsymbol{z}}$ 互相垂直,成右手关系。

(4) 向$-\hat{z}$方向传播的 TE 波、TM 波和 TEM 波

在以上叙述中，我们曾假设波是向$+\hat{z}$方向传播的。如果假定波向$-\hat{z}$方向传播，电磁场的各个分量必定都包含 $e^{jk_z z}$ 这一因子，与式(3.2.29)、式(3.2.37)和式(3.2.42)相应的关系式将变为

$$\boldsymbol{E}_T = \eta_{TE}\hat{z} \times \boldsymbol{H}_T \tag{3.2.43}$$

$$\boldsymbol{E}_T = \eta_{TM}\hat{z} \times \boldsymbol{H}_T \tag{3.2.44}$$

$$\boldsymbol{E}_T = \eta_{TEM}\hat{z} \times \boldsymbol{H}_T \tag{3.2.45}$$

读者可以自行验证。在广义传输线理论中(参看 3.6.1 小节)，我们将采用下述符号：$\boldsymbol{E}_{T-}$ 和 $\boldsymbol{H}_{T-}$ 表示向$+\hat{z}$方向传播的波，$\boldsymbol{E}_{T+}$ 和 $\boldsymbol{H}_{T+}$ 表示向$-\hat{z}$方向传播的波。这里，下角标与指数因子 $e^{\mp jk_z z}$ 的符号相一致。

3.2.4 导波的坡印亭矢量

一般情况下，将电场和磁场分解为横向分量和纵向分量后，其复数坡印亭矢量可分解为三项，即为

$$\begin{aligned}\boldsymbol{S} &= \frac{1}{2}\boldsymbol{E} \times \boldsymbol{H}^* \\ &= \frac{1}{2}(\boldsymbol{E}_T + \boldsymbol{E}_z) \times (\boldsymbol{H}_T^* + \boldsymbol{H}_z^*) \\ &= \frac{1}{2}(\boldsymbol{E}_T \times \boldsymbol{H}_T^*) + \frac{1}{2}(\boldsymbol{E}_T \times \boldsymbol{H}_z^*) + \frac{1}{2}(\boldsymbol{E}_z \times \boldsymbol{H}_T^*)\end{aligned} \tag{3.2.46}$$

式中，* 号表示取共轭。对于 TEM 波，复数坡印亭矢量中仅含上式中的第一项；对于 TE 波或 TM 波则仅含上式中的两项，为第一、二项或第一、三项。E_z 或 H_z 都可写成实的横向分布函数与指数因子 $e^{\mp jk_z z}$ 相乘的形式，如果媒质和导波机构是无耗的，可以证明上式中的第二项和第三项都是纯虚数，读者可以自己验证。因此式(3.2.46)中的第一项代表了沿 z 方向传播的功率，记作 $\boldsymbol{S}_z$，且

$$\boldsymbol{S}_z = \frac{1}{2}(\boldsymbol{E}_T \times \boldsymbol{H}_T^*) \tag{3.2.47}$$

在本节的最后，我们给出两个简单而重要的矢量关系图，如图 3.2 所示。图中描述了 TE 波、TM 波和 TEM 波的 $\boldsymbol{E}_T$、$\boldsymbol{H}_T$ 和 $\boldsymbol{S}_z$ 的矢量关系。式(3.2.29)、式(3.2.37)和式(3.2.42)与图(3.2(a))对应，表明了传播因子为 $e^{-jk_z z}$ 的波向正 z 方向传播；式(3.2.43)、式(3.2.44)和式(3.2.45)与图(3.2(b))对应，表明了传播因子为 $e^{jk_z z}$ 的波向负 z 方向传播。

3.2.5 空心金属波导内不存在 TEM 波

图 3.1 中已列出了各种类型传输线的结构示意图，其中有一类是单根空心金属波导，

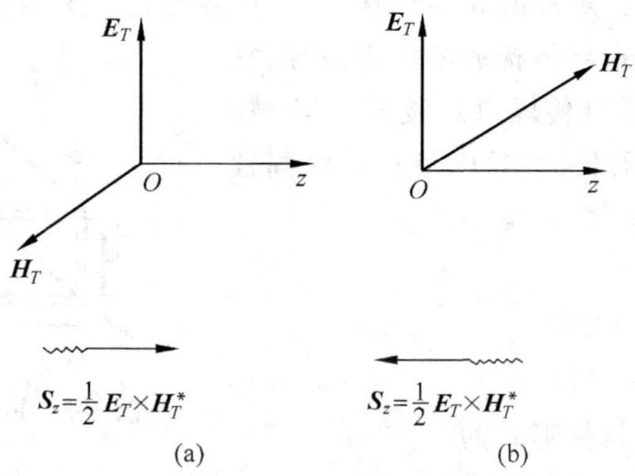

图 3.2　$\boldsymbol{E}_T$、$\boldsymbol{H}_T$ 和 $\boldsymbol{S}_z$ 的矢量关系图

(a) 传播因子为 $e^{-jk_z z}$　(b) 传播因子为 $e^{jk_z z}$

如矩形波导、圆波导。可以证明,空心波导内不能传输 TEM 波。如前所述,所谓 TEM 波,指的是 E_z、H_z 为零的横电磁波,且由式(3.2.9)可知

$$\nabla_T\times\boldsymbol{E}=\nabla_T\times\boldsymbol{E}_T=0 \tag{3.2.48}$$

横向算符∇_T与坐标 z 无关,仅与横向坐标有关。上式表明,在垂直于传播方向的平面内,电场是无旋的,因此可以令 $\boldsymbol{E}=-\nabla_T\varphi$,$\varphi$ 是标量位。空心波导内不存在电荷,故电位移矢量 $\boldsymbol{D}$ 的散度等于零,$\nabla_T\cdot\boldsymbol{D}=0$。若媒质是均匀的,$\nabla_T\cdot\boldsymbol{D}=\varepsilon\nabla_T\cdot\boldsymbol{E}=0$,于是

$$\nabla_T^2\varphi=0 \tag{3.2.49}$$

式(3.2.49)表明 TEM 波在横截面内的位函数满足二维拉普拉斯方程,但这不是从静电场推导出的结果,而是从 TEM 波的 $E_z=H_z=0$ 这一条件得出的。式(3.2.48)与式(3.2.49)表明在横截面内 TEM 波的位函数与二维静电场的电位满足同样的方程,由此可以推论,在某一传输线中若能建立起二维静电场,也必定能建立起 TEM 波的场,反之亦然,但是在单根空心导体内不可能建立起静电场,因而空心波导内不可能传输 TEM 波。

3.3　矩形金属波导

矩形金属波导简称矩形波导,矩形波导的理论是成熟的并且是严格的,我们将结合这一具体波导进一步说明导波的特点和性质,包括矩形波导的通解、力线图、色散方程、$\boldsymbol{k}$ 空间、相速、群速、功率、衰减等。

3.3.1　矩形波导的通解

图 3.3 所示是矩形波导的示意图及相应的直角坐标系,其宽边尺寸为 a,窄边尺寸为

b,指的都是波导的内壁。矩形波导的形状简单,边界与直角坐标系平行,易于得出严格的理论解。矩形波导是单根导体构成的空心波导,它不能传输 TEM 波,但可以传输 TE 波或 TM 波。设波导在$\pm z$方向为无限长,波导内填充各向同性均匀媒质,通常媒质为空气,$\varepsilon=\varepsilon_0$,$\mu=\mu_0$。

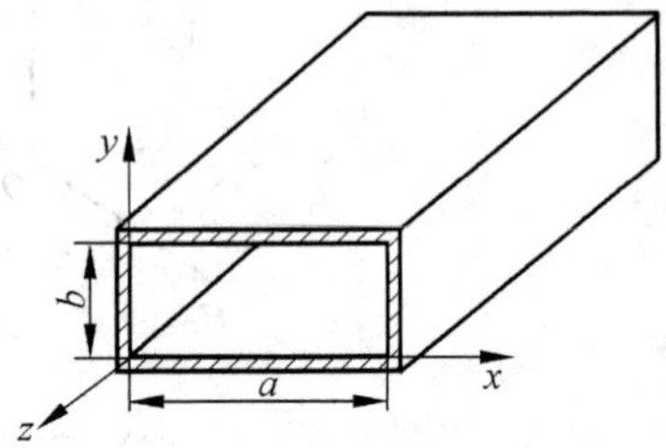

图 3.3 矩形波导与直角坐标系

(1) TE 波

$E_z=0$,H_z 满足波动方程

$$\nabla^2 H_z + k^2 H_z = 0 \tag{3.3.1}$$

在直角坐标系中上式的具体形式为

$$\frac{\partial^2 H_z}{\partial x^2} + \frac{\partial^2 H_z}{\partial y^2} + \frac{\partial^2 H_z}{\partial z^2} + k^2 H_z = 0 \tag{3.3.2}$$

设导波的传播方向为$+z$,传播因子为 $\mathrm{e}^{-\mathrm{j}k_z z}$,对 z 的二次偏导数可用$-k_z^2$ 代替,令

$$k^2 - k_z^2 = k_c^2 \tag{3.3.3}$$

于是,式(3.3.2)变为

$$\frac{\partial^2 H_z}{\partial x^2} + \frac{\partial^2 H_z}{\partial y^2} + k_c^2 H_z = 0 \tag{3.3.4}$$

式(3.3.3)称作色散方程,k_c 称作临界波数。应用分离变量法求解式(3.3.4),令

$$H_z(x,y,z) = X(x)Y(y)\mathrm{e}^{-\mathrm{j}k_z z} \tag{3.3.5}$$

将式(3.3.5)代入式(3.3.4),得

$$Y(y)\frac{\mathrm{d}^2 X(x)}{\mathrm{d}x^2} + X(x)\frac{\mathrm{d}^2 Y(y)}{\mathrm{d}y^2} + k_c^2 X(x)Y(y) = 0 \tag{3.3.6}$$

用 $X(x)Y(y)$除上式,并移项,得

$$-\frac{1}{X(x)}\frac{\mathrm{d}^2 X(x)}{\mathrm{d}x^2} = \frac{1}{Y(y)}\frac{\mathrm{d}^2 Y(y)}{\mathrm{d}y^2} + k_c^2 \tag{3.3.7}$$

k_c 是与坐标 x、y 无关的常数,上式的左端仅是 x 的函数,右端仅是 y 的函数,因此可令

$$\frac{1}{X(x)}\frac{\mathrm{d}^2 X(x)}{\mathrm{d}x^2} = -k_x^2 \tag{3.3.8}$$

$$\frac{1}{Y(y)}\frac{\mathrm{d}^2 Y(y)}{\mathrm{d}y^2} = -k_y^2 \tag{3.3.9}$$

k_x 和 k_y 也是与坐标 x、y 无关的常数。于是式(3.3.7)变为

$$k_x^2 + k_y^2 = k_c^2 \tag{3.3.10}$$

若求出 k_x 和 k_y,便求得临界波数 k_c,进一步可由色散方程求得 z 方向的传播常数 k_z。式(3.3.8)和式(3.3.9)的解可以是三角函数或指数函数,两种形式的解各具有其特定的物理解释,本小节讨论三角函数形式的解,在 3.3.3 节中再说明指数形式解的物理意义。令

$$H_z(x,y,z) = (A\cos k_x x + B\sin k_x x)(C\cos k_y y + D\sin k_y y)\,\mathrm{e}^{-\mathrm{j}k_z z} \tag{3.3.11}$$

式中，A、B、C、D 为待定常数。在波导的内壁上，H_z 所满足的边界条件已由式(3.2.32)给出，具体化为

$$\left.\frac{\partial H_z}{\partial x}\right|_{x=0} = 0 \quad (0 < y < b) \tag{3.3.12}$$

$$\left.\frac{\partial H_z}{\partial y}\right|_{y=0} = 0 \quad (0 < x < a) \tag{3.3.13}$$

$$\left.\frac{\partial H_z}{\partial x}\right|_{x=a} = 0 \quad (0 < y < b) \tag{3.3.14}$$

$$\left.\frac{\partial H_z}{\partial y}\right|_{y=b} = 0 \quad (0 < x < a) \tag{3.3.15}$$

由式(3.3.12)和式(3.3.13)可分别求得 $B=0$ 和 $D=0$。将其余两常数 A 和 C 合并，记作 H_{mn}(从下文的讨论中很快会弄清楚下标 mn 的意义)，则

$$H_z(x,y,z) = H_{mn}\cos(k_x x)\cos(k_y y)\mathrm{e}^{-\mathrm{j}k_z z} \tag{3.3.16}$$

将式(3.3.16)代入边界条件(3.3.14)和(3.3.15)，得

$$\sin(k_x x)\,|_{x=a} = 0 \tag{3.3.17}$$

$$\sin(k_y y)\,|_{y=b} = 0 \tag{3.3.18}$$

式(3.3.17)和式(3.3.18)称作矩形波导的导行条件。由导行条件可确定 k_x 和 k_y 的具体形式为

$$k_x = \frac{m\pi}{a} \tag{3.3.19}$$

$$k_y = \frac{n\pi}{b} \tag{3.3.20}$$

式中，$m,n=0,1,2,\cdots$。由 k_x 和 k_y 的求解过程可知，k_x 和 k_y 与矩形波导填充的介质材料无关，而仅取决于波导的尺寸和模式。最后得 $H_z(x,y,z)$的表示式为

$$H_z(x,y,z) = H_{mn}\cos\left(\frac{m\pi}{a}x\right)\cos\left(\frac{n\pi}{b}y\right)\mathrm{e}^{-\mathrm{j}k_z z} \tag{3.3.21}$$

由磁场的纵向分量 H_z 可以计算 TE 波的电场和磁场的横向分量 $\boldsymbol{E}_T$ 和 $\boldsymbol{H}_T$。现在用 k_c^2 取代$(k^2-k_z^2)$，并且具体化为直角坐标系，式(3.2.25)和式(3.2.26)改写为

$$\boldsymbol{H}_T = -\mathrm{j}\,\frac{k_z}{k_c^2}\left(\frac{\partial H_z}{\partial x}\hat{\boldsymbol{x}} + \frac{\partial H_z}{\partial y}\hat{\boldsymbol{y}}\right) \tag{3.3.22}$$

$$\boldsymbol{E}_T = -\,\eta_{\mathrm{TE}}\hat{\boldsymbol{z}} \times \boldsymbol{H}_T \tag{3.3.23}$$

将式(3.3.21)代入上述二式中，得各横向分量的表示式为

$$H_x = \frac{\mathrm{j}k_z}{k_c^2}\left(\frac{m\pi}{a}\right)H_{mn}\sin\left(\frac{m\pi}{a}x\right)\cos\left(\frac{n\pi}{b}y\right)\mathrm{e}^{-\mathrm{j}k_z z} \tag{3.3.24}$$

$$H_y = \frac{jk_z}{k_c^2}\left(\frac{n\pi}{b}\right)H_{mn}\cos\left(\frac{m\pi}{a}x\right)\sin\left(\frac{n\pi}{b}y\right)e^{-jk_z z} \tag{3.3.25}$$

$$E_x = \eta_{TE}H_y \tag{3.3.26}$$

$$E_y = -\eta_{TE}H_x \tag{3.3.27}$$

一组 m、n 的标号代表了一个 TE 波的模，例如 H_{10} 表示 TE_{10} 模的幅度，有时也称作 H_{10} 模。注意，标号 m、n 不能同时为零，否则 $H_z(x,y,z)$ 与 x、y 无关。除 H_z 外，其余各场分量皆为零，但事实上不可能存在这样的谐变场。

(2) TM 波

$H_z=0$，E_z 满足波动方程，利用波导边界上 $E_z=0$ 的条件，可导出 TM 波的 E_z，从而求得其余各横向分量，以及 k_x、k_y、k_c 和 k_z，其推导过程与上述 TE 波的推导过程相似，读者可自行完成，此处从略。下面直接列出主要结果，分别为

$$k_x = \frac{m\pi}{a} \tag{3.3.28}$$

$$k_y = \frac{n\pi}{b} \tag{3.3.29}$$

$$k_c^2 = k_x^2 + k_y^2 \tag{3.3.30}$$

$$k_z^2 = k^2 - k_c^2 \tag{3.3.31}$$

$$E_z(x,y,z) = E_{mn}\sin\left(\frac{m\pi}{a}x\right)\sin\left(\frac{n\pi}{b}y\right)e^{-jk_z z} \tag{3.3.32}$$

式中 E_{mn} 为常数，$m,n=1,2,3,\cdots$。场的横向分量

$$\boldsymbol{E}_T = -j\frac{k_z}{k_c^2}\left(\frac{\partial E_z}{\partial x}\hat{\boldsymbol{x}} + \frac{\partial E_z}{\partial y}\hat{\boldsymbol{y}}\right) \tag{3.3.33}$$

$$\boldsymbol{H}_T = \frac{1}{\eta_{TM}}\hat{\boldsymbol{z}} \times \boldsymbol{E}_T \tag{3.3.34}$$

具体化为

$$E_x = -\frac{jk_z}{k_c^2}\left(\frac{m\pi}{a}\right)E_{mn}\cos\left(\frac{m\pi}{a}x\right)\sin\left(\frac{n\pi}{b}y\right)e^{-jk_z z} \tag{3.3.35}$$

$$E_y = -j\frac{k_z}{k_c^2}\left(\frac{n\pi}{b}\right)E_{mn}\sin\left(\frac{m\pi}{a}x\right)\cos\left(\frac{n\pi}{b}y\right)e^{-jk_z z} \tag{3.3.36}$$

$$H_x = -\frac{1}{\eta_{TM}}E_y \tag{3.3.37}$$

$$H_y = \frac{1}{\eta_{TM}}E_x \tag{3.3.38}$$

注意，标号 m、n 中任一个都不能为零，否则 TM 波的纵向分量 E_z 等于零，因而其余各场分量亦为零，这是没有意义的。一组标号 m、n 代表了一个 TM 波的模，例如 E_{11} 表示 TM_{11} 模的幅度，有时也称作 E_{11} 模。

注意，不能利用场方程的对偶性从矩形波导 TE 波的场变换为矩形波导 TM 波的场，因为在矩形波导中，E_z 和 H_z 的边界条件不同。下一小节还将讨论这一问题。

3.3.2 矩形波导中的力线图

本小节用电力线和磁力线来描绘矩形波导中的导波模，以期对导波模有一个比较形象的了解。前面已经提到一组 m、n 标号对应了一个可能的电磁场方程的解，称作 TE_{mn} 模和 TM_{mn} 模，例如 TE_{10} 模、TE_{11} 模、TE_{21} 模、TE_{20} 模、TM_{11} 和 TM_{21} 模，图 3.4 画出了这 6 个模的力线图。读者可以根据上一小节导出的 TE 波或 TM 波的各场分量的表示式检查这些力线图的正确性。因为各横向分量是由纵向分量 E_z 和 H_z 导出的，所以应首先验证纵向分量是否与力线图相符。由于立体的力线图比较复杂。图 3.4 给出了矩形波导中三个不同剖面的电力线和磁力线示意图，读者应充分利用自己的空间想像力建立起立体的力线图景，从而加深对电磁场的感性认识。

为了帮助读者熟悉力线图，下面根据电磁场方程组、边界条件、导波的一般理论以及矩形波导的解归纳出若干力线图的规律。读者可将这些规律与矩形波导力线图对照、比较，从而加深对电磁场、导波的理解。

(1) 以力线的疏密表示场的强弱，力线的方向代表电场强度和磁场强度的方向，其中实线代表电场称为电力线，虚线代表磁场称为磁力线。

(2) 对于均匀填充各向同性媒质的金属波导，可以证明 TE 波或 TM 波的每一个模式的电场强度 $\boldsymbol{E}$ 和磁场强度 $\boldsymbol{H}$ 是正交的，因而力线图中实线和虚线相交处应是互相垂直的。

(3) 磁力线是封闭的，因为自然界不存在磁荷；电力线可以是封闭的，也可以起始于波导壁，终止于波导壁，因为壁上有电流和电荷存在。

(4) 为了满足理想导体的边界条件，在波导壁附近电力线应垂直于波导壁，或没有电力线，磁力线应与波导壁平行和相切。

(5) 因为无源空间各点的电场强度的幅度和方向都是确定的，所以若波导中无源，电力线与电力线不得相互交叉，磁力线与磁力线不得相互交叉。

(6) 单一模式的导波是沿 z 方向传播的波，因而沿 z 方向描绘的力线显示出波动现象，电力线和磁力线的疏密和方向有周期性的变化。又因电场的横向分量 $\boldsymbol{E}_T$ 与磁场的横向分量 $\boldsymbol{H}_T$ 同相，所以沿 z 方向观察可以看到横向电力线密的地方横向磁力线也密，横向电力线疏的地方横向磁力线也疏。

(7) TE 波仅有横向电力线，无纵向电力线；TM 波仅有横向磁力线，无纵向磁力线。

(8) 对于单一模式的导行波，横向电力线的方向、横向磁力线的方向和波的传播方向成右手关系。

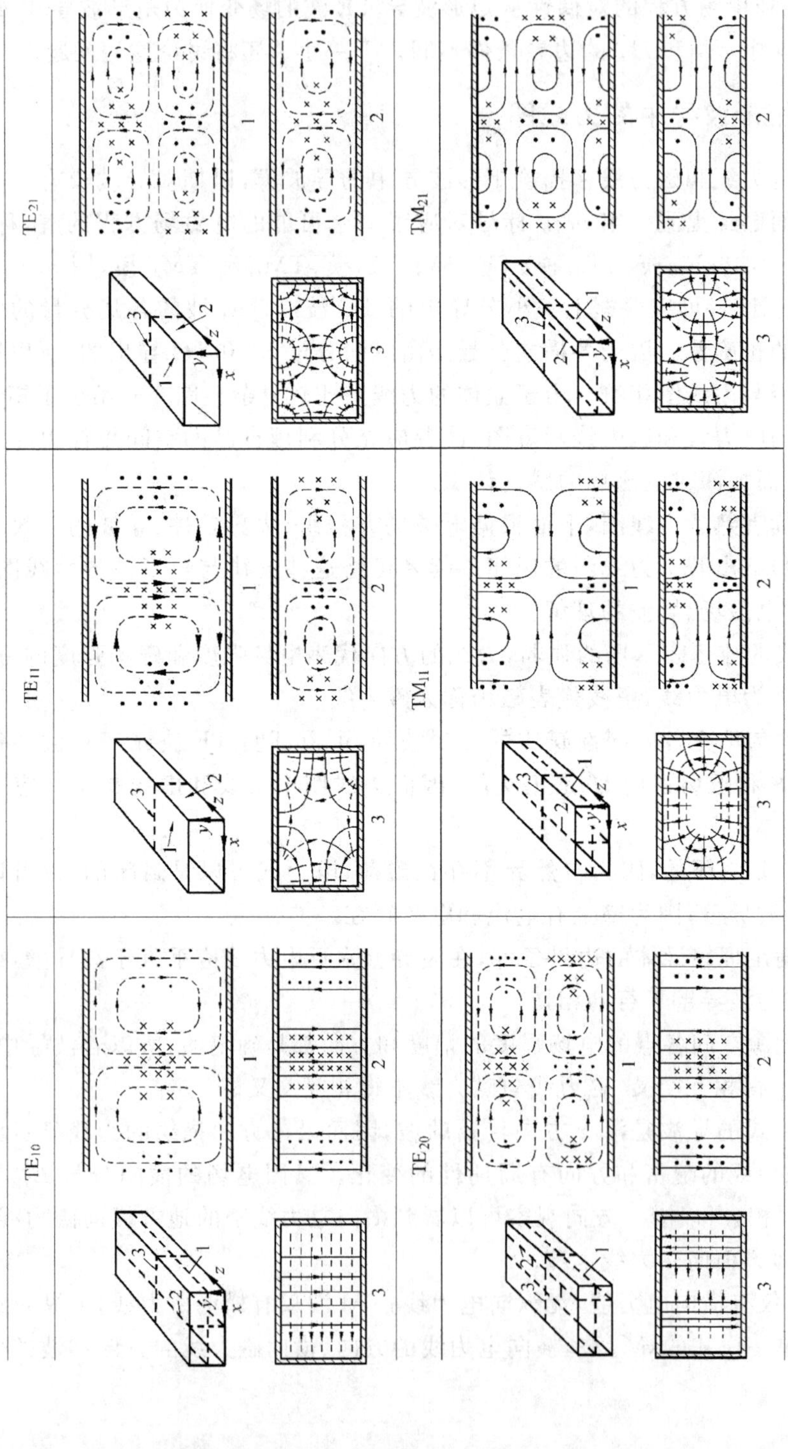

图 3.4　矩形波导中的力线图

TE_{10}、TE_{01}、TE_{11}、TM_{11}是矩形波导的四个基本模，其余的矩形波导的高次模可由这四个模拼接而成。在拼接时应注意力线方向的衔接不应与上述各项规律产生矛盾。

一般的高次模的力线图也可以从另外的角度来理解。首先，画出假想的无界 TE 波和无界 TM 波的力线示意图，如图 3.5(a)和图 3.5(b)所示。因为没有边界条件的限制，所以这两张图是对偶的。这两个波(TE 波和 TM 波)的传播方向都是从纸面向读者而来。其次，设想取一个尺寸可伸缩的矩形方框，它代表了矩形波导的横截面，用这个矩形方框去套 TE 波和 TM 波的力线示意图，但必须在方框的边界处满足场的边界条件，其力线在边界处须满足前述(4)，这样矩形方框中的场就代表了矩形波导中的一个模。

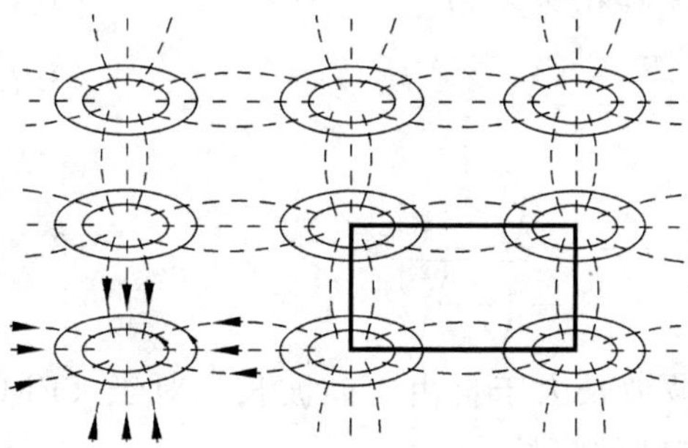
(a)

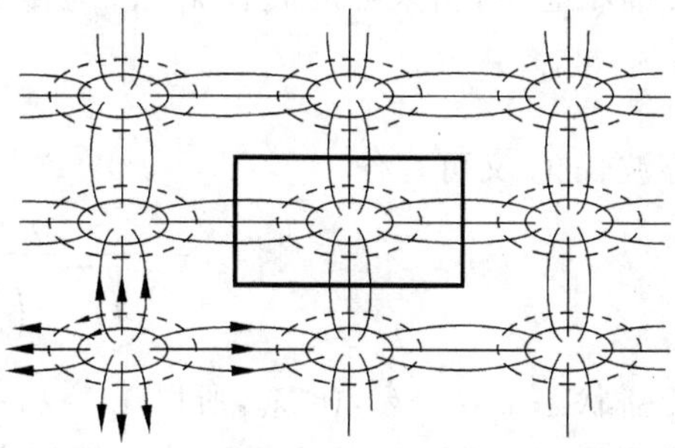
(b)

图 3.5　假想的无界 TE 波和 TM 波力线图
(a) TE 波　(b)TM 波

3.3.3　矩形波导的色散方程与 *k* 空间

色散方程是一个简单的但又是重要的代数方程，本小节将讨论它的物理意义，并由此引入 **k** 空间，利用 **k** 空间的概念解释导波的一些特点。

在矩形波导中，TE 波和 TM 波的色散方程具有相同的形式

$$k_z^2 = k^2 - k_c^2 \tag{3.3.39}$$

式中，k_z 是传播常数。当 $k>k_c$ 时，k_z 为实数，开方时取正号，此时传播因子 $e^{-jk_z z}$ 代表向正 z 方向传播的波，传播因子 $e^{jk_z z}$ 代表向负 z 方向传播的波，矩形波导中的波处于传播状态，故 $k>k_c$ 为波的传播条件。当 $k<k_c$ 时，k_z 为虚数，令 $k_z=-j\alpha_z$，α_z 为正实数，于是

$$e^{\mp jk_z z} = e^{\mp \alpha_z z} \tag{3.3.40}$$

这表明沿传播方向是衰减的波，或称为凋落的波，但这种衰减不是由于损耗引起的，而是因为不满足传播条件，称之为截止衰减，此时波处于截止状态，而不是传播状态。从传播状态过渡到截止状态，有一个临界点，即 $k=k_c$，$k_z=0$ 的状态，称之为临界状态，k_c 称为临界波数。仿照自由空间波数 k 与自由空间波长 λ 的关系 $k=2\pi/\lambda$，引入临界波长 λ_c，临界波长与临界波数的关系为

$$k_c = 2\pi/\lambda_c \tag{3.3.41}$$

仿照自由空间波数 k 与工作频率 f 和角频率 ω 的关系 $k=2\pi f/c=\omega/c$，引入临界频率 f_c 和临界角频率 ω_c，它们与临界波数的关系为

$$k_c = 2\pi f_c/c = \omega_c/c \tag{3.3.42}$$

式中，c 是光速。

由式(3.3.39)，传播常数 k_z，可以写成下述形式：

$$k_z = k\sqrt{1-\left(\frac{k_c}{k}\right)^2} \tag{3.3.43}$$

在传播状态下，引入导波波长 λ_g，λ_g 与传播常数 k_z 的关系为

$$k_z = \frac{2\pi}{\lambda_g} \tag{3.3.44}$$

波导波长 λ_g 又可写作

$$\lambda_g = \frac{\lambda}{\sqrt{1-\left(\frac{k_c}{k}\right)^2}} = \frac{\lambda}{\sqrt{1-\left(\frac{\lambda}{\lambda_c}\right)^2}} \tag{3.3.45}$$

在传播状态下，$k>k_c$，$\lambda<\lambda_c$，所以 $\lambda_g>\lambda$，即导波波长大于自由空间波长。对于 TEM 波，k_c 等于零，k_z 等于 k，那么导波波长等于自由空间的波长。

不同的导波模对应同一个临界波数 k_c 的现象称为模简并。一般情况下，矩形波导的 TE_{mn} 和 TM_{mn} 模，当下脚标 mn 相同时为简并模，但 TM_{mn} 的任意一个下脚标都不得为零，因而不存在与 TE_{m0} 和 TE_{0n} 相对应的 TM 波的简并模。

在 3.3.1 小节中提到波动方程的解可以写成三角函数的形式，也可以写成指数函数的形式。为了更进一步讨论矩形波导的色散方程，现在来讨论指数函数形式解的物理意义，实际上这是将矩形波导的解改写成几个不同方向传播的平面波的叠加，这就在矩形波导的解中引入了 $\boldsymbol{k}$ 矢量，又称波矢，从而建立起 $\boldsymbol{k}$ 空间，又称波矢空间，然后在 $\boldsymbol{k}$ 空间中讨论色散方程。以 TE_{mn} 模为例，将 $H_z(x,y,z)$ 的表示式中的三角函数写成指数相加的形式，由式(3.3.21)得

$$H_z(x,y,z) = \frac{H_{mn}}{4}\left(e^{jk_x x} + e^{-jk_x x}\right)\left(e^{jk_y y} + e^{-jk_y y}\right)e^{-jk_z z} \tag{3.3.46}$$

将上式展开，并整理成如下的形式：

$$H_z(x,y,z) = \frac{H_{mn}}{4}\left(e^{-j\boldsymbol{k}_1\cdot\boldsymbol{r}} + e^{-j\boldsymbol{k}_2\cdot\boldsymbol{r}} + e^{-j\boldsymbol{k}_3\cdot\boldsymbol{r}} + e^{-j\boldsymbol{k}_4\cdot\boldsymbol{r}}\right) \tag{3.3.47}$$

式中的四项代表了向四个不同方向传播的平面波，$\boldsymbol{k}_1$、$\boldsymbol{k}_2$、$\boldsymbol{k}_3$ 和 $\boldsymbol{k}_4$ 为四个平面波的波矢，其模为自由空间的波数，其方向为平面波的传播方向，即

$$\boldsymbol{k}_1 = -k_x\hat{\boldsymbol{x}} - k_y\hat{\boldsymbol{y}} + k_z\hat{\boldsymbol{z}} \tag{3.3.48}$$

$$\boldsymbol{k}_2 = -k_x\hat{\boldsymbol{x}} + k_y\hat{\boldsymbol{y}} + k_z\hat{\boldsymbol{z}} \tag{3.3.49}$$

$$\boldsymbol{k}_3 = k_x\hat{\boldsymbol{x}} - k_y\hat{\boldsymbol{y}} + k_z\hat{\boldsymbol{z}} \tag{3.3.50}$$

$$\boldsymbol{k}_4 = k_x\hat{\boldsymbol{x}} + k_y\hat{\boldsymbol{y}} + k_z\hat{\boldsymbol{z}} \tag{3.3.51}$$

$\boldsymbol{r}$ 为矢径，且

$$\boldsymbol{r} = x\hat{\boldsymbol{x}} + y\hat{\boldsymbol{y}} + z\hat{\boldsymbol{z}} \tag{3.3.52}$$

式(3.3.48)～(3.3.51)中的 k_x、k_y 和 k_z 都为正数。若 k_x、k_y 和 k_z 是可正可负的数，那么任意方向的波矢就可写作

$$\boldsymbol{k} = k_x\hat{\boldsymbol{x}} + k_y\hat{\boldsymbol{y}} + k_z\hat{\boldsymbol{z}} \tag{3.3.53}$$

$\boldsymbol{k}$ 矢量与自身的点积为

$$\boldsymbol{k}\cdot\boldsymbol{k} = k^2 = k_x^2 + k_y^2 + k_z^2 \tag{3.3.54}$$

现在再来考虑色散方程，注意到矩形波导临界波数 $k_c^2 = k_x^2 + k_y^2$，那么矩形波导的色散方程也可写作

$$k^2 = k_c^2 + k_z^2 = k_x^2 + k_y^2 + k_z^2 \tag{3.3.55}$$

在形式上式(3.3.54)和式(3.3.55)是完全相同的，但出发点不同，一个是平面波的 $\boldsymbol{k}$ 矢量，一个是矩形波导的色散方程。现在将两者统一在矩形波导的 $\boldsymbol{k}$ 空间示意图中，如图 3.6 所示。一般矩形波导的尺寸 $b \approx a/2$，但 b 并不等于 a，以免出现更多的简并模。按照这样的比例关系，在 $\boldsymbol{k}$ 空间的 k_x 和 k_y 轴上分别标出$\dfrac{m\pi}{a}$和$\dfrac{n\pi}{b}$。因为 $k^2 = \omega^2\varepsilon\mu$，如果给定媒质的电容率 ε 和导磁率 μ 以及角频率 ω，那么就可以在 $\boldsymbol{k}$ 空间做出一个 $\boldsymbol{k}$ 球面，即 $\boldsymbol{k}$ 矢量的端点所描绘的球面。上半球代表向正 z 方向传播的波，下半球代表向负 z 方向传播的波，上半球四个象限的 $\boldsymbol{k}$ 矢量恰为式(3.3.48)～(3.3.51)给出的 $\boldsymbol{k}_1$、$\boldsymbol{k}_2$、$\boldsymbol{k}_3$ 和 $\boldsymbol{k}_4$。为了简化，图 3.6 中只画出了 1/8 的 $\boldsymbol{k}$ 空间。

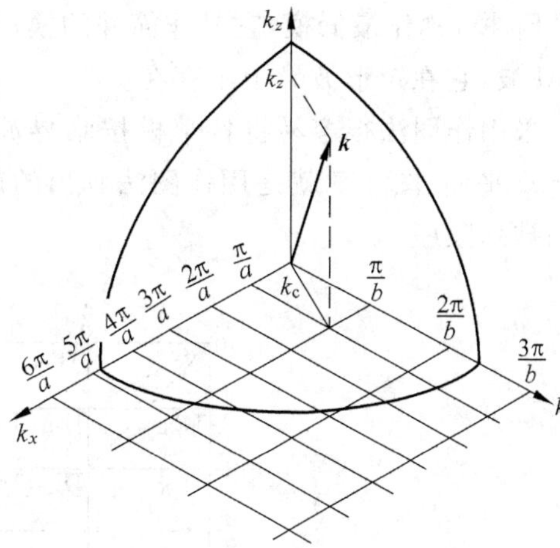

图 3.6 矩形波导的 $\boldsymbol{k}$ 空间示意图

矩形波导 $\boldsymbol{k}$ 空间示意图中的点、线、面与矩形波导的许多概念、参数有着十分清楚的对应关系。在矩形波导中，k_x 和 k_y 轴上标注的$\dfrac{m\pi}{a}$和$\dfrac{n\pi}{b}$代表了 k_x 和 k_y 所能取的值，它们是离散的点，而在自由空间，k_x 和 k_y 可取任意值。$k_x - k_y$ 平面称作 k_c 平面，k_c 也是一系列的离散的值，相应于 k_c 平面上的一系列的点。以 $m=1$、$n=1$ 为例，$(k_x, k_y) = \left(\dfrac{\pi}{a}, \dfrac{\pi}{b}\right)$，从这一点到原点的距离就是 TE_{11} 或 TM_{11} 的临界波数。从点$\left(\dfrac{m\pi}{a}, \dfrac{n\pi}{b}\right)$作平行

于 k_z 轴的直线与 $\boldsymbol{k}$ 球的交点即为 $\boldsymbol{k}_4$ 矢量的端点，由此点向 k_z 轴引垂线得一交点便是 k_z 的值。在 k_x 轴和 k_y 轴上的点，$(k_x,k_y)=\left(\frac{m\pi}{a},0\right)$，$(k_x,k_y)=\left(0,\frac{n\pi}{b}\right)$，仅与 TE_{m0} 模和 TE_{0n} 模相对应，没有简并模。除了轴上的点外，k_x-k_y 平面上的点都有简并模。当 k_c 点落在 $\boldsymbol{k}$ 球之内时，其对应的模可以传播；当 k_c 点落在 $\boldsymbol{k}$ 球之外时，其对应的模为凋落的波，处于截止状态；当 k_c 点恰好落在 $\boldsymbol{k}$ 球上时，波处于临界状态。通常应保证矩形波导只有单模工作，必须使 $\boldsymbol{k}$ 球内只包含最靠近原点的一个 k_c 点，即 $(k_x,k_y)=\left(\frac{\pi}{a},0\right)$，这相应于 TE_{10} 模，称作最低模，它是非简并的模，其余称作高次模。$\boldsymbol{k}$ 空间的原点，$k_c=0$，对应于 TEM 波，它在矩形波导中不存在。

采用作图法很容易将各个模按临界波数 k_c 的大小进行排队。为了简化，只需画出 k_x-k_y 平面。图 3.7 就是用作图法画出的前 7 个模的按 k_c 值的排列顺序，以及按临界波长的排列顺序。

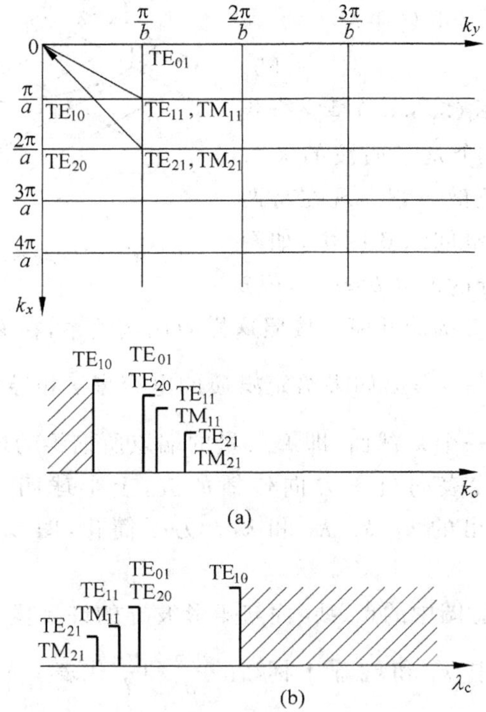

图 3.7 矩形波导中临界波数分布图(a)与临界波长分布图(b)

3.3.4 矩形波导中导波的相速和群速

在矩形波导中波是沿 z 方向传输的，由式(2.2.31)，只需将 β 换成 k_z，便得到矩形波导中导波的相速 v_{pz} 为

$$v_{pz}=\frac{\omega}{k_z} \tag{3.3.56}$$

将 k_z 的表示式(3.3.43)代入上式，得

$$v_{pz}=\frac{\omega}{k}\frac{1}{\sqrt{1-\left(\frac{k_c}{k}\right)^2}} \tag{3.3.57}$$

事实上，(ω/k)是自由空间的相速 v_p，即为光速 c，那么矩形波导中的相速

$$v_{pz}=\frac{v_p}{\sqrt{1-\left(\frac{k_c}{k}\right)^2}} \tag{3.3.58}$$

由此式可知，在传播状态时，矩形波导中的相速大于自由空间的相速，即大于光速，相应的导波波长大于自由空间的波长。由此式还可知，矩形波导中的 TE 波和 TM 波的相速是频率的函数，这种情况称为色散，TEM 波是无色散的波，TE 波和 TM 是色散波。

理论上由于色散的存在将使信号的波形产生畸变。设输入信号为 $f_{in}(t)$，按傅里叶变换将时域信号 $f_{in}(t)$展开，得其频域的谱为

$$F_{in}(\omega)=\int_{-\infty}^{+\infty}f_{in}(t)\mathrm{e}^{-\mathrm{j}\omega t}\mathrm{d}t \tag{3.3.59}$$

色散波在矩形波导中传播时，每一频域分量所对应的传播常数 $k_z(\omega)$是不一样的，在传播了一段距离 z 后，相应的相移亦不同，输出端的频谱为

$$F_{out}(\omega)=F_{in}(\omega)\mathrm{e}^{-\mathrm{j}k_z(\omega)z} \tag{3.3.60}$$

相应的输出端的时域信号

$$f_{out}(t)=\frac{1}{2\pi}\int_{-\infty}^{+\infty}F_{out}(\omega)\mathrm{e}^{\mathrm{j}\omega t}\mathrm{d}\omega \tag{3.3.61}$$

或

$$f_{out}(t)=\frac{1}{2\pi}\int_{-\infty}^{+\infty}F_{in}(\omega)\mathrm{e}^{-\mathrm{j}k_z(\omega)z}\mathrm{e}^{\mathrm{j}\omega t}\mathrm{d}\omega \tag{3.3.62}$$

如果色散比较严重，则输出端的时域信号与输入端的时域信号相比，可能会发生畸变。但是可以证明，在窄带的条件下，输出信号保留着输入信号的全部信息，而仅有一时间延迟和附加的相移。

设信号的中心频率为 ω_0，信号为窄带信号，$k_z(\omega)$在 ω_0 附近展开成级数，并可只取其前面两项，于是 $k_z(\omega)$近似为

$$k_z(\omega) \approx k_z(\omega_0) + k_z' \cdot (\omega - \omega_0) \tag{3.3.63}$$

式中

$$k_z' = \left.\frac{\mathrm{d}k_z(\omega)}{\mathrm{d}\omega}\right|_{\omega=\omega_0} \tag{3.3.64}$$

将式(3.3.63)代入式(3.3.62)，并在积分号外配上因子 $\mathrm{e}^{\mathrm{j}\omega_0 t}$，在积分号内配上因子 $\mathrm{e}^{-\mathrm{j}\omega_0 t}$，于是得到输出端的时域信号为

$$f_{\text{out}}(t) = \mathrm{e}^{\mathrm{j}[\omega_0 t - k_z(\omega_0) z]} \frac{1}{2\pi}\int_{-\infty}^{+\infty} F_{\text{in}}(\omega)\mathrm{e}^{\mathrm{j}(\omega-\omega_0)(t-k_z' z)}\mathrm{d}(\omega-\omega_0) \tag{3.3.65}$$

$k_z' z$ 具有时间的量纲，令

$$k_z' z = \tau_{\mathrm{g}} \tag{3.3.66}$$

将式(3.3.65)中的 $k_z' z$ 用 τ_{g} 取代，并作变量置换 $\omega' = \omega - \omega_0$，那么

$$f_{\text{out}}(t) = \mathrm{e}^{\mathrm{j}[\omega_0 t - k_z(\omega_0) z]} \frac{1}{2\pi}\int_{-\infty}^{+\infty} F_{\text{in}}(\omega' + \omega_0)\mathrm{e}^{\mathrm{j}\omega'(t-\tau_{\mathrm{g}})}\mathrm{d}\omega' \tag{3.3.67}$$

由傅里叶反变换的性质，式(3.3.67)中的积分

$$\frac{1}{2\pi}\int_{-\infty}^{+\infty} F_{\text{in}}(\omega' + \omega_0)\mathrm{e}^{\mathrm{j}\omega'(t-\tau_{\mathrm{g}})}\mathrm{d}\omega' = f_{\text{in}}(t-\tau_{\mathrm{g}})\mathrm{e}^{-\mathrm{j}\omega_0(t-\tau_{\mathrm{g}})}$$

于是

$$f_{\text{out}}(t) = f_{\text{in}}(t-\tau_{\mathrm{g}})\mathrm{e}^{-\mathrm{j}[k_z(\omega_0) z - \omega_0 \tau_{\mathrm{g}}]} \tag{3.3.68}$$

此式表明，输出信号 $f_{\text{out}}(t)$ 与输入信号 $f_{\text{in}}(t)$ 相比延迟了时间 τ_{g}，并有一附加的相移 $[k_z(\omega_0)z - \omega_0\tau_{\mathrm{g}}]$。$\tau_{\mathrm{g}}$ 称作群延迟，是信息的传递时间。由式(3.3.66)和式(3.3.64)可求得群速的表示式为

$$v_{\mathrm{g}} = \frac{\mathrm{d}z}{\mathrm{d}\tau_{\mathrm{g}}} = \frac{1}{k_z'} = \frac{1}{\left.\frac{\mathrm{d}k_z}{\mathrm{d}\omega}\right|_{\omega=\omega_0}} \tag{3.3.69}$$

均匀无色散媒质填充的矩形波导中的 TE 波或 TM 波的同一个模式的相速和群速的乘积等于该种媒质中光速的平方。从色散方程可以很容易地证明这一结论。注意到色散方程中的临界波数 k_{c} 是与频率无关的常数，将色散方程式(3.3.39)对角频率 ω 求导，得

$$2k_z \frac{\mathrm{d}k_z}{\mathrm{d}\omega} = 2k \frac{\mathrm{d}k}{\mathrm{d}\omega} \tag{3.3.70}$$

波数 $k = \omega\sqrt{\varepsilon\mu}$，若媒质是非色散的，即 $\varepsilon\mu$ 与频率无关，有 $\frac{\mathrm{d}k}{\mathrm{d}\omega} = \sqrt{\varepsilon\mu}$，且 $k\frac{\mathrm{d}k}{\mathrm{d}\omega} = \omega\varepsilon\mu$。令 $\omega = \omega_0$，那么式(3.3.70)变为

$$\left(\frac{\omega_0}{k_z}\right)\frac{1}{\left.\frac{\mathrm{d}k_z}{\mathrm{d}\omega}\right|_{\omega=\omega_0}} = \frac{1}{\varepsilon\mu} \tag{3.3.71}$$

上式的左端恰是相速 v_{pz} 与群速 v_{g} 的乘积，因此有

$$v_{pz}v_g = \frac{1}{\varepsilon\mu} \tag{3.3.72}$$

这正是我们要证明的论点。由式(3.3.72)可知，矩形波导中的导波的相速大于光速，故群速必小于光速。

3.3.5 矩形波导中的传输功率与储能

在矩形波导中沿 z 方向传输的功率为

$$P = \frac{1}{2}\int_S (\boldsymbol{E}_T \times \boldsymbol{H}_T^*) \cdot \mathrm{d}\boldsymbol{s} \tag{3.3.73}$$

式中，$*$ 号表示共轭，S 是矩形波导的横截面，$\boldsymbol{E}_T$ 和 $\boldsymbol{H}_T$ 是向正 z 方向传播的波的横向电场和横向磁场。因为在波导中可能存在许多乃至无限多的模式，那么上式中的 $\boldsymbol{E}_T$ 和 $\boldsymbol{H}_T$ 可以写成许多模的矢量和的形式，即

$$\boldsymbol{E}_T = \sum_i \boldsymbol{E}_{Ti}$$

$$\boldsymbol{H}_T = \sum_j \boldsymbol{H}_{Tj}$$

其中，$\boldsymbol{E}_{Ti}$ 和 $\boldsymbol{H}_{Tj}$ 可以代表 TE 波或 TM 波中的某一个模，当 $\boldsymbol{E}_{Ti}$ 和 $\boldsymbol{H}_{Tj}$ 中的 i 和 j 相同时，为同一个模，当 $i \neq j$ 时为不同的模。根据三角函数的正交性，可以验证

$$\int_S (\boldsymbol{E}_{Ti} \times \boldsymbol{H}_{Tj}^*) \cdot \mathrm{d}\boldsymbol{s} = 0 \quad (i \neq j)$$

这又称为矩形波导中不同模之间的正交性。于是式(3.3.73)可以写成

$$P = \frac{1}{2}\sum_i \int_S (\boldsymbol{E}_{Ti} \times \boldsymbol{H}_{Ti}^*) \cdot \mathrm{d}\boldsymbol{s}$$

此式表明无耗规则波导中的每一个模独立地传输自身所携带的功率，无耗规则波导中不会发生功率从一个模向另一个模的转移，彼此之间没有耦合，除非规则波导的规则性受到破坏。如果规则矩形波导中传输的模有 n 个，那么就相当于有 n 条相互独立的传输线。上述无耗规则矩形波导的模的正交性对于其他的规则波导，如圆波导，也同样成立，这里不去进行一般性的证明。

为了叙述的简化，以下的讨论中假定只有一个模存在，书写中省去下标 i。注意到 TE 波或 TM 波的 $\boldsymbol{E}_T$、$\boldsymbol{H}_T$ 与波阻抗的关系式(3.2.29)和式(3.2.42)，那么以 TE 波为例，沿 z 方向传输的功率还可改写为下述两种形式：

$$P = \frac{1}{2}\int_S \frac{\boldsymbol{E}_T \cdot \boldsymbol{E}_T^*}{\eta^*} \mathrm{d}s \tag{3.3.74}$$

和

$$P = \frac{1}{2}\int_S \eta \boldsymbol{H}_T \cdot \boldsymbol{H}_T^* \mathrm{d}s \tag{3.3.75}$$

式中，η 是 TE 波的波阻抗 η_{TE}，也可以是 TM 波的波阻抗 η_{TM}。以式(3.3.74)为例说明推导过程，因为

$$(\boldsymbol{E}_T \times \boldsymbol{H}_T^*) \cdot \mathrm{d}\boldsymbol{s} = (\boldsymbol{E}_T \times \hat{\boldsymbol{z}} \times \boldsymbol{E}_T^* / \eta^*) \cdot \hat{\boldsymbol{z}} \mathrm{d}s$$

利用矢量恒等式 $\boldsymbol{A}\times\boldsymbol{B}\times\boldsymbol{C}=\boldsymbol{B}(\boldsymbol{A}\cdot\boldsymbol{C})-\boldsymbol{A}(\boldsymbol{B}\cdot\boldsymbol{C})$，得

$$(\boldsymbol{E}_T \times \boldsymbol{H}_T^*) \cdot \mathrm{d}\boldsymbol{s} = (\boldsymbol{E}_T \cdot \boldsymbol{E}_T^* / \eta^*) \mathrm{d}s$$

类似地可以证明式(3.3.75)也是正确的。

由式(3.3.74)和式(3.3.75)可知，当波处于传播状态时传输功率 P 是实数，因为传播状态时的 k_z 为实数，η_{TE} 和 η_{TM} 为实数。当波处于截止状态时，传播常数 k_z 为纯虚数，即 $k_z=-\mathrm{j}\alpha$，将其代入到波阻抗的表示式(3.2.28)和式(3.2.36)，得

$$\eta_{\mathrm{TE}} = \mathrm{j}\,\frac{\omega\mu}{\alpha} \tag{3.3.76}$$

和

$$\eta_{\mathrm{TM}} = -\mathrm{j}\,\frac{\alpha}{\omega\varepsilon} \tag{3.3.77}$$

这表明波阻抗为虚数，且 TE 波的波阻抗呈感性，TM 波波阻抗呈容性。由式(3.3.74)求得截止状态时的"传输功率"为

$$P_{\mathrm{TE}} = +\mathrm{j}\,\frac{1}{2}\int_S \frac{\alpha}{\omega\mu}\boldsymbol{E}_T \cdot \boldsymbol{E}_T^*\,\mathrm{d}s \tag{3.3.78}$$

$$P_{\mathrm{TM}} = -\mathrm{j}\,\frac{1}{2}\int_S \frac{\omega\varepsilon}{\alpha}\boldsymbol{E}_T \cdot \boldsymbol{E}_T^*\,\mathrm{d}s \tag{3.3.79}$$

以上两式表明在截止状态下矩形波导的传输功率为纯虚数，即不能传输功率。

下面讨论矩形波导中电场储能与磁场储能。设波导壁是理想导体，波导内的媒质无耗，取一段波导，其体积为 V，包围体积 V 的面积为 S，S 由波导壁和两个截面 S_1 和 S_2 构成，如图 3.8 所示，图中还标出了两个截面的法向单位矢量 $\hat{\boldsymbol{s}}$。V 内无源，即 $\boldsymbol{J}=0$，由积分形式的坡印亭定理可得

$$\oint_S \boldsymbol{S} \cdot \mathrm{d}\boldsymbol{s} = -\mathrm{j}2\omega\int_V (\overline{w}_{\mathrm{m}} - \overline{w}_{\mathrm{e}})\,\mathrm{d}v \tag{3.3.80}$$

上式的左端为面积分，此积分在波导壁上的积分等于零，有值的仅仅是一段波导的两个横截面，右端 $\overline{w}_{\mathrm{m}}$ 和 $\overline{w}_{\mathrm{e}}$ 是磁场和电场储能密度。当波处于传播状态时，进入体积 V 的功率等于流出体积 V 的功率，因而上式的左端等于零，那么，由式(3.3.80)得

$$\int_V \overline{w}_{\mathrm{e}}\,\mathrm{d}v = \int_V \overline{w}_{\mathrm{m}}\,\mathrm{d}v \tag{3.3.81}$$

这就是说，体积 V 内的电场储能等于体积 V 内的磁场储能。注意，不能从式(3.3.81)得出电场储能密度 $\overline{w}_{\mathrm{e}}$ 等于磁场储能密度 $\overline{w}_{\mathrm{m}}$ 的结论。当波处于截止状态时，流出体积 V 的功率将不再等于进入体积 V 的功率。为了说明问题，不妨设波是向 $+z$ 方向传播的，其

$\boldsymbol{E}_T$、$\boldsymbol{H}_T$ 和 z 方向如图 3.8 所示，所取的一段波导足够长，在截面 S_1 处有场，在 S_2 处场已消失，因此式(3.3.80)的左端的面积分只在截面 S_1 处有效。注意到 S_1 面的法向单位矢量 $\hat{\boldsymbol{s}}$ 与 $\boldsymbol{E}_T\times\boldsymbol{H}_T^*$ 的方向相反，于是，对 TE 波，有

$$-\mathrm{j}\frac{1}{2}\int_{S_1}\frac{\alpha}{\omega\mu}\boldsymbol{E}_T\cdot\boldsymbol{E}_T^*\,\mathrm{d}s=-\mathrm{j}2\omega\int_V(\overline{w}_{\mathrm{m}}-\overline{w}_{\mathrm{e}})\mathrm{d}v \tag{3.3.82a}$$

对 TM 波，有

$$\mathrm{j}\frac{1}{2}\int_{S_1}\frac{\omega\varepsilon}{\alpha}\boldsymbol{E}_T\cdot\boldsymbol{E}_T^*\,\mathrm{d}s=-\mathrm{j}2\omega\int_V(\overline{w}_{\mathrm{m}}-\overline{w}_{\mathrm{e}})\mathrm{d}v \tag{3.3.82b}$$

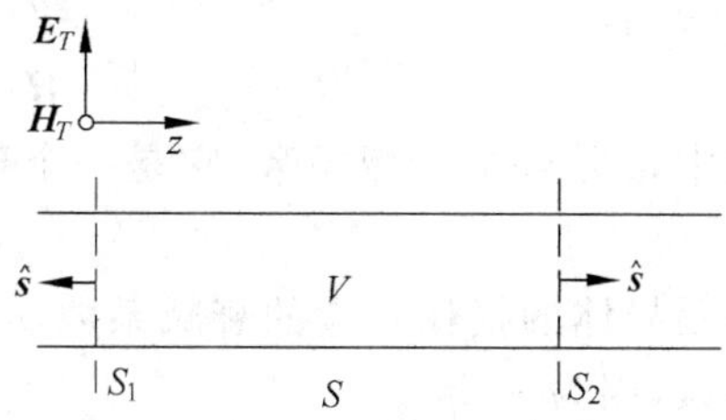

图 3.8 体积 V 和 S 表面示意图

由上述二式可知，当波处于截止状态时，对 TE 波

$$\int_V\overline{w}_{\mathrm{m}}\mathrm{d}v>\int_V\overline{w}_{\mathrm{e}}\mathrm{d}v \tag{3.3.83a}$$

对 TM 波

$$\int_V\overline{w}_{\mathrm{m}}\mathrm{d}v<\int_V\overline{w}_{\mathrm{e}}\mathrm{d}v \tag{3.3.83b}$$

这就是说，当波处于截止状态时，TE 波在体积 V 内的磁场储能大于电场储能，TM 波在体积 V 内的电场储能大于磁场储能。回忆式(3.3.76)和式(3.3.77)，当波处于截止状态时 TE 波的波阻抗为纯虚数，且为感性，TM 波的波阻抗亦为纯虚数，且为容性。这表明从储能的观点和从阻抗的观点得出的结论是一致的。

当波处于传播状态时，单位长度内的储能 W_1 为

$$W_1=\int_0^1\mathrm{d}z\int_S\left(\frac{1}{4}\varepsilon|\boldsymbol{E}|^2+\frac{1}{4}\mu|\boldsymbol{H}|^2\right)\mathrm{d}s \tag{3.3.84}$$

S 是波导横截面。因为在传播状态电场储能等于磁场储能，故上式可以被简化：对 TE 波，$\boldsymbol{E}=\boldsymbol{E}_T$，故

$$W_1=\int_S\frac{1}{2}\varepsilon|\boldsymbol{E}_T|^2\mathrm{d}s \tag{3.3.85a}$$

对于 TM 波，$\boldsymbol{H}=\boldsymbol{H}_T$，故

$$W_1=\int_S\frac{1}{2}\mu|\boldsymbol{H}_T|^2\mathrm{d}s \tag{3.3.85b}$$

3.3.6 矩形波导的衰减

波导中的损耗有两个来源：其一是波导壁为非理想导体，其二是波导中的介质损耗。通常，当波导中的媒质为空气时，介质损耗可以忽略。损耗将使沿 z 方向传播的波衰减，

称这种衰减为损耗衰减，以区别于截止衰减。对于向 $+z$ 方向传播的波，由于衰减的存在，电场和磁场的横分量可写作

$$\boldsymbol{E}_T(z) = \boldsymbol{E}_T(0)\mathrm{e}^{-(\alpha+\mathrm{j}k_z)z} \tag{3.3.86}$$

$$\boldsymbol{H}_T(z) = \boldsymbol{H}_T(0)\mathrm{e}^{-(\alpha+\mathrm{j}k_z)z} \tag{3.3.87}$$

式中，α 是场的衰减系数，它是一个正实数，由两部分组成，即

$$\alpha = \alpha_\mathrm{c} + \alpha_\mathrm{d} \tag{3.3.88}$$

α_c 是导体的损耗对应的衰减系数，α_d 是介质的损耗对应的衰减系数。功率按 $\mathrm{e}^{-2\alpha z}$ 的规律衰减，因为

$$\begin{aligned} P(z) &= \frac{1}{2}\int_S [\boldsymbol{E}_T(z) \times \boldsymbol{H}_T^*(z)] \cdot \mathrm{d}\boldsymbol{s} \\ &= \left\{\frac{1}{2}\int_S [\boldsymbol{E}_T(0) \times \boldsymbol{H}_T^*(0)] \cdot \mathrm{d}\boldsymbol{s}\right\}\mathrm{e}^{-2\alpha z} \end{aligned}$$

即

$$P(z) = P(0)\mathrm{e}^{-2\alpha z} \tag{3.3.89}$$

将上式对 z 求导，得

$$\frac{\mathrm{d}P}{\mathrm{d}z} = -2\alpha P \tag{3.3.90}$$

$\left(-\dfrac{\mathrm{d}P}{\mathrm{d}z}\right)$可以理解为单位长度的损耗功率，记作 P_l，于是上式可改写为衰减系数 α 的表示式

$$\alpha = \frac{1}{2}\frac{P_l}{P} \tag{3.3.91}$$

P 是波导传输的功率，P_l 是单位长度损耗的功率，由此式可计算衰减系数 α。

下面计算导体的损耗所对应的衰减系数 α_c。当波导壁为非理想导体时，这意味着相对于理想导体边界而言，波导壁的边界条件发生了变化，原则上应根据非理想导体边界条件解出波导中的场去计算传输功率和损耗功率 P_l，但这样做比较麻烦，也无此必要，可用微扰的方法得出近似解。所谓微扰的方法，在这里指的是：假设波导壁的电导率是有限的，保留理想导体条件下的一部分解，改变另一部分解，具体来说就是，设壁上的磁场的切向分量保持不变，仅仅改变电场的切向分量。在理想导体的情况下，电场的切向分量等于零，非理想导体情况下，电场的切向分量将不等于零，这是因为导体有欧姆损耗，必有指向导体内部的能流，即指向导体内的坡印亭矢量不等于零，因而必然存在电场的切向分量。根据上述想法来计算损耗功率 P_l，而在计算传输功率 P 时仍然根据理想导体边界条件下解出的波导内的电磁场诸分量的表示式。

设理想导体波导内表面某一个导波模的磁场的切向分量为 $\boldsymbol{H}_\tau$，当波导壁为非理想导体时相应的电场的切向分量 $\boldsymbol{E}_\tau$ 可写作

$$\boldsymbol{E}_\tau \approx \sqrt{\frac{\mu}{\tilde{\varepsilon}}}\hat{\boldsymbol{n}} \times \boldsymbol{H}_\tau \tag{3.3.92}$$

式中，$\tilde{\varepsilon}=\varepsilon-\mathrm{j}\,\dfrac{\sigma}{\omega}$为复介电常数，$\sigma$为电导率。对于良导体$\sigma\gg\omega\varepsilon$，近似有$\tilde{\varepsilon}=\dfrac{\sigma}{\mathrm{j}\omega}$，于是

$$\boldsymbol{E}_\tau \approx \sqrt{\frac{\mathrm{j}\omega\mu}{\sigma}}\hat{\boldsymbol{n}} \times \boldsymbol{H}_\tau \tag{3.3.93}$$

指向波导壁内部的坡印亭矢量的实部为

$$S_c = \mathrm{Re}(-\hat{\boldsymbol{n}}) \cdot \left(\frac{1}{2}\boldsymbol{E}_\tau \times \boldsymbol{H}_\tau^*\right) \tag{3.3.94}$$

式中，$\hat{\boldsymbol{n}}$是导体表面的法向单位矢量。将$\boldsymbol{E}_\tau$的表示式(3.3.93)代入到S_c的表示式中，并注意到$\sqrt{\mathrm{j}}=(1+\mathrm{j})/\sqrt{2}$，得$S_c$的表示式为

$$S_c \approx \frac{1}{2}R_s\,|\boldsymbol{H}_\tau|^2 \tag{3.3.95}$$

式中，R_s称为表面电阻，其表示式为

$$R_s = \sqrt{\frac{\omega\mu}{2\sigma}} \tag{3.3.96}$$

由式(3.3.95)可计算单位长度的损耗功率P_l为

$$P_l \approx \frac{1}{2}R_s\int_{\text{侧壁}}|\boldsymbol{H}_\tau|^2\,\mathrm{d}s \tag{3.3.97}$$

此式的积分范围是单位长度波导的侧壁。最后，将P_l的表示式(3.3.97)和传输功率的表示式(3.3.73)代入到式(3.3.91)，得导体的衰减系数α_c为

$$\alpha_c = \frac{R_s}{2}\int_{\text{侧壁}}|\boldsymbol{H}_\tau|^2\,\mathrm{d}s\Big/\int_{\text{横截面}}(\boldsymbol{E}_T \times \boldsymbol{H}_T^*)\cdot\mathrm{d}\boldsymbol{s} \tag{3.3.98}$$

计算得到矩形波导TE_{m0}、$\mathrm{TE}_{mn}(n\neq 0)$和$\mathrm{TM}_{mn}$的导体衰减系数的表示式如下：

$$(\alpha_c)_{\mathrm{TE}_{m0}} = \frac{8.686R_s}{b\eta\sqrt{1-(f_c/f)^2}}\left[1+\frac{2b}{a}\left(\frac{f_c}{f}\right)^2\right] \tag{3.3.99}$$

$$(\alpha_c)_{\mathrm{TE}_{mn}(n\neq 0)} = \frac{17.37R_s}{b\eta\sqrt{1-(f_c/f)^2}}\left\{\left(1+\frac{b}{a}\right)\left(\frac{f_c}{f}\right)^2 + \left[1-\left(\frac{f_c}{f}\right)^2\right]\left[\frac{b}{a}\left(\frac{b}{a}m^2+n^2\right)\Big/\left(\frac{b^2m^2}{a^2}+n^2\right)\right]\right\} \tag{3.3.100}$$

$$(\alpha_c)_{\mathrm{TM}_{mn}} = \frac{17.37R_s}{b\eta\sqrt{1-\left(\dfrac{f_c}{f}\right)^2}}\left\{\left[m^2\left(\frac{b}{a}\right)^3+n^2\right]\Big/\left[m^2\left(\frac{b}{a}\right)^2+n^2\right]\right\} \tag{3.3.101}$$

式中，$\eta=120\pi$，f_c是相应的TE_{m0}、TE_{mn}和TM_{mn}模的截止频率。

矩形波导的TE_{10}模的导体衰减系数

$$(\alpha_c)_{TE_{10}} = \frac{8.68R_s}{b120\pi\sqrt{1-\left(\frac{\lambda}{2a}\right)^2}}\left[1+2\frac{b}{a}\left(\frac{\lambda}{2a}\right)^2\right] \tag{3.3.102}$$

式(3.3.99)～(3.3.102)的导体衰减系数的单位为 dB/m。因为 TE_{10} 模的临界波长 λ_c 为 $2a$，所以为了减小导体引起的损耗，工作波长不可以太靠近临界波长 $2a$，或者说工作频率不可以太靠近临界频率。

3.3.7 矩形波导的导体壁电流

矩形波导的导体壁的面电流密度 $\boldsymbol{J}_S$ 与表面磁场切向分量 $\boldsymbol{H}_\tau$ 的关系为

$$\boldsymbol{J}_S = \hat{\boldsymbol{n}} \times \boldsymbol{H}_\tau \tag{3.3.103}$$

式中，$\hat{\boldsymbol{n}}$ 是波导导体内壁的法向单位矢量，$\boldsymbol{H}_\tau$ 是内表面磁场的切向分量。以 TE_{10} 模为例，其各场分量为

$$\left.\begin{aligned} H_z &= H_{10}\cos\left(\frac{\pi x}{a}\right)e^{-jk_z z} \\ E_y &= -j\omega\mu\frac{a}{\pi}H_{10}\sin\left(\frac{\pi x}{a}\right)e^{-jk_z z} \\ H_x &= jk_z\frac{a}{\pi}H_{10}\sin\left(\frac{\pi x}{a}\right)e^{-jk_z z} \\ H_y &= E_x = E_z = 0 \end{aligned}\right\} \tag{3.3.104}$$

在 $y=0$ 和 $y=b$ 处的波导宽边，其法向单位矢量为 $\hat{\boldsymbol{n}}=\pm\hat{\boldsymbol{y}}$，面电流密度为

$$\boldsymbol{J}_S = \pm H_{10}\left[\hat{\boldsymbol{x}}\cos\left(\frac{\pi x}{a}\right) - j\hat{\boldsymbol{z}}k_z\frac{a}{\pi}\sin\left(\frac{\pi x}{a}\right)\right]e^{-jk_z z} \tag{3.3.105}$$

在 $x=0$ 和 $x=a$ 处的波导窄边，其法向单位矢量为 $\hat{\boldsymbol{n}}=\pm\hat{\boldsymbol{x}}$，面电流密度为

$$\boldsymbol{J}_S = -\hat{\boldsymbol{y}}H_{10}e^{-jk_z z} \tag{3.3.106}$$

波导内壁 TE_{10} 模的面电流密度分布示意图如图 3.9 所示。从图中可以看出沿 z 方向面电流密度 $\boldsymbol{J}_S$ 也显示了波动性。如果仅考虑波导壁上的传导电流，显然是不连续的，只有同时考虑波导内的位移电流时，全电流才是连续的，这是全电流连续的一个生动的例子。

为了测量的需要或制作缝隙天线，常常在波导上开缝，如果缝切断壁上的传导电流则将引起辐射，如果缝平行于壁上的传导电流辐射就比较小。当缝切断传导电流时，为了保持电流连续性，在缝上必有位移电流 $\frac{\partial \boldsymbol{D}}{\partial t}$，这就是说，在缝上有电场 $\boldsymbol{E}$。如果 $\boldsymbol{E}$ 中含有与磁场 $\boldsymbol{H}$ 相互垂直的分量，那么必然存在指向波导壁外的坡印亭矢量，从而形成辐射。当缝沿 z 方向开在矩形波导宽壁的中央时，缝平行于传导电流，辐射非常小，以此结构制成一种称作测量线的仪器，将探针通过缝伸入到矩形波导内，探测波导内场的驻波分布。

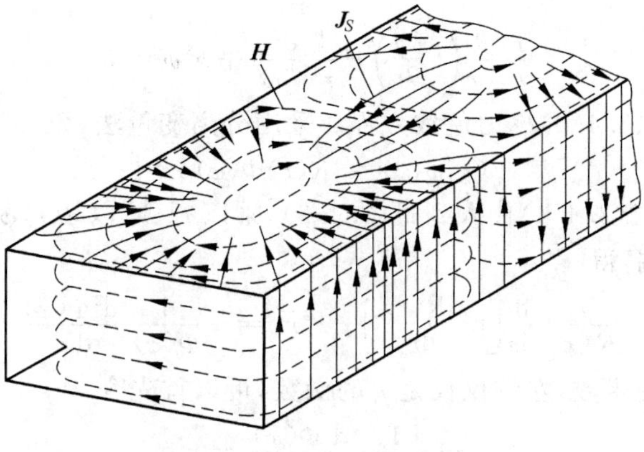

图 3.9 矩形波导 TE_{10} 模面电流密度分布示意图

3.4 金属圆波导

金属圆波导简称圆波导。圆波导也是常用的一种规则的金属波导，本节仅讨论圆波导的通解、力线图和色散方程，至于其余的问题，如相速、群速、传输功率、截止衰减、损耗衰减、壁电流等，读者可仿照矩形波导的方法去研究，此处不再讨论。

3.4.1 圆波导的通解

仍采用直接求解法去求圆波导的通解，为此，对 TE 波首先求解 H_z 分量，对 TM 波首先求解 E_z 分量。无论是 TE 波还是 TM 波，都需解下述形式的圆柱坐标系下的波动方程

$$\frac{1}{r}\frac{\partial}{\partial r}\left(r\frac{\partial\psi}{\partial r}\right)+\frac{1}{r^2}\frac{\partial^2\psi}{\partial\varphi^2}+\frac{\partial^2\psi}{\partial z^2}+k^2\psi=0 \tag{3.4.1}$$

式中，r、φ、z 代表圆柱坐标系的三个坐标变量，如图 3.10 所示；k 是自由空间波数；对于 TE 波，ψ 代表 H_z 分量，对于 TM 波，ψ 代表 E_z 分量。求解 H_z 分量和 E_z 分量时将分别应用边界条件式(3.2.32)和式(3.2.38)，具体到圆波导为 $\left.\frac{\partial H_z}{\partial n}\right|_{r=R}=0$ 和 $\left.E_z\right|_{r=R}=0$，R 是圆波导的内壁的半径。为了简化，设波向 $+z$ 方向传播，其相应的传播因子为 $e^{-jk_z z}$，ψ 对 z 的二次偏导数可用 $(-k_z^2)$ 取代，并令

$$k^2-k_z^2=k_c^2 \tag{3.4.2}$$

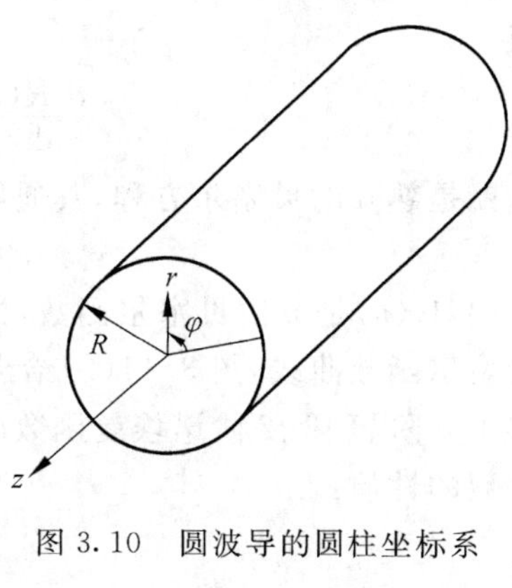

图 3.10 圆波导的圆柱坐标系

那么式(3.4.1)变为

$$\frac{1}{r}\frac{\partial}{\partial r}\left(r\frac{\partial\psi}{\partial r}\right)+\frac{1}{r^2}\frac{\partial^2\psi}{\partial\varphi^2}+k_c^2\psi=0 \tag{3.4.3}$$

k_c 称为临界波数,式(3.4.2)称为色散方程。采用分离变量法,令

$$\psi(r,\varphi,z)=R(r)\Phi(\varphi)e^{-jk_z z} \tag{3.4.4}$$

将 $\psi(r,\varphi,z)$ 的表示式(3.4.4)代入到式(3.4.3),乘以 r^2、除以 $\psi(r,\varphi,z)$,并将与坐标 φ 有关的项移到等式右端,得

$$\frac{r}{R(r)}\frac{d}{dr}\left[r\frac{dR(r)}{dr}\right]+k_c^2r^2=-\frac{1}{\Phi(\varphi)}\frac{d^2\Phi(\varphi)}{d\varphi^2} \tag{3.4.5}$$

上式右端仅仅是 φ 的函数,左端仅仅是 r 的函数,可以首先令

$$-\frac{1}{\Phi(\varphi)}\frac{d^2\Phi(\varphi)}{d\varphi^2}=n^2 \tag{3.4.6}$$

其解为

$$\Phi(\varphi)=C\cos(n\varphi+\varphi_0) \tag{3.4.7}$$

式中 C 和 φ_0 为常数。波导中任意一点的场必须是单值的,换句话说,(r,φ) 点与 $(r,\varphi+2\pi)$ 点是同一点,其场也应有相同的值,这就是所谓单值条件,用式子表示为

$$\cos(n\varphi+\varphi_0)=\cos(n\varphi+n2\pi+\varphi_0) \tag{3.4.8}$$

可见 n 必须是整数,取 $n=0,1,2,\cdots$。$\varphi_0=0,\pi/2$ 是式(3.4.7)的两个特解,其相应的物理意义稍后将予以说明。为了简化,我们取 $\varphi_0=0$,于是

$$\Phi(\varphi)=C\cos(n\varphi) \tag{3.4.9}$$

将式(3.4.6)代入到式(3.4.5),得

$$r\frac{d}{dr}\left[r\frac{dR(r)}{dr}\right]+(k_c^2r^2-n^2)R(r)=0 \tag{3.4.10}$$

令 $k_cr=u$,上式改写为

$$u\frac{d}{du}\left[u\frac{dR(u)}{du}\right]+(u^2-n^2)R(u)=0 \tag{3.4.11}$$

或

$$u^2\frac{d^2R(u)}{du^2}+u\frac{dR}{du}+(u^2-n^2)R(u)=0 \tag{3.4.12}$$

这就是熟知的贝塞尔方程,其通解为

$$R(u)=B_1J_n(u)+B_2N_n(u) \tag{3.4.13}$$

式中,$J_n(u)$是 n 阶贝塞尔函数,$N_n(u)$是诺埃曼函数。图 3.11(a)给出了 0 阶、1 阶、2 阶贝塞尔函数曲线,图 3.11(b)给出了 0 阶、1 阶、2 阶贝塞尔函数导函数曲线,图 3.11(c)给出了 0 阶、1 阶、2 阶诺埃曼函数曲线。下面列出若干对我们有用的贝塞尔函数和诺埃曼函数的性质:

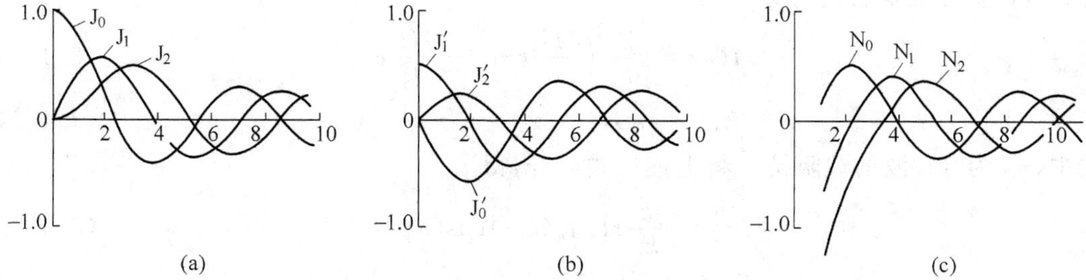

图 3.11 特殊函数曲线

(a) 0 阶、1 阶、2 阶贝塞尔函数 (b) 0 阶、1 阶、2 阶贝塞尔函数导函数

(c) 0 阶、1 阶、2 阶诺埃曼函数

$$\mathrm{J}_0(0)=1 \tag{3.4.14}$$

$$\mathrm{J}_n(0)=0 \qquad (n\neq 0) \tag{3.4.15}$$

$$\mathrm{N}_n(0)\rightarrow-\infty \tag{3.4.16}$$

$$\mathrm{J}_0'(u)=-\mathrm{J}_1(u) \tag{3.4.17}$$

$\mathrm{J}_n(u)$的零点和$\mathrm{J}_n'(u)$的零点有无穷多个，其相应的根分别记作 u_{ni} 和 v_{ni}，$i=1,2,3,\cdots$，u_{ni} 称作贝塞尔函数第 i 个零点所对应的 u 值，v_{ni} 称作贝塞尔函数导函数的第 i 个零点所对应的 u 值。注意 $u=0$ 所对应的零点均不计入 i 的编号内。

圆波导中任意一点的场必须是有限值，因此式(3.4.13)中的 B_2 必须为零，否则在 $r=0$ 处，$\mathrm{N}_n(0)\rightarrow-\infty$，场为无穷大。现在，综合上述已求得的 $R(r)$ 和 $\Phi(\varphi)$ 的表示式，得到

$$\psi=D\mathrm{J}_n(k_\mathrm{c}r)\cos(n\varphi)\mathrm{e}^{-\mathrm{j}k_z z} \tag{3.4.18}$$

式中，D 是常数。

对于 TE 波的 TE_{ni} 模，$\psi=H_z$，常数 D 记作 H_{ni}，那么

$$H_z=H_{ni}\mathrm{J}_n(k_\mathrm{c}r)\cos(n\varphi)\mathrm{e}^{-\mathrm{j}k_z z} \tag{3.4.19}$$

在圆波导内壁 $r=R$ 处，H_z 所满足的边界条件为

$$\left.\frac{\partial H_z}{\partial r}\right|_{r=R}=0 \tag{3.4.20}$$

由此式可得

$$\mathrm{J}_n'(k_\mathrm{c}R)=0 \tag{3.4.21}$$

这是圆波导中 TE 波的导行条件。各阶贝塞尔函数的导函数的根 v_{ni} 与临界波数 $k_{\mathrm{c}(ni)}$ 和临界波长 $\lambda_{\mathrm{c}(ni)}$ 的关系为

$$v_{ni}=k_{\mathrm{c}(ni)}R=2\pi R/\lambda_{\mathrm{c}(ni)} \tag{3.4.22}$$

表 3.1 列出了若干个 TE_{ni} 模的 v_{ni} 和 $\lambda_{\mathrm{c}(ni)}$ 的值。磁场的横向分量和电场的横向分量与纵

向磁场的关系在圆柱坐标系下为

$$\boldsymbol{H}_T = -\frac{\mathrm{j}k_z}{k_c^2}\left(\frac{\partial H_z}{\partial r}\hat{\boldsymbol{r}} + \frac{1}{r}\frac{\partial H_z}{\partial \varphi}\hat{\boldsymbol{\varphi}}\right) \tag{3.4.23}$$

$$\boldsymbol{E}_T = \eta_{\mathrm{TE}}\boldsymbol{H}_T \times \hat{\boldsymbol{z}} \tag{3.4.24}$$

式中，η_{TE}为 TE 波的波阻抗。将上述二式展开，得

$$H_r = -\frac{\mathrm{j}k_z}{k_c}H_{ni}\mathrm{J}_n'(k_c r)\cos(n\varphi)\mathrm{e}^{-\mathrm{j}k_z z} \tag{3.4.25}$$

$$H_\varphi = \frac{\mathrm{j}k_z n}{k_c^2 r}H_{ni}\mathrm{J}_n(k_c r)\sin(n\varphi)\mathrm{e}^{-\mathrm{j}k_z z} \tag{3.4.26}$$

$$E_r = \frac{\omega\mu}{k_z}H_\varphi \tag{3.4.27}$$

$$E_\varphi = -\frac{\omega\mu}{k_z}H_r \tag{3.4.28}$$

n 表示纵向磁场分量 H_z 在 $0\leqslant\varphi<2\pi$ 内沿 φ 变化的周期数，i 表示纵向磁场分量 H_z 在 $0<r\leqslant R$ 范围内极值的数目，H_z 的极值点就是贝塞尔函数导函数的零点，注意，不包括 $r=0$ 点。

表 3.1　TE_{ni} 模的 v_{ni} 和 $\lambda_{c(ni)}$ 的值

TE_{ni}	TE_{11}	TE_{21}	TE_{01}	TE_{31}	TE_{12}	TE_{22}	TE_{02}	TE_{13}	TE_{03}
v_{ni}	1.841	3.054	3.832	4.201	5.332	6.705	7.016	8.536	10.173
$\lambda_{c(ni)}$	3.41R	2.06R	1.64R	1.50R	1.18R	0.94R	0.90R	0.74R	0.62R

对于 TM 波的 TM_{ni} 模，$\psi=E_z$，常数 D 记作 E_{ni}，那么

$$E_z = E_{ni}\mathrm{J}_n(k_c r)\cos(n\varphi)\mathrm{e}^{-\mathrm{j}k_z z} \tag{3.4.29}$$

在圆波导内壁 $r=R$ 处，E_z 所满足的边界条件为

$$E_z|_{r=R} = 0 \tag{3.4.30}$$

于是

$$\mathrm{J}_n(k_c R) = 0 \tag{3.4.31}$$

这是圆波导中 TM 波的导行条件。各阶贝塞尔函数的根 u_{ni} 与临界波数 $k_{c(ni)}$、临界波长 $\lambda_{c(ni)}$ 的关系为

$$u_{ni} = k_{c(ni)}R = 2\pi R/\lambda_{c(ni)} \tag{3.4.32}$$

表 3.2 列出了若干个 TM_{ni} 模的 u_{ni} 和 $\lambda_{c(ni)}$ 的值。电场的横向分量和磁场的横向分量与电场的纵向分量 E_z 的关系为

$$\boldsymbol{E}_T = -\frac{\mathrm{j}k_z}{k_c^2}\left(\frac{\partial E_z}{\partial r}\hat{\boldsymbol{r}} + \frac{1}{r}\frac{\partial E_z}{\partial \varphi}\hat{\boldsymbol{\varphi}}\right) \tag{3.4.33}$$

$$\boldsymbol{H}_T = \frac{1}{\eta_{\text{TM}}}\hat{\boldsymbol{z}} \times \boldsymbol{E}_T \tag{3.4.34}$$

将上述二式展开，得

$$E_r = -\frac{\text{j}k_z}{k_c}E_{ni}\text{J}'_n(k_c r)\cos(n\varphi) \tag{3.4.35}$$

$$E_\varphi = \frac{\text{j}k_z n}{k_c^2 r}E_{ni}\text{J}_n(k_c r)\sin(n\varphi) \tag{3.4.36}$$

$$H_r = -\frac{\omega\varepsilon}{k_z}E_\varphi \tag{3.4.37}$$

$$H_\varphi = \frac{\omega\varepsilon}{k_z}E_r \tag{3.4.38}$$

式中，n 表示纵向电场 E_z 在 $0\leqslant\varphi<2\pi$ 范围内沿 φ 变化的周期数，i 表示纵向电场 E_z 在 $0<r\leqslant R$ 范围内的零点数，注意，不包括 $r=0$ 点。

表 3.2 TM_{ni} 模的 u_{ni} 和 $\lambda_{c(ni)}$ 的值

TM_{ni}	TM_{01}	TM_{11}	TM_{21}	TM_{02}	TM_{12}	TM_{22}	TM_{03}	TM_{13}
u_{ni}	2.405	3.832	5.135	5.520	7.016	8.417	8.650	10.173
$\lambda_{c(ni)}$	$2.62R$	$1.64R$	$1.22R$	$1.14R$	$0.90R$	$0.75R$	$0.72R$	$0.62R$

下面对 TE_{11}、TM_{01}、TE_{01}、TM_{11} 模的特点分别作一简要说明。应用 TE_{ni} 模和 TM_{ni} 模的一般表示式，将 n 和 i 的具体数字代入，不难得出上述四个模的各个场分量的表示式。图 3.12 给出了 TE_{11}、TM_{01}、TE_{01}、TM_{11} 模的力线图及相应的一些参数。

TE_{11} 模是圆波导中的最低模。在求解 TE 波的过程中，曾经指出 $\varphi_0=0,\pi/2$ 是两个特解，实际上 φ_0 是任意的。TE_{11} 模的电场具有一定的极化方向，任意极化方向的电场，总可以分解成两个正交极化电场，如图 3.13 所示。如果将这两个正交极化的 TE_{11} 模看作两个模，它们对应着同一个临界波数 $k_{c(11)}$，这种现象称作极化简并。这两个极化简并的模各自携带各自的功率和信息，形成两个信息通道，可作为频率复用的手段；如设法使这两个极化简并的模的幅度相等、相位相差 $\pi/2$ 可用来形成圆极化场，具体实现方法将在第 5 章圆极化器一节讨论。

TM_{01} 模的场沿 φ 方向无变化，因为 $n=0$，无极化简并现象。磁场只有 φ 分量，由 $\boldsymbol{J}_S=\hat{\boldsymbol{n}}\times\boldsymbol{H}_\tau$ 可知电流只有 z 分量。TM_{01} 模具有较强的纵向电场分量。传导电流在圆波导的内壁，位移电流相对集中在圆波导的中心，也是沿 z 方向。请读者记住 TM_{01} 模的场的力线图，与下一节给出的同轴线的力线图作一下比较，观察两图的异同。

TE_{01} 模的场沿 φ 方向无变化，因为 $n=0$，无极化简并现象。由圆波导的横截面力线图看 TE_{01} 模的磁力线似乎垂直于波导壁，其实不然，磁力线在导体壁处拐弯了。波导壁

模式	TM_{01}	TM_{11}	TE_{01}	TE_{11}
横截面内场分布图	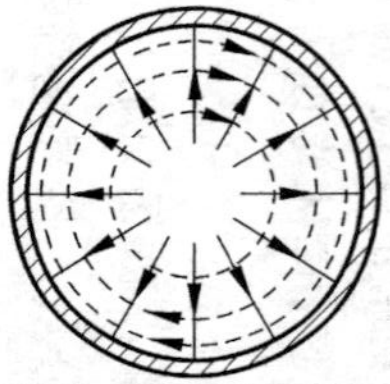	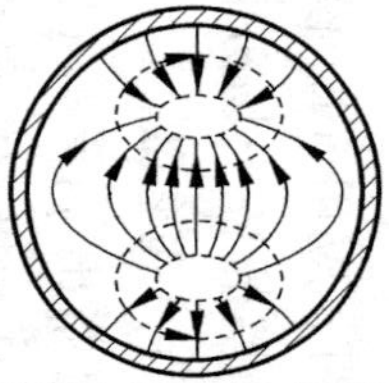	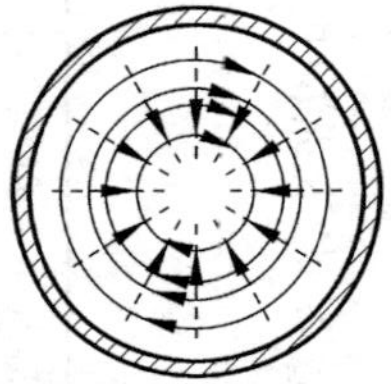	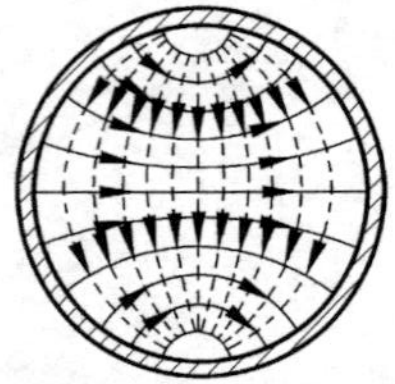
沿纵向的场分布图	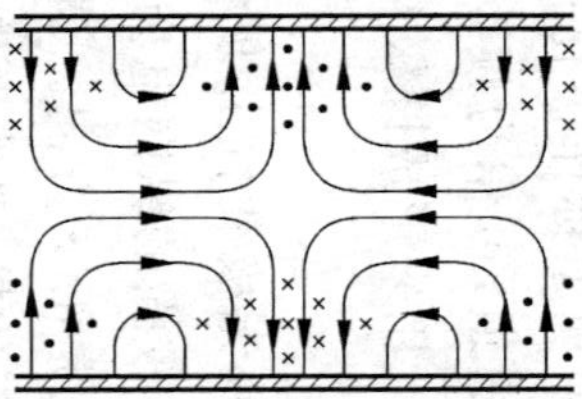	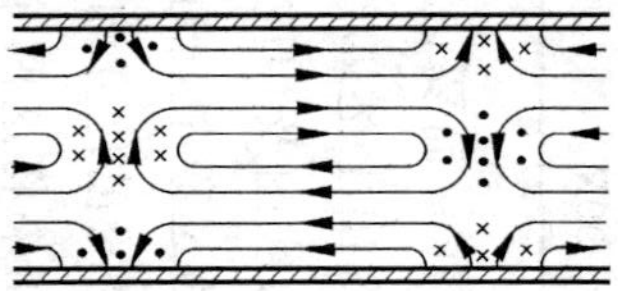		
场分量	E_z, E_r, E_φ	$E_z, E_r, E_\varphi, H_r, H_\varphi$	H_z, H_r, H_φ	$H_z, H_r, H_\varphi, E_r, E_\varphi$
v_{ni} 或 u_{ni}	2.405	3.83	3.83	1.84
k_c	$\frac{2.405}{R}$	$\frac{3.83}{R}$	$\frac{3.83}{R}$	$\frac{1.84}{R}$
λ_c	$2.61R$	$1.64R$	$1.64R$	$3.41R$
f_c	$\frac{0.393}{R\sqrt{\mu\varepsilon}}$	$\frac{0.609}{R\sqrt{\mu\varepsilon}}$	$\frac{0.609}{R\sqrt{\mu\varepsilon}}$	$\frac{0.293}{R\sqrt{\mu\varepsilon}}$
波导壁引起的衰减	$\frac{R_s}{R_\eta}\frac{1}{\sqrt{1-(f_c/f)^2}}$	$\frac{R_s}{R_\eta}\frac{1}{\sqrt{1-(f_c/f)^2}}$	$\frac{R_s}{R_\eta}\frac{\left(\frac{f_c}{f}\right)^2}{\sqrt{1-(f_c/f)^2}}$	$\frac{R_s}{R_\eta}\frac{\left[\left(\frac{f_c}{f}\right)^2+0.420\right]}{\sqrt{1-(f_c/f)^2}}$

图 3.12　圆波导 TE_{11}、TE_{01}、TM_{11} 和 TM_{01} 模的力线图以及各种参数

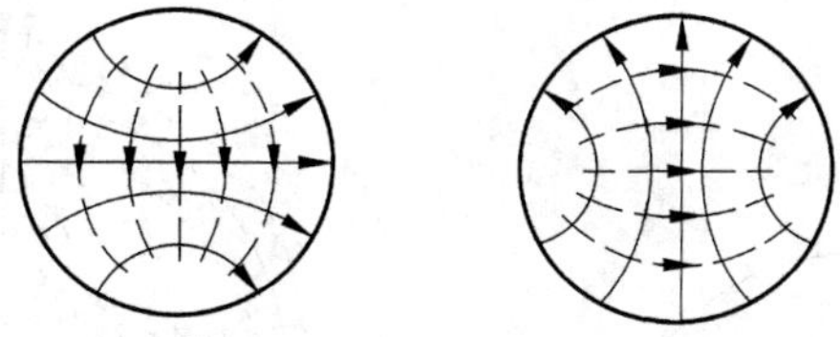

(a) (b)

图 3.13 圆波导中的 TE_{11} 模的极化简并

附近的磁场只有 z 分量。由导体表面磁场与表面电流的关系式(3.3.103)可知,壁电流只有 φ 分量。TE_{01} 模的损耗衰减比较小,历史上有人曾试图用圆波导的 TE_{01} 模做远距离信息传输,后被淘汰。

TM_{11} 模不但有极化简并而且有一般的模式简并。因为 $n\neq0$,故像 TE_{11} 那样有极化简并现象。注意到 TE_{01} 模的导行条件是 $J_0'=0$,TM_{11} 模的导行条件是 $J_1=0$,因为 $J_0'=-J_1$,所以 TM_{11} 模和 TE_{01} 模的临界波数 k_c 相等,故 TE_{01} 与 TM_{11} 模为简并模。事实上,TE_{0i} 与 TM_{1i} 也是简并模。

3.4.2 圆波导中的力线图

在矩形波导一节中,我们曾归纳了 8 点关于力线图的规律,这些规律仍然适用于圆波导的力线图。但是圆波导中的力线图比矩形波导中的力线图更难于想像,为了理解和叙述的方便,我们将圆波导的各个模的力线图分成四大类:TE_{ni} $(n\neq0)$、TM_{ni} $(n\neq0)$、TE_{0i}、TM_{0i}。前述四个模 TE_{11}、TM_{11}、TE_{01}、TM_{01} 分别属于四大类中的一类。TE_{ni} 模和 TM_{ni} 模再细分为 TE_{1i}、TE_{2i}、TE_{3i}、…,TM_{1i}、TM_{2i}、TM_{3i}、…。TE_{ni} 和 TM_{ni} 中的下标 n 表示 E_z 和 H_z 沿 φ 方向变化的周期数,下标 i 表示 H_z 沿 r 方向的极值数(TE 波)或 E_z 沿 r 方向的零点数(TM 波)。如果暂不考虑下标 i 的限制,可以设法画出适合于圆波导中 TE_{1i}、TE_{2i}、TE_{3i}、…和 TM_{1i}、TM_{2i}、TM_{3i}、…的假想的无界的力线图,在此基础上,对于给定的 i 确定圆波导的边界在力线图上的位置。为了简化,只画出横截面内的力线图,沿纵向的力线留给读者自己想像。力线图画好之后可首先根据有关力线图的规律检查力线图是否有误,进一步验证 H_z(TE 波)和 E_z(TE 波)分量是否与表示式相符,当然还可以检验其余各横向场分量是否与相应的表示式相符。但一般来说,只要纵向场分量的力线图正确就大体上得到了恰当的力线图,因为场的横向分量是由纵向分量导出的。

图 3.14 绘出了适用于圆波导的假想的无界 TE_{1i}、TE_{2i}、TM_{1i}、TM_{2i} 的力线示意图,图中还同时用粗实线画出一个圆,此圆代表了圆波导的内壁,与其相应的圆波导中的模分别为 TE_{12}、TE_{22}、TM_{11}、TM_{21}。

从 TE_{01} 和 TM_{01} 的场的力线图向外扩展便可以画出 TE_{0i} 和 TM_{0i} 模的力线图。图 3.15 为 TE_{02} 和 TM_{02} 模的力线图。

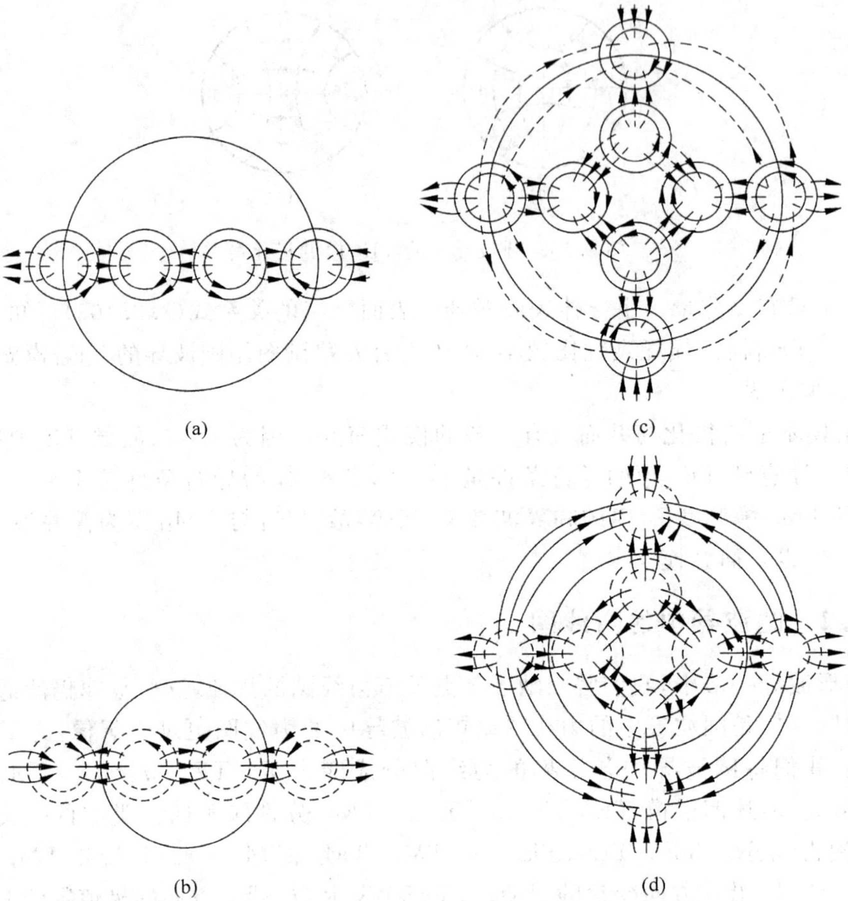

图 3.14　适用于圆波导的假想的无界力线示意图

(a) TE_{1i}以及 TE_{12}　(b) TM_{1i}以及 TM_{11}

(c) TE_{2i}以及 TE_{22}　(d) TM_{2i}以及 TM_{21}

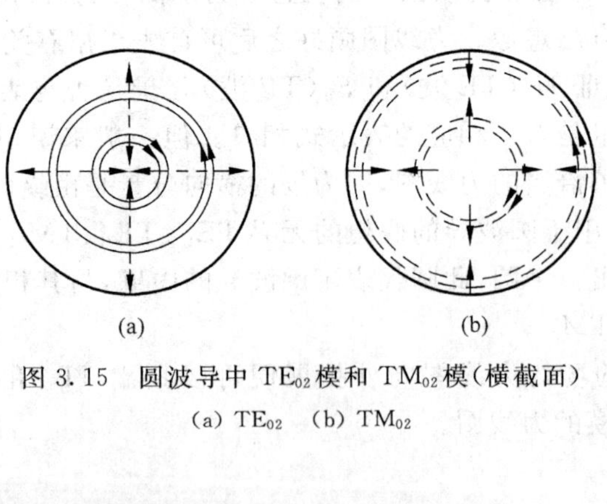

图 3.15　圆波导中 TE_{02}模和 TM_{02}模(横截面)

(a) TE_{02}　(b) TM_{02}

3.4.3 圆波导的色散方程

矩形波导中的 k_c 可以分解为 x 和 y 分量，但是圆波导中的 k_c 不能分解成 r 和 φ 分量。圆波导的色散方程同样是 $k^2-k_z=k_c^2$，用圆波导的半径乘以色散方程两端，得

$$(kR)^2=(k_cR)^2+(k_zR)^2 \tag{3.4.39}$$

或

$$(k_zR)^2=(kR)^2-(k_cR)^2 \tag{3.4.40}$$

上述二式对应了两种形式的 k 图。图 3.16 是与式(3.4.39)对应的 k 图，横坐标为 k_cR，纵坐标为 k_zR。色散方程乘以 R 的好处是 k_cR 只取一系列离散的值，如表 3.2 和表 3.1 所示，这些值即为贝塞尔函数的根 u_{ni} 和贝塞尔函数导函数的根 v_{ni}。当给定工作频率和圆波导的半径后 kR 圆就完全确定了，可在 k 图上画出 kR 圆。若 u_{ni} 和 v_{ni} 落在 kR 圆内，那么相应的模便是可以传播的模；若 u_{ni} 和 v_{ni} 落在 kR 圆的外面，与其相应的模便是截止的模。图 3.17 是与式(3.4.40)对应的图，横坐标为 kR，纵坐标为 k_zR。当 $k_zR=0$ 时，即临界状态时，$kR=k_cR=u_{ni}$ 或 $kR=k_cR=v_{ni}$，图中的曲线为双曲线，但只画出了一半，每一条双曲线对应于一个 k_cR 的值。这些曲线以 $k_zR=kR$ 直线为渐近线。

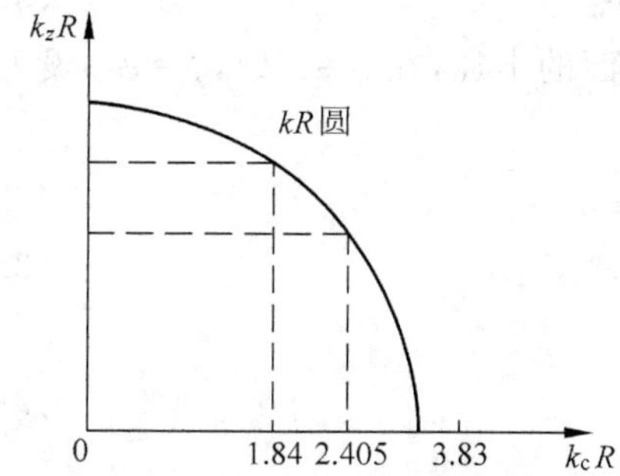

图 3.16 圆波导的 k 图

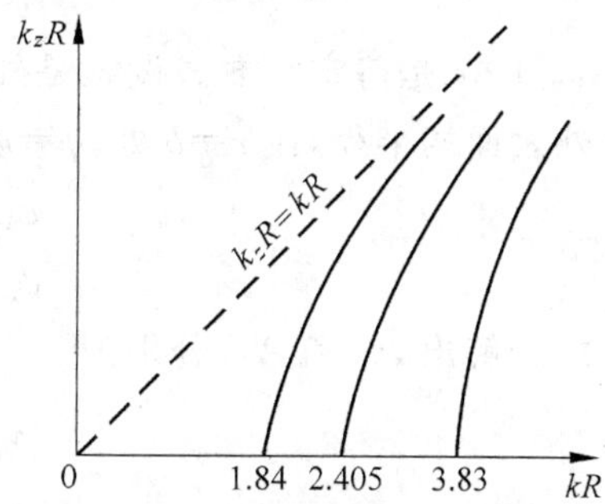

图 3.17 圆波导的 k_zR-kR 图

3.5 同轴线与平行双线

同轴线与平行双线都是双导体系统，可以传输 TEM 波，其临界波数 $k_c=0$，故在低端，同轴线可工作在较低的频率，直到直流；而在高端，同轴线工作频率可高达几十吉赫兹(GHz)，平行双线仅为几百兆赫兹(MHz)，前者主要受限于导体损耗，后者主要受限于辐射损耗。

3.5.1 同轴线中的 TEM 波

同轴线按其结构可分为两种：硬同轴线，其外导体是一根铜管，内导体是一根铜棒、

铜线或铜管，硬同轴线可以填充低损耗介质，如聚四氟乙烯，也可以不填充介质；同轴电缆，内导体是单根或多根导线，外导体由金属丝编织而成，内外导体之间充以低损耗介质如聚乙烯，为了保护外导体再套一层介质保护层。同轴线的几何示意图如图 3.18 所示。

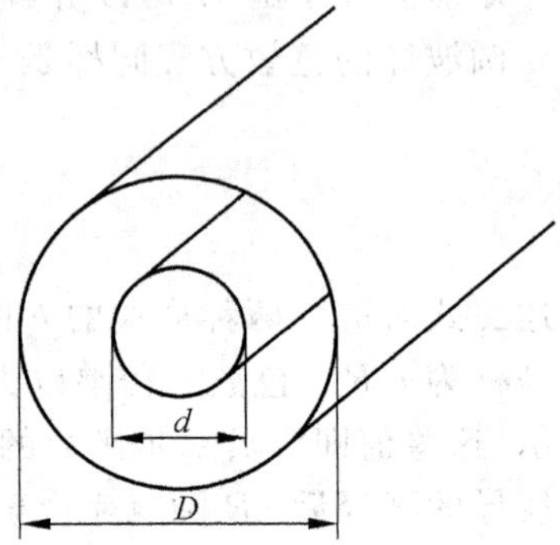

图 3.18　同轴线几何示意图

同轴线是多导体系统，因此可以传输 TEM 波。TEM 波的位函数 ψ 满足二维拉普拉斯方程，在圆柱坐标系中二维拉普拉斯方程的具体形式为

$$\nabla_T^2\psi = \frac{1}{r}\frac{\partial}{\partial r}\left(r\frac{\partial\psi}{\partial r}\right) + \frac{1}{r^2}\frac{\partial^2\psi}{\partial\varphi^2} = 0 \qquad (3.5.1)$$

内外导体表面是两个等位面，分别记作 ψ_1 和 ψ_2。设 ψ 沿 φ 方向无变化，即$\frac{\partial\psi}{\partial\varphi}=0$，于是式(3.5.1)变为

$$\frac{1}{r}\frac{\partial}{\partial r}\left(r\frac{\partial\psi}{\partial r}\right) = 0 \qquad (3.5.2)$$

经两次积分，得

$$\psi = A_1\ln r + A_2 \qquad (3.5.3)$$

式中，A_1 和 A_2 是待定常数。设 a 是外导体的内表面的半径，在 $r=a$ 处，$\psi=\psi_2$；设 b 是内导体的外表面的半径，在 $r=b$ 处，$\psi=\psi_1$。事实上

$$\psi_1 = A_1\ln b + A_2 \qquad (3.5.4)$$

$$\psi_2 = A_1\ln a + A_2 \qquad (3.5.5)$$

由上述式子解出 A_1 和 A_2，分别为

$$A_1 = \frac{\psi_2 - \psi_1}{\ln\left(\frac{a}{b}\right)} \qquad (3.5.6)$$

$$A_2 = \psi_1 - A_1\ln b \qquad (3.5.7)$$

ψ_2 与 ψ_1 之差记作电压 V，如取 $\psi_1=A_1\ln b$，即 $A_2=0$，那么

$$\psi = \frac{V}{\ln\left(\frac{a}{b}\right)}\ln r \qquad (3.5.8)$$

由位函数 ψ 可计算电场 $\boldsymbol{E}_T$，进而由 $\boldsymbol{E}_T$ 计算 $\boldsymbol{H}_T$，同时补上向 $+z$ 方向的传播因子 e^{-jkz}，可得

$$\boldsymbol{E}_T = -\frac{\partial\psi}{\partial r}e^{-jkz}\hat{\boldsymbol{r}} = -\frac{V}{r\ln\left(\frac{a}{b}\right)}e^{-jkz}\hat{\boldsymbol{r}} \qquad (3.5.9)$$

$$\boldsymbol{H}_T = \frac{1}{\eta_{\mathrm{TEM}}}\hat{\boldsymbol{r}}\times\boldsymbol{E}_T \qquad (3.5.10)$$

式中，η_{TEM}是 TEM 波的波阻抗。图 3.19 给出了同轴线 TEM 波和其他模式的力线图。

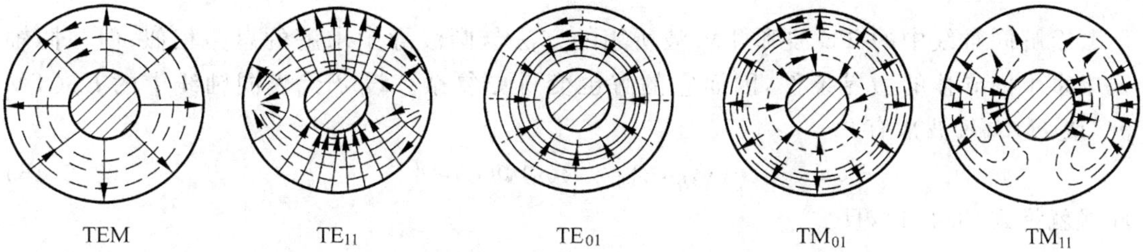

图 3.19 同轴线中 TEM、TE_{11}、TE_{01}、TM_{01}、TM_{11}模的力线图（横截面）

同轴线中的传输功率

$$P=\frac{1}{2}\int_S(\boldsymbol{E}_T\times\boldsymbol{H}_T^*)\cdot\mathrm{d}\boldsymbol{s}=\frac{\pi V^2}{\eta_{\mathrm{TEM}}\ln\left(\dfrac{a}{b}\right)} \tag{3.5.11}$$

积分范围是同轴线的内外导体之间的横截面。

同轴线内导体的电流

$$I=\oint_l(\hat{\boldsymbol{n}}\times\boldsymbol{H}_\tau)\cdot\hat{\boldsymbol{z}}\mathrm{d}l=\frac{2\pi V}{\eta_{\mathrm{TEM}}\ln\left(\dfrac{a}{b}\right)}\mathrm{e}^{-\mathrm{j}kz} \tag{3.5.12}$$

式中，$\hat{\boldsymbol{n}}$是同轴线内导体的外法向单位矢量，$\boldsymbol{H}_\tau$是$r=b$处的磁场切向分量，电流的方向是z方向，积分范围是$r=b$的环路。利用$(VI^*/2)$计算的同轴线中的传输功率与式(3.5.11)相同。

同轴线的特性阻抗Z_C可以由电压、电流的传输功率定义，事实上有三种定义方式，并且这三种定义方式所得结果相同，即

$$Z_\mathrm{C}=\frac{V^2}{2P}=\frac{V}{I}=\frac{2P}{I^2} \tag{3.5.13}$$

经简单推导，可得同轴线的特性阻抗的表示式为

$$Z_\mathrm{C}=\frac{\eta_{\mathrm{TEM}}}{2\pi}\ln\frac{D}{d} \tag{3.5.14}$$

或

$$Z_\mathrm{C}=60\sqrt{\frac{\mu_\mathrm{r}}{\varepsilon_\mathrm{r}}}\ln\left(\frac{D}{d}\right) \tag{3.5.15}$$

式中，D和d分别是外导体和内导体的直径。Z_C的单位是欧姆。这里的Z_C正是在第2章传输线理论中经常提到的传输线的特性阻抗。同轴线中 TEM 模的电压、电流和传输功率具有确定性，故在传输 TEM 波的情况下，同轴线的特性阻抗也有确定性。

3.5.2 同轴线中的TE波和TM波

求解同轴线中的TE波和TM波所用的方法与圆波导中求解的思路相似，但在同轴线中多了内导体的边界条件，因而它的解也变得更复杂。设ψ代表同轴线中的E_z(TM波)或H_z(TE波)，有

$$\psi(r,\varphi,z) = R(r)\Phi(\varphi)\mathrm{e}^{-\mathrm{j}k_z z} \tag{3.5.16}$$

此式就是式(3.4.4)，且

$$\Phi(\varphi) = C\cos(n\varphi) \tag{3.5.17}$$

这正是式(3.4.9)。令$u=k_c r$，那么$R(u)$所满足方程为贝塞尔方程(3.4.12)，即

$$u^2\frac{\mathrm{d}^2 R}{\mathrm{d}u^2} + u\frac{\mathrm{d}R}{\mathrm{d}u} + (u^2 - n^2)R = 0 \tag{3.5.18}$$

为了在同轴线的边界条件下求解贝塞尔方程，首先介绍一下当$u\to\infty$时贝塞尔函数、诺埃曼函数、汉克尔函数的性质。当$u\to\infty$时，有

$$\mathrm{J}_n(u) \approx \sqrt{\frac{2}{\pi u}}\cos\left(u - \frac{\pi}{4} - \frac{n\pi}{2}\right) \tag{3.5.19}$$

$$\mathrm{N}_n(u) \approx \sqrt{\frac{2}{\pi u}}\sin\left(u - \frac{\pi}{4} - \frac{n\pi}{2}\right) \tag{3.5.20}$$

$$\mathrm{H}_n^{(1)}(u) \approx \sqrt{\frac{2}{\pi u}}\mathrm{e}^{+\mathrm{j}\left(u-\frac{\pi}{4}-\frac{n\pi}{2}\right)} \tag{3.5.21}$$

$$\mathrm{H}_n^{2}(u) \approx \sqrt{\frac{2}{\pi u}}\mathrm{e}^{-\mathrm{j}\left(u-\frac{\pi}{4}-\frac{n\pi}{2}\right)} \tag{3.5.22}$$

这里$\mathrm{H}_n^{(1)}(u)$是第一类n阶汉克尔函数，$\mathrm{H}_n^{(2)}(u)$是第二类n阶汉克尔函数。$\mathrm{H}_n^{(1)}(u)$和$\mathrm{H}_n^{(2)}(u)$可用$\mathrm{J}_n(u)$和$\mathrm{N}_n(u)$来定义如下：

$$\mathrm{H}_n^{(1)}(u) = \mathrm{J}_n(u) + \mathrm{j}\mathrm{N}_n(u) \tag{3.5.23}$$

$$\mathrm{H}_n^{(2)}(u) = \mathrm{J}_n(u) - \mathrm{j}\mathrm{N}_n(u) \tag{3.5.24}$$

事实上，这类似于三角函数与指数函数的关系，当$u\to\infty$时汉克尔函数退化为指数函数，贝塞尔函数退化为余弦函数，诺埃曼函数退化为正弦函数，当然，幅度上有一因子$\sqrt{2/\pi u}$。$\mathrm{H}_n^{(1)}(u)$和$\mathrm{H}_n^{(2)}(u)$分别理解为向内收缩和向外扩展的柱面波。同轴线存在着内外导体，可以设想在内外导体之间同时存在向内收缩和向外扩展的柱面波。$\mathrm{H}_n^{(1)}(u)$、$\mathrm{H}_n^{(2)}(u)$与$\mathrm{J}_n(u)$、$\mathrm{N}_n(u)$之间有式(3.5.23)和式(3.5.24)那样的线性变换关系。$R(u)$可以写成$\mathrm{H}_n^{(1)}(u)$和$\mathrm{H}_n^{(2)}(u)$的线性组合，也可以写成$\mathrm{J}_n(u)$和$\mathrm{N}_n(u)$的线性组合，现取后者代入ψ式中，可得

$$\psi = [D_1\mathrm{J}_n(k_c r) + D_2\mathrm{N}_n(k_c r)]\cos(n\varphi)\mathrm{e}^{-\mathrm{j}k_z} \tag{3.5.25}$$

式中D_1和D_2是两个常数，k_c是同轴线中TE或TM波的临界波数。对于TE波，ψ代表

H_z，H_z 满足的边界条件为

$$\left.\frac{\partial H_z}{\partial r}\right|_{r=a} = 0 \tag{3.5.26}$$

$$\left.\frac{\partial H_z}{\partial r}\right|_{r=b} = 0 \tag{3.5.27}$$

于是得

$$D_1 \mathrm{J}'_n(k_c a) + D_2 \mathrm{N}'_n(k_c a) = 0 \tag{3.5.28}$$

$$D_1 \mathrm{J}'_n(k_c b) + D_2 \mathrm{N}'_n(k_c b) = 0 \tag{3.5.29}$$

此方程组有非零解的充分必要条件为行列式

$$\begin{vmatrix} \mathrm{J}'_n(k_c a) & \mathrm{N}'_n(k_c a) \\ \mathrm{J}'_n(k_c b) & \mathrm{N}'_n(k_c b) \end{vmatrix} = 0 \tag{3.5.30}$$

即

$$\mathrm{J}'_n(k_c a)\mathrm{N}'_n(k_c b) - \mathrm{J}'_n(k_c b)\mathrm{N}'_n(k_c a) = 0 \tag{3.5.31}$$

求解式(3.5.31)可确定 k_c 值。进一步利用式(3.5.28)或式(3.5.29)确定 D_1 和 D_2 两常数的关系，那么只余下一个待定常数。若给定功率条件，即给定同轴线中的传输功率可确定最后一个常数，这样就求得 H_z 的表示式。其余问题是从 H_z 分量去计算场的横向分量，此处从略。

对于 TM 波，ψ 代表 E_z 分量，E_z 分量所满足的边界条件为

$$E_z \big|_{r=a} = 0 \tag{3.5.32}$$

$$E_z \big|_{r=b} = 0 \tag{3.5.33}$$

于是得

$$D_1 \mathrm{J}_n(k_c a) + D_2 \mathrm{N}_n(k_c a) = 0 \tag{3.5.34}$$

$$D_1 \mathrm{J}_n(k_c b) + D_2 \mathrm{N}_n(k_c b) = 0 \tag{3.5.35}$$

这个方程组有非零解的充分必要条件为

$$\begin{vmatrix} \mathrm{J}_n(k_c a) & \mathrm{N}_n(k_c a) \\ \mathrm{J}_n(k_c b) & \mathrm{N}_n(k_c b) \end{vmatrix} = 0 \tag{3.5.36}$$

即

$$\mathrm{J}_n(k_c a)\mathrm{N}_n(k_c b) - \mathrm{J}_n(k_c b)\mathrm{N}_n(k_c a) = 0 \tag{3.5.37}$$

由此可解出 TM 波的临界波数 k_c。进一步利用式(3.5.34)或式(3.5.35)确定 D_1 和 D_2 两常数的关系，类似于 TE 波的求解步骤，求得 E_z 的表示式，再由 E_z 计算其余 TM 波的各横向场分量，具体求解过程从略。

下面介绍一个有用的近似公式，同轴线中最低的色散模式为 TE_{11}，其截止波长 λ_c 的近似式为

$$(\lambda_c)_{\mathrm{TE}_{11}} \approx \frac{\pi}{2}(D+d) \tag{3.5.38}$$

此式误差在8%以内。为了保证同轴线中只有非色散模 TEM 波工作，不出现色散模，要求工作波长 λ 大于同轴线中 TE_{11} 模的临界波长，即

$$\lambda > \frac{\pi}{2}(D + d) \tag{3.5.39}$$

图 3.19 给出了同轴线中 TEM 波、TE_{11} 模、TE_{01} 模、TM_{01} 模、TM_{11} 模的力线图。关于 TE_{11}、TE_{01}、TM_{01}、TM_{11} 模的力线图，有一种简单的富有启发性的思考方法：设想在圆波导的相应的力线图中插入一圆柱形导体，于是边界条件就发生了变化，其力线也应相应地发生变化，以满足新的边界条件。读者可以比较同轴线和圆波导的 TE_{11}、TE_{01}、TM_{01}、TM_{11} 力线图，观察其异同点，以此来加深对场方程和边界条件的理解。

3.5.3 同轴线 TEM 波的等效电路

在上一小节中用场的理论导出了同轴线 TEM 波的 $\boldsymbol{E}_T$、$\boldsymbol{H}_T$、V、I、P，现在再由场的理论导出无耗同轴线 TEM 波的传输线电报方程。为此，从电荷守恒定律和法拉第电磁感应定律入手，引入分布电容 C_1 和分布电感 L_1，导出同轴线 TEM 波所满足的电报方程。

图 3.20 所示是无限长同轴线中的一段。设同轴线无耗，且仅传播 TEM 波。做一个仅包围内导体的封闭面 S，相应的体积为 ΔV，这一段传输线的长度为 Δz。已知微分形式的电荷守恒定律为式(1.2.2)，即

$$\nabla \cdot \boldsymbol{J} + \frac{\partial \rho}{\partial t} = 0$$

式中，$\boldsymbol{J}$ 是电流密度，ρ 是电荷密度。对上式在体积 V 上做积分，等式左端第一项变为面积分，第二项需交换积分和微分的顺序，得

$$\oint_S \boldsymbol{J} \cdot \mathrm{d}\boldsymbol{s} + \frac{\partial}{\partial t}\int_{\Delta V} \rho \mathrm{d}v = 0 \tag{3.5.40}$$

面积分仅在内导体的两个截面处有值，记作 I_2 和 I_1。对电荷密度的积分为 $q_1 \Delta z$，q_1 为单位长度的电荷。于是上式变为

$$(I_2 - I_1) + \frac{\partial q_1}{\partial t}\Delta z = 0 \tag{3.5.41}$$

单位长度电荷 q_1 与单位长度电容 C_1(分布电容)的关系为

$$q_1 = C_1 V \tag{3.5.42}$$

V 是内外导体之间的电压。用 Δz 除式(3.5.41)，并令 $\Delta z \to 0$，再将式(3.5.42)代入，得

$$\frac{\partial I}{\partial z} + C_1 \frac{\partial V}{\partial t} = 0 \tag{3.5.43}$$

已知微分形式的法拉第电磁感应定律为

$$\nabla \times \boldsymbol{E} + \frac{\partial \boldsymbol{B}}{\partial t} = 0 \tag{3.5.44}$$

在内外导体之间取一面积 ΔS,形状如图 3.21 虚线所示。对式(3.5.44)在此面积上作积分,相应的第一项变为环路积分,第二项亦需交换积分与微分的顺序,得

$$\oint_l \boldsymbol{E} \cdot \mathrm{d}\boldsymbol{l} + \frac{\partial}{\partial t}\int_{\Delta S} \boldsymbol{B} \cdot \mathrm{d}\boldsymbol{s} = 0 \tag{3.5.45}$$

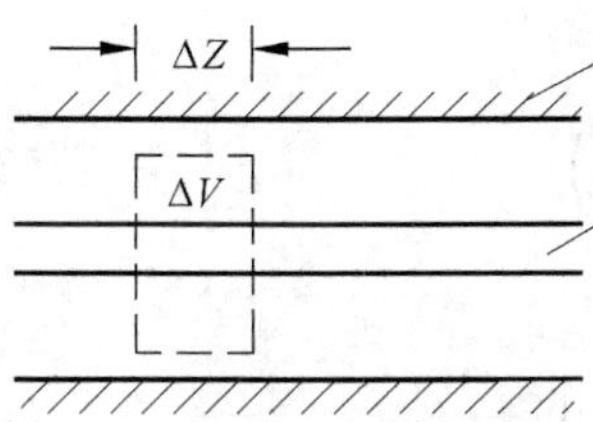

图 3.20 对电荷守恒定律作积分所取的体积(虚线)

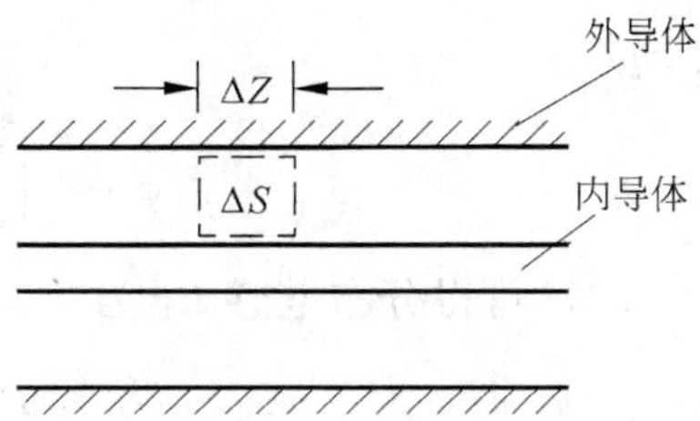

图 3.21 对法拉第电磁感应定律作积分所取的面积(虚线)

式中,ΔS 是图 3.21 中所示的面积,l 是包围该面积的环路。引入单位长度的磁通 φ_1,上式变为

$$(V_2 - V_1) + \frac{\partial \varphi_1}{\partial t}\Delta z = 0 \tag{3.5.46}$$

单位长度的磁通 φ_1 与单位长度电感(分布电感)L_1 的关系为

$$\varphi_1 = L_1 I \tag{3.5.47}$$

将式(3.5.47)代入式(3.5.46),令 $\Delta z \to 0$,那么式(3.5.46)变为

$$\frac{\partial V}{\partial z} + L_1 \frac{\partial I}{\partial t} = 0 \tag{3.5.48}$$

显然,式(3.5.43)和式(3.5.48)就是传输线理论中给出的电报方程。稍有不同的是相差一个符号,这是因为假设的电流方向不同。上述推导电报方程的方法具有一般的意义,只要传输线上传输的是 TEM 波,都可用上述方法得到电报方程,并且还可推广到多于两根的多导体系统,3.6.2 小节将详细讨论这一问题。

下面给出同轴线的分布电容和分布电感的表示式。首先求同轴线的分布电容。同轴线中的电位移矢量

$$\boldsymbol{D} = \frac{q_1}{2\pi r}\hat{\boldsymbol{r}} \tag{3.5.49}$$

内外导体之间的电压

$$V = \int_b^a \frac{q_1}{2\pi r\varepsilon}\mathrm{d}r = \frac{q_1}{2\pi\varepsilon}\ln\left(\frac{a}{b}\right) \tag{3.5.50}$$

由式(3.5.42)可得分布电容 C_1 为

$$C_1 = \frac{2\pi\varepsilon}{\ln\left(\dfrac{a}{b}\right)} = \frac{2\pi\varepsilon}{\ln\left(\dfrac{D}{d}\right)} \tag{3.5.51}$$

再求同轴线中的分布电感。同轴线中的磁场强度

$$\boldsymbol{H} = \frac{I}{2\pi r}\hat{\boldsymbol{\varphi}} \tag{3.5.52}$$

磁通 φ_1 为

$$\varphi_1 = \int_b^a \frac{\mu I}{2\pi r}\mathrm{d}r = \frac{\mu I}{2\pi}\ln\left(\frac{a}{b}\right) \tag{3.5.53}$$

由式(3.5.47)可得分布电感 L_1 为

$$L_1 = \frac{\mu}{2\pi}\ln\left(\frac{a}{b}\right) = \frac{\mu}{2\pi}\ln\left(\frac{D}{d}\right) \tag{3.5.54}$$

读者可以自行验证：根据式(3.5.14)计算的同轴线特性阻抗，与根据式(2.2.16)中分布电感 L_1 和分布电容 C_1 计算的同轴线特性阻抗的表示式是一样的。

若同轴线中传播的模为 TEM 波，其传播常数 $k=\omega\sqrt{\varepsilon\mu}=\omega\sqrt{L_1C_1}$，因此分布电感与分布电容间存在简单的关系为

$$L_1 = \frac{\varepsilon\mu}{C_1} \tag{3.5.55}$$

进一步，特性阻抗也可写成仅与分布电容有关的形式为

$$Z_{\mathrm{C}} = \frac{\sqrt{\varepsilon\mu}}{C_1} \tag{3.5.56}$$

无论哪种传输线，只要工作在 TEM 模，其特性阻抗都可写成上述形式。实际上，只要设法算出传输线的分布电容，那么便可立即求得特性阻抗。少数几种传输线可用静电场的方法求得闭合形式的分布电容的表示式。对于复杂形状的传输线需用数值方法求解和计算分布电容，这超出了本书的范围。

3.5.4 平行双线

平行双线的工作模为 TEM 波，其几何参数和电力线、磁力线的分布如图 3.22 所示。平行双线是由两个半径为 a 的圆柱导体平行放置而构成的一种传输线，两平行圆柱导体之间的距离为 d。实际上在平行双线之外还存在着大地，通常在分析时忽略大地的影响。两根线上的分布电荷分别为 q_1 和 $-q_1$，在距离 r 处的电位移矢量 $\boldsymbol{D}$ 的大小为

$$D = \frac{q_1}{2\pi r} - \frac{-q_1}{2\pi(d-r)} \tag{3.5.57}$$

两导体之间的电压为

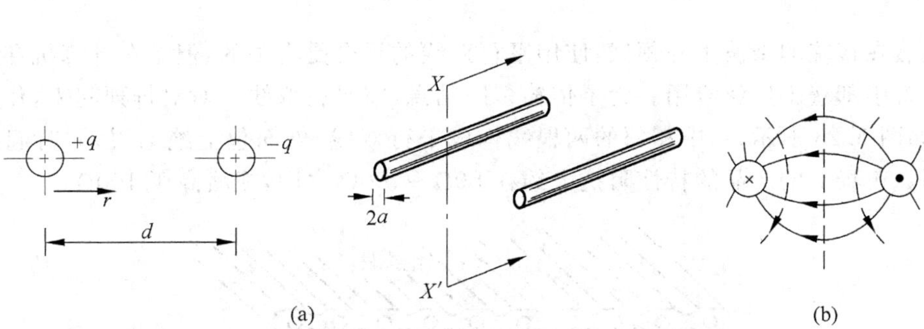

图 3.22 平行双线的几何参数和力线图

(a) 几何参数 (b) 力线图

$$\begin{aligned} V &= \int_a^{d-a} \frac{1}{\varepsilon}\left[\frac{q_1}{2\pi r} + \frac{q_1}{2\pi(d-r)}\right]\mathrm{d}r \\ &= \frac{q_1}{2\pi\varepsilon}\int_a^{d-a}\left(\frac{1}{r} + \frac{1}{d-r}\right)\mathrm{d}r \\ &= \frac{q_1}{2\pi\varepsilon}[2\ln(d-a) - 2\ln a] \\ &= \frac{q_1}{\pi\varepsilon}\ln\left(\frac{d-a}{a}\right) \end{aligned} \tag{3.5.58}$$

由此式可得分布电容的表示式为

$$C_1 = \frac{\pi\varepsilon}{\ln\left(\dfrac{d-a}{a}\right)} \tag{3.5.59}$$

根据式(3.5.56),可由平行双线的分布电容导出平行双线的特性阻抗表示式

$$Z_C = \sqrt{\frac{\mu}{\varepsilon}}\,\frac{1}{\pi}\ln\left(\frac{d-a}{a}\right) = \sqrt{\frac{\mu_r}{\varepsilon_r}}\sqrt{\frac{\mu_0}{\varepsilon_0}}\,\frac{1}{\pi}\ln\left(\frac{d-a}{a}\right) \tag{3.5.60}$$

也可写成以 10 为底的对数的形式

$$Z_C = \sqrt{\frac{\mu_r}{\varepsilon_r}}276\ \lg\left(\frac{d-a}{a}\right) \tag{3.5.61}$$

特别是当两圆柱导体的距离比较远时,例如当 $d/a>10$ 时,上式可简化为

$$Z_C \approx \sqrt{\frac{\mu_r}{\varepsilon_r}}276\ \lg\left(\frac{d}{a}\right) \tag{3.5.62}$$

通常平行双线的特性阻抗的范围在 75Ω~600Ω 之间。

平行双线是一种开放的传输线,它的场向外部延伸。当平行双线周围安放有其他导体或非导体材料时,平行双线的场分布将受到影响,当平行双线扭曲变形,还将引起辐射,工作频率愈高,这种现象愈明显,因此这种传输线通常用于较低的频率,例如数百兆赫以下。虽然在传统的微波工程领域，使用平行双线的场合是有限的，但是在计算机和数字通信等设备中却获得广泛应用。为了传输多路信息，将平行双线一对对排列起来，作成带状电缆，如图 3.23 所示，图中相邻的两根线构成平行双线，外面包上绝缘层，同时起到固定的作用。市场上的产品的特性阻抗大约在 50Ω～100Ω 之间，或略高于 100Ω。

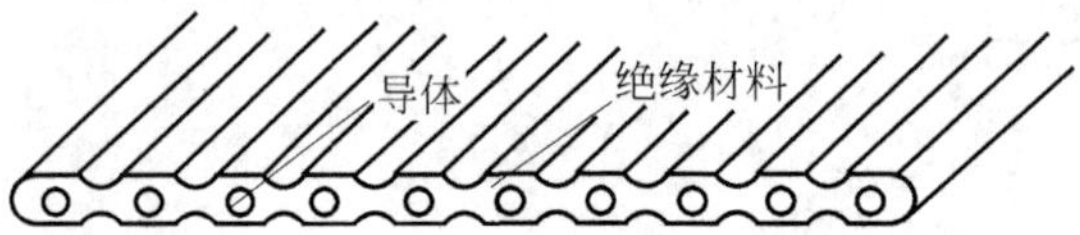

图 3.23　带状电缆示意图

随着数据传输速率的提高，平行双线在传输时域脉冲信号时也会存在辐射问题，必须引起足够的重视。解决此问题的方法之一是做成屏蔽带状电缆，这当然会增加成本；解决的方法之二是将每对平行双线绞起来，然后再将这种平行绞线做成带状。总之在传输高速（例如数百兆比特）时域脉冲信号时，也应考虑阻抗匹配、电磁辐射、电磁干扰以及时延这些问题。平行双线以及带状电缆是一种经济实用的传输线。

3.6　传输线理论的推广

所谓传输线理论的推广有两个含意：其一是将 TEM 波传输线理论推广到 TE 波和 TM 波，研究传输线理论对 TE 和 TM 波的适用性和局限性；其二是将双导体传输线理论推广到多导体传输线，从而给出多导体传输线电报方程组。

3.6.1　TE 波和 TM 波的传输线理论

从传输功率的角度来看，无论是 TE 波还是 TM 波，只有线上的横向场分量 $\boldsymbol{E}_T$ 和 $\boldsymbol{H}_T$ 起作用。横向场分量满足下述波动方程：

$$\nabla^2 \boldsymbol{E}_T + k^2 \boldsymbol{E}_T = 0 \tag{3.6.1}$$

$$\nabla^2 \boldsymbol{H}_T + k^2 \boldsymbol{H}_T = 0 \tag{3.6.2}$$

在 3.3.5 节曾指出，无耗规则波导的模具有正交性，因而，n 个模对应于 n 根相互独立的传输线，波导中的一个模对应了一根传输线。现在我们将这种观点具体化，从而将对应于 TEM 波的传输线理论推广到波导中的一个模。

假设式(3.6.1)和式(3.6.2)中的 $\boldsymbol{E}_T$ 和 $\boldsymbol{H}_T$ 仅代表波导中一个模的横向电场和横向磁场。将算子∇^2分解，可得

$$\nabla^2 = \nabla_T^2 + \frac{\partial^2}{\partial z^2} \tag{3.6.3}$$

式中算符∇_T^2对应于临界波数的平方 k_c^2，再利用色散关系式($k^2 - k_c^2 = k_z^2$)，可将式(3.6.1)

和式(3.6.2)变为

$$\frac{\partial^2 \boldsymbol{E}_T}{\partial z^2} + k_z^2 \boldsymbol{E}_T = 0 \tag{3.6.4}$$

$$\frac{\partial^2 \boldsymbol{H}_T}{\partial z^2} + k_z^2 \boldsymbol{H}_T = 0 \tag{3.6.5}$$

上述两个方程的解应包括两项：向$+z$方向传播的波和向$-z$方向传播的波，因而

$$\boldsymbol{E}_T = \boldsymbol{E}_{T+} + \boldsymbol{E}_{T-} \tag{3.6.6}$$

$$\boldsymbol{H}_T = \boldsymbol{H}_{T+} + \boldsymbol{H}_{T-} \tag{3.6.7}$$

其中

$$\boldsymbol{E}_{T\pm} = \boldsymbol{E}_{T\pm}^0 \mathrm{e}^{\pm \mathrm{j}k_z z} \tag{3.6.8}$$

$$\boldsymbol{H}_{T\pm} = \boldsymbol{H}_{T\pm}^0 \mathrm{e}^{\pm \mathrm{j}k_z z} \tag{3.6.9}$$

$\boldsymbol{E}_{T+}$和$\boldsymbol{H}_{T+}$代表向$-z$方向传播的波，$\boldsymbol{E}_{T-}$和$\boldsymbol{H}_{T-}$代表向$+z$方向传播的波。为了从场的理论过渡到传输线理论，以如下方式引入等效电压V和等效电流I，令

$$\boldsymbol{E}_T = V\boldsymbol{e}(x,y) \tag{3.6.10}$$

$$\boldsymbol{H}_T = I\boldsymbol{h}(x,y) \tag{3.6.11}$$

$$\boldsymbol{E}_{T\pm} = V_{\pm}\, \boldsymbol{e}(x,y) \tag{3.6.12}$$

$$\boldsymbol{H}_{T\pm} = I_{\pm}\, \boldsymbol{h}(x,y) \tag{3.6.13}$$

式中

$$V_{\pm} = V_{0\pm} \mathrm{e}^{\pm \mathrm{j}k_z z} \tag{3.6.14}$$

$$I_{\pm} = I_{0\pm} \mathrm{e}^{\pm \mathrm{j}k_z z} \tag{3.6.15}$$

V和I，$V_{\pm}$和$I_{\pm}$是仅与z坐标有关的标量复变函数，而$\boldsymbol{e}(x,y)$和$\boldsymbol{h}(x,y)$是仅与(x,y)坐标有关而与z坐标无关的矢量实函数。将式(3.6.10)和式(3.6.11)代入式(3.6.4)和式(3.6.5)，得到等效电压V和等效电流I所满足的波动方程

$$\frac{\partial^2 V}{\partial z^2} + k_z^2 V = 0 \tag{3.6.16}$$

$$\frac{\partial^2 I}{\partial z^2} + k_z^2 I = 0 \tag{3.6.17}$$

此二式与第2章开始所导出的波动方程形式上是一样的。无论是求解上述二式，或将式(3.6.12)～(3.6.15)直接代入式(3.6.6)～(3.6.7)，都可以得到

$$V = V_+ + V_- = V_{0+} \mathrm{e}^{\mathrm{j}k_z z} + V_{0-} \mathrm{e}^{-\mathrm{j}k_z z} \tag{3.6.18}$$

$$I = I_+ + I_- = I_{0+} \mathrm{e}^{\mathrm{j}k_z z} + I_{0-} \mathrm{e}^{-\mathrm{j}k_z z} \tag{3.6.19}$$

选择终端负载处为z坐标原点，z坐标由负载端指向始端，那么V_+和I_+代表入射波电压电流，V_-和I_-代表反射波电压电流，$\boldsymbol{E}_{T+}$和$\boldsymbol{H}_{T+}$代表入射波的横向场，$\boldsymbol{E}_{T-}$和$\boldsymbol{H}_{T-}$代表反射波的横向场。入射波功率P_+和反射波功率P_-分别为

$$P_{+}=\frac{1}{2}\int_{S}(\boldsymbol{E}_{T+}\times\boldsymbol{H}_{T+}^{*})\cdot \mathrm{d}\boldsymbol{s} \tag{3.6.20}$$

和

$$P_{-}=\frac{1}{2}\int_{S}(\boldsymbol{E}_{T-}\times\boldsymbol{H}_{T-}^{*})\cdot \mathrm{d}\boldsymbol{s} \tag{3.6.21}$$

将式(3.6.12)和式(3.6.13)代入到入射功率 P_+ 和反射功率 P_- 的表示式中,得

$$P_{+}=\frac{1}{2}V_{+}\ I_{+}^{*}\int_{S}(\boldsymbol{e}\times\boldsymbol{h})\cdot \mathrm{d}\boldsymbol{s} \tag{3.6.22}$$

$$P_{-}=\frac{1}{2}V_{-}\ I_{-}^{*}\int_{S}(\boldsymbol{e}\times\boldsymbol{h})\cdot \mathrm{d}\boldsymbol{s} \tag{3.6.23}$$

积分面积为波导的横截面。适当地选取 $\boldsymbol{e}$ 和 $\boldsymbol{h}$ 总可以使得

$$\int_{S}(\boldsymbol{e}\times\boldsymbol{h})\cdot \mathrm{d}\boldsymbol{s}=1 \tag{3.6.24}$$

此式称为归一化条件,这里 $\boldsymbol{e}$ 和 $\boldsymbol{h}$ 属于同一个模,$(\boldsymbol{e}\times\boldsymbol{h})$ 和 $\mathrm{d}\boldsymbol{s}$ 的方向一致。利用归一化条件可得

$$P_{+}=\frac{1}{2}V_{+}\ I_{+}^{*} \tag{3.6.25}$$

$$P_{-}=\frac{1}{2}V_{-}\ I_{-}^{*} \tag{3.6.26}$$

这样,在引入等效电压和等效电流之后,利用归一化条件可保证上述功率的表示式与传统写法一致。必须指出,上述引入等效电压和等效电流的方法,并不能保证 V 和 I 的惟一性,因为若令 $V'_{+}=KV_{+}$,$I'_{+}=I_{+}/K$,以及 $\boldsymbol{e}'=\boldsymbol{e}/K$,$\boldsymbol{h}'=K\boldsymbol{h}$,$K$ 是任意常数,那么 $\boldsymbol{e}'$ 和 $\boldsymbol{h}'$ 仍然满足归一化条件,功率表示式的形式仍不变。根据等效电压和等效电流可定义等效阻抗,上述这种电压和电流的不确定性又导致了等效阻抗的不确定性。定义电压 V_+ 与电流 I_+ 之比为等效阻抗 Z_{C},即

$$Z_{\mathrm{C}}=\frac{V_{+}}{I_{+}}=-\frac{V_{-}}{I_{-}} \tag{3.6.27}$$

类似地,定义电压 V'_{+} 与电流 I'_{+} 之比为等效阻抗 Z'_{C},于是 Z'_{C} 与 Z_{C} 的关系为

$$Z'_{\mathrm{C}}=\frac{V'_{+}}{I'_{+}}=K^{2}\frac{V_{+}}{I_{+}}=K^{2}Z_{\mathrm{C}} \tag{3.6.28}$$

此式表明等效阻抗具有不确定性。为了消除等效电压、等效电流和等效阻抗的不确定性,还可根据具体的传输结构和具体的工作模式人为地做出具体的规定。下面以矩形波导为例,说明如何做出这种人为的规定。

【例 3.1】 矩形波导的 TE_{10} 波的横向场分量和传输功率为

$$E_{y}=E_{m}\sin\left(\frac{\pi}{a}x\right)\mathrm{e}^{+\mathrm{j}k_{z}z}$$

$$H_x = \frac{E_m}{Z_{\mathrm{TE}_{10}}}\sin\left(\frac{\pi}{a}x\right)\mathrm{e}^{+\mathrm{j}k_z z}$$

$$P_+ = \frac{ab}{4Z_{\mathrm{TE}_{10}}}E_m^2$$

首先，人为地规定矩形波导中 TE_{10} 波的等效电压 V_+ 为

$$V_+ = \int_0^b E_y \Big|_{x=a/2} \mathrm{d}y = E_m b\mathrm{e}^{+\mathrm{j}k_z z}$$

然后，根据功率 P_+ 求电流

$$I_+ = \frac{2P_+}{V_+^*} = \frac{aE_m}{2Z_{\mathrm{TE}_{10}}}\mathrm{e}^{\mathrm{j}k_z z}$$

由此可求得

$$\boldsymbol{e}(x,y) = \hat{\boldsymbol{y}}\frac{\sin\left(\frac{\pi}{a}x\right)}{b}$$

$$\boldsymbol{h}(x,y) = \hat{\boldsymbol{x}}\frac{2\sin\left(\frac{\pi}{a}x\right)}{a}$$

$$Z_{\mathrm{C}} = \frac{2b}{a}Z_{\mathrm{TE}_{10}}$$

可以验证 $\boldsymbol{e}$ 和 $\boldsymbol{h}$ 满足归一化条件。

【例 3.2】 同轴线的 TEM 波的电压电流、场的表示式已在 3.5.1 节中给出，由此可求得

$$\boldsymbol{e}(r,\varphi) = \frac{\hat{\boldsymbol{r}}}{r\ln\left(\frac{a}{b}\right)}$$

$$\boldsymbol{h}(r,\varphi) = \frac{\hat{\boldsymbol{\varphi}}}{2\pi r}$$

在同轴线中 TEM 波的电压电流有明确的物理意义，并不需要人为地附加任何规定，因而其“等效阻抗”也是确定的，就是同轴线的特性阻抗。还要指出，其他类型的传输线的 TEM 波的电压电流和特性阻抗也都是确定的。

由于波导 TE 波或 TM 波的等效阻抗是不确定的，因此用等效阻抗去计算反射系数 Γ 就没有意义了。在传输线理论中，我们引入了归一化电压、归一化电流、归一化阻抗，使得等效阻抗这一不确定的参量不再出现，这就使得传输线理论仍能在波导中得到广泛的应用。例如归一化阻抗和反射系数的关系中并不出现等效阻抗，利用这一关系式所绘制的圆图也不出现等效阻抗，故阻抗导纳圆图在任何类型的波导传输线中都得到广泛应用。

如果一种传输线的等效阻抗是不确定的，那么与其相应的负载阻抗也是不确定的，有意义的仅仅是归一化的负载阻抗。这就是说除了 TEM 波传输线（近似地含准 TEM 波传

输线，本章下一节讨论）外，对于其余的 TE 波、TM 波传输线只讨论归一化阻抗。

3.6.2 多导体传输线电报方程

这里所谓多导体传输线指的是三个以上导体组成的传输系统。在频域的应用中，耦合带线和耦合微带线就是多导体传输线的最简单的例子，我们将在本章的下一节讨论。从多导体传输线电报方程入手研究耦合传输线问题将使所得结果更有理论依据，物理概念更清楚。在时域的应用中，随着传输速率的提高，例如 2.4Gb 高速大规模数字集成电路的发展，芯片内以及芯片之间的导线都是复杂的多导体系统，芯片内为多层介质和多根导体组成的系统。为了描述这种复杂系统的特性，要建立适当的数学物理模型。为了简化，通常假设多导体传输线上传输的是 TEM 波或准 TEM 波，称作多导体传输系统的 TEM 波或准 TEM 波模型。建立这种简化模型的首要问题是导出多导体传输线电报方程。若令多导体传输线的数日等于 2，便退化到本书第 2 章所导出的电报方程；若令导体数目等于 3，便引出下一节将要讨论的耦合平面传输线的电报方程组。多导体电报方程是本书第 2 章电报方程的一种推广。如果多层介质多根导体系统不能被简化为 TEM 波和准 TEM 波模型，就需要更精确更复杂的模型才能描述，这超出了本书的范围。有幸的是在当前的传输速率下，简化的 TEM 波和准 TEM 波还是相当有效的。

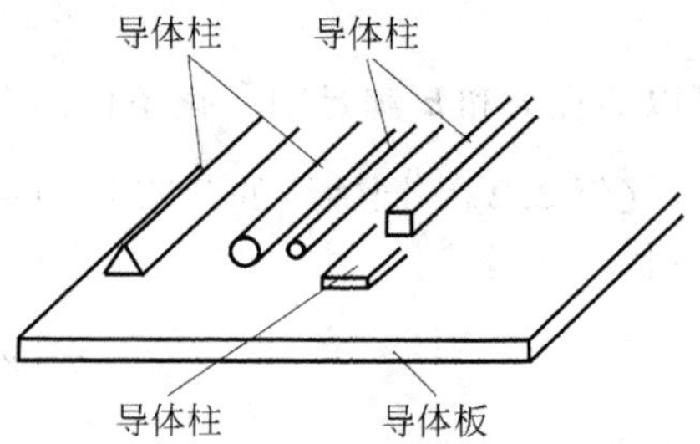

图 3.24　多导体传输线示意图

下面导出多导体电报方程。图 3.24 所示为一多导体传输线系统，除接地板外，有 n 个平行的导体柱，假设媒质是均匀填充的，因而多导体传输系统的工作模为 TEM 波。设第 i 根导体的电流为 I_i，单位长度的电荷为 q_i，对第 i 根导体应用电荷守恒定律，得

$$\frac{\partial I_i}{\partial z}+\frac{\partial q_i}{\partial t}=0 \tag{3.6.29}$$

式(3.6.29)的推导过程类似于在 3.5.3 节中对同轴线应用电荷守恒定律的方法。第 i 根导体与接地板之间的电位是 V_i，应用法拉第电磁感应定律，得

$$\frac{\partial V_i}{\partial z}+\frac{\partial \varphi_i}{\partial t}=0 \tag{3.6.30}$$

式中，φ_i 是通过单位长度导体与接地板之间所对应面积的磁通。类似的方程也在 3.5.3 节中得到过。现在，对于多导体传输线，式(3.6.29)和式(3.6.30)可以改写成列向量的形式，

$$\frac{\partial [I]}{\partial z}+\frac{\partial [q]}{\partial t}=0 \tag{3.6.31}$$

$$\frac{\partial[V]}{\partial z}+\frac{\partial[\varphi]}{\partial t}=0 \tag{3.6.32}$$

其中

$$[I]=[I_1 \quad I_2 \quad \cdots \quad I_n]^{\mathrm{T}} \tag{3.6.33}$$

$$[q]=[q_1 \quad q_2 \quad \cdots \quad q_n]^{\mathrm{T}} \tag{3.6.34}$$

$$[V]=[V_1 \quad V_2 \quad \cdots \quad V_n]^{\mathrm{T}} \tag{3.6.35}$$

$$[\varphi]=[\varphi_1 \quad \varphi_2 \quad \cdots \quad \varphi_n]^{\mathrm{T}} \tag{3.6.36}$$

上述四个等式右端的右上角的字母 T 表示转置。电荷$[q]$与电压$[V]$之间的关系由电容系数矩阵$[\beta]$描述为

$$[q]=[\beta][V] \tag{3.6.37}$$

式中，$[\beta]$为

$$[\beta]=\begin{bmatrix}\beta_{11} & \beta_{12} & \cdots & \beta_{1n}\\ \beta_{21} & \beta_{22} & \cdots & \beta_{2n}\\ \vdots & \vdots & \vdots & \vdots\\ \beta_{n1} & \beta_{n2} & \cdots & \beta_{nn}\end{bmatrix} \tag{3.6.38}$$

磁通$[\varphi]$与电流$[I]$之间的关系由电感矩阵$[L]$描述为

$$[\varphi]=[L][I] \tag{3.6.39}$$

式中，$[L]$为

$$[L]=\begin{bmatrix}L_{11} & L_{12} & \cdots & L_{1n}\\ L_{21} & L_{22} & \cdots & L_{2n}\\ \vdots & \vdots & \vdots & \vdots\\ L_{n1} & L_{n2} & \cdots & L_{nn}\end{bmatrix} \tag{3.6.40}$$

对于式(3.6.37)和式(3.6.38)还要做些讨论，以判断β_{ii}和β_{ij}的符号。不妨设$n=2$，那么式(3.6.37)具体化为

$$\left.\begin{aligned}q_1&=\beta_{11}V_1+\beta_{12}V_2\\ q_2&=\beta_{21}V_1+\beta_{22}V_2\end{aligned}\right\} \tag{3.6.41}$$

由互易性可知$\beta_{12}=\beta_{21}$。设$V_2=0$，且$V_1>0$，于是$q_1=\beta_{11}V_1$，且$q_1>0$，但$q_2=\beta_{21}V_1$，$q_2<0$，因为在导体 2 上感应的电荷与q_1的符号相反，$V_1>0$而$q_2<0$，所以必有$\beta_{21}<0$。对于其余的$\beta_{ij}(i\neq j)$同样可以证明$\beta_{ij}(i\neq j)<0$。令$\beta_{ii}=C_{ii}$，$\beta_{ij}=-C_{ij}(i\neq j)$，得到电容矩阵$[C]$如下：

$$[C]=\begin{bmatrix}C_{11} & -C_{12} & \cdots & -C_{1n}\\ -C_{21} & C_{22} & \cdots & -C_{2n}\\ \vdots & \vdots & \vdots & \vdots\\ -C_{n1} & -C_{n2} & \cdots & C_{nn}\end{bmatrix} \tag{3.6.42}$$

并且

$$[q] = [C][V] \tag{3.6.43}$$

在有些参考文献中直接将式(3.6.38)的 β_{ii} 写作 C_{ii}，$\beta_{ij}\,(i\neq j)$写作 C_{ij}，而不出现负号，这时就必须将 $C_{ij}\,(i\neq j)$本身理解成负值。现在采用式(3.6.42)形式的电容矩阵，其中所有的 C_{ii} 和 $C_{ij}\,(i\neq j)$本身都是正值。将式(3.6.43)和式(3.6.39)分别代入到式(3.6.31)和式(3.6.32)中，得

$$\frac{\partial[I]}{\partial z} + [C]\frac{\partial[V]}{\partial t} = 0 \tag{3.6.44}$$

$$\frac{\partial[V]}{\partial z} + [L]\frac{\partial[I]}{\partial t} = 0 \tag{3.6.45}$$

上述两个方程称为多导体传输线的 TEM 波的时域电报方程组。

对于简谐场，电压电流的时间因子为 $e^{j\omega t}$，由上述两个时域的方程组很容易得到频域的多导体传输的 TEM 波的电报方程组为

$$\frac{\partial[I]}{\partial z} + j\omega[C][V] = 0 \tag{3.6.46}$$

$$\frac{\partial[V]}{\partial z} + j\omega[L][I] = 0 \tag{3.6.47}$$

3.7 带线和微带线

3.7.1 带线

当工作频率超过数百兆赫时带线是经常使用的一种传输线，带线中传输的波为 TEM 波，其横截面几何示意图和电场磁场力线图如图 3.25 所示。带线的优点是设计微波电路时可较容易地在结构上使带线成为有源无源器件的一部分。

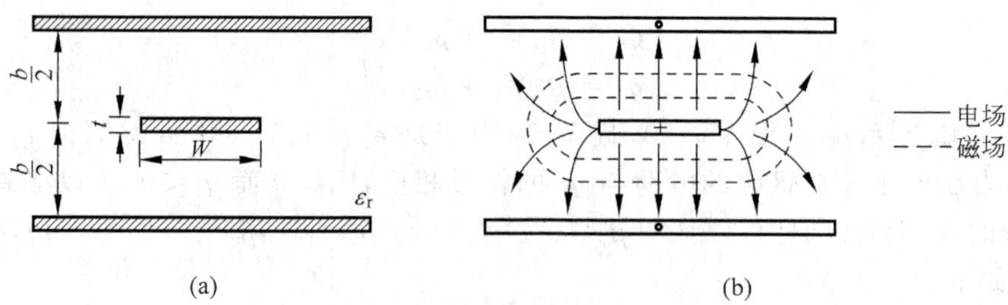

图 3.25　带线的几何示意图和电场磁场力线图

(a) 几何示意图　(b) 电场磁场力线图

假设中心导体的厚度为 t，宽度为 W，两外导体板间的距离为 b，对于 $W/(b-t)<10$

的情况，按 Wheeler 的公式计算带线特性阻抗 Z_C 的精度在 5%以内。Wheeler 公式为

$$Z_C = \frac{30}{\sqrt{\varepsilon_r}}\ln\left(1+\frac{4}{\pi}\frac{1}{m}\left\{\frac{8}{\pi}\frac{1}{m}+\left[\left(\frac{8}{\pi}\frac{1}{m}\right)^2+6.27\right]^{\frac{1}{2}}\right\}\right) \tag{3.7.1}$$

其中

$$m = \frac{W}{b-t}+\frac{\Delta W}{b-t}$$

$$\frac{\Delta W}{b-t} = \frac{x}{\pi(1-x)}\left\{1-0.5\ln\left[\left(\frac{x}{2-x}\right)^2+\left(\frac{0.0796x}{W/b+1.1x}\right)^n\right]\right\}$$

$$n = 2\Big/\left(1+\frac{2}{3}\frac{x}{1-x}\right)$$

$$x = t/b$$

若忽略中心导体的厚度，令 $t=0$，式(3.7.1)中的 m 简化为

$$m = \frac{W}{b}$$

图 3.26 所示为带线特性阻抗的曲线。

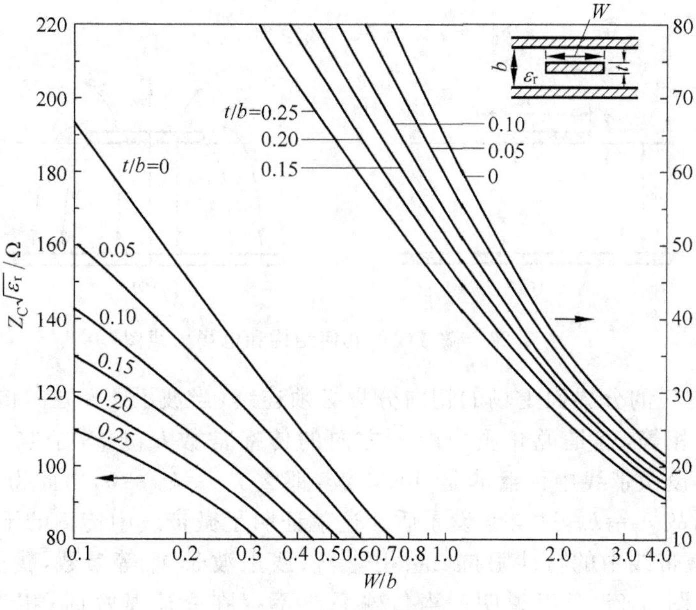

图 3.26 带线特性阻抗曲线

【例 3.3】 工作频率 $f=4\text{GHz}$，$\varepsilon_r=4$，要求带线的特性阻抗 $Z_C=50\Omega$，设 $t=0$，试求比值 W/b 和带线上的波长 λ_g。

解 首先计算 $Z_C\sqrt{\varepsilon_r}$：

$$Z_C\sqrt{\varepsilon_r} = 50\times\sqrt{4} = 100(\Omega)$$

查图 3.26 的曲线，得 $\frac{W}{b}=0.52$。工作波长 $\lambda_0=c/f$，计算得 $\lambda_0=7.5\text{cm}$，带线上的波长 $\lambda_g=\lambda_0/\sqrt{\varepsilon_r}=3.75\text{cm}$。

3.7.2 微带线

许多微波系统对微波电路的体积和重量提出了苛刻的要求，希望用体积小、重量轻的传输线实现微波集成电路，微带线就是一种理想的传输线。微带线的几何结构和电场力线图如图 3.27 所示，它包括导体板、介质基片和导体带三部分。介质基片必须损耗小、光洁度高，以降低衰减。微带线的几何结构并不复杂，但是它的电场磁场却相当复杂，在微带线上传输的并不是严格的 TEM 波，而是准 TEM 波。由于介质基片的存在，场的能量主要集中在基片区域，其场分布与 TEM 波非常接近，故称为准 TEM 波。可以利用色散方程证明微带线中的场的确不是 TEM 波。

设媒质 1(介质基片)和媒质 0(空气)中的色散方程分别为

$$k_1^2 = k_{z1}^2 + k_{c1}^2 \quad (介质基片) \tag{3.7.2}$$

$$k_0^2 = k_{z0}^2 + k_{c0}^2 \quad (空气) \tag{3.7.3}$$

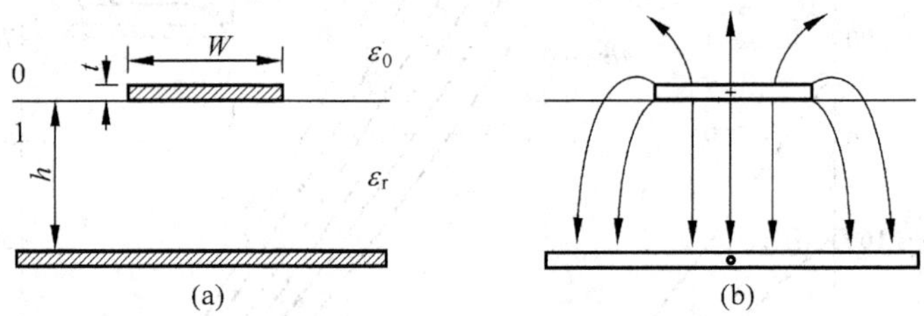

图 3.27 微带线的几何结构和电场力线图

因为在介质与空气的分界面上场的切向分量必须连续，当波沿 $+z$ 方向传播时，其相位因子$(-\mathrm{j}k_z z)$理应相等，就是说介质中的 z 方向的传播常数 k_{z1} 应等于空气中的传播常数 k_{z0}。用反证法，设微带线中传播的是 TEM 波，那么 $k_{c1}=k_{c0}=0$，由此得出 $k_1=k_{z1}$，$k_0=k_{z0}$，因 $k_{z1}=k_{z0}$，故 $k_1=k_0$，这与假设矛盾。这就证明了微带线中传输的不是 TEM 波。

为了计算微带线中的特性阻抗 Z_C、相速 v_p、线上波长 λ_g 等参数，我们引入有效介电常数 ε_e，这可用图 3.28 予以说明。当传输系统不存在介质基片时，相当于 $\varepsilon_r=1$，如图 3.28(a)所示，显然这时系统可以传输 TEM 波，其相速等于真空中的光速 c；当传输系统充满 $\varepsilon_r\neq1$ 的介质时，该系统同样可以传输 TEM 波，其相速 $v_p=c/\sqrt{\varepsilon_r}$，如图 3.28(b)所示；当微带线为部分填充介质时，其相速取决于传输能量在两部分介质中的分配情况，可以预料其相速 v_p 介于 c 与 $c/\sqrt{\varepsilon_r}$之间，如图 3.28(c)所示；图(d)是图(c)的等效。为此引

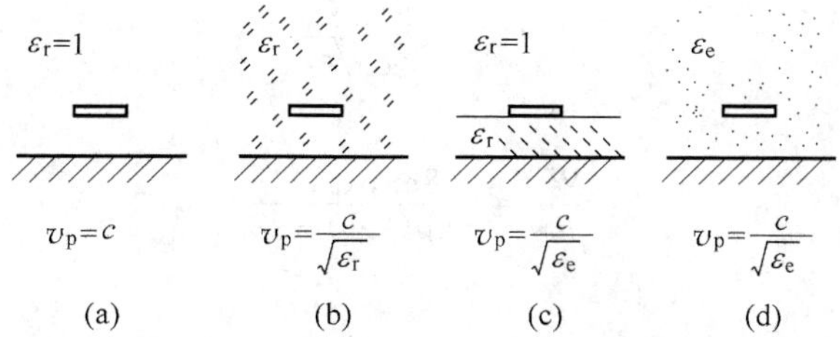

图 3.28 微带线的有效介电常数

入有效介电常数 ε_e，表示为

$$\varepsilon_e = C(\varepsilon_r)/C_1(1) \tag{3.7.4}$$

式中，$C_1(1)$是空气填充时的单位长度电容，$C_1(\varepsilon_r)$是部分介质填充时的微带线单位长度电容，同时 $C_1(\varepsilon_r)$也是假想的有效介电常数为 ε_e 的介质全部填充时的单位长度电容。关键的问题是计算 $C_1(\varepsilon_r)$和 $C_1(1)$，然后计算 ε_e，进而求出微带线的特性阻抗、线上波长、相速等参数。若干种闭合形式的解已经得到，数值解也有文献报道。Wheeler 完成了最早的工作，但对于 $0.05<W/h<20$ 和 $\varepsilon_r<16$ 的情况，下文给出的 Hammerstadt 的计算特性阻抗的公式与 Wheeler 的解的最大偏差仅为±0.8%，这对一般的工程应用也足够了。

假设 $t=0$，对于 $W/h<1$，特性阻抗 Z_C 的分析计算公式为

$$Z_C = \frac{60}{\sqrt{\varepsilon_e}} \ln\left(\frac{8h}{W} + 0.25\frac{W}{h}\right) \tag{3.7.5}$$

其中

$$\varepsilon_e = \frac{\varepsilon_r + 1}{2} + \frac{\varepsilon_r - 1}{2}\left[\left(1 + \frac{12h}{W}\right)^{-\frac{1}{2}} + 0.041\left(1 - \frac{W}{h}\right)^2\right] \tag{3.7.6}$$

对于 $W/h\geqslant1$，特性阻抗 Z_C 的计算公式为

$$Z_C = \frac{120\pi}{\sqrt{\varepsilon_e}} \frac{1}{\frac{W}{h} + 1.393 + 0.667\ln\left(\frac{W}{h} + 1.4444\right)} \tag{3.7.7}$$

其中

$$\varepsilon_e = \frac{\varepsilon_r + 1}{2} + \frac{\varepsilon_r - 1}{2}\left(1 + 12\frac{h}{W}\right)^{-\frac{1}{2}} \tag{3.7.8}$$

给定 ε_r 和比值 W/h，从式(3.7.5)～(3.7.8)可以计算出微带线的特性阻抗 Z_C。

有时给定的参数是 ε_r 和所需要的微带线的特性阻抗，求比值 W/h。这时要用到另一组对偶的综合用的公式。首先计算参数 A 和 B 如下：

$$A = \frac{Z_C}{60}\left(\frac{\varepsilon_r + 1}{2}\right)^{\frac{1}{2}} + \frac{\varepsilon_r - 1}{\varepsilon_r + 1}\left(0.23 + \frac{0.11}{\varepsilon_r}\right) \tag{3.7.9}$$

$$B = \frac{377\pi}{2Z_C\sqrt{\varepsilon_r}} \tag{3.7.10}$$

对于 $A<1.52$，有

$$\frac{W}{h} = \frac{8\exp(A)}{\exp(2A)-2} \tag{3.7.11}$$

对于 $A\geqslant 1.52$,有

$$\frac{W}{h} = \frac{2}{\pi}\left\{B-1-\ln(2B-1)+\frac{\varepsilon_r-1}{2\varepsilon_r}\left[\ln(B-1)+0.39-\frac{0.61}{\varepsilon_r}\right]\right\} \tag{3.7.12}$$

对于具有非零厚度的微带线,即 $t/h\neq 0$,可以在式(3.7.5)～(3.7.12)中引入校正因子,即用等效宽度 W_1 取代实际宽度 W。对于$\frac{W}{h}>\frac{1}{2\pi}$,有

$$\frac{W_1}{h} = \frac{W}{h}+\frac{t}{\pi h}+\frac{t}{\pi h}\left(1+\ln\frac{2h}{t}\right) \tag{3.7.13}$$

对于$\frac{W}{h}<\frac{1}{2\pi}$,有

$$\frac{W_1}{h} = \frac{W}{h}+\frac{t}{\pi h}\left(1+\ln\frac{4\pi W}{t}\right) \tag{3.7.14}$$

相速 v_p 和线上波长 λ_g 与有效介电常数的关系分别为

$$v_p = \frac{c}{\sqrt{\varepsilon_e}} \tag{3.7.15}$$

和

$$\lambda_g = \frac{\lambda_0}{\sqrt{\varepsilon_e}} \tag{3.7.16}$$

式中,c 是光速,λ_0 是自由空间波长。

在低频,基于准 TEM 模所计算的 Z_C、λ_g 是相当精确的,但是在高频端场的纵向分量变得明显,必须予以考虑。高频效应导致了色散现象,即微带线的阻抗和有效介电常数将随工作频率的变化而变化。

图 3.29 是微带线特性阻抗随 W/h 变化的曲线(宽带近似,$W/h>1.0$),图 3.30 是微带线特性阻抗随 W/h 变化的曲线(窄带近似,$W/h<1.0$),这些曲线以 ε_r 为参变量,它们是根据惠勒的精确解计算的。从曲线可以看出,当 W/h 增大时特性阻抗降低;反之,当 W/h 减小时特性阻抗升高。图 3.31 给出了微带线有效介电常数平方根$\sqrt{\varepsilon_e}$随 W/h 变化的曲线。

微带线的损耗包括导体损耗和介质损耗两部分,衰减常数 α 为两部分之和,即

$$\alpha = \alpha_c + \alpha_d \tag{3.7.17}$$

式中,α_c 是与导体损耗对应的衰减常数,α_d 是与介质损耗对应的衰减常数。归一化导体

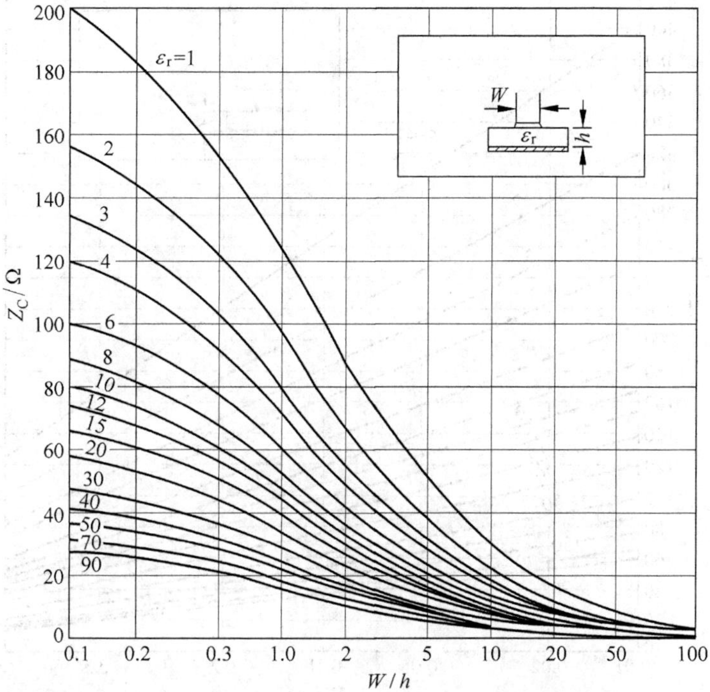

图 3.29 微带线特性阻抗 Z_C 随 W/h 变化曲线，宽带近似(W/h>1.0)

损耗 A 与 α_c 的关系为

$$A = \alpha_c Z_C h/R_s \tag{3.7.18}$$

其中，R_s 为导体表面电阻。A 与 W/h 的关系曲线示于图 3.32。从曲线上查得 A，由式(3.7.18)可算得 α_c。α_d 的表达式为

$$\alpha_d = \frac{27.3}{\lambda_g}\left(\frac{q\varepsilon_r}{\varepsilon_e}\right)\tan\delta \tag{3.7.19}$$

式中，λ_g 是线上波长，$\tan\delta$ 是损耗角正切，q 称作填充因子，$q=(\varepsilon_e-1)/(\varepsilon_r-1)$，令 $q'=q\varepsilon_r/\varepsilon_e$，$q'$称作有效填充系数。$q'$与 W/h 的关系曲线示于图 3.33。查得 q'，进而可由式(3.8.19)算得 α_d。

图 3.29～图 3.33 提供了微带线的特性阻抗 Z_C、有效介电常数 ε_e 和衰减常数 α_c、α_d 的数据，这对于微带线的工程设计是十分有用的。本小节没有讨论这些公式曲线的来源，有兴趣的读者可参考有关的专著，但对于大多数的微波电路设计来说不必再去追根求源研究公式的详细推导过程，只需查曲线或用近似公式计算。若想得到更精确的数值，亦可参阅有关专著中列出的数据表。利用相应的微波电路设计软件则可省去上述手工计算的麻烦。

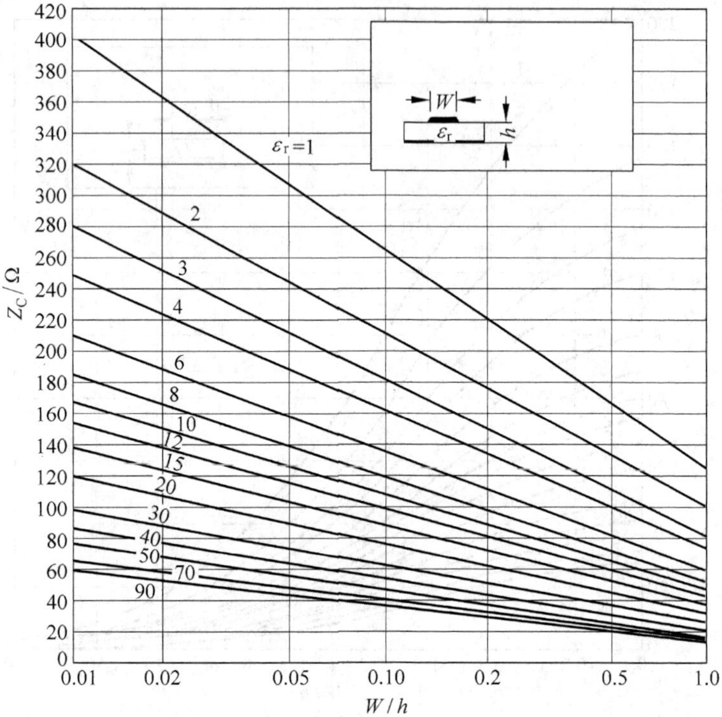

图 3.30　微带线特性阻抗 Z_C 随 W/h 变化曲线，窄带近似（$W/h<1.0$）

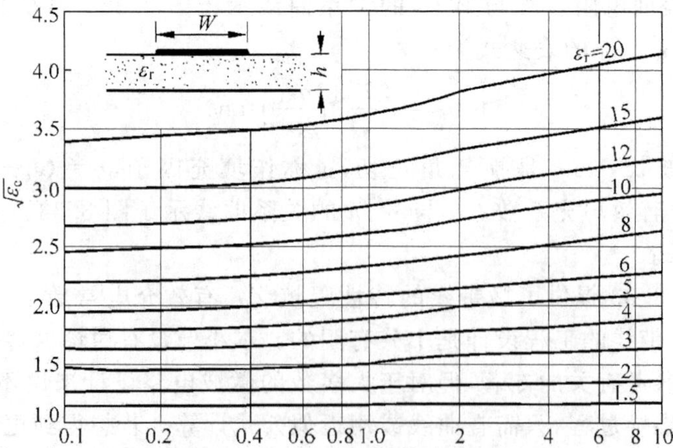

图 3.31　微带线有效介电常数平方根$\sqrt{\varepsilon_e}$随 W/h 变化曲线

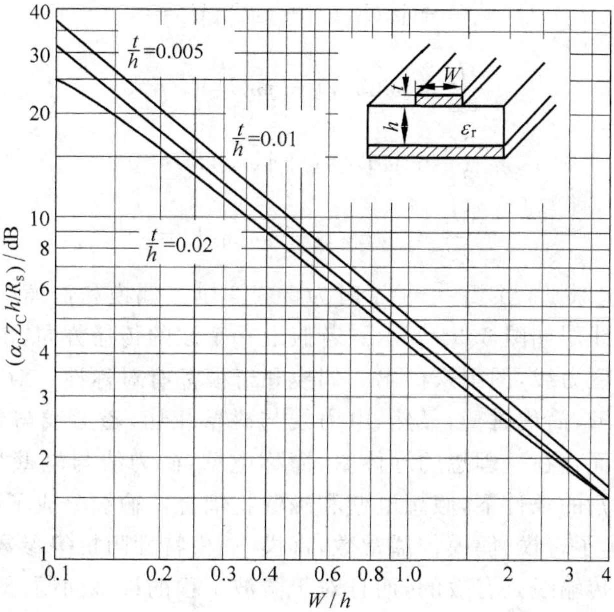

图 3.32 归一化导体衰减 A 随 W/h 变化曲线

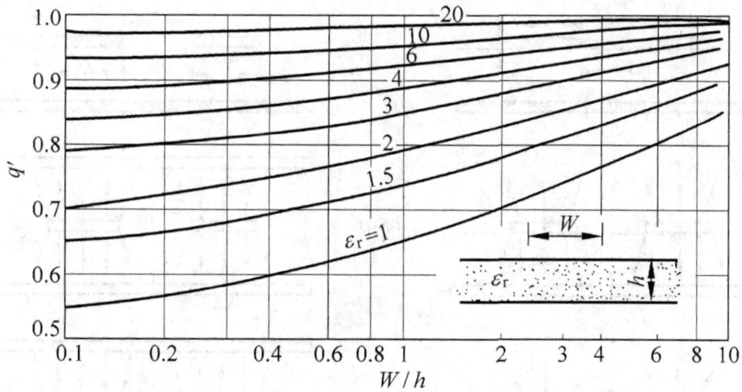

图 3.33 有效填充系数 q'随 W/h 的变化曲线

3.7.3 均匀介质填充的耦合传输线的奇偶模

耦合带线和耦合微带线可以看作一个三导体系统，除接地板外，还有两根导体柱，$n=2$。由于结构的对称性(参看图 3.34)，有 $C_{11}=C_{22}$、$L_{11}=L_{22}$，由于电容矩阵[C]、电感矩阵[L]的互易性，有 $C_{12}=C_{21}$、$L_{12}=L_{21}$，相应的频域三导体系统电报方程变为

$$\frac{\partial I_1}{\partial z} + \mathrm{j}\omega C_{11} V_1 - \mathrm{j}\omega C_{12} V_2 = 0 \tag{3.7.20a}$$

$$\frac{\partial I_2}{\partial z} + \mathrm{j}\omega C_{11} V_2 - \mathrm{j}\omega C_{12} V_1 = 0 \tag{3.7.20b}$$

$$\frac{\partial V_1}{\partial z} + \mathrm{j}\omega L_{11} I_1 + \mathrm{j}\omega L_{12} I_2 = 0 \tag{3.7.20c}$$

$$\frac{\partial V_2}{\partial z} + \mathrm{j}\omega L_{11} I_2 + \mathrm{j}\omega L_{12} I_1 = 0 \tag{3.7.20d}$$

当 $V_1 = V_2$ 时为偶模激励，当 $V_2 = -V_1$ 时为奇模激励。偶模和奇模激励时耦合微带线与耦合带线的电场力线图如图 3.34 所示。若假设一个波的传播方向，由坡印亭矢量与电场磁场的关系可画出磁力线，图中未标出。偶模和奇模都有对称性。对于偶模，可设想对称面存在一理想导磁壁，简称磁壁，显然，电力线与磁壁相切，磁力线与磁壁相垂直；对于奇模来说可设想对称面存在一理想的导体壁，简称电壁，磁力线与电壁相切，电力线与电壁相垂直。奇偶模激励的条件下，假想电壁和磁壁将耦合传输线分成了两个独立的奇模、偶模传输线，因此引出了奇模、偶模传播常数，奇模、偶模特性阻抗等参数。奇偶模的概念和方法不仅仅对耦合传输线是有效的，而且对于微波工程的许多问题，例如定向耦合器也同样是有效的，这一点在本书的其他地方还要提到。

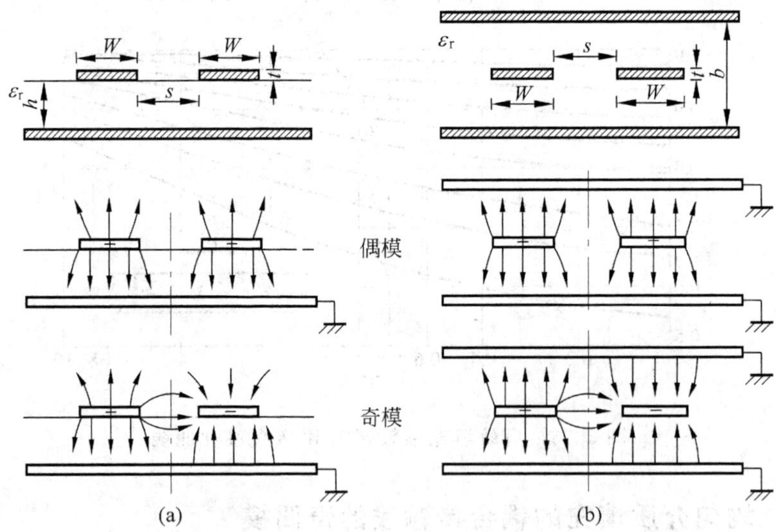

图 3.34 耦合微带线与耦合带线的偶模、奇模力线图

现在来导出奇、偶模传输线的一些特性。由奇、偶模的磁力线可确定相应的电流的方向，这只须应用面电流密度 $\boldsymbol{J}_S$ 与磁场切向分量 $\boldsymbol{H}_\tau$ 的关系式 $\boldsymbol{J}_S = \hat{\boldsymbol{n}} \times \boldsymbol{H}_\tau$，$\hat{\boldsymbol{n}}$ 是导体表面的法向单位矢量。由 $V_1 = V_2$（偶模）得 $I_1 = I_2$，由 $V_2 = -V_1$（奇模）得 $I_2 = -I_1$。将奇、偶模

的这些条件代入式(3.7.20)，并令 $V_1=V, I_1=I$，那么，可得

$$\frac{\partial I}{\partial z}+\mathrm{j}\omega C_{11}(1\mp K_C)V=0 \tag{3.7.21}$$

$$\frac{\partial V}{\partial z}+\mathrm{j}\omega L_{11}(1\pm K_L)I=0 \tag{3.7.22}$$

上述公式中，有两组符号，$-K_C$ 和 $+K_L$ 为一组，$+K_C$ 和 $-K_L$ 为一组，它们分别与偶模和奇模相对应，K_C 称作电容耦合系数，K_L 称作电感耦合系数，且有

$$K_C=\frac{C_{12}}{C_{11}} \tag{3.7.23}$$

$$K_L=\frac{L_{12}}{L_{11}} \tag{3.7.24}$$

根据第2章传输线理论中导出的传播常数 β 的表示式和特性阻抗的表示式，现在用 $C_{11}(1\mp K_L)$ 取代 C_1，用 $L_{11}(1\pm K_L)$ 取代 L_1，就得到偶模与奇模的传播常数 β_e 与 β_o，偶模与奇模的特性阻抗 Z_{Ce} 与 Z_{Co}，这里下标 e 表示偶模，下标 o 表示奇模。分别为

$$\beta_e=\omega\sqrt{L_{11}C_{11}(1+K_L)(1-K_C)} \tag{3.7.25}$$

$$\beta_o=\omega\sqrt{L_{11}C_{11}(1-K_L)(1+K_C)} \tag{3.7.26}$$

$$Z_{Ce}=\sqrt{\frac{L_{11}}{C_{11}}}\sqrt{\frac{1+K_L}{1-K_C}}=Z'_C\sqrt{\frac{1+K_L}{1-K_C}} \tag{3.7.27}$$

$$Z_{Co}=\sqrt{\frac{L_{11}}{C_{11}}}\sqrt{\frac{1-K_L}{1+K_C}}=Z'_C\sqrt{\frac{1-K_L}{1+K_C}} \tag{3.7.28}$$

式中，Z'_C 称作非孤立的单根传输线的特性阻抗，且有

$$Z'_C=\sqrt{\frac{L_{11}}{C_{11}}} \tag{3.7.29}$$

Z'_C 与孤立的单根传输线的特性阻抗 Z_C 不同，按照传输线理论 $Z_C=\sqrt{L_1/C_1}$，而 Z'_C 是考虑了另一根耦合线的影响时的单根传输线的特性阻抗。当耦合非常弱，以致于 $K_L=K_C=0$ 时，$C_{11}=C_1, L_{11}=L_1$，这时 $Z'_C=Z_C$。

对于均匀填充介质的耦合传输线，偶模和奇模的传播常数都等于 TEM 波的传播常数，即 $\beta_e=\beta_o=k$，利用式(3.7.25)和式(3.7.26)可导出电容耦合系数 K_C 与电感耦合系数 K_L 相等的结论，因此省去下角标，统一记作 K，简称耦合系数。耦合传输线的偶模和奇模的传播常数相等，且

$$\beta_e=\beta_o=\omega\sqrt{L_{11}C_{11}(1-K^2)} \tag{3.7.30}$$

孤立单根传输线的传播常数 k 与耦合传输线的奇偶模的传播常数 β_e 和 β_o 都是 TEM 波的传播常数，因此也应相等，且

$$k=\omega\sqrt{L_1C_1}=\omega\sqrt{L_{11}C_{11}(1-K^2)} \tag{3.7.31}$$

偶模和奇模的特性阻抗 Z_{Ce} 和 Z_{Co} 分别为

$$Z_{Ce}=\sqrt{\frac{L_{11}}{C_{11}}}\sqrt{\frac{1+K}{1-K}}=Z'_C\sqrt{\frac{1+K}{1-K}} \tag{3.7.32}$$

$$Z_{Co}=\sqrt{\frac{L_{11}}{C_{11}}}\sqrt{\frac{1-K}{1+K}}=Z'_C\sqrt{\frac{1-K}{1+K}} \tag{3.7.33}$$

式(3.7.32)与式(3.7.33)两式相乘得

$$Z_{Ce}Z_{Co}=(Z'_C)^2 \tag{3.7.34}$$

此式表明无论耦合传输线两线耦合的松或紧，耦合系数 K 大或小，偶模特性阻抗与奇模特性阻抗的乘积都等于非孤立的单根线的特性阻抗的平方。

可以很容易验证，耦合系数 K 与偶模奇模特性阻抗 Z_{Ce} 和 Z_{Co} 之间的关系为

$$K=\frac{Z_{Ce}-Z_{Co}}{Z_{Ce}+Z_{Co}} \tag{3.7.35}$$

式(3.7.32)～(3.7.33)说明了耦合愈紧，即耦合系数愈大，则偶模与奇模的特性阻抗的差别愈大。

3.7.4 耦合带线

耦合带线是耦合传输线中比较简单的一种，现将 Cohn 给出的分析和综合用的偶模与奇模的表示式列在下面。

闭合形式的分析用的表示式($t/b<0.1, W/b>0.35$)为

$$\left.\begin{aligned}\sqrt{\varepsilon_r}Z_{Ce}&=30\pi(b-t)\Big/\left(W+\frac{bc}{2\pi}A_e\right)\\ \sqrt{\varepsilon_r}Z_{Co}&=30\pi(b-t)\Big/\left(W+\frac{bc}{2\pi}A_o\right)\end{aligned}\right\} \tag{3.7.36}$$

其中

$$\left.\begin{aligned}A_e&=1+\frac{\ln(1+\tanh\theta)}{0.6932}\\ A_o&=1+\frac{\ln(1+\coth\theta)}{0.6932}\\ \theta&=\frac{\pi s}{2b}\\ C&=2\ln\left(\frac{2b-t}{b-t}\right)-\frac{t}{b}\ln\left[\frac{t(2b-t)}{(b-t)^2}\right]\end{aligned}\right\} \tag{3.7.37}$$

式中，tanh 和 coth 分别为双曲正切和双曲余切函数，其余各符号请参看图 3.34。分析用的表示式用于给定耦合带线参数计算偶模和奇模特性阻抗。

闭合形式的综合用的表示式为

$$\left.\begin{aligned}\frac{W}{b} &= \frac{2}{\pi}\operatorname{artanh}[k_e k_o] \\ \frac{s}{b} &= \frac{2}{\pi}\operatorname{artanh}\left[\frac{1-k_o}{1-k_e}\sqrt{\frac{k_e}{k_o}}\right]\end{aligned}\right\} \tag{3.7.38}$$

式中，artanh[·]为反双曲正切函数，k_e 和 k_o 的表示式为

$$\left.\begin{aligned}k_{e,o} &= \left[1-\left(\frac{\exp(\pi x_{e,o})-2}{\exp(\pi x_{e,o})+2}\right)^4\right]^{\frac{1}{2}} \quad 1\leqslant x_{e,o}\leqslant\infty \\ k_{e,o} &= \left[\frac{\exp(\pi/x_{e,o})-2}{\exp(\pi/x_{e,o})+2}\right]^2 \quad 0\leqslant x_{e,o}\leqslant\infty \\ x_{e,o} &= \frac{Z_{Ce,o}\sqrt{\varepsilon_r}}{30\pi}\end{aligned}\right\} \tag{3.7.39}$$

上述各式中，e 表示偶模，o 表示奇模。综合用的表示式用于给定偶模和奇模阻抗设计耦合带线的各种几何尺寸。

3.7.5 耦合微带线

耦合微带线是一种非均匀介质填充的耦合传输线。对于单根孤立的微带线，我们曾引入有效介电常数 ε_e，它反映了介质基片对微带线的影响。对于耦合微带线也可以采用类似的有效介电常数的概念，但是奇偶模的场分布很不一样，因而介质基片对奇偶模的影响亦不相同，必须同时引入奇模有效介电常数 ε_{eo} 和偶模有效介电常数 ε_{ee} 才能完整地描绘耦合微带线的特性阻抗和线上波长。表 3.3 给出了 6 种不同情况传输线结构的分布电容、有效介电常数和特性阻抗，以便更易于理解耦合微带线。

表 3.3 微带线和耦合微带线的分布电容、有效介电常数和特性阻抗

传输线结构	分布电容	有效介电常数	特性阻抗
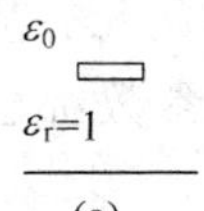 (a)	$C_1(1)$		$Z_C(1)$
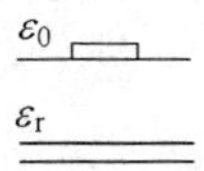 (b)	$C_1(\varepsilon_r)$	$\varepsilon_e=\dfrac{C_1(\varepsilon_r)}{C_1(1)}$	$Z_C(\varepsilon_r)=\dfrac{Z_C(1)}{\sqrt{\varepsilon_e}}$
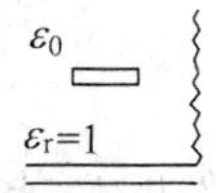 (c)	$C_{1e}(1)=C_{11}(1)-C_{12}(1)$		$Z_{Ce}(1)$

续表

传输线结构	分布电容	有效介电常数	特性阻抗
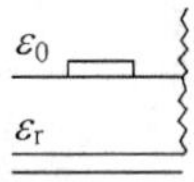 (d)	$C_{1e}(\varepsilon_r)=C_{11}(\varepsilon_r)-C_{12}(\varepsilon_r)$	$\varepsilon_{ee}=\dfrac{C_{1e}(\varepsilon_r)}{C_{1e}(1)}$	$Z_{Ce}(\varepsilon_r)=\dfrac{Z_{Ce}(1)}{\sqrt{\varepsilon_{ee}}}$
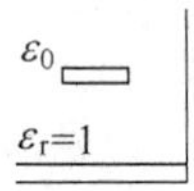 (e)	$C_{1o}(1)=C_{11}(1)+C_{12}(1)$		$Z_{Co}(1)$
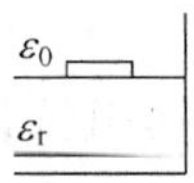 (f)	$C_{1o}(\varepsilon_r)=C_{11}(\varepsilon_r)+C_{12}(\varepsilon_r)$	$\varepsilon_{eo}=\dfrac{C_{1e}(\varepsilon_r)}{C_{1e}(1)}$	$Z_{Co}(\varepsilon_r)=\dfrac{Z_{Co}(1)}{\sqrt{\varepsilon_{eo}}}$

(a)和(b)都是孤立单根微带线。(a)是均匀介质填充、无介质基片的情况，$\varepsilon_r=1$，分布电容和特性阻抗分别用 $C_1(1)$和 $Z_C(1)$表示；(b)是非均匀介质填充、有介质基片的情况，分布电容和特性阻抗分别用 $C_1(\varepsilon_r)$和 $Z_C(\varepsilon_r)$表示 $\varepsilon_r\neq1$。正如式(3.7.4)所指出的 $\varepsilon_e=C_1(\varepsilon_r)/C_1(1)$，特性阻抗 $Z_C(\varepsilon_r)$和 $Z_C(1)$的关系可由有效介电常数 ε_e 确定，$Z_C(\varepsilon_r)=Z_C(1)/\sqrt{\varepsilon_e}$。

(c)和(d)是偶模激励的耦合微带线，波折曲线代表了理想导磁壁。(c)是无介质基片的情况，分布电容和特性阻抗分别用 $C_{1e}(1)$和 $Z_{Ce}(1)$表示；(d)是有介质基片的情况，分布电容和特性阻抗分别用 $C_{1e}(\varepsilon_r)$和 $Z_{Ce}(\varepsilon_r)$表示。偶模有效介电常数 $\varepsilon_{ee}=C_{1e}(\varepsilon_r)/C_{1e}(1)$，偶模特性阻抗 $Z_{Ce}(\varepsilon_r)$与 $Z_{Ce}(1)$的关系由偶模有效介电常数 ε_{ee}确定，如表中所列。

(e)和(f)是奇模激励的耦合微带线，垂直的直线代表理想导体壁。(e)是无介质基片的情况，(f)是有介质基片的情况。偶模的 $C_{1o}(1)$、$C_{1o}(\varepsilon_r)$、ε_{eo}、$Z_{Co}(\varepsilon_r)$等参数都已列在表中。

含介质基片的耦合微带线的线上奇偶模波长 $\lambda_{go}(\varepsilon_r)$和 $\lambda_{ge}(\varepsilon_r)$与自由空间波长 λ_0 的关系为

$$\left.\begin{aligned}\lambda_{go}(\varepsilon_r)&=\frac{\lambda_0}{\sqrt{\varepsilon_{eo}}}\\ \lambda_{ge}(\varepsilon_r)&=\frac{\lambda_0}{\sqrt{\varepsilon_{ee}}}\end{aligned}\right\}\tag{3.7.40}$$

奇偶模的线上波长不同，这是微带线的一个缺点，这将使耦合微带线的元件的性能降低。在设计时常采用某种近似有效介电常数 $\bar{\varepsilon}_e$，例如

$$\bar{\varepsilon}_e = \frac{C_{1o}(\varepsilon_r)+C_{1e}(\varepsilon_r)}{C_{1o}(1)+C_{1e}(1)} = \frac{\varepsilon_{eo}\dfrac{C_{1o}(1)}{C_{1e}(1)}+\varepsilon_{ee}}{1+\dfrac{C_{1o}(1)}{C_{1e}(1)}} \tag{3.7.41}$$

当耦合微带线的耦合度不很大时，$C_{1o}(1)\approx C_{1e}(1)$，式(3.7.41)变为

$$\bar{\varepsilon}_e \approx \frac{\varepsilon_{eo}+\varepsilon_{ee}}{2} \tag{3.7.42}$$

电容耦合系数 K_C 为

$$K_C = \frac{C_{12}(\varepsilon_r)}{C_{11}(\varepsilon_r)} = \frac{C_{1o}(\varepsilon_r)-C_{1e}(\varepsilon_r)}{C_{1o}(\varepsilon_r)+C_{1e}(\varepsilon_r)} \tag{3.7.43}$$

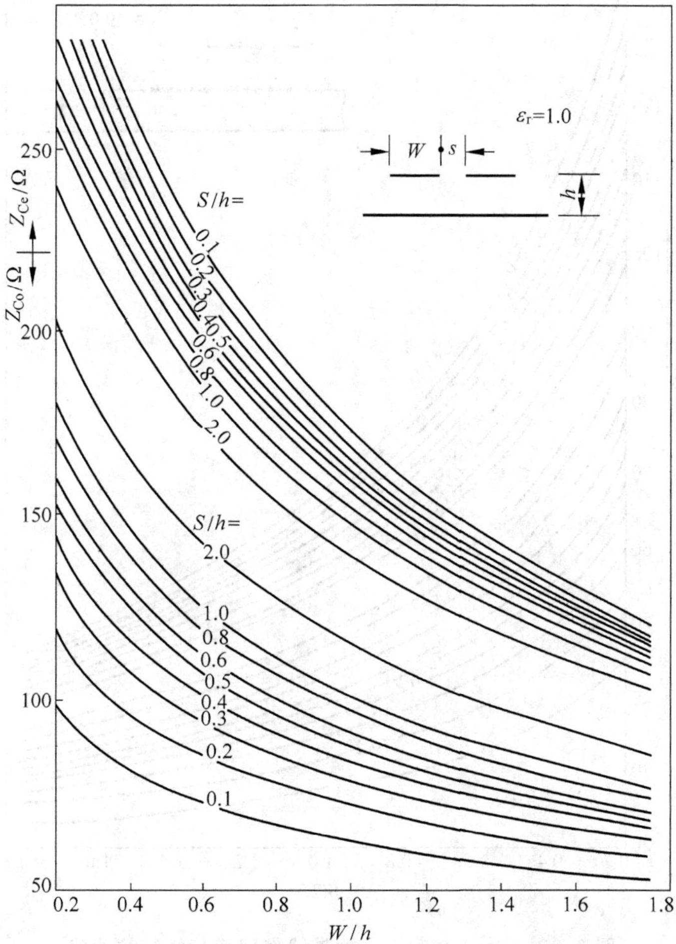

图 3.35 $\varepsilon_r=1.0$ 时耦合微带线奇偶模特性阻抗曲线

当介质基片为非磁性材料时，电感耦合系数 K_L 仍与空气填充（无介质基片）时的情况相同，可用空气微带线的分布电容参量表示电感耦合系数，因为空气微带线的电感耦合系数与电容耦合系数相同，故有

$$K_L = \frac{C_{1o}(1) - C_{1e}(1)}{C_{1o}(1) + C_{1e}(1)} \tag{3.7.44}$$

已有许多文献报道了奇偶模参量求解的研究成果，并制作了大量的曲线图表。图 3.35 所示为 $\varepsilon_r = 1.0$ 时的耦合微带线奇偶模特性阻抗曲线。图 3.36 所示为 $\varepsilon_r = 9.0$ 时的耦合微带线奇偶模特性阻抗曲线。

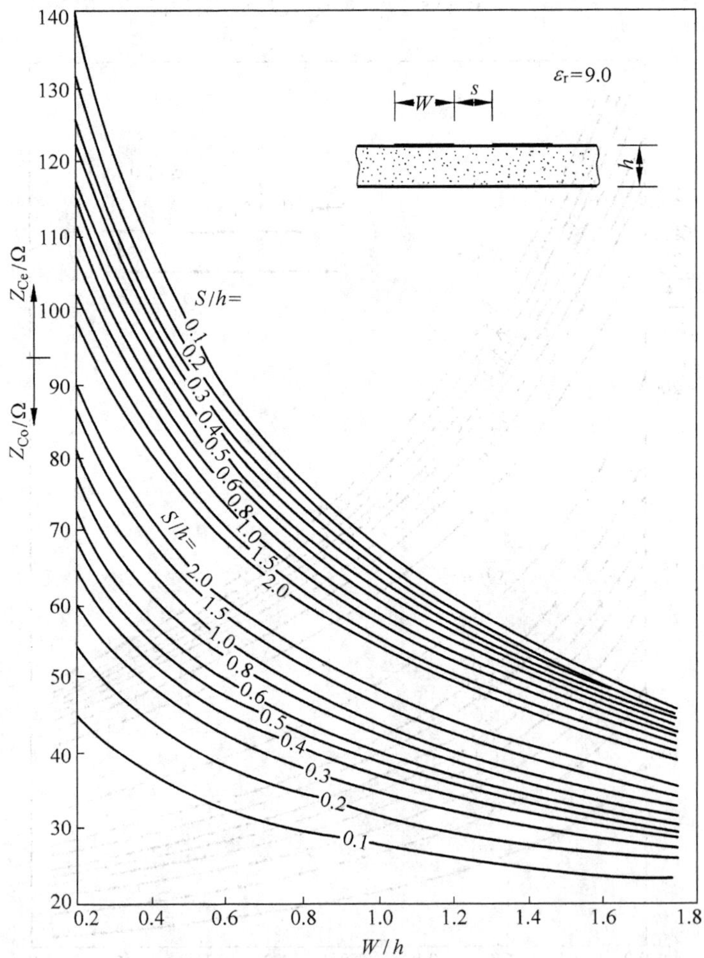

图 3.36 $\varepsilon_r = 9.0$ 时耦合微带线奇偶模特性阻抗曲线

【例 3.4】 给定 $\varepsilon_r=9.0,\dfrac{W}{h}=0.5,\dfrac{s}{h}=0.1$,试求偶模、奇模的特性阻抗和线上波长。

查图 3.36 曲线得 $Z_{Ce}(\varepsilon_r)=98.5\Omega,Z_{Co}(\varepsilon_r)=34\Omega,Z_{Ce}(1)=240\Omega,Z_{Co}(1)=76\Omega$,计算得到

$$\sqrt{\varepsilon_{ee}}=Z_{Ce}(1)/Z_{Ce}(\varepsilon_r)=240/98.5=2.44$$

$$\sqrt{\varepsilon_{eo}}=Z_{Co}(1)/Z_{Co}(\varepsilon_r)=76/34=2.24$$

$$\lambda_{ge}=\lambda_0/\sqrt{\varepsilon_{ee}}=0.41\lambda_0$$

$$\lambda_{go}=\lambda_0/\sqrt{\varepsilon_{eo}}=0.45\lambda_0$$

由此例可知,偶模和奇模的特性阻抗不相等,二者的有效介电常数,线上波长也不相等。

3.8 介质波导

3.8.1 相位匹配

介质波导的最初的构思是建立在介质分界面光的全反射概念上的。为了今后讨论的方便,本小节介绍反射透射现象中的相位匹配的概念。

设有一分界面,上面为区域 1、下面为区域 2,如图 3.37。区域 1 的波数为 k_1,区域 2 的波数为 k_2。入射波的波矢量为 $\boldsymbol{k}_i$,反射波的波矢量为 $\boldsymbol{k}_r$,透射波的波矢量为 $\boldsymbol{k}_t$,将它们分解为 $\hat{\boldsymbol{x}}$ 和 $\hat{\boldsymbol{z}}$ 方向的分量的矢量和的形式为

$$\boldsymbol{k}_i=-\hat{\boldsymbol{x}}k_{ix}+\hat{\boldsymbol{z}}k_{iz}=k_1\hat{\boldsymbol{k}}_i \qquad (3.8.1)$$

$$\boldsymbol{k}_r=\hat{\boldsymbol{x}}k_{rx}+\hat{\boldsymbol{z}}k_{rz}=k_1\hat{\boldsymbol{k}}_r \qquad (3.8.2)$$

$$\boldsymbol{k}_t=-\hat{\boldsymbol{x}}k_{tx}+\hat{\boldsymbol{z}}k_{tz}=k_2\hat{\boldsymbol{k}}_t \qquad (3.8.3)$$

上述三式中带“ˆ”的都是单位矢量,例如 $\hat{\boldsymbol{x}}$ 是 $\boldsymbol{x}$ 方向的单位矢量,$\hat{\boldsymbol{k}}_i$ 为 $\boldsymbol{k}_i$ 方向的单位矢量。

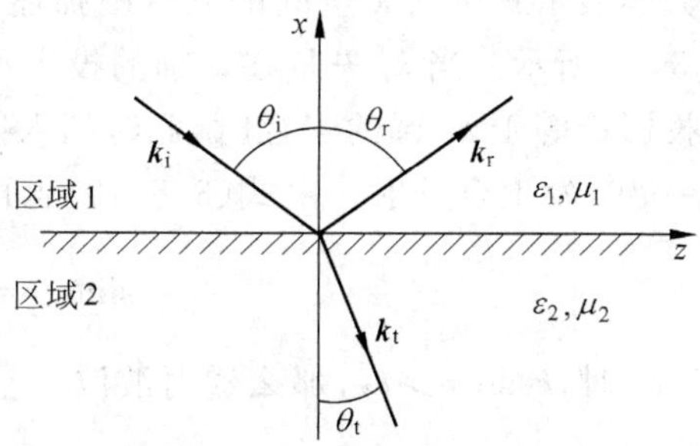

图 3.37 介质分界面的反射与透射

$$\hat{\boldsymbol{k}}_i=-\hat{\boldsymbol{x}}\cos\theta_i+\hat{\boldsymbol{z}}\sin\theta_i \qquad (3.8.4)$$

$$\hat{\boldsymbol{k}}_r=\hat{\boldsymbol{x}}\cos\theta_r+\hat{\boldsymbol{z}}\sin\theta_r \qquad (3.8.5)$$

$$\hat{\boldsymbol{k}}_t=-\hat{\boldsymbol{x}}\cos\theta_t+\hat{\boldsymbol{z}}\sin\theta_t \qquad (3.8.6)$$

式中,θ_i、θ_r 和 θ_t 分别为入射角、反射角和透射角。并且

$$k_{ix}=k_1\cos\theta_i \qquad (3.8.7)$$

$$k_{iz}=k_1\sin\theta_i \qquad (3.8.8)$$

$$k_{rx}=k_1\cos\theta_r \qquad (3.8.9)$$

$$k_{rz}=k_1\sin\theta_r \qquad (3.8.10)$$

$$k_{tx}=k_2\cos\theta_t \qquad (3.8.11)$$

$$k_{tz} = k_2 \sin\theta_t \tag{3.8.12}$$

在介质分界面上，电场和磁场的切向分量相等，包括切向分量的模与相位都应分别相等。这里，相位相等可表示为在 $x=0$ 界面上，有

$$e^{-jk_{iz}z} = e^{-jk_{rz}z} = e^{-jk_{tz}z}$$

这就是相位匹配条件，由此得

$$k_{iz} = k_{rz} = k_{tz} = k_z \tag{3.8.13}$$

即入射波、反射波和透射波的波矢量的 z 分量相等，故省去下标 i、r 和 t，统一记作 k_z。由上式以及式(3.8.8)、式(3.8.10)、式(3.8.12)得

$$\sin\theta_i = \sin\theta_r \tag{3.8.14}$$

$$k_1 \sin\theta_i = k_2 \sin\theta_t \tag{3.8.15}$$

或

$$\theta_i = \theta_r \tag{3.8.16}$$

$$\frac{\sin\theta_i}{\sin\theta_t} = \frac{k_2}{k_1} = \sqrt{\frac{\mu_2 \varepsilon_2}{\mu_1 \varepsilon_1}} \tag{3.8.17}$$

若导磁率 $\mu_1 = \mu_2$，那么

$$\frac{\sin\theta_i}{\sin\theta_t} = \sqrt{\frac{\varepsilon_2}{\varepsilon_1}} \tag{3.8.18}$$

上述数学表示式可用 $\boldsymbol{k}$ 空间的矢量图描述。设 $k_1 > k_2$，$\varepsilon_1 > \varepsilon_2$，$k_1$ 圆半径大于 k_2 圆半径，如图 3.38 所示。当 $\boldsymbol{k}_i$ 矢量在 z 轴的投影落在 k_2 之外时，与 k_2 圆无交点。当 $\boldsymbol{k}_i$ 矢量在 z 轴的投影恰等于 k_2 圆的半径时，此时的入射角 θ_i 记作 θ_c，θ_c 称为临界角，如图 3.39 所示，且 $\theta_t = 90°$，发生全反射。由式(3.8.15)也可得

$$\sin\theta_c = \frac{k_2}{k_1} = \sqrt{\frac{\varepsilon_2}{\varepsilon_1}} \tag{3.8.19}$$

当 $\theta_i > \theta_c$ 时，$k_1 \sin\theta_i > k_2$，那么透射波波矢量在 x 方向的分量 k_{tx} 为

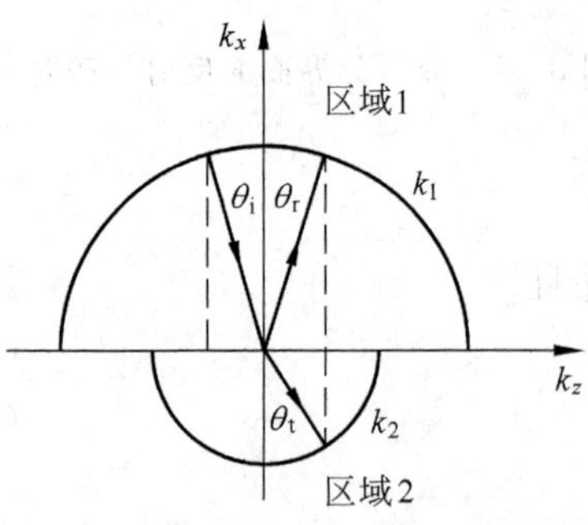

图 3.38 介质分界面的 $\boldsymbol{k}$ 矢量图

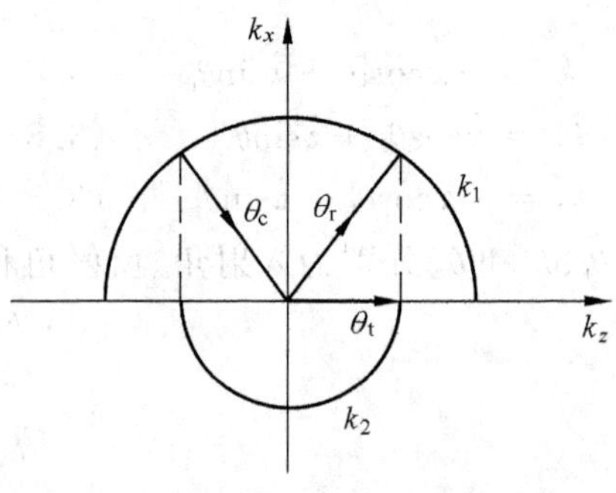

图 3.39 临界角

$$k_{tx} = -\sqrt{k_2^2 - k_z^2} = -\mathrm{j}\alpha_{tx} \tag{3.8.20}$$

式中，α_{tx}是正实数。在图3.39的条件下正负号的选取必须保证在$x\to-\infty$时波是有界的衰减的。可以验证指数因子$\mathrm{e}^{\mathrm{j}k_{tx}x}=\mathrm{e}^{\alpha_{tx}x}$在$x\to-\infty$时趋向于零。由上述讨论可知，当入射角大于临界角时波在分界面发生全反射，且在分界面的另一侧，波是按指数衰减的。

3.8.2　对称薄膜介质波导

本小节讨论薄膜介质波导，它是集成光学的基础，所得结果对于了解光纤也是非常有用的。为了简化，这里仅讨论对称薄膜介质波导。

薄膜介质波导的结构示意图如图3.40所示。中间一层介质的介电常数ε_1大于上下两层的介电常数ε_2和ε_3，若$\varepsilon_2=\varepsilon_3$，则称为对称薄膜介质波导。

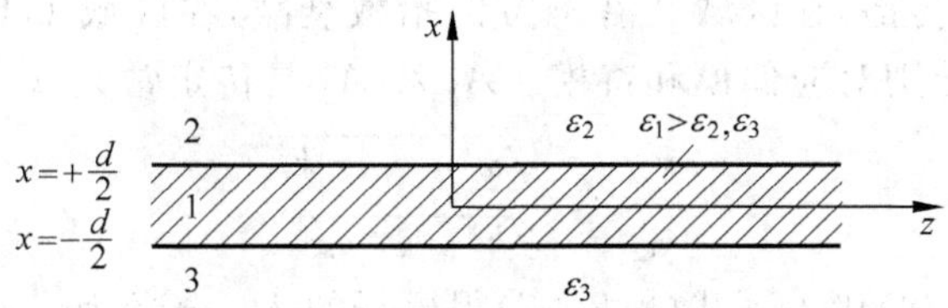

图3.40　薄膜介质波导结构示意图

电磁波在中间层介质内沿z方向传播时，满足全反射条件：入射角θ_i大于临界角。在区域2中波沿x方向是衰减的。介质波导的导波解总可以写成

$$\boldsymbol{E}(x,z) = \boldsymbol{E}(x)\mathrm{e}^{-\mathrm{j}k_z z} \tag{3.8.21}$$

$$\boldsymbol{H}(x,z) = \boldsymbol{H}(x)\mathrm{e}^{-\mathrm{j}k_z z} \tag{3.8.22}$$

下面讨论对称薄膜介质波导中的TE波。

对于TE波，导波场的横向分量与纵向分量的关系为

$$\boldsymbol{H}_T = -\mathrm{j}k_z\nabla_T H_z/(k^2 - k_z^2) \tag{3.8.23}$$

$$\boldsymbol{E}_T = \mathrm{j}\omega\mu\hat{\boldsymbol{z}}\times\nabla_T H_z/(k^2 - k_z^2) \tag{3.8.24}$$

假定介质波导在y方向是均匀的，对y的偏导数$\dfrac{\partial}{\partial y}=0$，于是算符$\nabla_T=\hat{\boldsymbol{x}}\dfrac{\partial}{\partial x}$，那么横向磁场只有$x$分量$H_x$，横向电场只有$y$分量$E_y$，且

$$H_x = -\mathrm{j}k_z\frac{\partial H_z}{\partial x}\Big/(k^2 - k_z^2) \tag{3.8.25}$$

$$E_y = \mathrm{j}\omega\mu\frac{\partial H_z}{\partial x}\Big/(k^2 - k_z^2) \tag{3.8.26}$$

因为电场只有E_y分量，求解时也可以首先求E_y，然后求H_x和H_z。由电磁场的法拉第电磁感应定律$\nabla\times\boldsymbol{E}=-\mathrm{j}\omega\mu\boldsymbol{H}$，将电场的表示式$\boldsymbol{E}=E_y\hat{\boldsymbol{y}}$代入，并注意到$\nabla=\hat{\boldsymbol{x}}\dfrac{\partial}{\partial x}+$

$\hat{z}\frac{\partial}{\partial z}$,得

$$\boldsymbol{H}=\frac{\mathrm{j}}{\omega\mu}\left(\hat{\boldsymbol{x}}\frac{\partial}{\partial x}+\hat{\boldsymbol{z}}\frac{\partial}{\partial z}\right)\times\hat{\boldsymbol{y}}E_y=\frac{\mathrm{j}}{\omega\mu}\left(-\hat{\boldsymbol{x}}\frac{\partial Ey}{\partial z}+\hat{\boldsymbol{z}}\frac{\partial Ey}{\partial x}\right)\tag{3.8.27}$$

电场 E_y 分量可以写作

$$E_y(x,z)=\begin{cases}A_2\mathrm{e}^{-\alpha_x x-\mathrm{j}k_z z} & x>d/2\\ A_1\begin{bmatrix}\cos k_{1x}x\\ \sin k_{1x}x\end{bmatrix}\mathrm{e}^{-\mathrm{j}k_z z} & |x|\leqslant d/2\\ \pm A_2\mathrm{e}^{\alpha_x x-\mathrm{j}k_z z} & x<-d/2\end{cases}\tag{3.8.28}$$

此解表明波沿 z 方向传播,在区域 2 沿 x 方向指数衰减,在区域 1,因全反射沿 x 方向形成驻波,上下两组解分别对应偶模和奇模。A_1 和 A_2 是待定常数,k_{1x}和 α_x 满足色散方程

$$k_{1x}=\sqrt{\omega^2\mu_0\varepsilon_1-k_z^2}\tag{3.8.29}$$

$$\alpha_x=\sqrt{k_z^2-\omega^2\mu_0\varepsilon_2}\tag{3.8.30}$$

将 E_y 的表示式(3.8.28)代入到式(3.8.27)得磁场的 H_x 分量为

$$H_x=\frac{\mathrm{j}}{\omega\mu}\begin{cases}-\alpha_x A_2\mathrm{e}^{-\alpha_x x-\mathrm{j}k_z z} & x>d/2\\ \mp k_{1x}A_1\begin{bmatrix}\sin k_{1x}x\\ \cos k_{1x}x\end{bmatrix}\mathrm{e}^{-\mathrm{j}k_z z} & |x|\leqslant d/2\\ \pm\alpha_x A_2\mathrm{e}^{\alpha_x x-\mathrm{j}k_z z} & x<-d/2\end{cases}\tag{3.8.31}$$

根据分界面处的边界条件可以得出偶模与奇模的导行条件。由于对称薄膜波导相对于 x 轴的对称性,若电磁场在 $x=d/2$ 处满足边界条件,则在 $x=-d/2$ 处就自动满足边界条件,因此我们仅利用 $x=d/2$ 处的边界条件进行推导。在 $x=d/2$ 处电场和磁场的切向分量连续,由式(3.8.28)和式(3.8.31)的偶模解,得

$$A_2\mathrm{e}^{-\alpha_x d/2}=A_1\cos(k_{1x}d/2)\tag{3.8.32}$$

$$A_2\mathrm{e}^{-\alpha_x d/2}=\frac{k_1x}{\alpha_x}A_1\sin(k_{1x}d/2)\tag{3.8.33}$$

两式相除得 TE 波偶模解的导行条件

$$\tan(k_{1x}d/2)=\alpha_x/k_{1x}\tag{3.8.34}$$

利用式(3.8.32)所给的 A_1 与 A_2 的关系,可将 E_y 表示式中的 A_2 用 A_1 取代,于是 TE 波偶模的 E_y 为

$$E_y(x,z)=\begin{cases}A_1\cos(k_{1x}d/2)\mathrm{e}^{-\alpha_x\left(x-\frac{d}{2}\right)-\mathrm{j}k_z z} & x>d/2\\ A_1\cos(k_{1x}x)\mathrm{e}^{-\mathrm{j}k_z z} & |x|<d/2\\ A_1\cos(k_{1x}d/2)\mathrm{e}^{-\alpha_x\left(x+\frac{d}{2}\right)-\mathrm{j}k_z z} & x<-d/2\end{cases}\tag{3.8.35}$$

常数 A_1 取决于介质波导传输功率。

类似地,TE 波奇模的导行条件为

$$\cot(k_{1x}d/2) = -\alpha_x/k_{1x} \tag{3.8.36}$$

TE 波奇模的 E_y 为

$$E_y(x,z) = \begin{cases} A_1\sin(k_{1x}d/2)\mathrm{e}^{-\alpha_x\left(x-\frac{d}{2}\right)-\mathrm{j}k_z z} & x > d/2 \\ A_1\sin(k_{1x}d/2)\mathrm{e}^{-\mathrm{j}k_z z} & |x| < d/2 \\ -A_1\sin(k_{1x}d/2)\mathrm{e}^{-\alpha_x\left(x+\frac{d}{2}\right)-\mathrm{j}k_z z} & x < -d/2 \end{cases} \tag{3.8.37}$$

作为练习,请读者自行导出 TM 波的偶模和奇模的导行条件,以及 H_y 的表示式。

下面对 TE 波的偶模解作进一步的讨论。首先改写偶模的导行条件,由色散方程

$$k_{1x}^2 = \omega^2\mu_0\varepsilon_1 - k_z^2 \tag{3.8.38}$$

$$\alpha_x^2 = k_z^2 - \omega^2\mu_0\varepsilon_2 \tag{3.8.39}$$

两式相加,得

$$\alpha_x^2 = \Delta k^2 - k_{1x}^2 \tag{3.8.40}$$

式中

$$\Delta k^2 = \omega^2\mu_0(\varepsilon_1 - \varepsilon_2) \tag{3.8.41}$$

利用式(3.8.40)将偶模导行条件(3.8.34)改写为

$$\tan(k_{1x}d/2) = \frac{\sqrt{[(\Delta k)d/2]^2 - (k_{1x}d/2)^2}}{k_{1x}d/2} \tag{3.8.42}$$

此式右端分子分母都配上 $d/2$,便于画曲线。图 3.41 是上式的图解,两组曲线中,一是 $\tan(k_{1x}d/2)$,一是以 $(\Delta k)d/2$ 为参量的等式右端的曲线。两组曲线的交点便是对称薄膜介质波导的一个模,第 p 个模的 $(k_{1x})_p$ 满足下述条件:

$$p\pi < (k_{1x})_p d/2 < \left(p+\frac{1}{2}\right)\pi, \quad p = 0,1,2,\cdots \tag{3.8.43}$$

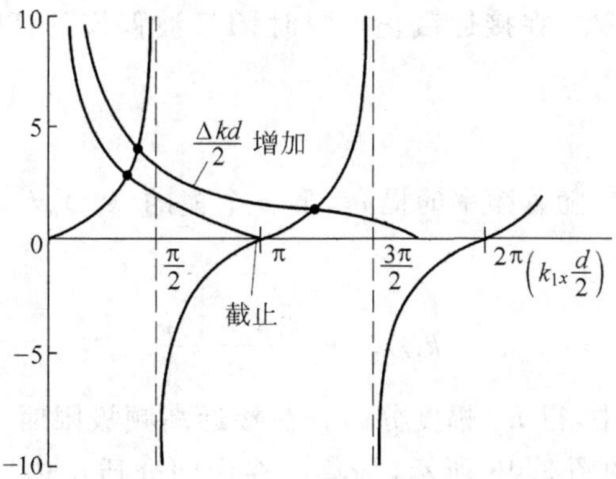

图 3.41 TE 波导行条件图解

一旦从图上求得$(k_{1x})_p$，由色散关系很容易求出相应的第 p 个模的 z 方向的传播常数

$$k_{zp} = \sqrt{\omega^2\mu_0\varepsilon_1 - (k_{1x})_p^2} \tag{3.8.44}$$

仔细研究下面两个极限情况下的 TE 波偶模场分布和传播特性，对于认识介质波导是十分有益的。

(1) 低频极限

从图 3.41 可以看出，随着频率的降低，第 p 个模的$(k_{1x})_p d/2$ 将趋向于 $p\pi$，这种情况称为低频极限。此时由 TE 波的偶模解的导行条件(3.8.34)可知 $\alpha_x \to 0$，场在外层介质中衰减的很慢，能量并不集中在中间层介质中。同时由式(3.8.42)可知$(\Delta k)d/2 \to p\pi$，称$(\Delta k)d/2 = p\pi$ 时的频率为 TE 波第 p 个偶模的截止频率，记作 f_{cp}，由 Δk 的表示式(3.8.41)可得

$$2\pi f_{cp}\sqrt{\mu_0(\varepsilon_1 - \varepsilon_2)} = 2p\pi/d \tag{3.8.45}$$

于是

$$f_{cp} = \frac{p}{d}\frac{1}{\sqrt{\mu_0(\varepsilon_1 - \varepsilon_2)}} = \frac{p}{d}\frac{1}{\sqrt{\mu_0\varepsilon_0}}\frac{1}{\sqrt{\left(\frac{\varepsilon_1}{\varepsilon_0}\right) - \left(\frac{\varepsilon_2}{\varepsilon_0}\right)}}$$

或

$$f_{cp} = \frac{p}{d}\frac{c}{\sqrt{n_1^2 - n_2^2}} \tag{3.8.46}$$

式中，c 是真空中的光速，$n_1 = \sqrt{\varepsilon_1/\varepsilon_0}$，$n_2 = \sqrt{\varepsilon_2/\varepsilon_0}$，$n_1$ 和 n_2 分别为中间介质和外层介质的折射指数。对于对称薄膜介质波导，最低偶模 $p=0$，故无截止频率。介质波导的截止频率与金属波导的截止频率在概念上有所不同。在金属波导中，当工作频率低于截止频率时，波将处于截止衰减状态而不能传播；在介质波导中，当工作频率低于截止频率时，波在外层介质中，沿 x 方向波将不再按指数规律衰减分布，能量不能集中在中间介质层内，低频极限又称为截止极限。在接近截止极限时，TE 波偶模的 TE_0 模和 TE_1 模的 E_y 幅度分布如图 3.42 所示。

(2) 高频极限

从图 3.41 可以看出，随着频率的提高，第 p 个模的$(k_{1x})_p d/2 \to \left(p + \frac{1}{2}\right)\pi$，这种情况称为高频极限。即为

$$(k_{1x})_p \to \frac{(2p+1)\pi}{d} \tag{3.8.47}$$

将其代入到式(3.8.35)中，得 E_y 幅度分布。在接近高频极限时，TE 波偶模的 TE_0 模和 TE_1 模的 E_y 幅度分布如图 3.43 所示，场集中在中间介质层内，场在外层介质内很快地衰减。

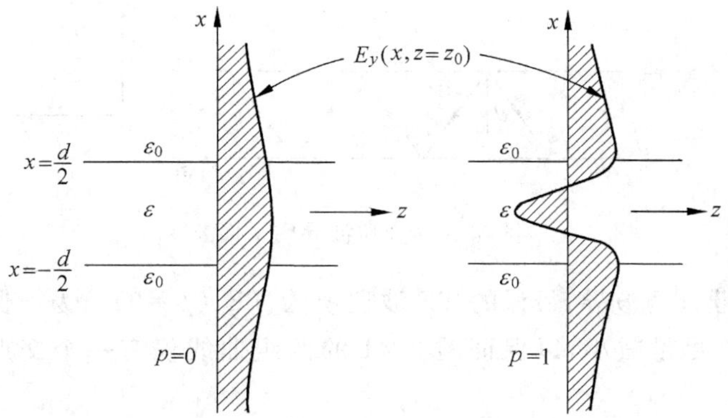

图 3.42　低频时 TE 波偶模 TE_0 和 TE_1 模 E_y 幅度分布

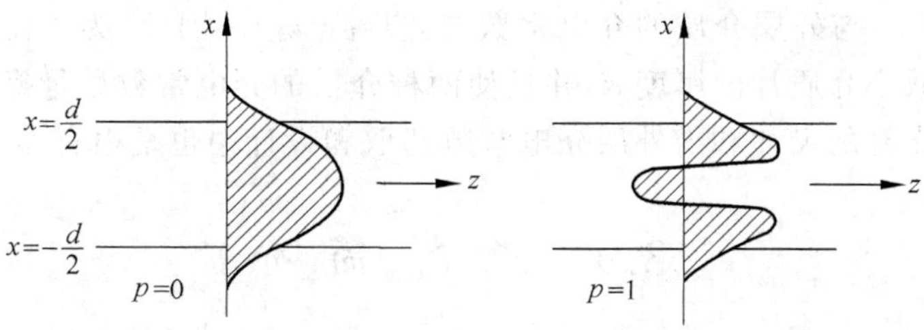

图 3.43　高频时 TE 波偶模 TE_0 和 TE_1 模 E_y 幅度分布

中间介质层内的场可以分解为两个平面波，即为

$$E_y = A_1\cos(k_{1x}x)e^{-jk_z z} = \frac{A_1}{2}(e^{jk_{1x}x} + e^{-jk_{1x}x})e^{-jk_z z}$$

$$= \frac{A_1}{2}[e^{-j(k_{1x}x+k_z z)} + e^{-j(-k_{1x}x+k_z z)}] \tag{3.8.48}$$

平面波在分界面处来回反射，形成驻波，这种现象在讨论矩形波导的时候已遇到过。但在矩形波导中反射是由于导体表面，而在介质波导中是介质表面的全反射。对于第 p 个模，平面波的入射角 θ_p 满足下述关系式：

$$\tan\theta_p = \frac{(k_z)_p}{(k_{1x})_p} \tag{3.8.49}$$

中间介质层内平面波反射的示意图如图 3.44 所示。

在高频极限时，$(k_{1x})_p d/2 \to \left(p+\frac{1}{2}\right)\pi$，那么由式(3.8.44)可知，当频率 ω 无限增大时 $(k_z)_p$ 趋向于无限大。因此，从式(3.8.49)可得出高频极限时入射角 θ_p 为 90°的结论，这说明光波基本上是平行于介质波导传播。

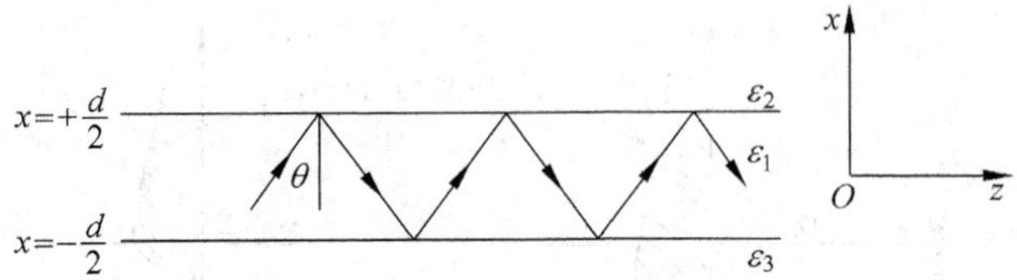

图 3.44　介质波导内平面波

对于对称薄膜介质波导，最低的 TE 波偶模为 $TE_0(p=0)$。为了保证介质波导单模工作，可使 $\Delta kd/2$ 尽量减小，以保证图 3.41 的两组曲线仅有一个交点。由式(3.8.41)可知

$$\Delta kd/2=\omega\sqrt{\mu_0(\varepsilon_1-\varepsilon_2)}d/2 \tag{3.8.50}$$

当工作频率已选定时，影响 $\Delta kd/2$ 的因素有二：其一是介质波导的厚度 d，其二是中间介质层的介电常数 ε_1 与外层介质的介电常数之差$(\varepsilon_1-\varepsilon_2)$。因此，为了使介质波导工作在单模状态，就要减小介质片的厚度 d，并且使两种介质的介电常数尽量靠近。这两点单模工作的要求，在光纤的尺寸和内外层介电常数选取和设计中也是很有参考价值的。

3.9　光纤简介

光纤是光导纤维的简称，它是一种圆柱状的介质波导。按照光纤横断面的折射指数分布，大体上有三种类型的光纤，如图 3.45 所示。以阶跃光纤为例，中心是半径为 a 的纤芯，其介电常数为 ε_1，外面用介电常数为 ε_2 的同心包层介质所包围，称作包层，ε_2 稍稍小于 ε_1。低损的光纤通常以石英玻璃作为纤芯，为了提高纤芯的折射指数，可用 GeO_2、

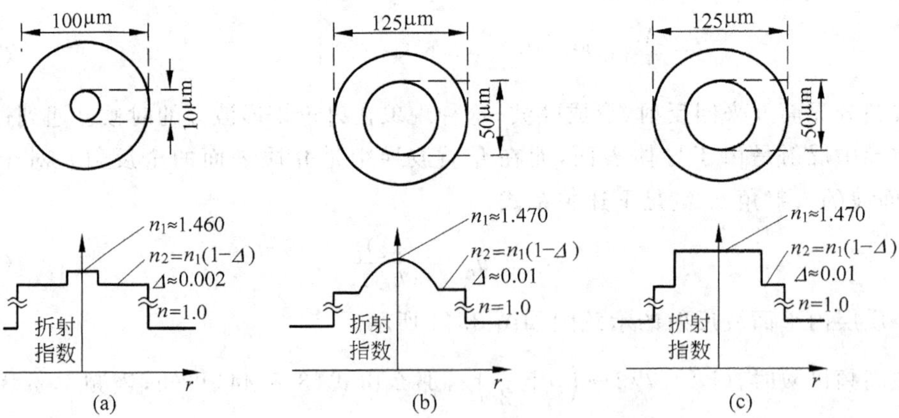

图 3.45　三种类型光纤的折射指数分布剖面图

(a) 单模光纤　(b) 渐变指数多模光纤　(c) 阶跃指数多模光纤

P_2O_5 掺杂，包层的材料是石英玻璃或 P_2O_5 掺杂的石英玻璃。

按照剖面内折射指数的分布对光纤进行分类。纤芯具有均匀的折射指数，纤芯到包层的折射指数的过渡是突变的或阶跃变化的，简称阶跃光纤。根据纤芯直径的大小，又可分为单模阶跃光纤和多模阶跃光纤。若纤芯的折射指数按某种方式连续变化，则称该种光纤为渐变光纤，渐变光纤也有单模与多模之分。类似于薄膜介质波导，可以设计纤芯的尺寸等参数，使光纤中只有一个模传播，称作单模光纤，如图 3.45(a)所示，其纤芯只有 10μm。多模光纤中可能有数百个模传播，多模光纤的各种参数如图 3.45(b)和(c)所示。

用光纤传输信号的关键问题之一是降低光纤的损耗。目前制作的光纤损耗的量级已接近理论极限值。在 $\lambda=1.35\mu$m、$\lambda=1.5\mu$m 附近衰减有最低点，此波段称为长波长波段；在 $\lambda=0.85\mu$m 附近的波段叫做短波长波段，长波长波段损耗比较低，是比较理想的工作波段。1980 年光纤衰减低达 0.2dB/km(1.55μm)，使得长距离光纤通信成为可能。

为了实现大容量的通信，就要求光纤有很宽的带宽，单模光纤的带宽最宽，是理想的光纤。由于长距离通信，因此光纤的色散问题也变得不可忽视。色散是限制通信距离和容量的又一个关键问题。

光纤虽然具有一定的拉张强度，但仍不能经受弯折、扭曲、侧压力的作用。为使光纤能够在各种敷设条件下使用，还应将光纤与其他材料组合起来形成光缆。根据不同的环境和使用条件，可制成各种不同结构形式的光缆，如单芯软光缆、架空光缆、地下光缆、海底光缆等。在结构上主要考虑的是，在光缆的内部加入抗弯曲的强度元件，例如金属芯、塑料芯；在外部加上保护层，使光纤与外界的腐蚀物质隔离。

设计合理的光缆结构应尽可能减小光缆制造过程中光纤所受的机械力，选择适当的光缆材料(主要是强度元件材料)使光缆中各元件的膨胀系数尽可能接近光纤的线膨胀系数，从而防止温度和湿度变化引起光纤的微弯。微弯将导致光纤的损耗增加，这种损耗称作微弯损耗。一般来讲，微弯损耗可以忽略不计，但若结构设计、制造工艺不当也会使微弯损耗超过光纤本身的损耗，甚至不能使用，因此必须引起足够重视。

3.10 激励耦合

为了分析的方便，我们将激励耦合问题分成三种类型。

(1) 电流源(包括等效电流源)和等效磁流源在空间激励起电磁场，简称源对场的激励。这样的空间可以是自由空间、传输线或谐振腔。

(2) 一种类型传输线的电磁场的模式转换为另一种类型传输线的电磁场模式；简称场对场的激励耦合。

(3) 一种类型的传输线电流转换为另一种类型传输线的电流，简称源对源的激励耦合。

三种类型的激励耦合并不能截然区分，一个具体的激励耦合问题可以同时从不同角度、不同的类型去分析。

本节首先从广义坡印亭定理出发引出上述第一种类型激励耦合问题的判断准则，然后举出各种类型激励耦合问题的具体例子。

3.10.1 源对场的激励准则

在自然界中磁荷与磁流是不存在的，但是为了实用，我们在电磁场方程组中引入等效的磁荷与磁流，于是有下述广义电磁场方程组：

$$\nabla \times \boldsymbol{E} = -\mathrm{j}\omega \boldsymbol{B} - \boldsymbol{J}_{\mathrm{m}} \tag{3.10.1}$$

$$\nabla \times \boldsymbol{H} = \mathrm{j}\omega \boldsymbol{D} + \boldsymbol{J}_{\mathrm{e}} \tag{3.10.2}$$

$$\nabla \cdot \boldsymbol{D} = \rho_{\mathrm{e}} \tag{3.10.3}$$

$$\nabla \cdot \boldsymbol{B} = \rho_{\mathrm{m}} \tag{3.10.4}$$

式中 ρ_{e} 和 $\boldsymbol{J}_{\mathrm{e}}$ 分别是等效电荷密度和等效电流密度，加下标 e 以区别于真实的电荷密度和真实的电流密度，ρ_{m} 和 $\boldsymbol{J}_{\mathrm{m}}$ 分别是等效磁荷密度和等效磁流密度。在引入等效源替代原有的真实源时应保证在所关心的区域内的场仍是原有的真实源所产生的场。

由广义电磁场方程组可导出广义坡印亭定理（该定理的推导留作习题）

$$\nabla \cdot \boldsymbol{S} + \frac{1}{2}(\boldsymbol{E} \cdot \boldsymbol{J}_{\mathrm{e}}^{*} + \boldsymbol{H}^{*} \cdot \boldsymbol{J}_{\mathrm{m}}) = \frac{1}{2}\mathrm{j}\omega(\boldsymbol{E} \cdot \boldsymbol{D}^{*} - \boldsymbol{H}^{*} \cdot \boldsymbol{B}) \tag{3.10.5}$$

式中，$\boldsymbol{S}$ 是复数坡印亭矢量，$\boldsymbol{S}=(\boldsymbol{E}\times\boldsymbol{H}^{*})/2$，上式的积分形式为

$$\oint_S \mathrm{S} \cdot \mathrm{d}\boldsymbol{s} + \int_V \frac{1}{2}(\boldsymbol{E} \cdot \boldsymbol{J}_{\mathrm{e}}^{*} + \boldsymbol{H}^{*} \cdot \boldsymbol{J}_{\mathrm{m}})\mathrm{d}v = \frac{\mathrm{j}\omega}{2}\int_V (\boldsymbol{E} \cdot \boldsymbol{D}^{*} - \boldsymbol{H}^{*} \cdot \boldsymbol{B})\mathrm{d}v \tag{3.10.6}$$

S 是包围体积 v 的封闭曲面。上述二式中 $\boldsymbol{J}_{\mathrm{e}}$ 和 $\boldsymbol{J}_{\mathrm{m}}$ 是外加的等效电流源和磁流源，$\boldsymbol{E}$ 和 $\boldsymbol{H}$ 是波导中被等效电流和等效磁流所激励的电磁场。由此我们提出下述场被激励的准则：假设 $\boldsymbol{E}$ 和 $\boldsymbol{H}$ 是波导中某一模式的电场和磁场，如果

$$\int_V (\boldsymbol{E} \cdot \boldsymbol{J}_{\mathrm{e}}^{*} + \boldsymbol{H}^{*} \cdot \boldsymbol{J}_{\mathrm{m}})\mathrm{d}v = 0 \tag{3.10.7}$$

那么该种模式的场是不能被激励的，否则是可以被激励的。从这一准则得出下述 5 个推论：

(1) 当 $\boldsymbol{J}_{\mathrm{e}}$ 放在电场 $\boldsymbol{E}$ 为零的位置，$\boldsymbol{J}_{\mathrm{m}}$ 放在磁场 $\boldsymbol{H}$ 为零的位置，式(3.10.7)成立，那么不能激励起相应模式的电磁场。例如当 $\boldsymbol{J}_{\mathrm{e}}$ 置于理想导体附近和 $\boldsymbol{J}_{\mathrm{m}}$ 置于理想导磁体附近时就属于这种情况，当然，这里 $\boldsymbol{J}_{\mathrm{e}}$ 和 $\boldsymbol{J}_{\mathrm{m}}$ 分别平行于导体和导磁体表面。

(2) 当 $\boldsymbol{J}_{\mathrm{e}}$ 垂直于 $\boldsymbol{E}$ 和 $\boldsymbol{J}_{\mathrm{m}}$ 垂直于 $\boldsymbol{H}$ 时，式(3.10.7)成立，那么不能激励起相应的模式的电磁场。

(3) 当 $\boldsymbol{J}_{\mathrm{e}}$、$\boldsymbol{J}_{\mathrm{m}}$、$\boldsymbol{E}$、$\boldsymbol{H}$ 都是旋转矢量，且 $\boldsymbol{J}_{\mathrm{e}}$ 与 $\boldsymbol{E}$ 的旋转方向相反，$\boldsymbol{J}_{\mathrm{m}}$ 与 $\boldsymbol{H}$ 的旋转方向

相反,式(3.10.7)成立。不失一般性,可设

$$\boldsymbol{J}_{\mathrm{e}} = J_{\mathrm{e}0}(\hat{\boldsymbol{x}} + \mathrm{j}\hat{\boldsymbol{y}}) \tag{3.10.8}$$

$$\boldsymbol{E} = E_0(\hat{\boldsymbol{x}} - \mathrm{j}\hat{\boldsymbol{y}}) \tag{3.10.9}$$

$$\boldsymbol{J}_{\mathrm{m}} = J_{\mathrm{m}0}(\hat{\boldsymbol{x}} + \mathrm{j}\hat{\boldsymbol{y}}) \tag{3.10.10}$$

$$\boldsymbol{H} = H_0(\hat{\boldsymbol{x}} - \mathrm{j}\hat{\boldsymbol{y}}) \tag{3.10.11}$$

可以验证式(3.10.7)的被积函数等于零。这说明右手旋转的激励源只能激励右手旋转的场,左手旋转的激励源只能激励左手旋转的场。

(4) 当式

$$\int_V \boldsymbol{E} \cdot \boldsymbol{J}_{\mathrm{e}}^* \,\mathrm{d}v = 0 \tag{3.10.12}$$

和式

$$\int_V \boldsymbol{H}^* \cdot \boldsymbol{J}_{\mathrm{m}} \mathrm{d}v = 0 \tag{3.10.13}$$

分别成立,那么式(3.10.7)成立。这说明 $\boldsymbol{E} \cdot \boldsymbol{J}_{\mathrm{e}}^*$ 和 $\boldsymbol{H}^* \cdot \boldsymbol{J}_{\mathrm{m}}$ 本身都不为零,但其各自的积分为零。一个重要的情况是场和源的分布具有相反的空间对称性,这使得式(3.10.12)或式(3.10.13)的积分中正负值相互抵消。

(5) 如果式(3.10.12)和式(3.10.13)不成立,但式(3.10.7)仍成立,这表明电流源的作用与磁流源的作用互相抵消。

由激励耦合准则引出的 5 个推论所叙述的情况都会在实际的激励耦合问题中出现。

3.10.2 激励耦合举例

(1) 同轴波导转换。同轴线的内导体从矩形波导宽壁的中央伸到波导中构成波导同轴转换,矩形波导的左端短路,同轴线内导体距短路面距离为 $1/4\mathrm{TE}_{10}$ 波波导波长,同轴线的内导体上流过传导电流 $\boldsymbol{J}_{\mathrm{e}}$,由激励准则可以知道此激励源在矩形波导内可以激励起 TE_{10} 波,参看图 3.46。请读者思考一下,若同轴线内导体距短路面的距离为 $1/2\mathrm{TE}_{10}$ 波波导波长,还能够激励起 TE_{10} 波吗?

(2) 同轴线耦合环。图 3.47 所示是同轴线的内导体做成环状的情况。一个环状电流可以等效为磁流源 $\boldsymbol{J}_{\mathrm{m}}$,由激励准则可以知道这个 $\boldsymbol{J}_{\mathrm{m}}$ 作为激励源在下面的同轴线中可以激励起 TEM 波。图 3.47 的上面的同轴线通过环状装置从下面的同轴线取得能量,通常称作耦合。激励和耦合是一个问题的两种说法。这是网络的互易性的问题,在第 4 章中将进一步讨论。

(3) 小孔耦合。关于小孔耦合的理论是比较复杂的,这里只简单地从物理概念上予以解释。图 3.48 说明了如何将小孔等效为电偶极子 $\boldsymbol{p}$(一小段电流 $\boldsymbol{J}_{\mathrm{e}}$)和磁偶极子 $\boldsymbol{m}$(一小段磁流 $\boldsymbol{J}_{\mathrm{m}}$)。假定场源位于理想导体的下侧,因而下侧存在电场 $\boldsymbol{E}_{i1}$ 和 $\boldsymbol{H}_{i1}$,在导体附近

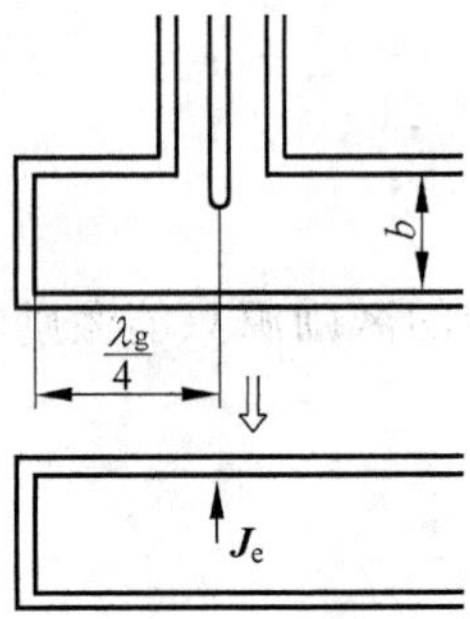

图 3.46　波导同轴转换

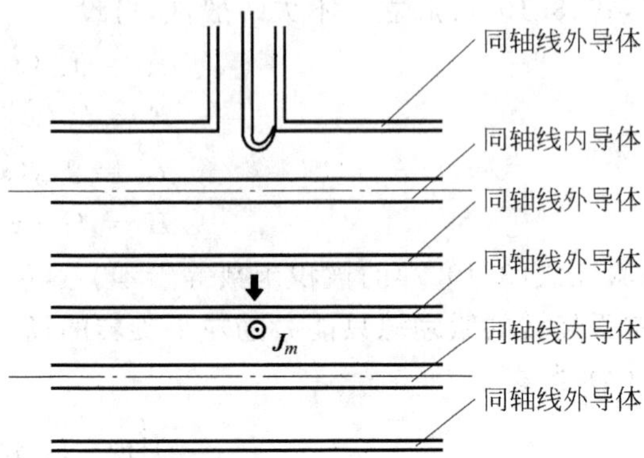

图 3.47　同轴线的耦合环

电场垂直于导体表面，磁场平行于导体表面，由于小孔的存在使原有的场发生畸变，小孔比较小，这种畸变只发生在小孔附近。为了方便，我们将电场通过小孔和磁场通过小孔的耦合问题分开来讨论，实际的情况有可能二者同时存在，即同时存在电耦合与磁耦合。

图 3.48 中，(a)和(a′)分别是无小孔存在的理想导体附近的电场和磁场；(b)和(b′)是有小孔时小孔附近的电场和磁场的畸变情形；(c)和(c′)是引入的电偶极子 $\boldsymbol{p}_1$、$\boldsymbol{p}_2$ 和磁耦极子 $\boldsymbol{m}_1$、$\boldsymbol{m}_2$ 的配置情况。原有的无小孔时的电场 $\boldsymbol{E}_{i1}$、磁场 $\boldsymbol{H}_{i1}$ 加上电偶极子 $\boldsymbol{p}_1$、$\boldsymbol{m}_1$ 产生的场形成下侧的畸变场，$\boldsymbol{p}_2$ 和 $\boldsymbol{m}_2$ 产生的场就是通过小孔耦合得到的上侧的场。

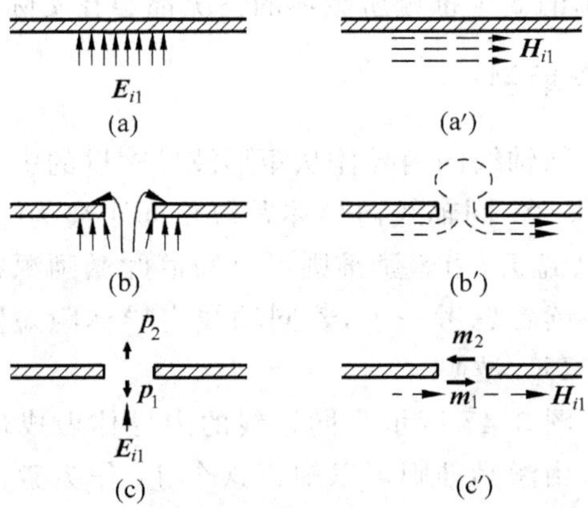

图 3.48　小孔等效为电偶极子和磁偶极子

(4) 同轴微带转换如图 3.49 所示。这种结构不必用电流源对场的激励来解释，而看作同轴线的内导体与微带线的导体带相连，同轴线外导体与微带线的接地板相接，使它们的传导电流连续。这是前述第三种类型的激励耦合问题，从另一角度看是同轴线中的 TEM 波转换为微带线中的准 TEM 波，当然任何两种结构不同的传输线相接都不可避免地产生反射，如果是开放线还会产生辐射。

(5) 矩形波导—圆波导的方圆过渡如图 3.50 所示。这种结构可直接从场型的逐步转换来说明，矩形波导的 TE_{10} 模和圆波导的 TE_{11} 模的场的构造有类似之处，适当的结构变换可保证逐步地从矩形波导的 TE_{10} 模过渡到圆波导的 TE_{11} 模，相反的过程也是成立的。

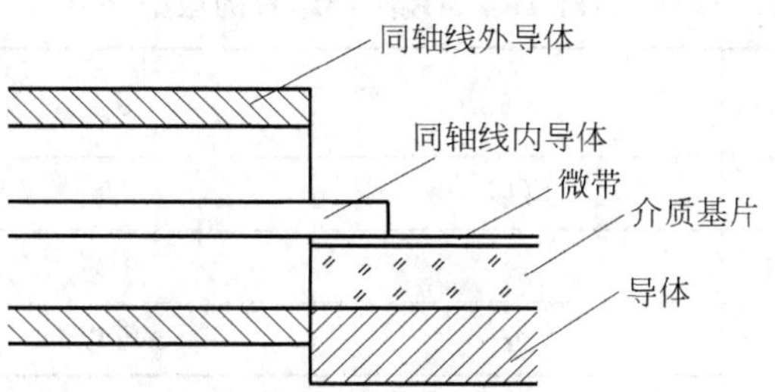

图 3.49 同轴微带转换

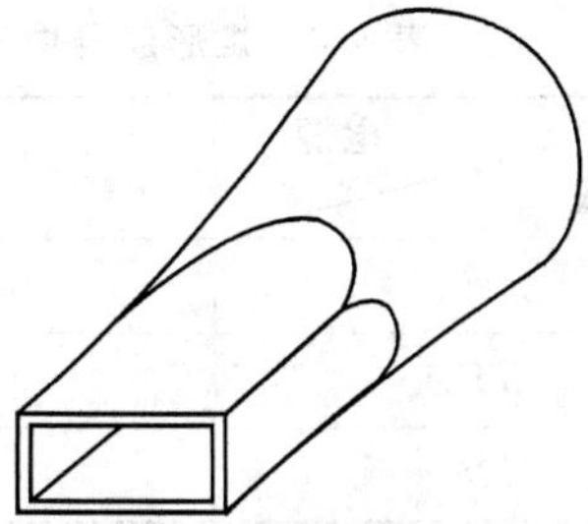

图 3.50 方圆过渡

(6) 在实验中，偶然发生过两个同一规格的矩形波导错误地连接的情况，如图 3.51 所示，两个波导的宽边没有对好，而是互相垂直地放置，这时一个波导中的功率不能传输到另一波导中，即一个波导中的 TE_{10} 模(单模工作)不能激励起另一波导中的 TE_{10} 模。两个波导中的 TE_{10} 模的电场互相垂直，磁场也互相垂直，因而不能激励，两个如此放置的矩形波导是相互隔离的。在波导结构的平衡混频器中还要用到这种互相隔离的特性。

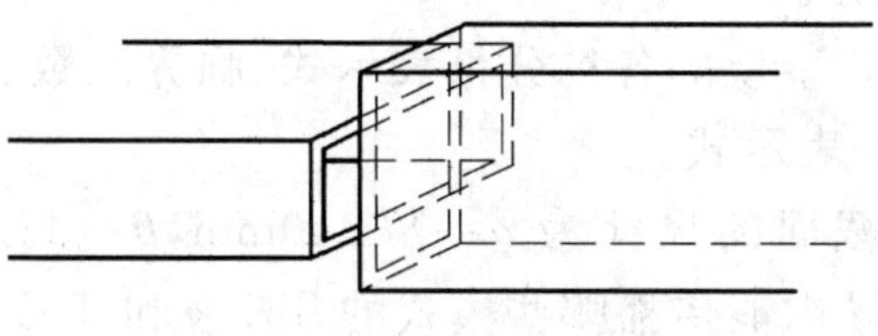

图 3.51 两个波导相互隔离的配置

(7) 举例说明激励准则(3.10.7)的应用。图 3.52 是矩形波导中等效电流源的三种位置，假设矩形波导是无限长的，问这三种位置电流源能否激励 TE_{10}、TE_{01} 和 TM_{11} 模？所得结果列于表 3.4，读者自己可利用式(3.10.7)的推论予以判断。

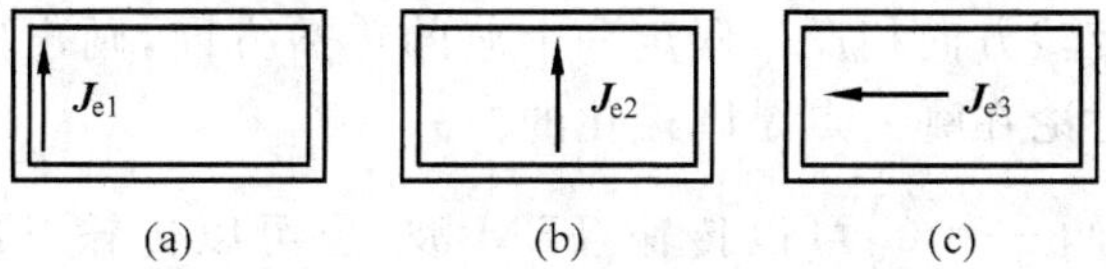

图 3.52 矩形波导中电流源的激励

激励耦合问题的计算是比较复杂的,需采用数值仿真方法针对具体的尺寸结构进行计算。激励耦合问题涉及到不同导波机构的连接、耦合。单一的导波模不能满足非均匀连接处的边界条件,必须由多模场的组合才能满足,这将引起反射和传输。激励耦合的数值仿真超出了本书的范围。第 4 章的微波网络理论对于进一步理解激励耦合也是有益的。

表 3.4　矩形波导中三种电源(图 3.52 所示)对 TE_{10}、TE_{01}、TM_{11} 模的激励

模式＼电源	$\boldsymbol{J}_{e1}$	$\boldsymbol{J}_{e2}$	$\boldsymbol{J}_{e3}$
TE_{10}	否	可以	否
TE_{01}	否	否	可以
TM_{11}	否	否	可以

习　　题

3.1　假设矩形波导的尺寸 $a=2b$,试用作图法,由 k_c 确定前 17 个较低的 TE 模和 TM 模,并指出哪些模是简并的。

3.2　试导出矩形波导中 TE_{mn} 模(用 H_{mn} 表示 H_z 的幅度)和 TM_{mn} 模(用 E_{mn} 表示 E_z 的幅度)的传输功率的表示式。

3.3　写出矩形波导 TE_{10} 模的各场分量表示式、临界波数、临界波长、传播常数、波导波长、相速、群速、波阻抗的表示式。

3.4　设一矩形波导截面的尺寸为 $a=86.40$mm,$b=43.20$mm,试求在频率 $f_1=3$GHz 和 $f_2=5$GHz 时波导内能传播哪些模式的 TE 波和 TM 波?

3.5　画出矩形波导中 TE_{22} 和 TM_{22} 模在波导横截面内的场的力线图。

3.6　矩形波导中 TE_{23} 波可以分解成几个平面波?试写出各平面波 $\boldsymbol{k}$ 矢量的表示式。

3.7　试证明对于矩形波导的 TE_{10} 波,除中心 $x=\dfrac{a}{2}$ 处外,任意点的磁场 $\boldsymbol{H}$ 是椭圆极化,并且中心线两侧旋转方向相反。假定一个波的传播方向,画出磁场力线图,判断中心线两侧的旋转方向,讨论在哪一点是圆极化的?

3.8　平行板波导 $\left(\dfrac{\partial}{\partial y}=0\right)$ 可以传输 TEM 波,也可以传输 TE 波、TM 波。试写出 TEM 波、TE 波、TM 波的场的表示式。

3.9　在一段宽度为 $2a$ 的矩形波导中,$a=0.7\lambda$,λ 是自由空间波长,要求 TE_{10} 模和

TE_{20}模的相移相差$\frac{\pi}{2}$，这段波导的长度L应等于多少波长？

3.10 用圆波导作成TM_{01}模截止衰减器，其工作频率为100MHz，要求经过0.1m后衰减100dB，试计算波导的直径。

3.11 画出圆波导中TM_{21}和TE_{21}模的场结构示意图（只要画出横截面内的场即可）。

3.12 证明同轴线中极限功率最大的条件是$\frac{D}{d}=1.65$，导体引起的衰减最小的条件$\frac{D}{d}=3.592$，其中d和D是内外导体的直径。

3.13 同轴电缆内导体$d=0.68\text{mm}$，外导体内径$D=2.2\text{mm}$，内外导体之间填充聚乙烯材料，其介电常数为ε_r，$\sqrt{\varepsilon_r}=1.5$，试求特性阻抗Z_C和单模工作的最高工作频率f。

3.14 给定带线的相对介电常数$\varepsilon_r=2.6$，工作频率$f=4\text{GHz}$。若忽略中心导体的厚度，试设计特性阻抗$Z_C=70\Omega$的带线宽高比W/h，并计算线上波长λ_g。

3.15 给定微带线的相对介电常数$\varepsilon_r=2.6$，工作频率$f=4\text{GHz}$，忽略导体的厚度，试设计特性阻抗$Z_C=70\Omega$的微带线的宽高比W/h并计算线上波长λ_g。

3.16 试利用式(3.7.27)和式(3.7.28)导出表3.3中所列的两个表达式

$$Z_{Ce}=\frac{Z_{Ce}(1)}{\sqrt{\varepsilon_{ee}}},\quad Z_{Co}=\frac{Z_{Co}(1)}{\sqrt{\varepsilon_{eo}}}$$

3.17 $\varepsilon_r=9.0$、$W/h=0.5$、$s/h=1$，试求$Z_{Ce}(\varepsilon_r)$、$Z_{Co}(\varepsilon_r)$、λ_{ge}、λ_{go}。

3.18 试导出式(3.10.5)所表述的广义坡印亭定理。

3.19 矩形波导中，放置两个电流源，如图所示，电流I_1和I_2幅度相等，频率相同。若(a)两电流相位相反；(b)两电流相位相同，问两种情况下各能激励起哪些模？

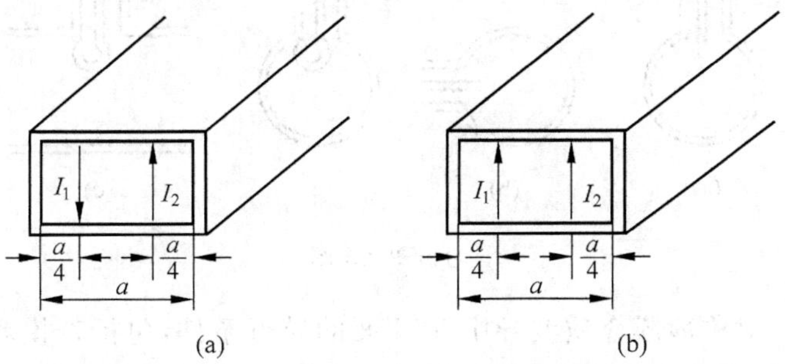

习题3.19图

3.20 无限长矩形波导，坐标如图3.3所示，波导尺寸为a和b，在$x=\frac{a}{2}$，$y=\frac{b}{2}$，$z=0$处放置三个小电流源

$$\boldsymbol{J}_1 = J_x\delta\left(x-\frac{a}{2}\right)\delta\left(y-\frac{b}{2}\right)\delta(z)\hat{\boldsymbol{x}}$$

$$\boldsymbol{J}_2 = J_y\delta\left(x-\frac{a}{2}\right)\delta\left(y-\frac{b}{2}\right)\delta(z)\hat{\boldsymbol{y}}$$

$$\boldsymbol{J}_3 = J_z\delta\left(x-\frac{a}{2}\right)\delta\left(y-\frac{b}{2}\right)\delta(z)\hat{\boldsymbol{z}}$$

其中，$\hat{\boldsymbol{x}}$、$\hat{\boldsymbol{y}}$、$\hat{\boldsymbol{z}}$ 是 x 轴、y 轴和 z 轴方向的单位矢量，J_x、J_y、J_z 是电流强度，$\delta\left(x-\frac{a}{2}\right)$、$\delta\left(y-\frac{b}{2}\right)$和 $\delta(z)$是 δ 函数。试填写下表，可以激励的模画"√"，不能激励的画"×"。

模式 / 电源	TE_{10}	TE_{20}	TM_{11}	TE_{11}	TE_{01}
$\boldsymbol{J}_1$					
$\boldsymbol{J}_2$					
$\boldsymbol{J}_3$					

3.21　验证式(3.2.43)～(3.2.45)的正确性。

3.22　若 E_z、H_z 的表示式如式(3.2.1a)和式(3.2.1b)，且媒质和导波机构是无耗的，证明式(3.2.46)中的$(\boldsymbol{E}_T\times\boldsymbol{H}_z^*)/2$ 和$(\boldsymbol{E}_z\times\boldsymbol{H}_T^*)/2$ 为纯虚数，即波在垂直于 z 轴的方向无功率传输。

3.23　无限长圆波导中放置杆和环的激励装置，如图(a)、(b)、(c)、(d)，问能否在圆波导中激励起 TE_{11} 模式？注意，图(c)中小环面的法线与圆波导的轴平行，图(d)中小环面的法线与圆波导的轴垂直。

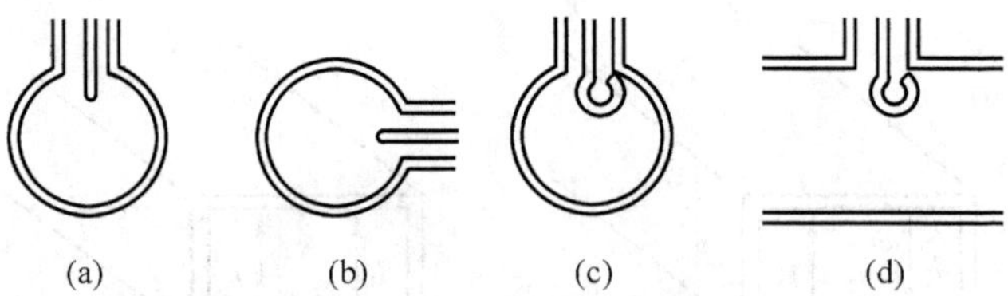

习题 3.23 图

3.24　试导出对称薄膜介质波导中 TM 波的导行条件，包括奇模和偶模。设介质片的介电常数为 ε_1，外层介电常数为 ε_2，介质片的厚度为 d。

3.25　单一模式的导波模的能量传播速度 v_e 等于该模式的传输功率 p 与单位长度波导内储能 W_1 之比，即 $v_e=p/W_1$，试证明单一模式导波(TE 波和 TM 波)的能量传播速度等于其群速。

4 微波网络

4.1 引　　言

微波网络理论是微波工程中的强有力的工具。传输线理论对于均匀传输线和简单不均匀性的电路问题提供了一些有用的方法，导波理论分析了各种结构形式的传输线内的场的模式，但是对于结构复杂的微波元件和微波电路，上述两章所提供的方法就显得不够用了。随着集成度的提高，微波部件的结构愈来愈紧密，微波元件内部的电磁场数值计算的研究工作吸引了许多研究人员的兴趣。原则上，根据电磁场理论和相应的电磁场数值计算软件可以分析复杂微波元件内部的场结构和外部特性。但是，如果我们不关心微波元件内部的场分布，而只对其外部特性感兴趣，那么可以依据微波网络理论得出非常有价值的结果，用以指导微波电路的分析、设计与综合。从场的理论也可以导出具体微波元件的网络特性。微波网络与场的理论相互结合，相互补充，使我们对微波电路的理解更加全面深入。

微波网络理论研究微波网络各端口的物理量之间的关系。一类物理量是归一化电压 v 和归一化电流 i，非归一化电压 V 和非归一化电流 I；另一类物理量是内向波 a 和外向波 b，内向波指的是进入网络的波，外向波指的是离开网络的波。不同类的物理量之间将引出不同的微波网络矩阵，或称不同的网络参量，例如内向波与外向波的关系用散射矩阵描述，归一化电压与电流之间的关系用归一化阻抗矩阵和归一化导纳矩阵描述，非归一化阻抗与导纳矩阵则描述了非归一化电压电流之间的关系。由于物理量之间存在着变换关系，所以网络矩阵之间也存在着变换关系。

一个微波网络可以由集总参数元件或等效的集总参数元件组成，

如电阻、电容、电感、变压器;可以由分布参数电路组成,如一段均匀、非均匀传输线;可以由等效的集总参数电路和分布参数电路的组合构成;也可以由立体结构或平面结构的微波电路构成。上述各种形式的电路都可用微波网络理论进行分析。

微波网络可按下述几个特征予以分类:线性与非线性,有源与无源,有耗与无耗,互易与非互易。

所谓线性指的是,微波网络中所包含的电阻、电容、电感、电阻率、电容率、导磁率等参数均不随外加电场或磁场强度的变化而改变。实际上,非线性现象是不可避免的,但是线性网络的分析计算比非线性网络的分析计算要容易得多,因此我们总是用线性网络去近似地描述实际的微波网络,有时将非线性网络分解为若干个状态,每一个状态都用线性网络的方法处理,如微波开关、微波限幅器就可分解为高、低功率,开、关两个状态。另一种关于线性与非线性的理解是:当微波网络使信号频率发生改变时称该网络为非线性网络。这一说法与前述关于线性、非线性的说法是相容的。本章将仅限于线性微波网络。

所谓有源与无源有几种不同的理解:其一是系统外是否有能量注入,例如直流能量转化为微波能量,或一个微波频率的能量转化为另一个微波频率的能量;其二是指微波电路中是否包含固态微波器件。这方面的认识尚不统一。本书中所用有源和无源两词与英文中的 Active 和 Passive 两词相对应。

所谓有耗与无耗,指的是电路中是否包含有损耗的器件、元件。所谓互易网络指的是不包含非互易媒质(如铁氧化材料、等离子材料)的无源网络。理论上,由微波网络的无源、互易、无耗等特性可以引出许多有意义的结论。

4.2 微波网络的几个定理

4.2.1 微波网络的坡印亭定理

考虑图 4.1 所示的 n 端口微波网络,在各端口取定参考面 $T_i(i=1,2,\cdots,n)$,各端口相应的归一化电压、电流为 v_i、i_i,相应的内向波、外向波为 a_i、b_i。下面由电磁场的坡印亭定理导出微波网络的坡印亭定理的具体形式。

在电磁场理论中积分形式的复数坡印亭定理可以写作

$$\oint_S \boldsymbol{S}\cdot \mathrm{d}\boldsymbol{s}=-\mathrm{j}2\omega\int_V(\overline{w}_\mathrm{m}-\overline{w}_\mathrm{e})\mathrm{d}v-\int_V\frac{1}{2}\boldsymbol{E}\cdot\boldsymbol{J}^*\ \mathrm{d}v \tag{4.2.1}$$

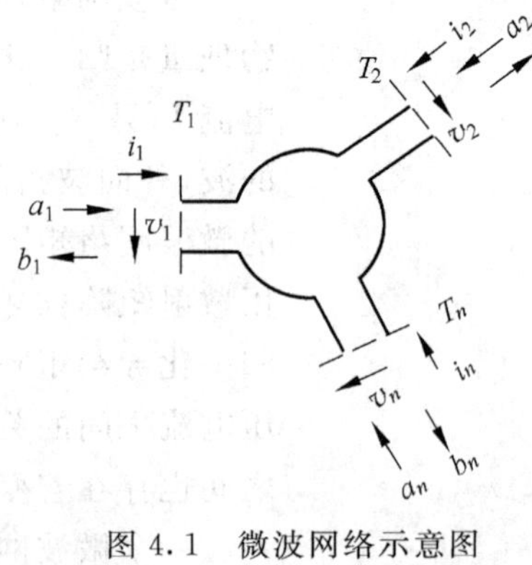

图 4.1 微波网络示意图

式中,$\boldsymbol{S}=\boldsymbol{E}\times\boldsymbol{H}^*/2$,$\omega$ 是角频率,$\overline{w}_\mathrm{m}$ 和 $\overline{w}_\mathrm{e}$ 分别是磁

场和电场能量密度的时间平均值，$\boldsymbol{E}$ 是电场，$\boldsymbol{H}$ 是磁场，$\boldsymbol{J}=\sigma\boldsymbol{E}$，$\sigma$ 是电导率，这里我们假设在微波网络中没有外加的电流源。对图 4.1 所示的 n 端口微波网络应用积分形式的复数坡印亭定理，积分是在体积 V 和包围体积 V 的闭合曲面 S 上进行。该封闭曲面按下述方式选取，其中一部分选在各端口的参考面处，其余部分与微波网络的导体表面重合。于是式(4.2.1)左端的面积分仅在参考面 T_1、T_2、…、T_n 处有效，而在其余的导体表面上的积分为零，那么

$$\frac{1}{2}\oint_S(\boldsymbol{E}\times\boldsymbol{H}^*)\cdot\mathrm{d}\boldsymbol{s}=\frac{1}{2}\sum_{i=1}^{n}\int_{S_i}(\boldsymbol{E}_{Ti}\times\boldsymbol{H}_{Ti}^*)\cdot\mathrm{d}\boldsymbol{s} \tag{4.2.2}$$

其中，S_i 是第 i 参考面的面积。参考面垂直于各端口的传输线，所以可用场的横向分量 $\boldsymbol{E}_T$ 和 $\boldsymbol{H}_T$ 取代 $\boldsymbol{E}$ 和 $\boldsymbol{H}$。在第 i 端口，归一化电压 v 和归一化电流 i 与场的横向分量的关系为

$$\left.\begin{aligned}\boldsymbol{E}_{Ti}&=\boldsymbol{e}_i v_i\\ \boldsymbol{H}_{Ti}&=\boldsymbol{h}_i i_i\end{aligned}\right\} \tag{4.2.3}$$

式中，$\boldsymbol{e}_i$ 和 $\boldsymbol{h}_i$ 是表征各端口传输线工作模式的矢量实函数，在选取 $\boldsymbol{e}_i$、$\boldsymbol{h}_i$ 时应使得 $\boldsymbol{e}_i\times\boldsymbol{h}_i$ 的积分满足归一化条件，即

$$\int_{S_i}(\boldsymbol{e}_i\times\boldsymbol{h}_i)\cdot\mathrm{d}\boldsymbol{s}=\pm 1 \tag{4.2.4}$$

正负号的选取与面积元的法向方向有关，通常在微波网络中法向单位矢量 $\hat{\boldsymbol{n}}$ 指向包围体积 V 的 S 曲面的外边，所以式(4.2.4)取负号，于是

$$\frac{1}{2}\sum_{i=1}^{n}\int_{S_i}(\boldsymbol{E}_{Ti}\times\boldsymbol{H}_{Ti})\cdot\mathrm{d}\boldsymbol{s}=-\frac{1}{2}\sum_{i=1}^{n}v_i i_i^* \tag{4.2.5}$$

式(4.2.1)的右端两项积分分别为体积 V 内平均磁能 W_m 与电能 W_e 之差和平均损耗功率 P_1，因此式(4.2.1)写作

$$\frac{1}{2}\sum_{i=1}^{n}v_i i_i^*=\mathrm{j}2\omega(W_\mathrm{m}-W_\mathrm{e})+P_1 \tag{4.2.6}$$

式(4.2.6)就是微波网络的坡印亭定理的表达式，左端表示流入微波网络的功率。

上式的左端还可以用非归一化的电压 V_i 和电流 I_i 表示，因为 $v_i=V_i/\sqrt{Z_\mathrm{C}}$，$i_i=I_i\sqrt{Z_\mathrm{C}}$，于是得

$$\frac{1}{2}\sum_{i=1}^{n}V_i I_i^*=\mathrm{j}2\omega(W_\mathrm{m}-W_\mathrm{e})+P_1 \tag{4.2.7}$$

4.2.2 微波网络的互易定理

为了导出微波网络的互易定理，需要引用电磁场的互易定理。

考虑线性、各向同性媒质中有两组相同频率的源 $\boldsymbol{J}_{e1}$、$\boldsymbol{J}_{m1}$ 和 $\boldsymbol{J}_{e2}$、$\boldsymbol{J}_{m2}$，下角标 e 和 m 分别表示电流源和磁流源，$\boldsymbol{J}_{e1}$、$\boldsymbol{J}_{m1}$ 产生的场为 $\boldsymbol{E}_1$ 和 $\boldsymbol{H}_1$，$\boldsymbol{J}_{e2}$、$\boldsymbol{J}_{m2}$ 产生的场为 $\boldsymbol{E}_2$ 和 $\boldsymbol{H}_2$，在第 1 章中曾导出式(1.11.6)，即

$$\oint_S (\boldsymbol{E}_1 \times \boldsymbol{H}_2 - \boldsymbol{E}_2 \times \boldsymbol{H}_1) \cdot \mathrm{d}\boldsymbol{s} = \langle 1,2\rangle - \langle 2,1\rangle$$

式中

$$\langle 1,2\rangle = \int_V (\boldsymbol{J}_{e1} \cdot \boldsymbol{E}_2 - \boldsymbol{J}_{m1} \cdot \boldsymbol{H}_2)\mathrm{d}v$$

$$\langle 2,1\rangle = \int_V (\boldsymbol{J}_{e2} \cdot \boldsymbol{E}_1 - \boldsymbol{J}_{m2} \cdot \boldsymbol{H}_1)\mathrm{d}v$$

其中，S 是包围体积 V 的封闭曲面。为了书写方便，现将两组场记作 $\boldsymbol{E}$、$\boldsymbol{H}$ 和 $\boldsymbol{E}'$、$\boldsymbol{H}'$。若体积 V 内无源，则 $\langle 1,2\rangle = \langle 2,1\rangle = 0$，于是式(1.11.6)变为

$$\oint_S (\boldsymbol{E} \times \boldsymbol{H}' - \boldsymbol{E}' \times \boldsymbol{H}) \cdot \mathrm{d}\boldsymbol{s} = 0 \tag{4.2.8}$$

封闭曲面 S 的一部分与微波网络各端口的参考面重合，其余部分与网络的导体表面重合。上述积分只在微波网络各端口参考面 T_1、T_2、…、T_n 处有值，而在其余的导体表面上的积分为零。于是式(4.2.8)可以写作

$$\sum_{i=1}^{n} \int_{S_i} (\boldsymbol{E}_i \times \boldsymbol{H}'_i - \boldsymbol{E}'_i \times \boldsymbol{H}_i) \cdot \mathrm{d}\boldsymbol{s} = 0 \tag{4.2.9}$$

S_i 是第 i 端口参考面的面积，S_i 面的法线方向与第 i 端口传输线的轴平行，因此可用各端口场的横向分量取代 $\boldsymbol{E}$、$\boldsymbol{H}$ 和 $\boldsymbol{E}'$、$\boldsymbol{H}'$。再次应用式(4.2.3)和式(4.2.4)，得

$$\sum_{i=1}^{n} (v'_i i_i - v_i i'_i) = 0 \tag{4.2.10}$$

式中，v_i、i_i、v'_i 和 i'_i 是归一化电压、电流。这就是无源微波网络的互易定理的具体形式之一。

用非归一化电压电流写出的微波网络的互易定理为

$$\sum_{i=1}^{n} (V'_i I_i - V_i I'_i) = 0 \tag{4.2.11}$$

利用式(4.2.10)或式(4.2.11)可以导出互易微波网络各种矩阵、参量的性质，其推导过程将在随后的一些小节中给出。

4.2.3 微波网络的电抗定理

对于一个无耗的一端口网络，其输入电抗或输入电纳对频率的导数总是正的，这称作福斯特电抗定理。

无源无耗媒质区域中的电磁场方程组为

$$\left.\begin{aligned}\nabla\times\boldsymbol{E}&=-\mathrm{j}\,\omega\mu\boldsymbol{H}\\\nabla\times\boldsymbol{H}&=\mathrm{j}\,\omega\varepsilon\boldsymbol{E}\end{aligned}\right\}\tag{4.2.12}$$

将上式对角频率 ω 求导,得

$$\left.\begin{aligned}\nabla\times\frac{\partial\boldsymbol{E}}{\partial\omega}&=-\mathrm{j}\omega\mu\frac{\partial\boldsymbol{H}}{\partial\omega}+\mathrm{j}\mu\boldsymbol{H}\\\nabla\times\frac{\partial\boldsymbol{H}}{\partial\omega}&=\mathrm{j}\omega\varepsilon\frac{\partial\boldsymbol{E}}{\partial\omega}+\mathrm{j}\varepsilon\boldsymbol{E}\end{aligned}\right\}\tag{4.2.13}$$

利用矢量恒等式

$$\nabla\cdot(\boldsymbol{A}\times\boldsymbol{B})=B\cdot(\nabla\times\boldsymbol{A})-\boldsymbol{A}\cdot(\nabla\times\boldsymbol{B})$$

做出下述两个等式:

$$\left.\begin{aligned}\nabla\cdot\left(\frac{\partial\boldsymbol{H}}{\partial\omega}\times\boldsymbol{E}^*\right)&=\boldsymbol{E}^*\cdot\left(\nabla\times\frac{\partial\boldsymbol{H}}{\partial\omega}\right)-\frac{\partial\boldsymbol{H}}{\partial\omega}\cdot(\nabla\times\boldsymbol{E}^*)\\\nabla\cdot\left(\frac{\partial\boldsymbol{E}}{\partial\omega}\times\boldsymbol{H}^*\right)&=\boldsymbol{H}^*\cdot\left(\nabla\times\frac{\partial\boldsymbol{E}}{\partial\omega}\right)-\frac{\partial\boldsymbol{E}}{\partial\omega}\cdot(\nabla\times\boldsymbol{H}^*)\end{aligned}\right\}\tag{4.2.14}$$

取式(4.2.12)的复数共轭式,得

$$\left.\begin{aligned}\nabla\times\boldsymbol{E}^*&=\mathrm{j}\omega\mu\boldsymbol{H}^*\\\nabla\times\boldsymbol{H}^*&=-\mathrm{j}\omega\varepsilon\boldsymbol{E}^*\end{aligned}\right\}\tag{4.2.15}$$

将式(4.2.13)和式(4.2.15)代入到式(4.2.14),得

$$\left.\begin{aligned}\nabla\cdot\left(\frac{\partial\boldsymbol{H}}{\partial\omega}\times\boldsymbol{E}^*\right)&=\mathrm{j}\omega\varepsilon\boldsymbol{E}^*\cdot\frac{\partial\boldsymbol{E}}{\partial\omega}+\mathrm{j}\varepsilon|\boldsymbol{E}|^2-\mathrm{j}\omega\mu\boldsymbol{H}^*\cdot\frac{\partial\boldsymbol{H}}{\partial\omega}\\\nabla\cdot\left(\frac{\partial\boldsymbol{E}}{\partial\omega}\times\boldsymbol{H}^*\right)&=-\mathrm{j}\omega\mu\boldsymbol{H}^*\cdot\frac{\partial\boldsymbol{H}}{\partial\omega}-\mathrm{j}\mu|\boldsymbol{H}|^2+\mathrm{j}\omega\varepsilon\boldsymbol{E}^*\cdot\frac{\partial\boldsymbol{E}}{\partial\omega}\end{aligned}\right\}\tag{4.2.16}$$

二式相减,得

$$\nabla\cdot\left(\frac{\partial\boldsymbol{H}}{\partial\omega}\times\boldsymbol{E}^*-\frac{\partial\boldsymbol{E}}{\partial\omega}\times\boldsymbol{H}^*\right)=\mathrm{j}(\varepsilon|\boldsymbol{E}|^2+\mu|\boldsymbol{H}|^2)\tag{4.2.17}$$

对上式作体积分,并应用高斯散度定理将左端的体积分化为面积分,注意到面积分仅在端口的横截面 S_1 上对横向场的积分有值,于是得

$$\int_{S_1}\left(\frac{\partial\boldsymbol{H}_T}{\partial\omega}\times\boldsymbol{E}_T^*-\frac{\partial\boldsymbol{E}_T}{\partial\omega}\times\boldsymbol{H}_T^*\right)\cdot\mathrm{d}\boldsymbol{s}=\mathrm{j}\int_V(\varepsilon|\boldsymbol{E}|^2+\mu|\boldsymbol{H}|^2)\mathrm{d}v\tag{4.2.18}$$

将体积 V 内对场的积分变换为储能 W_e 和 W_m,并设法将 S_1 面上对场的积分变换为电压和电流,为此应用式(4.2.3)和式(4.2.4),且式(4.2.4)取负号,得

$$\frac{\partial i}{\partial\omega}v^*+\frac{\partial v}{\partial\omega}i^*=\mathrm{j}2(W_e+W_m)\tag{4.2.19}$$

或

$$\frac{\partial I}{\partial\omega}V^*+\frac{\partial V}{\partial\omega}I^*=\mathrm{j}2(W_e+W_m)\tag{4.2.20}$$

对于无耗单口网络，其输入电抗 X 或输入电纳 B 与电压电流的关系为

$$\left.\begin{aligned} V &= \mathrm{j}XI \\ I &= \mathrm{j}BV \end{aligned}\right\} \tag{4.2.21}$$

取共轭复数后为

$$\left.\begin{aligned} V^* &= -\mathrm{j}XI^* \\ I^* &= -\mathrm{j}BV^* \end{aligned}\right\} \tag{4.2.22}$$

将式(4.2.21)对 ω 求导，得

$$\left.\begin{aligned} \frac{\partial V}{\partial \omega} &= \mathrm{j}\frac{\partial X}{\partial \omega}I + \mathrm{j}\frac{\partial I}{\partial \omega}X \\ \frac{\partial I}{\partial \omega} &= \mathrm{j}\frac{\partial B}{\partial \omega}V + \mathrm{j}\frac{\partial V}{\partial \omega}B \end{aligned}\right\} \tag{4.2.23}$$

将式(4.2.22)和式(4.2.23)代入到式(4.2.20)中，得

$$\mathrm{j}\frac{\partial X}{\partial \omega}|I|^2 = \mathrm{j}2(W_\mathrm{e} + W_\mathrm{m}) \tag{4.2.24}$$

所以有

$$\frac{\partial X}{\partial \omega} = \frac{2(W_\mathrm{e} + W_\mathrm{m})}{|I|^2} \geqslant 0 \tag{4.2.25}$$

同样可得

$$\frac{\partial B}{\partial \omega} = \frac{2(W_\mathrm{e} + W_\mathrm{m})}{|V|^2} \geqslant 0 \tag{4.2.26}$$

式(4.2.25)和式(4.2.26)等式右端正比于网络内的电场和磁场储能之和，为正值，这就证明了本小节开始叙述的福斯特电抗定理。单端口无源无耗网络的电抗或电纳函数的导数恒为正，这表明电抗或电纳函数的零点和极点必定交替出现。传输线理论中一段无耗传输线终端开路、短路时其输入电抗或输入电纳的变化规律必然符合福斯特电抗定理，因为它们仅仅是无耗单端口网络的特例。请读者用传输线理论中的式(2.3.24)和式(2.3.25)作为例子验证福斯特电抗定理。

4.3 阻抗矩阵和导纳矩阵

阻抗矩阵和导纳矩阵可分为归一化和非归一化两种。

4.3.1 非归一化阻抗矩阵和导纳矩阵

n 端口线性网络的非归一化阻抗矩阵和导纳矩阵给出了非归一化的电压和电流之间的关系，即

$$[V] = [Z][I] \tag{4.3.1}$$

$$[I]=[Y][V] \tag{4.3.2}$$

各端口电压电流的方向如图 4.1 所示。以上二式中，$[V]$和$[I]$分别是非归一化的电压和电流列矩阵，即

$$[V]=[V_1 \quad V_2 \quad \cdots \quad V_n]^{\mathrm{T}} \tag{4.3.3}$$

$$[I]=[I_1 \quad I_2 \quad \cdots \quad I_n]^{\mathrm{T}} \tag{4.3.4}$$

T 表示转置。$[Z]$为非归一化阻抗矩阵，它是 n 阶方阵：

$$[Z]=\begin{bmatrix} Z_{11} & Z_{12} & \cdots & Z_{1n} \\ Z_{21} & Z_{22} & \cdots & Z_{2n} \\ \vdots & \vdots & \vdots & \vdots \\ Z_{n1} & Z_{n2} & \cdots & Z_{nn} \end{bmatrix} \tag{4.3.5}$$

$[Y]$为非归一化导纳矩阵：

$$[Y]=\begin{bmatrix} Y_{11} & Y_{12} & \cdots & Y_{1n} \\ Y_{21} & Y_{22} & \cdots & Y_{2n} \\ \vdots & \vdots & \vdots & \vdots \\ Y_{n1} & Y_{n2} & \cdots & Y_{nn} \end{bmatrix} \tag{4.3.6}$$

Z_{ii}为除第 i 端口外，其余各端口的电流都为零(开路)时第 i 端口的电压与电流之比，即除第 i 端口外，其余各端口开路时第 i 端口的输入阻抗。Z_{ij}是除第 j 端口外，其余各端口均开路时第 i 端口的电压与第 j 端口的电流之比，即除第 j 端口外，其余各端口开路时，第 j 端口到第 i 端口的转移阻抗。

Y_{ii}为除第 i 端口外，其余各端口的电压都为零(短路)时第 i 端口的电流与电压之比，即除第 i 端口外，其余各端口短路时第 i 端口的输入导纳。Y_{ij}是除第 j 端口外，其余各端口均短路时第 i 端口的电流与第 j 端口的电压之比，即除第 j 端口外，其余各端口短路时，第 j 端口到第 i 端口的转移导纳。

将式(4.3.2)代入到式(4.3.1)，得

$$[V]=[Z][Y][V]$$

由此可知$[Z]$与$[Y]$的积为单位矩阵$[1]$，即

$$[Z][Y]=[1] \tag{4.3.7}$$

或者说阻抗矩阵与导纳矩阵互为逆矩阵。

4.3.2 归一化阻抗矩阵和导纳矩阵

归一化阻抗矩阵$[z]$及归一化导纳矩阵$[y]$给出了归一化电压和归一化电流之间的关系，即

$$[v]=[z][i] \tag{4.3.8}$$

$$[i]=[y][v] \tag{4.3.9}$$

式中，$[v]$和$[i]$是归一化电压和电流的列矩阵，$[z]$和$[y]$是 n 阶方阵，且

$$[z]=\begin{bmatrix} z_{11} & z_{12} & \cdots & z_{1n} \\ z_{21} & z_{22} & \cdots & z_{2n} \\ \vdots & \vdots & \vdots & \vdots \\ z_{n1} & z_{n2} & \cdots & z_{nn} \end{bmatrix} \tag{4.3.10}$$

$$[y]=\begin{bmatrix} y_{11} & y_{12} & \cdots & y_{1n} \\ y_{21} & y_{22} & \cdots & y_{2n} \\ \vdots & \vdots & \vdots & \vdots \\ y_{n1} & y_{n2} & \cdots & y_{nn} \end{bmatrix} \tag{4.3.11}$$

下面导出归一化阻抗矩阵、导纳矩阵与非归一化的阻抗矩阵、导纳矩阵之间的关系。由单根传输线归一化电压、电流与非归一化电压、电流的关系式推广到 n 端口网络各端口的相应的关系，得

$$[v]=[(\sqrt{Z_C})^{-1}][V] \tag{4.3.12}$$

$$[i]=[(\sqrt{Z_C})][I] \tag{4.3.13}$$

式中，$[(\sqrt{Z_C})^{-1}]$和$[(\sqrt{Z_C})]$都是对角阵，分别表示为

$$[(\sqrt{Z_C})^{-1}]=\begin{bmatrix} (\sqrt{Z_{C1}})^{-1} & & & 0 \\ & (\sqrt{Z_{C2}})^{-1} & & \\ & & \ddots & \\ 0 & & & (\sqrt{Z_{Cn}})^{-1} \end{bmatrix} \tag{4.3.14}$$

$$[(\sqrt{Z_C})]=\begin{bmatrix} \sqrt{Z_{C1}} & & & 0 \\ & \sqrt{Z_{C2}} & & \\ & & \ddots & \\ 0 & & & \sqrt{Z_{Cn}} \end{bmatrix} \tag{4.3.15}$$

对角线上的诸元素中的 Z_{C1}、Z_{C2}、…、Z_{Cn}表示各个端口的传输线的特性阻抗。

将式(4.3.1)代入到式(4.3.12)，得

$$[v]=[(\sqrt{Z_C})^{-1}][Z][I] \tag{4.3.16}$$

由式(4.3.13)可知$[I]=[(\sqrt{Z_C})]^{-1}[i]$，并且可以证明$[(\sqrt{Z_C})]^{-1}=[(\sqrt{Z_C})^{-1}]$，于是式(4.3.16)可写作

$$[v]=[(\sqrt{Z_C})^{-1}][Z][(\sqrt{Z_C})^{-1}][i] \tag{4.3.17}$$

由此可以得到归一化阻抗矩阵与非归一化阻抗矩阵的关系为

$$[z]=[(\sqrt{Z_{\mathrm{C}}})^{-1}][Z][(\sqrt{Z_{\mathrm{C}}})^{-1}] \tag{4.3.18}$$

具体到阻抗矩阵的一个元素，有

$$z_{ij}=\frac{Z_{ij}}{\sqrt{Z_{\mathrm{C}i}Z_{\mathrm{C}j}}} \tag{4.3.19}$$

当 $i=j$ 时

$$z_{ii}=\frac{Z_{ii}}{Z_{\mathrm{C}i}} \tag{4.3.20}$$

当 n 端口网络退化为单端口网络时，式(4.3.20)在形式上也退化为传输线理论中的结果。

对于导纳矩阵可用类似方法导出类似的结果。归一化导纳矩阵与非归一化导纳矩阵的关系为

$$[y]=[(\sqrt{Y_{\mathrm{C}}})^{-1}][Y][(\sqrt{Y_{\mathrm{C}}})^{-1}] \tag{4.3.21}$$

其中$[(\sqrt{Y_{\mathrm{C}}})^{-1}]$是 n 阶对角阵，各元素为$(\sqrt{Y_{\mathrm{C}i}})^{-1}$，$Y_{\mathrm{C}i}$表示第 i 端口传输线的特性导纳。

4.3.3 阻抗矩阵和导纳矩阵的性质

(1) 互易网络的阻抗矩阵和导纳矩阵

对于无源互易网络，其互易定理的具体形式已由式(4.2.9)或式(4.2.10)给出。注意到

$$\sum_{i=1}^{n}V'_iI_i=[V']^{\mathrm{T}}[I]=[I']^{\mathrm{T}}[Z]^{\mathrm{T}}[I]$$

和

$$\sum_{i=1}^{n}V_iI'_i=[I']^{\mathrm{T}}[V]=[I']^{\mathrm{T}}[Z][I]$$

将上述二式代入到式(4.2.10)中得

$$\sum_{i=1}^{n}(V'_iI_i-V_iI'_i)=[I']^{\mathrm{T}}([Z]^{\mathrm{T}}-[Z])[I]=0 \tag{4.3.22}$$

因为$[I']$和$[I]$是任意的，故上式成立必然有

$$[Z]^{\mathrm{T}}=[Z] \tag{4.3.23}$$

这就是互易网络的阻抗矩阵的性质。对于其中的非对角线元素，有

$$Z_{ij}=Z_{ji} \tag{4.3.24}$$

类似地，对于互易网络的导纳矩阵，有

$$[Y]^{\mathrm{T}}=[Y] \tag{4.3.25}$$

其中的非对角线元素

$$Y_{ij}=Y_{ji} \tag{4.3.26}$$

(2) 无耗网络的阻抗和导纳矩阵

由微波网络的坡印亭定理,若网络是无耗的,即网络的平均损耗功率 P_l 等于零,那么式(4.2.7)变为

$$\frac{1}{2}\sum_{i=1}^{n} V_i I_i^* = \mathrm{j}2\omega(W_m - W_e) \tag{4.3.27}$$

上式右端为纯虚数,由此得

$$\sum_{i=1}^{n} V_i I_i^* + \left(\sum_{i=1}^{n} V_i I_i^*\right)^* = 0 \tag{4.3.28}$$

注意到

$$\sum_{i=1}^{n} V_i I_i^* = [V]^{\mathrm{T}}[I]^* = [I]^{\mathrm{H}}[V] \tag{4.3.29}$$

式中,T 表示转置,* 表示共轭,H 表示共轭转置。式(4.3.28)可写成下述形式:

$$[I]^{\mathrm{H}}[V] + ([V]^{\mathrm{T}}[I]^*)^* = 0 \tag{4.3.30}$$

或

$$[I]^{\mathrm{H}}([Z] + [Z]^{\mathrm{H}})[I] = 0 \tag{4.3.31}$$

式中,$[I]$可为任意值,于是对于无耗网络的阻抗矩阵,有

$$[Z] = -[Z]^{\mathrm{H}} \tag{4.3.32}$$

$[Z]^{\mathrm{H}}$ 是$[Z]$的埃尔米特(Hermite)矩阵。式(4.3.32)表明无耗网络的阻抗矩阵为反埃尔米特矩阵。

类似地,无耗网络的导纳矩阵满足

$$[Y] = -[Y]^{\mathrm{H}} \tag{4.3.33}$$

此式表明无耗网络的导纳矩阵为反埃尔米特矩阵。

如果一个网络是无耗的,同时又是互易的,那么其阻抗矩阵和导纳矩阵满足下面的关系式:

$$[Z] = -[Z]^* \tag{4.3.34}$$

$$[Y] = -[Y]^* \tag{4.3.35}$$

这就是说,无耗互易网络的阻抗矩阵和导纳矩阵的各个元素为纯虚数,显然无耗互易网络可以等效为纯电抗(纯电纳)元件组成的电路。但是非互易无耗网络的阻抗(导纳)矩阵的各个元素却不是纯虚数。

可以很容易证明,无耗网络的归一化阻抗矩阵和导纳矩阵分别满足下述关系式:

$$[z] = -[z]^{\mathrm{H}} \tag{4.3.36}$$

$$[y] = -[y]^{\mathrm{H}} \tag{4.3.37}$$

4.4 散射矩阵

4.4.1 散射矩阵和散射参量的意义

在微波工程中散射参量和散射矩阵具有非常重要的作用,应用极为广泛,因为它所处理的是波与波之间的关系。对于图 4.1 所示的线性网络,外向波与内向波之间的关系可用一次线性方程组表示为

$$\left.\begin{aligned} b_1 &= s_{11}a_1 + s_{12}a_2 + \cdots + s_{1n}a_n \\ b_2 &= s_{21}a_1 + s_{22}a_2 + \cdots + s_{2n}a_n \\ &\vdots \\ b_n &= s_{n1}a_1 + s_{n2}a_2 + \cdots + s_{nn}a_n \end{aligned}\right\} \tag{4.4.1}$$

式中,a_i、b_i、s_{ij} 都是复数,$i,j=1,2,\cdots,n$,a_i 是第 i 端口的内向波,b_i 是第 i 端口的外向波,a_i 和 b_i 都是相对于某一截面而言的,此截面称为第 i 端口的参考面或端面。式(4.4.1)可写成矩阵的形式为

$$[b]=[s][a] \tag{4.4.2}$$

式中,$[a]$和$[b]$是列矩阵,$[s]$是 n 阶方阵,$[s]$称为散射矩阵,表示为

$$[s]=\begin{bmatrix} s_{11} & s_{12} & \cdots & s_{1n} \\ s_{21} & s_{22} & \cdots & s_{2n} \\ \vdots & \vdots & \vdots & \vdots \\ s_{n1} & s_{n2} & \cdots & s_{nn} \end{bmatrix} \tag{4.4.3}$$

$[s]$的各个元素叫做散射参量。现举例说明散射参量 s_{ii} 和 $s_{ij}\,(i\neq j)$ 的物理意义。以 s_{11} 为例,由式(4.4.1)可知

$$s_{11}=\left.\frac{b_1}{a_1}\right|_{a_2=a_3=\cdots=a_n=0} \tag{4.4.4}$$

s_{11}是 1 端口在下述条件下的反射系数,即除第 1 端口外其余各端口的内向波为零,换句话说,除第 1 端口外其余各端口接匹配负载并且不接入信号源,因此 s_{11} 代表了网络本身的第 1 端口的反射系数。再以 s_{12} 为例,由式(4.4.1)可知

$$s_{12}=\left.\frac{b_1}{a_2}\right|_{a_1=a_3=\cdots=a_n=0} \tag{4.4.5}$$

s_{12}是除第 2 端口外,其余各端口内向波为零时第 1 端口的外向波与第 2 端口的内向波之比,又称为第 2 端口到第 1 端口的传输系数。

4.4.2 散射矩阵的性质

(1) 互易网络的散射矩阵

在图4.1所示的微波网络的第 i 端口，归一化电压 v_i、归一化电流 i_i 与内向波 a_i、外向波 b_i 的关系为

$$\left.\begin{aligned} v_i &= a_i + b_i \\ i_i &= a_i - b_i \end{aligned}\right\} \tag{4.4.6}$$

将式(4.4.6)代入到式(4.2.10)，得

$$\sum_{i=1}^{n}(a_i + b_i)(a'_i - b'_i) - (a'_i + b'_i)(a_i - b_i) = 0 \tag{4.4.7}$$

展开上式，一些不同符号的项相消，得

$$\sum_{i=1}^{n}(a_i b'_i - b_i a'_i) = 0 \tag{4.4.8}$$

这里

$$\sum_{i=1}^{n} a_i b'_i = [a]^{\mathrm{T}}[b'] = [a]^{\mathrm{T}}[s][a']$$

$$\sum_{i=1}^{n} b_i a'_i = [b]^{\mathrm{T}}[a'] = [a]^{\mathrm{T}}[s]^{\mathrm{T}}[a']$$

于是式(4.4.8)变为

$$[a]^{\mathrm{T}}([s] - [s]^{\mathrm{T}})[a'] = 0 \tag{4.4.9}$$

$[a]^{\mathrm{T}}$ 和$[a']$是任意的，若上式成立，必然有

$$[s] = [s]^{\mathrm{T}} \tag{4.4.10}$$

这就是说，互易网络的散射矩阵等于其自身的转置矩阵。互易网络的散射矩阵的非对角线元素

$$s_{ij} = s_{ji} \tag{4.4.11}$$

(2) 无耗网络的散射矩阵

由微波网络的坡印亭定理的表示式(4.2.6)，令损耗功率 $P_1=0$，可知等式右端为纯虚数，那么对于无耗网络有

$$\mathrm{Re}\sum_{i=1}^{n} v_i i_i^* = 0 \tag{4.4.12}$$

式中，Re表示取实部。将式(4.4.6)代入上式，即用内向波 a_i 和外向波 b_i 取代上式中的归一化电压 v_i 和归一化电流 i_i，得

$$\mathrm{Re}\sum_{i=1}^{n}(a_i + b_i)(a_i^* - b_i^*) = 0 \tag{4.4.13}$$

展开上式，并注意到 $b_i a_i^* - a_i b_i^*$ 为纯虚数。于是式(4.4.13)的实部

$$\sum_{i=1}^{n}(a_i a_i^* - b_i b_i^*) = 0 \tag{4.4.14}$$

此式可写成

$$[a]^{\mathrm{T}}[a]^{*}-[b]^{\mathrm{T}}[b]^{*}=0$$

等式两端取共轭，可得

$$[a]^{\mathrm{H}}[a]-[b]^{\mathrm{H}}[b]=0$$

式中，$[a]^{\mathrm{H}}$ 和$[b]^{\mathrm{H}}$ 分别表示$[a]$和$[b]$的转置共轭。将式(4.4.2)代入到上式中，得

$$[a]^{\mathrm{H}}([1]-[s]^{\mathrm{H}}[s])[a]=0$$

$[s]^{\mathrm{H}}$ 称为$[s]$的埃尔米特(Hermite)矩阵。$[a]$是任意的，故有

$$[s]^{\mathrm{H}}[s]=[1] \tag{4.4.15}$$

此式表明无耗微波网络的散射矩阵的埃尔米特矩阵右乘相应的散射矩阵等于单位矩阵。式(4.4.15)称作酉条件，因此可以说无耗微波网络的散射矩阵满足酉条件。满足酉条件的矩阵称为酉矩阵，因此无耗网络的散射矩阵是酉矩阵。这是无耗网络散射矩阵的一个非常重要的性质。

式(4.4.15)的展开式为

$$\sum_{k=1}^{n}s_{ki}s_{kj}^{*}=\begin{cases}1 & (当\ i=j)\\0 & (当\ i\neq j)\end{cases} \tag{4.4.16}$$

若网络是互易的，式(4.4.16)退化为

$$[s]^{*}[s]=[1] \tag{4.4.17}$$

4.4.3 参考面移动后的散射矩阵

设有一 n 端口网络，网络的散射矩阵$[s]$已知，其参考面在 T_1、T_2、…、T_n 处，现将参考面从 T_1、T_2、…、T_n 处分别移到 T_1'、T_2'、…、T_n'处，参考面移动后的散射矩阵记作$[s']$。下面求$[s']$与$[s]$的关系。

图 4.2 是一个二端口网络的参考面移动图。参考面 T_i' 比 T_i 更远离网络，参考面 T_i 与 T_i'之间的传输线所对应的相位角为θ_i。由图可知

$$a_i=a_i'\mathrm{e}^{-\mathrm{j}\theta_i} \tag{4.4.18}$$

$$b_i'=b_i\mathrm{e}^{-\mathrm{j}\theta_i} \tag{4.4.19}$$

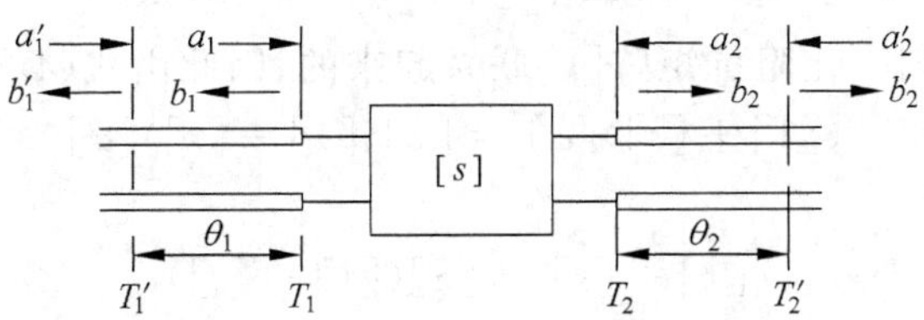

图 4.2 二端口网络的参考面移动

写成矩阵的形式为

$$[a]=[p][a'] \tag{4.4.20}$$

$$[b'] = [p][b] \tag{4.4.21}$$

式中，$[p]$是 n 阶对角方阵，即

$$[p] = \begin{bmatrix} e^{-j\theta_1} & & & 0 \\ & e^{-j\theta_2} & & \\ & & \ddots & \\ 0 & & & e^{-j\theta_n} \end{bmatrix} \tag{4.4.22}$$

由式(4.4.21)可得

$$[b'] = [p][s][a] = [p][s][p][a']$$

因此参考面移动后的散射矩阵$[s']$为

$$[s'] = [p][s][p] \tag{4.4.23}$$

$[s']$中各元素与$[s]$中各元素的关系为

$$s'_{ii} = s_{ii}\,e^{-j2\theta_i} \tag{4.4.24}$$

$$s'_{ij} = s_{ij}\,e^{-j(\theta_i+\theta_j)} \tag{4.4.25}$$

注意，在本书中定义 T'_i 远离网络时的 θ_i 为正。当网络为一端口网络时，s_{ii} 就是反射系数 Γ，s'_{ii} 就是 Γ'，且有

$$\Gamma' = \Gamma e^{-j2\theta} \tag{4.4.26}$$

这与传输线理论中所得的结果一致。

4.4.4 散射矩阵与阻抗导纳矩阵的关系

为了导出散射矩阵与阻抗、导纳矩阵的关系，把各端口的归一化电压电流与内向波外向波的关系写成列矩阵的形式，即

$$\left.\begin{aligned} [v] &= [a] + [b] \\ [i] &= [a] - [b] \end{aligned}\right\} \tag{4.4.27}$$

利用散射矩阵$[s]$，将上述二式改写为

$$\left.\begin{aligned} [v] &= ([1] + [s])[a] \\ [i] &= ([1] - [s])[a] \end{aligned}\right\} \tag{4.4.28}$$

$[v]$与$[i]$之间是通过归一化阻抗矩阵$[z]$联系起来的，因此由式(4.4.28)可得

$$([1] + [s])[a] = [z]([1] - [s])[a]$$

$[a]$是任意的，故

$$[1] + [s] = [z]([1] - [s]) \tag{4.4.29}$$

那么

$$[z] = ([1] + [s])([1] - [s])^{-1} \tag{4.4.30}$$

式中，$([1]-[s])^{-1}$是$([1]-[s])$的逆矩阵，或简称$([1]-[s])$的逆，上角标-1表示求逆。由式(4.4.29)还可解得

$$[s]=([z]+[1])^{-1}([z]-[1]) \tag{4.4.31}$$

式(4.4.30)和式(4.4.31)就是归一化阻抗矩阵与散射矩阵的关系。读者可以回忆传输线理论中归一化阻抗与反射系数之间的关系，不难看出它们与式(4.4.30)和(4.4.31)的相似之处。

注意到下述恒等式：

$$([1]+[s])([1]-[s])=([1]-[s])([1]+[s]) \tag{4.4.32}$$

$$([z]+[1])([z]-[1])=([z]-[1])([z]+[1]) \tag{4.4.33}$$

可以证明归一化阻抗矩阵与散射矩阵之间的关系还可写成

$$[s]=([z]-[1])([z]+[1])^{-1} \tag{4.4.34}$$

$$[z]=([1]-[s])^{-1}([1]+[s]) \tag{4.4.35}$$

此二式与(4.4.30)和(4.4.31)的区别仅仅是等式右边两因子的顺序不同。

仿照上述推导过程，读者可以导出归一化导纳矩阵与散射矩阵的关系为

$$[y]=([1]-[s])([1]+[s])^{-1} \tag{4.4.36}$$

$$[s]=([1]+[y])^{-1}([1]-[y]) \tag{4.4.37}$$

散射矩阵是必然存在的，而阻抗矩阵与导纳矩阵却不一定存在。当$([1]-[s])$的逆不存在则归一化阻抗矩阵不存在；当$([1]+[s])$的逆不存在则归一化导纳矩阵不存在。

4.5 二端口网络

4.5.1 二端口网络的各种矩阵

相对而言，二端口网络比较简单，也比较常用，本节将对二端口网络再进一步详细讨论，除阻抗导纳矩阵和散射矩阵之外，还将补充二端口网络特有的传输矩阵和转移矩阵。

归一化二端口网络的各种矩阵为

$$\begin{bmatrix} v_1 \\ v_2 \end{bmatrix}=\begin{bmatrix} z_{11} & z_{12} \\ z_{21} & z_{22} \end{bmatrix}\begin{bmatrix} i_1 \\ i_2 \end{bmatrix} \tag{4.5.1}$$

$$\begin{bmatrix} i_1 \\ i_2 \end{bmatrix}=\begin{bmatrix} y_{11} & y_{12} \\ y_{21} & y_{22} \end{bmatrix}\begin{bmatrix} v_1 \\ v_2 \end{bmatrix} \tag{4.5.2}$$

$$\begin{bmatrix} b_1 \\ b_2 \end{bmatrix}=\begin{bmatrix} s_{11} & s_{12} \\ s_{21} & s_{22} \end{bmatrix}\begin{bmatrix} a_1 \\ a_2 \end{bmatrix} \tag{4.5.3}$$

$$\begin{bmatrix} a_1 \\ b_1 \end{bmatrix}=\begin{bmatrix} t_{11} & t_{12} \\ t_{21} & t_{22} \end{bmatrix}\begin{bmatrix} b_2 \\ a_2 \end{bmatrix} \tag{4.5.4}$$

$$\begin{bmatrix} v_1 \\ i_1 \end{bmatrix}=\begin{bmatrix} \bar{a} & \bar{b} \\ \bar{c} & \bar{d} \end{bmatrix}\begin{bmatrix} v_2 \\ i_2 \end{bmatrix} \tag{4.5.5}$$

上述五式中 v_1、v_2、i_1、i_2 分别是端口 1 和端口 2 的归一化电压电流，$i_2'=-i_2$，a_1、a_2 和 b_1、b_2 分别是端口 1 和端口 2 的内向波和外向波。式(4.5.1)中的 2 阶方阵记作[z]，称作二端口网络的归一化阻抗矩阵。式(4.5.2)中的 2 阶方阵记作[y]，称作二端口网络的归一化导纳矩阵。式(4.5.3)中的 2 阶方阵记作[s]，称作二端口网络的散射矩阵。式(4.5.4)中的 2 阶方阵记作[t]，称作二端口网络的传输矩阵。式(4.5.5)中的 2 阶矩阵记作[$\bar{a}$]，称作二端口网络的转移矩阵。

五种归一化二端口网络矩阵之间存在着确定的变换关系，下面举例说明散射参量和传输参量之间，传输参量和转移参量之间是如何变换的。除了转移矩阵[$\bar{a}$]之外，其余四种矩阵的电压电流方向如图 4.3 所示，转移矩阵规定的电流方向有所不同，如图 4.4 所示。

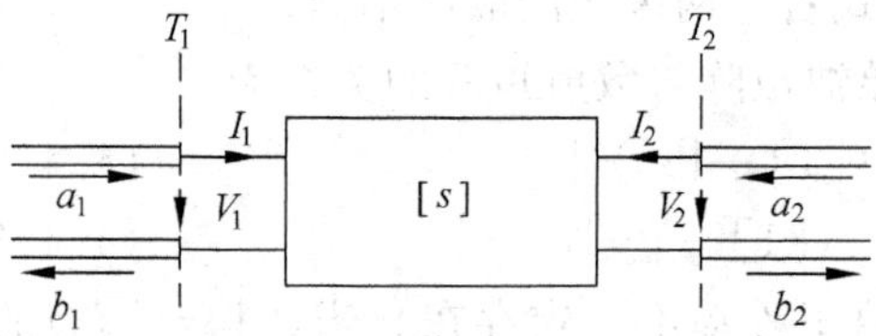

图 4.3　二端口网络

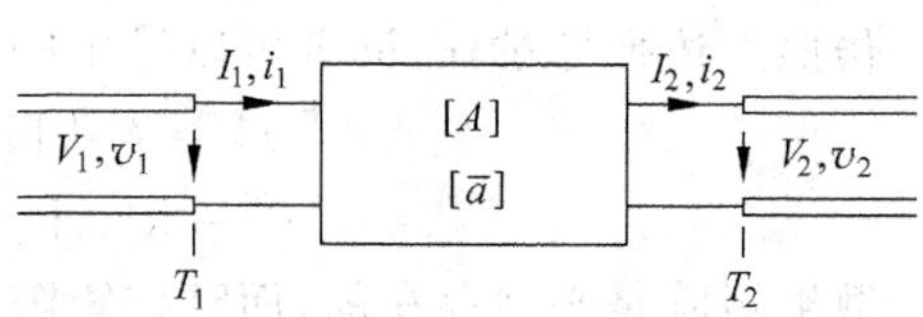

图 4.4　二端口网络的转移矩阵的电流方向

将式(4.5.3)改写，即有

$$\left.\begin{aligned} a_1 &= \frac{1}{s_{21}}b_2 - \frac{s_{22}}{s_{21}}a_2 \\ b_1 &= \frac{s_{11}}{s_{21}}b_2 + \left(s_{12} - \frac{s_{11}s_{22}}{s_{21}}\right)a_2 \end{aligned}\right\} \tag{4.5.6}$$

从而求出用散射参量表示的传输矩阵

$$[t] = \frac{1}{s_{21}}\begin{bmatrix} 1 & -s_{22} \\ s_{11} & -|s| \end{bmatrix} \tag{4.5.7}$$

式中，$|s|$ 为散射矩阵的行列式，即

$$|s| = s_{11}s_{22} - s_{12}s_{21} \tag{4.5.8}$$

类似地，将式(4.5.4)改写，即有

$$\left.\begin{aligned} b_1 &= \frac{t_{21}}{t_{11}}a_1 + \left(t_{22} - \frac{t_{12}t_{21}}{t_{11}}\right)a_2 \\ b_2 &= \frac{1}{t_{11}}a_1 - \frac{t_{12}}{t_{11}}a_2 \end{aligned}\right\} \tag{4.5.9}$$

可求出用传输参量表示的散射矩阵为

$$[s] = \frac{1}{t_{11}}\begin{bmatrix} t_{21} & |t| \\ 1 & -t_{12} \end{bmatrix} \tag{4.5.10}$$

式中，$|t|$为传输矩阵的行列式，即

$$|t| = t_{11}t_{22} - t_{12}t_{21} \tag{4.5.11}$$

改写式(4.5.4)和式(4.5.5)，可以求得二端口传输矩阵和归一化转移矩阵各参量之间的关系为

$$[t] = \frac{1}{2}\begin{bmatrix}(\bar{a}+\bar{b})+(\bar{c}+\bar{d}) & (\bar{a}-\bar{b})+(\bar{c}-\bar{d}) \\ (\bar{a}+\bar{b})-(\bar{c}+\bar{d}) & (\bar{a}-\bar{b})-(\bar{c}-\bar{d})\end{bmatrix} \tag{4.5.12}$$

$$[a] = \frac{1}{2}\begin{bmatrix}(t_{11}+t_{12})+(t_{21}+t_{22}) & (t_{11}-t_{12})+(t_{21}-t_{22}) \\ (t_{11}+t_{12})-(t_{21}+t_{22}) & (t_{11}-t_{12})-(t_{21}-t_{22})\end{bmatrix} \tag{4.5.13}$$

n端口网络的散射矩阵、归一化阻抗矩阵和归一化导纳矩阵之间的变换关系已经导出，很容易给出$n=2$的特例。至于转移矩阵$[\bar{a}]$与$[s]$、$[z]$、$[y]$的关系，可以仿照上述方法导出。此处不再详细推导，读者可以自己练习。表4.1中列出了二端口网络的$[s]$、$[z]$、$[y]$和$[\bar{a}]$四种矩阵参量之间的关系，以备用时查阅。

表 4.1　二端口网络参量换算表

矩阵参量	用$[s]$表示	用$[z]$表示	用$[y]$表示	用$[\bar{a}]$表示
$[s]$	$\begin{bmatrix}s_{11} & s_{12}\\ s_{21} & s_{22}\end{bmatrix}$	$[s]=([z]+[1])^{-1}$ $\times[z]-[1])$ $s_{11}=\frac{\lvert z\rvert+z_{11}-z_{22}-1}{\lvert z\rvert+z_{11}+z_{22}+1}$ $s_{12}=\frac{2z_{12}}{\lvert z\rvert+z_{11}+z_{22}+1}$ $s_{21}=\frac{2z_{21}}{\lvert z\rvert+z_{11}+z_{22}+1}$ $s_{22}=\frac{\lvert z\rvert-z_{11}+z_{22}-1}{\lvert z\rvert+z_{11}+z_{22}+1}$	$[s]=([1]+[y])^{-1}$ $\times([1]-[y])$ $s_{11}=\frac{1-y_{11}+y_{22}-\lvert y\rvert}{1+y_{11}+y_{22}+\lvert y\rvert}$ $s_{12}=\frac{-2y_{12}}{1+y_{11}+y_{22}+\lvert y\rvert}$ $s_{21}=\frac{-2y_{21}}{1+y_{11}+y_{22}+\lvert y\rvert}$ $s_{22}=\frac{1+y_{11}-y_{22}-\lvert y\rvert}{1+y_{11}+y_{22}+\lvert y\rvert}$	$s_{11}=\frac{\bar{a}+\bar{b}-\bar{c}-\bar{d}}{\bar{a}+\bar{b}+\bar{c}+\bar{d}}$ $s_{12}=\frac{2\lvert\bar{a}\rvert}{\bar{a}+\bar{b}+\bar{c}+\bar{d}}$ $s_{21}=\frac{2}{\bar{a}+\bar{b}+\bar{c}+\bar{d}}$ $s_{22}=\frac{-\bar{a}+\bar{b}-\bar{c}+\bar{d}}{\bar{a}+\bar{b}+\bar{c}+\bar{d}}$
$[z]$	$[z]=([1]-[s])^{-1}$ $\times([1]+[s])$ $z_{11}=\frac{1+s_{11}-s_{22}-\lvert s\rvert}{1-s_{11}-s_{22}+\lvert s\rvert}$ $z_{12}=\frac{2s_{12}}{1-s_{11}-s_{22}+\lvert s\rvert}$ $z_{21}=\frac{2s_{21}}{1-s_{11}-s_{22}+\lvert s\rvert}$ $z_{22}=\frac{1-s_{11}+s_{22}-\lvert s\rvert}{1-s_{11}-s_{22}+\lvert s\rvert}$	$[z]=\begin{bmatrix}z_{11} & z_{12}\\ z_{21} & z_{22}\end{bmatrix}$	$[z]=[y]^{-1}$ $=\frac{1}{\lvert y\rvert}$ $\times\begin{bmatrix}y_{22} & -y_{12}\\ -y_{21} & y_{11}\end{bmatrix}$	$[z]=\frac{1}{\bar{c}}\begin{bmatrix}\bar{a} & \lvert\bar{a}\rvert\\ 1 & \bar{d}\end{bmatrix}$

续表

矩阵参量	用[s]表示	用[z]表示	用[y]表示	用[$\bar{a}$]表示
[y]	$[y]=([1]-[s])\times([1]+[s])^{-1}$ $y_{11}=\dfrac{1-s_{11}+s_{22}-\lvert s\rvert}{1+s_{11}+s_{22}+\lvert s\rvert}$ $y_{12}=\dfrac{-2s_{12}}{1+s_{11}+s_{22}+\lvert s\rvert}$ $y_{21}=\dfrac{-2s_{21}}{1+s_{11}+s_{22}+\lvert s\rvert}$ $y_{22}=\dfrac{1+s_{11}-s_{22}-\lvert s\rvert}{1+s_{11}+s_{22}+\lvert s\rvert}$	$[y]=[z]^{-1}=\dfrac{1}{\lvert z\rvert}\times\begin{bmatrix} z_{22} & -z_{12} \\ -z_{21} & z_{11} \end{bmatrix}$	$[y]=\begin{bmatrix} y_{11} & y_{12} \\ y_{21} & y_{22} \end{bmatrix}$	$[y]=\dfrac{1}{\bar{b}}\times\begin{bmatrix} \bar{d} & -\lvert\bar{a}\rvert \\ -1 & \bar{a} \end{bmatrix}$
[$\bar{a}$]	$\bar{a}=\dfrac{1}{2s_{21}}(1+s_{11}-s_{22}-\lvert s\rvert)$ $\bar{b}=\dfrac{1}{2s_{21}}(1+s_{11}+s_{22}+\lvert s\rvert)$ $\bar{c}=\dfrac{1}{2s_{21}}(1-s_{11}-s_{22}+\lvert s\rvert)$ $\bar{d}=\dfrac{1}{2s_{21}}(1-s_{11}+s_{22}-\lvert s\rvert)$	$[\bar{a}]=\dfrac{1}{z_{21}}\begin{bmatrix} z_{11} & \lvert z\rvert \\ 1 & z_{22} \end{bmatrix}$	$[\bar{a}]=\dfrac{-1}{y_{21}}\begin{bmatrix} y_{22} & 1 \\ \lvert y\rvert & y_{11} \end{bmatrix}$	$[\bar{a}]=\begin{bmatrix} \bar{a} & \bar{b} \\ \bar{c} & \bar{d} \end{bmatrix}$

说明：$|s|$、$|z|$、$|y|$、$|\bar{a}|$是相应矩阵的行列式。

有时还要用到非归一化的二端口网络矩阵，例如非归一化的阻抗矩阵[Z]、非归一化的导纳矩阵[Y]和非归一化的转移矩阵[A]，其端口物理量与网络矩阵参量的关系为

$$\begin{bmatrix} V_1 \\ V_2 \end{bmatrix}=\begin{bmatrix} Z_{11} & Z_{12} \\ Z_{21} & Z_{22} \end{bmatrix}\begin{bmatrix} I_1 \\ I_2 \end{bmatrix} \tag{4.5.14}$$

$$\begin{bmatrix} I_1 \\ I_2 \end{bmatrix}=\begin{bmatrix} Y_{11} & Y_{12} \\ Y_{21} & Y_{22} \end{bmatrix}\begin{bmatrix} V_1 \\ V_2 \end{bmatrix} \tag{4.5.15}$$

$$\begin{bmatrix} V_1 \\ I_1 \end{bmatrix}=\begin{bmatrix} A & B \\ C & D \end{bmatrix}\begin{bmatrix} V_2 \\ I_2' \end{bmatrix} \tag{4.5.16}$$

式中，V_1、V_2、I_1、I_2 分别是二端口网络的非归一化电压电流，$I_2'=-I_2$，式(4.5.14)～(4.5.16)中的2阶方阵分别记作[Z]、[Y]、[A]，称作二端口网络的非归一化阻抗矩阵、导纳矩阵和转移矩阵。这三种非归一化矩阵与归一化矩阵的关系为

$$[z]=\begin{bmatrix} \dfrac{1}{\sqrt{Z_{C1}}} & 0 \\ 0 & \dfrac{1}{\sqrt{Z_{C2}}} \end{bmatrix}\begin{bmatrix} Z_{11} & Z_{12} \\ Z_{21} & Z_{22} \end{bmatrix}\begin{bmatrix} \dfrac{1}{\sqrt{Z_{C1}}} & 0 \\ 0 & \dfrac{1}{\sqrt{Z_{C2}}} \end{bmatrix} \tag{4.5.17}$$

$$[y]=\begin{bmatrix}\frac{1}{\sqrt{Y_{C1}}} & 0\\ 0 & \frac{1}{\sqrt{Y_{C2}}}\end{bmatrix}\begin{bmatrix}Y_{11} & Y_{12}\\ Y_{21} & Y_{22}\end{bmatrix}\begin{bmatrix}\frac{1}{\sqrt{Y_{C1}}} & 0\\ 0 & \frac{1}{\sqrt{Y_{C2}}}\end{bmatrix} \tag{4.5.18}$$

$$\begin{bmatrix}\bar{a} & \bar{b}\\ \bar{c} & \bar{d}\end{bmatrix}=\begin{bmatrix}\frac{1}{\sqrt{Z_{C1}}} & 0\\ 0 & \frac{1}{\sqrt{Y_{C1}}}\end{bmatrix}\begin{bmatrix}A & B\\ C & D\end{bmatrix}\begin{bmatrix}\sqrt{Z_{C2}} & 0\\ 0 & \sqrt{Y_{C2}}\end{bmatrix} \tag{4.5.19}$$

式(4.5.17)和式(4.5.18)分别是式(4.3.18)和式(4.3.21)的特例。至于式(4.5.19)可利用下述二式：

$$\begin{bmatrix}v_1\\ i_1\end{bmatrix}=\begin{bmatrix}\frac{1}{\sqrt{Z_{C1}}} & 0\\ 0 & \frac{1}{\sqrt{Y_{C1}}}\end{bmatrix}\begin{bmatrix}V_1\\ I_1\end{bmatrix} \tag{4.5.20}$$

$$\begin{bmatrix}v_2\\ i_2'\end{bmatrix}=\begin{bmatrix}\frac{1}{\sqrt{Z_{C2}}} & 0\\ 0 & \frac{1}{\sqrt{Y_{C2}}}\end{bmatrix}\begin{bmatrix}V_2\\ I_2'\end{bmatrix} \tag{4.5.21}$$

和式(4.5.5)、式(4.5.16)导出。

在应用描述网络的各种矩阵时，应注意下述两点：①弄清非归一化矩阵和归一化矩阵的区别；②弄清电流的方向是如何定义的，在转移矩阵中电流的方向与阻抗转移矩阵中的电流方向在端口2相反。

阻抗矩阵、导纳矩阵和散射矩阵中的各元素有明确的物理意义，传输矩阵和转移矩阵各元素的物理意义不十分明显。在微波网络中散射矩阵应用比较广泛。其余几种矩阵可用于分析和计算网络的串联、并联和级联。

4.5.2 二端口网络的散射矩阵

二端口网络的散射矩阵为

$$[s]=\begin{bmatrix}s_{11} & s_{12}\\ s_{21} & s_{22}\end{bmatrix} \tag{4.5.22}$$

若 $s_{12}=s_{21}$，称该二端口网络是可逆的或互易的。若 $s_{12}=s_{21}$ 且 $s_{11}=s_{22}$，称该二端口网络的散射矩阵是对称的，对称必定可逆，可逆未必对称。二端口网络在几何物理结构上对称，则网络的散射矩阵必定是对称的；二端口网络的散射矩阵是对称的，对应于该二端口网络的几何物理结构却未必是对称的。下一小节将举例说明结构上不对称的二端口网络而与其相应的散射矩阵却是对称的这种情况。

若端口网络是无耗的,但并不限定是互易的,将酉条件展开,则得

$$|s_{11}|^2+|s_{21}|^2=1 \tag{4.5.23a}$$

$$|s_{12}|^2+|s_{22}|^2=1 \tag{4.5.23b}$$

$$s_{11}^*s_{12}+s_{21}^*s_{22}=0 \tag{4.5.23c}$$

$$s_{12}^*s_{11}+s_{22}^*s_{21}=0 \tag{4.5.23d}$$

式(4.5.23a)和式(4.5.23b)是二端口网络的能量守恒定律的两个特殊形式。如设 $a_2=0$,式(4.5.23a)可改写为

$$|b_1|^2+|b_2|^2=|a_1|^2$$

它的物理意义是端口1和端口2的外向波功率之和等于端口1的内向波功率。式(4.5.23b)的物理意义亦类似。式(4.5.23c)和式(4.5.23d)两式是同一个式子,取一式之共轭则变为另一式。令

$$s_{11}=|s_{11}|e^{j\theta_{11}} \tag{4.5.24a}$$

$$s_{22}=|s_{22}|e^{j\theta_{22}} \tag{4.5.24b}$$

$$s_{12}=|s_{12}|e^{j\theta_{12}} \tag{4.5.24c}$$

$$s_{21}=|s_{21}|e^{j\theta_{21}} \tag{4.5.24d}$$

将上述四式代入到式(4.5.23d)中,得

$$|s_{11}||s_{12}|e^{j(\theta_{11}-\theta_{12})}+|s_{22}||s_{21}|e^{j(\theta_{21}-\theta_{22})}=0$$

在复数平面上两个复数数量之和等于零,必定是模相等、相角差 π,因此由式(4.5.23)可得

$$|s_{11}||s_{12}|=|s_{22}||s_{21}| \tag{4.5.25a}$$

$$\theta_{11}-\theta_{12}=\theta_{21}-\theta_{22}\pm\pi \tag{4.5.25b}$$

式(4.5.23a)与式(4.5.23b)两式相减,得

$$|s_{11}|^2-|s_{22}|^2+|s_{21}|^2-|s_{12}|^2=0 \tag{4.5.26}$$

再由式(4.5.25a)解出$|s_{11}|$,并代入上式整理后得

$$(|s_{22}|^2+|s_{12}|^2)(|s_{12}|^2-|s_{21}|^2)=0$$

因此

$$|s_{12}|=|s_{21}| \tag{4.5.27}$$

那么,从式(4.5.25a)或式(4.5.26)又可得到

$$|s_{11}|=|s_{22}| \tag{4.5.28}$$

此外,不难证明无耗二端口散射矩阵的行列式

$$|s|=s_{11}s_{22}-s_{12}s_{21}=e^{j(\theta_{11}+\theta_{12})} \tag{4.5.29}$$

从上述关于无耗二端口网络的讨论中可引出下述几点结论:

(1) s_{11} 和 s_{22} 的绝对值相等,s_{12} 和 s_{21} 的绝对值相等。这意味着,当端口1匹配时,即 $s_{11}=0$,则端口2必定匹配,即 $s_{22}=0$,反之亦然,此时传输系数的模等于1;若传输系数的模等于1,则网络必定是匹配的。

(2) 若不限定二端口网络是互易的，即 s_{12} 可以不等于 s_{21}，这时无耗二端口网络的 $|s_{12}|=|s_{21}|$，那么 s_{12} 和 s_{21} 的差别只能是相位，因此无耗二端口网络只能实现不可逆相移，不可能实现不可逆隔离。所谓不可逆相移指的是 s_{12} 和 s_{21} 的相位不同，所谓不可逆隔离指的是 $|s_{12}|=0$ 而 $|s_{21}|\neq 0$，或 $|s_{12}|\neq 0$，而 $|s_{21}|=0$。

(3) 无耗二端口网络理想隔离时，则退化为一个全反射的一端口网络，因为当 $|s_{12}|=|s_{21}|=0$ 时，有 $|s_{11}|=|s_{22}|=1$。

互易二端口网络的散射矩阵只有三个独立参量。互易无耗二端口网络的散射矩阵原则上只有两个独立参量，因为一个互易无耗二端口网络的 $|s_{11}|=|s_{22}|$ 且 $s_{12}=s_{21}$，适当选择参考面，即网络的端口面，总可以使 $s_{11}=s_{22}$，于是不对称散射矩阵变为对称散射矩阵。对称二端口网络的散射矩阵只有两个独立参量。

4.5.3 二端口等效单元电路

在许多情况下，微波电路中涉及到的二端口网络可以用下述四种二端口等效单元电路及其组合来表示。这四种二端口等效单元电路是：串联阻抗、并联导纳、变压器、一段均匀传输线。注意，二端口等效单元电路的两端都与特性阻抗为 Z_{C1} 和 Z_{C2} 的传输线相连接，这是与集总参数电路的不同之处。两段不同特性阻抗传输线的连接是这些二端口网络的特例。四种二端口网络等效单元电路的矩阵列于表 4.2 和表 4.3。散射矩阵和传输矩阵是必定存在的，因此表 4.3 中各项都能列出。若串联阻抗 z 等于零，或并联导纳等于零时，这两种二端口网络则退化为两段不同传输线相连的情况。

表 4.2 二端口等效单元电路的阻抗矩阵、导纳矩阵和转移矩阵

单元电路	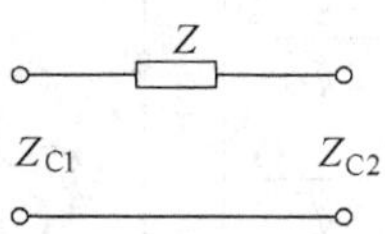	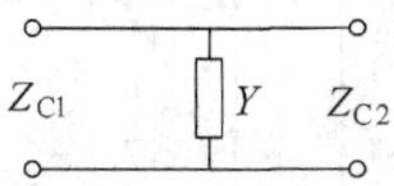	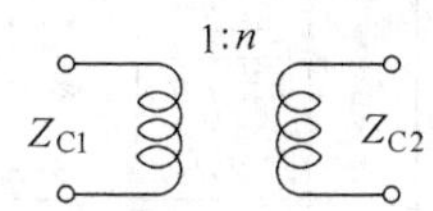	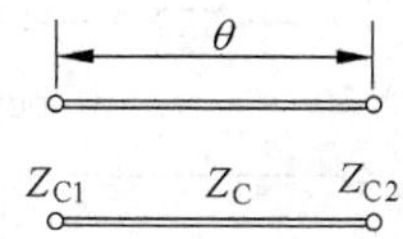
[Z]		$\begin{bmatrix}\frac{1}{Y} & \frac{1}{Y}\\ \frac{1}{Y} & \frac{1}{Y}\end{bmatrix}$		$\begin{bmatrix}-jZ_C\cot\theta & jZ_C\csc\theta\\ -jZ_C\csc\theta & -jZ_C\cot\theta\end{bmatrix}$
[z]		$\begin{bmatrix}\frac{1}{y} & \frac{1}{y\sqrt{r}}\\ \frac{1}{y\sqrt{r}} & \frac{1}{yr}\end{bmatrix}$		$\begin{bmatrix}-j\cot\theta & -j\csc\theta\\ -j\csc\theta & -j\cot\theta\end{bmatrix}$
[Y]	$\begin{bmatrix}\frac{1}{Z} & -\frac{1}{Z}\\ -\frac{1}{Z} & \frac{1}{Z}\end{bmatrix}$			$\begin{bmatrix}-\frac{j}{Z_C}\cot\theta & \frac{j}{Z_C}\csc\theta\\ \frac{j}{Z_C}\csc\theta & -\frac{j}{Z_C}\cot\theta\end{bmatrix}$

续表

单元电路	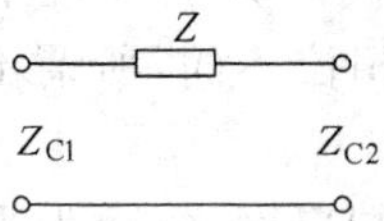	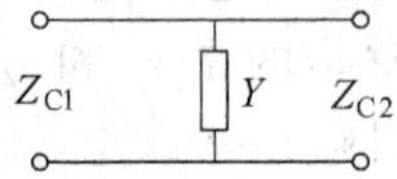	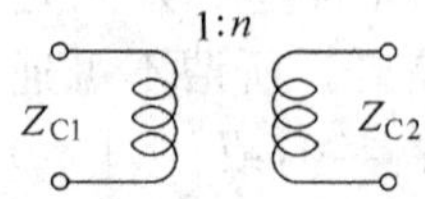	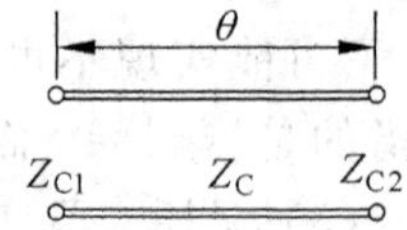
[y]	$\begin{bmatrix} \frac{1}{z} & -\frac{\sqrt{r}}{z} \\ -\frac{\sqrt{r}}{z} & \frac{r}{z} \end{bmatrix}$			$\begin{bmatrix} -\mathrm{j}\cot\theta & \mathrm{j}\csc\theta \\ \mathrm{j}\csc\theta & -\mathrm{j}\cot\theta \end{bmatrix}$
[A]	$\begin{bmatrix} 1 & Z \\ 0 & 1 \end{bmatrix}$	$\begin{bmatrix} 1 & 0 \\ Y & 1 \end{bmatrix}$	$\begin{bmatrix} \pm\frac{1}{n} & 0 \\ 0 & \pm n \end{bmatrix}$	$\begin{bmatrix} \cos\theta & \mathrm{j}Z_C\sin\theta \\ \frac{\mathrm{j}}{Z_C}\sin\theta & \cos\theta \end{bmatrix}$
[$\bar{a}$]	$\begin{bmatrix} \sqrt{r} & \frac{z}{\sqrt{r}} \\ 0 & \frac{1}{\sqrt{r}} \end{bmatrix}$	$\begin{bmatrix} \sqrt{r} & 0 \\ y\sqrt{r} & \frac{1}{\sqrt{r}} \end{bmatrix}$	$\begin{bmatrix} \pm\frac{\sqrt{r}}{n} & 0 \\ 0 & \pm\frac{n}{\sqrt{r}} \end{bmatrix}$	$\begin{bmatrix} \cos\theta & \mathrm{j}\sin\theta \\ \mathrm{j}\sin\theta & \cos\theta \end{bmatrix}$
说明：	$z=Z/Z_{C1}$ $r=Z_{C2}/Z_{C1}$	$y=YZ_{C1}$ $r=Z_{C2}/Z_{C1}$	$r=Z_{C2}/Z_{C1}$	$Z_{C1}=Z_{C2}=Z_C$

表 4.3 二端口等效单元电路的散射矩阵和传输矩阵

单元电路	[s]	[t]	说明
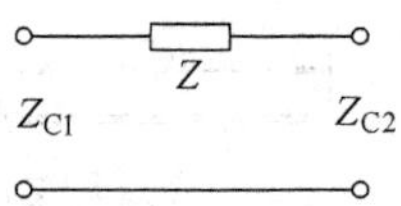	$\begin{bmatrix} \frac{z+r-1}{z+r+1} & \frac{2\sqrt{r}}{z+r+1} \\ \frac{2\sqrt{r}}{z+r+1} & \frac{z-r+1}{z+r+1} \end{bmatrix}$	$\begin{bmatrix} \frac{r+z+1}{2\sqrt{r}} & \frac{r-z-1}{2\sqrt{r}} \\ \frac{r+z-1}{2\sqrt{r}} & \frac{r-z+1}{2\sqrt{r}} \end{bmatrix}$	$z=Z/Z_{C1}$ $r=Z_{C2}/Z_{C1}$
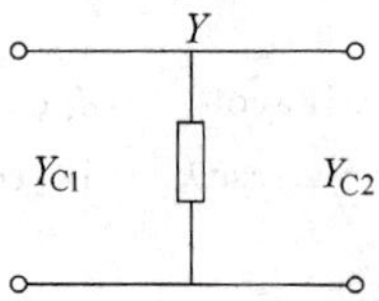	$\begin{bmatrix} \frac{1-y-1/r}{1+y+1/r} & \frac{2/\sqrt{r}}{1+y+1/r} \\ \frac{2/\sqrt{r}}{1+y+1/r} & -\frac{1+y-1/r}{1+y+1/r} \end{bmatrix}$	$\begin{bmatrix} \frac{1+y+1/r}{2/\sqrt{r}} & \frac{1+y-1/r}{2/\sqrt{r}} \\ \frac{1-y-1/r}{2/\sqrt{r}} & \frac{1-y+1/r}{2/\sqrt{r}} \end{bmatrix}$	$y=Y/Y_{C1}$ $r=Y_{C1}/Y_{C2}$
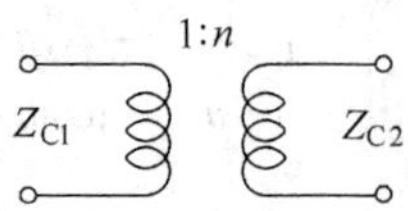	$\begin{bmatrix} \frac{r-n^2}{r+n^2} & \frac{\pm 2n\sqrt{r}}{r+n^2} \\ \frac{\pm 2n\sqrt{r}}{r+n^2} & \frac{n^2-r}{r+n^2} \end{bmatrix}$	$\begin{bmatrix} \pm\frac{r+n^2}{2n\sqrt{r}} & \pm\frac{r-n^2}{2n\sqrt{r}} \\ \pm\frac{r-n^2}{2n\sqrt{r}} & \pm\frac{r+n^2}{2n\sqrt{r}} \end{bmatrix}$	$r=Z_{C2}/Z_{C1}$
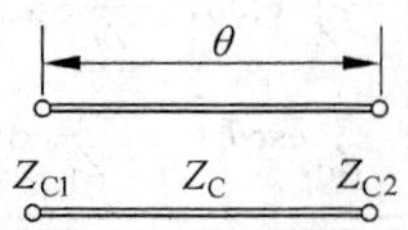	$\begin{bmatrix} 0 & \mathrm{e}^{-\mathrm{j}\theta} \\ \mathrm{e}^{-\mathrm{j}\theta} & 0 \end{bmatrix}$	$\begin{bmatrix} \mathrm{e}^{\mathrm{j}\theta} & 0 \\ 0 & \mathrm{e}^{-\mathrm{j}\theta} \end{bmatrix}$	$Z_{C1}=Z_{C2}=Z_C$

下面举出四个例子说明如何求得二端口等效单元电路的各种矩阵，以期达到举一反三的目的，其余各种矩阵的求解作为习题留给读者。

【例 4.1】 求串联阻抗的散射矩阵$[s]$和传输矩阵$[t]$。

解 按照非归一化的电压电流列出电路方程(参见图 4.5)

$$\left.\begin{aligned} I_1 &= -I_2 \\ V_1 - ZI_1 &= V_2 \end{aligned}\right\} \qquad (4.5.30)$$

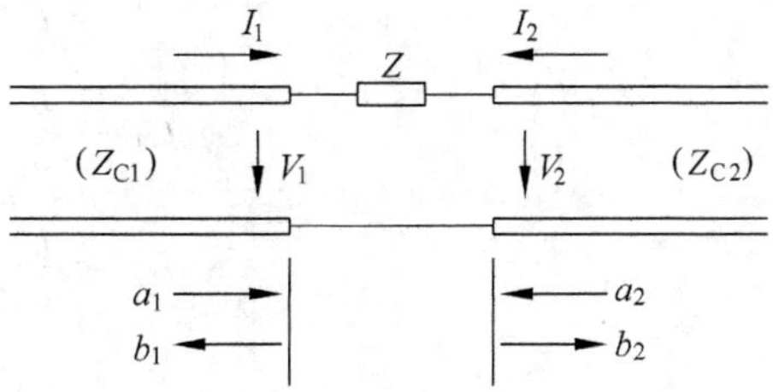

图 4.5 例 4.1 的附图

将式(4.5.30)用内向波和外向波表示为

$$\frac{1}{\sqrt{Z_{C1}}}(a_1 - b_1) = -\frac{1}{\sqrt{Z_{C2}}}(a_2 - b_2)$$

$$\sqrt{Z_{C1}}(a_1 + b_1) - \frac{Z}{\sqrt{Z_{C1}}}(a_1 - b_1) = \sqrt{Z_{C2}}(a_2 + b_2)$$

整理后得到

$$\sqrt{r}b_1 + b_2 = \sqrt{r}a_1 + a_2 \qquad (4.5.31)$$

$$(1+z)b_1 - \sqrt{r}\,b_2 = -(1-z)a_1 + \sqrt{r}\,a_2 \qquad (4.5.32)$$

其中 $r=Z_{C2}/Z_{C1}$，$z=Z/Z_{C1}$。由上述二式解得

$$b_1 = \frac{\begin{vmatrix} \sqrt{r}a_1 + a_2 & 1 \\ -(1-z)a_1 + \sqrt{r}a_2 & -\sqrt{r} \end{vmatrix}}{\begin{vmatrix} \sqrt{r} & 1 \\ 1+z & -\sqrt{r} \end{vmatrix}}$$

$$b_2 = \frac{\begin{vmatrix} \sqrt{r} & \sqrt{r}a_1 + a_2 \\ 1+z & -(1-z)a_1 + \sqrt{r}a_2 \end{vmatrix}}{\begin{vmatrix} \sqrt{r} & 1 \\ 1+z & -\sqrt{r} \end{vmatrix}}$$

将行列式展开得

$$b_1 = \frac{(z+r-1)a_1 + 2\sqrt{r}a_2}{z+r+1} \qquad (4.5.33)$$

$$b_2 = \frac{2\sqrt{r}a_1 + (z-r+1)a_2}{z+r+1} \qquad (4.5.34)$$

根据散射参量的定义可知

$$s_{11} = \frac{z+r-1}{z+r+1}$$

$$s_{12} = \frac{2\sqrt{r}}{z+r+1} = s_{21}$$

$$s_{22} = \frac{z - r + 1}{z + r + 1}$$

由散射参量和传输参量之间的关系和传输参量的定义可得

$$t_{11} = \left.\frac{a_1}{b_2}\right|_{a_2=0} = \frac{r + z + 1}{2\sqrt{r}}$$

$$t_{21} = \left.\frac{b_1}{b_2}\right|_{a_2=0} = \frac{r + z - 1}{2\sqrt{r}}$$

$$t_{22} = \left.\frac{b_1}{a_2}\right|_{b_2=0} = \frac{r - z + 1}{2\sqrt{r}}$$

$$t_{12} = \left.\frac{a_1}{a_2}\right|_{b_2=0} = \frac{r - z - 1}{2\sqrt{r}}$$

【例 4.2】 求并联导纳的非归一化和归一化阻抗矩阵。

解 参考面 T_1 和 T_2 之间的电路是集总参数电路(参见图 4.6),根据电路中的基尔霍夫定律可写出非归一化电压和电流的关系

$$\left.\begin{aligned} V_1 &= V_2 \\ I_1 + I_2 &= YV_1 = YV_2 \end{aligned}\right\} \tag{4.5.35}$$

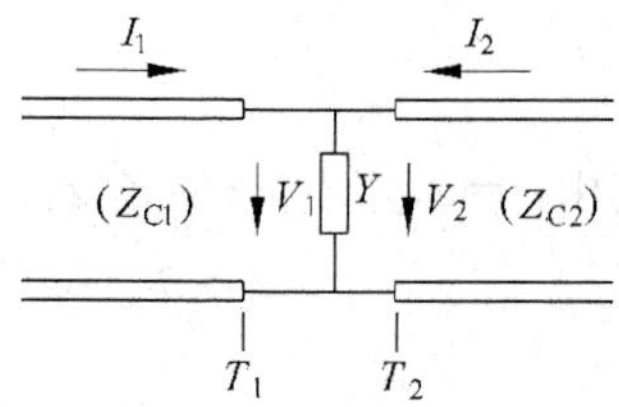

图 4.6 例 4.2 的附图

上式可改写为

$$V_1 = \frac{1}{Y}I_1 + \frac{1}{Y}I_2$$

$$V_2 = \frac{1}{Y}I_1 + \frac{1}{Y}I_2$$

因此非归一化阻抗矩阵为

$$[Z] = \begin{bmatrix} \frac{1}{Y} & \frac{1}{Y} \\ \frac{1}{Y} & \frac{1}{Y} \end{bmatrix} \tag{4.5.36}$$

由式(4.3.19)和式(4.3.20)可求得此例的归一化阻抗矩阵为

$$[z] = \begin{bmatrix} \frac{1}{Z_{C1}Y} & \frac{1}{\sqrt{Z_{C1}Z_{C2}}Y} \\ \frac{1}{\sqrt{Z_{C1}Z_{C2}}Y} & \frac{1}{Z_{C2}Y} \end{bmatrix} \tag{4.5.37}$$

【例 4.3】 从均匀传输线上取一段电长度为 $\theta=\beta l$ 的传输线,试求其散射矩阵、传输矩阵和归一化转移矩阵。

解 首先求散射矩阵。显然 $s_{11}=s_{22}=0$,该网络为互易网络,故 $s_{12}=s_{21}$,由 s_{21} 的定义可知,$s_{21}=\mathrm{e}^{-\mathrm{j}\theta}$,因而散射矩阵为

$$[s]=\begin{bmatrix}0 & e^{-j\theta}\\ e^{-j\theta} & 0\end{bmatrix} \tag{4.5.38}$$

注意，本例是在均匀传输线上设定两个参考面 T_1 和 T_2，在参考面 T_1、T_2 两边的传输线的特性阻抗相同。若参考面 T_1 和 T_2 两边的传输线的特性阻抗不相同，那是三个简单网络的级联问题。

其次，求传输矩阵[t]。直接从传输参量的定义求解不太方便。因为已得到本例电路所对应的散射参量，所以由[t]与[s]的变换关系(4.5.7)很容易得到

$$[t]=\begin{bmatrix}e^{j\theta} & 0\\ 0 & e^{-j\theta}\end{bmatrix} \tag{4.5.39}$$

最后求归一化转移矩阵。已知[s]，可由[$\bar{a}$]与[s]的变换关系求得[$\bar{a}$]。但是作为练习，我们从[$\bar{a}$]的定义直接求解。由[$\bar{a}$]矩阵各元素的定义可得

$$\bar{a}=\left.\frac{v_1}{v_2}\right|_{i_2=0}=\left.\frac{v_2\cos\theta}{v_2}\right|_{i_2=0}=\cos\theta$$

$$\bar{b}=\left.\frac{v_1}{i_2}\right|_{v_2=0}=\left.\frac{v_1}{i_1/\cos\theta}\right|_{v_2=0}=\frac{j\tan\theta}{1/\cos\theta}=j\sin\theta$$

$$\bar{c}=\left.\frac{i_1}{v_2}\right|_{i_2=0}=\left.\frac{i_1}{v_1/\cos\theta}\right|_{i_2=0}=j\tan\theta\cos\theta=j\sin\theta$$

$$\bar{d}=\left.\frac{i_1}{i_2}\right|_{v_2=0}=\left.\frac{i_1}{i_1/\cos\theta}\right|_{v_2=0}=\cos\theta$$

在上述[$\bar{a}$]矩阵各元素的推导过程中，我们用到了这样两个关系式：当端口 2 开路时，即 $i_2=0$ 时，端口 1 和端口 2 之间的电压关系为 $v_1=v_2\cos\theta$；当端口 2 短路时，即 $v_2=0$ 时，端口 1 和端口 2 之间的电流关系为 $i_1=i_2\cos\theta$。

【例 4.4】 求理想无耗变压器网络的散射矩阵。

解 变压器初级和次极的非归一化电压电流满足关系式

$$V_1=\pm nV_2$$

$$I_1=\mp\frac{1}{n}I_2$$

式中，n 为变压器的变化，正负号与变压器极性有关。为简化求解时仅考虑一组解，将上述二式变换为归一化电压电流的关系式

$$v_1=n\sqrt{\frac{Z_{C2}}{Z_{C1}}}v_2$$

$$i_1=-\frac{1}{n}\sqrt{\frac{Z_{C1}}{Z_{C2}}}i_2$$

将归一化电压电流用内向波和外向波表示为

$$a_1 + b_1 = n\sqrt{\frac{Z_{C2}}{Z_{C1}}}(a_2 + b_2) \tag{4.5.40}$$

$$a_1 - b_1 = -\frac{1}{n}\sqrt{\frac{Z_{C1}}{Z_{C2}}}(a_2 - b_2) \tag{4.5.41}$$

设 $a_1 \neq 0, a_2 = 0$，用 a_1 除上述二式两端，得

$$1 + s_{11} = n\sqrt{\frac{Z_{C2}}{Z_{C1}}}s_{21}$$

$$1 - s_{11} = \frac{1}{n}\sqrt{\frac{Z_{C1}}{Z_{C2}}}s_{21}$$

由此解得

$$s_{21} = \frac{2n\sqrt{\frac{Z_{C2}}{Z_{C1}}}}{1 + n^2\frac{Z_{C2}}{Z_{C1}}}$$

$$s_{11} = \frac{n^2\frac{Z_{C2}}{Z_{C1}} - 1}{n^2\frac{Z_{C2}}{Z_{C1}} + 1}$$

由网络互易性可知 $s_{12} = s_{21}$。如设 $a_1 = 0, a_2 \neq 0$，用 a_2 除式(4.5.40)和式(4.5.41)两端，得一对含 s_{12} 和 s_{22} 的方程，于是可解得 s_{22}。其实，根据定义可直接解出 s_{22}，设端口 1 处接匹配负载 Z_{C1}，经过变压器后折合到端口 2 的阻抗为 Z_{C1}/n^2，于是端口 2 的反射系数 s_{22} 为

$$s_{22} = \frac{(Z_{C1}/n^2) - Z_{C2}}{(Z_{C1}/n^2) + Z_{C2}} = \frac{1 - n^2(Z_{C2}/Z_{C1})}{1 + n^2(Z_{C2}/Z_{C1})}$$

从上述关于理想无耗变压器网络散射矩阵的推导结果可以看出：一个理想无耗变压器网络的散射参量都是实数，$s_{11} = -s_{22}, s_{21} = s_{12}$。如设 $n^2(Z_{C2}/Z_{C1}) > 1$，这意味着 s_{11} 是实数，且 $s_{11} > 0$，在参考面 T_{10} 处是波腹点，显然，这时有 $s_{22} < 0$，在参考面 T_{20} 处是波节点。如设 $n^2(Z_{C2}/Z_{C1}) < 1$，则参考面 T_{10} 处是波节点，参考面 T_{20} 处是波腹点，因为 $s_{11} < 0, s_{22} > 0$。

任意一个无耗互易二端口网络可以用一个理想无耗变压器等效，但只在上述讨论中提到的两个特定的参考面 T_{10} 和 T_{20} 处，这种等效才是成立的。这两个特定的参考面称作特性参考面。如果参考面不取在特性参考面处，那么可以用理想无耗变压器附加两段传输线来等效，这只不过是理想无耗变压器网络的参考面移动的问题，其求解方法已在 4.4.3 节中讨论过。

下面我们用一种想像的实验方法确定特性参考面 T_{10} 和 T_{20}。设 $n^2(Z_{C2}/Z_{C1}) > 1$，端口 2 接匹配负载，在端口 1 用测量线找到波腹点的位置，即为参考面 T_{10}。然后在端口 2 接可移动的短路器，使得在上一步骤中找到的 T_{10} 处恰为波节点，那么短路面的位置即为

T_{20}，其理由可简单说明如下：

由理想变压器的阻抗变换关系

$$Z_1 = -n^2 Z_2$$

当 $Z_1=0$ 时，显然有 $Z_2=0$，反之亦然，这就是说，若端口 1 和端口 2 的参考面处阻抗同时为零，其中一个是特性参考面，另一个也必然是特性参考面。

进一步确定变比 n。不妨设 $n^2(Z_{C2}/Z_{C1})>1$，此时端口 1 的反射系数的模与驻波系数的关系为

$$\rho = \frac{1+|s_{11}|}{1-|s_{11}|} = n^2(Z_{C2}/Z_{C1}) \tag{4.5.42}$$

可见，若设法测得端口 1 的驻波系数 ρ，并已知两传输线的等效阻抗之比，那么可计算出理想变压器的变比。读者可以分析一个简单的例子：两段特性阻抗不同的传输线相连，忽略其跳变处的电抗，若将该网络等效为理想无耗变压器则其变比 $n=1$。

4.5.4 对称二端口网络的本征值和本征矢

一个二端口网络，若其散射参量满足下述关系式：

$$s_{11} = s_{22}$$
$$s_{12} = s_{21}$$

那么我们说这是一个对称二端口网络。对于一个无耗互易二端口网络，我们有 $s_{12}=s_{21}$，$|s_{11}|=|s_{22}|$。虽然在结构上这个无耗互易二端口网络不一定是对称的，但适当地选择参考面的位置总能达到 $s_{11}=s_{22}$，$s_{12}=s_{21}$。因此在分析具体问题时应注意区分结构对称的对称网络和结构不对称的对称网络这两种情况。一般来说，我们主要关心结构对称的对称网络。以下求解散射矩阵的本征值与本征矢。

设 n 阶散射矩阵的本征值为 s_j，那么

$$[s][u^{(j)}] = s_j[u^{(j)}] \quad (j=1,2,\cdots,n) \tag{4.5.43}$$

其中$[s]$是网络的散射矩阵，$[u^{(j)}]$是对应于本征值 s_j 的本征矢，且

$$[u^{(j)}] = [u_1^{(j)} \quad u_2^{(j)} \quad \cdots \quad u_n^{(j)}]^{\mathrm{T}} \tag{4.5.44}$$

若将$[u^{(j)}]$看作一种特殊的激励方式，即$[u^{(j)}]$为各端口的内向波，那么由式(4.5.43)可知，外向波$[b]$为

$$[b] = s_j[u^{(j)}] \quad (j=1,2,\cdots,n) \tag{4.5.45}$$

此式表明 s_j 是在$[u^{(j)}]$这种特殊激励方式下的外向波与内向波之比，换句话说，在$[u^{(j)}]$激励方式下任意端口的外向波与内向波之比都是相同的，其比值为 s_j。式(4.5.43)可以改写为

$$(s_j[1]-[s])[u^{(j)}] = 0 \tag{4.5.46}$$

式中，$[1]$是单位矩阵。上式存在非平凡解的充要条件是

$$|s_j[1]-[s]|=0 \quad (4.5.47)$$

这是特征方程。

以二端口网络为例，本征值和本征矢的示意图如图 4.7 所示。对于二端口网络，$j=1,2$，这表明有两种独立的激励方式。对称二端口网络的特性方程为

$$\begin{vmatrix} s_j - s_{11} & -s_{21} \\ -s_{21} & s_j - s_{11} \end{vmatrix} = 0 \quad (j=1,2) \quad (4.5.48)$$

或

$$(s_j - s_{11})^2 - (s_{21})^2 = 0 \quad (4.5.49)$$

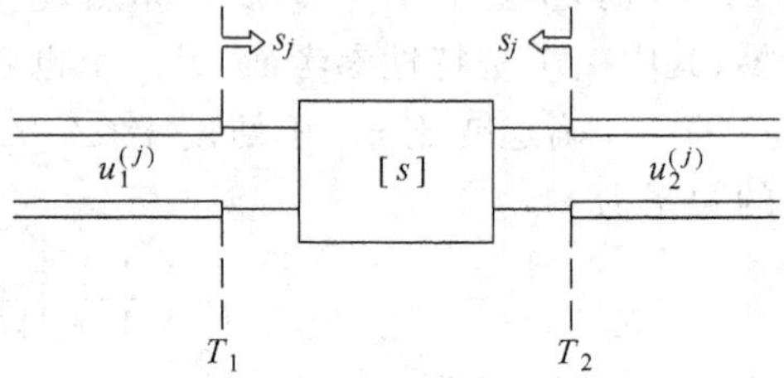

图 4.7　散射参量的本征值和本征矢

该特性方程的两个根，即两个本征值为

$$s_1 = s_{11} + s_{21} \quad (4.5.50)$$

$$s_2 = s_{11} - s_{21} \quad (4.5.51)$$

于是，对称二端口网络的散射参量可用本征值表示为

$$s_{11} = \frac{s_1 + s_2}{2} \quad (4.5.52)$$

$$s_{21} = \frac{s_1 - s_2}{2} \quad (4.5.53)$$

对于对称二端口网络，式(4.5.43)具体化为

$$\begin{bmatrix} s_{11} & s_{21} \\ s_{21} & s_{11} \end{bmatrix}\begin{bmatrix} u_1^{(j)} \\ u_2^{(j)} \end{bmatrix} = s_j \begin{bmatrix} u_1^{(j)} \\ u_2^{(j)} \end{bmatrix} \quad (j=1,2) \quad (4.5.54)$$

展开得

$$s_{11}u_1^{(j)} + s_{21}u_2^{(j)} = s_j u_1^{(j)} \quad (4.5.55)$$

$$s_{21}u_1^{(j)} + s_{11}u_2^{(j)} = s_j u_2^{(j)} \quad (4.5.56)$$

将 $s_1=s_{11}+s_{21}$ 代入到上述二式中的一个，显然有 $u_1^{(1)}=u_2^{(1)}$，取

$$u_1^{(1)} = u_2^{(1)} = \frac{1}{\sqrt{2}} \quad (4.5.57)$$

这保证了对应于本征值 s_1 的本征矢为单位本征矢。类似地，将 $s_2=s_{11}-s_{21}$ 代入式(4.5.55)或式(4.5.56)，显然有

$$u_1^{(2)} = -u_2^{(2)} = \frac{1}{\sqrt{2}} \quad (4.5.58)$$

这是对应于本征值 s_2 的单位本征矢。上述两种本征矢相当于两种激励方式。式(4.5.57)是所谓同相激励，式(4.5.58)是所谓反相激励。

对于结构对称的互易二端口网络，同相激励与反相激励的物理意义可作如下解释。

设结构对称的互易网络的示意图如图 4.8(a)和(b)所示，图中画出了一个对称面。同相激励时，在对称面上电压或电场是等幅同相的，而电流或磁场等幅反相，因此在对称面上磁场的横向分量为零，若在对称面处放置一薄片导磁体，并不破坏网络内部的场分布，因此我们可以假想对称面处为一理想导磁体片，简称磁壁。反相激励时，在对称面上电压或电场等幅反相，而电流或磁场等幅同相，因此在对称面上电场的横向分量为零，若在对称面处放置一薄片导体并不会破坏网络内部的场分布，因此我们可以假想对称面处为一理想导体片，简称电壁。理想磁壁相当于开路，理想电壁相当于短路。这些概念可用来求对称结构的互易二端口网络的本征值 s_1 和 s_2，然后利用式(4.5.52)和式(4.5.53)求 s_{11} 和 s_{21}。

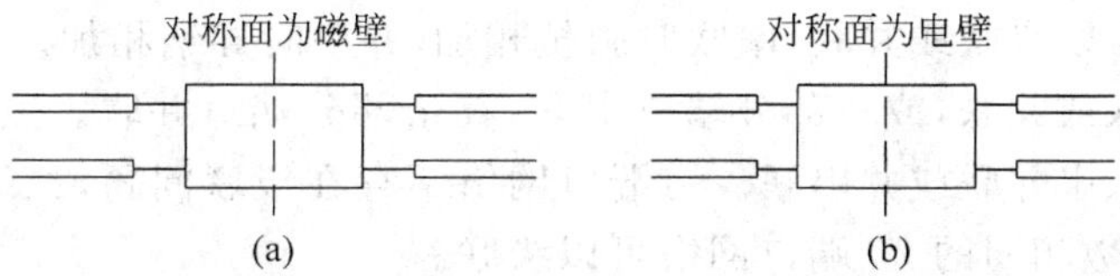

图 4.8　对称二端口网络本征矢的物理意义
(a) 同相激励的对称二端口网络　(b) 反相激励的对称二端口网络

【例 4.5】 网络电路如图 4.9(a)所示，试求其散射矩阵的本征值，然后再计算散射参量。

解　首先将网络电路改画成图 4.9(b)的形式，以便找出其对称面。在对称面处开路，求本征值 s_1，其对应的电路图如图 4.9(c)所示。在对称面处短路，求本征值 s_2，其对应的电路图如图 4.9(d)。具体计算结果如下：

$$s_1 = \frac{Y_C - Y/2}{Y_C + Y/2} = \frac{2Y_C - Y}{2Y_C + Y}$$

$$s_2 = -1$$

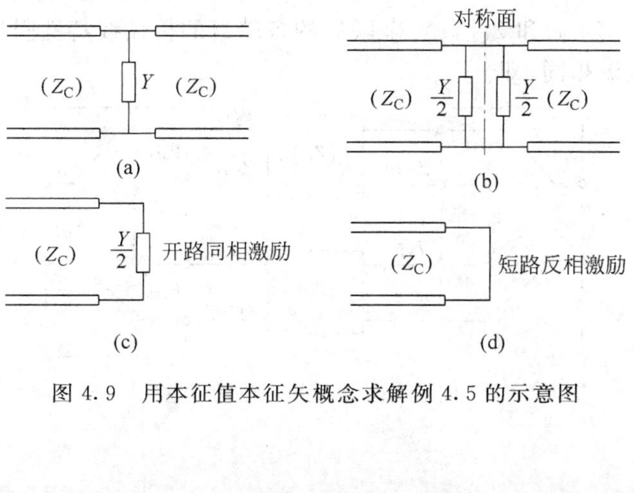

图 4.9　用本征值本征矢概念求解例 4.5 的示意图

利用式(4.5.52)和式(4.5.53)分别得到

$$s_{11}=-\frac{Y}{2Y_C+Y}$$

$$s_{21}=\frac{2Y_C}{2Y_C+Y}$$

4.6 网络的连接

网络的连接是一个比较复杂的问题,应区分各种连接情况分别处理。本节以二端口网络的连接为主,一些结论也可推广到 n 端口网络或 $2n$ 端口网络。

一端口网络可以串联或并联,串联时阻抗相加,并联时导纳相加。端口数目相同的 n 端口网络也可串联或并联,或一部分端口串联,其余部分端口并联。以二端口网络为例,可以是串联、并联、串并联或并串联。一端口网络不存在级联问题,二端口网络的级联问题十分重要,端口数相同的 $2n$ 端口网络可以级联。

在讨论串联问题时应用阻抗矩阵;在讨论并联问题时应用导纳矩阵;在讨论级联问题时应用传输矩阵和转移矩阵;在讨论串并联问题时须引入[H]矩阵,以及与其相对应的归一化的[h]矩阵;在讨论并串联问题时须引入[G]矩阵,以及与其相对应的归一化的[g]矩阵。

在所有网络连接问题中都应注意区分非归一化矩阵和归一化矩阵,一般来说,在分析网络的问题时应首先从非归一化的矩阵入手,求得连接后的非归一化的矩阵参量,再由非归一化参量求归一化参量。

4.6.1 网络的串联

图 4.10 所示为两个二端口网络,两端都是串联,虚线框内的连线不涉及电长度,仅表示连接关系。每个二端口网络的非归一化矩阵分别为[Z_{I}]和[Z_{II}],其各端口的特性阻抗为 $Z_{C1(\mathrm{I})}$、$Z_{C2(\mathrm{I})}$、$Z_{C1(\mathrm{II})}$和 $Z_{C2(\mathrm{II})}$。串联后的各端口的传输线特性阻抗为 Z_{C1} 和 Z_{C2}。连接处的非归一化电流相同,即

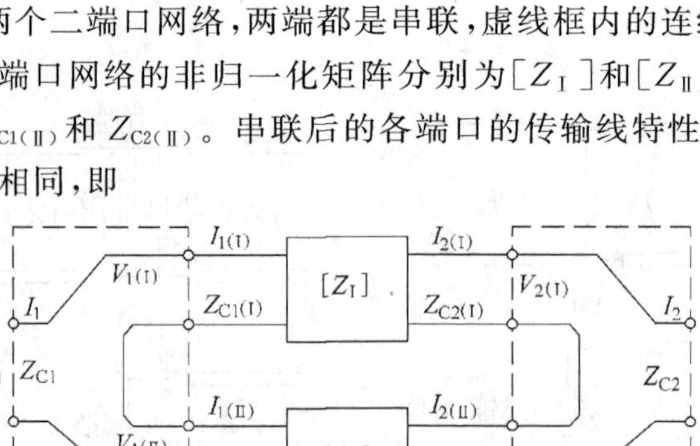

图 4.10 二端口网络的串联

$$I_1 = I_{1(\mathrm{I})} = I_{1(\mathrm{II})} \tag{4.6.1}$$

$$I_2 = I_{2(\mathrm{I})} = I_{2(\mathrm{II})} \tag{4.6.2}$$

或写成矩阵的形式

$$[I] = [I_{\mathrm{I}}] = [I_{\mathrm{II}}] \tag{4.6.3}$$

连接处的电压

$$V_1 = V_{1(\mathrm{I})} + V_{1(\mathrm{II})} \tag{4.6.4}$$

$$V_2 = V_{2(\mathrm{I})} + V_{2(\mathrm{II})} \tag{4.6.5}$$

或写成矩阵的形式

$$[V] = [V_{\mathrm{I}}] + [V_{\mathrm{II}}] \tag{4.6.6}$$

因为

$$[V] = [Z][I] \tag{4.6.7}$$

$$[V_{\mathrm{I}}] = [Z_{\mathrm{I}}][I_{\mathrm{I}}] \tag{4.6.8}$$

$$[V_{\mathrm{II}}] = [Z_{\mathrm{II}}][I_{\mathrm{II}}] \tag{4.6.9}$$

所以

$$[V] = [Z_{\mathrm{I}}][I_{\mathrm{I}}] + [Z_{\mathrm{II}}][I_{\mathrm{II}}] = ([Z_{\mathrm{I}}] + [Z_{\mathrm{II}}])[I] \tag{4.6.10}$$

此式表明,两个二端口网络串联后的非归一化阻抗矩阵$[Z]$等于两个二端口网络各自的非归一化阻抗矩阵$[Z_{\mathrm{I}}]$与$[Z_{\mathrm{II}}]$之和,即

$$[Z] = [Z_{\mathrm{I}}] + [Z_{\mathrm{II}}] \tag{4.6.11}$$

4.6.2 网络的并联

图 4.11 所示为两个二端口网络,两端分别并联。每个二端口网络的非归一化导纳矩阵分别为$[Y_{\mathrm{I}}]$和$[Y_{\mathrm{II}}]$。在连接处非归一化的电压相等,即

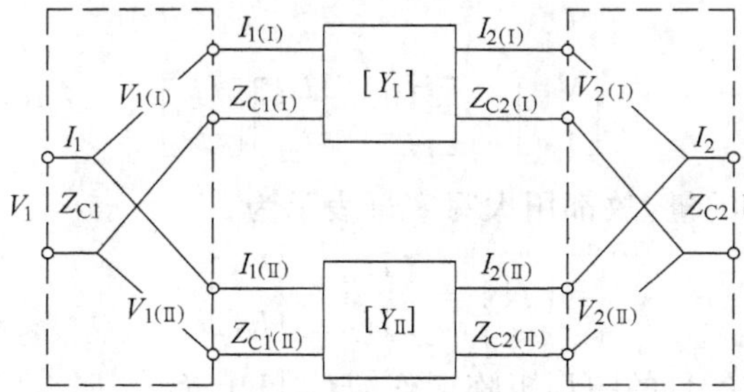

图 4.11 二端口网络的并联

$$[V] = [V_{\mathrm{I}}] = [V_{\mathrm{II}}] \tag{4.6.12}$$

非归一化电流

$$[I] = [I_{\mathrm{I}}] + [I_{\mathrm{II}}] \tag{4.6.13}$$

因此可以推出总的非归一化导纳矩阵等于两个二端口网络各自的非归一化导纳矩阵之和，即有

$$[Y]=[Y_{\mathrm{I}}]+[Y_{\mathrm{II}}] \tag{4.6.14}$$

4.6.3 网络的串并联

图 4.12 所示为两个二端口网络，左端串联右端并联，故称串并联，在连接处，左端电流相等，右端电压相等，于是

$$\begin{bmatrix} I_1 \\ V_2 \end{bmatrix}=\begin{bmatrix} I_{1(\mathrm{I})} \\ V_{2(\mathrm{I})} \end{bmatrix}=\begin{bmatrix} I_{1(\mathrm{II})} \\ V_{2(\mathrm{II})} \end{bmatrix} \tag{4.6.15}$$

并且

$$\begin{bmatrix} V_1 \\ I_2 \end{bmatrix}=\begin{bmatrix} V_{1(\mathrm{I})} \\ I_{2(\mathrm{I})} \end{bmatrix}+\begin{bmatrix} V_{1(\mathrm{II})} \\ I_{2(\mathrm{II})} \end{bmatrix} \tag{4.6.16}$$

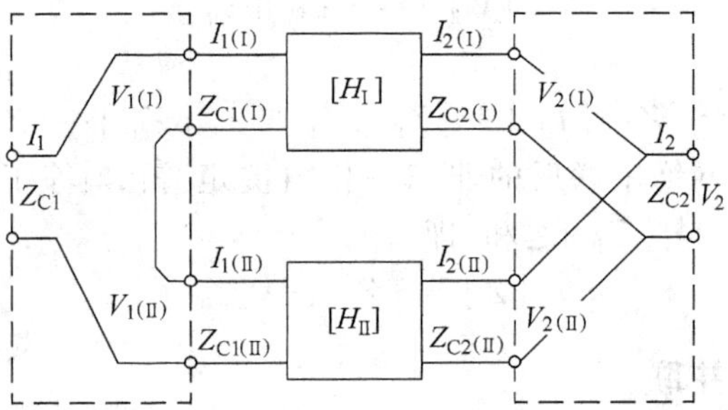

图 4.12 二端口网络的串并联

为了解决串并联问题，引入[H]矩阵，在二端口的情况下，[H]矩阵与各端口的电压电流的关系为

$$\begin{bmatrix} V_1 \\ I_2 \end{bmatrix}=\begin{bmatrix} H_{11} & H_{12} \\ H_{21} & H_{22} \end{bmatrix}\begin{bmatrix} I_1 \\ V_2 \end{bmatrix} \tag{4.6.17}$$

式中各量均为非归一化的量，故都用大写字母表示为

$$[H]=\begin{bmatrix} H_{11} & H_{12} \\ H_{21} & H_{22} \end{bmatrix} \tag{4.6.18}$$

如果两个二端口网络的各自的[H]矩阵记作[H_{I}]和[H_{II}]，那么串并联之后的[H]矩阵与[H_{I}]和[H_{II}]的关系为

$$[H]=[H_{\mathrm{I}}]+[H_{\mathrm{II}}] \tag{4.6.19}$$

4.6.4 网络的并串联

图 4.13 所示为两个二端口网络，左端并联，右端串联，故称并串联，在连接处，左端电

压相等，右端电流相等，于是

$$\begin{bmatrix} V_1 \\ I_2 \end{bmatrix} = \begin{bmatrix} V_{1(\mathrm{I})} \\ I_{2(\mathrm{I})} \end{bmatrix} = \begin{bmatrix} V_{1(\mathrm{II})} \\ I_{2(\mathrm{II})} \end{bmatrix} \tag{4.6.20}$$

并且

$$\begin{bmatrix} I_1 \\ V_2 \end{bmatrix} = \begin{bmatrix} I_{1(\mathrm{I})} \\ V_{2(\mathrm{I})} \end{bmatrix} + \begin{bmatrix} I_{1(\mathrm{II})} \\ V_{2(\mathrm{II})} \end{bmatrix} \tag{4.6.21}$$

为了解决并串联问题，引入$[G]$矩阵，在二端口的条件下，$[G]$矩阵与各端口电压电流的关系为

$$\begin{bmatrix} I_1 \\ V_2 \end{bmatrix} = \begin{bmatrix} G_{11} & G_{12} \\ G_{21} & G_{22} \end{bmatrix} \begin{bmatrix} V_1 \\ I_2 \end{bmatrix} \tag{4.6.22}$$

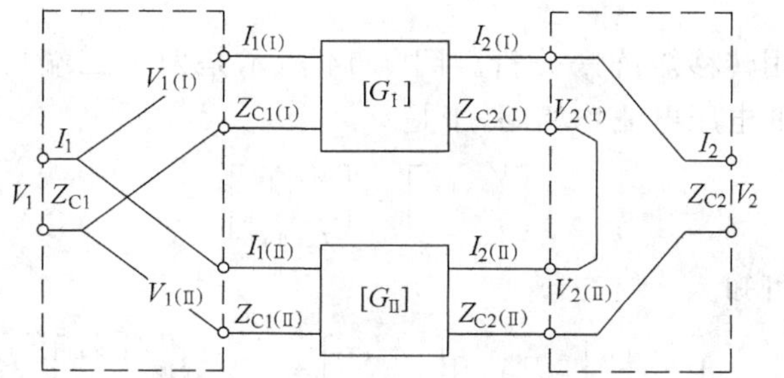

图 4.13　二端口网络的并串联

式中各量均为非归一化量，故都用大写字母表示为

$$[G] = \begin{bmatrix} G_{11} & G_{12} \\ G_{21} & G_{22} \end{bmatrix} \tag{4.6.23}$$

如果两个二端口网络的各自的$[G]$矩阵记作$[G_{\mathrm{I}}]$和$[G_{\mathrm{II}}]$，那么并串联之后的$[G]$矩阵与$[G_{\mathrm{I}}]$和$[G_{\mathrm{II}}]$的关系为

$$[G] = [G_{\mathrm{I}}] + [G_{\mathrm{II}}] \tag{4.6.24}$$

显然$[G]$与$[H]$的关系为

$$[G] = [H]^{-1} \tag{4.6.25}$$

上述四种网络的连接方式分别利用非归一化的$[Z]$、$[Y]$、$[H]$、$[G]$矩阵来解决各自的连接问题，所得结果简单明确。如果利用归一化的$[z]$、$[h]$、$[y]$、$[g]$，则所得结果稍复杂些，因为对于串联问题，在连接处归一化电流并不相等；对于并联问题，在连接处归一化电压并不相等。因此必须由非归一化的结果转化出归一化的结果，例如对于两个二端口网络的串联电路，其归一化的阻抗矩阵为

$$[z]=\begin{bmatrix}\sqrt{\dfrac{Z_{C1(\mathrm{I})}}{Z_{C1}}} & 0\\ 0 & \sqrt{\dfrac{Z_{C2(\mathrm{I})}}{Z_{C2}}}\end{bmatrix}[Z_{\mathrm{I}}]\begin{bmatrix}\sqrt{\dfrac{Z_{C1(\mathrm{I})}}{Z_{C1}}} & 0\\ 0 & \sqrt{\dfrac{Z_{C2(\mathrm{I})}}{Z_{C2}}}\end{bmatrix}$$

$$+\begin{bmatrix}\sqrt{\dfrac{Z_{C1(\mathrm{II})}}{Z_{C1}}} & 0\\ 0 & \sqrt{\dfrac{Z_{C2(\mathrm{II})}}{Z_{C2}}}\end{bmatrix}[Z_{\mathrm{II}}]\begin{bmatrix}\sqrt{\dfrac{Z_{C1(\mathrm{II})}}{Z_{C1}}} & 0\\ 0 & \sqrt{\dfrac{Z_{C2(\mathrm{II})}}{Z_{C2}}}\end{bmatrix} \tag{4.6.26}$$

其推导过程留作习题。其余三种连接的非归一化矩阵与归一化矩阵的变换问题，读者可自行导出。

4.6.5 网络的级联

网络的级联可用转移矩阵来分析。图 4.14 所示是两个二端口网络的级联示意图。在连接处非归一化的电压电流均相同，于是

$$\begin{bmatrix}V_{2(\mathrm{I})}\\ I_{2(\mathrm{I})}\end{bmatrix}=\begin{bmatrix}V_{1(\mathrm{II})}\\ I_{1(\mathrm{II})}\end{bmatrix} \tag{4.6.27}$$

由转移矩阵的定义可知

$$\begin{aligned}\begin{bmatrix}V_{1(\mathrm{I})}\\ I_{1(\mathrm{I})}\end{bmatrix}&=[A_{\mathrm{I}}]\begin{bmatrix}V_{2(\mathrm{I})}\\ I_{2(\mathrm{I})}\end{bmatrix}=[A_{\mathrm{I}}]\begin{bmatrix}V_{1(\mathrm{II})}\\ I_{1(\mathrm{II})}\end{bmatrix}\\ &=[A_{\mathrm{I}}][A_{\mathrm{II}}]\begin{bmatrix}V_{2(\mathrm{II})}\\ I_{2(\mathrm{II})}\end{bmatrix}\end{aligned} \tag{4.6.28}$$

所以两个二端口网络级联后的转移矩阵为

$$[A]=[A_{\mathrm{I}}][A_{\mathrm{II}}] \tag{4.6.29}$$

式中，$[A_{\mathrm{I}}]$和$[A_{\mathrm{II}}]$分别是两个二端口网络各自的非归一化转移矩阵。

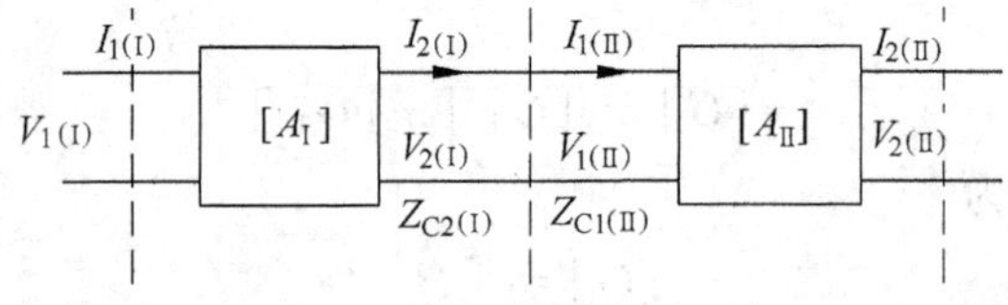

图 4.14　用转移矩阵分析两个二端口网络的级联

对于 n 个二端口网络，级联后的转移矩阵

$$[A]=\prod_{i}^{n}[A_i] \tag{4.6.30}$$

如利用归一化转移矩阵分析两个网络的级联问题，必须满足 $Z_{C2(\mathrm{I})}=Z_{C1(\mathrm{II})}$ 的条件，

当此条件不满足时可将两个网络的级联问题看作三个网络级联。于是求得级联后的归一化转移矩阵为

$$[\bar{a}] = [\bar{a}_{\mathrm{I}}][\bar{a}_J][\bar{a}_{\mathrm{II}}] \tag{4.6.31}$$

式中，$[\bar{a}_J]$是阻抗跳变点的归一化转移矩阵，且有

$$[\bar{a}_J] = \begin{bmatrix} \sqrt{\dfrac{Z_{\mathrm{C1(II)}}}{Z_{\mathrm{C2(I)}}}} & 0 \\ 0 & \sqrt{\dfrac{Z_{\mathrm{C2(I)}}}{Z_{\mathrm{C1(II)}}}} \end{bmatrix} \tag{4.6.32}$$

利用归一化的传输矩阵可求得级联后的总的传输矩阵。当 $Z_{\mathrm{C2(I)}} = Z_{\mathrm{C2(II)}}$ 时，两个网络的级联后的归一化的传输矩阵$[t]$为

$$[t] = [t_{\mathrm{I}}][t_{\mathrm{II}}] \tag{4.6.33}$$

若 $Z_{\mathrm{C2(I)}} \neq Z_{\mathrm{C1(II)}}$，这相当于三个网络的级联，如图 4.15 所示，有

$$[t] = [t_{\mathrm{I}}][t_J][t_{\mathrm{II}}] \tag{4.6.34}$$

式中

$$[t_J] = \begin{bmatrix} \dfrac{r+1}{2\sqrt{r}} & \dfrac{r-1}{2\sqrt{r}} \\ \dfrac{r-1}{2\sqrt{r}} & \dfrac{r+1}{2\sqrt{r}} \end{bmatrix} \tag{4.6.35}$$

式中：$r = Z_{\mathrm{C1(II)}}/Z_{\mathrm{C2(I)}}$。式(4.6.33)和式(4.6.34)的证明留作问题。

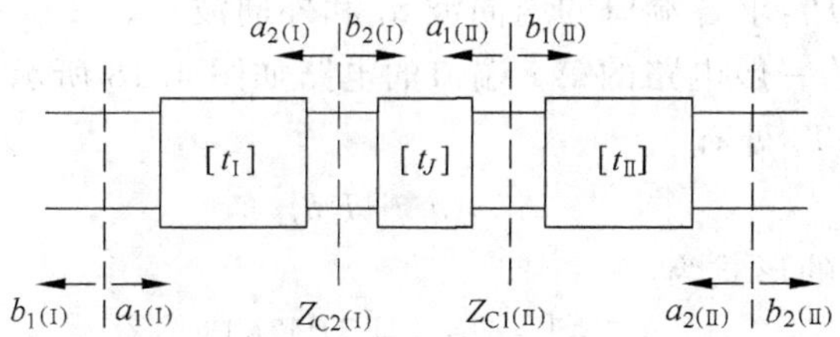

图 4.15 用传输矩阵分析网络级联

通常，我们习惯于使用归一化的传输矩阵，而不使用非归一化的传输矩阵，因此不再讨论非归一化传输矩阵的级联问题。

4.7 微波信号通过微波电路的分析方法

4.7.1 含 *n* 端口网络电路的形式解

首先研究一个二端口网络及其端口条件，如图 4.16 所示。二端口网络用散射矩阵描

述，该网络的端口 1 和端口 2 接入电源波 $\hat{a}_i$ 和负载 Γ_i，$i=1,2$，它们都已被折合到各端口的参考面 T_1 和 T_2 处。所谓端口条件或称端点条件指的是激励电源波 $\hat{a}_i$ 和负载 Γ_i 的总合。不难把图 4.16 所示的二端口网络和端口条件推广为含 n 端口网络的形式。这种推广将传输线理论与微波网络理论结合起来，是两种理论的概括和总结。为了说明这一点，我们在图 4.17 中画出了一系列的电路图，8 种电路从简单到复杂，基本上代表了传输线理论和微波网络理论中的各种典型电路。图 4.17(h)是最一般的含 n 端口网络及其端口条件的微波电路，其余各种情况都是它的特例。图 4.17(a)是均匀传输线；图(b)是均匀传输线一端接入任意负载；图(c)是传输线一端接入电源波和负载，另一端仅接入负载；图(d)是两端都接入电源波和负载；图(e)只考虑了微波网络本身；图(f)是微波网络与一端接入的负载组成的电路；图(g)是二端口网络及其端口条件组成的电路。

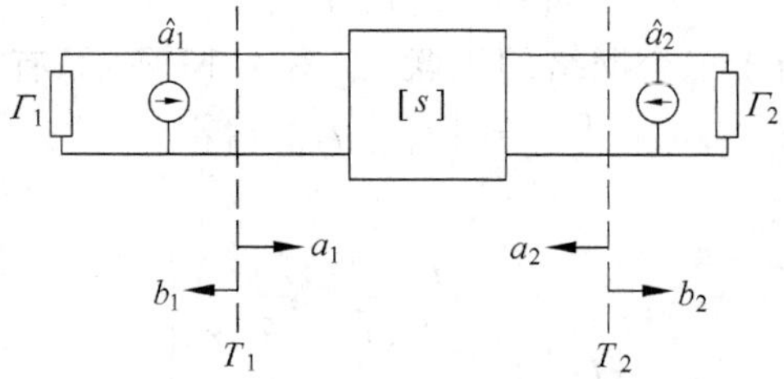

图 4.16　二端口网络及其端口条件

现在来讨论图 4.17(h)所示的一般电路。问题是，给定 n 端口网络的散射参量和各端口的端口条件 $\hat{a}_i$ 和 Γ_i，求各端口的内向波 a_i 和外向波 b_i。

包含 n 端口网络的一般电路的第 i 端口的电路如图 4.18 所示。根据电源波的概念，对于第 i 口，在参考面 T_i 处有

$$a_i = \hat{a}_i + \Gamma_i b_i \tag{4.7.1}$$

将式(4.7.1)写成矩阵的形式为

$$[a] = [\hat{a}] + [\Gamma][b] \tag{4.7.2}$$

通常，若不考虑负载之间的耦合，$[\Gamma]$为对角阵，表示为

$$[\Gamma] = \begin{bmatrix} \Gamma_1 & & & 0 \\ & \Gamma_2 & & \\ & & \ddots & \\ 0 & & & \Gamma_n \end{bmatrix} \tag{4.7.3}$$

式(4.7.2)称为端口条件所满足的方程，它同时包含了激励条件和负载条件。网络条件所满足的方程是

$$[b] = [s][a] \tag{4.7.4}$$

给定$[s]$、$[\hat{a}]$和$[\Gamma]$，将式(4.7.2)和式(4.7.4)联立可得含 n 端口网络电路的形式解。

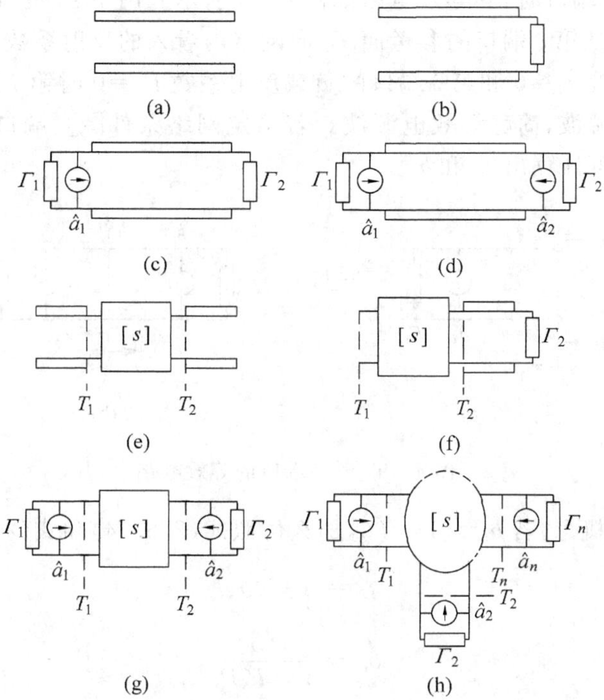

图 4.17 传输线与微波网络的各种典型电路

将式(4.7.4)代入到式(4.7.2),得

$$[a]=[\hat{a}]+[\Gamma][s][a] \tag{4.7.5}$$

移项,提出$[a]$,求逆,得

$$[a]=([1]-[\Gamma][s])^{-1}[\hat{a}] \tag{4.7.6}$$

将式(4.7.2)代入到式(4.7.4),得

$$[b]=[s]([\hat{a}]+[\Gamma][b]) \tag{4.7.7}$$

移项,提出$[b]$,求逆,得

$$[b]=([1]-[s][\Gamma])^{-1}[s][\hat{a}] \tag{4.7.8}$$

式(4.7.6)和式(4.7.8)便是含 n 端口网络电路的形式解。

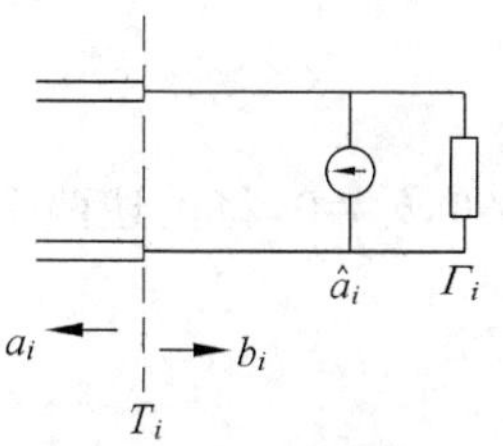

图 4.18 含 n 端口网络的一般电路的第 i 端口电路

4.7.2 微波电路的等效电源波定理

形式解(4.7.6)和(4.7.8)的展开式是非常复杂的,对于 $n=2$ 的情况尚可计算,而对于 $n=3$ 的情况手工计算就已十分困难了。如果我们只关心某一个端口的内向波 a_i 和外向波 b_i,那么可以采用下文所述的等效电源波定理来计算。对于一个包含 n 端口网络的

电路，当只考虑第 i 端口时，其等效电路如图 4.19 所示。图中 Γ_i' 是当除 $\hat{a}_i$ 外其余各端口的电源波都为零时从第 i 端口的参考面 T_i 向网络内看入的反射系数，Γ_i' 不同于 Γ_i。$\hat{b}_i$ 是当第 i 端口的电源波 $\hat{a}_i=0$ 和第 i 端口的负载反射系数 $\Gamma_i=0$ 时第 i 端口的外向波，称作第 i 端口的等效电源波，简称等效电源波。若给定网络条件[s]、端口条件[Γ]和[$\hat{a}_i$]，由此求得 Γ_i' 和 $\hat{b}_i$，便可计算出 a_i 和 b_i。

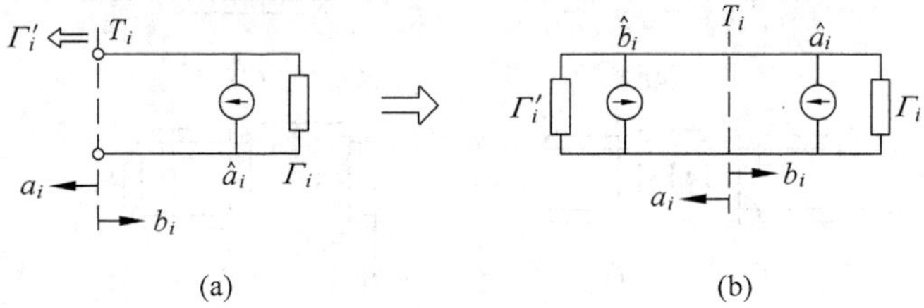

图 4.19 第 i 端口的等效电路

根据电源波的概念，若 $\hat{b}_i=0$，$\hat{a}_i\neq 0$，那么仿照式(2.6.24)和式(2.6.26)，有

$$a_i=\frac{\hat{a}_i}{1-\Gamma_i'\Gamma_i} \tag{4.7.9}$$

$$b_i=\frac{\Gamma_i'\hat{a}_i}{1-\Gamma_i'\Gamma_i} \tag{4.7.10}$$

若 $\hat{a}_i=0$，$\hat{b}_i\neq 0$，那么

$$a_i=\frac{\Gamma_i\hat{b}_i}{1-\Gamma_i'\Gamma_i} \tag{4.7.11}$$

$$b_i=\frac{\hat{b}_i}{1-\Gamma_i'\Gamma_i} \tag{4.7.12}$$

若 $\hat{a}_i\neq 0$，$\hat{b}_i\neq 0$，将上述两个结果相加，得

$$a_i=\frac{\hat{a}_i+\Gamma_i\hat{b}_i}{1-\Gamma_i'\Gamma_i} \tag{4.7.13}$$

$$b_i=\frac{\hat{b}_i+\Gamma_i'\hat{a}_i}{1-\Gamma_i'\Gamma_i} \tag{4.7.14}$$

此二式也可由下述二式导出。根据电源波的概念可以写出

$$a_i=\hat{a}_i+\Gamma_i b_i \tag{4.7.15}$$

$$b_i=\hat{b}_i+\Gamma_i' a_i \tag{4.7.16}$$

将式(4.7.16)代入式(4.7.15)，得

$$(1-\Gamma_i'\Gamma_i)a_i=\hat{a}_i+\Gamma_i\hat{b}_i \tag{4.7.17}$$

将式(4.7.15)代入式(4.7.16)，得

$$(1-\Gamma_i'\Gamma_i)b_i=\hat{b}_i+\Gamma_i'\hat{a}_i \tag{4.7.18}$$

式(4.7.17)与式(4.7.13)等同，式(4.7.18)与式(4.7.14)等同。式(4.7.18)可以改写为

矩阵的形式，得

$$([1]-[\Gamma'][\Gamma])[b]=[\hat{b}]+[\Gamma'][\hat{a}] \tag{4.7.19}$$

式中，$[\Gamma']$类似于$[\Gamma]$，也是对角阵，即

$$[\Gamma']=\begin{bmatrix}\Gamma'_1 & & 0\\ & \Gamma'_2 & \\ & & \ddots & \\ 0 & & & \Gamma'_n\end{bmatrix} \tag{4.7.20}$$

将式(4.7.8)代入到式(4.7.19)中，并令

$$[D]=[1]-[s][\Gamma] \tag{4.7.21}$$

于是得

$$([1]-[\Gamma'][\Gamma])[D]^{-1}[s][\hat{a}]=[\hat{b}]+[\Gamma'][\hat{a}] \tag{4.7.22}$$

此式可改写为

$$[\hat{b}]=[G][\hat{a}] \tag{4.7.23}$$

式中

$$[G]=([1]-[\Gamma'][\Gamma])[D]^{-1}[s]-[\Gamma'] \tag{4.7.24}$$

可以证明(参看本章附录)，$[G]$的非对角线元素 G_{ik} 为

$$G_{ik}=(1-\Gamma'_i\Gamma_i)\frac{D_{(isk)}}{|D|}\quad(i\neq k) \tag{4.7.25}$$

式中，$|D|$是$[D]$的行列式，$D_{(isk)}$表示将$[D]$中的第 i 列元素改写为$[s]$的第 k 列元素后所得的行列式。还可以证明(参看本章附录)，$[G]$的对角线元素 G_{ii} 为

$$G_{ii}=(1-\Gamma'_i\Gamma_i)\frac{D_{(isi)}}{|D|}-\Gamma'_i \tag{4.7.26}$$

式中，$D_{(isi)}$是表示将$[D]$中的第 i 列元素改为$[s]$的第 i 列元素后所得的行列式。由 $\hat{b}_i$ 和 $\hat{a}_i$ 的定义可知 $\hat{b}_i$ 与 $\hat{a}_i$ 无关，这就是说，$[G]$的对角线元素 $G_{ii}=0$，即

$$(1-\Gamma'_i\Gamma_i)\frac{D_{(isi)}}{|D|}-\Gamma'_i=0 \tag{4.7.27}$$

由此式解得 Γ'_i 的表示式

$$\Gamma'_i=\frac{D_{(isi)}}{|D|+\Gamma_i D_{(isi)}}=\frac{D_{(isi)}}{D_{(ii)}} \tag{4.7.28}$$

式中，$D_{(ii)}$是从$[D]$中划去第 i 行和第 i 列元素后所得的行列式。

可以证明(参看本章附录)，等效电源波 $\hat{b}_i$ 的表示式为

$$\hat{b}_i=\sum_{\substack{k=1\\k\neq i}}^{n}\frac{D_{(isk)}}{D_{(ii)}}\hat{a}_k \tag{4.7.29}$$

至此已得出了 Γ'_i 和 $\hat{b}_i$ 的计算公式。在给定$[s]$、$[\Gamma]$和$[\hat{a}]$后可求得 Γ'_i 和 $\hat{b}_i$，进而求

得第 i 端口的内向波外向波。虽然公式稍复杂些，但计算求解并不困难。电路理论中有等效电源定理，引入了开路电压、短路内阻等概念，现在引用等效电源波 $\hat{b}_i$ 和反射系数 Γ'_i 取代了电路理论中的电压源(或电流源)和内阻抗，因此在微波电路中仍沿用了等效电源的提法，只是补充了一个"波"字。

下面以二端口网络为例说明等效电源波定理的应用。对于二端口网络

$$[D]=[1]-[s][\Gamma]=\begin{bmatrix}1-\Gamma_1 s_{11} & -\Gamma_2 s_{12}\\ -\Gamma_1 s_{21} & 1-\Gamma_2 s_{22}\end{bmatrix} \tag{4.7.30}$$

首先计算从端口 1 向网络看入的反射系数 Γ'_1，有

$$\Gamma'_1=\frac{\begin{vmatrix}s_{11} & -\Gamma_2 s_{12}\\ s_{21} & 1-\Gamma_2 s_{22}\end{vmatrix}}{1-\Gamma_2 s_{22}}=\frac{(1-\Gamma_2 s_{22})s_{11}+\Gamma_2 s_{12}s_{21}}{1-\Gamma_2 s_{22}}$$

此式还可改写成下述两种形式：

$$\Gamma'_1=s_{11}+\frac{\Gamma_2 s_{12}s_{21}}{1-\Gamma_2 s_{22}} \tag{4.7.31}$$

$$\Gamma'_1=\frac{s_{11}-\Gamma_2\Delta_s}{1-s_{22}\Gamma_2} \tag{4.7.32}$$

式中，$\Delta_s=s_{11}s_{22}-s_{12}s_{21}$。式(4.7.31)和式(4.7.32)是分式线性变换，负载的反射系数 Γ_2 经过二端口网络的变换变为端口 1 的反射系数 Γ'_1。其次再计算等效电源波 $\hat{b}_1$，有

$$\hat{b}_1=\frac{\begin{vmatrix}s_{12} & -\Gamma_2 s_{12}\\ s_{22} & 1-\Gamma_2 s_{22}\end{vmatrix}}{1-\Gamma_2 s_{22}}\hat{a}_2=\frac{s_{12}}{1-\Gamma_2 s_{22}}\hat{a}_2 \tag{4.7.33}$$

此式说明电源波 $\hat{a}_2$ 经过二端口网络的变换，变为等效电源波 $\hat{b}_1$。

对于二端口网络，可以直接从网络条件和端口条件推出 Γ'_1 和 $\hat{b}_1$。网络条件为

$$\left.\begin{aligned}b_1&=s_{11}a_1+s_{12}a_2\\ b_2&=s_{21}a_1+s_{22}a_2\end{aligned}\right\} \tag{4.7.34}$$

端口条件为

$$\left.\begin{aligned}a_1&=\hat{a}_1+\Gamma_1 b_1\\ a_2&=\hat{a}_2+\Gamma_2 b_2\end{aligned}\right\} \tag{4.7.35}$$

首先求 $\hat{b}_1$，由等效电源波 $\hat{b}_1$ 的物理意义可知，当 $\hat{a}_1=0,\Gamma_1=0$ 时的 b_1 即为 $\hat{b}_1$。当 $\hat{a}_1=0$，$\Gamma_1=0$ 时有 $a_1=0$，那么由式(4.7.34)的第一式可得

$$\hat{b}_1=b_1=s_{12}a_2 \tag{4.7.36}$$

再设法求 a_2，由式(4.7.34)的第二式可得

$$b_2=s_{22}a_2 \tag{4.7.37}$$

将此式代入到式(4.6.35)的第二式中，得

$$a_2 = \frac{\hat{a}_2}{1 - s_{22}\Gamma_2} \tag{4.7.38}$$

将此式代入到式(4.6.36)中，得 $\hat{b}_1$ 的表示式(4.7.33)。其次再求反射系数 Γ_1'，由 Γ_1' 的定义，Γ_1' 是 $\hat{a}_2=0$ 时的 b_1 与 a_1 之比。当 $\hat{a}_2=0$ 时，式(4.7.35)的第二式变为

$$a_2 = \Gamma_2 b_2 \tag{4.7.39}$$

将其代入到式(4.7.34)的第二式中，得

$$a_2 = \Gamma_2 s_{21} a_1 + s_{22}\Gamma_2 a_2 \tag{4.6.40}$$

解得

$$a_2 = \frac{\Gamma_2 s_{21} a_1}{1 - s_{22}\Gamma_2} \tag{4.7.41}$$

再代入到式(4.7.34)中的第一式，得

$$b_1 = s_{11} a_1 + \frac{s_{12}\Gamma_2 s_{21}}{1 - s_{22}\Gamma_2} a_1 \tag{4.7.42}$$

两端同除以 a_1，便得到 Γ_1' 的表示式(4.7.31)。

4.7.3 微波电路的信流图

根据线性代数方程组按一定规则画成的拓扑图称为信号流通图，简称信流图。信流图由一系列的结点和方向支线组成，分别用圆点和有方向的支线表示。本小节讨论含微波网络的微波电路的信流图。微波电路包括微波网络及其端口条件。微波网络用散射矩阵描述，网络条件是由内向波、外向波和散射参量组成的代数方程组。端口条件是由电源波、内向波、外向波和负载反射系数组成的代数方程。

用散射参量所描述的二端口网络的代数方程为

$$b_1 = s_{11} a_1 + s_{12} a_2 \tag{4.7.43}$$

$$b_2 = s_{21} a_1 + s_{22} a_2 \tag{4.7.44}$$

这个方程组所对应的信流图如图 4.20 所示。四个结点分别代表 a_1、b_1 和 a_2、b_2，四条方向支线分别标有系数 s_{11}、s_{12}、s_{21}、s_{22}，其方向是从内向波结点指向外向波结点，这里内向波是自变量，外向波是因变量。支线的方向是从自变量指向因变量。

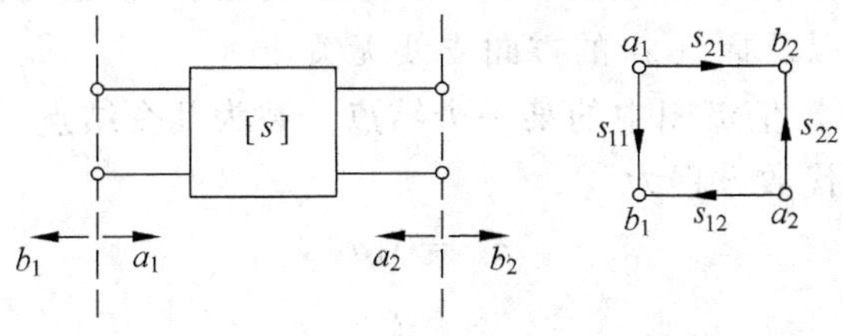

图 4.20 二端口网络及其信流图

端口条件的表示式为

$$a_i = \hat{a}_i + \Gamma_i b_i \tag{4.7.45}$$

与此式相对应的信流图如图 4.21 所示。三个结点分别代表 $\hat{a}_i$、a_i 和 b_i，自变量就是 $\hat{a}_i$ 和 b_i，两条方向支线分别标有系数 1 和 Γ_i，由 $\hat{a}_i$ 和 b_i 指向 a_i。

信流图是代数方程组的一种图解方式，利用信流图求解任意两个结点的关系，必须对信流图进行简化，简化时应遵循下述四条简单的法则。

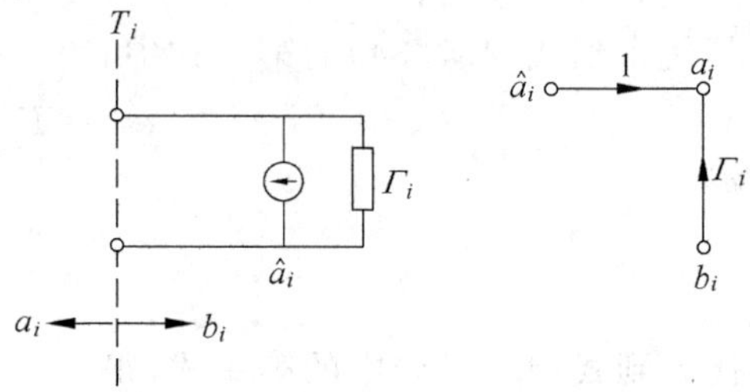

图 4.21　端口条件及其信流图

(1) 串联方向支线合并法则。变量为 a_1、a_2、a_3，代数方程为

$$a_2 = s_1 a_1 \tag{4.7.46}$$

$$a_3 = s_2 a_2 \tag{4.7.47}$$

因此

$$a_3 = s_1 s_2 a_1 \tag{4.7.48}$$

相应的结点、方向支线如图 4.22(a)所示，消去中间的结点，支线的标注为 $s_1 s_2$。两支线方向必须是一致的。

(2) 并联方向支线合并法则。变量为 a_1、a_2，代数方程为

$$a_2 = s_1 a_1 + s_2 a_1 = (s_1 + s_2) a_1 \tag{4.7.49}$$

相应的结点、方向支线如图 4.22(b)所示，两条同方向的支线合并为一条，支线的标注为 $(s_1 + s_2)$。

(3) 自闭环消除法则。从某一结点出发又终止于自身的方向支线称为自闭环。图 4.22(c)所示共有三个结点：a_1、a_2、a_3。结点 a_2 有一自闭环。由 a_2 和 a_1 之间的关系

$$a_2 = s_1 a_1 + s_2 a_2 \tag{4.7.50}$$

可解得

$$a_2 = \frac{s_1}{1 - s_2} a_1 \tag{4.7.51}$$

用标有系数 $s_1/(1-s_2)$ 的方向支线表示 a_2 与 a_1 的关系，可消去自闭环。注意，上述自闭环消除法则与结点 a_3 以及标有 s_3 的方向支线无关。

(4) 结点分裂法则。信流图中的某一个结点分裂为几个结点，如图 4.22(d)所示。这里有两种情况。其一，代数方程为

$$a_2 = s_1 a_1 \tag{4.7.52}$$

$$a_3 = s_2 a_2 \tag{4.7.53}$$

$$a_4 = s_3 a_2 \tag{4.7.54}$$

显然

$$a_3 = s_1 s_2 a_1 \tag{4.7.55}$$

$$a_4 = s_1 s_3 a_1 \tag{4.7.56}$$

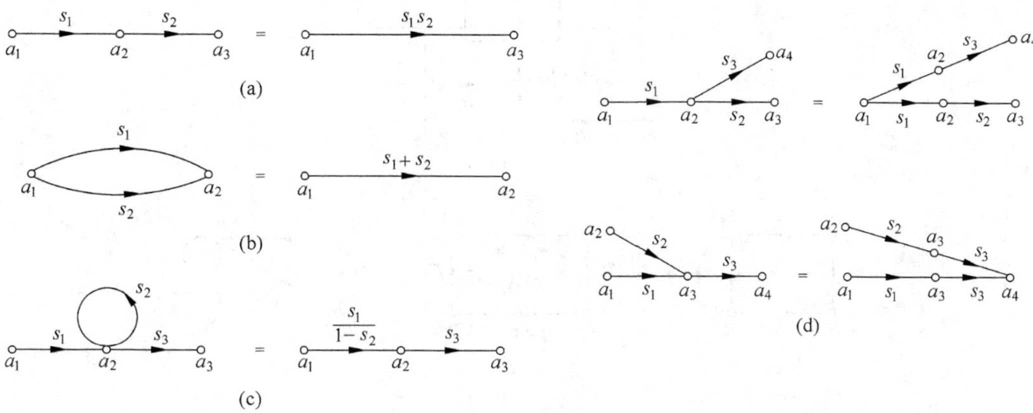

图 4.22 信流图简化规则

(a) 串联方向支线合并法则 (b) 并联方向支线合并法则

(c) 自闭环消除法则 (d) 结点分裂法则

其二,代数方程为

$$a_3 = s_1 a_1 + s_2 a_2 \tag{4.7.57}$$

$$a_4 = s_3 a_3 \tag{4.7.58}$$

显然

$$a_4 = s_1 s_3 a_1 + s_2 s_3 a_2 \tag{4.7.59}$$

下面举例说明微波电路信流图的画法,以及简化、求解方法。

【例 4.6】 图 4.23(a)是一个包含二端口网络及端口条件的微波电路。现在要求从端口 1 向网络看入的反射系数 Γ_1'。

这个电路的信流图及简化过程示于图 4.23(b)。求解的过程包括以下若干步骤:①画出信流图;②结点 a_2 的分裂;③Γ_2 和 s_{12}的串联相乘;④消除结点 b_2 处的自闭环;⑤串联相乘;⑥并联相加。最后得结点 a_1 到 b_1 的方向支线便为从端口 1 向网络看入的反射系数 Γ_1',且有

$$\Gamma_1' = s_{11} + \frac{s_{12} s_{21} \Gamma_2}{1 - s_{22} \Gamma_2} \tag{4.7.60}$$

此结果与用公式导出的式(4.7.31)是一样的。

【例 4.7】 图 4.24(a)是二端口网络及其端口条件,现要求用信流图简化规则求端口 2 的等效电源波 $\hat{b}_2$。

解 这个电路的信流图及求解过程示于图 4.24(b)。由 $\hat{b}_2$ 的定义可知,当 $\Gamma_2 = 0$ 时的端口 2 的外向波即为端口 2 的等效电源波。如设 $\Gamma_2 = 0$ 且 $\hat{a}_2 = 0$,有 $a_2 = 0$,所以信流

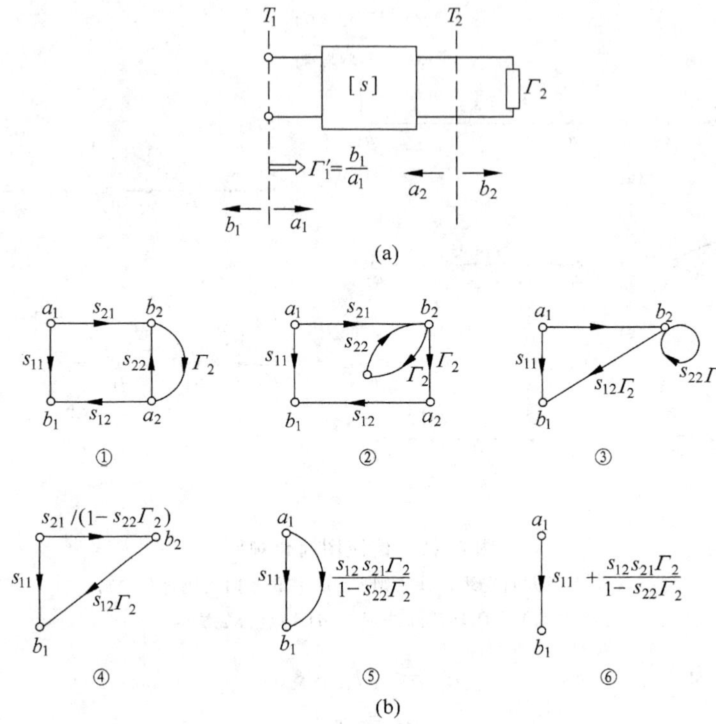

图 4.23　例 4.6 用图

(a) 二端口网络及端口条件的微波电路　(b) 用信流图的简化规则求 Γ_1'

图中没有结点 a_2。求解过程为：①画出信流图；②画出结点 a_1 处的自闭环；③消除自闭环；④串联相乘。最后得

$$\hat{b}_2=\frac{s_{21}}{1-s_{11}\Gamma_1}\hat{a}_1 \tag{4.7.61}$$

此式与式(4.7.33)相同，但标号 1 与标号 2 互换。

4.7.4 微波信号通过二端口网络

本小节给出传输功率、各种衰减和相移的表示式。

(1) 传输功率

图 4.24(a)所示是含二端口网络及其端口条件的微波电路。端口 1 处的入射功率 P_{i1}、反射功率 P_{r1} 和输入到网络的有功功率 P_1 分别为

$$P_{i1}=\frac{1}{2}|a_1|^2=\frac{1}{2|1-\Gamma_1\Gamma_1'|^2}|\hat{a}_1|^2 \tag{4.7.62}$$

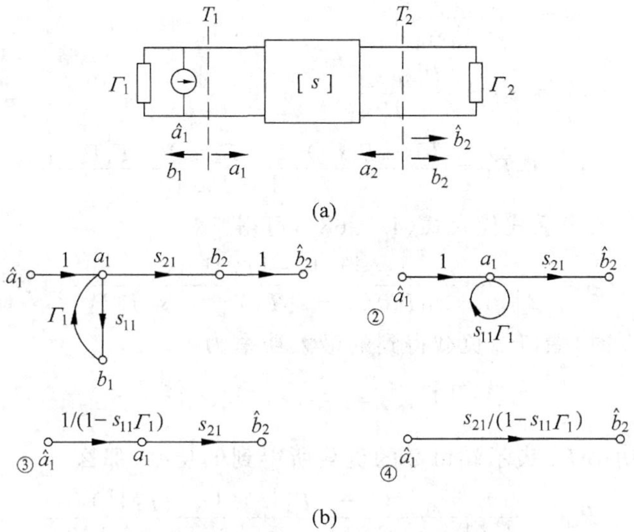

图 4.24　例 4.7 用图

(a) 二端口网络及其端口条件　(b) 用信流图简化规则求端口 2 的等效电源波 $\hat{b}_2$

$$P_{r1}=\frac{1}{2}|b_1|^2=\frac{|\Gamma_1'|^2}{2|1-\Gamma_1\Gamma_1'|^2}|\hat{a}_1|^2 \tag{4.7.63}$$

$$P_1=P_{i1}-P_{r1}=\frac{1-|\Gamma_1'|^2}{2|1-\Gamma_1\Gamma_1'|^2}|\hat{a}_1|^2 \tag{4.7.64}$$

当信号源端阻抗与之相连接网络共轭匹配时，即 $\Gamma_1'=\Gamma_1^*$ 时，信号源输出最大功率，或说网络可以从信号源取得最大功率，称其为信号源的资用功率，记作 P_a，表示为

$$P_a=P_1|_{\Gamma_1'=\Gamma_1^*}=\frac{|\hat{a}_1|^2}{2(1-|\Gamma_1|^2)} \tag{4.7.65}$$

若求得端口 2 处的等效电源波 $\hat{b}_2$ 和向网络看入的反射系数 Γ_2'，同样可以写出向端口 2 负载的入射功率 P_{2i}、反射功率 P_{2r} 和负载吸收的有功功率 P_{2l}，这里下标的顺序与式(4.7.62)～(4.7.64)不同，表示相对于端口 2 的负载而言，入射到负载的功率为 P_{2i}，从负载反射的功率和负载吸收的功率分别为 P_{2r} 和 P_{2l}，且

$$P_{2i}=\frac{1}{2}|b_2|^2=\frac{1}{2|1-\Gamma_2\Gamma_2'|^2}|\hat{b}_2|^2 \tag{4.7.66}$$

$$P_{2r}=\frac{1}{2}|a_2|^2=\frac{|\Gamma_2|^2}{2|1-\Gamma_2\Gamma_2'|^2}|\hat{b}_2|^2 \tag{4.7.67}$$

$$P_{2l}=P_{2i}-P_{2r}=\frac{1-|\Gamma_2|^2}{2|1-\Gamma_2\Gamma_2'|^2}|\hat{b}_2|^2 \tag{4.7.68}$$

式中

$$\hat{b}_2 = \frac{s_{21}}{1-\Gamma_1 s_{11}}\hat{a}_1 \tag{4.7.69}$$

$$\Gamma_2' = s_{22} + \frac{\Gamma_1 s_{12} s_{21}}{1-\Gamma_1 s_{11}} \tag{4.7.70}$$

$$1-\Gamma_2\Gamma_2' = \frac{(1-\Gamma_1 s_{11})(1-\Gamma_2 s_{22})-\Gamma_1\Gamma_2 s_{21}s_{12}}{1-\Gamma_1 s_{11}}$$

将 $\hat{b}_2$、Γ_2'、$1-\Gamma_2\Gamma_2'$ 的表示式代入式(4.7.68)，可得

$$P_{21} = \frac{|s_{21}|^2(1-|\Gamma_2|^2)}{2|(1-s_{11}\Gamma_1)(1-s_{22}\Gamma_2)-s_{12}s_{21}\Gamma_1\Gamma_2|^2}|\hat{a}_1|^2 \tag{4.7.71}$$

当 $\Gamma_1=0$ 和 $\Gamma_2=0$ 时，端口 2 负载得到的最大功率为

$$P_{21\max} = \frac{1}{2}|s_{21}|^2|\hat{a}_1|^2 \tag{4.7.72}$$

若用信号源资用功率 P_a 表示端口 2 的负载所得到的功率，那么

$$P_{21} = \frac{|s_{21}|^2(1-|\Gamma_2|^2)(1-|\Gamma_1|^2)}{2|(1-s_{11}\Gamma_1)(1-s_{22}\Gamma_2)-s_{12}s_{21}\Gamma_1\Gamma_2|^2}P_a \tag{4.7.73}$$

(2) 替代衰减、插入衰减、工作衰减、衰减

如图 4.25 所示，令上面的网络为原始网络，其散射参量下标加“0”，下面的网络为与其相比较的网络。在相同的端口条件下，比较分别通过两个网络后端口 2 负载所得到的功率，其比值称为替代衰减，由式(4.7.71)或式(4.7.73)可得替代衰减

$$\begin{aligned} L_s &= 10\lg(P_{210}/P_{21}) \\ &= 20\lg\left|\frac{s_{210}[(1-s_{11}\Gamma_1)(1-s_{22}\Gamma_2)-s_{12}s_{21}\Gamma_1\Gamma_2]}{s_{21}[(1-s_{110}\Gamma_1)(1-s_{220}\Gamma_2)-s_{120}s_{210}\Gamma_1\Gamma_2]}\right| \end{aligned} \tag{4.7.74}$$

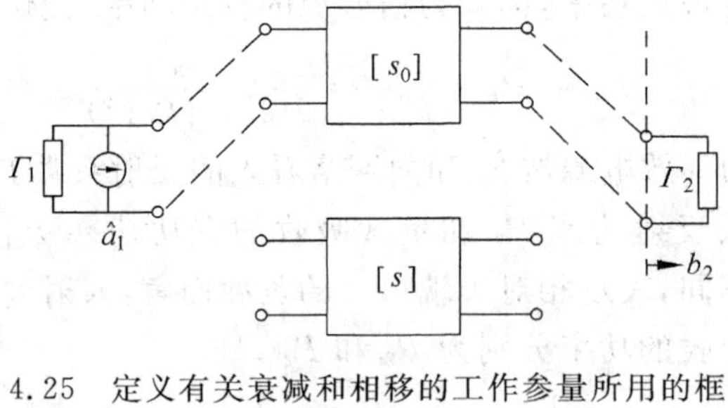

图 4.25　定义有关衰减和相移的工作参量所用的框图

当图 4.25 中上面网络为电长度等于 $2n\pi$ 的理想变换器，即 $s_{110}=s_{220}=0$，$s_{120}=s_{210}=1$，此时的替代衰减称为插入衰减，记为

$$L_I = 20\lg\left|\frac{(1-s_{11}\Gamma_1)(1-s_{22}\Gamma_2)-s_{12}s_{21}\Gamma_1\Gamma_2}{s_{12}(1-\Gamma_1\Gamma_2)}\right| \tag{4.7.75}$$

在一个含二端口网络的微波电路中，信号源的资用功率与端口 2 的负载吸收的实际

功率之比称为工作衰减，记作 L_A。由式(4.7.73)可得

$$L_A = 10\lg(P_a/P_{21}) = 10\lg\frac{|(1-s_{11}\Gamma_1)(1-s_{22}\Gamma_2)-s_{12}s_{21}\Gamma_1\Gamma_2|^2}{|s_{21}|^2(1-|\Gamma_1|^2)(1-|\Gamma_2|^2)} \tag{4.7.76}$$

工作衰减说明达到最佳功率匹配的程度。

当 $\Gamma_1=0$ 和 $\Gamma_2=0$ 时，插入衰减与工作衰减相等，称为网络本身的衰减或特征衰减，简称衰减，记作 L，表示为

$$L = -20\lg|s_{21}| \tag{4.7.77}$$

(3) 相移

相位变化可用不同端口的电压或波的相移来表示。

端口 2 的电压 $V_2(v_2)$ 和端口 1 的电压 $V_1(v_1)$ 之间的相位差定义为电压相移，记作 φ_V，且有

$$\varphi_V = \arg\frac{V_2}{V_1} = \arg\frac{v_2}{v_1} = \arg\frac{a_2+b_2}{a_1+b_1} = \arg\frac{b_2(1+\Gamma_2)}{a_1(1+\Gamma_1')} \tag{4.7.78}$$

将 Γ_1' 的表示式代入上式，并注意到，端口 2 的负载条件 $\Gamma_2=a_2/b_2$，得电压相移的表示式

$$\varphi_V = \arg\frac{s_{21}(1+\Gamma_2)}{(1+s_{11})(1-s_{22}\Gamma_2)+s_{12}s_{21}\Gamma_2} \tag{4.7.79}$$

参考图 4.25，对应于替代衰减，同样可定义替代相移，替代相移是在相同的端口条件下，即相同的信号源和相同的负载条件下，两个二端口网络输出端的相位差，记作 $\Delta\varphi_S$，且有

$$\Delta\varphi_S = \arg\frac{s_{21}[(1-s_{110}\Gamma_1)(1-s_{220}\Gamma_2)-s_{120}s_{210}\Gamma_1\Gamma_2]}{s_{210}[(1-s_{11}\Gamma_1)(1-s_{22}\Gamma_2)-s_{12}s_{21}\Gamma_1\Gamma_2]} \tag{4.7.80}$$

替代相移是波的相移。

当图 4.25 中上面的原始网络是电长度为 $2n\pi$ 的理想变换器时，这时替代相移称作插入相移，记作 $\Delta\varphi_I$，且

$$\Delta\varphi_I = \arg\frac{s_{21}(1-\Gamma_1\Gamma_2)}{(1-s_{11}\Gamma_1)(1-s_{22}\Gamma_2)-s_{12}s_{21}\Gamma_1\Gamma_2} \tag{4.7.81}$$

当 $\Gamma_1=\Gamma_2=0$ 时，插入相移变为网络本身相移，亦称特征相移，记作 $\Delta\varphi$，有

$$\Delta\varphi = \arg s_{21} \tag{4.7.82}$$

此外，参考图 4.25，b_2 与 $\hat{a}_1$ 之间的相移称作工作相移，记作 $\Delta\varphi_A$，

$$\Delta\varphi_A = \arg\frac{b_2}{\hat{a}_1} = \arg\frac{s_{21}}{(1-s_{11}\Gamma_1)(1-s_{22}\Gamma_2)-s_{12}s_{21}\Gamma_1\Gamma_2} \tag{4.7.83}$$

此式的推导留给读者。

最后，应该指出的是：关于衰减和相移的术语，不论是英文还是中文的，在各种文献中尚不统一。

习　　题

4.1　用$[s]$的互易性证明$[z]$的互易性。

4.2　用$[s]$矩阵的酉条件证明$[z]=-[z]^{+}$。

4.3　计算习题4.3图所示三种简单网络的$[s]$参量。

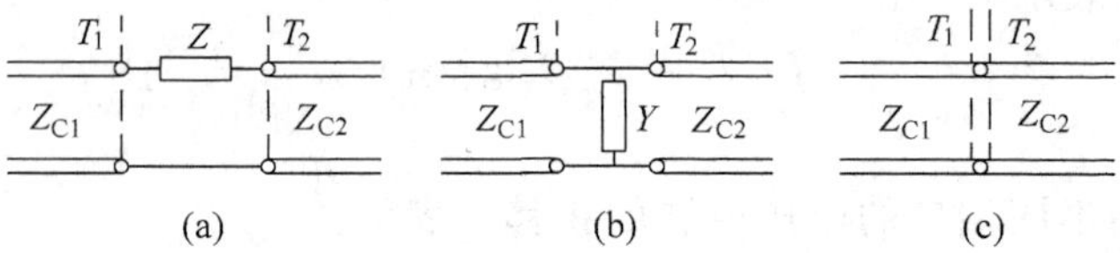

习题4.3图

4.4　试按散射参量的定义和传输参量的定义写出二端口网络两组参量的变换关系。

4.5　计算习题4.5图(a)和(b)所示网络的$[s]$参量和本征值。

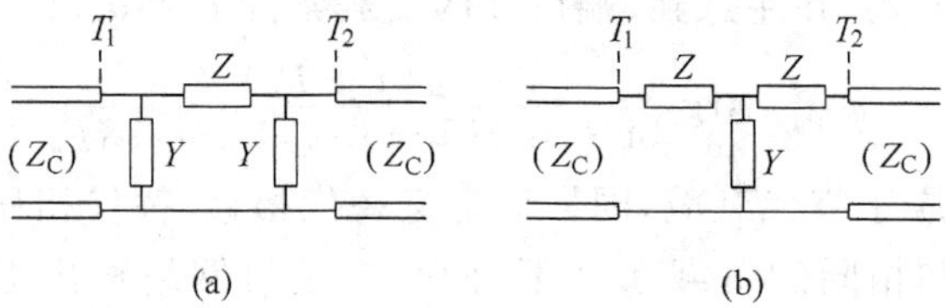

习题4.5图

4.6　证明式(4.6.33)和式(4.6.34)。

4.7　证明对称无耗网络的$[Z]$、$[Y]$矩阵的本征值是纯虚数。

4.8　证明对称无耗网络$[S]$矩阵的本征值的模是1。

4.9　一段电长度为θ，特性阻抗为Z_C的传输线，试求其$ABCD$矩阵和$[t]$矩阵。

4.10　设单级对称双口网络的归一化转移矩阵为

$$[\bar{a}_1]=\begin{bmatrix}\bar{a}_1 & \bar{b}_1\\ \bar{c}_1 & \bar{d}_1\end{bmatrix}=\begin{bmatrix}\cos\theta & \mathrm{j}\sin\theta\\ \mathrm{j}\sin\theta & \cos\theta\end{bmatrix}$$

证明n级相同的这种网络级联时总网络的转移矩阵可以写成

$$[\bar{a}]=[\bar{a}_1]^n=\begin{bmatrix}\cos(n\theta) & \mathrm{j}\sin(n\theta)\\ \mathrm{j}\sin(n\theta) & \cos(n\theta)\end{bmatrix}$$

4.11　证明互易二端口网络的转移参量、传输参量满足下列两式：

$$\bar{a}\,\bar{d}-\bar{b}\,\bar{c}=1$$

$$t_{11}t_{22}-t_{12}t_{21}=1$$

4.12　试画出三端口网络的信流图。

4.13 已知两二端口网络的散射矩阵为

$$[s^{(1)}]=\begin{bmatrix}0 & s_{12}^{(1)}\\ s_{21}^{(1)} & 0\end{bmatrix}$$

$$[s^{(2)}]=\begin{bmatrix}0 & s_{12}^{(2)}\\ s_{21}^{(2)} & 0\end{bmatrix}$$

试求级联后的散射矩阵$[s]$

4.14 导出式(4.7.83)。

4.15 给定二端口网络的$[s]$矩阵和端口条件 $\hat{a}_1$、Γ_1、$\hat{a}_2$、Γ_2，试用信流图简化规则求二端口网络的 $\hat{b}_1$。

4.16 归纳无耗微波网络坡印亭定理的三种形式(提示：用 $\boldsymbol{E}_T$、$\boldsymbol{H}_T$ 表示，用 V、I 表示和用 a、b 表示)。

4.17 归纳微波网络互易定理的三种形式(提示：同上题)。

4.18 验证终端短路传输线的电抗 X 满足

$$\frac{\partial X}{\partial \omega}\geqslant 0$$

4.19 两段特性阻抗不同的传输线相连，忽略其跳变处的电抗，证明若将此网络等效为理想变压器，其变比 $n=1$。并请指明特性参考面的位置。

4.20 证明习题 4.20 图所示两个信流图相等。

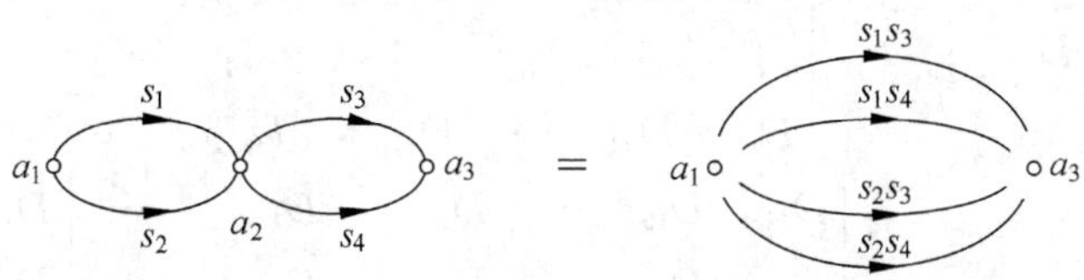

习题 4.20 图

4.21 试证明式(4.6.26)。

4.22 由图 2.30(d)，试用信流图导出式(2.6.24)。

附录　式(4.7.25)、式(4.7.26)和式(4.7.29)的推导

现将式(4.7.23)、式(4.7.24)和式(4.7.21)重写如下：

$$[\hat{b}]=[G][\hat{a}]$$

$$[G]=([1]-[\Gamma'][\Gamma])[D]^{-1}[s]-[\Gamma']$$

$$[D]=[1]-[s][\Gamma]$$

这里$[\Gamma]$、$[\Gamma']$、$[1]-[\Gamma][\Gamma']$都是对角方阵，故$[G]$的元素是

$$G_{ii}=(1-\Gamma_i\Gamma_i{}')([D]^{-1}[s])_{ii}-\Gamma_i{}' \tag{4.F.1}$$

其中$([D]^{-1}[s])_{ii}$表示$[D]^{-1}[s]$的第i行、第i列元素，即

$$([D]^{-1}[s])_{ii}=([D]^{-1})_{i1}s_{i1}+([D]^{-1})_{i2}s_{i2}+\cdots+([D]^{-1})_{in}s_{in} \tag{4.F.2}$$

以D表示$[D]$的行列式，以adj$[D]$表示$[D]$的伴随矩阵，有

$$[D]^{-1}=\frac{\text{adj}[D]}{D} \tag{4.F.3}$$

于是

$$\begin{aligned}([D]^{-1}[s])_{ii}=&\frac{1}{D}\left\{(-1)^{i+1}\begin{vmatrix}D_{21} & D_{22} & \cdots & D_{2,i-1} & D_{2,i+1} & \cdots & D_{2n}\\ D_{31} & D_{32} & \cdots & D_{3,i-1} & D_{3,i+1} & \cdots & D_{3n}\\ \vdots & \vdots & \vdots & \vdots & \vdots & \vdots & \vdots\\ D_{n1} & D_{n2} & \cdots & D_{n,i-1} & D_{n,i+1} & \cdots & D_{nn}\end{vmatrix}s_{1i}\right.\\ &+(-1)^{i+2}\begin{vmatrix}D_{11} & D_{12} & \cdots & D_{1,i-1} & D_{1,i+1} & \cdots & D_{1n}\\ D_{31} & D_{32} & \cdots & D_{3,i-1} & D_{3,i+1} & \cdots & D_{3n}\\ \vdots & \vdots & \vdots & \vdots & \vdots & \vdots & \vdots\\ D_{n1} & D_{n2} & \cdots & D_{n,i-1} & D_{n,i+1} & \cdots & D_{nn}\end{vmatrix}s_{2i}\\ &+\cdots\\ &\left.+(-1)^{i+n}\begin{vmatrix}D_{11} & D_{12} & \cdots & D_{1,i-1} & D_{1,i+1} & \cdots & D_{1n}\\ D_{21} & D_{22} & \cdots & D_{2,i-1} & D_{2,i+1} & \cdots & D_{2n}\\ \vdots & \vdots & \vdots & \vdots & \vdots & \vdots & \vdots\\ D_{n-1,1} & D_{n-1,2} & \cdots & D_{n-1,i-1} & D_{n-1,i+1} & \cdots & D_{n-1,n}\end{vmatrix}s_{ni}\right\}\\ =&\frac{1}{D}\begin{vmatrix}D_{11} & D_{12} & \cdots & D_{1,i-1}\,s_{1i} & D_{1,i+1} & \cdots & D_{1n}\\ D_{21} & D_{22} & \cdots & D_{2,i-1}\,s_{2i} & D_{2,i+1} & \cdots & D_{2n}\\ \vdots & \vdots & \vdots & \vdots & \vdots & \vdots & \vdots\\ D_{n1} & D_{n2} & \cdots & D_{n,i-1}\,s_{ni} & D_{n,i+1} & \cdots & D_{nn}\end{vmatrix}\end{aligned}$$

$$= \frac{D_{(isi)}}{D} \tag{4.F.4}$$

其中 $D_{(isi)}$ 表示[D]中第 i 列元素改为[s]的第 i 列元素后所得的行列式，代入式(4.F.1)，得

$$G_{ii} = (1-\Gamma_i\Gamma_i{}')\frac{D_{(isi)}}{D} - \Gamma_i' \tag{4.F.5}$$

仿照式(4.F.5)的推导过程，可以证明

$$([D]^{-1}[s])_{ik} = \frac{D_{(isk)}}{D} \tag{4.F.6}$$

其中 $D_{(isk)}$ 表示[D]中第 i 列元素改为[s]的第 k 列元素后所得的行列式。由式(4.7.24)和式(4.F.6)可得

$$G_{ik} = (1-\Gamma_i\Gamma_i{}')\frac{D_{(isk)}}{D} \quad (i \neq k) \tag{4.F.7}$$

现在再讨论式(4.7.23)，它表示等效电源波 $\hat{b}$ 与各端口电源波 $\hat{a}$ 的相互关系，根据 $\hat{a}_i$ 与 $\hat{b}_i$ 的定义可知 $\hat{b}_i$ 与 $\hat{a}_i$ 无关，这相当于要求 G_{ii} 等于零，由 G_{ii} 的表示式(4.F.5)，有等式

$$(1-\Gamma_i\Gamma_i{}')\frac{D_{(isi)}}{D} - \Gamma_i{}' = 0$$

解出 $\Gamma_i{}'$，得

$$\Gamma_i{}' = \frac{D_{(isi)}}{D + \Gamma_i D_{(isi)}} \tag{4.F.8}$$

由式(4.7.21)得[D]的行列式为

$$\begin{aligned}
D &= \begin{vmatrix} 1-s_{11}\Gamma_1 & -s_{12}\Gamma_2 & \cdots & -s_{1n}\Gamma_n \\ -s_{21}\Gamma_1 & 1-s_{22}\Gamma_2 & \cdots & -s_{2n}\Gamma_n \\ \vdots & \vdots & \vdots & \vdots \\ -s_{n1}\Gamma_1 & -s_{n2}\Gamma_2 & \cdots & 1-s_{nn}\Gamma_n \end{vmatrix} \\
&= \begin{vmatrix} 1 & -s_{12}\Gamma_2 & \cdots & -s_{1n}\Gamma_n \\ 0 & 1-s_{22}\Gamma_2 & \cdots & -s_{2n}\Gamma_n \\ \vdots & \vdots & \vdots & \vdots \\ 0 & -s_{n2}\Gamma_2 & \cdots & 1-s_{nn}\Gamma_n \end{vmatrix} \\
&\quad -\Gamma_1 \begin{vmatrix} s_{11} & -s_{12}\Gamma_2 & \cdots & -s_{1n}\Gamma_n \\ s_{21} & 1-s_{22}\Gamma_2 & \cdots & -s_{2n}\Gamma_n \\ \vdots & \vdots & \vdots & \vdots \\ s_{n1} & -s_{n2}\Gamma_2 & \cdots & 1-s_{nn}\Gamma_n \end{vmatrix} \\
&= D_{(11)} - \Gamma_1 D_{(1s1)}
\end{aligned} \tag{4.F.9}$$

同样可以证明

$$D = D_{(ii)} - \Gamma_i D_{(isi)} \tag{4. F. 10}$$

于是式(4. F. 8)可以写作

$$\Gamma_i' = \frac{D_{(isi)}}{D_{(ii)}} \tag{4. F. 11}$$

它以简洁的形式给出了等效电源的反射系数。

由式(4. 7. 23),第 i 口等效电源波 $\hat{b}_i$ 为

$$\hat{b}_i = \sum_{\substack{k=1 \\ (k\neq i)}}^{n} G_{ik}\hat{a}_k \tag{4. F. 12}$$

由式(4. F. 7)所表示的 G_{ik} 还可以进一步简化,将 Γ_i' 的表示式(4. F. 11)代入式(4. F. 7)得

$$G_{ik} = \left(1 - \Gamma_i \frac{D_{(isi)}}{D_{(ii)}}\right)\frac{D_{(isk)}}{D} = \left(\frac{D_{ii} - \Gamma_i D_{(isi)}}{D_{(ii)}}\right)\frac{D_{(isk)}}{D}$$

再注意到式(4. F. 10),得

$$G_{ik} = \frac{D_{(isk)}}{D_{(ii)}} \tag{4. F. 13}$$

故得第 i 口等效电源波 $\hat{b}_i$ 的表示式

$$\hat{b}_i = \sum_{\substack{k=1 \\ (k\neq i)}}^{n} \frac{D_{(isk)}}{D_{(ii)}}\hat{a}_k \tag{4. F. 14}$$

此式以简洁的形式给出了等效电源波的表示式。

5 无源微波电路

5.1 引　言

微波系统是由馈线、无源微波电路、有源微波电路以及天线组成的。无源和有源微波电路的每种微波器件都具有其独特的功能，了解它们的功能、结构及特性是十分必要的。

本章讨论无源微波电路中所用到的微波器件，列举一些常用的从一端口到六端口的各种微波器件与电路。在介绍它们的结构的同时，应用传输线理论、导波理论和网络理论分析器件的工作原理和基本性能，并导出它们的散射参量。本章的内容是前述四章理论的结合点，灵活运用这些理论分析微波器件的工作原理和特性，可以使我们更深入地理解各种无源微波器件的功能，并在分析的过程中进一步掌握场与路相结合的分析方法。

微波铁氧体器件与其他微波器件相比有比较大的差异，主要是它对不同方向传输的导波呈现出不同的衰减特性和相移特性，称为不可逆特性或非互易特性，其原因在于该种器件中的铁氧体材料在外加恒定磁场时呈现出各向异性。深入研究这类材料与微波的相互作用，以及制作各种非互易器件，构成了微波技术的一个专门分支，本章对非互易器件作了简明扼要的介绍。

微波谐振腔和低频电路中的谐振回路是非常相似的，但又有所区别。本章讨论了谐振腔的基本参数，分析了金属矩形腔、圆柱腔和同轴腔的特点，也分析了几种实用的微带谐振腔和介质谐振腔，给出了若干实例阐明谐振腔激励耦合的基本概念。微扰法是一种广泛应用的近似方法，本章以空腔微扰为例介绍了如何应用微扰法研究空腔的微小形变对谐振频率的影响。

微波滤波器具有选频功能,在微波系统中得到了广泛的应用。按功率衰减的频率特性分类,可分为低通、高通、带通和带阻滤波器;按传输线类型分类,可分为波导型、同轴线型、微带线型等不同结构类型的滤波器。本章对微波滤波器的综合设计作了比较详细的介绍。

下面向读者逐一介绍各种常用的微波器件。

5.2 匹 配 负 载

匹配负载是微波系统中的一种终端器件。从能量的观点看,在理想的情况下它能吸收入射波的全部能量而不产生反射,故称作匹配负载。

从网络的观点看,匹配负载为单端口网络,它只有一个散射参量,在理想的情况下 $s_{11}=\Gamma=0$。实际的匹配负载不可能是理想的,总有小量反射波。在精密的测试系统中希望驻波系数达到 $\rho\leqslant1.02$ 的水平,在一般的测试系统中也希望达到 $\rho\leqslant1.1$ 的量级,大功率匹配负载还有一个非常重要的散热问题。

小功率的矩形波导匹配负载如图 5.1(b)所示,在一薄玻璃片上镀一层镍铬合金的金属膜电阻,薄玻璃片放置在矩形波导宽壁中央,其表面平行 TE_{10} 波的电力线。这个带有金属膜电阻的薄片称作吸收片。为了在宽频带内获得较好的匹配性能,吸收片通常做成尖劈的形状,尖劈的长度一般为 1～2 个波长,这样,驻波系数可以做到 $\rho<1.01\sim1.05$。

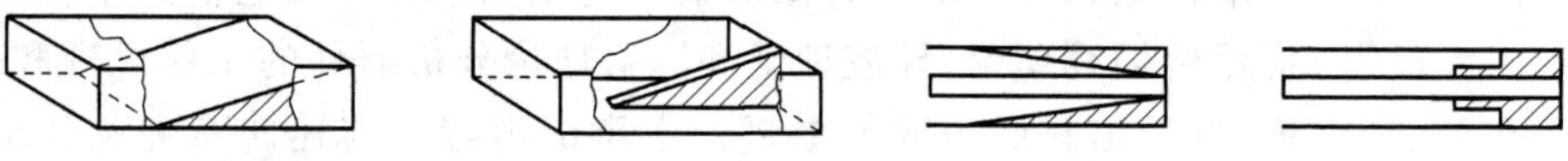

图 5.1 匹配负载
(a)、(b) 矩形波导 (c)、(d) 同轴线

乳聚乙烯和碳粉、铁氧体的混合物热压成尖劈形或阶梯形可以制作成波导或同轴线匹配负载,结构如图 5.1(a)、(b)、(c)、(d)所示。无论是波导或同轴线,它们的波阻抗中都有一个共同的因子 $\eta=\sqrt{\frac{\mu}{\varepsilon}}$。乳聚乙烯、碳粉和铁氧体的混合物中含有改变 ε 和 μ 的成分,适当地搭配几种成分的比例以保证 $\sqrt{\frac{\mu}{\varepsilon}}=\sqrt{\frac{\mu_0}{\varepsilon_0}}$,这就使得含有吸收材料的波导或同轴线的波阻抗与空气填充的波阻抗相比是不变的。碳粉起吸收电磁能的作用。这种吸收材料制作成的匹配负载不必做得很长,也不一定做成薄片的形状。

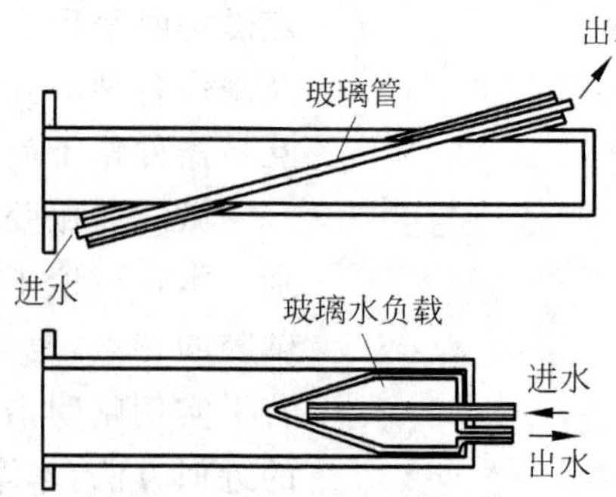

图 5.2 大功率匹配水负载

大功率匹配负载通常采用水负载。流动的水作为吸收微波能量的物质,同时把热量带走。其两

种结构示意图如图 5.2 所示，在进水口和出水口处要加微波泄漏抑制装置。

为了在室内模拟自由空间的均匀平面波和球面波，用尖劈形吸收材料装在室内六面墙上，建造成无反射的微波暗室。这种无回波暗室在研究电磁波的辐射和散射时是非常有用的，微波暗室的吸收材料就相当于电磁波的匹配负载。

5.3　波导接头和同轴接头

各种波导器件连接起来构成微波系统，这种连接主要依靠波导接头来实现。在此只限于研究工作在 TE_{10} 模波的矩形波导，由 TE_{10} 模波导内壁表面电流的分布可知，波导宽壁中线附近有较强的纵向电流，因此要求波导在该处应有良好的接触。

典型的波导接头有两种，一种称为平接头，或叫平法兰，如图 5.3(a)所示。两个平接头相对连接，要保证两者之间相互对准和良好的机械接触，否则连接处会产生反射波和微波功率泄漏。

另一种称之为扼流接头，或叫扼流法兰，如图 5.3(b)所示。一个扼流接头和一个平接头相对连，由于图中所示的一段长度为 $\lambda/2$ 的终端短路线的作用，使得波导宽壁中央虽无机械接触但却有良好的电接触。相对平接头而言，扼流接头明显的不足之处是工作频带较窄，故对于宽频带工作的波导系统，大都采用平接头连接。扼流接头主要用于大功率系统。

同轴线之间的连接可由同轴接头实现，常用的同轴接头有 N 型、SMA 和平接头等。图 5.3(c)给出了 N 型同轴接头的结构示意图，为了连接的需要，N 型接头有阴阳之分，左为阴接头，右为阳接头。

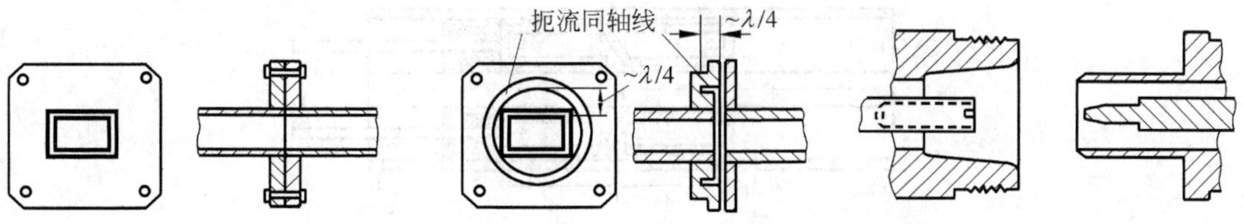

(a)　(b)　(c)

图 5.3　波导接头和同轴接头
(a) 波导平接头　(b) 波导扼流接头　(c) N 型同轴接头

5.4　短　路　器

短路器的功能与匹配负载恰好相反，它不吸收入射波的任何能量而使其产生全反射。短路器分为固定式短路器和可移式短路器两种类型，其中可移式短路器又称为短路活塞，而短路活塞又分为接触式短路活塞和扼流式短路活塞。接触式短路活塞用富有弹性的磷青铜片做成梳状接触片，由于接触点的频繁移动很容易使波导内壁磨损，如果在大功率时使用，在磨损处可能会引起打火现象。波导结构和同轴结构的接触式短路活塞分别如图 5.4(a)和(b)所示。

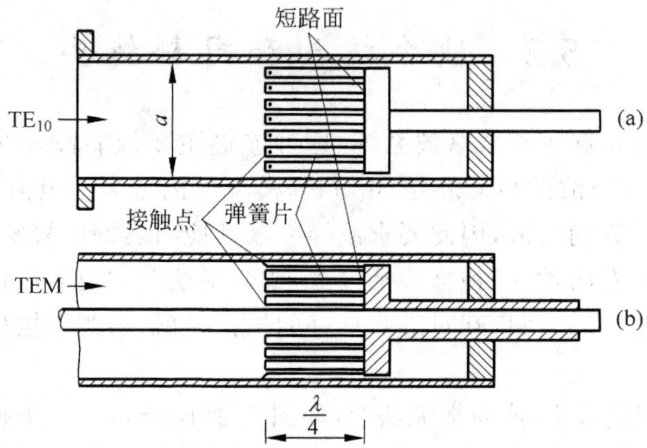

图 5.4　接触式短路活塞
(a) 波导结构　(b) 同轴结构

图 5.5 为同轴线 S 形扼流活塞结构，在此结构中，主要是利用传输线归一化阻抗 1/4 波长的倒置性来实现等效短路。

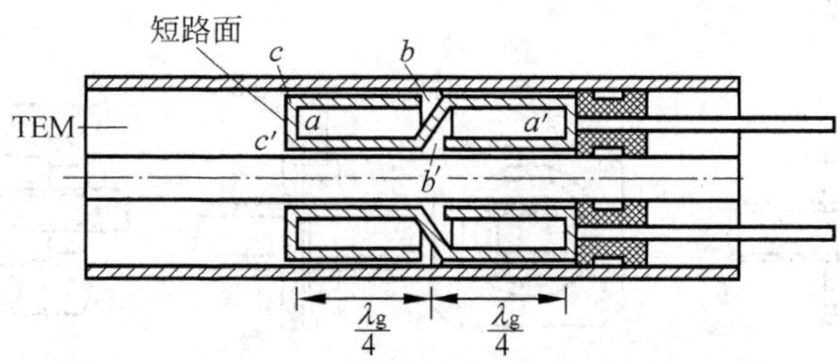

图 5.5　同轴线 S 形扼流活塞

研究图中的 S 形扼流结构，a 点是短路点，$a-b$ 间是一段特性阻抗为 Z_{C1} 的同轴线，其长度是 1/4 波长，所以 b 点是开路点，$b-c$ 间又是一段同轴线，其特性阻抗为 Z_{C2}，长度仍是 1/4 波长，所以 c 点是等效短路点。c 点虽无机械接触，但等效短路，由于无机械接触，因而移动活塞时不会磨损金属内壁，这是它最大的优点，所以尽管结构复杂些，但仍然得到广泛的应用。缺点是工作频带不够宽。除了上面分析的 $a-b-c$ 这条路外，还有 $a'-b'-c'$ 这条路，它的原理是一样的。现在把 $a-b-c$ 这条路画成图 5.6 所示的等效电路，设 a 点 $Z_a\approx 0$，则阻抗变换关系将如下：

$$\bar{z}_a=\frac{Z_a}{Z_{C1}}\to\bar{z}_{b右}=\frac{1}{\bar{z}_a}=\frac{Z_{C1}}{Z_a}\to Z_b=\frac{Z_{C1}^2}{Z_a}\to\bar{z}_{b左}=\frac{Z_{C1}^2}{Z_aZ_{C2}}\to\bar{z}_{c右}$$

$$=\frac{1}{\bar{z}_{b左}}=\frac{Z_aZ_{C2}}{Z_{C1}^2}\to Z_C=\frac{Z_aZ_{C2}^2}{Z_{C1}^2}$$

上述变换式中 Z_{C1}、Z_{C2}是传输线特性阻抗，$\bar{z}_a$、$\bar{z}_b$、$\bar{z}_c$ 是各点的归一化阻抗，Z_a、Z_b、Z_c 是各点的输入阻抗。从 Z_c 的表示式中可以看到，因为 $Z_a\approx 0$，故有 $Z_c\approx 0$，并且通常设计使得 $Z_{C2}<Z_{C1}$，即$\left(\frac{Z_{C2}}{Z_{C1}}\right)^2\ll 1$，这就更加强了 $Z_c\approx 0$ 的效果。

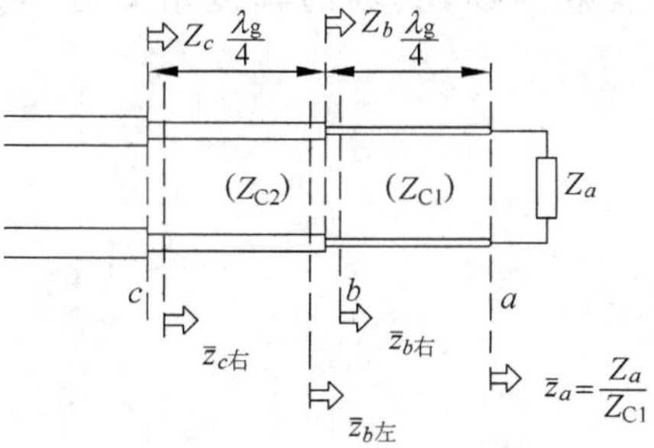

图 5.6 S形扼流活塞等效电路

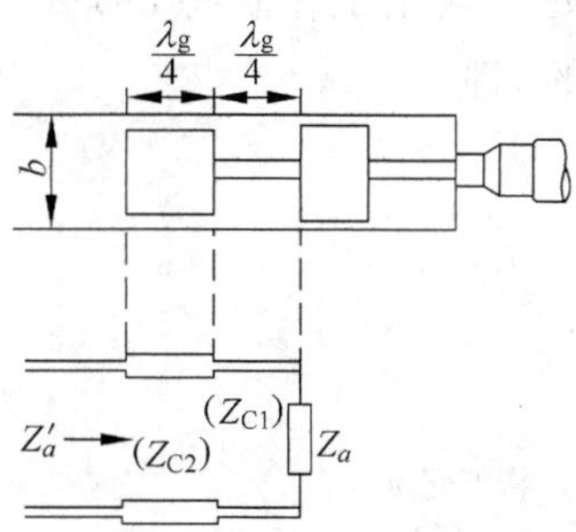

图 5.7 波导扼流式短路活塞

根据上述阻抗变换关系，如能设法使得两段传输线的特性阻抗之间满足关系式$\left(\frac{Z_{C2}}{Z_{C1}}\right)^2\ll 1$，即使 Z_a 并不等于零，只要其数值比较小，仍能使 $Z_c\approx 0$。另一类可移短路器就是根据这样的原理制作的，例如图 5.7 所示哑铃形波导扼流式短路活塞。

短路器作为单端口网络，只有一个散射参量，在理想条件下 $s_{11}=\Gamma=-1$。

5.5 衰减器

在微波系统中为了控制传输功率的大小，有必要在系统中接入衰减器。下面就三种常用的衰减器的结构和原理分别予以讨论。

5.5.1 吸收式矩形波导衰减器

吸收式矩形波导衰减器分为横向可调和垂直可调两种，结构示意图分别如图 5.8(a)和(b)所示。吸收片是镀镍铬薄膜的玻璃片，吸收片移向波导中央时衰减量加大，或吸收片从波导宽壁中央深入到波导中时衰减量加大。吸收式衰减器的技术指标有起始衰

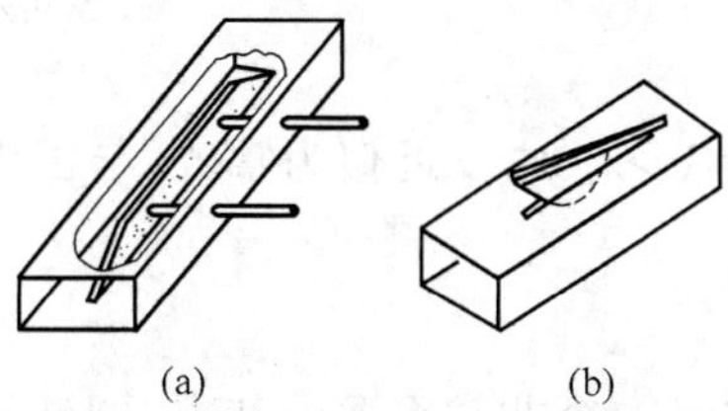

图 5.8 可调波导衰减器

(a) 横向 (b) 垂直

减量、最大衰减量和衰减器的输入驻波系数及工作频带等几项。

5.5.2 截止式衰减器

同轴线型圆波导 TE_{11} 模截止式衰减器结构示意图如图 5.9(a)所示。

从图中可见，这种衰减器的输入、输出端是同轴线，中间一段是圆波导，同轴线中工作模式为 TEM 波，圆波导中工作模式为 TE_{11} 模，TE_{11} 模的截止波长 $\lambda_c=3.41R$，这里 R 是圆波导段的半径。若选择工作波长大于圆波导中 TE_{11} 模的截止波长，使圆波导段处于截止工作状态，那么 TE_{11} 模的场是衰减的场，其场的幅度沿 z 方向是指数衰减的，即

$$|\boldsymbol{H}| \propto \mathrm{e}^{-\alpha z}$$

式中

$$\alpha=\frac{2\pi}{\lambda}\sqrt{\left(\frac{\lambda}{\lambda_c}\right)^2-1}$$

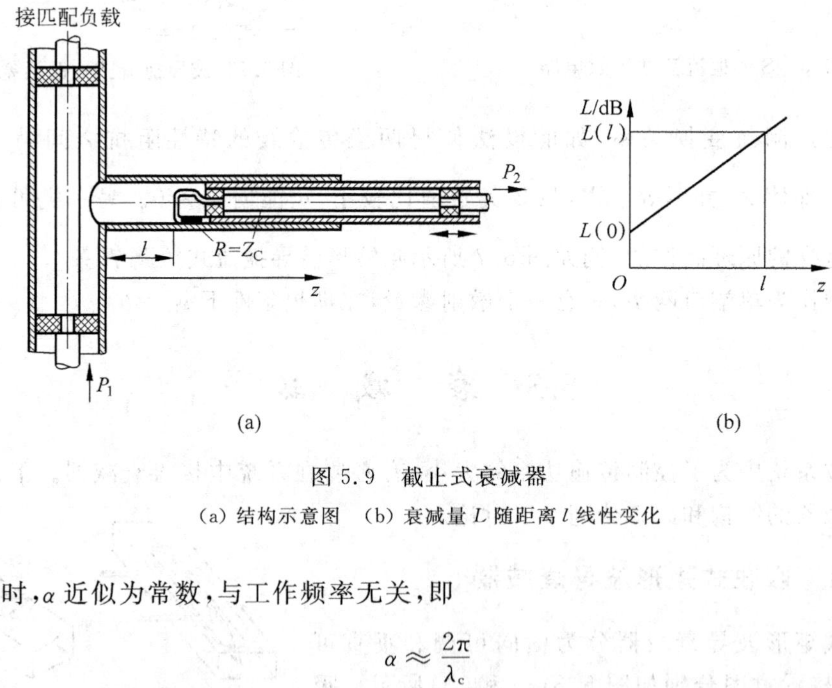

图 5.9 截止式衰减器

(a) 结构示意图 (b) 衰减量 L 随距离 l 线性变化

当 $\lambda \gg \lambda_c$ 时，α 近似为常数，与工作频率无关，即

$$\alpha \approx \frac{2\pi}{\lambda_c}$$

这是一个非常重要的特点，圆波导的尺寸确定之后，TE_{11} 模的截止波长可以精确计算，因而其衰减常数也可以精确计算，当实验进行定标时可提供参考数据。同轴线与圆波导的耦合是通过小环耦合来实现的，耦合的方式不同，起始衰减量也就不同，功率衰减与移动

距离的关系为

$$P \propto e^{-2\alpha l}$$

衰减量为

$$\begin{aligned}L(l) &= L(0) + 10\ \lg e^{2\alpha l} \\ &= L(0) + 8.68\alpha l(\text{dB})\end{aligned}$$

式中,$L(0)$是起始衰减量,α 近似为常数,所以 $L(l)$与 l 成线性关系。当$\lambda \gg \lambda_c$ 时,α 很大,因此可具有很大的衰减量。截止式衰减器是一电抗性器件,因此它工作在严重的失配状态。为了解决这一问题,在截止式衰减器的输入端和输出端加入固定吸收式匹配元件,例如盘形金属膜电阻。

5.5.3 旋转极化式衰减器

旋转极化式衰减器结构示意图如图 5.10 所示。

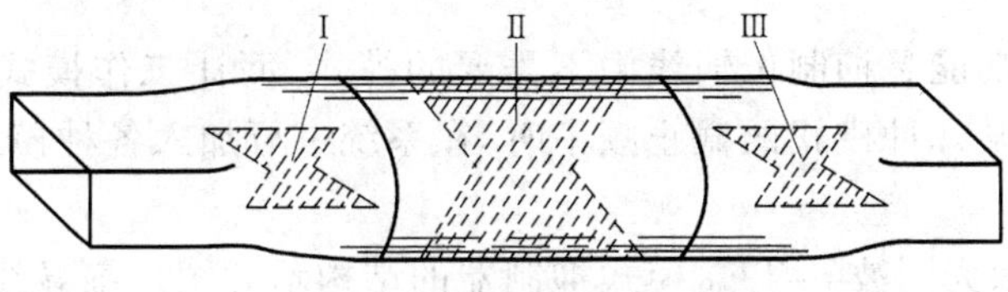

图 5.10 旋转极化式衰减器

由图可见,衰减器由两端的方圆过渡波导和中间的圆波导段构成,在方圆过渡波导中,吸收片Ⅰ、Ⅲ平行于波导宽壁,而圆波导中的吸收片Ⅱ则可以绕纵轴旋转。输入矩形波导的 TE_{10} 模,经过方圆过渡波导段后转换成圆波导中的 TE_{11} 模,由于电场 $\boldsymbol{E}$ 的极化方向垂直于吸收片Ⅰ,故其能量基本上不衰减,此时吸收片Ⅰ起固定极化的作用,如图 5.11(a)所示。当圆波导中的吸收片Ⅱ旋转为与水平面成 θ 角时,可将电场 $\boldsymbol{E}$ 分解为与吸收片Ⅱ垂直的 $\boldsymbol{E}_1$ 分量和平行的 $\boldsymbol{E}_2$ 分量,其中 $\boldsymbol{E}_2$ 分量的能量被吸收片Ⅱ吸收,$\boldsymbol{E}_1$ 分量通过,如图 5.11(b)所示。$\boldsymbol{E}_1$ 分量的大小为

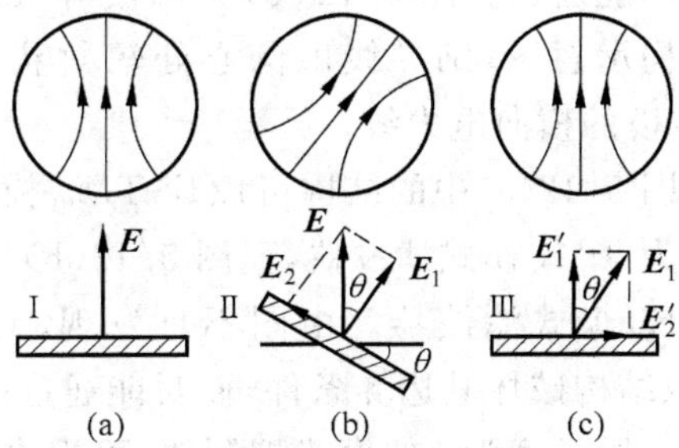

图 5.11 旋转极化式衰减器中各段电场示意图

$$E_1 = E\cos\theta$$

当圆波导中的 TE_{11} 模传输到吸收片Ⅲ处,其电场 $\boldsymbol{E}_1$ 再次被分解为平行分量 $\boldsymbol{E}_2'$ 和垂直分量 $\boldsymbol{E}_1'$,如图 5.11(c)所示。能通过的 $\boldsymbol{E}_1'$ 分量的大小为

$$E_1' = E_1\cos\theta = E\cos^2\theta$$

可见这种衰减器的衰减量为

$$L = 10\ \lg\frac{P_i}{P_o} = 10\ \lg\left(\frac{E}{E_1'}\right)^2 = -40\ \lg|\cos\theta|\ (\mathrm{dB})$$

上式表明衰减量 L 是吸收片Ⅱ旋转角度 θ 的函数，因而可以用角度 θ 来定标衰减量，故旋转极化式衰减器是一种可以作为衰减量标准的精密衰减器。

若该衰减器制作理想，即仅有吸收衰减而无反射衰减，将其当作二端口网络，相应的散射矩阵应为

$$[s] = \begin{bmatrix} 0 & \cos^2\theta \\ \cos^2\theta & 0 \end{bmatrix}$$

5.6 模式抑制器

模式抑制器的功能是抑制传输线中不需要的模式，而让工作模式顺利通过。当传输线的工作频率高于某几种模式的截止频率时，在系统中可加入各种模式抑制器，以便实现单一模式传输。

图 5.12(a)所示为圆波导 TE_{01} 模式抑制器的结构示意图。细导线绕成半径不等的圆环，把它们同心地安装在圆波导的同一横截面上，由于环状导线平行于 TE_{01} 模的电力线，所以 TE_{01} 模被反射而不能通过。图 5.12(b)为圆波导 TM_{01} 模式抑制器结构示意图，细导线由圆心处辐射状安装，平行于 TM_{01} 模的横向电力线。

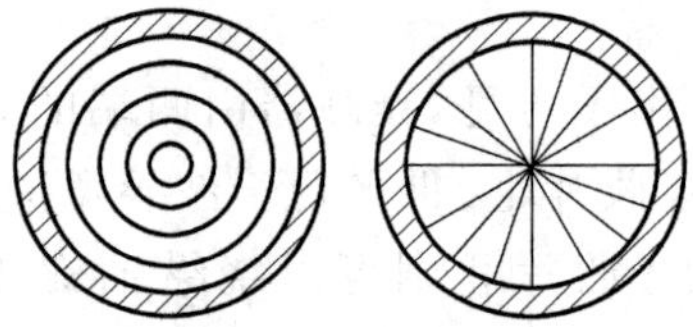

(a)　　(b)

图 5.12　模式抑制器结构示意图

(a) TE_{01}　(b) TM_{01}

图 5.12(a)中的结构可以让 TM_{01} 模顺利通过，故又名为 TM_{01} 模式滤波器，而图 5.12(b)中的结构又名为 TE_{01} 模式滤波器。由图不难发现，对被抑制的模式，该结构破坏其边界条件，而对能通过的模式，该结构顺应其边界条件。

一段长度为 l 的模式抑制器，可视作二端口网络，当其制作理想时，对被抑制的模式，其散射矩阵应为

$$[s] = \begin{bmatrix} -1 & 0 \\ 0 & -1 \end{bmatrix}$$

而对顺利通过的工作模式，其作用如同一段均匀传输线，其散射矩阵应为

$$[s] = \begin{bmatrix} 0 & e^{-jk_z l} \\ e^{-jk_z l} & 0 \end{bmatrix}$$

5.7　波导 T 形分支

5.7.1　E－T 和 H－T 分支

在微波系统中，波导 T 形分支用来将功率进行分配或合成，常见的有 E－T 分支和 H－T 分支，分别如图 5.13(a)和(b)所示。

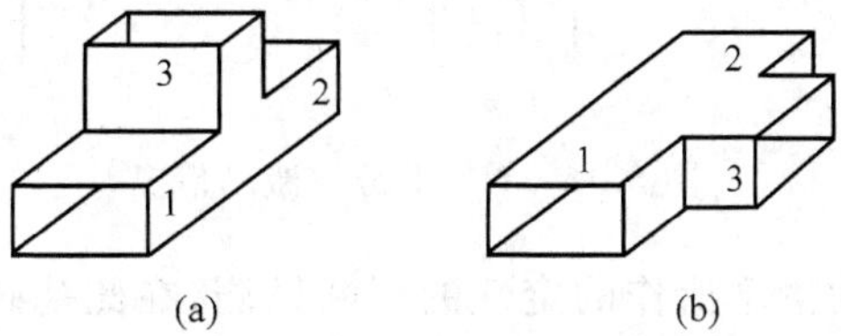

图 5.13　波导 T 型分支

(a) E－T 分支　(b) H－T 分支

当分支波导在主波导的宽壁上，分支平面与主波导中 TE_{10} 波的电场 $\boldsymbol{E}$ 平行时，这种分支称为 E－T 分支；如果分支波导在主波导的窄壁上，分支平面与主波导中 TE_{10} 波的磁场 $\boldsymbol{H}$ 平行时，则称这种分支为 H－T 分支。下面首先定性地分析 T 形分支的基本特性，然后由其特性求出它的散射矩阵。

将 T 型分支看作三端口网络，对各臂进行编号，主波导的臂称作端口 1 和端口 2，分支臂称作端口 3，工作波型为 TE_{10} 波，根据边界条件可以大致地画出 T 形分支中的电场分布。图 5.14 中的三张图画出了 E－T 分支中三种不同激励情况下的电场分布示意图，需要说明的是，在波导非均匀处的场是非常复杂的，这里仅是一种示意图。由图 5.14(a)可以看出，波从端口 3 输入时，端口 1 和 2 有等幅反相波输出；由图 5.14(b)可以看出，端口 1 和 2 等幅反相激励时，端口 3 有输出；而由图 5.14(c)可以看出，端口 1 和 2 等幅同相激励时，端口 3 无输出。

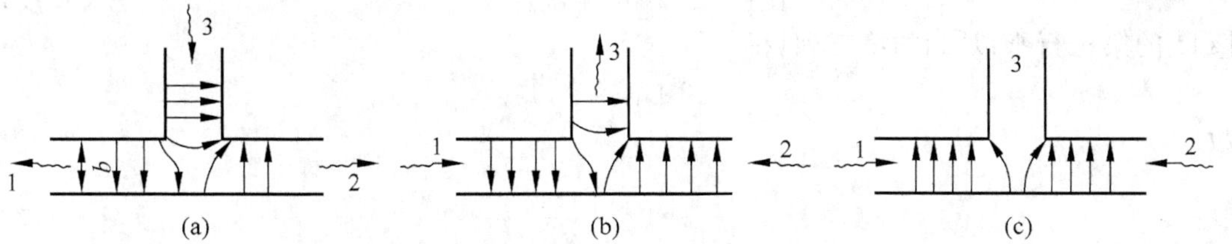

图 5.14　E－T 分支激励情况

对于 H－T 分支，三种激励情况如图 5.15 所示。图 5.15(a)中波从端口 3 输入时，端口 1 和 2 有等幅同相波输出；图 5.15(b)中端口 1 和 2 等幅同相激励时，端口 3 有输出；而图 5.15(c)中端口 1 和 2 等幅反相激励时端口 3 无输出。

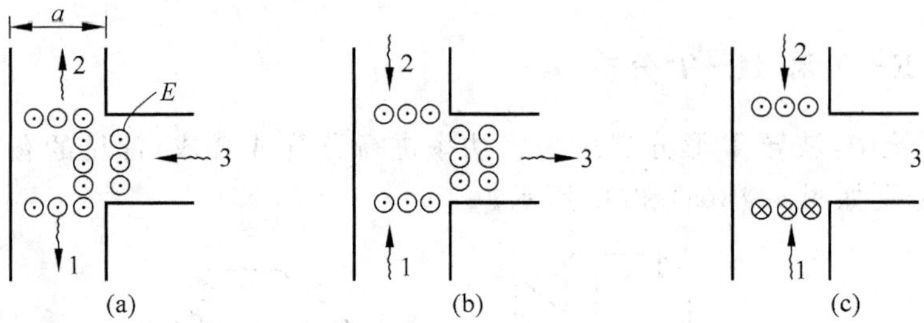

图 5.15　H－T 分支激励情况

以上仅仅是根据场的概念所作的定性的判断推测，在此基础上，根据微波网络理论作进一步的分析，以期求得 E－T 和 H－T 分支的散射矩阵。

对于 E－T 分支，见图 5.13(a)，由于其结构的对称性，应有

$$s_{11} = s_{22}$$

因其是互易网络，必有

$$s_{ij} = s_{ji} \quad (i,j = 1,2,3)$$

由图 5.14(a)所示特性，应有

$$s_{23} = - s_{13}$$

设在端口 3 上将网络本身调好匹配，即 $s_{33}=0$，则 E－T 分支的散射矩阵可以写成

$$[s] = \begin{bmatrix} s_{11} & s_{12} & s_{13} \\ s_{12} & s_{11} & -s_{13} \\ s_{13} & -s_{13} & 0 \end{bmatrix}$$

由于网络无损耗，故应满足酉条件，即

$$[s]^{\mathrm{H}}[s] = [1]$$

$[s]^{\mathrm{H}}$ 的第一行乘以$[s]$的第一列，得

$$|s_{11}|^2 + |s_{12}|^2 + |s_{13}|^2 = 1 \tag{5.7.1}$$

$[s]^{\mathrm{H}}$ 的第三行乘以$[s]$的第三列，得

$$2\,|s_{13}|^2 = 1$$

故

$$|s_{13}| = \frac{1}{\sqrt{2}}$$

设

$$s_{13} = \frac{1}{\sqrt{2}}\mathrm{e}^{\mathrm{j}\alpha} \tag{5.7.2}$$

式中,α 为任意相角,它取决于端口 1 和 3 参考面的位置。

$[s]^{\mathrm{H}}$ 的第三行乘以$[s]$的第一列,得

$$s_{13}^{*}s_{11}-s_{13}^{*}s_{12}=0$$

所以

$$s_{11}=s_{12} \tag{5.7.3}$$

将式(5.7.2)、式(5.7.3)代入式(5.7.1),得到

$$|s_{11}|=\frac{1}{2}$$

设

$$s_{11}=s_{12}=\frac{1}{2}\mathrm{e}^{\mathrm{j}\beta}$$

式中,β 为任意相角,它取决于端口 1 和 2 参考面的位置,移动参考面 T_1、T_2 和 T_3,且保持 T_1 和 T_2 对称移动,使 $\alpha=\beta=0$,在这组特定的参考面下,E−T 分支的散射矩阵成为

$$[s]=\frac{1}{2}\begin{bmatrix}1 & 1 & \sqrt{2}\\ 1 & 1 & -\sqrt{2}\\ \sqrt{2} & -\sqrt{2} & 0\end{bmatrix} \tag{5.7.4}$$

用类似的方法可以求得 H−T 分支的散射矩阵为

$$[s]=\frac{1}{2}\begin{bmatrix}1 & -1 & \sqrt{2}\\ -1 & 1 & \sqrt{2}\\ \sqrt{2} & \sqrt{2} & 0\end{bmatrix} \tag{5.7.5}$$

E−T 分支和 H−T 分支的散射参量表明,当 TE_{10} 波从端口 1 输入时,将有 1/4 的功率被反射回去,1/4 的功率传送到端口 2,1/2 的功率传送到端口 3,这是一种功率分配方式。另一种功率分配方式如图 5.14(a)和图 5.15(a)所示,信号从端口 3 输入,将不存在反射波,端口 1 和 2 各得一半功率,称为三分贝功分器。图 5.14(b)和图 5.15(b)是将 T 形分支当作功率合成器使用的情况。

5.7.2 无耗互易三端口网络的性质

在求 T 分支的散射矩阵时,仅设其中的某一端口匹配(例如 $s_{33}=0$),这时因为对无耗互易三端口网络有如下性质。

性质 1 无耗互易三端口网络不可能同时实现匹配,即其散射参量 $s_{ii}(i=1,2,3)$不可能全部为零。

证明 采用反证法证明。假设 s_{ii} 全为零,则

$$[s]=\begin{bmatrix}0 & s_{12} & s_{13}\\ s_{12} & 0 & s_{23}\\ s_{13} & s_{23} & 0\end{bmatrix}$$

上式已经应用了互易条件，即 $s_{ij}=s_{ji}(i,j=1,2,3)$。网络无损耗，满足酉条件，故有

$$[s]^{\mathrm{H}}[s]=[1]$$

展开上式得

$$|s_{12}|^2+|s_{13}|^2=1 \tag{5.7.6}$$

$$|s_{12}|^2+|s_{23}|^2=1 \tag{5.7.7}$$

$$|s_{13}|^2+|s_{23}|^2=1 \tag{5.7.8}$$

$$s_{13}^{*}s_{23}=0 \tag{5.7.9}$$

式(5.7.9)要求 $s_{13}=0$ 或 $s_{23}=0$，但不论是 $s_{13}=0$，还是 $s_{23}=0$，都不能使式(5.7.6)、(5.7.7)、(5.7.8)同时成立，即说明前面的假设 $s_{ii}(i=1,2,3)$ 全为零不成立，亦即说明无耗互易三分支的三个端口不可能同时实现匹配。

性质 2 无耗互易三分支的两个端口不可能同时实现匹配，否则退化为二端口网络。

证明 仍然采用反证法证明。假设 $s_{11}=s_{22}=0$，则

$$[s]=\begin{bmatrix}0 & s_{12} & s_{13}\\ s_{12} & 0 & s_{23}\\ s_{13} & s_{23} & s_{33}\end{bmatrix}$$

网络无损耗，满足酉条件，故有

$$[s]^{\mathrm{H}}[s]=[1]$$

展开上式得

$$|s_{12}|^2+|s_{13}|^2=1 \tag{5.7.10}$$

$$|s_{12}|^2+|s_{23}|^2=1 \tag{5.7.11}$$

$$|s_{13}|^2+|s_{23}|^2+|s_{33}|^2=1 \tag{5.7.12}$$

$$s_{13}^{*}s_{23}=0 \tag{5.7.13}$$

$$s_{23}^{*}s_{12}+s_{33}^{*}s_{13}=0 \tag{5.7.14}$$

$$s_{13}^{*}s_{12}+s_{33}^{*}s_{23}=0 \tag{5.7.15}$$

式(5.7.13)要求 $s_{13}=0$ 或者 $s_{23}=0$，若 $s_{13}=0$，代入式(5.7.15)有 $s_{33}^{*}s_{23}=0$，由于 s_{33} 此时不能为零(由性质一)，只能是 $s_{23}=0$，以上条件代入式(5.7.11)和式(5.7.12)得

$$|s_{12}|=1,\ |s_{33}|=1$$

若 $s_{23}=0$ 代入式(5.7.14)有 $s_{33}^{*}s_{13}=0$，所以有 $s_{13}=0$，代入式(5.7.10)和式(5.7.12)得

$$|s_{12}|=1,\ |s_{33}|=1$$

由以上推导可见，若无耗互易三分支的端口 1 和 2 同时实现匹配，则第 3 分支对外已被

"封闭",对内已被隔离,而端口 1 和 2 之间实现全通,亦即此时的三分支已退化为一个二端口网络。

5.8 微带线功分器与合成器

图 5.16 所示为一个三分贝微带线功分器结构示意图。它的输入线和输出线的特性阻抗均为 Z_C,两段长度为 $\lambda_g/4$ 的分支线的特性阻抗为 $Z_1=\sqrt{2}Z_C$。在分支线的末端 A、B 两点跨接一个电阻 R,其值为 $2Z_C$。这种结构的功分器具有以下特性:当输出端口 2 和 3 接匹配负载时,输入端口 1 无反射,从端口 1 输入的功率被平分到端口 2 和 3,且端口 2 和 3 相互隔离。

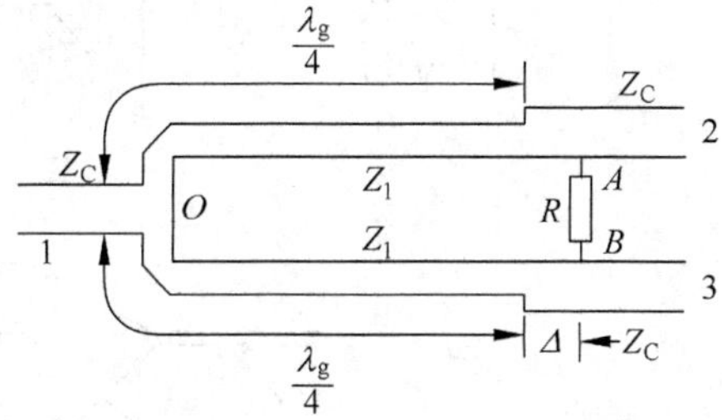

图 5.16 三分贝微带线功分器

假设端口 2 和端口 3 接匹配负载,经 1/4 波长分支线的变换,在分支线的中央 O 点处并联后的电导为 $2Z_C/Z_1^2$,若令此值等于端口 1 输入线的特性导纳 $1/Z_C$,则输入端口匹配,即 $s_{11}=0$,无反射。由此得出,分支线的特性阻抗 Z_1 为 $\sqrt{2}Z_C$。由于两路结构的对称性,保证了两路功率平分。为了使端口 2 和端口 3 相互隔离,在两分支线的末端 A、B 两点处跨接电阻 R,且 $R=2Z_C$。

下面来推导跨接电阻 R 何以等于 $2Z_C$?

设信号从端口 2 输入,端口 1 接匹配负载,将图 5.16 改画成图 5.17 的形式。因为端口 1 接匹配负载,那么三端口网络等效为二端口网络,并且又可分解为两个二端口网络的并联。将该二端口网络端口重新编号,原三端口网络的端口 2 和端口 3 现分别改为等效二端口网络的端口 1 和端口 2。显然,用导纳矩阵讨论网络的并联问题比较方便。等效二端口网络的归一化导纳矩阵 $[y]$ 为两个导纳矩阵之和,即

$$[y]=[y]_R+[y]_T$$

其中 $[y]_R$ 为串联电阻 R 的归一化导纳矩阵,$[y]_T$ 为两段 $\lambda_g/4$ 线及中间并联阻抗 Z_C 的 T 形网络的归一化导纳矩阵。描述输入端口与输出端口之间的互导纳是矩阵元素 y_{21}(或 y_{12}),若希望端口 1 与 2 相互隔离,须使

$$y_{21}=(y_{21})_R+(y_{21})_T=0 \tag{5.8.1}$$

查表 4.2 可知

$$(y_{21})_R=-\frac{Z_C}{R} \tag{5.8.2}$$

而$(y_{21})_{\mathrm{T}}$需设法求出，由转移矩阵的级联关系求得T形网络的$[\bar{a}]_{\mathrm{T}}$，

$$[\bar{a}]_{\mathrm{T}} = [\bar{a}]_{\lambda_g/4}[\bar{a}]_{Z_C}[\bar{a}]_{\lambda_g/4} \tag{5.8.3}$$

其中$[\bar{a}]_{\lambda g/4}$是四分之一波长线段的转移矩阵，$[\bar{a}]_{Z_C}$是并联阻抗Z_C的转移矩阵。查表4.2得$[\bar{a}]_{\lambda_g/4}$和$[\bar{a}]_{Z_C}$，并代入上式，得

$$[\bar{a}]_{\mathrm{T}} = \begin{bmatrix} 0 & \mathrm{j}\sqrt{\dfrac{Z_1}{Z_C}} \\ \mathrm{j}\sqrt{\dfrac{Z_1}{Z_C}} & 0 \end{bmatrix} \begin{bmatrix} 1 & 0 \\ \dfrac{Z_1}{Z_C} & 1 \end{bmatrix} \begin{bmatrix} 0 & \mathrm{j}\sqrt{\dfrac{Z_1}{Z_C}} \\ \mathrm{j}\sqrt{\dfrac{Z_1}{Z_C}} & 0 \end{bmatrix} = \begin{bmatrix} -1 & -\left(\dfrac{Z_1}{Z_C}\right)^2 \\ 0 & -1 \end{bmatrix} \tag{5.8.4}$$

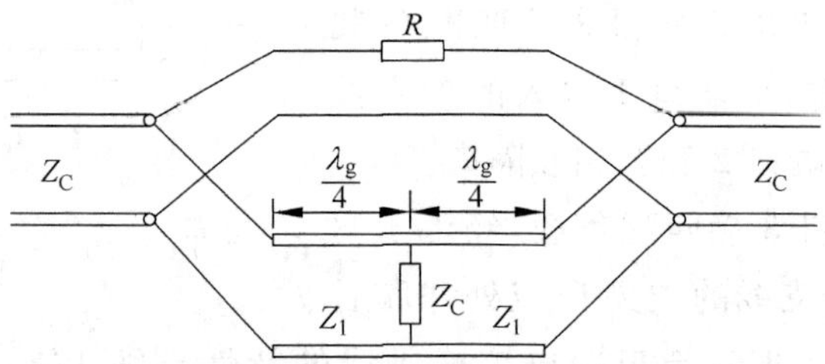

图5.17　求隔离电阻R所用的等效二端口网络

由转移矩阵与归一化导纳矩阵的换算关系，有

$$(y_{21})_{\mathrm{T}} = \left(\frac{Z_C}{Z_1}\right)^2 \tag{5.8.5}$$

将式(5.8.2)和式(5.8.5)代入式(5.8.1)，得

$$y_{21} = -\frac{Z_C}{R} + \left(\frac{Z_C}{Z_1}\right)^2 = 0 \tag{5.8.6}$$

注意到$Z_1 = \sqrt{2}Z_C$，解得

$$R = 2Z_C \tag{5.8.7}$$

当R满足上式时，经由R分到B点的电流与经由T形网络分到B点的电流相互抵消，从而使得功分器的端口2和端口3相互隔离。一般情况下，$Z_C = 50\Omega$，故隔离电阻$R = 100\Omega$。在微带电路中，通过在介质基片上蒸发镍铬合金实现电阻R，更简单的是在A、B之间焊接一个片状微带电阻。若电阻存在寄生引线电感，则应将焊点位置后移微小距离Δ，否则匹配和隔离性能变差。

图5.16中的三分贝微带线功分器因其是一个有损网络，故其三个端口可同时调好匹配。由上述分析，可见其散射矩阵为

$$[s]=\begin{bmatrix} 0 & \frac{1}{\sqrt{2}} & \frac{1}{\sqrt{2}} \\ \frac{1}{\sqrt{2}} & 0 & 0 \\ \frac{1}{\sqrt{2}} & 0 & 0 \end{bmatrix} \tag{5.8.8}$$

作为功分器的逆过程，若两路相同的信号从端口 2 和 3 同时输入时，则端口 1 的输出是这两路的功率之和，此时称之为功率合成器。

由多个三分贝功分器对称地组合起来，可将输入功率一分为四，一分为八，……一分为 2^n 输出。

在许多情况下，要求两路功率不是等分，而是按一定的比例分配，这时两路结构将不再相同，具体来说两路传输线的特性阻抗不同，隔离电阻的数值也不相同。

5.9　魔　　T

5.9.1　从波导双 T 到魔 T

波导双 T 分支由 E－T 分支和 H－T 分支组合而成，其结构如图 5.18 所示，各端口的编号如图中所示。由前面的分析可知，端口 1 进入的 TE_{10} 波在端口 2 和 3 是等幅同相输出的，端口 4 进入的波在端口 2 和 3 是等幅反相输出的。从 TE_{10} 波的场结构来看，端口 1 和 4 应是相互隔离的，因为偶对称分布的场不能激励起奇对称分布的场。相对于双 T 的对称面而言，端口 1 的电场分布是偶对称的，而端口 4 的电场分布是奇对称的，所以端口 1 和 4 相互隔离。根据上述分析，考虑到结构的对称性和网络的互易性，可知应有

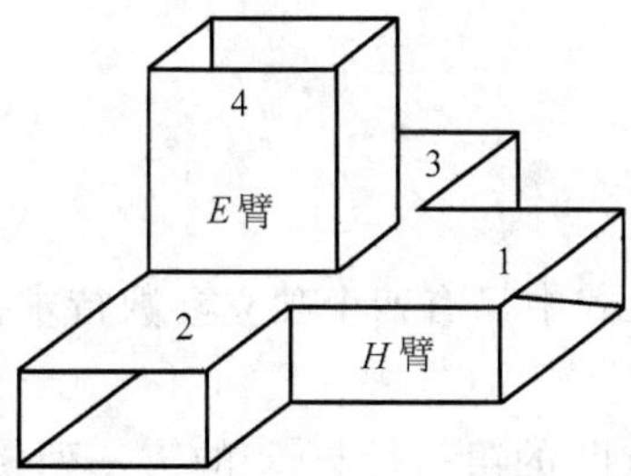

图 5.18　波导双 T 结构示意图

$$s_{21}=s_{31} \qquad s_{24}=-s_{34}$$

$$s_{41}=s_{14}=0 \qquad s_{22}=s_{33}$$

$$s_{ij}=s_{ji} \quad (i,j=1,2,3,4)$$

于是双 T 分支的散射矩阵可为如下形式：

$$[s]=\begin{bmatrix} s_{11} & s_{12} & s_{12} & 0 \\ s_{12} & s_{22} & s_{23} & s_{24} \\ s_{12} & s_{23} & s_{22} & -s_{24} \\ 0 & s_{24} & -s_{24} & s_{44} \end{bmatrix} \tag{5.9.1}$$

在 E－T 和 H－T 分支的汇合处，可以对称地放置调配元件，如图 5.19(a)和(b)所示，使得网络本身的端口 1 和 4 匹配，即 $s_{11}=s_{44}=0$，那么端口 2 和 3 会自动达到匹配，即 $s_{22}=s_{33}=0$。下面的分析将看到对于这种无耗网络结构，这是必然的结果。这种匹配的双 T 分支，通常称之为魔 T，是魔术 T 分支的简称。为方便起见，用一种简化的示意图代表魔 T，如图 5.19(c)所示。

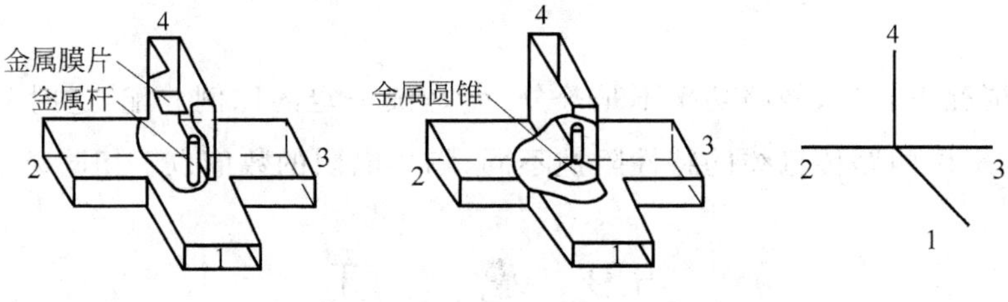

图 5.19　魔 T 结构示意图

当 $s_{11}=s_{44}=0$ 时，散射矩阵变为

$$[s]=\begin{bmatrix} 0 & s_{12} & s_{12} & 0 \\ s_{12} & s_{22} & s_{23} & s_{24} \\ s_{12} & s_{23} & s_{22} & -s_{24} \\ 0 & s_{24} & -s_{24} & 0 \end{bmatrix} \tag{5.9.2}$$

上式中只有四个独立参数待求。设魔 T 无损耗，它满足酉条件，即

$$[s]^{\mathrm{H}}[s]=[1]$$

$[s]^{\mathrm{H}}$ 的第一行与$[s]$的第一列相乘得

$$2\,|s_{12}|^2=1$$

故可设

$$s_{12}=\frac{1}{\sqrt{2}}\mathrm{e}^{\mathrm{j}\alpha}$$

其中 α 为任意相角，它取决于端口 1 参考面 T_1 和端口 2 参考面 T_2 的位置。$[s]^{\mathrm{H}}$ 的第四行与$[s]$的第四列相乘得

$$2\,|s_{24}|^2=1$$

同理可设

$$s_{24} = \frac{1}{\sqrt{2}}\mathrm{e}^{\mathrm{j}\beta}$$

当参考面 T_2 确定之后，相角 β 仅取决于参考面 T_4 的位置。适当选取参考面 T_1、T_2 和 T_4 的位置，使 $\alpha=\beta=0$，于是

$$s_{12} = s_{24} = \frac{1}{\sqrt{2}} \tag{5.9.3}$$

$[s]^{\mathrm{H}}$ 的第二行与$[s]$的第二列相乘得

$$|s_{12}|^2 + |s_{22}|^2 + |s_{23}|^2 + |s_{24}|^2 = 1 \tag{5.9.4}$$

将式(5.9.3)代入上式，得

$$|s_{22}|^2 + |s_{23}|^2 = 0$$

上式中，两项皆为正值，且其和为零，故必须分别为零，即

$$s_{22} = 0, \quad s_{23} = 0$$

总结上述结果，魔 T 散射矩阵为

$$[s] = \frac{1}{\sqrt{2}}\begin{bmatrix} 0 & 1 & 1 & 0 \\ 1 & 0 & 0 & 1 \\ 1 & 0 & 0 & -1 \\ 0 & 1 & -1 & 0 \end{bmatrix} \tag{5.9.5}$$

从式(5.9.5)看出，有 $s_{22}=s_{33}=0$，这表明当端口 1 和 4 匹配后，端口 2 和 3 将自动实现匹配，同时也看到，除端口 1 和 4 互相隔离外，端口 2 和 3 也是互相隔离的，这正是魔 T 的玄妙之处。顺便提及，若魔 T 各端口的编号不同于图 5.18 所示，则散射矩阵中各元素数值不变，但位置应作相应移动。

5.9.2 魔 T 的应用

【例 5.1】 利用魔 T 构成微波电桥。如图 5.20 所示，魔 T 的端口 1 接匹配信号源，端口 4 接匹配功率计，端口 2 和 3 分别接负载 Z_2 和 Z_3，与其对应的反射系数为 Γ_2 和 Γ_3，问端口 4 外向波 b_4 如何？

解 将魔 T 当作四端口网络，由其端口条件(包括激励条件与负载条件)和网络条件可列出下述联立方程组：

$$[a] = [\hat{a}] + [\Gamma][b] \tag{5.9.6}$$

$$[b] = [s][a] \tag{5.9.7}$$

由式(5.9.6)，有

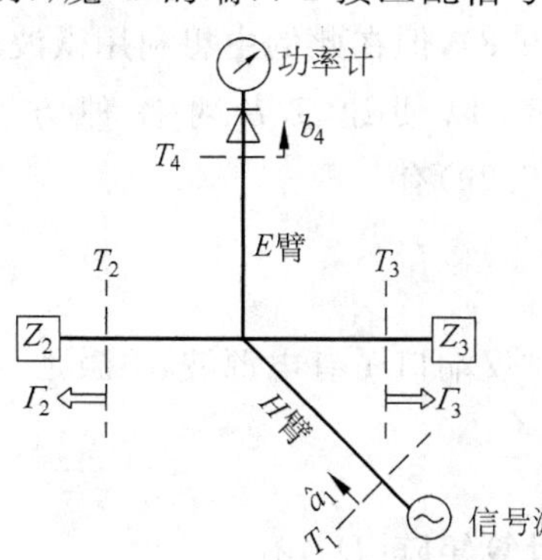

图 5.20 魔 T 微波电桥示意图

$$\begin{bmatrix} a_1 \\ a_2 \\ a_3 \\ a_4 \end{bmatrix} = \begin{bmatrix} \hat{a}_1 \\ 0 \\ 0 \\ 0 \end{bmatrix} + \begin{bmatrix} 0 & 0 & 0 & 0 \\ 0 & \Gamma_2 & 0 & 0 \\ 0 & 0 & \Gamma_3 & 0 \\ 0 & 0 & 0 & 0 \end{bmatrix} \begin{bmatrix} b_1 \\ b_2 \\ b_3 \\ b_4 \end{bmatrix} = \begin{bmatrix} \hat{a}_1 \\ \Gamma_2 b_2 \\ \Gamma_3 b_3 \\ 0 \end{bmatrix}$$

将上式代入式(5.9.7)中，得

$$\begin{bmatrix} b_1 \\ b_2 \\ b_3 \\ b_4 \end{bmatrix} = \frac{1}{\sqrt{2}} \begin{bmatrix} 0 & 1 & 1 & 0 \\ 1 & 0 & 0 & 1 \\ 1 & 0 & 0 & -1 \\ 0 & 1 & -1 & 0 \end{bmatrix} \begin{bmatrix} \hat{a}_1 \\ \Gamma_2 b_2 \\ \Gamma_3 b_3 \\ 0 \end{bmatrix} = \frac{1}{\sqrt{2}} \begin{bmatrix} \Gamma_2 b_2 + \Gamma_3 b_3 \\ \hat{a}_1 \\ \hat{a}_1 \\ \Gamma_2 b_2 - \Gamma_3 b_3 \end{bmatrix}$$

展开上式，得

$$b_4 = \frac{1}{\sqrt{2}}(\Gamma_2 b_2 - \Gamma_3 b_3) = \frac{1}{2}(\Gamma_2 - \Gamma_3)\hat{a}_1 \tag{5.9.8}$$

从式(5.9.8)可见，当 $\Gamma_2 = \Gamma_3$，亦即 $Z_2 = Z_3$ 时，$b_4 = 0$，端口 4 的功率计指示为零，说明此时电桥平衡；若 $\Gamma_2 \neq \Gamma_3$，亦即 $Z_2 \neq Z_3$ 时，$b_4 \neq 0$，功率计指示非零，此时电桥不再平衡。魔 T 电桥可以用来比较或测量微波阻抗。

【例 5.2】 利用魔 T 构成移相器。如图 5.21 所示，魔 T 端口 1 接匹配信号源，端口 2 和 3 接短路活塞，同步移动两活塞以保持下列关系：

$$\left.\begin{aligned} \Gamma_2 &= e^{-j2k_z l} \\ \Gamma_3 &= -e^{-j2k_z l} \end{aligned}\right\} \tag{5.9.9}$$

端口 4 接匹配负载，问端口 4 外向波 b_4 如何？

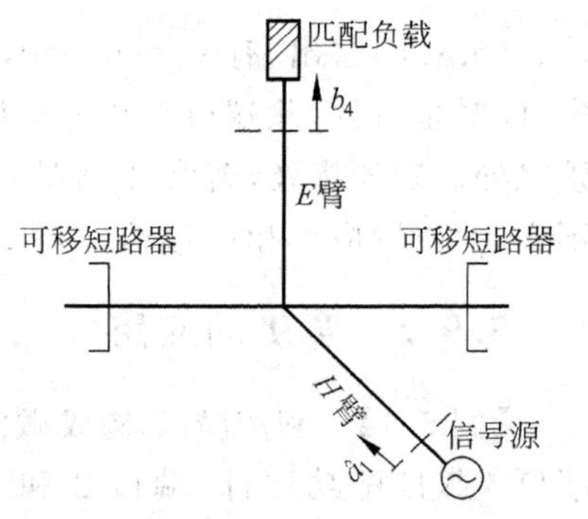

图 5.21 魔 T 移相器示意图

解 本问题完全可以利用上一例题的推导结果式(5.9.8)，但在此例中想利用微波网络等效电源波定理求解，以便让读者对各种方法有个比较。由式(4.7.29)有

$$\hat{b}_4 = \sum_{k=1}^{3} \frac{D_{(4sk)}}{D_{(44)}} \hat{a}_k$$

此时仅端口 1 有电源波 $\hat{a}_1$ 激励，所以上式简化为

$$\hat{b}_4 = \frac{D_{(4s1)}}{D_{(44)}} \hat{a}_1 \tag{5.9.10}$$

先计算矩阵[D]，有

$$[D]=[1]-[s][\Gamma]$$

$$=\begin{bmatrix}1&0&0&0\\0&1&0&0\\0&0&1&0\\0&0&0&1\end{bmatrix}-\frac{1}{\sqrt{2}}\begin{bmatrix}0&1&1&0\\1&0&0&1\\1&0&0&-1\\0&1&-1&0\end{bmatrix}\begin{bmatrix}0&0&0&0\\0&\Gamma_2&0&0\\0&0&\Gamma_3&0\\0&0&0&0\end{bmatrix}$$

$$=\begin{bmatrix}1&-\frac{\Gamma_2}{\sqrt{2}}&-\frac{\Gamma_3}{\sqrt{2}}&0\\0&1&0&0\\0&0&1&0\\0&-\frac{\Gamma_2}{\sqrt{2}}&\frac{\Gamma_3}{\sqrt{2}}&1\end{bmatrix}$$

然后求 $D_{(44)}$，这里 $D_{(44)}$ 是从$[D]$中划去第 4 行和第 4 列元素后所得的行列式，有

$$D_{(44)}=\begin{vmatrix}1&-\frac{\Gamma_2}{\sqrt{2}}&\frac{\Gamma_3}{\sqrt{2}}\\0&1&0\\0&0&1\end{vmatrix}$$

再求 $D_{(4s1)}$，这里 $D_{(4s1)}$ 是将$[D]$中的第 4 列元素改为$[s]$的第 1 列元素后所得的行列式，有

$$D_{(4s1)}=\begin{vmatrix}1&-\frac{\Gamma_2}{\sqrt{2}}&\frac{\Gamma_3}{\sqrt{2}}&0\\0&1&0&\frac{1}{\sqrt{2}}\\0&0&1&\frac{1}{\sqrt{2}}\\0&-\frac{\Gamma_2}{\sqrt{2}}&\frac{\Gamma_3}{\sqrt{2}}&0\end{vmatrix}=\frac{1}{2}(\Gamma_2-\Gamma_3)$$

将 $D_{(44)}$ 和 $D_{(4s1)}$ 代入式(5.9.10)，得

$$\hat{b}_4=\frac{1}{2}(\Gamma_2-\Gamma_3)\hat{a}_1$$

由于端口 4 接匹配负载，所以

$$b_4=\hat{b}_4=\frac{1}{2}(\Gamma_2-\Gamma_3)\hat{a}_1$$

得到与式(5.9.8)相同的结果。由于端口 1 接匹配信号源，即 $\Gamma_1=0$，所以 $a_1=\hat{a}_1$，故有

$$b_4=\frac{1}{2}(\Gamma_2-\Gamma_3)a_1$$

将式(5.9.9)代入上式得

$$b_4 = a_1 e^{-j2k_z l}$$

此式表明当魔T的端口2和3的短路活塞同步移动时，端口4和1之间相当于一个移相器。

【例5.3】 利用魔T构成调配器。如图5.22所示，魔T端口2接匹配信号源，端口3接任意负载Z_3，端口1、4接短路活塞，调节两短路活塞，总可以使得从端口2向网络方向看入的反射系数$\Gamma'_2=0$，即实现匹配。这种调配器称之为E－H调配器，并且该调配器不存在匹配盲区。

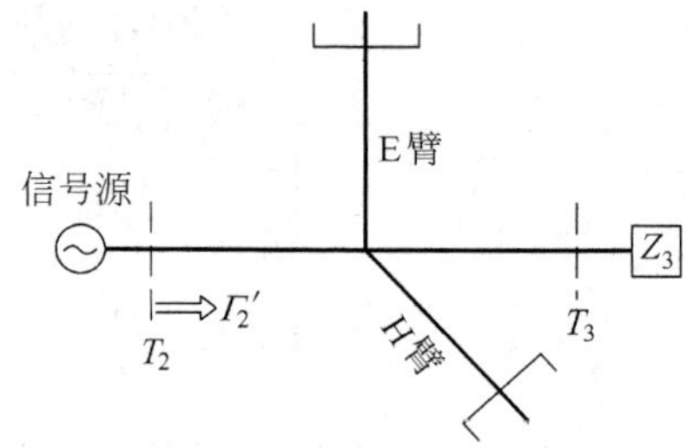

图5.22　E－H调配器示意图

解　下面用微波网络等效电源波定理来分析该问题。此时魔T作为一个四端口网络，各端口负载条件如下：

$$\Gamma_1 = -e^{-j2k_z l_1} = -e^{j\theta_1}$$

$$\Gamma_4 = -e^{-j2k_z l_4} = -e^{j\theta_4}$$

$$\Gamma_2 = 0$$

Γ_3 为任意值

讨论在端口2的等效问题，所谓调好匹配，即要求$\Gamma'_2=0$，由式(4.7.28)应有

$$\Gamma'_2 = \frac{D_{(2s2)}}{D_{(22)}} = 0$$

故要求上式的分子为零，即

$$D_{(2s2)} = 0 \tag{5.9.11}$$

先计算矩阵$[D]=[1]-[s][\Gamma]$。由

$$[D]=\begin{bmatrix}1&0&0&0\\0&1&0&0\\0&0&1&0\\1&0&0&1\end{bmatrix}-\frac{1}{\sqrt{2}}\begin{bmatrix}0&1&1&0\\1&0&0&1\\1&0&0&-1\\0&1&-1&0\end{bmatrix}\begin{bmatrix}\Gamma_1&0&0&0\\0&0&0&0\\0&0&\Gamma_3&0\\0&0&0&\Gamma_4\end{bmatrix}$$

$$=\begin{bmatrix}1&0&-\dfrac{\Gamma_3}{\sqrt{2}}&0\\-\dfrac{\Gamma_1}{\sqrt{2}}&1&0&-\dfrac{\Gamma_4}{\sqrt{2}}\\-\dfrac{\Gamma_1}{\sqrt{2}}&0&1&\dfrac{\Gamma_4}{\sqrt{2}}\\0&0&\dfrac{\Gamma_3}{\sqrt{2}}&1\end{bmatrix}$$

求得

$$D_{(2s2)} = \frac{1}{2}(\Gamma_1 + \Gamma_4) - \Gamma_1\Gamma_3\Gamma_4$$

由式(5.9.11)解得

$$\Gamma_3 = \frac{1}{2}\,\frac{\Gamma_1 + \Gamma_4}{\Gamma_1\Gamma_4} = \frac{1}{2}\left(\frac{1}{\Gamma_1} + \frac{1}{\Gamma_4}\right)$$

$$= -\frac{1}{2}(\mathrm{e}^{-\mathrm{j}\theta_1} + \mathrm{e}^{-\mathrm{j}\theta_4}) \qquad (5.9.12)$$

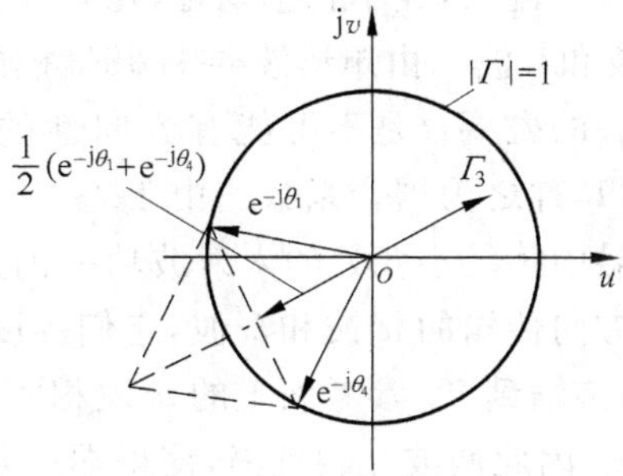

图 5.23　E－H 调配器矢量图

式(5.9.12)在 Γ 平面上画成矢量图，如图 5.23 所示。从图中看到，由于 $|\Gamma_3| \leqslant 1$，所以适当调节 θ_1 和 θ_4，总是可以实现匹配的，因为总是能够满足式(5.9.12)，这就说明 E－H 调配器确实不存在盲区。

5.10　定向耦合器的机理、技术指标和分析方法

定向耦合器是一种具有方向性的功率分配器。它的结构形式是多种多样的，作为例子，图 5.24(a)和(b)分别列出了波导结构窄壁小孔定向耦合器和宽壁十字孔定向耦合器的结构示意图。本节将以波导结构定向耦合器为例说明定向耦合器的简单机理和技术指标，对于具有对称结构的一类定向耦合器，应用奇偶模理论来分析其原理并求其散射矩阵是非常便利的。

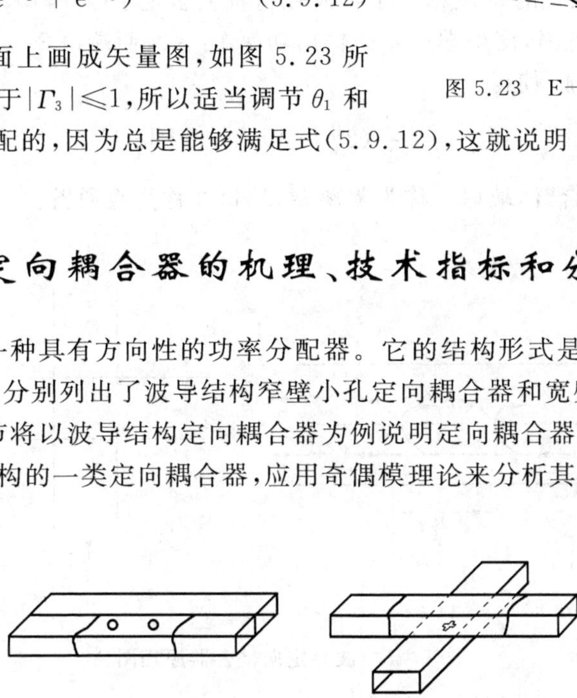

(a)　　(b)

图 5.24　波导定向耦合器

(a) 窄壁小孔耦合　(b) 宽壁十字孔耦合

5.10.1　定向耦合器的简单机理

定向耦合器为什么会具有定向耦合功率的特性呢？我们以图 5.24(a)和(b)所示波导定向耦合器为例定性说明它的简单机理。

图 5.25(a)给出了波导窄壁双孔定向耦合功率的原理图。图中耦合孔位于波导的公共窄壁上，两孔大小形状相同，间距为 $\lambda_g/4$。若功率从端口 1 输入，则称端口 1 和 2 之间的波导为主波导，端口 3 和 4 之间的波导为副波导。振幅为 a_1 的入射波，携带功率 P_1 由

端口 1 输入，经小孔①耦合，在副波导中激励起向左右方向传输的两个波，在图中标明为 a 波和 b 波。由矩形波导中 TE_{10}模的场型分布可知，这里的小孔耦合主要是磁耦合，这种单一的磁耦合是不可能有方向性的，所以 a 波和 b 波两者幅度相等，均为 $k|a_1|$，这里 $k \ll 1$，称之为耦合系数。由于 $k \ll 1$，故可忽略第①小孔分功率后对 P_1 的影响，而认为主波导中第②小孔处的入射波功率仍为 P_1，经小孔②耦合在副波导中再次激励起向左右两个方向传输的 a'波和 b'波，它们幅度相等，仍为 $k|a_1|$。由于两孔间距为 $\lambda_g/4$，从图中可见，传输到 T_4 参考面上的 a'波相对于 a 波在行程上多走了 $(\lambda_g/4)\times 2=\lambda_g/2$，故相位上滞后 π，因此两波互相抵消，使得端口 4 的输出功率 $P_4=0$；而端口 3 上的 b 波和 b'波两者行程一样，故应同相叠加，使得

$$P_3 = \frac{1}{2}(2k\ |a_1|)^2 = 2k^2\ |a_1|^2$$

在此，端口 3 称为耦合臂，端口 4 称为隔离臂，端口 2 称为直通臂。

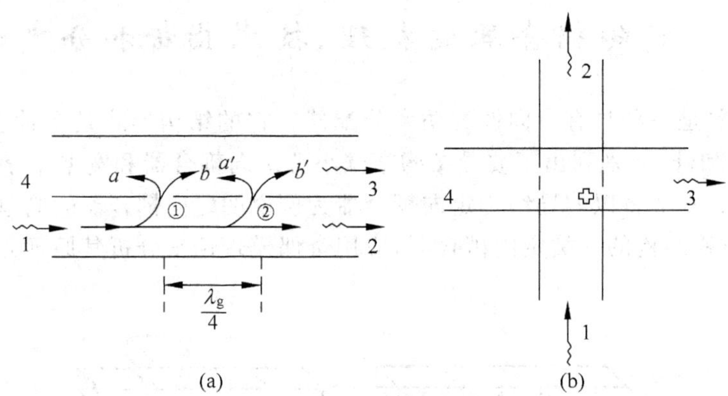

图 5.25　波导定向耦合器原理图

双孔定向耦合器明显的缺陷是只能在窄频带情况下使用，为了展宽工作频带，措施之一是增加小孔数目，让各孔的半径不相等，或者将耦合孔加工成椭圆形或长槽形，这样就有可能在一个较宽的频带内，经这些小孔耦合的众多的波在隔离臂近似互相抵消，而在耦合臂得以加强。

图 5.25(b)为单十字孔定向耦合器的原理图。两波导互相垂直，铣去下面波导的一部分宽壁，使两波导重合部分只有一层波导壁。十字孔开在波导宽壁中心线的一侧(不对称结构)。当 TE_{10}波从端口 1 输入时，小孔在波前进方向的右侧，适当选择小孔位置使该处磁场为顺时针旋转圆极化磁场，小孔在副波导中也将激励起这种顺时针旋转圆极化磁场，并且也应位于波前进方向的右侧，于是可以推断端口 4 无功率输出，端口 3 有功率输出，从而形成功率的定向耦合。

5.10.2 定向耦合器的技术指标

定量描述定向耦合器的性能优劣有四项技术指标，下面按照图 5.25 给定的端口编号予以说明。

(1) 耦合度 L 定义为主波导输入功率 P_1 与副波导中耦合臂的输出功率 P_3 之比，即

$$L = 10\ \lg \frac{P_1}{P_3} = 20\ \lg \frac{1}{|s_{13}|}\ (\text{dB}) \tag{5.10.1}$$

耦合度也称为过渡衰减，其数值随使用要求而定。

(2) 方向性 D 定义为副波导耦合臂与隔离臂输出功率之比，即

$$D = 10\ \lg \frac{P_3}{P_4} = 20\ \lg \frac{|s_{13}|}{|s_{14}|}\ (\text{dB}) \tag{5.10.2}$$

通常要求方向性 D 愈大愈好，理想情况下 D 为无穷大。

(3) 输入驻波比 ρ 定义为从主波导输入端口 1 测得的驻波系数，此时其余各口均接以匹配负载，所以

$$\rho = \frac{1+|s_{11}|}{1-|s_{11}|} \tag{5.10.3}$$

一般要求 $\rho<1.05$。

(4) 工作频带 Δf 定义为上述三项指标皆满足要求时，定向耦合器的工作频率范围。

5.10.3 对称理想定向耦合器的散射矩阵

对称理想定向耦合器如图 5.26(a)所示。存在两类对称理想定向耦合器。第一类，假设端口 1 和 4 完全隔离，由于结构对称，端口 2 和 3 也完全隔离，即

$$s_{14} = s_{23} = s_{41} = s_{32} = 0$$

结构对称还使散射参量有下述关系：

$$s_{11} = s_{44} = s_{22} = s_{33},\ s_{13} = s_{42},\ s_{12} = s_{43}$$

设网络各端口均已调匹配，即 $s_{ii}=0(i=1,2,3,4)$，同时考虑到网络的互易性，综合上述特点，散射矩阵应有如下形式：

$$[s] = \begin{bmatrix} 0 & s_{12} & s_{13} & 0 \\ s_{12} & 0 & 0 & s_{13} \\ s_{13} & 0 & 0 & s_{12} \\ 0 & s_{13} & s_{12} & 0 \end{bmatrix}$$

理想无耗定向耦合器满足酉条件

$$[s]^{\text{H}}[s] = [1]$$

$[s]^{\text{H}}$ 的第一行乘以$[s]$的第一列，得

$$|s_{12}|^2 + |s_{13}|^2 = 1 \tag{5.10.4}$$

$[s]^{\mathrm{H}}$ 的第一行乘以$[s]$的第四列，得

$$s_{12}^* s_{13} + s_{13}^* s_{12} = 0$$

此式也可以写作

$$(s_{12} s_{13}^*)^* + (s_{12} s_{13}^*) = 0$$

可见 $s_{12} s_{13}^*$ 为纯虚数，其中一种可能是

$$s_{12} = \alpha$$

$$s_{13} = \mathrm{j}\beta$$

式中，α 和 β 都是正实数。根据式(5.10.4)应有

$$\alpha^2 + \beta^2 = 1$$

故第一类对称定向耦合器的散射矩阵为

$$[s] = \begin{bmatrix} 0 & \alpha & \mathrm{j}\beta & 0 \\ \alpha & 0 & 0 & \mathrm{j}\beta \\ \mathrm{j}\beta & 0 & 0 & \alpha \\ 0 & \mathrm{j}\beta & \alpha & 0 \end{bmatrix} \tag{5.10.5}$$

由此可看出第一类对称理想定向耦合器的一个特点，在直通臂和耦合臂的外向波之间存在着 90°的相位差。

对于第二类对称理想定向耦合器，假设端口 1 和 3 完全隔离，由于结构的对称性，端口 2 和 4 也完全隔离，即

$$s_{13} = s_{24} = s_{31} = s_{42} = 0$$

结构对称使散射参量有下述关系：

$$s_{11} = s_{44} = s_{22} = s_{33},\ s_{14} = s_{23},\ s_{12} = s_{43}$$

设网络各端口均已调好匹配，即 $s_{ii}=0(i=1,2,3,4)$，综合以上特点，并考虑到该对称四端口网络的无耗互易性，最后得第二类对称理想定向耦合器的散射矩阵为

$$[s] = \begin{bmatrix} 0 & \alpha & 0 & \mathrm{j}\beta \\ \alpha & 0 & \mathrm{j}\beta & 0 \\ 0 & \mathrm{j}\beta & 0 & \alpha \\ \mathrm{j}\beta & 0 & \alpha & 0 \end{bmatrix} \tag{5.10.6}$$

5.10.4 应用奇偶模理论分析定向耦合器

奇偶模理论是分析对称结构定向耦合器的有力工具。具有对称结构的定向耦合器示于图 5.26(a)，首先分析其结构不仅上下对称，而且左右也对称的情况，对于左右不对称的情况，在 5.11.4 节中讨论。设端口 1 的内向波幅度为 1，分解为奇偶模激励的两种情况如图 5.26(b)、(c)所示。

图 5.26(b)的偶模激励为在端口 1 和 4 有等幅同相波输入，此时相当于对称面有一理想磁壁存在；图 5.26(c)的奇模激励为在端口 1 和 4 有等幅反相波输入，此时相当于对称面有一理想电壁存在。奇偶模激励的叠加即是开始所假设的仅在端口 1 有幅度为 1 的内向波的情况。显然，如此分解的奇偶模激励时的内向波幅度皆为 1/2。考虑到对称性和互易性，定向耦合器的散射矩阵可写为

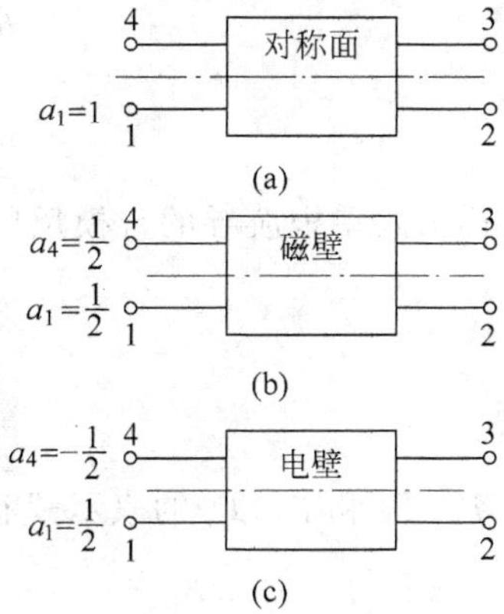

图 5.26 对称定向耦合器的奇偶模激励

$$[s]=\begin{bmatrix} s_{11} & s_{12} & s_{13} & s_{14} \\ s_{12} & s_{11} & s_{14} & s_{13} \\ s_{13} & s_{14} & s_{11} & s_{12} \\ s_{14} & s_{13} & s_{12} & s_{11} \end{bmatrix}$$

偶模激励时，各端口的内向波和外向波的关系为

$$\begin{bmatrix} b_{1e} \\ b_{2e} \\ b_{3e} \\ b_{4e} \end{bmatrix}=\begin{bmatrix} s_{11} & s_{12} & s_{13} & s_{14} \\ s_{12} & s_{11} & s_{14} & s_{13} \\ s_{13} & s_{14} & s_{11} & s_{12} \\ s_{14} & s_{13} & s_{12} & s_{11} \end{bmatrix}\begin{bmatrix} 1/2 \\ 0 \\ 0 \\ 1/2 \end{bmatrix}$$

下角标 e 表示偶模，下同。展开上式得

$$b_{1e}=\frac{s_{11}+s_{14}}{2} \qquad b_{2e}=\frac{s_{12}+s_{13}}{2}$$

$$b_{3e}=\frac{s_{12}+s_{13}}{2} \qquad b_{4e}=\frac{s_{11}+s_{14}}{2}$$

引入偶模反射系数 Γ_e 和传输系数 T_e 为

$$\Gamma_e=\frac{b_{1e}}{a_{1e}}=\frac{b_{4e}}{a_{4e}}=s_{11}+s_{14} \tag{5.10.7}$$

$$T_e=\frac{b_{2e}}{a_{1e}}=\frac{b_{3e}}{a_{4e}}=s_{12}+s_{13} \tag{5.10.8}$$

由于磁壁的存在，使得 1－2 和 4－3 好似两根独立的波导，由于结构上下对称，1－2 和 4－3是完全相同的波导，Γ_e 和 T_e 是其中之一的反射系数和传输系数。奇模激励时，各端口内向波和外向波的关系为

$$\begin{bmatrix} b_{1o} \\ b_{2o} \\ b_{3o} \\ b_{4o} \end{bmatrix}=\begin{bmatrix} s_{11} & s_{12} & s_{13} & s_{14} \\ s_{12} & s_{11} & s_{14} & s_{13} \\ s_{13} & s_{14} & s_{11} & s_{12} \\ s_{14} & s_{13} & s_{12} & s_{11} \end{bmatrix}\begin{bmatrix} 1/2 \\ 0 \\ 0 \\ -1/2 \end{bmatrix}$$

下角标 o 表示奇模,下同。展开上式得

$$b_{1o}=\frac{s_{11}-s_{14}}{2} \qquad b_{2o}=\frac{s_{12}-s_{13}}{2}$$

$$b_{3o}=\frac{s_{13}-s_{12}}{2} \qquad b_{4o}=\frac{s_{14}-s_{11}}{2}$$

同样引入单根波导的奇模反射系数 Γ_o 和传输系数 T_o 为

$$\Gamma_o=\frac{b_{1o}}{a_{1o}}=\frac{b_{4o}}{a_{4o}}=s_{11}-s_{14} \tag{5.10.9}$$

$$T_o=\frac{b_{2o}}{a_{1o}}=\frac{b_{3o}}{a_{4o}}=s_{12}-s_{13} \tag{5.10.10}$$

由 Γ_e、T_e 和 Γ_o、T_o 的表示式很容易求散射矩阵的各参量为

$$s_{11}=\frac{\Gamma_e+\Gamma_o}{2} \tag{5.10.11}$$

$$s_{12}=\frac{T_e+T_o}{2} \tag{5.10.12}$$

$$s_{13}=\frac{T_e-T_o}{2} \tag{5.10.13}$$

$$s_{14}=\frac{\Gamma_e-\Gamma_o}{2} \tag{5.10.14}$$

可见对于对称结构的定向耦合器,利用奇偶模理论将其等效的四端口网络分解为两个相同的二端口网络,先求二端口网络的反射系数 Γ_e 和 Γ_o 与传输系数 T_e 和 T_o,然后利用上列四式求其散射参量,使问题得以简化。

上列四式表明有两种可能的定向耦合器,其中一种可能是

$$\Gamma_e=\Gamma_o=0,\ T_e\neq T_o$$

那么

$$s_{11}=0 \tag{5.10.15}$$

$$s_{12}=\frac{T_e+T_o}{2} \tag{5.10.16}$$

$$s_{13}=\frac{T_e-T_o}{2} \tag{5.10.17}$$

$$s_{14}=0 \tag{5.10.18}$$

这种类型的定向耦合器如图 5.27(a)所示,其中端口 3 为耦合臂,端口 4 为隔离臂,散射

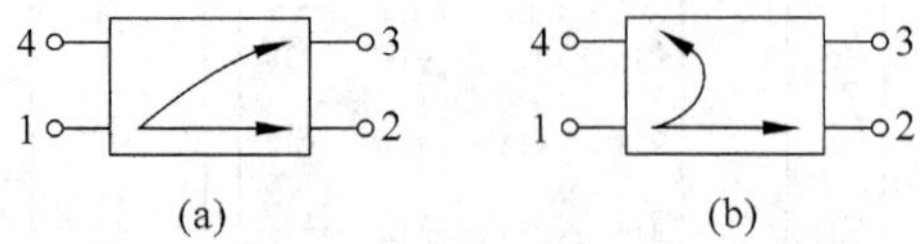

图 5.27　定向耦合器的耦合方向

矩阵为

$$[s]=\begin{bmatrix} 0 & \dfrac{T_e+T_o}{2} & \dfrac{T_e-T_o}{2} & 0 \\ \dfrac{T_e+T_o}{2} & 0 & 0 & \dfrac{T_e-T_o}{2} \\ \dfrac{T_e-T_o}{2} & 0 & 0 & \dfrac{T_e+T_o}{2} \\ 0 & \dfrac{T_e-T_o}{2} & \dfrac{T_e+T_o}{2} & 0 \end{bmatrix}$$

另一种可能的定向耦合器是

$$\Gamma_e=-\Gamma_o,\ T_e=T_o$$

那么

$$s_{11}=0 \tag{5.10.19}$$

$$s_{12}=T_e \tag{5.10.20}$$

$$s_{13}=0 \tag{5.10.21}$$

$$s_{14}=\Gamma_e \tag{5.10.22}$$

这种类型的定向耦合器如图 5.27(b)所示，其中端口 4 是耦合臂，端口 3 是隔离臂，散射矩阵为

$$[s]=\begin{bmatrix} 0 & T_e & 0 & \Gamma_e \\ T_e & 0 & \Gamma_e & 0 \\ 0 & \Gamma_e & 0 & T_e \\ \Gamma_e & 0 & T_e & 0 \end{bmatrix}$$

例 5.4 和 5.11 节都是上述分析方法的具体应用。

【例 5.4】 矩形波导侧壁开缝的定向耦合器结构示意图如图 5.28 所示。

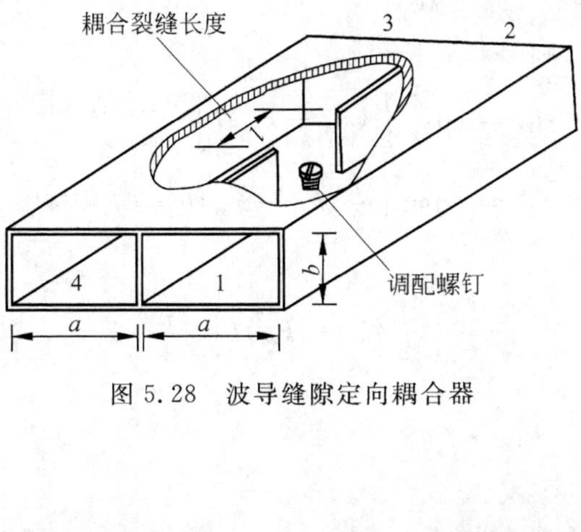

图 5.28 波导缝隙定向耦合器

如果忽略图 5.28 中缝隙和螺钉处非均匀区的高次模式,那么它的偶模和奇模场的横向分布分别如图 5.29(a)和(b)所示。在此没有必要去求解偶模场和奇模场,因为偶模显然就是宽度为 $2a$ 的矩形波导中的 TE_{10} 波,奇模则是 TE_{20} 波。

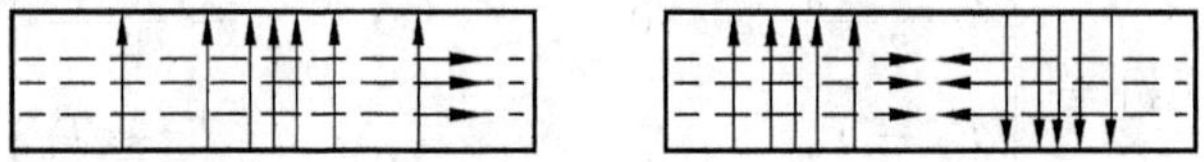

(a)　　　　(b)

图 5.29　波导缝隙处奇偶模的横向分布

(a) 偶模　(b) 奇模

设波导缝隙的长度为 l,则其中偶模和奇模的传输系数分别为

$$T_e = e^{-jk_{ze}l}$$

$$T_o = e^{\ jk_{zo}l}$$

其中

$$k_{ze} = \frac{2\pi}{\lambda_{ge}} = \sqrt{\left(\frac{2\pi}{\lambda}\right)^2 - \left(\frac{\pi}{2a}\right)^2}$$

$$k_{zo} = \frac{2\pi}{\lambda_{go}} = \sqrt{\left(\frac{2\pi}{\lambda}\right)^2 - \left(\frac{\pi}{a}\right)^2}$$

应该从结构上想办法将偶模和奇模的反射系数调到零,例如在波导缝隙处放置一调节螺钉。由式(5.10.15)~(5.10.18)得到波导缝隙定向耦合器的散射参量为

$$s_{11} = 0$$

$$s_{12} = \frac{1}{2}(e^{-jk_{ze}l} + e^{-jk_{zo}l})$$

$$s_{13} = \frac{1}{2}(e^{-jk_{ze}l} - e^{-jk_{zo}l})$$

$$s_{14} = 0$$

提出公因子 $e^{-j\frac{1}{2}(k_{ze}+k_{zo})l}$,则

$$s_{12} = \cos\left[\frac{1}{2}(k_{ze} - k_{zo})l\right]e^{-j\frac{1}{2}(k_{ze}+k_{zo})l}$$

$$s_{13} = -j\sin\left[\frac{1}{2}(k_{ze} - k_{zo})l\right]e^{-j\frac{1}{2}(k_{ze}+k_{zo})l}$$

若

$$\frac{1}{2}(k_{ze} - k_{zo})l = \frac{\pi}{4}$$

则

$$s_{12}=\frac{1}{\sqrt{2}}\mathrm{e}^{-\mathrm{j}\theta} \tag{5.10.23}$$

$$s_{13}=-\mathrm{j}\,\frac{1}{\sqrt{2}}\mathrm{e}^{-\mathrm{j}\theta} \tag{5.10.24}$$

式中

$$\theta=\frac{1}{2}(k_{ze}+k_{zo})l$$

式(5.10.23)和式(5.10.24)表明该结构的两路输出波幅值相等,相位相差90°。适当选取参考面的位置,其散射矩阵可写为

$$[s]=\frac{1}{\sqrt{2}}\begin{bmatrix}0&1&-\mathrm{j}&0\\1&0&0&-\mathrm{j}\\-\mathrm{j}&0&0&1\\0&-\mathrm{j}&1&0\end{bmatrix}$$

5.11 微带线定向耦合器

由于微带线具有平面电路结构,用其做成的定向耦合器往往比波导型的立体结构简单得多,故在微波集成电路中获得广泛应用。

5.11.1 微带耦合线定向耦合器

图5.30所示为微带耦合线定向耦合器的结构示意图,它是一种上下、左右结构都具有对称性的定向耦合器,可利用奇偶模分析法对其进行讨论。

偶模激励时,如图5.26(b)所示,设在1、4两端口上分别有内向波 $a_1=1/2$ 和 $a_4=1/2$ 输入;奇模激励时,如图5.26(c)所示,设在1、4两端口上分别有内向波 $a_1=1/2$ 和 $a_4=-1/2$ 输入。当上述两种激励同时存在时,是偶模和奇模的线性叠加,这时端口1上的内向波 $a_1=1$,端口4上的内向波 $a_4=0$,如图5.26(a)所示。这样,在奇偶模激励的条件下,原来的四端口网络分解为以对称面为界的独立的主、副二端口网络。并且由于其结构的对称性,主、副二端口网络是相同的。

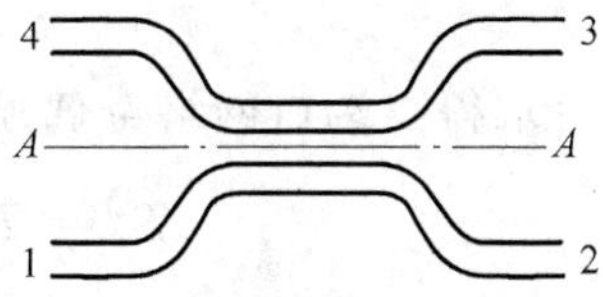

图5.30 微带耦合线定向耦合器

下面求主、副二端口网络的奇偶模反射系数和传输系数。

偶模激励时,无论是主二端口网络还是副二端口网络中的耦合线皆相当于一段电长度 $\theta=\beta l$、特性阻抗为 Z_{Ce} 的传输线,其归一化 $\bar{a}$ 矩阵为

$$\begin{bmatrix} \bar{a}_e & \bar{b}_e \\ \bar{c}_e & \bar{d}_e \end{bmatrix} = \begin{bmatrix} \cos\theta & \mathrm{j}\dfrac{Z_{Ce}}{Z_C}\sin\theta \\ \mathrm{j}\dfrac{Z_C}{Z_{Ce}}\sin\theta & \cos\theta \end{bmatrix}$$

奇模激励时,二端口网络的归一化 $\bar{a}$ 矩阵为

$$\begin{bmatrix} \bar{a}_o & \bar{b}_o \\ \bar{c}_o & \bar{d}_o \end{bmatrix} = \begin{bmatrix} \cos\theta & \mathrm{j}\dfrac{Z_{Co}}{Z_C}\sin\theta \\ \mathrm{j}\dfrac{Z_C}{Z_{Co}}\sin\theta & \cos\theta \end{bmatrix}$$

由 $\bar{a}$ 矩阵参量换算为 s 矩阵参数,故奇偶模的反射系数分别为

$$\Gamma_e = \frac{\bar{a}_e + \bar{b}_e - \bar{c}_e - \bar{d}_e}{\bar{a}_e + \bar{b}_e + \bar{c}_e + \bar{d}_e} = \frac{\mathrm{j}\left(\dfrac{Z_{Ce}}{Z_C} - \dfrac{Z_C}{Z_{Ce}}\right)\sin\theta}{2\cos\theta + \mathrm{j}\left(\dfrac{Z_{Ce}}{Z_C} + \dfrac{Z_C}{Z_{Ce}}\right)\sin\theta}$$

$$\Gamma_o = \frac{\bar{a}_o + \bar{b}_o - \bar{c}_o - \bar{d}_o}{\bar{a}_o + \bar{b}_o + \bar{c}_o + \bar{d}_o} = \frac{\mathrm{j}\left(\dfrac{Z_{Co}}{Z_C} - \dfrac{Z_C}{Z_{Co}}\right)\sin\theta}{2\cos\theta + \mathrm{j}\left(\dfrac{Z_{Co}}{Z_C} + \dfrac{Z_C}{Z_{Co}}\right)\sin\theta}$$

由式(5.10.11),定向耦合器端口 1 的反射系数 s_{11} 为

$$\begin{aligned} s_{11} &= \frac{\Gamma_e + \Gamma_o}{2} \\ &= \frac{1}{2}\left[\frac{\mathrm{j}\left(\dfrac{Z_{Ce}}{Z_C} - \dfrac{Z_C}{Z_{Ce}}\right)\sin\theta}{2\cos\theta + \mathrm{j}\left(\dfrac{Z_{Ce}}{Z_C} + \dfrac{Z_C}{Z_{Ce}}\right)\sin\theta} + \frac{\mathrm{j}\left(\dfrac{Z_{Co}}{Z_C} - \dfrac{Z_C}{Z_{Co}}\right)\sin\theta}{2\cos\theta + \mathrm{j}\left(\dfrac{Z_{Co}}{Z_C} + \dfrac{Z_C}{Z_{Co}}\right)\sin\theta}\right] \end{aligned}$$

为使端口 1 无反射,应令 $s_{11}=0$,解得

$$Z_C = \sqrt{Z_{Ce}Z_{Co}} \tag{5.11.1}$$

同样可求得二端口网络奇偶模的传输系数为

$$T_e = T_o = \frac{2}{2\cos\theta + \mathrm{j}\left(\sqrt{\dfrac{Z_{Ce}}{Z_{Co}}} + \sqrt{\dfrac{Z_{Co}}{Z_{Ce}}}\right)\sin\theta} \tag{5.11.2}$$

上式中已将无反射条件式(5.11.1)代入。将式(5.11.2)代入式(5.10.13)得定向耦合器散射参量 s_{13} 为

$$s_{13} = \frac{T_e - T_o}{2} = 0$$

由式(5.10.14)可计算出该定向耦合器的耦合度为

$$s_{41} = s_{14} = \frac{\Gamma_e - \Gamma_o}{2} = \frac{\mathrm{j}K\sin\theta}{\sqrt{1-K^2}\cos\theta + \mathrm{j}\sin\theta} \tag{5.11.3}$$

式中

$$K = \frac{Z_{\mathrm{Ce}} - Z_{\mathrm{Co}}}{Z_{\mathrm{Ce}} + Z_{\mathrm{Co}}}$$

称为耦合线的耦合系数，已由式(3.7.39)给出。在中心频率上，若取 $\theta=\beta l=\pi/2$，则

$$s_{41} = K \tag{5.11.4}$$

由式(5.10.12)，有

$$s_{21} = s_{12} = \frac{T_{\mathrm{e}} + T_{\mathrm{o}}}{2} = \frac{\sqrt{1-K^2}}{\sqrt{1-K^2}\cos\theta + \mathrm{j}\sin\theta} \tag{5.11.5}$$

在中心频率上，有

$$s_{21} = s_{12} = -j\sqrt{1-K^2} \tag{5.11.6}$$

由以上分析可见，微带耦合线定向耦合器的端口 3 是隔离臂，端口 4 是耦合臂，这与图 5.25(a)中的波导双小孔定向耦合器的情形正好相反，相同点是端口 2 是直通臂，耦合臂与直通臂的输出电压间有 $\pi/2$ 的相位差。

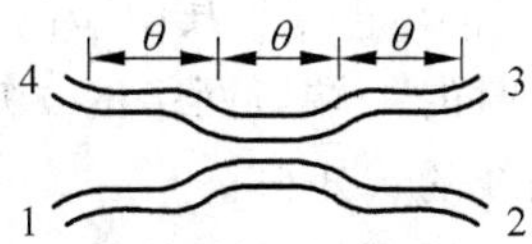

图 5.31　三节耦合线定向耦合器

单节耦合线定向耦合器的工作频带不宽，为了展宽频带，可做成多节的，如图 5.31 所示，各节的耦合系数不同。

5.11.2　微带分支线定向耦合器

微带分支线定向耦合器由两根平行导带组成，通过一些分支导带实现耦合。分支导带的长度及其间隔均为 1/4 线上波长，其结构示意图如图 5.32(a)所示，其分支数可为两分支或更多。所谓电桥是一种将功率平分耦合的定向耦合器的特称，即 3dB 定向耦合器。

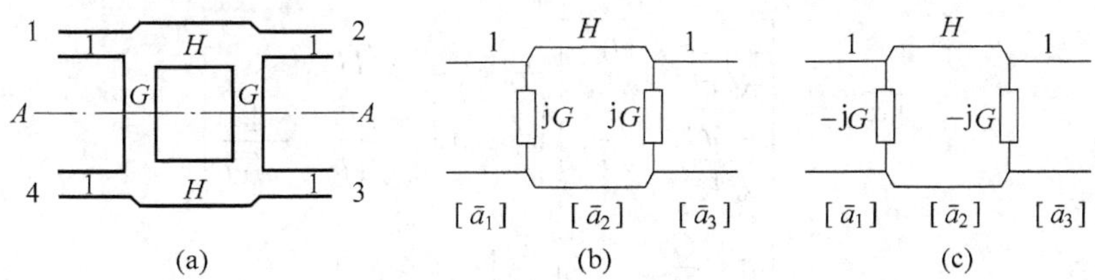

图 5.32　二分支定向耦合器

(a) 二分支定向耦合器　(b) 偶模等效电路　(c) 奇模等效电路

下面着重分析二分支的情况，如图 5.32(a)所示。图中 1、G、H 为定向耦合器各段微带线的归一化特性导纳值(对入端微带线的特性导纳归一化)。理想情况下，从端口 1 输入功率时，端口 2 和 3 有输出，端口 4 无输出。

采用奇偶模分析法。

偶模激励时，$A-A$ 对称面上必为电压波腹点，亦即开路点，相当于 1－2 线或 4－3 线上并联了一段 $\lambda_g/8$ 的开路线，其并联电纳为

$$\mathrm{j}G\tan\beta l=\mathrm{j}G$$

偶模等效电路图如图 5.32(b)所示。

奇模激励时，$A-A$ 面上必为电压波节点，亦即短路点，相当于 1－2 线或 4－3 线上并联了一段 $\lambda_g/8$ 的短路线，其并联电纳为

$$-\mathrm{j}G\cot\beta l=-\mathrm{j}G$$

奇模等效电路图如图 5.32(c)所示。

奇偶模法将四端口网络的问题分解为两个二端口网络来处理。图 5.32(b)、(c)中的二端口网络均可分成三个网络的级联。应用 $\bar{a}$ 矩阵级联方法，由级联公式有 $[\bar{a}]=[\bar{a}_1][\bar{a}_2][\bar{a}_3]$，其中 $[\bar{a}_1]$ 和 $[\bar{a}_3]$ 为两段不同特性导纳的传输线相连接，且连接点并联一电纳时的二端口网络的 $\bar{a}$ 矩阵，而 $[\bar{a}_2]$ 为一段电角度为 $\theta=\pi/2$，归一化特性导纳为 H 的传输线的 $\bar{a}$ 矩阵。

偶模等效电路的 $\bar{a}$ 矩阵为

$$[\bar{a}]_e=\begin{bmatrix}\dfrac{1}{\sqrt{H}} & 0\\ \dfrac{\mathrm{j}G}{\sqrt{H}} & \sqrt{H}\end{bmatrix}\begin{bmatrix}0 & \mathrm{j}\\ \mathrm{j} & 0\end{bmatrix}\begin{bmatrix}\sqrt{H} & 0\\ \dfrac{\mathrm{j}G}{\sqrt{H}} & \dfrac{1}{\sqrt{H}}\end{bmatrix}$$

$$=\begin{bmatrix}\dfrac{-G}{H} & \mathrm{j}\dfrac{1}{H}\\ \mathrm{j}H-\mathrm{j}\dfrac{G^2}{H} & -\dfrac{G}{H}\end{bmatrix} \tag{5.11.7}$$

奇模等效电路的 $\bar{a}$ 矩阵为

$$[\bar{a}]_o=\begin{bmatrix}\dfrac{1}{\sqrt{H}} & 0\\ \dfrac{-\mathrm{j}G}{\sqrt{H}} & \sqrt{H}\end{bmatrix}\begin{bmatrix}0 & \mathrm{j}\\ \mathrm{j} & 0\end{bmatrix}\begin{bmatrix}\sqrt{H} & 0\\ \dfrac{-\mathrm{j}G}{\sqrt{H}} & \dfrac{1}{\sqrt{H}}\end{bmatrix}$$

$$=\begin{bmatrix}\dfrac{G}{H} & \mathrm{j}\dfrac{1}{H}\\ \mathrm{j}H-\mathrm{j}\dfrac{G^2}{H} & \dfrac{G}{H}\end{bmatrix} \tag{5.11.8}$$

已知 $\bar{a}$ 参量后，换算为 s 参量，得到奇偶模的反射系数和传输系数分别为

$$\Gamma_e=\frac{\mathrm{j}\left(\dfrac{G^2}{H}+\dfrac{1}{H}-H\right)}{-\dfrac{2G}{H}+\mathrm{j}\left(H+\dfrac{1}{H}-\dfrac{G^2}{H}\right)} \tag{5.11.9}$$

$$\Gamma_o = \frac{j\left(\frac{G^2}{H}+\frac{1}{H}-H\right)}{\frac{2G}{H}+j\left(H+\frac{1}{H}-\frac{G^2}{H}\right)} \tag{5.11.10}$$

$$T_e = \frac{2}{-\frac{2G}{H}+j\left(H+\frac{1}{H}-\frac{G^2}{H}\right)} \tag{5.11.11}$$

$$T_o = \frac{2}{\frac{2G}{H}+j\left(H+\frac{1}{H}-\frac{G^2}{H}\right)} \tag{5.11.12}$$

由式(5.10.11)，定向耦合器端口 1 的反射系数 s_{11} 为

$$s_{11} = \frac{\Gamma_e + \Gamma_o}{2}$$

由式(5.10.14)，端口 1 至端口 4 的传输系数 s_{41} 为

$$s_{41} = s_{14} = \frac{\Gamma_e - \Gamma_o}{2}$$

作为理想定向耦合器应有

$$s_{11} = 0$$

$$s_{41} = 0$$

故令

$$\Gamma_e = 0$$

$$\Gamma_o = 0$$

即

$$\frac{G^2}{H}+\frac{1}{H}-H=0$$

亦即

$$G^2 = H^2 - 1 \tag{5.11.13}$$

将上式代入式(5.11.11)、式(5.11.12)，得

$$T_e = \frac{H}{j-G}$$

$$T_o = \frac{H}{j+G}$$

由式(5.10.12)，端口 1 至端口 2 的传输系数 s_{21} 为

$$s_{21} = s_{12} = \frac{T_e + T_o}{2} = \frac{-jH}{G^2+1} \tag{5.11.14}$$

由式(5.10.13)，端口 1 至端口 3 的传输系数 s_{31} 为

$$s_{31} = s_{13} = \frac{T_e - T_o}{2} = \frac{-GH}{G^2+1} \tag{5.11.15}$$

上述二式表明，端口 2 和 3 的输出电压相位差为 $\pi/2$。上面的分析结果也表明，当分支线

定向耦合器的各臂特性导纳满足一定关系时，其输入口无反射，隔离臂无输出，以及直通臂和耦合臂的输出电压间有 $\pi/2$ 的相位差，这些正是理想定向耦合器的主要特征。

由式(5.10.1)，该定向耦合器的耦合度为

$$L = 20\ \lg \frac{1}{|s_{13}|} = 20\ \lg \frac{G^2+1}{GH}\ (\mathrm{dB})$$

当功率平分耦合，即 3dB 定向耦合器，或称之为电桥时，应有

$$\frac{G^2+1}{GH} = \sqrt{2} \tag{5.11.16}$$

式(5.11.16)与式(5.11.13)联立，解得

$$G = 1$$

$$H = \sqrt{2}$$

此即为电桥各臂的归一化特性导纳值。可见上述电桥的散射矩阵为

$$[s] = \frac{1}{\sqrt{2}}\begin{bmatrix} 0 & -\mathrm{j} & -1 & 0 \\ -\mathrm{j} & 0 & 0 & -1 \\ -1 & 0 & 0 & -\mathrm{j} \\ 0 & -1 & -\mathrm{j} & 0 \end{bmatrix}$$

图 5.33 中标明了这种电桥各段导带的归一化特性阻抗值，并说明了它的一种主要用途——微带平衡混频器。由于端口 1 和 4 互相隔离，故本振和信号互不影响，且本振功率和信号功率皆平分地加到两个混频二极管上，同时由于微带线具有半开放的传输线和平面电路的结构，混频晶体很容易连接在端口 2 和 3 上，其结构的简单性和紧凑性是不言而喻的。

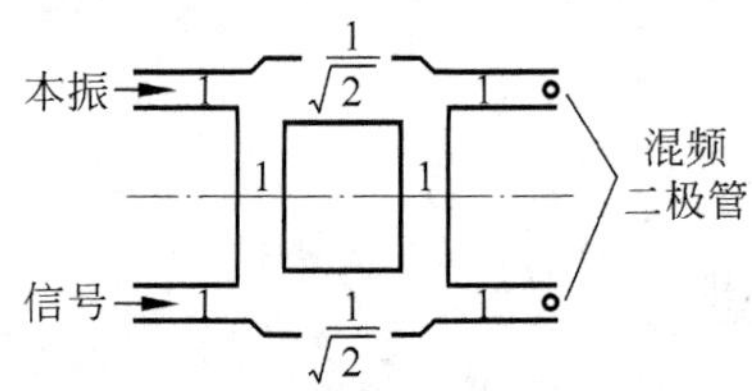

图 5.33 微带平衡混频器

对于三分支或三分支以上的情况，分析方法是相同的，只不过级联的网络数更多些，矩阵运算更繁杂些。在得出级联网络的总矩阵后，由理想定向耦合器条件，即输入口无反射、隔离口无输出以及所要求的耦合度，可得到其各段导带的归一化特性导纳应满足的关系式。由于篇幅所限，在此不作详述。

5.11.3 变阻的微带分支线定向耦合器

图 5.32(a)中的定向耦合器的输入臂和输出臂的特性阻抗是相同的，这就要求所接的混频晶体的微波阻抗等于输入臂和输出臂的特性阻抗，但实际上它们往往是不等的。为此可在混频管和输出臂之间加一段 1/4 波长变阻器，但这样会使微带电路面积增加，所

以更好的方法是让定向耦合器兼有变阻作用。图 5.34 就是一个称为变阻的微带分支线定向耦合器，其输入臂归一化特性导纳为 1，输出臂归一化特性导纳 M 与混频二极管的归一化输入导纳相匹配。

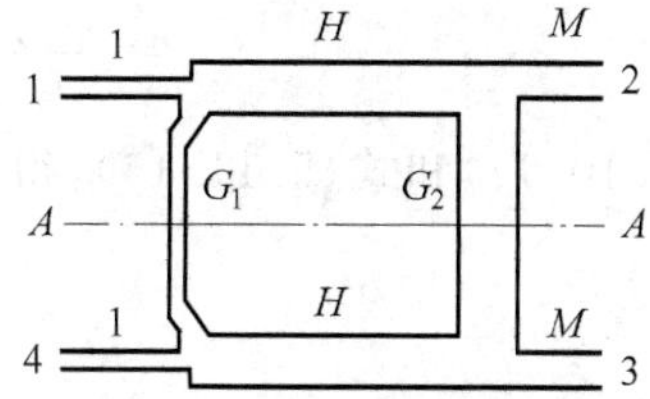

图 5.34 变阻的微带分支线定向耦合器

仍采用奇偶模分析法，其奇偶模等效电路与图 5.32 中(c)、(b)相同，只不过并联电纳值变更为 G_1 和 G_2。

端口 1 和 4 偶模激励时总归一化 $\bar{a}$ 矩阵为

$$[\bar{a}]_e = \begin{bmatrix} \frac{1}{\sqrt{H}} & 0 \\ \frac{jG_1}{\sqrt{H}} & \sqrt{H} \end{bmatrix} \begin{bmatrix} 0 & j \\ j & 0 \end{bmatrix} \begin{bmatrix} \sqrt{\frac{H}{M}} & 0 \\ \frac{jG_2}{\sqrt{MH}} & \sqrt{\frac{M}{H}} \end{bmatrix} = \begin{bmatrix} \frac{-G_2}{\sqrt{MH}} & \frac{j\sqrt{M}}{H} \\ \frac{jH}{\sqrt{M}} - \frac{jG_1G_2}{H\sqrt{M}} & \frac{-G_1\sqrt{M}}{H} \end{bmatrix} \tag{5.11.17}$$

端口 1 和 4 奇模激励时总归一化 $\bar{a}$ 矩阵为

$$[\bar{a}]_o = \begin{bmatrix} \frac{1}{\sqrt{H}} & 0 \\ \frac{-jG_1}{\sqrt{H}} & \sqrt{H} \end{bmatrix} \begin{bmatrix} 0 & j \\ j & 0 \end{bmatrix} \begin{bmatrix} \sqrt{\frac{H}{M}} & 0 \\ \frac{-jG_2}{\sqrt{MH}} & \sqrt{\frac{M}{H}} \end{bmatrix} = \begin{bmatrix} \frac{G_2}{\sqrt{MH}} & \frac{j\sqrt{M}}{H} \\ \frac{jH}{\sqrt{M}} - \frac{jG_1G_2}{H\sqrt{M}} & \frac{G_1\sqrt{M}}{H} \end{bmatrix} \tag{5.11.18}$$

由 $\bar{a}$ 参量换算为 s 参量，得到奇偶模反射系数和传输系数分别为

$$\Gamma_e = \frac{(G_1M - G_2) + j(M - H^2 + G_1G_2)}{(-G_1M - G_2) + j(M + H^2 - G_1G_2)} \tag{5.11.19}$$

$$\Gamma_o = \frac{(-G_1M + G_2) + j(M - H^2 + G_1G_2)}{(G_1M + G_2) + j(M + H^2 - G_1G_2)} \tag{5.11.20}$$

$$T_e = \frac{2H\sqrt{M}}{(-G_1M - G_2) + j(M + H^2 - G_1G_2)} \tag{5.11.21}$$

$$T_o = \frac{2H\sqrt{M}}{(G_1M + G_2) + j(M + H^2 - G_1G_2)} \tag{5.11.22}$$

由式(5.10.11)和式(5.11.14)，得

$$s_{11} = \frac{\Gamma_e + \Gamma_o}{2}$$

$$s_{41} = \frac{\Gamma_e - \Gamma_o}{2}$$

理想定向耦合器应有

$$s_{11} = 0$$
$$s_{41} = 0$$

故令

$$\Gamma_e = 0$$
$$\Gamma_o = 0$$

由式(5.11.19)和式(5.11.20)，有

$$\left.\begin{aligned} G_1M - G_2 &= 0 \\ M - H^2 + G_1G_2 &= 0 \end{aligned}\right\} \tag{5.11.23}$$

由式(5.10.13)、式(5.11.21)和式(5.11.22)，并将式(5.11.23)代入，得

$$s_{31} = \frac{T_e - T_o}{2} = \frac{-G_2}{\sqrt{M^2 + G_2^2}} \tag{5.11.24}$$

再由式(5.10.12)，得

$$s_{21} = \frac{T_e + T_o}{2} = \frac{-jM}{\sqrt{M^2 + G_2^2}} \tag{5.11.25}$$

由式(5.11.24)、式(5.11.25)可知端口 2 和 3 之间的输出电压相位差为$\frac{\pi}{2}$，其耦合度为

$$L = 10\ \lg\frac{1}{|s_{13}|^2} = 10\ \lg\left[1 + \left(\frac{M}{G_2}\right)^2\right]\ (\text{dB}) \tag{5.11.26}$$

所以

$$1 + \left(\frac{M}{G_2}\right)^2 = 10^{L/10}$$

由上式得

$$G_2 = \frac{M}{\sqrt{10^{L/10} - 1}} \tag{5.11.27}$$

由式(5.11.23)得

$$G_1 = \frac{G_2}{M} = \frac{1}{\sqrt{10^{L/10} - 1}} \tag{5.11.28}$$

$$H = \sqrt{M + G_1 G_2} = \sqrt{M}\sqrt{\frac{10^{L/10}}{10^{L/10}-1}} \tag{5.11.29}$$

化为归一化特性阻抗，得

$$\bar{z}_1 = \frac{1}{G_1} = \sqrt{10^{L/10}-1} \tag{5.11.30}$$

$$\bar{z}_2 = \frac{1}{G_2} = R\sqrt{10^{L/10}-1} \tag{5.11.31}$$

$$\bar{z} = \frac{1}{H} = \sqrt{R}\sqrt{\frac{10^{L/10}-1}{10^{L/10}}} \tag{5.11.32}$$

式中，$R=\dfrac{1}{M}$为输出臂对输入臂的归一化特性阻抗。3dB 耦合时，由式(5.11.26)，有

$$1 + \left(\frac{M}{G_2}\right)^2 = 2$$

所以

$$G_2 = M \tag{5.11.33}$$

式(5.11.33)与式(5.11.23)联立，解得

$$G_1 = 1 \tag{5.11.34}$$

$$H = \sqrt{2M} \tag{5.11.35}$$

此即为变阻的微带分支线电桥各段导带的归一化特性导纳值。化成归一化特性阻抗，为

$$\bar{z}_1 = \frac{1}{G_1} = 1 \tag{5.11.36}$$

$$\bar{z}_2 = \frac{1}{M} = R \tag{5.11.37}$$

$$\bar{z} = \frac{1}{H} = \frac{1}{\sqrt{2M}} = \sqrt{\frac{R}{2}} \tag{5.11.38}$$

图 5.35 中标明了这种电桥各段导带的归一化特性阻抗值。

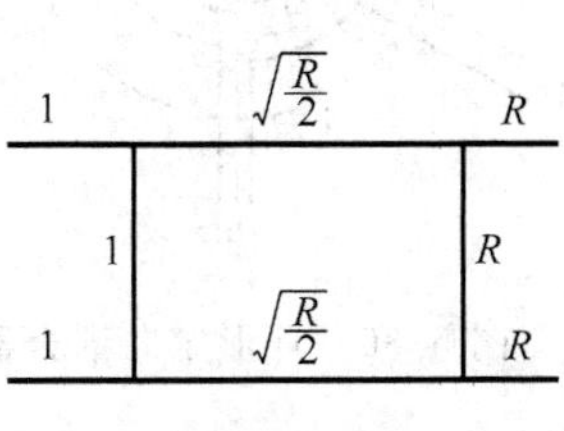

图 5.35 变阻电桥各线归一化特性阻抗值

实际上，混频二极管的微波阻抗常为复数，所以应从接入二极管的地方沿 50Ω 微带线移至纯阻处，通过查找阻抗圆图容易找到这段 50Ω 微带线的相应长度，而 R 选取$\dfrac{1}{\rho}$为好(ρ 为混频二极管微波阻抗在圆图上所对应的驻波比值)，因为若 R 选为 ρ 时，可能形成高特性阻抗线，这段微带线的线宽就会很窄，不易制作。

5.11.4 微带环形定向耦合器

微带环形定向耦合器，又称微带环形电桥，如图 5.36 所示，其各引出臂的归一化特性导纳为 1，环形导带分成四段，它们的归一化特性导纳分别为 H_1 和 H_2。这种微带环形定向耦合器上下结构是对称的，但左右结构不再对称，故其散射矩阵可写为

$$[s]=\begin{bmatrix} s_{11} & s_{12} & s_{13} & s_{14} \\ s_{12} & s_{22} & s_{23} & s_{13} \\ s_{13} & s_{23} & s_{22} & s_{12} \\ s_{14} & s_{13} & s_{12} & s_{11} \end{bmatrix}$$

采用奇偶模分析法。首先讨论端口 1 和端口 4 奇偶模激励的情况，以求出散射参量 s_{11}、s_{12}、s_{13}、s_{14}。

端口 1 和端口 4 偶模激励时，对称面 $A-A$ 上为电压波腹点，亦即开路点，环被分成以 $A-A$ 面为界的 1—2 线和 4—3 线两个独立的相同的二端口网络。二端口网络的偶模等效电路如图 5.37(a)所示。

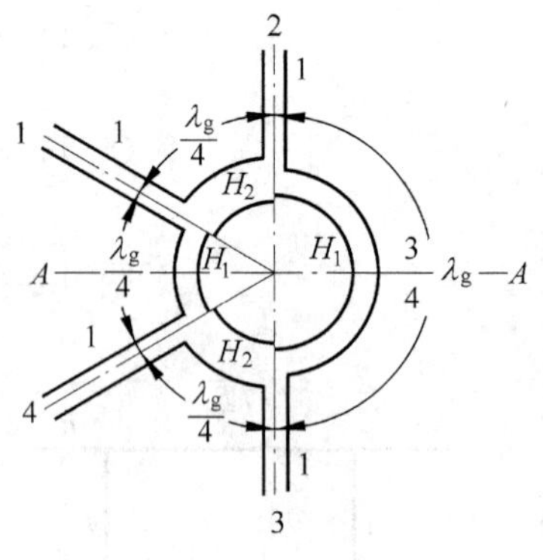

图 5.36 环形定向耦合器

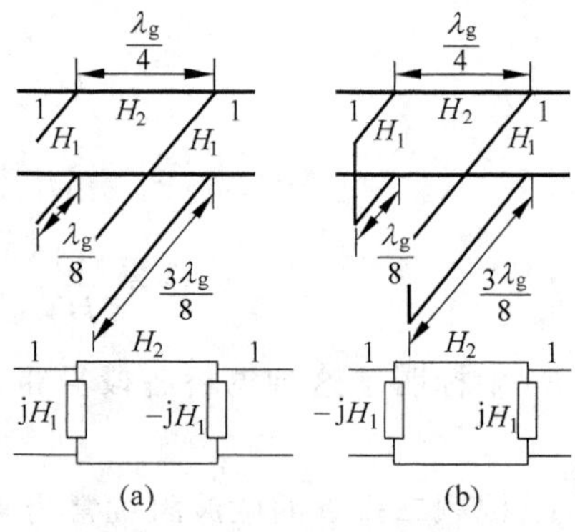

图 5.37 端口 1 和端口 4 奇偶模激励时的环形定向耦合器的奇偶模等效电路

端口 1 和端口 4 奇模激励时，对称面 $A-A$ 上为电压波节点，亦即短路点，二端口网络的奇模等效电路如图 5.37(b)所示。

二端口网络的奇偶模等效电路的总归一化 $\bar{a}$ 矩阵分别为

$$[\bar{a}]_e = \begin{bmatrix} \frac{1}{\sqrt{H_2}} & 0 \\ \frac{jH_1}{\sqrt{H}} & \sqrt{H_2} \end{bmatrix} \begin{bmatrix} 0 & j \\ j & 0 \end{bmatrix} \begin{bmatrix} \sqrt{H_2} & 0 \\ \frac{-jH_1}{\sqrt{H_2}} & \frac{1}{\sqrt{H_2}} \end{bmatrix} = \begin{bmatrix} \frac{H_1}{H_2} & j\frac{1}{H_2} \\ jH_2 + \frac{jH_1^2}{H_2} & -\frac{H_1}{H_2} \end{bmatrix}$$

$$[\bar{a}]_o = \begin{bmatrix} \frac{1}{\sqrt{H_2}} & 0 \\ \frac{-jH_1}{\sqrt{H_2}} & \sqrt{H_2} \end{bmatrix} \begin{bmatrix} 0 & j \\ j & 0 \end{bmatrix} \begin{bmatrix} \sqrt{H_2} & 0 \\ \frac{jH_1}{\sqrt{H_2}} & \frac{1}{\sqrt{H_2}} \end{bmatrix} = \begin{bmatrix} -\frac{H_1}{H_2} & j\frac{1}{H_2} \\ jH_2 + \frac{jH_1^2}{H_2} & \frac{H_1}{H_2} \end{bmatrix}$$

由 $\bar{a}$ 参量转换为 s 参量,得到奇偶模的反射系数和传输系数分别为

$$\Gamma_e = \frac{1 - H_1^2 - H_2^2 - 2jH_1}{1 + H_1^2 + H_2^2} \tag{5.11.39}$$

$$\Gamma_o = \frac{1 - H_1^2 - H_2^2 + 2jH_1}{1 + H_1^2 + H_2^2} \tag{5.11.40}$$

$$T_e = \frac{-2jH_2}{1 + H_1^2 + H_2^2} \tag{5.11.41}$$

$$T_o = \frac{-2jH_2}{1 + H_1^2 + H_2^2} \tag{5.11.42}$$

对于理想定向耦合器应有

$$s_{11} = \frac{\Gamma_e + \Gamma_o}{2} = \frac{1 - H_1^2 - H_2^2}{1 + H_1^2 + H_2^2} = 0$$

即

$$H_1^2 + H_2^2 = 1 \tag{5.11.43}$$

将式(5.11.41)、式(5.11.42)代入式(5.10.13)得

$$s_{13} = \frac{T_e - T_o}{2} = 0$$

可见端口 3 是隔离口。由式(5.10.12)、(5.10.14)可得

$$s_{12} = \frac{T_e + T_o}{2} = \frac{-2jH_2}{1 + H_1^2 + H_2^2} \tag{5.11.44}$$

$$s_{14} = \frac{\Gamma_e - \Gamma_o}{2} = \frac{-2jH_1}{1 + H_1^2 + H_2^2} \tag{5.11.45}$$

可见 2、4 两端口输出电压同相位。

以上分析表明,信号从环形定向耦合器的端口 1 输入时,2、4 两端口电压同相输出,端口 3 是隔离口,从图 5.36 也可看到这一点。当信号从端口 1 输入时,在环带上分成上下两路传输,这两路信号由于存在着路程差,所以有上述情况发生。

由于该环形定向耦合器的左右结构不对称,所以还必须讨论端口 2 和端口 3 奇偶模激励的情况,以求出散射参量 s_{12}、s_{22}、s_{32}、s_{42}。可以猜想,若信号从端口 2 输入,从路程差

上看到，端口 4 将是隔离口，1、3 两端口反相输出。下面利用奇偶模法论证这种情况。

端口 2 和 3 偶模激励时，对称面 $A-A$ 上为开路点；奇模激励时，$A-A$ 面上为短路点。如此四口网络分解为 2—1 线和 3—4 线两个独立的相同的二端口网络，其等效电路图如图 5.38 所示。二端口网络奇偶模的总归一化$[\bar{a}]$矩阵分别为

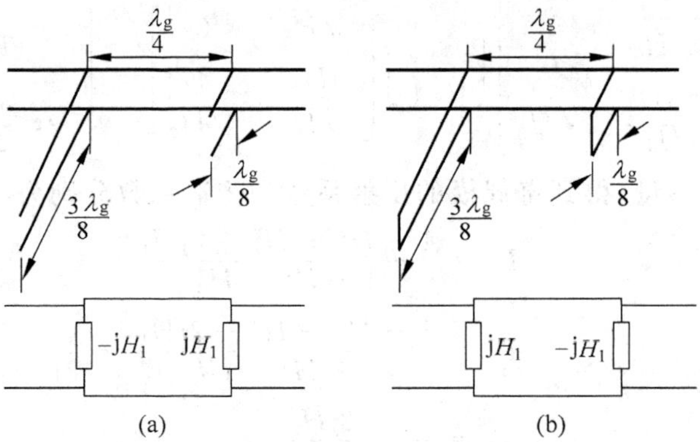

图 5.38　端口 2 和端口 3 奇偶模激励时环形定向耦合器的奇偶模等效电路

(a) 偶模等效电路　(b) 奇模等效电路

$$[\bar{a}]_e=\begin{bmatrix}\dfrac{1}{\sqrt{H_2}} & 0\\ \dfrac{-jH_1}{\sqrt{H_2}} & \sqrt{H_2}\end{bmatrix}\begin{bmatrix}0 & j\\ j & 0\end{bmatrix}\begin{bmatrix}\sqrt{H_2} & 0\\ \dfrac{jH_1}{\sqrt{H_2}} & \dfrac{1}{\sqrt{H_2}}\end{bmatrix}=\begin{bmatrix}-\dfrac{H_1}{H_2} & j\dfrac{1}{H_2}\\ jH_2+\dfrac{jH_1^2}{H_2} & \dfrac{H_1}{H_2}\end{bmatrix}$$

$$[\bar{a}]_o=\begin{bmatrix}\dfrac{1}{\sqrt{H_2}} & 0\\ \dfrac{jH_1}{\sqrt{H_2}} & \sqrt{H_2}\end{bmatrix}\begin{bmatrix}0 & j\\ j & 0\end{bmatrix}\begin{bmatrix}\sqrt{H_2} & 0\\ \dfrac{-jH_1}{\sqrt{H_2}} & \dfrac{1}{\sqrt{H_2}}\end{bmatrix}=\begin{bmatrix}\dfrac{H_1}{H_2} & j\dfrac{1}{H_2}\\ jH_2+j\dfrac{H_1^2}{H_2} & -\dfrac{H_1}{H_2}\end{bmatrix}$$

奇偶模反射系数和传输系数分别为

$$\Gamma_e=\frac{1-H_1^2-H_2^2+2jH_1}{1+H_1^2+H_2^2}\tag{5.11.46}$$

$$\Gamma_o=\frac{1-H_1^2-H_2^2-2jH_1}{1+H_1^2+H_2^2}\tag{5.11.47}$$

$$T_e=\frac{-2jH_2}{1+H_1^2+H_2^2}\tag{5.11.48}$$

$$T_o=\frac{-2jH_2}{1+H_1^2+H_2^2}\tag{5.11.49}$$

对于理想定向耦合器，信号输入端口应无反射，即要求

$$s_{22} = \frac{\Gamma_e + \Gamma_o}{2} = \frac{1 - H_1^2 - H_2^2}{1 + H_1^2 + H_2^2} = 0$$

亦即

$$H_1^2 + H_2^2 = 1 \tag{5.11.50}$$

而

$$s_{42} = \frac{T_e - T_o}{2} = 0$$

可见端口 4 是隔离口,而

$$s_{12} = \frac{T_e + T_o}{2} = \frac{-2jH_2}{1 + H_1^2 + H_2^2} \tag{5.11.51}$$

$$s_{32} = \frac{\Gamma_e - \Gamma_o}{2} = \frac{2jH_1}{1 + H_1^2 + H_2^2} \tag{5.11.52}$$

可见 1、3 两端口输出电压反相。对于 3dB 定向耦合器,从式(5.11.44)、式(5.11.45)、式(5.11.51)、式(5.11.52)可见应有

$$H_1 = H_2$$

上式代入式(5.11.43)、式(5.11.50),得

$$H_1 = H_2 = \frac{1}{\sqrt{2}}$$

归一化特性阻抗为$\sqrt{2}$,即环带的特性阻抗为引出臂的$\sqrt{2}$倍。整个环带的宽度是均匀的,这种微带环形电桥如图 5.39 所示。

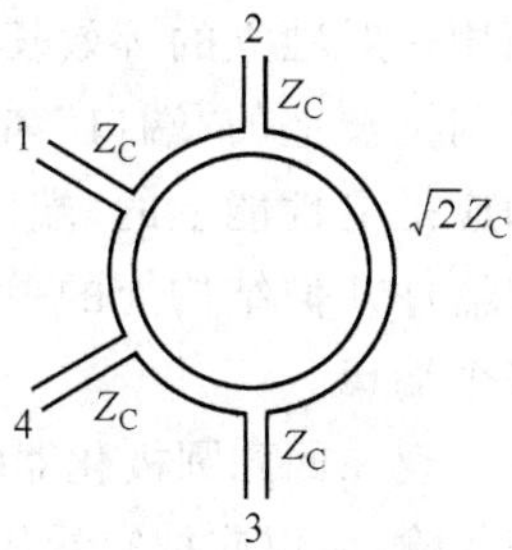

图 5.39 环形电桥

综上所述,当信号从环行电桥的端口 1 输入时,端口 2 和 4 将有等幅同相电压输出,端口 3 为隔离口;当信号从端口 2 输入时,端口 1 和 3 将有等幅反相电压输出,端口 4 为隔离口。可见微带环形电桥的特性与波导魔 T 相似。请读者自行归纳出微带环形电桥的散射矩阵。环行电桥与前述的二分支电桥相比具有较宽的频带特性,但由于其隔离臂夹在两平分臂之间,在平衡混频器的应用中为得到平衡输出,在结构上将带来困难。

5.12 圆极化器

圆极化器的功能是将线极化波变换成圆极化波。圆极化器的结构如图 5.40 所示。在一段圆波导中插入无耗介质片,适当选择入射波的极化方向和介质片的长度可形成圆极化波输出。

众所周知,如果两个线极化波幅度相等并且在空间方向互相垂直,相位相差 90°,那

么它们可以形成圆极化波。假设介质片与 x 轴平行，入射波为圆波导中的 TE_{11} 模，圆波导中心电场矢量 $\boldsymbol{E}_i$ 与 x 轴的夹角为 α，$\boldsymbol{E}_i$ 可分解为 x 方向和 y 方向的两个分量，即

$$\boldsymbol{E}_i = \boldsymbol{x}E_i\cos\alpha + \boldsymbol{y}E_i\sin\alpha$$

式中，$E_i=|\boldsymbol{E}_i|$。设水平极化的 TE_{11} 波的传播常数为 k_x，垂直极化的 TE_{11} 波的传播常数为 k_y，由于介质片的作用，$k_x \neq k_y$，这两个线极化传播一段距离 l 后，会引起相位差 $\Delta\varphi=(k_x-k_y)l$，取 $\Delta\varphi=\pi/2$，同时取 $\alpha=45°$，故两个线极化波的幅度相等，那么在输出端口将形成圆极化波。

下面再从微波网络的观点对其进行分析。圆极化器从几何形状上看为二端口网络，但从电性能上看应为四端口网络，因为其端口上有两个模式的波在传输，一个为水平极化的 TE_{11} 波，另一个为垂直极化的 TE_{11} 波。在前面分析的许多微波器件中，在其端口上都只有一个模式的波在传输，虽然在器件内部有可能存在多种模式，但我们在选定网络端口的参考面时，都让参考面远离多模区域，使参考面上仅有单模传输。在这种情况下，器件几何形状上或机械上的单一端口就看作微波网络的单一端口。现在我们遇到的问题是参考面上有多于一个的模在工作，回想 3.6.1 节广义传输理论中的下列关系式：

$$\boldsymbol{E}_T(x、y、z) = \boldsymbol{e}(x,y)V(z)$$

$$\boldsymbol{H}_T(x、y、z) = \boldsymbol{h}(x,y)I(z)$$

这里每一个模式都有它自己所对应的等效电压 $V(z)$ 和等效电流 $I(z)$，故每一个模式都须用一对独立的等效长线来表示，亦即每一个模式对应参考面上的一个端口。这里我们看到机械上的“端口”和电性能上的“端口”是两个不同的概念，就网络问题的实质而言，指的应是电性能上的“端口”而不应是机械上的“端口”。所以可以这样小结以上的讨论：微波器件几何结构上的单个端口，在单模传输时，可视作单个端口；而在多模传输时，应视作多个端口。

现在回到圆极化器的问题，在每个几何结构的端口上都有两个极化互相垂直的 TE_{11} 波在传输，所以应把它看作四端口网络，正如图 5.40 所标明的那样，其输入端是端口 1 和端口 2，输出端是端口 3 和端口 4，虽然介质片对 TE_{11} 波是有扰动的，并且还存在着反射，但这里忽略了这些枝节问题，将它当作理想的圆极化器，根据以下性质，写出它的散射矩阵。

(1) 各端口无反射时有

$$s_{ii} = 0 \quad (i = 1,2,3,4)$$

(2) 模式正交性有

$$s_{12} = 0 \quad s_{14} = 0 \quad s_{23} = 0 \quad s_{34} = 0$$

(3) 输出的垂直极化波相位领先水平极化波 $\frac{\pi}{2}$，此时设

$$s_{31} = e^{-j\varphi}$$

则

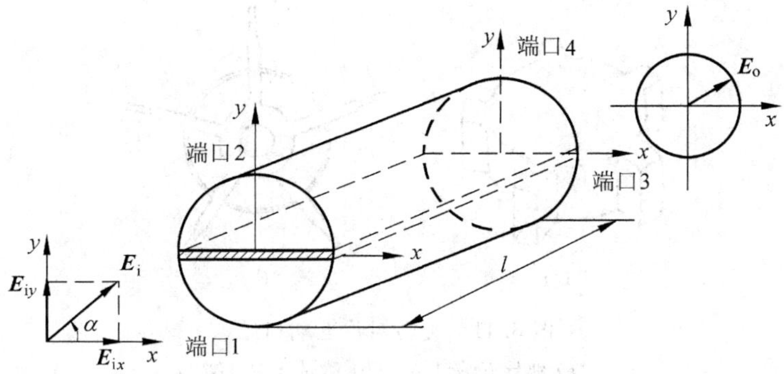

图 5.40 圆极化器原理示意图

$$s_{42} = \mathrm{j}\mathrm{e}^{-\mathrm{j}\varphi}$$

（4）网络互易有

$$s_{ij} = s_{ji} \quad (i,j = 1,2,3,4)$$

所以

$$[s] = \begin{bmatrix} 0 & 0 & \mathrm{e}^{-\mathrm{j}\varphi} & 0 \\ 0 & 0 & 0 & \mathrm{j}\mathrm{e}^{-\mathrm{j}\varphi} \\ \mathrm{e}^{-\mathrm{j}\varphi} & 0 & 0 & 0 \\ 0 & \mathrm{j}\mathrm{e}^{-\mathrm{j}\varphi} & 0 & 0 \end{bmatrix}$$

若介质片的反射不为零，需引入不等于零的 s_{ii}，若两极化波的相位差 $\Delta\varphi \neq \frac{\pi}{2}$，或 $\alpha \neq 45°$，都将使输出波不是圆极化波而是椭圆极化波。应用网络理论可以分析这些因素对实现圆极化波的影响。

5.13 旋转对称五端口结

旋转对称五端口结可以用波导结构实现，也可以用微带形式实现，两者的结构示意图如图 5.41 所示。

一个旋转对称五端口结，如果各端口调好匹配，它将是一个一分为四的功分器，根据网络理论证明如下。由于各端口匹配，所以

$$s_{ii} = 0 \quad (i = 1 \sim 5)$$

再由结构的旋转对称性，可知有

$$s_{12} = s_{15} = s_{23} = s_{34} = s_{45}$$

$$s_{13} = s_{14} = s_{24} = s_{25} = s_{35}$$

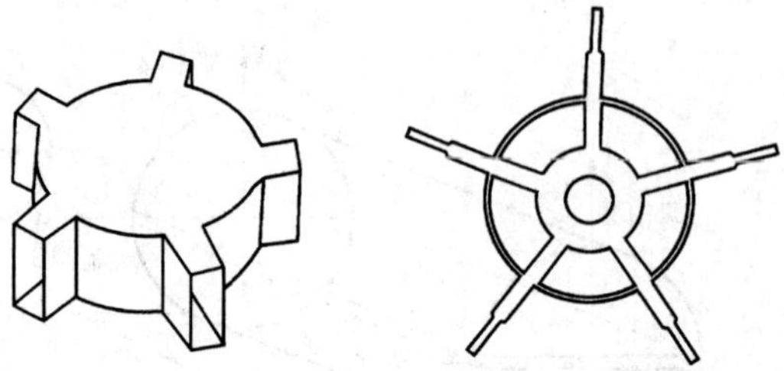

(a) (b)

图 5.41 旋转对称五端口结
(a) 波导五端口结 (b) 微带五端口结

再考虑到网络的互易性，所以该网络只有三个独立参量 s_{11}、s_{12} 和 s_{13}，散射矩阵可写成

$$[s]=\begin{bmatrix} 0 & s_{12} & s_{13} & s_{13} & s_{12} \\ s_{12} & 0 & s_{12} & s_{13} & s_{13} \\ s_{13} & s_{12} & 0 & s_{12} & s_{13} \\ s_{13} & s_{13} & s_{12} & 0 & s_{12} \\ s_{12} & s_{13} & s_{13} & s_{12} & 0 \end{bmatrix}$$

由于网络无耗，应满足酉条件，故有

$$2\left|s_{12}\right|^2+2\left|s_{13}\right|^2=1 \tag{5.13.1}$$

$$s_{13}^* s_{12}+\left|s_{13}\right|^2+s_{12}^* s_{13}=0 \tag{5.13.2}$$

$$\left|s_{12}\right|^2+s_{13}^* s_{12}+s_{12}^* s_{13}=0 \tag{5.13.3}$$

式(5.13.2)与式(5.13.3)相减，得

$$\left|s_{12}\right|^2=\left|s_{13}\right|^2$$

将上式代入式(5.13.1)中，得

$$\left|s_{12}\right|=\left|s_{13}\right|=\frac{1}{2}$$

可见无耗旋转对称匹配五端口网络各端口之间的电压传输系数的模皆为1/2，即它的确是一个一分为四的功分器。

对于图 5.41(a)中的 E 面波导对称五端口圆腔结构，为了在较宽的频带内实现各端口匹配，在结构上可以采取两点措施，一是改变圆腔的直径，二是在圆腔和波导的相接处加入电感膜片。图 5.41(b)中所示的微带五端口结，其基本的五端口结是由中央部位的宽导带圆环和与其相连的五条旋转对称导带组成，外围的窄导带圆环和各端口上的变阻微带线都是为改善匹配而加入的。

上述五端口结的真正实用价值并不在于作为四等分功率分配器，而在于其和一个定向耦合器相连成为结构紧凑的六端口结。

5.14　六端口结及其应用

六端口结可以采用两个标准四端口连接而成，然而这种结构形式比较复杂庞大。为了得到结构紧凑的六端口结，可以采用上述的旋转对称五端口结和定向耦合器组合而成，其示意图如图 5.42 所示。

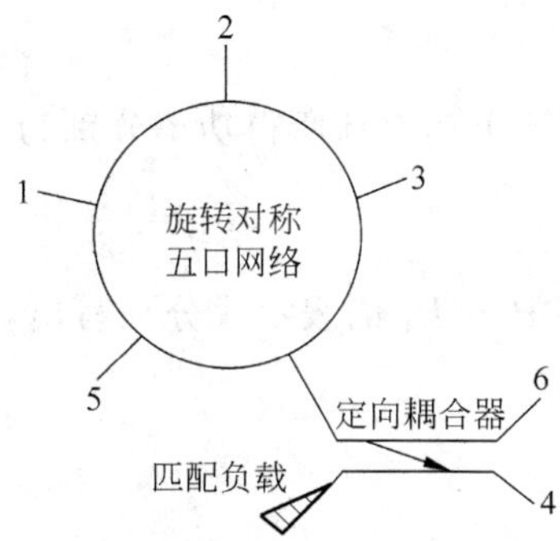

图 5.42　六端口结示意图

六端口技术在国内研究已经多年了，除了对六端口结本身进行理论分析和实验探讨之外，近几年来开始将六端口技术与计算机相结合，用软件修正硬件的不完善性，在微波测量方面显示出了很大的优越性。

下面列举一个这方面的例子，利用六端口网络和微机相结合对微波阻抗进行自动测量，测试系统如图 5.43 所示。图中六端口结的端口 5 接匹配信号源，端口 6 接被测负载，余下的四个端口各接一个功率计。a_i 和 b_i ($i=1\sim6$)分别表示第 i 端口的归一化内向波电压幅度和外向波电压幅度。可以证明第 6 端口的内向波与外向波幅度之比 a_6/b_6（即被测负载的反射系数 Γ_L）与端口 1 至端口 4 所接诸功率计的标量读数成单值函数关系。

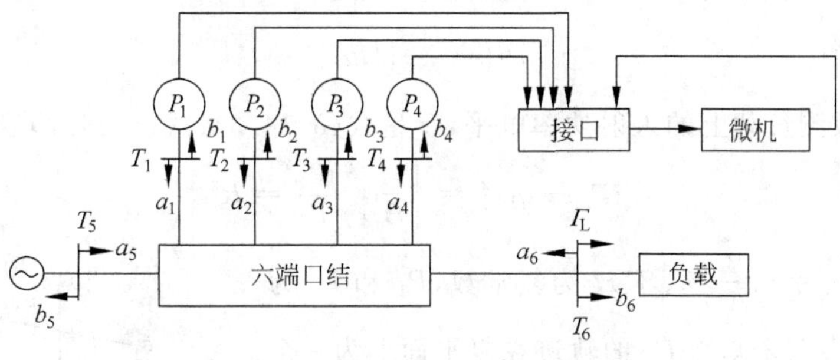

图 5.43　六端口自动测试系统

设网络为线性网络，各端口上仅为单一模式的波，可写出该六端口网络的散射方程组为

$$b_i = \sum_{j=1}^{6} s_{ij} a_j \quad (i = 1,2,\cdots,6) \tag{5.14.1}$$

设接于端口 1 至端口 4 的功率计的反射系数为 Γ_j，则有

$$a_j = \Gamma_j b_j \quad (j = 1,2,3,4) \tag{5.14.2}$$

式(5.14.1)和式(5.14.2)共计为 10 个线性方程式，其中包含 12 个复变数 a_i 和 b_i($i=1$,

2,…,6)，联立解这10个方程，可将这些变数中的任意10个表示为其余两个变数(例如 a_6 和 b_6)的不同函数，其中部分解为

$$b_i = A_i a_6 + B_i b_6 \quad (i = 1,2,3,4)$$

式中，A_i 和 B_i 是网络散射参量 s_{ij} 和功率计反射系数 Γ_j 的函数。设四个功率计皆匹配，即

$$\Gamma_j = 0 \quad (j = 1,2,3,4)$$

则四个功率计所得功率分别为

$$P_i = \frac{1}{2}|b_i|^2 = \frac{1}{2}|A_i a_6 + B_i b_6|^2 \quad (i = 1,2,3,4)$$

将 $P_1 \sim P_4$ 的表示式分别写出，并分别用字母 A 至 H 来代表复常数 A_i 和 B_i，可得

$$P_1 = \frac{1}{2}|Aa_6 + Bb_6|^2 \tag{5.14.3}$$

$$P_2 = \frac{1}{2}|Ca_6 + Db_6|^2 \tag{5.14.4}$$

$$P_3 = \frac{1}{2}|Ea_6 + Fb_6|^2 \tag{5.14.5}$$

$$P_4 = \frac{1}{2}|Ga_6 + Hb_6|^2 \tag{5.14.6}$$

六端口结如图5.42，若定向耦合器为理想定向耦合器，且五端口结已调好匹配，在这种理想条件下 b_4 与 a_6 无关，式(5.14.6)中的 $G=0$，那么

$$P_4 = \frac{1}{2}|Hb_6|^2 \tag{5.14.7}$$

即用 P_4 监视被测负载上的入射功率电平，于是式(5.14.3)、式(5.14.7)联立解得

$$|\Gamma_L - q_1|^2 = \left|\frac{H}{A}\right|^2 \frac{P_1}{P_4} = R_1^2 \tag{5.14.8}$$

式中，$\Gamma_L = \dfrac{a_6}{b_6}$，$q_1 = -\dfrac{B}{A}$，$A$、$B$、$H$ 为复常数，P_1 和 P_4 为已知数。上式表明未知数 Γ_L 的轨迹在复平面上为一个圆，其圆心为 q_1，半径为 R_1，如图5.44所示。

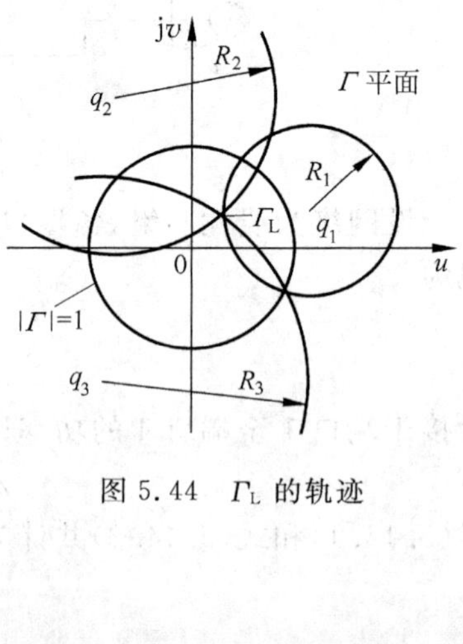

图5.44　Γ_L 的轨迹

同样，式(5.14.4)和(5.14.7)联立，解得

$$|\Gamma_L - q_2|^2 = \left|\frac{H}{C}\right|^2 \frac{P_2}{P_4} = R_2^2 \tag{5.14.9}$$

这又表明 Γ_L 位于另一个以 $q_2 = -\dfrac{D}{C}$ 为圆心，以 R_2 为半径的圆上，如图5.44中所示。上述两圆一般有两个交点，若两个交点一个在 $|\Gamma|=1$ 的单位圆内，另一个在

单位圆外，则由被测负载的无源性质可以确定被测 Γ_L 的正确值。若两个交点都在单位圆内，可将式(5.14.5)、式(5.14.7)联立求解，解得

$$|\Gamma_L - q_3|^2 = \left|\frac{H}{E}\right|^2 \frac{P_3}{P_4} = R_3^2 \tag{5.14.10}$$

上述三圆必相交于应取的 Γ_L 点。

以上说明了利用六端口技术测量微波复反射系数的原理。诸常数 A 至 H 怎样预知呢？从以上分析中看到，它们是六端口网络散射参量和功率计反射系数的函数，当 s_{ij} 和 Γ_j 已知时，原则上可以计算出这些常数来。但在图 5.43 所示的六端口自动测试系统中，可以通过系统的"校准"这一步骤来确定这些常数。校准时只需用几个(一般为 4 个)已知的 Γ_L(如各种长度的短路器)作为标准负载，测出几组功率，通过较为复杂的运算即可得到诸常数。

当诸常数已知后，未知负载接入，测得一组 $P_i(i=1,2,3,4)$，立即算出相应的 Γ_L，从而被测负载的归一化阻抗、归一化导纳、驻波比皆可得到。

四个功率计通过接口与计算机相连，由计算机采集数据并进行运算，在屏幕上显示 Smith 圆图和被测阻抗亮点，同时显示 Γ_L 的数值和阻抗的数值，导纳数值和驻波系数也可以显示出来，测量速度快、准确性高，充分显示出六端口技术在微波自动测量方面的优越性。

5.15 铁氧体器件

铁氧体是一种陶瓷类材料，它由金属氧化物的混合物烧结而成，其化学成分为 $MO \cdot Fe_2O_3$，这里的 M 代表锰、镁、锌、镍、钴等金属。铁氧体的电阻率很高，损耗较小，相对介电常数 $\varepsilon_r=10\sim20$，而其导磁率在一定条件下呈现出各向异性。在微波技术中利用它的这些特性制做出了多种非互易器件，铁氧体器件得到了广泛的应用。

5.15.1 铁氧体的张量导磁率

铁氧体的一个最显著的特征是，在恒定磁场 $\boldsymbol{H}_0$ 和微波磁场 $\boldsymbol{h}$ 的共同作用下呈现出各向异性。具体表现为在材料的各个方向上，它的导磁率不同，因而此时它的导磁率不再是简单的标量，而应是一张量形式，称之为张量导磁率，用$[\mu]$表示。当偏置磁场为 $\boldsymbol{H}_0=\hat{z}H_0$ 时，磁感应强度和磁场强度的交变分量 $\boldsymbol{b}$ 和 $\boldsymbol{h}$ 间将满足下列关系式：

$$\begin{bmatrix} b_x \\ b_y \\ b_z \end{bmatrix} = \mu_0 \begin{bmatrix} \mu & -\mathrm{j}\kappa & 0 \\ \mathrm{j}\kappa & \mu & 0 \\ 0 & 0 & 1 \end{bmatrix} \begin{bmatrix} h_x \\ h_y \\ h_z \end{bmatrix} \tag{5.15.1}$$

其中

$$\mu_0 = 4\pi \times 10^{-7}\,\mathrm{H/m}$$

$$\mu = 1 + \frac{\omega_m \omega_0}{\omega_0^2 - \omega^2} \tag{5.15.2}$$

$$\kappa = -\frac{\omega_m \omega}{\omega_0^2 - \omega^2} \tag{5.15.3}$$

式中，ω 为微波场的角频率；

$\omega_0 = \gamma H_0$（ω_0 称为铁磁共振角频率）；

$\omega_m = \gamma M_0$（M_0 称为直流磁化强度）；

$\gamma = \dfrac{1}{4\pi} \times 2.8 \times 10^3\,\mathrm{Hz/(A/m)}$（$\gamma$ 称为旋磁比）。

展开式(5.15.1)，得

$$\left.\begin{aligned} b_x &= \mu_0 \mu h_x - \mathrm{j}\mu_0 \kappa h_y \\ b_y &= \mathrm{j}\mu_0 \kappa h_x + \mu_0 \mu h_y \\ b_z &= \mu_0 h_z \end{aligned}\right\} \tag{5.15.4}$$

从上式可见，微波磁场分量 h_x 不仅产生与自身方向一致的磁感应强度 b_x，同时还产生与自身方向垂直的 y 方向上的磁感应强度 b_y，h_y 也是如此。这正是磁化后的铁氧体各向异性的具体内容。用张量形式的导磁率来表明这种特性是一种简练的表达方式。

5.15.2 铁氧体的标量导磁率

如果微波磁场 $\boldsymbol{h}$ 只有 h_z 分量，其余分量为零，$\boldsymbol{b}$ 和 $\boldsymbol{h}$ 之间的耦合关系则变得非常简单，由式(5.15.4)，有

$$b_z = \mu_0 h_z \tag{5.15.5}$$

可见此时铁氧体的导磁率退化为标量 μ_0，除了这种 z 方向的线极化微波磁场外，能否找到其他形式的微波磁场，使得 $\boldsymbol{b}$ 和 $\boldsymbol{h}$ 之间也具有简单的标量关系呢？这归结为求$[\mu]$的本征矢和本征值的问题，令

$$\begin{bmatrix} \mu_0\mu & -\mathrm{j}\mu_0\kappa & 0 \\ \mathrm{j}\mu_0\kappa & \mu_0\mu & 0 \\ 0 & 0 & \mu_0 \end{bmatrix} \begin{bmatrix} h_x \\ h_y \\ h_z \end{bmatrix} = \lambda \begin{bmatrix} h_x \\ h_y \\ h_z \end{bmatrix}$$

式中，λ 是本征值。本征值非零的充要条件是下式成立：

$$\begin{vmatrix} \mu_0\mu - \lambda & -\mathrm{j}\mu_0\kappa & 0 \\ \mathrm{j}\mu_0\kappa & \mu_0\mu - \lambda & 0 \\ 0 & 0 & \mu_0 - \lambda \end{vmatrix} = 0$$

解得三个本征值为

$$\lambda_1 = \mu_0(\mu - \kappa) \tag{5.15.6}$$

$$\lambda_2 = \mu_0(\mu + \kappa) \tag{5.15.7}$$

$$\lambda_3 = \mu_0 \tag{5.15.8}$$

显然它们都是标量。每个本征值所对应的本征矢为

$$\boldsymbol{h}_1 = \boldsymbol{h}_+ = \frac{1}{\sqrt{2}}\begin{bmatrix} h_0 \\ -\mathrm{j}h_0 \\ 0 \end{bmatrix} \tag{5.15.9}$$

$$\boldsymbol{h}_2 = \boldsymbol{h}_- = \frac{1}{\sqrt{2}}\begin{bmatrix} h_0 \\ \mathrm{j}h_0 \\ 0 \end{bmatrix} \tag{5.15.10}$$

$$\boldsymbol{h}_3 = \boldsymbol{h}_z = \begin{bmatrix} 0 \\ 0 \\ h_0 \end{bmatrix} \tag{5.15.11}$$

式(5.15.9)～(5.15.11)所表示的三个本征矢代表着三种微波磁场，它们分别称作右旋(或正旋)圆极化磁场、左旋(或负旋)圆极化磁场和 z 向线极化磁场。式(5.15.11)所表示的微波磁场正是与式(5.15.5)相同的线极化磁场。注意这里的右旋、左旋场的概念是相对于偏置磁场 $\boldsymbol{H}_0$ 的方向($\boldsymbol{H}_0=\hat{z}H_0$，即 z 方向)来考虑的。大拇指指向 $\boldsymbol{H}_0$ 方向，磁场 $\boldsymbol{h}$ 的旋转方向符合右手规则的，称为右旋圆极化磁场；符合左手规则的，则称之为左旋圆极化磁场。在它们的作用下，铁氧体的导磁率各自退化为标量 λ_1 和 λ_2，其相对导磁率分别用 μ_+ 和 μ_- 表示。由式(5.15.6)、式(5.15.7)及式(5.15.2)、式(5.12.3)可知，有

$$\mu_+ = \mu - \kappa = 1 + \frac{\omega_m}{\omega_0 - \omega} \tag{5.15.12}$$

$$\mu_- = \mu + \kappa = 1 + \frac{\omega_m}{\omega_0 + \omega} \tag{5.15.13}$$

由式(5.15.12)可见，μ_+ 具有谐振特性，当微波磁场的角频率 ω 等于铁磁共振角频率 ω_0 时，μ_+ 趋于无限大，称之为铁磁共振现象，而 μ_- 没有这种效应。

以上讨论没有涉及到铁氧体中的损耗，当考虑到损耗时，μ_+ 和 μ_- 出现了代表磁损耗的虚部。实部 μ'_+、μ'_- 和虚部 μ''_+、μ''_- 随$\dfrac{\omega}{\omega_0}$变化曲线如图 5.45 所示。

5.15.3 矩形波导场移式隔离器

隔离器是一种单向衰减器，其对正向传输的电磁波基本上不衰减，而对反向传输的波衰减很大。具有这种功能的器件加在信号源和负载之间是有意义的，它可以大大减小由于负载阻抗的变化对振荡器输出功率和频率的影响。

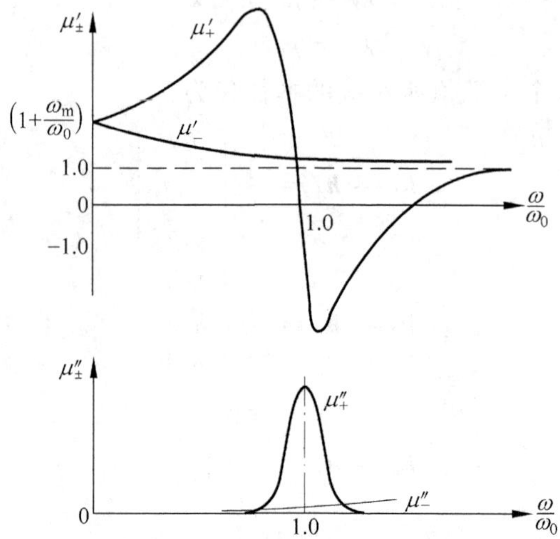

图 5.45 $\mu_{\pm}$ 随 $\frac{\omega}{\omega_0}$ 的变化曲线

矩形波导场移式隔离器的结构示意图如图 5.46 所示。注意，本小节中 $\boldsymbol{H}_0=\hat{\boldsymbol{y}}H_0$。

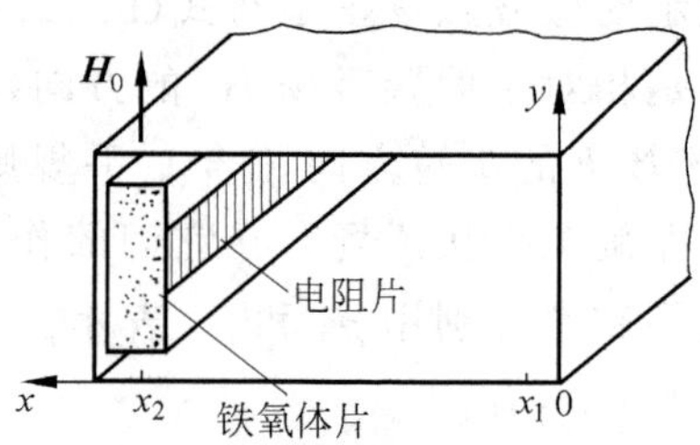

图 5.46 场移式隔离器结构示意图

图 5.46 中横向磁化的铁氧体片放置在靠近波导窄壁的位置，适当地选择位置使得微波磁场几乎是圆极化的。相对于外加的恒定偏置磁场 $\boldsymbol{H}_0$ 的方向，微波磁场可能是右旋的，也可能是左旋的，这不仅取决于铁氧体片的位置，同时也取决于波的传输方向。下面从矩形波导中 TE_{10} 模的场分量表示式来分析上述问题。

$$E_y=-\mathrm{j}\omega\mu\frac{a}{\pi}H_{10}\sin\left(\frac{\pi x}{a}\right)\mathrm{e}^{\mp\mathrm{j}k_z z} \tag{5.15.14}$$

$$H_x=\pm\mathrm{j}k_z\frac{a}{\pi}H_{10}\sin\left(\frac{\pi x}{a}\right)\mathrm{e}^{\mp\mathrm{j}k_z z} \tag{5.15.15}$$

$$H_z=H_{10}\cos\left(\frac{\pi x}{a}\right)\mathrm{e}^{\mp\mathrm{j}k_z z} \tag{5.15.16}$$

式(5.15.15)的±号中，+号表示波向 $+z$ 方向传输，−号表示波向 $-z$ 方向传输。H_{10} 是 H_z 分量的幅度。由式(5.15.15)和式(5.15.16)可得

$$\frac{H_x}{H_z}=\pm\mathrm{j}k_z\frac{a}{\pi}\tan\left(\frac{\pi x}{a}\right) \tag{5.15.17}$$

若

$$\tan\left(\frac{\pi x_1}{a}\right)=\frac{\pi}{ak_z}=\frac{\lambda_g}{2a}$$

则有

$$\frac{H_x}{H_z}=\pm \mathrm{j} \tag{5.15.18}$$

这说明在 $x=x_1$ 平面处，矩形波导中的 TE_{10} 模的微波磁场是圆极化的。向正 z 方向传输的波相对于 $\boldsymbol{H}_0$ 的方向而言是左旋圆极化磁场，而向负 z 方向传输的波是右旋圆极化磁场。在 $x_2=a-x_1$ 处有

$$\tan\left(\frac{\pi x_2}{a}\right)=-\frac{\pi}{ak_z}=-\frac{\lambda_g}{2a}$$

则式(5.15.17)变为

$$\frac{H_x}{H_z}=\mp \mathrm{j} \tag{5.15.19}$$

这表明在 $x=x_2$ 的平面处，微波磁场也是圆极化的，但极化旋转方向与 x_1 平面处正好相反。

下面按照图 5.47 的示意图来说明场移式隔离器的工作原理。

这种隔离器的工作频率偏离铁氧体的谐振频率，所以只考虑 $\mu_{\pm}$ 的实部即可。设 $\omega>\omega_0=\gamma H_0$，当波向正 z 方向传输时，铁氧体片所在处的交变磁场是右旋圆极化场。由图 5.45 可见，其对应的 $\mu'_+<1$，故电磁场被拒斥于铁氧体外，TE_{10} 波的大部分能量集中在波导的空气媒质中，因而铁氧体上所附加的电阻片对微波能量吸收甚微，这是正向传输的情况；而当波向负 z 方向传输时，x_2 处的交变磁场是左旋圆极化场，对应的 $\mu'_->1$，故电磁场趋向于铁氧体中，附加的电阻片对微波能量吸收严重，这是反向传输的情况。各自的电场幅度分布示意如图 5.47 所示。具体求解正向传输和反向传输时的场分布这一工作相当繁杂，以上只是定性的描述。

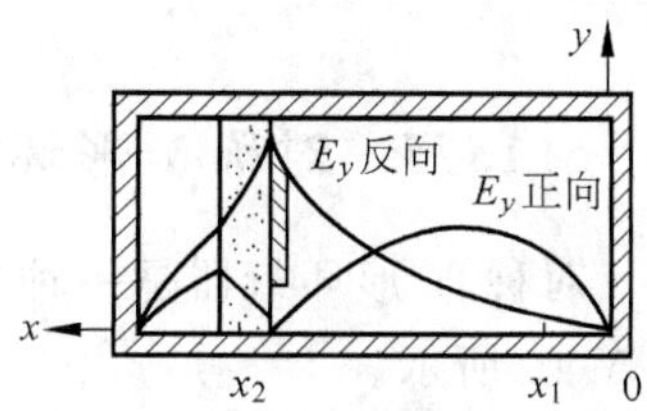

图 5.47 场移式隔离器中电场幅度分布示意图

场移式隔离器正向损耗通常能做到小于 0.5dB，反向隔离大于 25dB。理想隔离器的散射矩阵应为

$$[s]=\begin{bmatrix}0 & 0\\ 1 & 0\end{bmatrix}$$

5.15.4 矩形波导谐振式隔离器

矩形波导谐振式隔离器与场移式隔离器在结构上非常相似，只不过前者没有在铁氧体上附加电阻片，它是依靠铁氧体自身的铁磁共振来吸收微波能量的。其结构示意图如图 5.48 所示。

设计制作时,将铁氧体放置在波导中微波磁场的圆极化位置,并使工作频率 $\omega=\omega_0=rH_0$。正向传输的左旋圆极化磁场基本上不衰减,而对反向传输的右旋圆极化磁场,由图 5.45 可见,μ''_+ 出现峰值,铁氧体中产生强烈的铁磁共振吸收。

与场移式隔离器相比,谐振式隔离器要求较强的偏置磁场,因而体积会增加。

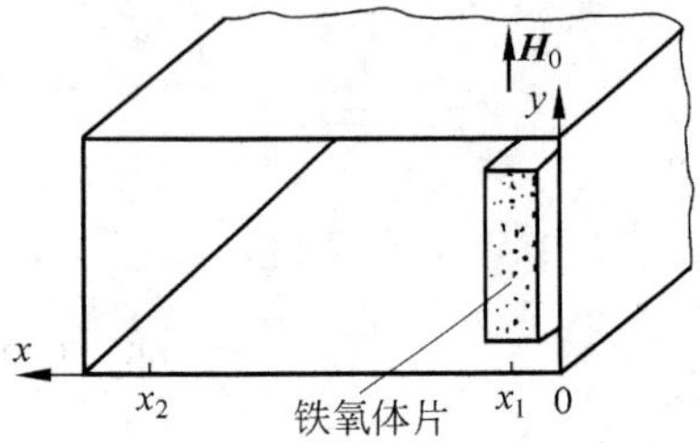

图 5.48 谐振式隔离器结构示意图

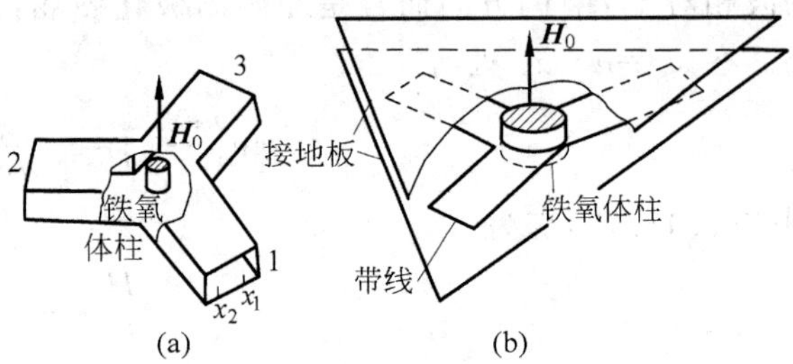

图 5.49 环行器结构示意图

(a) 波导型 (b) 带状线型

5.15.5 对称 Y 形环行器

对称 Y 形环行器是一种非互易器件,其波导型和带状线型的环行器的结构示意图如图 5.49 所示。

该环行器结构的主要特点是在旋转对称 Y 形分支的中心区安放一块铁氧体圆柱,并在其中心轴方向上外加偏置磁场 $\boldsymbol{H}_0$ 使铁氧体磁化,让环行器具有非互易特性。

环行器的功能是保证微波功率的单向循环传输,而反向则是隔离的,将其等效为一个三口网络,它应是一个非互易网络,在理想情况下,散射矩阵可有如下两种形式:

$$[s]=\begin{bmatrix}0 & 0 & 1\\ 1 & 0 & 0\\ 0 & 1 & 0\end{bmatrix} \tag{5.15.20}$$

$$[s]=\begin{bmatrix}0 & 1 & 0\\ 0 & 0 & 1\\ 1 & 0 & 0\end{bmatrix} \tag{5.15.21}$$

式(5.15.20)对应着图 5.50(a)所示的理想环行器,其功率传输的顺序为端口 1→端口 2→端口 3→端口 1;式(5.15.21)对应着图5.50(b)所示的理想环行器,其功率传输的顺序为端口 1→端口 3→端口 2→端口 1。

为什么环行器具有上述环行特性呢?下面以图 5.49(a)中的波导型环行器为例作一定性说明。

当 TE_{10} 波从环行器的端口 1 输入时,适当选择 $\boldsymbol{H}_0$ 的方向,使得在 $x=x_1$ 面上,微波

磁场相对 $\boldsymbol{H}_0$ 的方向而言是左旋圆极化磁场，而在 $x=x_2$ 面上，微波磁场是右旋圆极化磁场。选取工作频率使 $\omega>\omega_0=\gamma H_0$，由图 5.45 可见其对应的 $\mu'_->1$、$\mu'_+<1$，从而可知在铁氧体柱中靠近端口 3 一侧的电磁场为吸引场(即电磁场能量相对集中增强)，而靠近端口 2 一侧的电磁场为排斥场(即电磁场能量相对分散变小)。以上发生的"场移"效应使得环行器的端口 3 将有能量输出而端口 2 无输出，这种情况对应着图 5.50(b) 所示的环行器。若将偏置磁场 $\boldsymbol{H}_0$ 反向，则对应着图 5.50(a)所示的环行器。

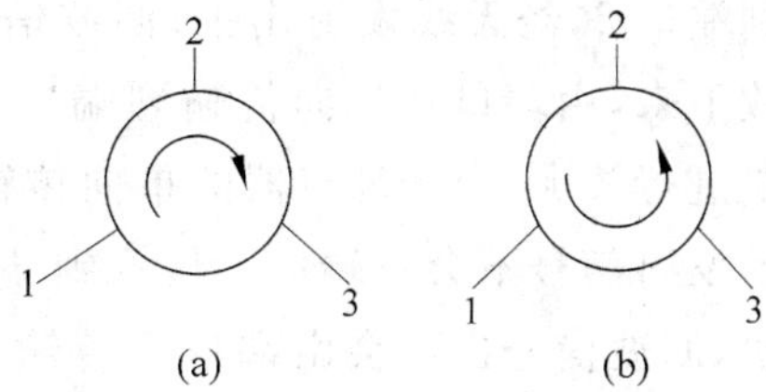

图 5.50 理想环行器中功率传输顺序

为了对环行器有进一步的理解，下面我们来证明一条定理。

定理 旋转对称无耗非互易三端口网络，若各端口全匹配，则该网络必定是一个理想的环行器。

证明 由于网络的旋转对称性，应有

$$s_{12}=s_{23}=s_{31}$$

$$s_{13}=s_{21}=s_{32}$$

故散射矩阵为

$$[s]=\begin{bmatrix}0 & s_{12} & s_{13}\\ s_{13} & 0 & s_{12}\\ s_{12} & s_{13} & 0\end{bmatrix}$$

网络无耗，应满足酉条件，故有

$$|s_{12}|^2+|s_{13}|^2=1$$

$$s_{12}^*s_{13}=0$$

上两式联立求解，可得两组解

$$\begin{cases}s_{12}=0\\ |s_{13}|=1\end{cases}$$

$$\begin{cases}s_{13}=0\\ |s_{12}|=1\end{cases}$$

适当选择端口参考面，可使前一组解对应着式(5.15.20)的矩阵元素；后一组解对应着式(5.15.21)的矩阵元素，于是定理得证。

这一定理给设计、调试三端口环行器以指导，通常环行器的外加恒定磁场 $\boldsymbol{H}_0$ 应满足条件 $\omega_0=\gamma H_0\ll\omega$，这样可避免铁氧体中产生铁磁共振损耗，使环行器尽量接近理想中的无耗情况，同时调配元件的放置应以不破坏 Y 形分支的旋转对称性为前提，当各端口全匹配时，环行特性则得以实现。

三端口环行器的典型应用如图 5.51 所示。雷达发射机的振荡信号由端口 1 单向传输到端口 2,经天线发射出去;回波信号由同一天线接收下来,由端口 2 单向传输到端口 3,送至匹配接收机进行放大,由于环行器的单向传输特性,功率较大的发射信号不会由端口 1 传输到端口 3 而损伤接收机,回波信号也不会由端口 2 传输到端口 1,从而分流本来就微弱的接收信号。

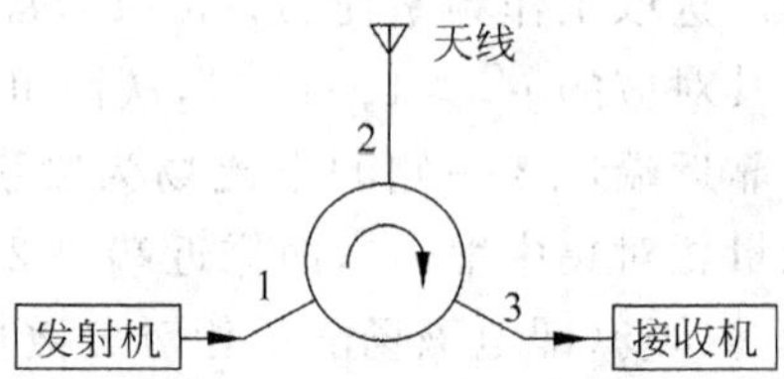

图 5.51 环行器的应用

5.16 谐 振 腔

微波谐振腔有多种形式,任意形状的封闭的导体空腔都可以是谐振腔,但实用的是形状规则的空腔,例如矩形腔、圆柱腔和同轴腔。微带谐振腔和介质谐振腔是另一种形式的谐振腔,求解其中的场分布只能采用近似方法。谐振腔总是与信号源或负载相联系的,这称之为谐振腔的激励与耦合,本节介绍若干实例以阐明这一基本概念。空腔的微小形变常会引起腔内谐振频率的变化,本节最后介绍的腔体微扰法是研究这一规律的常用方法。

5.16.1 谐振腔的基本参数

谐振腔两个最基本的参数是谐振频率 f_0 和品质因数 Q_0。

求谐振频率 f_0 有三种方法。第一种叫做集总参数法,此法适用于电场、磁场相对集中的腔体,先计算出腔体的电容量和电感量,然后利用公式 $f_0=\dfrac{1}{2\pi\sqrt{LC}}$求出腔体的谐振频率 f_0。第二种叫做场解法,由波动方程、边界条件求出腔体中各模式的场分量,各模式对应着一个波数 k,已知 k 后便可计算出腔体中某一模式的谐振频率。计算公式为

$$f_0=\frac{c}{2\pi}k$$

此法适用于形状规则的腔体,否则难以求解出腔体中的电磁场分布。第三种叫做电纳法,在此方法中必须先求出谐振腔的等效电路,谐振时,在等效电路的任一截面上总电纳为零,即

$$\sum B(f_0)=B_1(f_0)+B_2(f_0)=0$$

上式中的 B_1 和 B_2 分别为在等效电路的任一截面上向左、向右看输入的电纳，由上式可解出腔体的谐振频率 f_0。

谐振腔的固有品质因数 Q_0 定义为

$$Q_0 = 2\pi \frac{\text{腔内总储能 } W_0}{\text{一周期内腔的耗能}} = 2\pi \frac{W_0}{P_0 T} = \omega_0 \frac{W_0}{P_0}$$

式中，P_0 表示谐振时腔中的损耗功率，T 表示周期，$\omega_0 = 2\pi f_0$，腔体 V_0 中总储能 W_0 为平均电能 W_e 与平均磁能 W_m 之和，即

$$W_0 = W_e + W_m = \frac{\varepsilon_0}{4}\int_{V_0} \boldsymbol{E}\cdot\boldsymbol{E}^*\,\mathrm{d}v + \frac{\mu_0}{4}\int_{V_0} \boldsymbol{H}\cdot\boldsymbol{H}^*\,\mathrm{d}v$$

谐振时，腔内电能和磁能相互转换，其平均电能 W_e 等于平均磁能 W_m，故有

$$W_0 = 2W_e = \frac{\varepsilon_0}{2}\int_{V_0} \boldsymbol{E}\cdot\boldsymbol{E}^*\,\mathrm{d}v$$

$$= 2W_m = \frac{\mu_0}{2}\int_{V_0} \boldsymbol{H}\cdot\boldsymbol{H}^*\,\mathrm{d}v$$

假设腔内介质是无耗的，损耗仅仅由导体的损耗引起，损耗功率为

$$P_0 = \frac{1}{2}R_s \oint_S \boldsymbol{H}_\tau \cdot \boldsymbol{H}_\tau^*\,\mathrm{d}s$$

式中，$\boldsymbol{H}_\tau$ 为腔体表面切向磁场，R_s 为表面电阻且有

$$R_s = \frac{\delta}{2}\omega_0 \mu_0$$

式中，δ 为趋肤深度。最后得到与场量有关的固有品质因数为

$$Q_0 = \frac{2}{\delta}\frac{\int_{V_0} \boldsymbol{H}\cdot\boldsymbol{H}^*\,\mathrm{d}v}{\oint_S \boldsymbol{H}_\tau \cdot \boldsymbol{H}_\tau^*\,\mathrm{d}s} \tag{5.16.1}$$

故只要知道腔体的材料和腔中的场分布，就可计算腔体的固有品质因数 Q_0。

当谐振腔与外界有耦合，即有能量交换时，腔中的一部分能量耦合到腔体之外，这时腔体的品质因数称为有载品质因数 Q_L，且有

$$Q_L = 2\pi \frac{\text{腔内总储能 } W_0}{\text{一周期内耦合腔的耗能}} = \frac{\omega_0 W_0}{P_0 + P_e}$$

式中，P_e 是外电路负载从谐振腔中取走的能量。显然 Q_L 将低于 Q_0，上式可改写为

$$\frac{1}{Q_L} = \frac{P_0}{\omega_0 W_0} + \frac{P_e}{\omega_0 W_0} = \frac{1}{Q_0} + \frac{1}{Q_e}$$

其中 Q_e 称作外观品质因数。

5.16.2 矩形腔

一段长度为 l 的矩形波导两端用金属片封闭起来就构成了矩形腔,如图 5.52 所示。以下讨论不考虑谐振腔的激励与耦合。为求矩形腔中的电场和磁场,可以直接求解波动方程,但简单的方法是利用矩形波导现成的结果,以 TE 波为例,H_z 分量可写为

$$H_z = -\mathrm{j}k_c^2\left[D_+\cos\left(\frac{m\pi}{a}x\right)\cos\left(\frac{n\pi}{b}y\right)\mathrm{e}^{-\mathrm{j}k_z z} + D_-\cos\left(\frac{m\pi}{a}x\right)\cos\left(\frac{n\pi}{b}y\right)\mathrm{e}^{\mathrm{j}k_z z}\right] \tag{5.16.2}$$

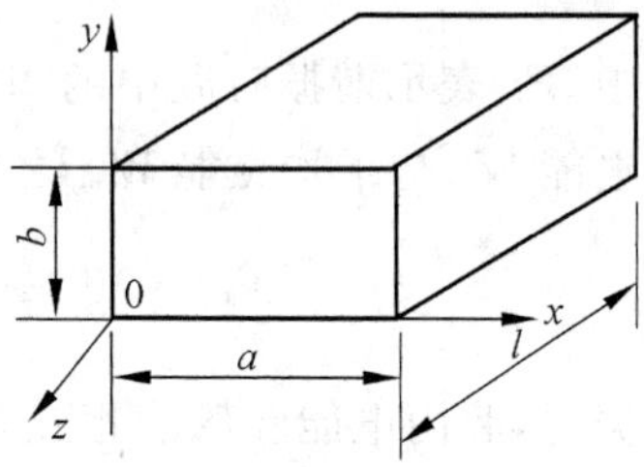

图 5.52 矩形腔示意图

上式表明,矩形腔中的场可看作向正 z 方向和向负 z 方向传输的两个波叠加的结果。在 $z=0$ 和 $z=-l$ 处,H_z 为法向分量,因此

$$H_z\big|_{z=0} = 0 \tag{5.16.3a}$$

$$H_z\big|_{z=-l} = 0 \tag{5.16.3b}$$

由式(5.16.3a)得

$$D_+ = -D_- = D$$

由式(5.16.3b)得

$$\mathrm{e}^{\mathrm{j}k_z l} - \mathrm{e}^{-\mathrm{j}k_z l} = 0$$

因而

$$\sin k_z l = 0$$

那么

$$k_z = \frac{p\pi}{l} \quad (p = 1,2,3,\cdots)$$

于是 H_z 的表示式可以写作如下形式:

$$H_z = -2k_c^2 D\cos\left(\frac{m\pi}{a}x\right)\cos\left(\frac{n\pi}{b}y\right)\sin\left(\frac{p\pi}{l}z\right)$$

为书写方便,将上式改写为

$$H_z = H_{mnp}\cos\left(\frac{m\pi}{a}x\right)\cos\left(\frac{n\pi}{b}y\right)\sin\left(\frac{p\pi}{l}z\right) \tag{5.16.4}$$

这里 m 代表 x 方向上场变化的半周期数,n 代表 y 方向上场变化的半周期数,p 代表 z 方向上场变化的半周期数,$H_{mnp} = -2k_c^2 D$。

TE 波场的横向分量与纵向分量关系式为

$$\boldsymbol{E}_T = \frac{\mathrm{j}\omega\mu}{k_c^2}\hat{\boldsymbol{z}}\times\nabla_T H_z \tag{5.16.5}$$

$$\boldsymbol{H}_T = \frac{1}{k_c^2} \nabla_T\left(\frac{\partial H_z}{\partial z}\right) \tag{5.16.6}$$

可求得其余场分量分别为

$$E_x = \frac{j\omega\mu}{k_c^2} \frac{n\pi}{b} H_{mnp} \cos\left(\frac{m\pi}{a}x\right)\sin\left(\frac{n\pi}{b}y\right)\sin\left(\frac{p\pi}{l}z\right) \tag{5.16.7}$$

$$E_y = -\frac{j\omega\mu}{k_c^2} \frac{m\pi}{a} H_{mnp} \sin\left(\frac{m\pi}{a}x\right)\cos\left(\frac{n\pi}{b}y\right)\sin\left(\frac{p\pi}{l}z\right) \tag{5.16.8}$$

$$H_x = -\frac{1}{k_c^2} \frac{m\pi}{a} \frac{p\pi}{l} H_{mnp} \sin\left(\frac{m\pi}{a}x\right)\cos\left(\frac{n\pi}{b}y\right)\cos\left(\frac{p\pi}{l}z\right) \tag{5.16.9}$$

$$H_y = -\frac{1}{k_c^2} \frac{n\pi}{a} \frac{p\pi}{l} H_{mnp} \cos\left(\frac{m\pi}{a}x\right)\sin\left(\frac{n\pi}{b}y\right)\cos\left(\frac{p\pi}{l}z\right) \tag{5.16.10}$$

TE_{101}和 TE_{111}模场的力线分布示意图如图 5.53 所示。为了更好地理解矩形腔中的力线，读者应首先弄清楚矩形波导中力线的分布。与波导相比由于矩形腔附加了 $z=0$ 和 $z=-l$处两端的边界条件，故力线应作相应的调整，使之满足新的边界条件，同时电场的横向分量与磁场的横向分量已不再同相，而是有了 $\pi/2$ 的相位差，从式(5.16.7)、式(5.16.8)中亦可看出公式中出现了符号 j。

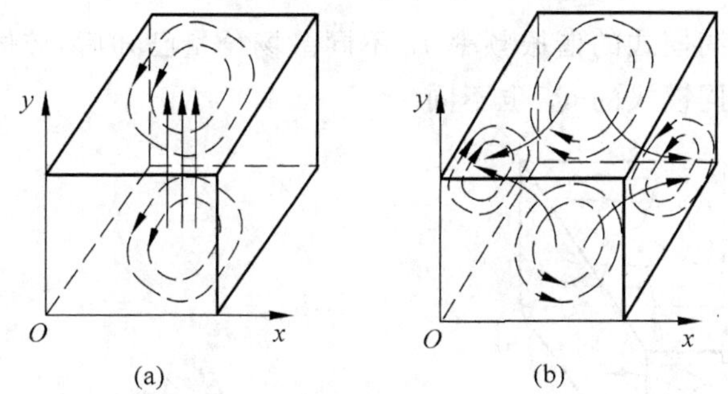

图 5.53　矩形腔中的 TE_{101}和 TE_{111}模

(a) TE_{101}　(b) TE_{111}

对于 TM 波，仿照上述方法，同样可求得

$$E_z = E_{mnp} \sin\left(\frac{m\pi}{a}x\right)\sin\left(\frac{n\pi}{b}y\right)\cos\left(\frac{p\pi}{l}z\right) \tag{5.16.11}$$

式中，m、n、p 的意义与 TE 波的论述相同。TM 波场的横向分量与纵向分量关系式为

$$\boldsymbol{E}_T = \frac{1}{k_c^2} \nabla_T\left(\frac{\partial E_z}{\partial z}\right) \tag{5.16.12}$$

$$H_T = -\frac{j\omega\varepsilon}{k_c^2} \hat{z} \times \nabla_T E_z \tag{5.16.13}$$

由此可求得其余场分量分别为

$$E_x = -\frac{1}{k_c^2}\frac{m\pi}{a}\frac{p\pi}{l}E_{mnp}\cos\left(\frac{m\pi}{a}x\right)\sin\left(\frac{n\pi}{b}y\right)\sin\left(\frac{p\pi}{l}z\right) \tag{5.16.14}$$

$$E_y = -\frac{1}{k_c^2}\frac{n\pi}{b}\frac{p\pi}{l}E_{mnp}\sin\left(\frac{m\pi}{a}x\right)\cos\left(\frac{n\pi}{b}y\right)\sin\left(\frac{p\pi}{l}z\right) \tag{5.16.15}$$

$$H_x = \frac{\mathrm{j}\omega\varepsilon}{k_c^2}\frac{n\pi}{b}E_{mnp}\sin\left(\frac{m\pi}{a}x\right)\cos\left(\frac{n\pi}{b}y\right)\cos\left(\frac{p\pi}{l}z\right) \tag{5.16.16}$$

$$H_y = -\frac{\mathrm{j}\omega\varepsilon}{k_c^2}\frac{m\pi}{a}E_{mnp}\cos\left(\frac{m\pi}{a}x\right)\sin\left(\frac{n\pi}{b}y\right)\cos\left(\frac{p\pi}{l}z\right) \tag{5.16.17}$$

TM_{111}模场的力线分布示意图如图 5.54 所示。

每一种谐振模式都有自身的波数 k,且有

$$k^2 = k_c^2 + k_z^2 = k_x^2 + k_y^2 + k_z^2 = \left(\frac{m\pi}{a}\right)^2 + \left(\frac{n\pi}{b}\right)^2 + \left(\frac{p\pi}{l}\right)^2$$

由此可计算矩形腔中各模式的谐振频率 f_0 为

$$f_0 = \frac{c}{2\pi}k = \frac{c}{2}\sqrt{\left(\frac{m}{a}\right)^2 + \left(\frac{n}{b}\right)^2 + \left(\frac{p}{l}\right)^2} \tag{5.16.18}$$

可见对同一腔体,不同模式的谐振频率 f_0 不同。场分量已知后,腔体的品质因数 Q_0 可按式(5.16.1)计算,不同模式的 Q_0 也不同。

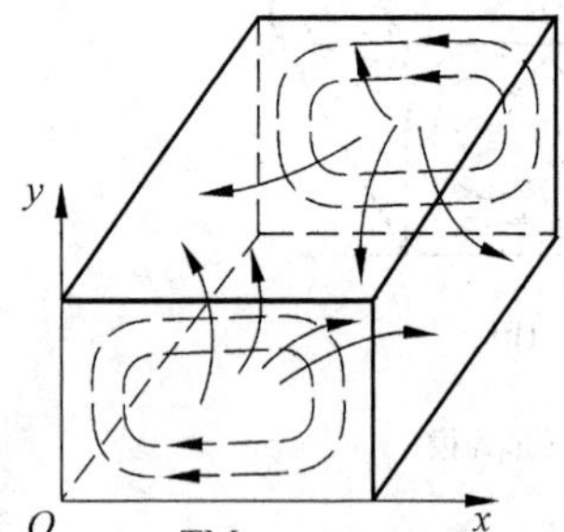

图 5.54　矩形腔中的 TM_{111} 模

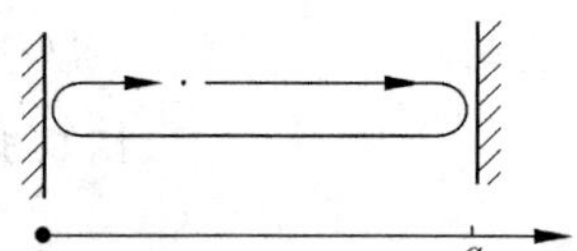

图 5.55　用相位法确定 k_x

如果所关心的仅仅是矩形腔的谐振频率,那么利用"相位法"可以很快地写出 k_x、k_y 和 k_z,从而根据式(5.16.18)求出 f_0。设想两个理想导体平面如图 5.55 所示,两平面之间的距离为 a,从两平面之间的任意一点出发的行波,沿 x 方向传输一个"来回",回到原来的出发点,其相位必定满足

$$2k_xa + \varphi_1 + \varphi_2 = 2m\pi \quad (m = 0,1,2,\cdots)$$

式中 φ_1 和 φ_2 是 $x=0$ 和 $x=a$ 处反射波附加的相位，对于理想导体，$\varphi_1=\varphi_2=\pm\pi$，由此得

$$k_x = \frac{m\pi}{a}$$

用同样的程序可求 k_y 和 k_z，这是求矩形腔的 k_x、k_y 和 k_z 的一种简单方法，叫做“相位法”。

5.16.3 圆柱腔

圆柱腔是微波工程中广泛应用的一种谐振腔，它是一段两端短路的圆波导，如图5.56所示。

设圆柱腔的半径为 a，长度为 l，分析方法与上述方法相似，可利用圆波导的结果。对于 TE 波，圆波导中的 H_z 分量为

$$H_z = D\mathrm{J}_n(k_c r)\cos(n\varphi)\mathrm{e}^{-\mathrm{j}k_z z}$$

式中，D 是常数，色散方程为

$$k_z^2 = k^2 - k_c^2$$

k_c 满足导行条件

$$\mathrm{J}_n'(k_c a) = 0$$

亦即 $k_c a$ 是 n 阶贝塞尔函数的导函数的根，由此可求得 $k_c=\frac{v_{ni}}{a}$。

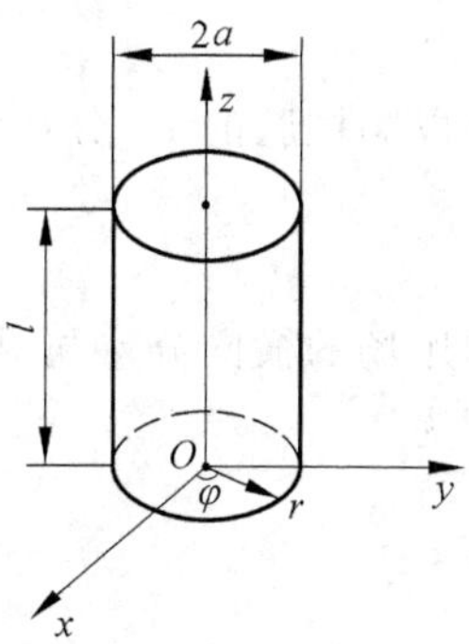

图 5.56 圆柱腔

在圆柱腔的情况下，利用相位法可求得 k_z 为

$$k_z = \frac{p\pi}{l}$$

所以圆柱腔中的 H_z 分量为

$$H_z = H_{nip}\mathrm{J}_n(k_c r)\cos n\varphi\sin\left(\frac{p\pi}{l}z\right) \tag{5.16.19}$$

式中，H_{nip} 为幅度。因子 $\sin\left(\frac{p\pi}{l}z\right)$ 表明 H_z 是两个方向上传输的波的叠加结果。利用场的横向分量与纵向分量间的关系式(5.16.5)和(5.16.6)可求得场的其余分量分别为

$$H_r = H_{nip}\frac{p\pi}{k_c l}\mathrm{J}_n'(k_c r)\cos n\varphi\cos\left(\frac{p\pi}{l}z\right) \tag{5.16.20}$$

$$H_\varphi = -H_{nip}\frac{p\pi}{k_c^2 l}\frac{n}{r}\mathrm{J}_n(k_c r)\sin n\varphi\cos\left(\frac{p\pi}{l}z\right) \tag{5.16.21}$$

$$E_r = H_{nip}\frac{\mathrm{j}\omega\mu}{k_c^2 r}\mathrm{J}_n(k_c r)\sin n\varphi\sin\left(\frac{p\pi}{l}z\right) \tag{5.16.22}$$

$$E_\varphi = H_{nip}\frac{\mathrm{j}\omega\mu}{k_c}\mathrm{J}_n'(k_c r)\cos n\varphi\sin\left(\frac{p\pi}{l}z\right) \tag{5.16.23}$$

给定一组 n、i、p，将得到一种谐振模式。n、i 的物理意义与圆波导中相同，p 表示场

分量在 z 方向上变化的半周期数。

对于 TM 波，圆波导中的 E_z 分量为

$$E_z = D'\mathrm{J}_n(k_c r)\cos n\varphi \mathrm{e}^{-\mathrm{j}k_z z}$$

式中，D' 是常数，色散方程为

$$k_z^2 = k^2 - k_c^2$$

k_c 满足导行条件

$$\mathrm{J}_n(k_c a) = 0$$

亦即 $k_c a$ 是 n 阶贝塞尔函数的根。利用相位法可求得圆柱腔中的 k_z 为

$$k_z = \frac{p\pi}{l}$$

所以圆柱腔的 E_z 分量为

$$E_z = E_{nip}\mathrm{J}_n(k_c r)\cos n\varphi \cos\left(\frac{p\pi}{l}z\right) \tag{5.16.24}$$

利用场的横向分量与纵向分量间的关系式(5.16.12)和(5.16.13)可求得场的其余分量分别为

$$E_r = -E_{nip}\frac{p\pi}{k_c l}\mathrm{J}'_n(k_c r)\cos n\varphi \sin\left(\frac{p\pi}{l}z\right) \tag{5.16.25}$$

$$E_\varphi = E_{nip}\frac{p\pi}{k_c^2 l}\frac{n}{r}\mathrm{J}_n(k_c r)\sin n\varphi \sin\left(\frac{p\pi}{l}z\right) \tag{5.16.26}$$

$$H_r = -E_{nip}\frac{\mathrm{j}\omega\varepsilon}{k_c^2}\frac{n}{r}\mathrm{J}_n(k_c r)\sin n\varphi \cos\left(\frac{p\pi}{l}z\right) \tag{5.16.27}$$

$$H_\varphi = -E_{nip}\frac{\mathrm{j}\omega\varepsilon}{k_c}\mathrm{J}'_n(k_c r)\cos n\varphi \cos\left(\frac{p\pi}{l}z\right) \tag{5.16.28}$$

给定一组 n、i、p，将得到一种谐振模式。n、i 的物理意义与圆波导中相同，p 表示场分量在 z 方向上变化的半周期数。图 5.57 给出了 TE_{111}、TM_{010}、TE_{011}、TM_{111} 四种谐振模式的力线分布示意图。为了更好地理解圆柱腔中力线的分布，读者应首先回忆一下行波状态下圆波导中相应模式的力线，然后比较二者的异同。由于圆柱腔附加了两端的边界条件，所以力线在纵方向上应作相应的调整，同时电场的横向分量与磁场的横向分量之间有 $\pi/2$ 的相位差。

每一种谐振模式都有其自身的波数 k，且有

$$k^2 = k_c^2 + k_z^2$$

对于 TE_{nip} 谐振模，有

$$k^2 = \left(\frac{v_{ni}}{a}\right)^2 + \left(\frac{p\pi}{l}\right)^2$$

由此可计算出谐振频率为

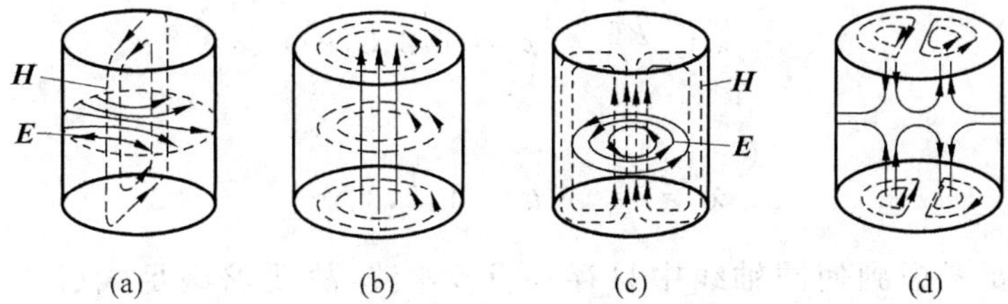

图 5.57　圆柱腔中的 TE_{111}、TM_{010}、TE_{011}、TM_{111} 模

(a) TE_{111}　(b) TM_{010}　(c) TE_{011}　(d) TM_{111}

$$f_0 = \frac{c}{2\pi}k = \frac{c}{2\pi}\sqrt{\left(\frac{v_{ni}}{a}\right)^2 + \left(\frac{p\pi}{l}\right)^2} \tag{5.16.29}$$

对于 TM_{nip} 谐振模，有

$$k^2 = \left(\frac{u_{ni}}{a}\right)^2 + \left(\frac{p\pi}{l}\right)^2$$

故其谐振频率为

$$f_0 = \frac{c}{2\pi}\sqrt{\left(\frac{u_{ni}}{a}\right)^2 + \left(\frac{p\pi}{l}\right)^2} \tag{5.16.30}$$

圆柱腔中常用的三种谐振模式为 TE_{111}、TM_{010} 和 TE_{011}，它们有各自的特点。对于 TE_{111} 模，$k_c = 1.841/a$；TM_{010} 模式的特点是场沿轴方向无变化，$k_c = 2.405/a$；TE_{011} 模只具有圆周方向的电流，损耗比较小，品质因数高，$k_c = 3.832/a$，它与 TM_{111} 模的 k_c 相同，有简并现象，当只希望激励起 TE_{011} 模时，应设法避免 TM_{111} 模。

5.16.4　同轴腔

同轴腔是由同轴线演变而来的，工作模式为 TEM 模，谐振现象只发生在轴向方向。同轴腔的三种基本形式如图 5.58 所示。

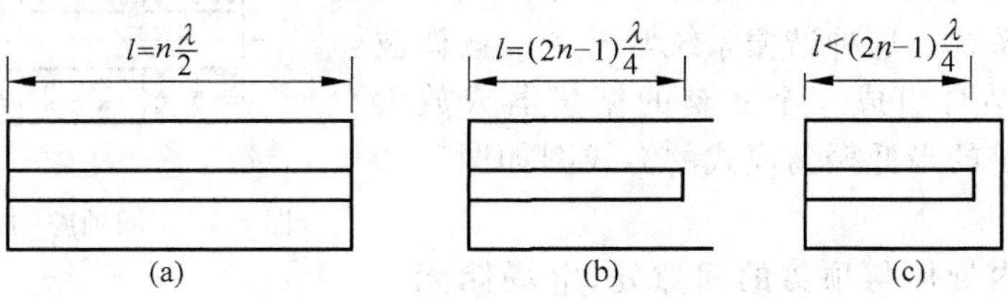

图 5.58　同轴腔的三种基本形式($n=1,2,3,\cdots$)

设同轴腔的外导体内径为 D，内导体直径为 d，腔长为 l。

(1) 两端短路的同轴腔，由相位法可得

$$2kl = 2p\pi \quad (p = 1,2,3,\cdots)$$

则有

$$k = \frac{p\pi}{l} \quad (p = 1,2,3,\cdots)$$

或

$$\lambda = \frac{2l}{p} \quad (p = 1,2,3,\cdots)$$

设计同轴腔时要考虑到使同轴线中只存在 TEM 波，故要求满足式(3.5.38)给定的条件，即

$$\lambda > \frac{\pi(D+d)}{2}$$

同时还希望腔的导体损耗比较小，以得到较高的品质因数，通常取$\frac{D}{d}=3.6$。图 5.58(a)中 $n=1$ 时，称作半波长同轴腔。

(2) 同轴线一端短路另一端开路，这种腔通常称作 1/4 波长谐振腔。实际上简单地切断同轴线并非真正的开路，由于开口处会有电磁能向外辐射，为了防止辐射，通常把外导体伸长一些，故端部有一段实际上是圆波导，相对于谐振频率来说这段圆波导工作在截止状态，这就有效地防止了电磁能的向外辐射。利用相位法可求得谐振波长，此时相位为

$$2kl + \varphi_1 + \varphi_2 = 2p\pi \quad (p = 1,2,3,\cdots)$$

式中，φ_1 是短路端相位，取为 π，φ_2 是开路端相位，近似取为 0，那么

$$k = \frac{(2p-1)\pi}{2l} \quad (p = 1,2,3,\cdots)$$

因而

$$\lambda = \frac{4l}{(2p-1)} \quad (p = 1,2,3,\cdots)$$

调节 l 就可以连续改变谐振波长。实际上开路端有一定的电抗存在，φ_2 并不严格等于零。

(3) 同轴线的两端短路，但内导体的一端与顶盖之间有一间隙，这一间隙相当于一个集总参数的电容，因而这种腔是分布参数电路与集总参数电路相结合的谐振系统。这种谐振系统常常和一些微波半导体器件相结合组成一个完整的振荡器或放大器。这种同轴腔的最低振荡模式的力线图如图5.59所示。

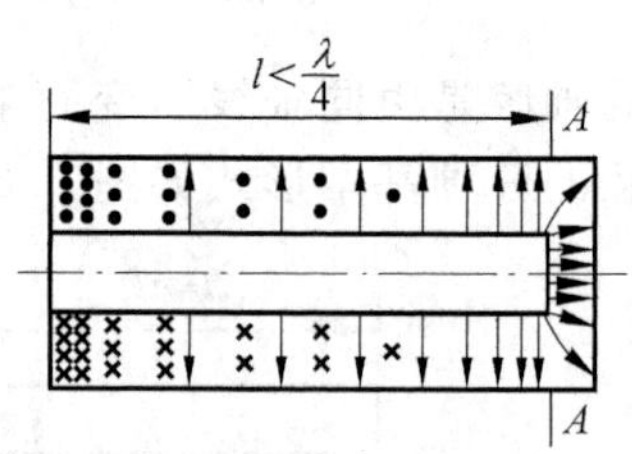

图 5.59　同轴腔的最低谐振模式

在同轴线内导体与顶盖的间隙处，电场储能占有绝对优势，而磁场储能非常弱，因而等效为一个集总参数的电容。从 $A-A$ 截面向左看输入电纳 B_1 为

$$B_1 = -\frac{1}{Z_C}\cot kl$$

式中，Z_C 为同轴线的特性阻抗，集总电容 C_0 的电纳 B_2 为

$$B_2 = \omega C_0$$

谐振时 $A-A$ 截面处总电纳等于零，即

$$\omega C_0 - \frac{1}{Z_C}\cot kl = 0$$

或

$$Z_C \omega C_0 - \cot kl = 0$$

上式为超越方程，可利用数值解法或图解法求解。图解法的示意如图 5.60 所示。

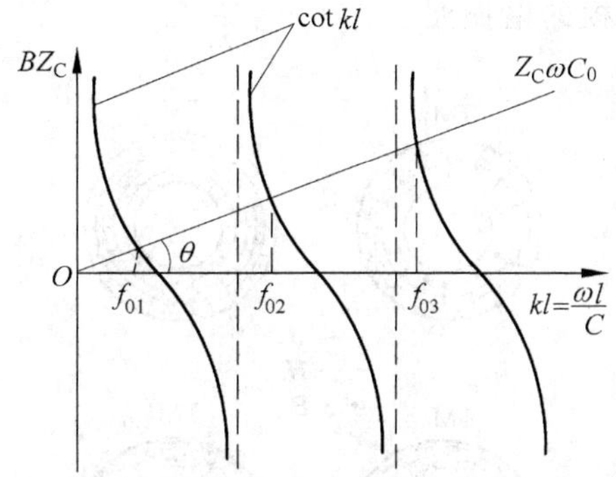

图 5.60 带集总电容的同轴腔谐振频率的图解法

由图可见，有可数个交点，每一个交点对应一个谐振频率，如果 Z_C 和 C_0 已确定，那么调节长度 l 可改变谐振频率。

5.16.5 微带谐振腔

实用的微带谐振腔有条形谐振腔、环形谐振腔和圆形谐振腔等。其结构如图 5.61 所示。

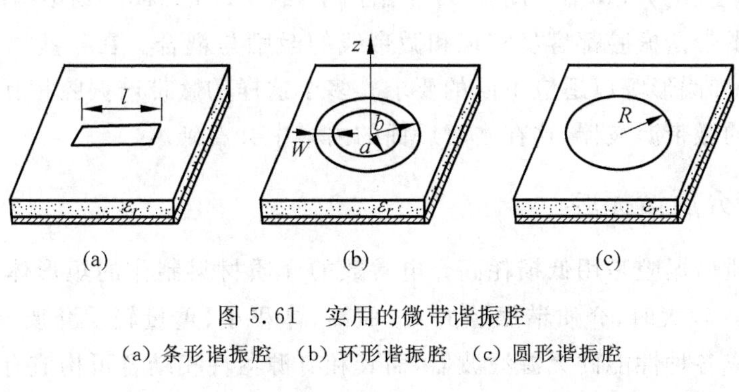

图 5.61 实用的微带谐振腔

(a) 条形谐振腔 (b) 环形谐振腔 (c) 圆形谐振腔

条形谐振腔的导带制作成长条形。其长度为 $\lambda_g/2$ 的整数倍，两端开路。由于开路端引入一个不连续电容，将使得导带实际长度变短。在设计时可用下面公式估算：

$$l = p\frac{\lambda_g}{2} - 2\Delta l \quad (p = 1,2,3,\cdots) \tag{5.16.31}$$

缩短长度通常取 $\Delta l = 0.4h$，h 为介质基片的厚度。

环形谐振腔的导带制作成圆环状。其谐振模式为 TM_{mno} 模，主模为 TM_{110}。图 5.62 中给出了四种 TM_{mno} 模的场结构图。为避免高次模的产生，环的尺寸应满足条件

$$\frac{W}{R} \leqslant 0.1 \tag{5.16.32}$$

式中 $R=(a+b)/2$，TM_{m10} 模的谐振波长为 $\lambda_{g0}=\dfrac{2\pi R}{m}$。

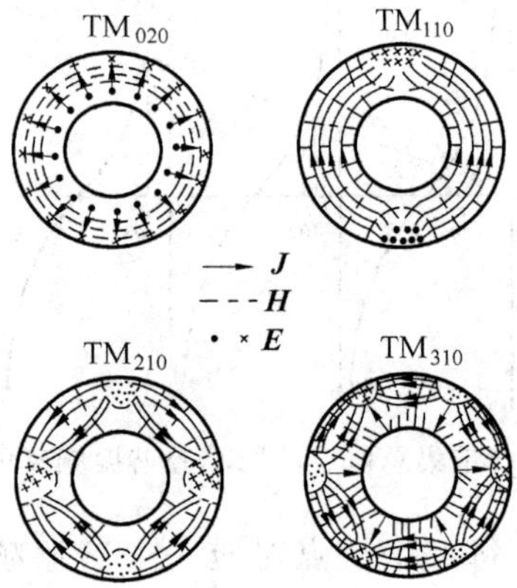

图 5.62 微带环形谐振器中的四种 TM_{mno} 模场结构图

圆形谐振腔的导带制作成圆片形，它为环形谐振腔在 $W/R\to 1$ 时的极限状况。可将其视为上下底面为理想电壁，四周为理想磁壁，高度为 h 的谐振腔。这种谐振腔的振荡模式是 TM_{mno} 模，主模为 TM_{110}。图 5.63 中给出了四种 TM_{mno} 模的场结构图。

上述三种微带谐振腔都容易实现和微带线的激励与耦合。在某些情况下，可以将导带变形为矩形、椭圆形等以适应不同的要求。多个这样的微带谐振腔相互级联耦合，可以构成不同性能的微带滤波器，这在本章后面的内容中会看到。

5.16.6 介质谐振腔

实用的介质谐振腔是用低损耗高介电常数的介质材料制作的矩形体、圆柱体和圆环体谐振腔。当 ε_r 较大时，介质谐振腔的 Q_0 值高、体积小、重量轻。介质谐振腔和谐振结构相结合可构成各种性能的无源滤波器，而其和有源器件相结合可构成有源滤波器、介质谐振腔鉴频器和介质谐振腔稳频振荡器等电路。

分析和求解介质谐振腔中电磁场分布和谐振频率的常用方法是所谓"磁壁波导模型

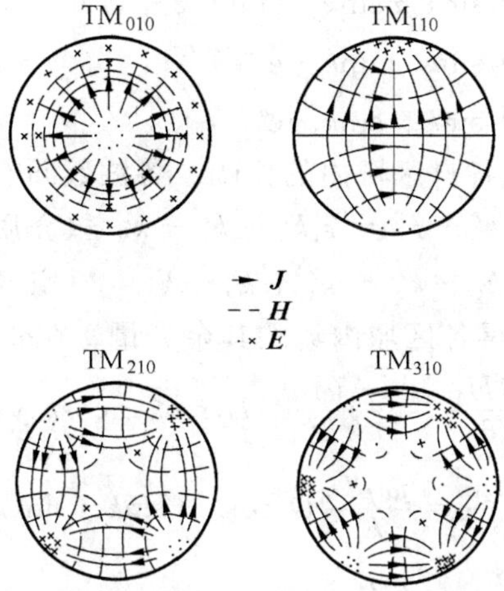

图 5.63 微带圆形谐振器中的四种 TM_{mno} 模场结构图

法”，即把介质谐振腔的四周界面假定为磁壁，磁壁与电壁对偶。在磁壁上，磁场切向分量为零，电场法向分量为零，电磁场在假定磁壁所包围的体积内振荡。这种方法的近似性在于忽略了磁壁外面存在的电磁场，但当介质的 ε_r 较大时，由于电磁场的主要能量集中在介质内部，因而这种方法是可取的。下面我们来分析常用的矩形体和圆柱体介质谐振腔。

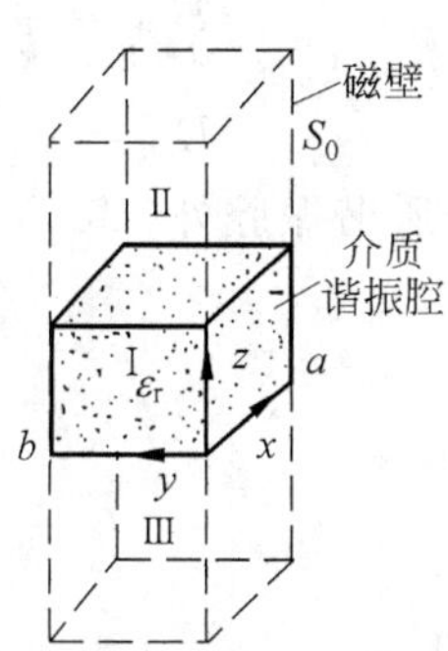

图 5.64 矩形介质谐振腔

矩形介质谐振腔如图 5.64 所示。用“磁壁波导模型法”分析它时，将其四周界面看成是向上下两端无限延伸的磁壁。在这无限长的矩形磁壁波导中，对于工作频率，中间一段是介质填充的传输波导，而上下两段是空气填充的截止波导。电磁波在两种不同介电常数的介质分界面上会产生反射，所以在介质波导中形成驻波，于是形成了谐振腔。

磁壁矩形介质波导和电壁矩形金属波导有类似性，主要差别在于边界条件的变化。求解其中的 TE 模时，采用分离变量法先求解 H_z 满足的波动方程

$$\nabla^2 H_z + k^2 H_z = 0 \tag{5.16.33}$$

传输模的 H_z 分量由边界条件可求得为

$$H_z = D\sin k_x x \sin k_y y \mathrm{e}^{-\mathrm{j}k_z z} \tag{5.16.34}$$

在介质波导中，电磁波来回反射形成驻波，在空气波导中，电磁波指数衰减而截止，故 H_z 在各自区域内分别为

$$\left.\begin{aligned} H_{z1} &= D_1 \sin k_x x \sin k_y y \sin(k_z z + \theta_0) & 0 \leqslant z \leqslant l \\ H_{z2} &= D_2 \sin k_x x \sin k_y y \mathrm{e}^{-\alpha_z (z-l)} & z \geqslant l \\ H_{z3} &= D_3 \sin k_x x \sin k_y y \mathrm{e}^{\alpha_z z} & z \leqslant 0 \end{aligned}\right\} \tag{5.16.35}$$

式中，$D_i(i=1,2,3)$是 H_z 在各自区域内的振幅。各波数间有下列关系：

$$\left.\begin{aligned} k_z^2 &= k^2 - k_c^2 = \varepsilon_r k_0^2 - k_x^2 - k_y^2 \quad (\text{介质中}) \\ \alpha_z &= k_c^2 - k_0^2 = k_x^2 + k_y^2 - k_0^2 \quad (\text{空气中}) \end{aligned}\right\} \tag{5.16.36}$$

由 TE 模的纵横关系式可求得各区域内场的其余分量。在介质谐振腔内($0\leqslant z\leqslant l$)，有

$$\left.\begin{aligned} E_{x1} &= -\frac{\mathrm{j}\omega\mu}{k_c^2}\frac{\partial H_{z1}}{\partial y} = \frac{-\mathrm{j}\omega\mu k_y}{k_c^2} D_1 \sin k_x x \cos k_y y \sin(k_z z + \theta_0) \\ E_{y1} &= \frac{\mathrm{j}\omega\mu}{k_c^2}\frac{\partial H_{z1}}{\partial x} = \frac{\mathrm{j}\omega\mu k_x}{k_c^2} D_1 \cos k_x x \sin k_y y \sin(k_z z + \theta_0) \\ H_{x1} &= \frac{1}{k_c^2}\frac{\partial^2 H_{z1}}{\partial x \partial z} = \frac{k_x k_z}{k_c^2} D_1 \cos k_x x \sin k_y y \cos(k_z z + \theta_0) \\ H_{y1} &= \frac{1}{k_c^2}\frac{\partial^2 H_{z1}}{\partial y \partial z} = \frac{k_y k_z}{k_c^2} D_1 \sin k_x x \cos k_y y \cos(k_z z + \theta_0) \\ E_{z1} &= 0 \end{aligned}\right\} \tag{5.16.37}$$

在介质谐振腔外($z\geqslant l$)，有

$$\left.\begin{aligned} E_{x2} &= -\frac{\mathrm{j}\omega\mu k_y}{k_c^2} D_2 \sin k_x x \cos k_y y \mathrm{e}^{-\alpha_z (z-l)} \\ E_{y2} &= \frac{\mathrm{j}\omega\mu k_x}{k_c^2} D_2 \cos k_x x \sin k_y y \mathrm{e}^{-\alpha_z (z-l)} \\ H_{x2} &= -\frac{k_x \alpha_z}{k_c^2} D_2 \cos k_x x \sin k_y y \mathrm{e}^{-\alpha_z (z-l)} \\ H_{y2} &= -\frac{k_y \alpha_z}{k_c^2} D_2 \sin k_x x \cos k_y y \mathrm{e}^{-\alpha_z (z-l)} \\ E_{z2} &= 0 \end{aligned}\right\} \tag{5.16.38}$$

在介质谐振腔外($l\leqslant0$)，有

$$\left.\begin{aligned} E_{x3} &= -\frac{\mathrm{j}\omega\mu k_y}{k_c^2} D_3 \sin k_x x \cos k_y y \mathrm{e}^{\alpha_z z} \\ E_{y3} &= \frac{\mathrm{j}\omega\mu k_x}{k_c^2} D_3 \cos k_x x \sin k_y y \mathrm{e}^{\alpha_z z} \\ H_{x3} &= \frac{k_x \alpha_z}{k_c^2} D_3 \cos k_x x \sin k_y y \mathrm{e}^{\alpha_z z} \\ H_{y3} &= \frac{k_y \alpha_z}{k_c^2} D_3 \sin k_x x \cos k_y y \mathrm{e}^{\alpha_z z} \\ E_{z3} &= 0 \end{aligned}\right\} \tag{5.16.39}$$

在 $x=a$ 的界面上，H_{z1} 作为磁场的切向分量应为零，即

$$\sin k_x a = 0$$

因此
$$k_x = \frac{m\pi}{a} \quad (m = 1,2,3,\cdots) \tag{5.16.40}$$

在 $y=b$ 的界面上，H_{z1} 作为磁场的切向分量应为零，即

$$\sin k_y b = 0$$

因此
$$k_y = \frac{n\pi}{b} \quad (n = 1,2,3,\cdots) \tag{5.16.41}$$

在 $z=l$ 的界面上，因切向场连续，故有 $E_{x1}=E_{x2}$，$H_{y1}=H_{y2}$，于是有

$$k_z \cot(k_z l + \theta_0) = -\alpha_z$$

因此
$$\begin{aligned} k_z l + \theta_0 &= \operatorname{arccot}\left(-\frac{\alpha_z}{k_z}\right) + s\pi \\ &= \frac{\pi}{2} + \arctan\left(\frac{\alpha_z}{k_z}\right) + s\pi \quad (s=0,1,2,\cdots) \end{aligned} \tag{5.16.42}$$

在 $z=0$ 的界面上，因切向场连续，故有 $E_{x1}=E_{x3}$，$H_{y1}=H_{y3}$，于是有

$$k_z \cot\theta_0 = \alpha_z$$

因此
$$\theta_0 = \operatorname{arccot}\left(\frac{\alpha_z}{k_z}\right) = \frac{\pi}{2} - \arctan\left(\frac{\alpha_z}{k_z}\right) \tag{5.16.43}$$

上式代入式(5.16.42)得

$$\begin{aligned} k_z l &= s\pi + 2\arctan\left(\frac{\alpha_z}{k_z}\right) \\ &= (s+\delta)\pi \qquad (s = 0,1,2,\cdots) \end{aligned} \tag{5.16.44}$$

式中 $\delta=\frac{2}{\pi}\arctan\left(\frac{\alpha_z}{k_z}\right)$，$0<\delta<1$。所以

$$k_z = \frac{(s+\delta)\pi}{l} \tag{5.16.45}$$

其中，s 为谐振腔中场沿 z 方向分布的半驻波数。当 $s=0$ 时，腔内场分布小于半个驻波；当 $s\neq0$ 时，腔内场分布小于$(s+1)$个半波而大于 s 个半波。这类谐振模式用 $\mathrm{TE}_{mn(s+\delta)}$ 表示。每一种谐振模式都有自身的波数 k，表示为

$$k^2 = k_x^2 + k_y^2 + k_z^2 = \left(\frac{m\pi}{a}\right)^2 + \left(\frac{n\pi}{b}\right)^2 + \left(\frac{s+\delta}{l}\pi\right)^2$$

由此可计算其谐振频率 f_0 为

$$f_0 = \frac{c}{2\pi\sqrt{\varepsilon_r}}\sqrt{\left(\frac{m\pi}{a}\right)^2 + \left(\frac{n\pi}{b}\right)^2 + \left(\frac{s+\delta}{l}\pi\right)^2} \tag{5.16.46}$$

$\mathrm{TE}_{mn(s+\delta)}$ 的最低次模是 $\mathrm{TE}_{11\delta}$，图 5.65 是 $\mathrm{TE}_{11\delta}$ 和 $\mathrm{TE}_{11(1+\delta)}$ 的场分布图。

TM 模的 E_z 分量由其波动方程和边界条件可求得

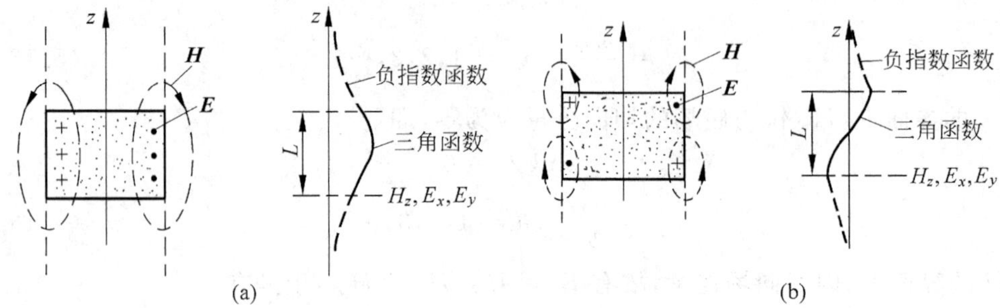

图 5.65　$TE_{11\delta}$和 $TE_{11(1+\delta)}$的场分布图
(a) $TE_{11\delta}$　(b) $TE_{11(1+\delta)}$

$$E_z = D\cos k_x x \cos k_y y \mathrm{e}^{-\mathrm{j}k_z z} \tag{5.16.47a}$$

在介质波导中,电磁波来回反射形成驻波,在空气波导中,电磁波指数衰减而截止,故 E_z 在各自区域内分别为

$$\left.\begin{aligned} E_{z1} &= D_1 \cos k_x x \cos k_y y \cos(k_z z + \theta_0) & 0 \leqslant z \leqslant l \\ E_{z2} &= D_2 \cos k_x x \cos k_y y \mathrm{e}^{-\alpha_z(z-l)} & z \geqslant l \\ E_{z3} &= D_3 \cos k_x x \cos k_y y \mathrm{e}^{\alpha_z z} & z \leqslant 0 \end{aligned}\right\} \tag{5.16.47b}$$

式中 $D_i(i=1,2,3)$是 E_z 在各自区域内的振幅。各波数间有下列关系:

$$\left.\begin{aligned} k_z^2 &= k^2 - k_c^2 = \varepsilon_r k_0^2 - k_x^2 - k_y^2 \quad (\text{介质中}) \\ \alpha_z^2 &= k_c^2 - k_0^2 = k_x^2 + k_y^2 - k_0^2 \quad (\text{空气中}) \end{aligned}\right\} \tag{5.16.48a}$$

由 TM 模场的纵横关系式可求得各区域内场的其余分量。在介质谐振腔内($0 \leqslant z \leqslant l$),有

$$\left.\begin{aligned} E_{x1} &= \frac{1}{k_c^2}\frac{\partial^2 E_{z1}}{\partial x \partial z} = \frac{k_x k_y}{k_c^2} D_1 \sin k_x x \cos k_y y \sin(k_z z + \theta_0) \\ E_{y1} &= \frac{1}{k_c^2}\frac{\partial^2 E_{z1}}{\partial y \partial z} = \frac{k_y k_z}{k_c^2} D_1 \cos k_x x \sin k_y y \sin(k_z z + \theta_0) \\ H_{x1} &= \frac{\mathrm{j}\omega\varepsilon}{k_c^2}\frac{\partial E_{z1}}{\partial y} = -\frac{\mathrm{j}\omega\varepsilon_0\varepsilon_r k_y}{k_c^2} D_1 \cos k_x x \sin k_y y \cos(k_z z + \theta_0) \\ H_{y1} &= -\frac{\mathrm{j}\omega\varepsilon}{k_c^2}\frac{\partial E_{z1}}{\partial x} = \frac{\mathrm{j}\omega\varepsilon_0\varepsilon_r k_x}{k_c^2} D_1 \sin k_x x \cos k_y y \cos(k_z z + \theta_0) \\ H_{z1} &= 0 \end{aligned}\right\} \tag{5.16.48b}$$

在介质谐振腔外($z \geqslant l$),有

$$\left.\begin{aligned}
E_{x2} &= \frac{k_x\alpha_z}{k_c^2}D_2\sin k_x x\cos k_y y\,\mathrm{e}^{-\alpha_z(z-l)}\\
E_{y2} &= \frac{k_y\alpha_z}{k_c^2}D_2\cos k_x x\sin k_y y\,\mathrm{e}^{-\alpha_z(z-l)}\\
H_{x2} &= -\frac{\mathrm{j}\omega\varepsilon_0 k_y}{k_c^2}D_2\cos k_x x\sin k_y y\,\mathrm{e}^{-\alpha_z(z-l)}\\
H_{y2} &= \frac{\mathrm{j}\omega\varepsilon_0 k_x}{k_c^2}D_2\sin k_x x\cos k_y y\,\mathrm{e}^{-\alpha_z(z-l)}\\
H_{z2} &= 0
\end{aligned}\right\}\tag{5.16.49}$$

在介质谐振腔外($z\leqslant 0$),有

$$\left.\begin{aligned}
E_{x3} &= -\frac{k_x\alpha_z}{k_c^2}D_3\sin k_x x\cos k_y y\,\mathrm{e}^{\alpha_z z}\\
E_{y3} &= -\frac{k_y\alpha_z}{k_c^2}D_3\cos k_x x\sin k_y y\,\mathrm{e}^{\alpha_z z}\\
H_{x3} &= -\frac{\mathrm{j}\omega\varepsilon_0 k_y}{k_c^2}D_3\cos k_x x\sin k_y y\,\mathrm{e}^{\alpha_z z}\\
H_{y3} &= \frac{\mathrm{j}\omega\varepsilon_0 k_x}{k_c^2}D_3\sin k_x x\cos k_y y\,\mathrm{e}^{\alpha_z z}\\
H_{z3} &= 0
\end{aligned}\right\}\tag{5.16.50}$$

在 $x=a$ 的界面上,E_{x1} 作为电场的法向分量应为零,即

$$\sin k_x a = 0$$

因此

$$k_x = \frac{m\pi}{a}\quad (m = 1,2,3,\cdots)\tag{5.16.51}$$

在 $y=b$ 的界面上,E_{y1} 作为电场的法向分量应为零,即

$$\sin k_y b = 0$$

因此

$$k_y = \frac{n\pi}{b}\quad (n = 1,2,3,\cdots)\tag{5.16.52}$$

在 $z=l$ 的界面上切向场应连续,故有 $E_{x1}=E_{x2}$,$H_{y1}=H_{y2}$,于是有

$$\frac{k_z}{\varepsilon_r}\tan(k_z l+\theta_0) = \alpha_z$$

因此

$$(k_z l+\theta_0) = \arctan\left(\frac{\alpha_z\varepsilon_r}{k_z}\right)+s\pi\quad (s = 0,1,2,\cdots)\tag{5.16.53}$$

在 $z=0$ 的界面上切向场应连续,故有 $E_{x1}=E_{x3}$,$H_{y1}=H_{y3}$,于是有

$$\frac{k_z}{\varepsilon_r}\tan\theta_0 = -\alpha_z$$

因此

$$\theta_0 = \arctan\left(-\frac{\alpha_z\varepsilon_r}{k_z}\right) = -\arctan\left(\frac{\alpha_z\varepsilon_r}{k_z}\right)\tag{5.16.54}$$

上式代入式(5.16.53)得

$$
\begin{aligned}
k_z l &= s\pi + 2\arctan\left(\frac{\alpha_z \varepsilon_r}{k_z}\right) \\
&= (s+\delta)\pi \qquad (s = 0,1,2,\cdots)
\end{aligned}
\tag{5.16.55}
$$

式中 $\delta = \frac{2}{\pi}\arctan\left(\frac{\alpha_z \varepsilon_r}{k_z}\right)$，$0<\delta<1$。所以

$$
k_z = \frac{(s+\delta)\pi}{l} \tag{5.16.56}
$$

TM 模的所有谐振模式用 $TM_{mn(s+\delta)}$ 表示，每一种谐振模式都有自身的波数 k，表示为

$$
k^2 = k_x^2 + k_y^2 + k_z^2 = \left(\frac{m\pi}{a}\right)^2 + \left(\frac{n\pi}{b}\right)^2 + \left(\frac{s+\delta}{l}\pi\right)^2
$$

由此可计算其谐振频率 f_0 为

$$
f_0 = \frac{c}{2\pi\sqrt{\varepsilon_r}}\sqrt{\left(\frac{m\pi}{a}\right)^2 + \left(\frac{n\pi}{b}\right)^2 + \left(\frac{s+\delta}{l}\pi\right)^2} \tag{5.16.57}
$$

$TM_{mn(s+\delta)}$ 的最低次模是 $TM_{11\delta}$，图 5.66 是 $TM_{11\delta}$ 和 $TM_{11(1+\delta)}$ 的场分布图。

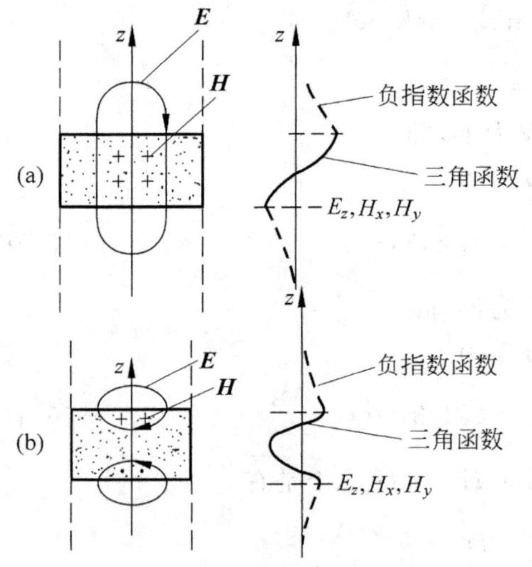

图 5.66　$TM_{11\delta}$ 和 $TM_{11(1+\delta)}$ 的场分布图

(a) $TM_{11\delta}$　(b) $TM_{11(1+\delta)}$

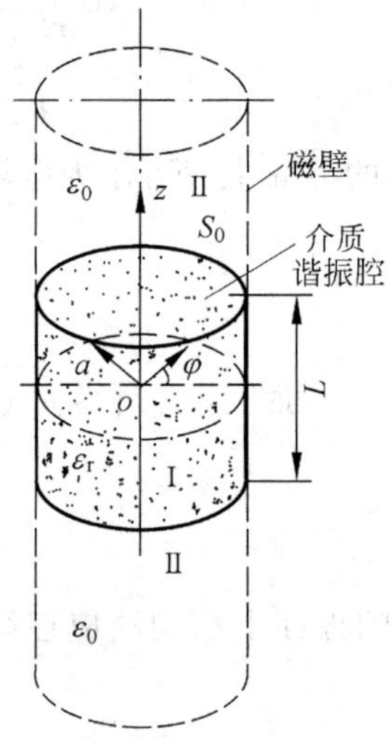

图 5.67　圆柱形介质谐振腔

矩形谐振腔在形状比 $\frac{l}{2a}$ 小时，$TE_{11\delta}$ 为主模，形状比大时，$TM_{11\delta}$ 为主模。对于正方形谐振腔($a=b$)，形状比 $\frac{l}{2a}<0.7$ 时可确保 $TE_{11\delta}$ 为最低模。

圆柱形介质谐振腔如图 5.67 所示。用"磁壁波导模型法"分析它时,将其四周界面看成是向上下两端无限延伸的磁壁。在这无限长的圆柱磁壁波导中,对于工作频率,中间一段是介质填充的传输波导,而上下两段是空气填充的截止波导。

磁壁圆柱介质波导和金属圆波导类似,故可利用金属圆波导现成的结果。对于 TE 模,传输模的 H_z 分量为

$$H_z = D\mathrm{J}_n(k_c r)\cos(n\varphi)\mathrm{e}^{-\mathrm{j}k_z z} \tag{5.16.58}$$

式中,D 是振幅。在 $r=a$ 的磁壁上 H_z 应满足的边界条件是

$$H_z|_{r=a} = 0 \tag{5.16.59}$$

所以

$$\mathrm{J}_n(k_c a) = 0 \tag{5.16.60}$$

即 $k_c a$ 是 n 阶贝塞尔函数的第 i 个根,由此可求得

$$k_c = \frac{u_{ni}}{a} \tag{5.16.61}$$

在介质波导中,电磁波来回反射形成驻波,在空气波导中,电磁波指数衰减而截止。故 H_z 在各自区域内分别为

$$\left.\begin{aligned} H_{z1} &= D_1\mathrm{J}_n(k_c r)\cos(n\varphi)\cos(k_z z-\theta_0) & |z|\leqslant\frac{l}{2} \\ H_{z2} &= D_2\mathrm{J}_n(k_c r)\cos(n\varphi)\mathrm{e}^{-\alpha_z\left(|z|-\frac{l}{2}\right)} & |z|\geqslant\frac{l}{2} \end{aligned}\right\} \tag{5.16.62}$$

式中 $\alpha_z^2=k_c^2-k_0^2$,$k_0^2=\omega^2\varepsilon_0\mu_0$。

在 $|z|=\dfrac{l}{2}$ 的分界面上,$\boldsymbol{B}$ 的法向分量应连续,故有 $H_{z1}=H_{z2}$,即

$$D_1\cos\left(k_z\frac{l}{2}-\theta_0\right) = D_2 \tag{5.16.63}$$

将 $\nabla\cdot\boldsymbol{B}=0$ 在圆柱坐标中展开得

$$\nabla\cdot\boldsymbol{H} = \frac{1}{r}\frac{\partial}{\partial r}(rHr)+\frac{1}{r}\frac{\partial H_\varphi}{\partial\varphi}+\frac{\partial H_z}{\partial z} = 0 \tag{5.16.64}$$

由于分界面上切向场连续,即 $H_{r1}=H_{r2}$,$H_{\varphi1}=H_{\varphi2}$,当分界面上的每一点都满足上述条件时,应有

$$\frac{\partial H_{r1}}{\partial r}=\frac{\partial H_{r2}}{\partial r},\ \frac{\partial H_{\varphi1}}{\partial\varphi}=\frac{\partial H_{\varphi2}}{\partial\varphi}$$

由式(5.16.64)可知在分界面上必有

$$\frac{\partial H_{z1}}{\partial z}=\frac{\partial H_{z2}}{\partial z}$$

亦即
$$D_1 k_z \sin\left(k_z \frac{l}{2}-\theta_0\right)=\alpha_z D_2 \tag{5.16.65}$$

由式(5.16.63)和式(5.16.65)，有

$$k_z \tan\left(k_z \frac{l}{2}-\theta_0\right)=\alpha_z$$

所以

$$\left(k_z \frac{l}{2}-\theta_0\right)=\arctan\left(\frac{\alpha_z}{k_z}\right)+s\pi \quad (s=0,1,2,\cdots)$$

由于腔体结构的对称性，场分量 H_z 对 $z=0$ 平面也应是偶对称或奇对称的。对偶对称有 $\theta_0=0$，所以

$$k_z l = 2s\pi + 2\arctan\left(\frac{\alpha_z}{k_z}\right) \tag{5.16.66}$$

对于奇对称有 $\theta_0=\frac{\pi}{2}$，所以

$$k_z l = (2s+1)\pi + 2\arctan\left(\frac{\alpha_z}{k_z}\right) \tag{5.16.67}$$

上两式统一为

$$\begin{aligned} k_z l &= s\pi + 2\arctan\left(\frac{\alpha_z}{k_z}\right) \quad \begin{cases} s=0,2,4,\cdots H_z \text{ 偶模} \\ s=1,3,5,\cdots H_z \text{ 奇模} \end{cases} \\ &= s\pi + \delta\pi \qquad (0<\delta<1) \end{aligned}$$

所以
$$k_z=\frac{(s+\delta)\pi}{l} \quad (x=0,1,2,\cdots) \tag{5.16.68}$$

式中，s 为谐振腔中场沿 z 方向分布的半驻波数。当 $s=0$ 时，腔内场分布小于半个波；当 $s\neq0$时，腔内场分布小于$(s+1)$个半波而大于 s 个半波。这类谐振模式用 $\mathrm{TE}_{ni(s+\delta)}$ 表示。每一种谐振模式都有自身的波数 k，表示为

$$k^2 = k_c^2 + k_z^2 = \left(\frac{u_{ni}}{a}\right)^2 + \left(\frac{s+\delta}{l}\pi\right)^2 \tag{5.16.69}$$

由此可计算其谐振频率 f_0 为

$$f_0 = \frac{c}{2\pi\sqrt{\varepsilon_r}}\sqrt{\left(\frac{u_{ni}}{a}\right)^2 + \left(\frac{s+\delta}{l}\pi\right)^2} \tag{5.16.70}$$

由 TE 模场的纵横关系式可求得各区域内场的其余分量。对于$|z|\leqslant\frac{l}{2}$的介质区，有

$$
\left.\begin{aligned}
H_{z1} &= D_1 \mathrm{J}_n(k_c r)\cos(n\varphi)\cos(k_z z-\theta_0)\\
H_{r1} &= \frac{1}{k_c^2}\frac{\partial^2 H_{z1}}{\partial r\partial z} = -\frac{k_z}{k_c}D_1\mathrm{J}_n'(k_c r)\cos(n\varphi)\sin(k_z z-\theta_0)\\
H_{\varphi 1} &= \frac{1}{k_c^2 r}\frac{\partial^2 H_{z1}}{\partial\varphi\partial z} = \frac{k_z n}{k_c^2 r}D_1\mathrm{J}_n(k_c r)\sin(n\varphi)\sin(k_z z-\theta_0)\\
E_{r1} &= -\frac{\mathrm{j}\omega\mu}{k_c^2 r}\frac{\partial H_{z1}}{\partial\varphi} = \frac{\mathrm{j}\omega\mu_0\mu_r n}{k_c^2 r}D_1\mathrm{J}_n(k_c r)\sin(n\varphi)\cos(k_z z-\theta_0)\\
E_{\varphi 1} &= \frac{\mathrm{j}\omega\mu}{k_c^2}\frac{\partial H_{z1}}{\partial r} = \frac{\mathrm{j}\omega\mu_0\mu_r}{k_c}D_1\mathrm{J}_n'(k_c r)\cos(n\varphi)\cos(k_z z-\theta_0)\\
E_{z1} &= 0
\end{aligned}\right\}\tag{5.16.71}
$$

对于$|z|\geqslant\frac{l}{2}$的空气区，有

$$
\left.\begin{aligned}
H_{z2} &= D_2\mathrm{J}_n(k_c r)\cos(n\varphi)\mathrm{e}^{-\alpha_z\left(|z|-\frac{l}{2}\right)}\\
H_{r2} &= -\frac{\alpha_z}{k_c}D_2\mathrm{J}_n'(k_c r)\cos(n\varphi)\mathrm{e}^{-\alpha_z\left(|z|-\frac{l}{2}\right)}\\
H_{\varphi 2} &= \frac{\alpha_z n}{k_c^2 r}D_2\mathrm{J}_n(k_c r)\sin(n\varphi)\mathrm{e}^{-\alpha_z\left(|z|-\frac{l}{2}\right)}\\
E_{r2} &= \frac{\mathrm{j}\omega\mu_0 n}{k_c^2 r}D_2\mathrm{J}_n(k_c r)\sin(n\varphi)\mathrm{e}^{-\alpha_z\left(|z|-\frac{l}{2}\right)}\\
E_{\varphi 2} &= \frac{\mathrm{j}\omega\mu_0}{k_c}D_2\mathrm{J}_n'(k_c r)\cos(n\varphi)\mathrm{e}^{-\alpha_z\left(|z|-\frac{l}{2}\right)}\\
E_{z2} &= 0
\end{aligned}\right\}\tag{5.16.72}
$$

当$|z|=\frac{l}{2}$时有 $H_{z1}=H_{z2}$，可得

$$
D_2 = D_1\cos\left(k_z\frac{l}{2}-\theta_0\right)
$$

$\mathrm{TE}_{ni(s+\delta)}$的最低次模是 $\mathrm{TE}_{01\delta}$，图 5.68 是其场分布图。

对于 TM 模，传输模的 E_z 分量为

$$
E_z = D\mathrm{J}_n(k_c r)\cos(n\varphi)\mathrm{e}^{-\mathrm{j}k_z z}\tag{5.16.73}
$$

磁壁上 E_z 应满足场的边界条件为

$$
\left.\frac{\partial E_z}{\partial r}\right|_{r=a} = 0
$$

即

$$
\mathrm{J}_n'(k_c a) = 0
$$

因此

$$
k_c = \frac{v_{ni}}{a}
$$

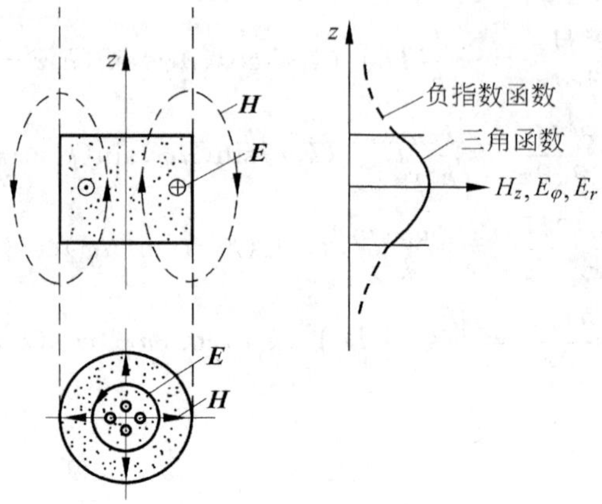

图 5.68　$TE_{01\delta}$的场分布图

v_{ni} 为 n 阶贝塞尔函数的导函数的第 i 个根。在介质波导中，电磁波来回反射而形成驻波，在空气波导中，电磁波指数衰减而截止，故 E_z 在各自区域内分别为

$$E_{z1} = D_1 J_n(k_c r)\cos(n\varphi)\sin(k_z z + \theta_0) \quad |z| \leqslant \frac{l}{2}$$

$$E_{z2} = D_2 J_n(k_c r)\cos(n\varphi)e^{-\alpha_z\left(|z|-\frac{l}{2}\right)} \quad |z| \geqslant \frac{l}{2}$$

$\theta_0=0$ 或 π，表示 E_z 对 $z=0$ 平面为奇对称或偶对称。在 $|z|=\dfrac{l}{2}$ 的分界面上，$\boldsymbol{D}$ 的法向分量之差等于面电荷密度，界面上无电荷时有 $\varepsilon_r E_{z1}=E_{z2}$，即

$$\varepsilon_r D_1 \sin\left(k_z \frac{l}{2} + \theta_0\right) = D_2 \tag{5.16.74}$$

将 $\nabla \cdot \boldsymbol{D}=0$ 在圆柱坐标中展开得

$$\nabla \cdot \boldsymbol{E} = \frac{1}{r}\frac{\partial}{\partial r}(rE_r) + \frac{1}{r}\frac{\partial E_\varphi}{\partial \varphi} + \frac{\partial E_z}{\partial z} = 0 \tag{5.16.75}$$

由于分界面上切向场连续，即 $E_{r1}=E_{r2}$，$E_{\varphi1}=E_{\varphi2}$，当分界面上的每一点都满足以上条件时，应有

$$\frac{\partial E_{r1}}{\partial r} = \frac{\partial E_{r2}}{\partial r},\ \frac{\partial E_{\varphi1}}{\partial \varphi} = \frac{\partial E_{\varphi2}}{\partial \varphi}$$

由式(5.16.75)可见必有

$$\frac{\partial E_{z1}}{\partial z} = \frac{\partial E_{z2}}{\partial z}$$

亦即

$$D_1 k_z \cos\left(k_z \frac{l}{2} + \theta_0\right) = -D_2 \alpha_z \tag{5.16.76}$$

由式(5.16.74)和式(5.16.76),有

$$k_z \cot\left(k_z \frac{l}{2} + \theta_0\right) = -\alpha_z \varepsilon_r$$

所以

$$\begin{aligned}\left(k_z \frac{l}{2} + \theta_0\right) &= \operatorname{arccot}\left(\frac{-\alpha_z \varepsilon_r}{k_z}\right) + s\pi \quad (s = 0,1,2,\cdots) \\ &= \frac{\pi}{2} + \arctan\left(\frac{\alpha_z \varepsilon_r}{k_z}\right) + \frac{s}{2}\pi \quad (s = 0,2,4,\cdots) \\ &= \arctan\left(\frac{\alpha_z \varepsilon_r}{k_z}\right) + \frac{s+1}{2}\pi \quad (s = 0,2,4,\cdots)\end{aligned}$$

对 $z=0$ 平面,场奇对称时有 $\theta_0=0$,所以

$$k_z l = (s+1)\pi + 2\arctan\left(\frac{\alpha_z \varepsilon_r}{k_z}\right) \tag{5.16.77}$$

场偶对称时有 $\theta_0=\frac{\pi}{2}$,所以

$$k_z l = s\pi + 2\arctan\left(\frac{\alpha_z \varepsilon_r}{k_z}\right) \tag{5.16.78}$$

上两式统一写成

$$\begin{aligned}k_z l &= s\pi + 2\arctan\left(\frac{\alpha_z \varepsilon_r}{k_z}\right) \qquad \begin{bmatrix} s = 1,3,5,\cdots \text{奇模} \\ s = 0,2,4,\cdots \text{偶模}\end{bmatrix} \\ &= s\pi + \delta\pi \\ &= (s+\delta)\pi \qquad (0 < \delta < 1)\end{aligned}$$

因此

$$k_z = \frac{(s+\delta)\pi}{l} \qquad (s = 0,1,2,\cdots) \tag{5.16.79}$$

其中,s 为谐振腔内场沿 z 方向分布的半驻波数。这类谐振模式用 $\mathrm{TM}_{ni(s+\delta)}$ 表示,其谐振频率 f_0 为

$$f_0 = \frac{c}{2\pi\sqrt{\varepsilon_r}}\sqrt{\left(\frac{u_{ni}}{a}\right)^2 + \left(\frac{s+\delta}{l}\pi\right)^2} \tag{5.16.80}$$

由 TM 模场的纵横关系式可求得各区域内场的其余分量。对于$|z|\leqslant\frac{l}{2}$的介质区有

$$\left.\begin{aligned}
E_{z1} &= D_1 \mathrm{J}_n(k_c r)\cos(n\varphi)\sin(k_z z+\theta_0)\\
E_{r1} &= \frac{1}{k_c^2}\frac{\partial^2 E_{z1}}{\partial r\partial z} = \frac{k_z}{k_c}D_1 \mathrm{J}_n'(k_c r)\cos(n\varphi)\cos(k_z z+\theta_0)\\
E_{\varphi 1} &= \frac{1}{k_c^2 r}\frac{\partial^2 E_{z1}}{\partial\varphi\partial z} = -\frac{k_z n}{k_c^2 r}D_1 \mathrm{J}_n(k_c r)\sin(n\varphi)\cos(k_z z+\theta_0)\\
H_{r1} &= \frac{\mathrm{j}\omega\varepsilon}{k_c^2 r}\frac{\partial E_{z1}}{\partial\varphi} = -\frac{\mathrm{j}\omega\varepsilon_0\varepsilon_r n}{k_c^2 r}D_1 \mathrm{J}_n(k_c r)\sin(n\varphi)\sin(k_z z+\theta_0)\\
H_{\varphi 1} &= -\frac{\mathrm{j}\omega\varepsilon}{k_c^2}\frac{\partial E_{z1}}{\partial r} = -\frac{\mathrm{j}\omega\varepsilon_0\varepsilon_r}{k_c}D_1 \mathrm{J}_n'(k_c r)\cos(n\varphi)\sin(k_z z+\theta_0)\\
H_{z1} &= 0
\end{aligned}\right\}\tag{5.16.81}$$

对于$|z|\geqslant\frac{l}{2}$的空气区有

$$\left.\begin{aligned}
E_{z2} &= D_2 \mathrm{J}_n(k_c r)\cos(n\varphi)\mathrm{e}^{-\alpha_z\left(|z|-\frac{l}{2}\right)}\\
E_{r2} &= -\frac{\alpha_z}{k_c}D_2 \mathrm{J}_n'(k_c r)\cos(n\varphi)\mathrm{e}^{-\alpha_z\left(|z|-\frac{l}{2}\right)}\\
E_{\varphi 2} &= \frac{\alpha_z n}{k_c^2 r}D_2 \mathrm{J}_n(k_c r)\sin(n\varphi)\mathrm{e}^{-\alpha_z\left(|z|-\frac{l}{2}\right)}\\
H_{r2} &= -\frac{\mathrm{j}\omega\varepsilon_0 n}{k_c^2 r}D_2 \mathrm{J}_n(k_c r)\sin(n\varphi)\mathrm{e}^{-\alpha_z\left(|z|-\frac{l}{2}\right)}\\
H_{\varphi 2} &= -\frac{\mathrm{j}\omega\varepsilon_0}{k_c}D_2 \mathrm{J}_n'(k_c r)\cos(n\varphi)\mathrm{e}^{-\alpha_z\left(|z|-\frac{l}{2}\right)}\\
H_{z2} &= 0
\end{aligned}\right\}\tag{5.16.82}$$

利用$|z|=\frac{l}{2}$时$E_{z1}=E_{z2}$，可得

$$D_2 = D_1\sin\left(k_z\frac{l}{2}+\theta_0\right)\tag{5.16.83}$$

$\mathrm{TM}_{ni(s+\delta)}$的最低次模是$\mathrm{TM}_{11\delta}$，图5.69是其场分布图。为确保圆柱形介质腔的最低次模为$\mathrm{TE}_{01\delta}$型，应选取腔的形状比为$l/2a=0.3\sim0.5$。

5.16.7 谐振腔的激励耦合

本节举出若干例子说明谐振腔与传输线之间的耦合。

(1) 半波长同轴腔的环耦合，如图5.70所示。环应放在磁场较强处，环面法线与磁场方向平行。环的作用等效为磁偶极子$\boldsymbol{m}$，改变环面的方向可以改变耦合能量。

(2) 1/4波长同轴腔的杆耦合，如图5.71所示。杆应放在电场较强的区域，杆的方向

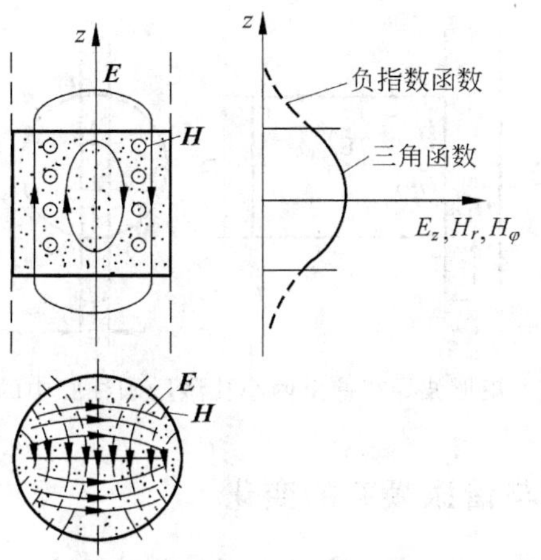

图 5.69　$TM_{11\delta}$的场分布图

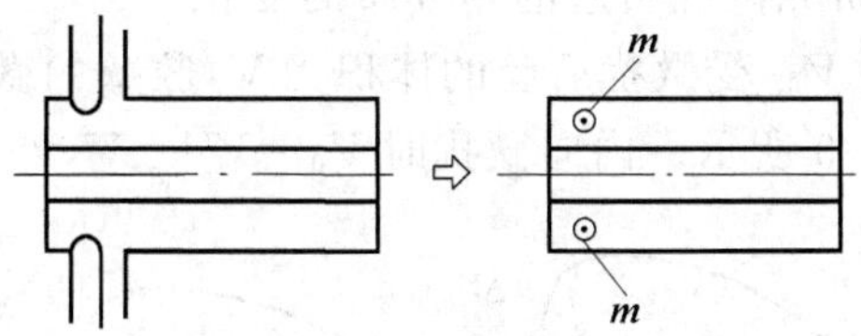

图 5.70　半波长同轴腔的环耦合

与电场平行。杆的作用等效于电偶极子 $\boldsymbol{p}$。为了加强耦合效果，有时在杆的前端加一导体圆盘。

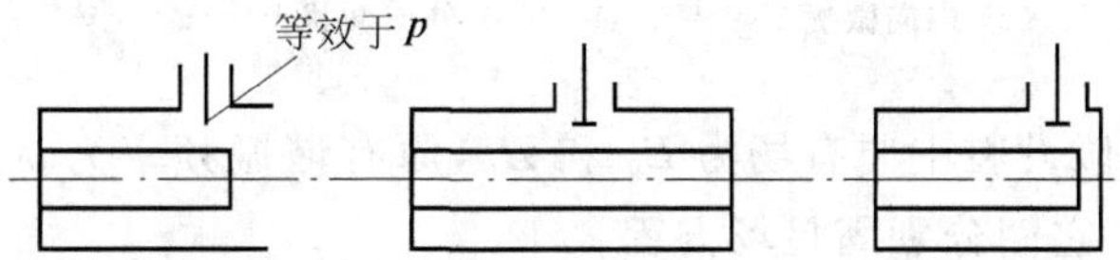

图 5.71　导体杆耦合

(3) 矩形波导通过两个小孔激励圆柱腔中的 TE_{011} 模式，如图 5.72 所示。注意到 TE_{011} 和 TM_{111} 模式是简并模式，因此在激励 TE_{011} 模时必须抑制 TM_{111} 模。图中两个小孔相距 1/2 波导波长，孔的大小相同，因此小孔等效为磁偶极子 $\boldsymbol{m}_1$ 和 $\boldsymbol{m}_2$，它们的模相等但方向相反。$\boldsymbol{m}_1$ 和 $\boldsymbol{m}_2$ 与圆柱腔中的 TE_{011} 模的磁场的点积同号，两者作用相互加强，而 $\boldsymbol{m}_1$ 和 $\boldsymbol{m}_2$ 与圆柱腔中的 TM_{111} 模的磁场的点积异号，两者作用相互抵消，从而达到了激励起 TE_{011} 模而抑制 TM_{111} 模的效果。

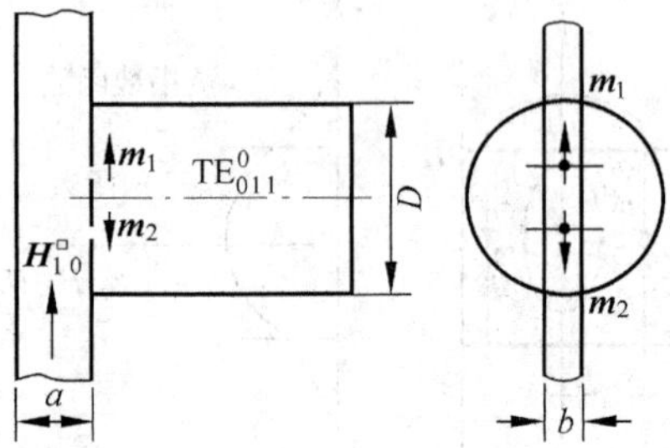

图 5.72　矩形波导窄壁上两小孔激励圆柱腔中的 TE_{011} 模

5.16.8　腔体微扰与谐振频率的变化

当谐振腔的腔壁有微小变化，或填充的介质有微小变化时，谐振频率将发生微小的变化，微扰法可估算出频率的这种微小变化。本节基本的想法是研究能量的变化与频率的变化之间的关系，而不去研究微扰引起的场分布的变化。

设谐振腔原来体积为 V_0，受微扰后腔的体积为 V，腔壁的微扰可分成两种情况：内向微扰和外向微扰，如图 5.73 所示。内向微扰时 $V_0=V+\Delta V$，外向微扰时 $V_0=V-\Delta V$。

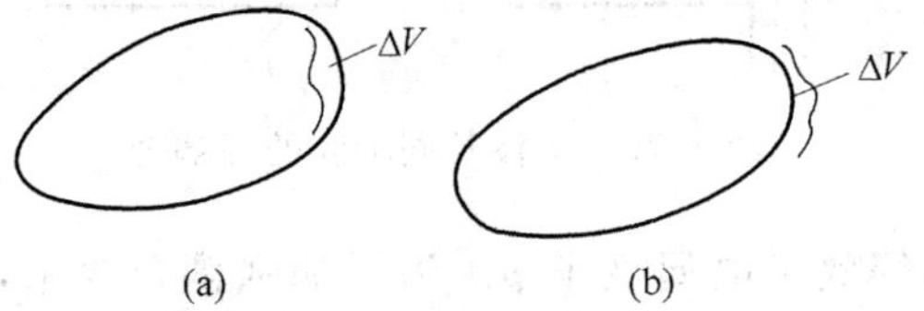

(a)　　(b)

图 5.73　腔壁微扰

(a) 内向微扰 $V_0=V+\Delta V$　(b) 外向微扰 $V_0=V-\Delta V$

从场方程着手，假设腔中原有场为 $\boldsymbol{E}_0$ 和 $\boldsymbol{H}_0$，原有谐振频率为 ω_0，受到微扰后场为 $\boldsymbol{E}$ 和 $\boldsymbol{H}$，谐振频率为 ω，它们分别满足场方程

$$\nabla\times\boldsymbol{E}_0=-\mathrm{j}\omega_0\mu\boldsymbol{H}_0 \tag{5.16.84}$$

$$\nabla\times\boldsymbol{H}_0=\mathrm{j}\omega_0\varepsilon\boldsymbol{E}_0 \tag{5.16.85}$$

$$\nabla\times\boldsymbol{E}=-\mathrm{j}\omega\mu\boldsymbol{H} \tag{5.16.86}$$

$$\nabla\times\boldsymbol{H}=\mathrm{j}\omega\varepsilon\boldsymbol{E} \tag{5.16.87}$$

现在设法求 $\omega-\omega_0=?$ 用 $\boldsymbol{H}$ 去点乘式(5.16.84)的共轭式，用 $\boldsymbol{E}_0^*$ 去点乘式(5.16.87)，然后相减，得

$$\nabla\cdot(\boldsymbol{E}_0^*\times\boldsymbol{H})=\mathrm{j}\omega_0\mu\boldsymbol{H}\cdot\boldsymbol{H}_0^*-\mathrm{j}\omega\varepsilon\boldsymbol{E}_0^*\cdot\boldsymbol{E} \tag{5.16.88}$$

再用 $\boldsymbol{H}_0^*$ 去点乘式(5.16.86)，用 $\boldsymbol{E}$ 去点乘式(5.16.85)的共轭式，然后相减，得

$$\nabla \cdot (\boldsymbol{E} \times \boldsymbol{H}_0^*) = \mathrm{j}\omega_0 \varepsilon \boldsymbol{E} \cdot \boldsymbol{E}_0^* - \mathrm{j}\omega\mu \boldsymbol{E}_0^* \cdot \boldsymbol{E} \tag{5.16.89}$$

以上两式相加，得

$$\nabla \cdot (\boldsymbol{E}_0^* \times \boldsymbol{H}) + \nabla \cdot (\boldsymbol{E} \times \boldsymbol{H}_0^*) = \mathrm{j}(\omega_0 - \omega)(\mu \boldsymbol{H} \cdot \boldsymbol{H}_0^* + \varepsilon \boldsymbol{E}_0^* \cdot \boldsymbol{E}) \tag{5.16.90}$$

此式中已经包含了$(\omega_0-\omega)$这个待求的量。

首先讨论内向微扰的情况，将式(5.16.90)用于图5.73(a)所示的情况，对体积V_0作积分。等号左端体积分变为面积分，左端的第一个积分为零，而第二个面积分分成两部分，一部分在V中作积分，另一部分在ΔV中作积分，表示为

$$\oint_{S_0} (\boldsymbol{E} \times \boldsymbol{H}_0^*) \cdot \mathrm{d}\boldsymbol{s} = \oint_{S} (\boldsymbol{E} \times \boldsymbol{H}_0^*) \cdot \mathrm{d}\boldsymbol{s} + \oint_{\Delta S} (\boldsymbol{E} \times \boldsymbol{H}_0^*) \cdot \mathrm{d}\boldsymbol{s} \tag{5.16.91}$$

这里S_0是体积V_0的表面，S是V的表面，ΔS是ΔV的表面。因为在V的S面上$\boldsymbol{E}$的切向分量为零，故上式右端第一项为零，第二项的积分暂不能计算，因式中的$\boldsymbol{E}$未知。从实际情况看，ΔV中的$\boldsymbol{E}$为零，但不能这样取。现在微扰法的关键近似步骤就是用$\boldsymbol{E}_0$和$\boldsymbol{H}_0$去代替$\boldsymbol{E}$和$\boldsymbol{H}$，那么式(5.16.90)变为

$$\oint_{\Delta S} (\boldsymbol{E}_0 \times \boldsymbol{H}_0^*) \cdot \mathrm{d}\boldsymbol{s} = \mathrm{j}(\omega_0 - \omega) \int_{V_0} (\mu \boldsymbol{H}_0 \cdot \boldsymbol{H}_0^* + \varepsilon \boldsymbol{E}_0^* \cdot \boldsymbol{E}_0) \mathrm{d}v \tag{5.16.92}$$

重提一下，式(5.16.92)是个微扰近似式，因为已用$\boldsymbol{E}_0$和$\boldsymbol{H}_0$代替了$\boldsymbol{E}$和$\boldsymbol{H}$。也就是说，用$\boldsymbol{E}_0$和$\boldsymbol{H}_0$来估算ΔV中的场的能量。进一步考虑式(5.16.92)的左端，在体积ΔV中无源且无耗，对体积ΔV应用能量守恒定律得

$$\frac{1}{2} \oint_{\Delta S} (\boldsymbol{E}_0 \times \boldsymbol{H}_0^*) \cdot \mathrm{d}\boldsymbol{s} = -\mathrm{j}2\omega_0 \int_{\Delta V} (\bar{\omega}_\mathrm{m} - \bar{\omega}_\mathrm{e}) \mathrm{d}v \tag{5.16.93}$$

这里频率取ω_0，也是近似的。上式的右端可以写作$-\mathrm{j}2\omega_0(\Delta W_\mathrm{m}-\Delta W_\mathrm{e})$，那么

$$\oint_{\Delta S} (\boldsymbol{E}_0 \times \boldsymbol{H}_0^*) \cdot \mathrm{d}\boldsymbol{s} = -\mathrm{j}4\omega_0 (\Delta W_\mathrm{m} - \Delta W_\mathrm{e}) \tag{5.16.94}$$

式中，ΔW_m和ΔW_e是按未受微扰时的场$\boldsymbol{E}_0$和$\boldsymbol{H}_0$所估算的体积ΔV内的磁场储能和电场储能。虽然在无耗无源封闭的腔中其电场储能必定等于磁场储能，但是式(5.16.94)所表示的是腔内某一小体积ΔV中的情况，它的电场储能和磁场储能不一定相等。式(5.16.94)表明左端的能流的积分是个虚数，这说明并没有真正的能流流入或流出小体积ΔV，只有能量的吞吐或者说振荡。式(5.16.94)就是对式(5.16.90)左端在体积V_0上作体积分的结果。再对比(5.16.90)的右端在体积V_0上作体积分，同样用$\boldsymbol{E}_0$和$\boldsymbol{H}_0$取代$\boldsymbol{E}$和$\boldsymbol{H}$，那么

$$\mathrm{j}(\omega_0 - \omega) \int_{V_0} (\mu \boldsymbol{H}_0 \cdot \boldsymbol{H}_0^* + \varepsilon \boldsymbol{E}_0 \cdot \boldsymbol{E}_0^*) \mathrm{d}V = \mathrm{j}(\omega_0 - \omega) 4W_0 \tag{5.16.95}$$

W_0是V_0中电磁场的总储能。由式(5.16.92)、式(5.16.94)和式(5.16.95)可得

$$-\mathrm{j}4\omega_0 (\Delta W_\mathrm{m} - \Delta W_\mathrm{e}) = \mathrm{j}(\omega_0 - \omega) 4W_0$$

或

$$\frac{\omega-\omega_0}{\omega_0}=\frac{\Delta W_{\mathrm{m}}-\Delta W_{\mathrm{e}}}{W_0} \tag{5.16.96}$$

对于外向微扰的情况，注意到 $V_0=V-\Delta V$，与式(5.16.91)相对应的积分为

$$\oint_{S_0}(\boldsymbol{E}\times\boldsymbol{H}_0^*)\cdot\mathrm{d}\boldsymbol{s}=\oint_{S}(\boldsymbol{E}\times\boldsymbol{H}_0^*)\cdot\mathrm{d}\boldsymbol{s}-\oint_{\Delta S}(\boldsymbol{E}\times\boldsymbol{H}_0^*)\cdot\mathrm{d}\boldsymbol{s}$$

仿照讨论内向微扰时的程序，可得

$$\frac{\omega-\omega_0}{\omega_0}=\frac{\Delta W_{\mathrm{e}}-\Delta W_{\mathrm{m}}}{W_0} \tag{5.16.97}$$

根据式(5.16.96)和式(5.16.97)可知：对于内向微扰，当腔壁的变化发生在强磁场弱电场区域时，有 $\Delta W_{\mathrm{m}}>\Delta W_{\mathrm{e}}$，那么 $\omega-\omega_0>0$，即腔体谐振频率将升高；若微扰发生在强电场弱磁场区域时，$\Delta W_{\mathrm{e}}>\Delta W_{\mathrm{m}}$，那么 $\omega-\omega_0<0$，即腔体谐振频率将降低。对于外向微扰其结论则相反。表 5.1 更清楚地说明了上述情况。

表 5.1 腔壁微扰时频率的变化趋势

微扰性质 / 频率变化 / 微扰区域	内向微扰	外向微扰
强磁场、弱电场	$\omega>\omega_0$	$\omega<\omega_0$
强磁场、强电场	$\omega<\omega_0$	$\omega>\omega_0$

下面举例说明上述结论的应用。

【例 5.5】 圆柱腔中存在 TM_{010} 模式，若将其上底和下底的中央部分作成具有弹性的壁，如图5.74所示，使这一部分壁在机械压力下向腔内或向腔外有一微小变形，就可改变它的谐振频率。当腔壁向外扩张时，微扰发生在强电场和弱磁场区域，谐振频率将升高；当腔壁向内压缩时，谐振频率将下降。但若腔的上下底整个地向内或向外变化，其谐振频率将不变化。这是因为圆柱腔中的 TM_{010} 模式的谐振频率与腔的长度无关，这也表明此时 $\Delta W_{\mathrm{e}}=\Delta W_{\mathrm{m}}$。

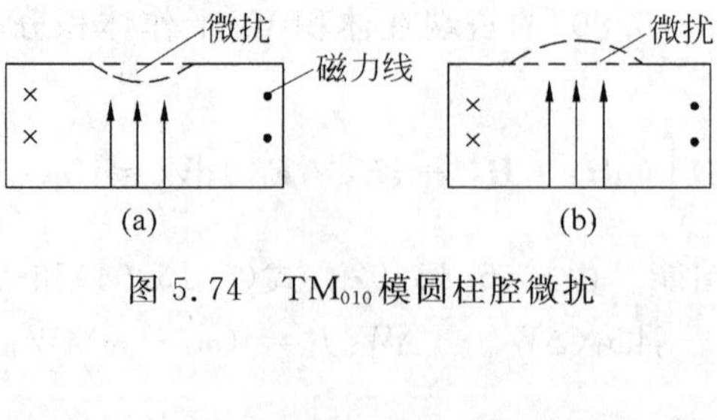

(a) (b)

图 5.74 TM_{010} 模圆柱腔微扰

【例 5.6】 用微扰法的结论来分析低频电容电感谐振回路将是有益的，这是场和路结合的一个生动例子。设想一个平板电容器和一个电感线圈组成的低频谐振回路，如图5.75所示。当电容器的两平板靠近时，电容加大，频率下降（见图(a)）；当电容器的两平板距离拉开时，电容减小，频率上升（见图(b)）。从谐振腔的微扰理论考虑，本例中微扰发生在电场区域，磁场几乎为零。当电容器两极板距离压缩时，相当于腔壁的内向微扰，谐振频率下降；当电容器两极板距离拉开时，相当于腔壁的外向微扰，谐振频率上升。以上分析表明谐振腔微扰理论与低频电路的理论是完全一致的。

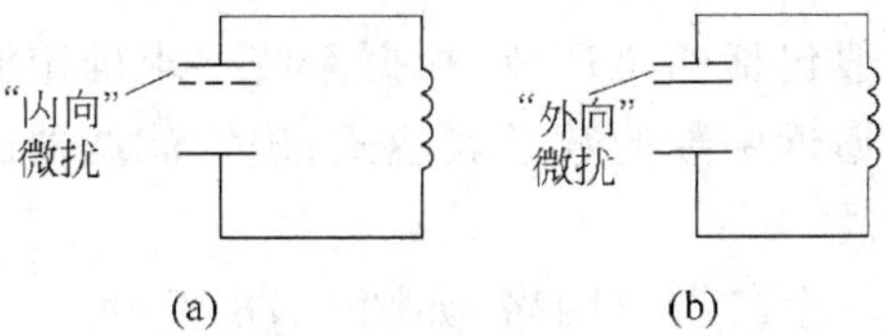

图 5.75　电感电容谐振回路的电容微扰

【例 5.7】 波导的临界波数为 k_c，其相应的临界频率为 f_c，如果只考虑波导的横截面，也可以把其看作一个"二维谐振腔"，在波导的横向上谐振，谐振频率是 f_c，而在波导的纵向上，即 z 方向上，因为波是行波，故与 f_c 无关。用谐振腔微扰的理论来分析问题，当波导的横截面发生变化时，必定引起 f_c 的变化。例如矩形波导的四个角并非直角，而是圆弧形状，如图 5.76 所示，这是内向微扰，且发生在强磁场弱电场区域，因而相应的 TE_{10} 波的临界频率 f_c 升高，k_c 升高。又如图 5.77 所示，矩形波导中加脊，这是一种发生在 TE_{10} 波的强电场弱磁场区域的内向微扰，因而相应的 TE_{10} 波的 f_c 降低，但对于 TE_{20} 波，这一内向微扰发生在它的强磁场弱电场区域，因而相应的 TE_{20} 波的 f_c 升高，可见这种加脊波导展宽了 TE_{10} 波的单模工作频带。

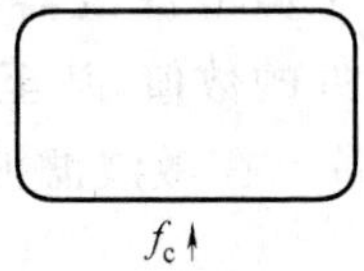

图 5.76　圆角对 f_c 的影响

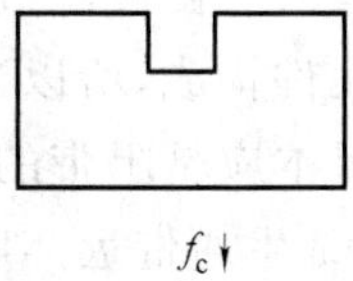

图 5.77　脊波导

5.17　微波滤波器

微波滤波器是微波工程中重要的微波器件之一。理想的滤波器应该是这样一种二端口网络：在所要求的频率范围内，能使微波信号无衰减地传输，此频带范围称为通带；在其余频率范围内能使微波信号完全不能传输，这其余的频率范围称作阻带。一个实际的滤波器只能尽可能地接近理想滤波器的特性。关于滤波器，有两类问题需要研究，一是分析，二是综合。已知滤波器的电路结构和元件参数，计算它的工作特性，这属于分析问题；与此相反，从预定的工作特性出发，确定滤波器的电路结构和元件数值，这一过程则属于综合问题。在实际工作中遇到的大多是综合问题。本节只讨论微波滤波器的综合设计问题。

5.17.1 微波滤波器的工作特性

滤波器的综合设计一般包括四个环节：根据系统要求确定滤波器的工作特性；选择适当的描述上述工作特性的逼近函数的数学表达式；确定滤波器的集总参数的网络结构；选择合适的微波结构予以实现。

微波滤波器可以看作一个二端口网络，如图 5.78 所示。工程上习惯于用 $\Gamma_1=\Gamma_2=0$ 时的工作衰减，即特征衰减 L 来描述滤波器的工作特性，特征衰减（简称衰减）的表示式为

$$L = 10\lg\frac{1}{|s_{21}|^2}\ (\mathrm{dB}) \quad (5.17.1)$$

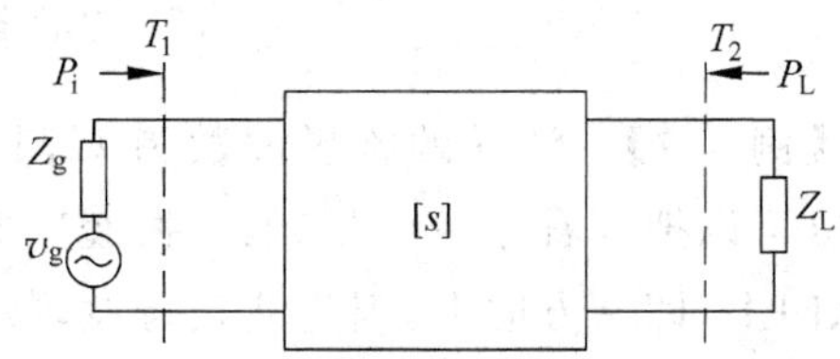

图 5.78　滤波器等效为二端口网络

一般将滤波器的工作特性分为四类：低通、高通、带通和带阻。它们的特征衰减与角频率 ω 之间的关系如图 5.79 所示。从图中可以看到一个微波滤波器的几项主要技术指标为

(1) 通带截止频率 ω_c 和通带最大衰减 L_p；

(2) 阻带边界频率 ω_s 和阻带最小衰减 L_s。

此外，还有一个微波滤波器的特殊问题：寄生通带。由于微波滤波器是由微波传输线、分布参数元件构成，所以当频率变化时，这些分布参数元件的数值，甚至电抗性质都将发生变化，使得本应是阻带的频段出现了通带，称为寄生通带。在微波滤波器的设计、研制中应使这种寄生通带远离所要求的通带频率范围。

对于以上四种类型的滤波器，我们并不需要一一自始至终地进行综合设计，简单的方法是只需要把低通原型滤波器分析清楚，然后利用频率变换把实际的低通、高通、带通、带阻滤波器变换成低通原型来综合设计。

理想的低通原型滤波器的工作特性应如图 5.80(a)所示，在通带内，功率衰减为零，阻带内功率衰减为无限大。但实际上这是无法实现的。工程上只能用一些函数去尽量逼近理想的衰减特性。常用的三种逼近函数是最平函数、切比雪夫多项式和椭圆函数。这三种逼近函数分别形成低通原型滤波器的三种衰减频率特性，如图 5.80(b)、(c)、(d)所

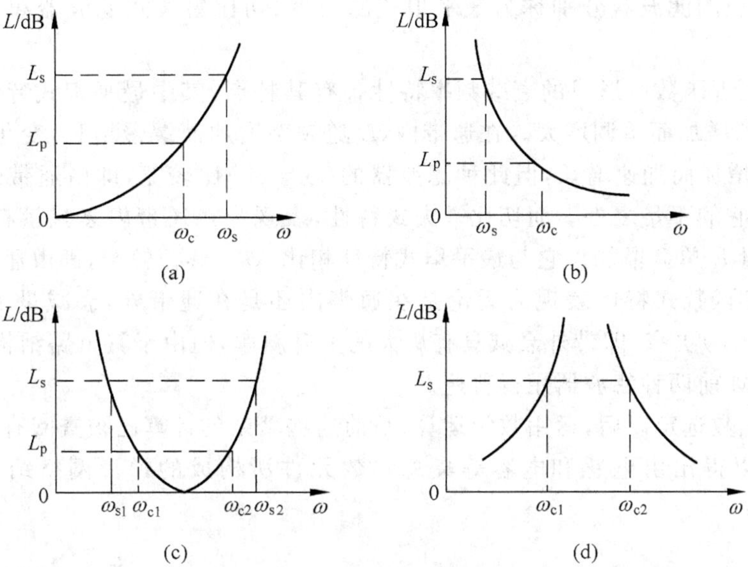

图 5.79 滤波器的工作特性分类

(a) 低通 (b) 高通 (c) 带通 (d) 带阻

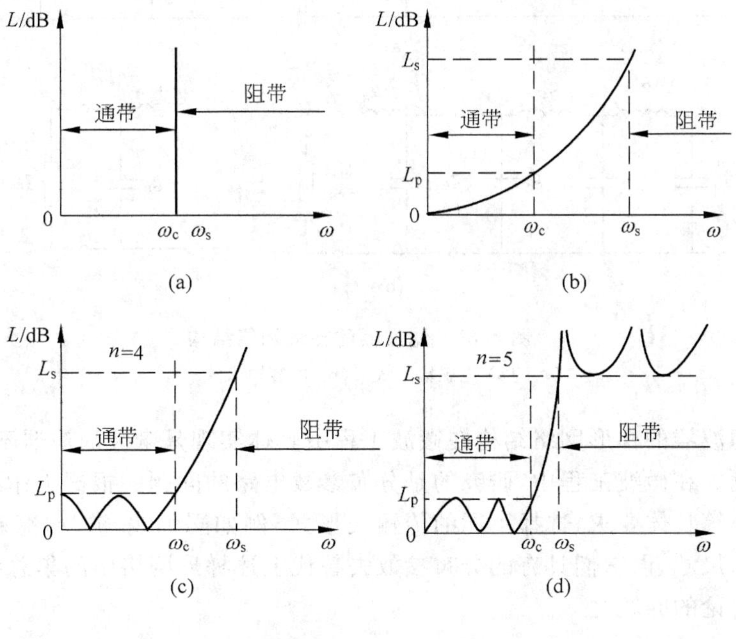

图 5.80 低通原型滤波器的衰减频率特性

示，而与之对应的滤波器分别称为最平坦式滤波器、切比雪夫式滤波器和椭圆函数式滤波器。

这三种逼近函数所形成的衰减频率特性各有其特点，其中最平坦式特性表现为衰减量 L 随频率的增加而单调增大。在通带内，L 随频率增加而缓慢增长，变化平缓；在通带外，L 随频率增加而加速增长，但此种滤波器的($\omega_s-\omega_c$)比较宽，即由通带过渡到阻带比较平缓，这是它的不足之处。而切比雪夫式特性，表现为在通带内衰减量有等起伏变化，通带外衰减量 L 单调增加。它与最平坦式特性相比，($\omega_s-\omega_c$)较窄，即由通带过渡到阻带比较陡。椭圆函数式特性表现为无论是在通带内还是在通带外，衰减量 L 都有起伏变化，它的($\omega_s-\omega_c$)更窄，即带外衰减具有最大的上升斜率，但由于其电路结构复杂，元件数目多，因而不如前两种滤波器用得普遍。

当逼近函数选定以后，运用数学运算(目前这些繁杂的计算已被查阅有关曲线和图表所替代)，可以得出由电感和电容等集总参数元件所构成的梯形网络结构，如图 5.81 所示。

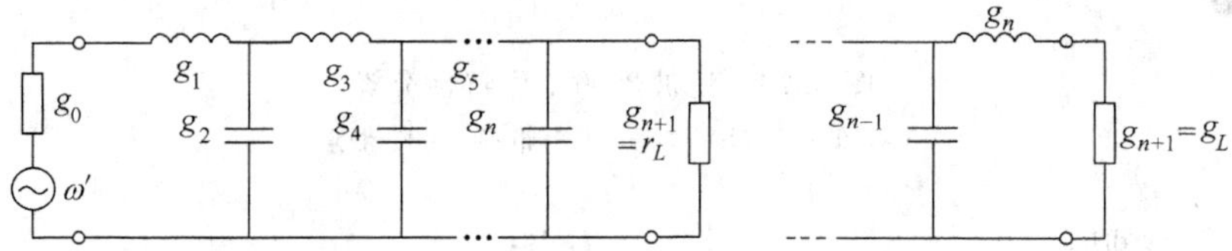

(a)

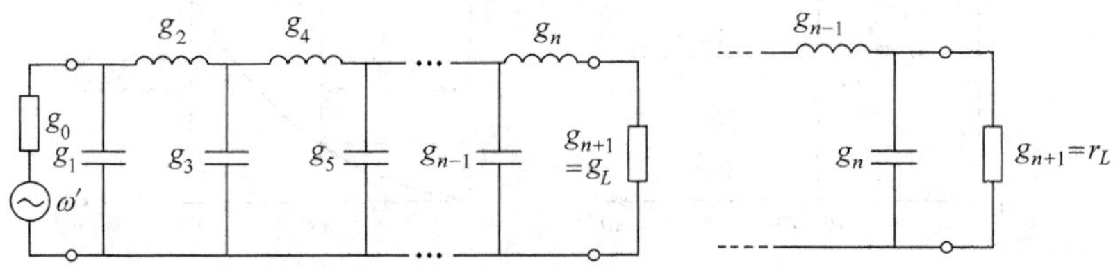

(b)

图 5.81 滤波器的梯形网络结构

(a) 电感输入式 (b) 电容输入式

如何将滤波器的梯形网络结构在微波工程中具体实现是微波滤波器不同于低频滤波器的关键问题。在微波工程中，研究的是分布参数电路的问题。根据工作波段的不同，功率容量的大小等具体要求，选择不同的传输线形式，例如同轴线、波导、微带线等等，确定它们的形状和尺寸，以它们具有的分布参数去替代上述梯形网络中的集总参数，这是后面我们要详细讨论的问题之一。

5.17.2 低通原型滤波器

低通原型滤波器是各种滤波器的设计基础。所谓低通原型滤波器，是实际的低通滤波器的频率对通带截止频率归一化，各元件阻抗对信源内阻归一化后的滤波器。本节首先以最平坦式滤波器为例讨论低通原型的综合设计过程，以便让我们明确目前滤波器的设计资料中有关图表和曲线的原始来源，然后简要讨论切比雪夫式滤波器的低通原型。

最平坦式低通原型滤波器以最平函数作为逼近函数，滤波器的散射参量 s_{21} 模的平方可写为

$$|s_{21}|^2 = \frac{1}{1+\varepsilon^2\omega'^{2n}} \quad (n=1,2,3,\cdots) \tag{5.17.2}$$

或功率衰减为

$$L = 10\lg(1+\varepsilon^2\omega'^{2n})(\mathrm{dB}) \tag{5.17.3}$$

式中 ω' 是归一化频率，表示为

$$\omega' = \frac{\omega}{\omega_c}$$

其中 ω 是实际工作频率，ω_c 是通带截止频率，ε 是待定系数，它取决于通带内的最大衰减 L_p，对于最平坦式低通原型滤波器，通带内最大衰减位于 $\omega'=1$ 处，常取通带内最大衰减为 3dB，那么 $\varepsilon=1$，于是

$$|s_{21}|^2 = \frac{1}{1+\omega'^{2n}} \tag{5.17.4}$$

以及

$$L = 10\lg(1+\omega'^{2n})(\mathrm{dB}) \tag{5.17.5}$$

为了综合设计的需要，在此引入复频率 s，令

$$s = \mathrm{j}\omega'$$

那么式(5.17.4)成为

$$|s_{21}(s)|^2 = \frac{1}{1+(-s^2)^n} \tag{5.17.6}$$

式(5.17.6)所定义的函数具有极点，极点在复平面上的位置由下式确定：

$$1+(-s^2)^n = 0$$

它的解是

$$s_k = (-1)^{\frac{1}{2}}(-1)^{\frac{1}{2n}} = \mathrm{e}^{\mathrm{j}\frac{\pi}{2}\left(\frac{2k+n-1}{n}\right)}$$

式中 $k=1,2,3,\cdots,2n$，这些极点位于复平面的单位圆上，并以实轴和虚轴为对称轴，对于无源网络只能取左半平面上的极点。

实际的滤波器当然是有损耗的，但为了简化，可把滤波器当作理想无损网络来处理，

那么由无损网络的酉条件可得

$$|s_{11}(s)|^2 = 1 - |s_{21}(s)|^2 = \frac{(-s^2)^n}{1+(-s^2)^n} \tag{5.17.7}$$

一旦知道网络的 $s_{11}(s)$,便可求得该网络的归一化输入导纳

$$\bar{y}_{in}(s) = \frac{1-s_{11}(s)}{1+s_{11}(s)} \tag{5.17.8}$$

由 $\bar{y}_{in}(s)$来综合低通原型的网络结构。

作为一个例子,现在来考虑 $n=3$ 的情况,极点的位置如图 5.82 所示。由式(5.17.7)得

$$\begin{aligned}|s_{11}(s)|^2 &= s_{11}(s)s_{11}(-s) = \frac{-s^6}{1-s^6}\\ &= \frac{s^3(-s^3)}{(s-e^{j\frac{2\pi}{3}})(s-e^{j\pi})(s-e^{-j\frac{2\pi}{3}})(s-e^{-j\frac{\pi}{3}})(s-e^{j0})(s-e^{j\frac{\pi}{3}})}\\ &= \frac{s^3(-s^3)}{(1+2s+2s^2+s^3)(1-2s+2s^2-s^3)}\end{aligned}$$

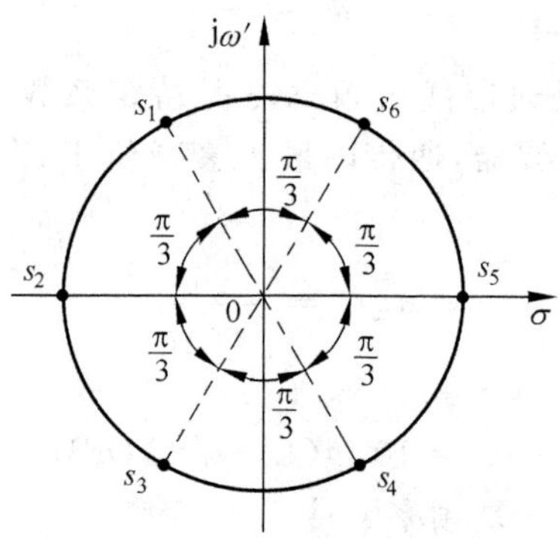

图 5.82 最平坦式滤波器 $s_{11}(s)$和 $s_{11}(-s)$的极点分布($n=3$)

其中

$$(s-e^{j\frac{2\pi}{3}})(s-e^{j\pi})(s-e^{-j\frac{2\pi}{3}}) = 1+2s+2s^2+s^3$$

相应的极点在复平面的左半平面,故取

$$s_{11}(s) = \frac{\pm s^3}{1+2s+2s^2+s^3} \tag{5.17.9}$$

由式(5.17.8)得该网络的输入导纳,若先取式(5.17.9)的负号,则

$$\bar{y}_{in}(s) = \frac{2s^3+2s^2+2s+1}{2s^2+2s+1} \tag{5.17.10}$$

利用辗转相除方法求得梯形网络的元件归一化值如下:

$$
\begin{array}{l}
2s^2+2s+1\overline{\big)2s^3+2s^2+2s+1} \quad | s \rightarrow \bar{y}_1 \\
\qquad\qquad\quad \underline{2s^3+2s^2+\ s} \\
\qquad\qquad\qquad\qquad s+1\overline{\big)2s^2+2s+1} \quad | 2s \rightarrow \bar{z}_2 \\
\qquad\qquad\qquad\qquad\qquad\quad \underline{2s^2+2s} \\
\qquad\qquad\qquad\qquad\qquad\qquad\qquad 1\overline{\big)s+1} \quad | s \rightarrow \bar{y}_3 \\
\qquad\qquad\qquad\qquad\qquad\qquad\qquad\quad \underline{s} \\
\qquad\qquad\qquad\qquad\qquad\qquad\qquad\qquad 1\overline{\big)1} \quad | 1 \rightarrow \bar{z}_4
\end{array}
$$

由此得低通原型滤波器的梯形网络结构图，如图 5.83(a)所示，这是电容输入式网络结构。辗转相除的商的系数便是梯形网络元件的归一化值，记作 g_1、g_2、g_3，…。本例中 $g_1=1$，$g_2=2$，$g_3=1$，$g_4=1$。

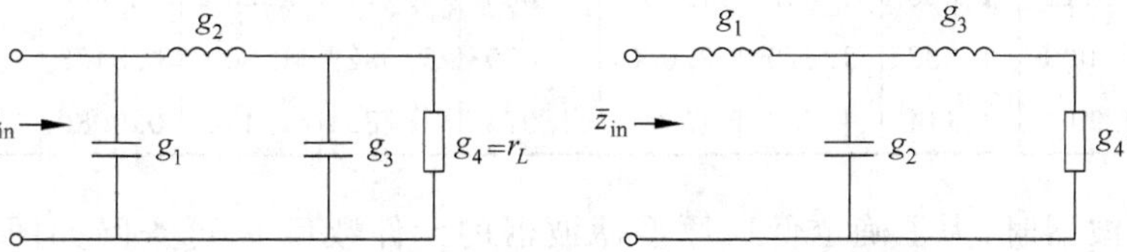

(a) (b)

图 5.83 低通原型滤波器($n=3$)

(a) 电容输入式 (b) 电感输入式

若取式(5.17.9)的正号，那么

$$\bar{y}_{in}(s)=\frac{2s^2+2s+1}{2s^3+2s^2+2s+1}$$

取其倒数得归一化输入阻抗

$$\bar{z}_{in}(s)=\frac{2s^3+2s^2+2s+1}{2s^2+2s+1}$$

上式形同式(5.17.10)，此时辗转相除得到是电感输入式低通原型梯形网络结构，如图 5.83(b)所示，其中 $g_1=1$、$g_2=2$、$g_3=1$、$g_4=1$。在此顺便提及原型电路中的归一化负载 g_{n+1} 所表示的元件性质，有下列规律可循：若负载与 g_n 并联，则 g_{n+1} 表示归一化负载电阻；若负载与 g_n 串联，则 g_{n+1} 表示归一化负载电导。g_0 所表示的元件性质与上类似，若 g_0 与 g_1 并联，则 g_0 表示归一化电源内阻；若 g_0 与 g_1 串联，则 g_0 表示归一化电源内电导。

计算 g_k 还有一个简单的公式为

$$
\begin{aligned}
g_0 &= g_{n+1} = 1 \\
g_k &= 2\sin\left[\frac{(2k-1)\pi}{2n}\right] \quad (k=1,2,\cdots,n)
\end{aligned}
$$

对于 $n=1\sim10$ 的最平坦式低通原型滤波器的归一化元件值 g_k 列表如表 5.2 所示。

表 5.2 最平坦式低通原型滤波器的 g_k 参数值($L_p=3$dB)

n	g_1	g_2	g_3	g_4	g_5	g_6	g_7	g_8	g_9	g_{10}	g_{11}
1	2.000	1.000									
2	1.414	1.414	1.000								
3	1.000	2.000	1.000	1.000							
4	0.7654	1.848	1.848	0.7654	1.000						
5	0.6180	1.618	2.000	1.618	0.6180	1.000					
6	0.5176	1.414	1.932	1.932	1.414	0.5176	1.000				
7	0.4450	1.247	1.802	2.000	1.802	1.247	0.4450	1.000			
8	0.3902	1.111	1.663	1.962	1.962	1.663	1.111	0.3902	1.000		
9	0.3473	1.000	1.532	1.879	2.000	1.879	1.532	1.000	0.3473	1.000	
10	0.3129	0.9080	1.414	1.782	1.975	1.975	1.782	1.414	0.9080	0.3129	1.000

在设计滤波器时，为了确定低通原型滤波器的元件数目 n，可查阅如图 5.84 所示阻带衰减频率特性($L_p=3$dB)的曲线。将阻带边频 ω_s 对通带截止频率 ω_c 归一化，记作 ω'_s，则式(5.17.5)成为

$$L_s = 10\lg(1+\omega'^{2n}_s)(\text{dB}) \tag{5.17.11}$$

将 L_s 作为 ω'_s 的函数，n 作为参变数画成曲线族。图中为了突出曲线的陡峭部分，所以横坐标取的是(ω'_s-1)，因为 $\omega'_s\leqslant 1$ 的部分对确定元件数目是没有意义的。

有了表 5.2 和图 5.84，使得设计低通原型滤波器成为非常简单的事情。

【例 5.8】 一微波低通滤波器的截止频率 $f_c=3$GHz，通带内最大衰减为 3dB，阻带边频 $f_s=6$GHz 处 $L_s\geqslant 30$dB，试确定其最平坦式低通原型。

解 确定元件数目 n，由式

$$\omega'_s = \frac{f_s}{f_c} = 2$$

$$\omega'_s - 1 = 1$$

查图 5.84，找 $\omega'_s-1=1$、$L_s=30$dB 的对应点，取 $n=5$。

确定各归一化元件值。

查表 5.2，由 $n=5$ 得

$$g_1 = g_5 = 0.6180,\quad g_2 = g_4 = 1.618$$

$$g_3 = 2.000,\quad g_6 = 1.000$$

于是可得两种形式的梯形网络电路，如图 5.85 所示，它们分别为电感输入式和电容输入式网络。

切比雪夫式低通原型衰减频率特性的表示式为

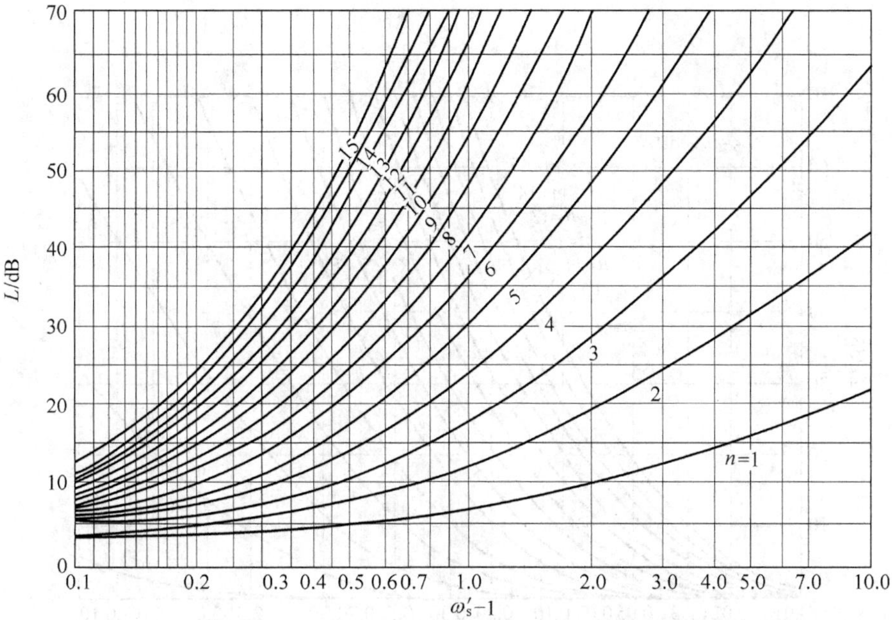

图 5.84 最大平坦度低通原型滤波器的滤波特性

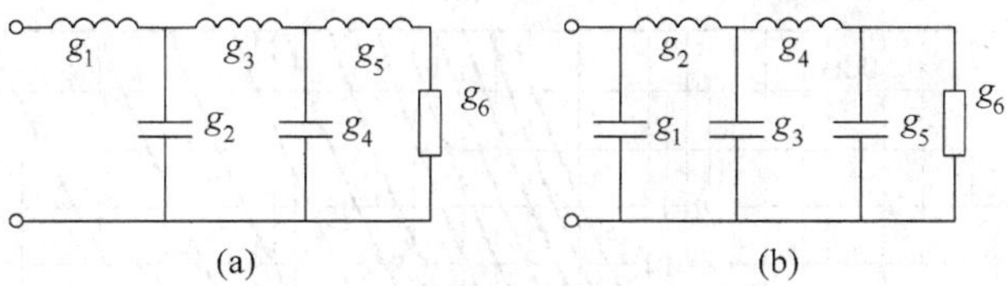

图 5.85 例题的低通原型电路

(a) 电感输入式 (b) 电容输入式

$$L = 10\ \lg[1+\varepsilon^2 T_n^2(\omega')]\ (\mathrm{dB})$$
$$= \begin{cases} 10\ \lg[1+\varepsilon^2\cos^2(n\arccos\omega')]\ (\mathrm{dB}) & (\omega' \leqslant 1,\text{通带}) \\ 10\ \lg[1+\varepsilon^2\cosh^2(n\mathrm{arcosh}\omega')]\ (\mathrm{dB}) & (\omega' \geqslant 1,\text{阻带}) \end{cases} \tag{5.17.12}$$

式中 ε 是待定系数，由 L_p 决定，$L_p=10\ \lg(1+\varepsilon^2)$ (dB)。$T_n(\omega')$ 为 n 阶切比雪夫多项式。将阻带边频 ω_s 对通带截止频率 ω_c 归一化，记作 ω_s'，则式(5.17.12)的阻带衰减成为

$$L_s = 10\ \lg[1+\varepsilon^2\cosh^2(n\mathrm{arcosh}\omega_s')]\ (\mathrm{dB}) \tag{5.17.13}$$

将 L_s 作为 ω_s' 的函数，而 ε(即 L_p)和 n 作为参变数画成曲线族，如图 5.86 所示。此图用来确定低通原型滤波器的元件数目 n，注意其横坐标取的是$(\omega'-1)$。

已知衰减特性式(5.17.12)中的 ε 和 n 后，利用找极点和辗转相除的方法可综合出梯形网络及元件的归一化值。表 5.3 中列出了 $L_p=0.1$dB 和 $L_p=0.5$dB 时的结果。

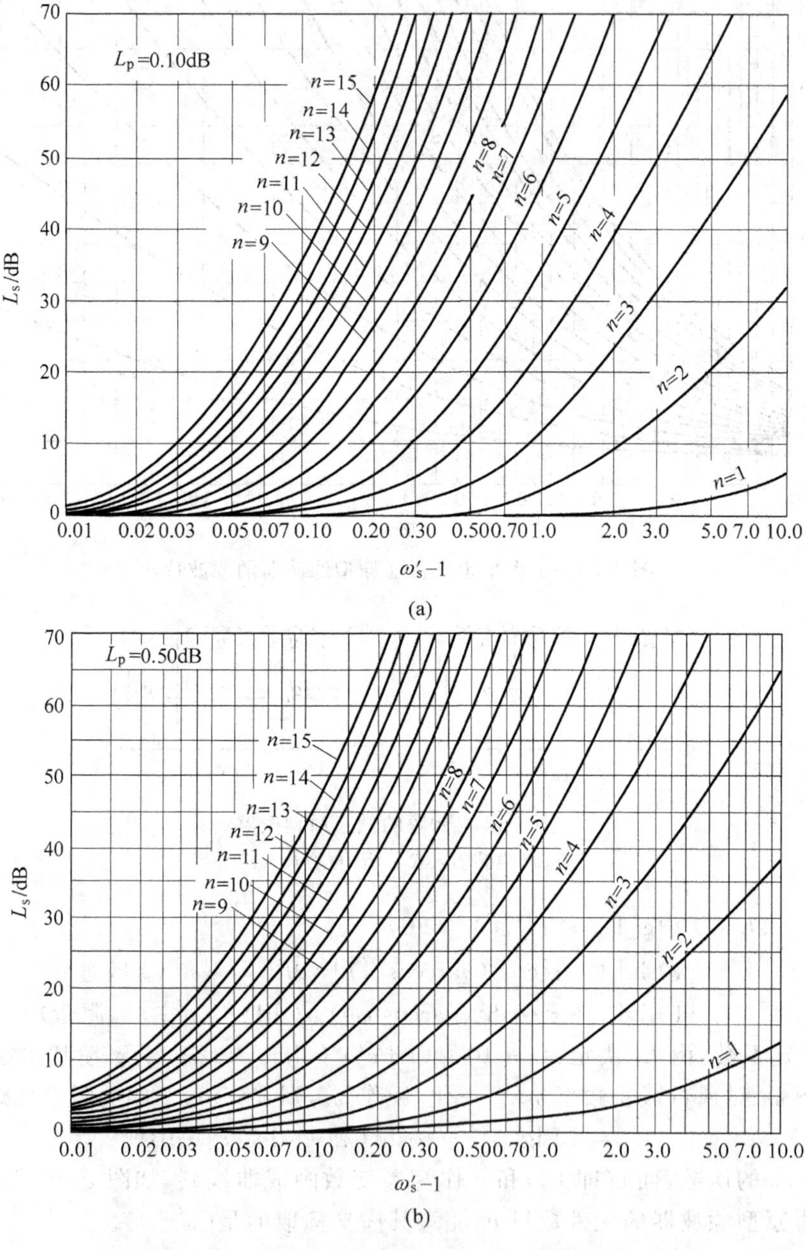

图 5.86　切比雪夫式低通原型滤波器阻带衰减频率特性

表 5.3 切比雪夫低通原型滤波器的 g_k 参数值

n	g_1	g_2	g_3	g_4	g_5	g_6	g_7	g_8	g_9	g_{10}	g_{11}
					$L_p=0.1$dB						
1	0.3052	1.0000									
2	0.8430	0.6220	1.3554								
3	1.0315	1.1474	1.0315	1.0000							
4	1.1088	1.3061	1.7703	0.8180	1.3554						
5	1.1468	1.3712	1.9750	1.3712	1.1468	1.0000					
6	1.1681	1.4039	2.0562	1.5170	1.9029	0.8618	1.3554				
7	1.1811	1.4228	2.0966	1.5733	2.0966	1.4228	1.1811	1.0000			
8	1.1897	1.4346	2.1199	1.6010	2.1699	1.5640	1.9444	0.8778	1.3554		
9	1.1956	1.4425	2.1345	1.6167	2.2053	1.6167	2.1345	1.4425	1.1956	1.0000	
10	1.1999	1.4481	2.1444	1.6265	2.2253	1.6418	2.2046	1.5821	1.9628	0.8853	1.3554
					$L_p=0.5$dB						
1	0.6986	1.0000									
2	1.4029	0.7071	1.9841								
3	1.5963	1.0967	1.5963	1.0000							
4	1.6703	1.1926	2.3661	0.8419	1.9841						
5	1.7058	1.2296	2.5408	1.2296	1.7058	1.0000					
6	1.7254	1.2479	2.6064	1.3137	2.4758	0.8696	1.9841				
7	1.7372	1.2583	2.6381	1.3444	2.6381	1.2583	1.7372	1.0000			
8	1.7451	1.2647	2.6564	1.3590	2.6964	1.3389	2.5093	0.8796	1.9841		
9	1.7504	1.2690	2.6678	1.3673	2.7329	1.3673	2.6678	1.2690	1.7504	1.0000	
10	1.7543	1.2721	2.6754	1.3725	2.7392	1.3806	2.7231	1.3485	2.5239	0.8842	1.9841

切比雪夫式和最大平坦式低通原型的网络形式是一样的，同样存在电感输入式和电容输入式两种梯形电路。在此顺便提及，椭圆函数式低通原型的网络形式如图 5.87 所示。从图中可见，该种电路比较复杂，元件数目偏多，其综合设计过程更加繁杂，在此不作讨论。

5.17.3 频率变换

频率变换的作用是双向的。对于一个实际的滤波器，它可能是低通、高通、带通、带阻滤波器中的某一种，通过频率变换，将其转化为低通原型滤波器；经过综合设计，有了低通

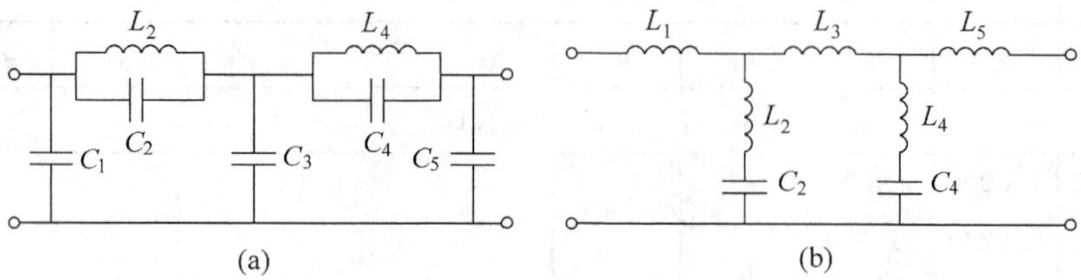

图 5.87　椭圆函数式低通原型电路
(a) 电容输入式　(b) 电感输入式

原型滤波器的归一化元件值后，再一次通过频率变换，求出实际滤波器的归一化元件数值，而后进一步求出真实的元件数值。在此由于仅对表示频率标度的横坐标进行了变换，而对表示衰减标度的纵坐标没有变换，故称之为等衰减条件下的频率变换。直观的印象仅是频率坐标轴的搬迁或伸缩，在变换后的坐标下，新的衰减频率特性形成，下面逐一对四种类型的滤波器的频率变换予以说明。

1. 低通滤波器与低通原型的频率变换

设实际的和原型的低通滤波器的频率变量分别为 ω 和 ω'，两者的衰减频率特性如图 5.88 所示。

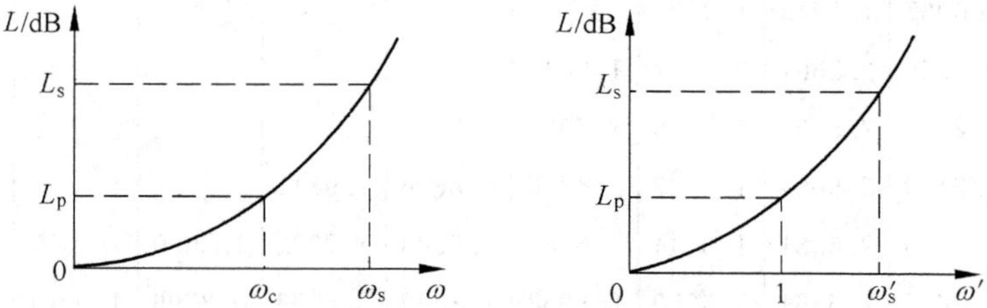

图 5.88　低通滤波器的频率变换

要求在频率为 $\omega=0$、ω_c、ω_s、∞ 的点上分别对应于 $\omega'=0$、1、ω'_s、∞，两者的衰减量 L 彼此相等，两者间应有频率变换式

$$\omega' = \frac{\omega}{\omega_c} \tag{5.17.14}$$

为使两种滤波器在上述对应频率点上衰减量不变，必须要求网络中对应元件在两种频率变量下具有相同的归一化阻抗，用公式表示为

$$\bar{z}'_k(\omega) = \bar{z}_k(\omega') \quad (k = 1,2,\cdots,n) \tag{5.17.15}$$

上式称之为等衰减条件。等衰减条件运用于此处，有

$$\begin{cases} \mathrm{j}\omega L'_k = \mathrm{j}\omega' g_k = \mathrm{j}\dfrac{\omega}{\omega_c} g_k \\ \dfrac{1}{\mathrm{j}\omega C'_i} = \dfrac{1}{\mathrm{j}\omega' g_i} = \dfrac{1}{\mathrm{j}\dfrac{\omega}{\omega_c} g_i} \end{cases}$$

式中 L'_k 和 C'_i 是实际滤波器元件的归一化值(对信源内阻 R_g 归一化)。于是得到

$$\left.\begin{aligned} L'_k &= \frac{g_k}{\omega_c} \\ C'_i &= \frac{g_i}{\omega_c} \end{aligned}\right\} \tag{5.17.16}$$

若求元件的真实值,只需对信源内阻 R_g 反归一化,结果为

$$\left.\begin{aligned} L_k &= L'_k R_g = \frac{g_k}{\omega_c} R_g \\ C_i &= \frac{C'_i}{R_g} = \frac{g_i}{\omega_c R_g} \end{aligned}\right\} \tag{5.17.17}$$

而实际负载则由原型电路的负载性质所确定。若 g_{n+1} 与 g_n 并联,则

$$R_L = g_{n+1} R_g = R_g \tag{5.17.18}$$

若 g_{n+1} 与 g_n 串联,则

$$G_L = g_{n+1} G_g = \frac{1}{R_g} \tag{5.17.19}$$

图 5.89 所示为电感输入式低通原型和实际低通滤波器的对应电路。对于电容输入式电路,以上分析同样适用。

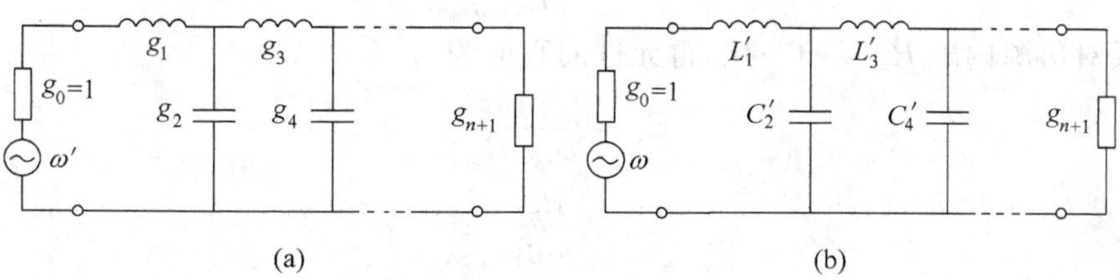

图 5.89 低通原型与低通滤波器的对应电路

2. 高通滤波器与低通原型的频率变换

设高通滤波器的频率变量为 ω,低通原型的频率变量为 ω',两者的衰减频率特性如图 5.90 所示。

要求在频率为 $\omega=0$、ω_c、ω_s、$+\infty$ 的点上分别对应于 $\omega'=-\infty$、-1、$-\omega'_s$、0,两者的衰减量 L 彼此相等。两者间应有频率变换式

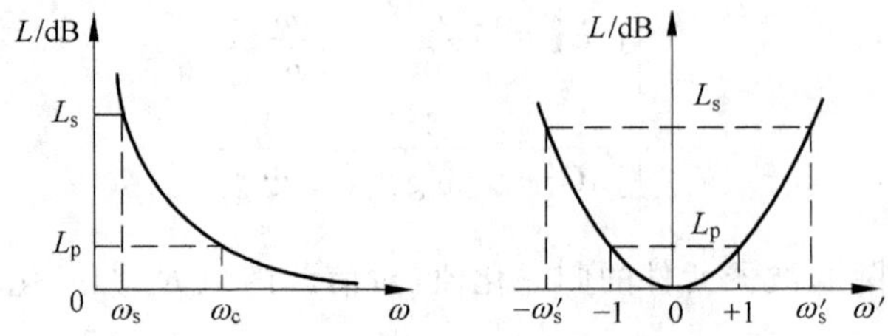

图 5.90　高通滤波器的频率变换

$$\omega' = -\frac{\omega_c}{\omega} \tag{5.17.20}$$

运用等衰减条件式(5.17.15)，有

$$\begin{cases} \mathrm{j}\omega' g_k = \mathrm{j}\left(-\dfrac{\omega_c}{\omega}\right) g_k = \dfrac{1}{\mathrm{j}\omega\left(\dfrac{1}{\omega_c g_k}\right)} = \dfrac{1}{\mathrm{j}\omega C'_k} \\ \dfrac{1}{\mathrm{j}\omega' g_i} = \dfrac{1}{\mathrm{j}\left(\dfrac{-\omega_c}{\omega}\right) g_i} = \mathrm{j}\omega\left(\dfrac{1}{\omega_c g_i}\right) = \mathrm{j}\omega L'_i \end{cases}$$

可见低通原型中的电感，变换为高通滤波器中的电容，而低通原型中的电容，变换为高通滤波器中的电感。高通滤波器元件的归一化值为

$$\left.\begin{aligned} C'_k &= \frac{1}{\omega_c g_k} \\ L'_i &= \frac{1}{\omega_c g_i} \end{aligned}\right\} \tag{5.17.21}$$

上式对信源内阻 R_g 反归一化，得元件的真值为

$$\left.\begin{aligned} C_k &= \frac{1}{\omega_c g_k R_g} \\ L_i &= \frac{R_g}{\omega_c g_i} \end{aligned}\right\} \tag{5.17.22}$$

负载性质的判别依据同前。低通原型和高通滤波器的对应电路如图 5.91 所示。

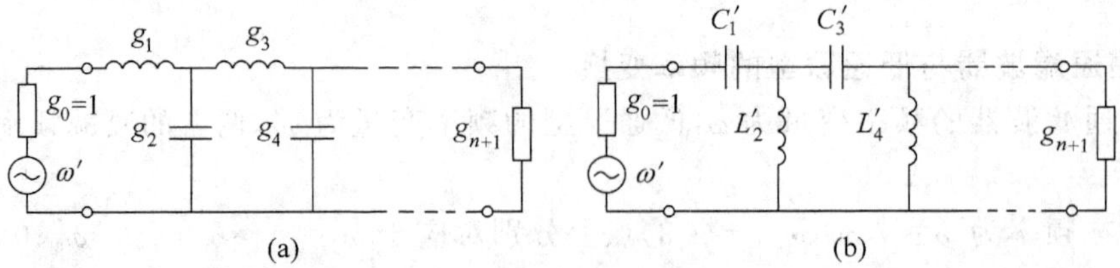

图 5.91　低通原型和高通滤波器的对应电路

图中只画出了低通原型中电感输入式网络所对应的高通滤波器的电路，读者不难自行画出电容输入式的相应电路。

3. 带通滤波器与低通原型的频率变换

带通滤波器与低通原型各自的衰减频率特性如图 5.92 所示。

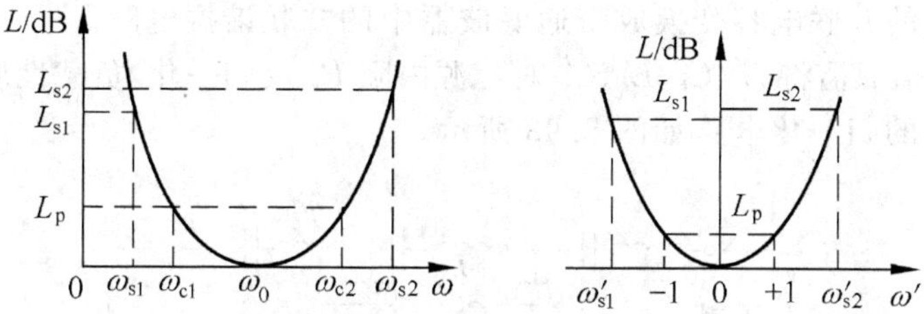

图 5.92 带通滤波器的频率变换

两者间具有频率变换式

$$\omega' = \frac{\omega_0}{\omega_{c2} - \omega_{c1}}\left(\frac{\omega}{\omega_0} - \frac{\omega_0}{\omega}\right) = \frac{1}{W}\left(\frac{\omega}{\omega_0} - \frac{\omega_0}{\omega}\right) \tag{5.17.23}$$

式中，$W = \dfrac{\omega_{c2} - \omega_{c1}}{\omega_0}$为相对带宽；

$\omega_0 = \sqrt{\omega_{c1}\omega_{c2}}$为中心频率。

运用等衰减条件式(5.17.15)于串联支路，有

$$\begin{aligned} \mathrm{j}\omega' g_k &= \mathrm{j}\,\frac{1}{W}\left(\frac{\omega}{\omega_0} - \frac{\omega_0}{\omega}\right) g_k \\ &= \mathrm{j}\left[\omega\,\frac{g_k}{W\omega_0} - \frac{1}{\omega\,\dfrac{W}{\omega_0 g_k}}\right] \\ &= \mathrm{j}\left[\omega L'_k - \frac{1}{\omega C'_k}\right] \end{aligned}$$

式中

$$L'_k = \frac{g_k}{W\omega_0}, \quad C'_k = \frac{W}{\omega_0 g_k} \tag{5.17.24}$$

可见低通原型中的串联电感变换成为带通滤波器中的串联谐振电路。将等衰减条件式(5.17.15)运用到并联支路，归一化导纳应相等，即

$$\begin{aligned} \mathrm{j}\omega' g_i &= \mathrm{j}\,\frac{1}{W}\left(\frac{\omega}{\omega_0} - \frac{\omega_0}{\omega}\right) g_i \\ &= \mathrm{j}\left[\omega\,\frac{g_i}{W\omega_0} - \frac{1}{\omega\,\dfrac{W}{\omega_0 g_i}}\right] \end{aligned}$$

$$= \mathrm{j}\left[\omega C_i' - \frac{1}{\omega L_i'}\right]$$

式中

$$C_i' = \frac{g_i}{W\omega_0}, \quad L_i = \frac{W}{\omega_0 g_i} \tag{5.17.25}$$

可见低通原型中的并联电容变换成带通滤波器中的并联谐振电路。

求元件的真值只需将 L'、C_k'、L_i'、C_i' 对信源内阻 R_g 反归一化，负载性质判据如前所述。

带通滤波器的归一化电路如图 5.93 所示。

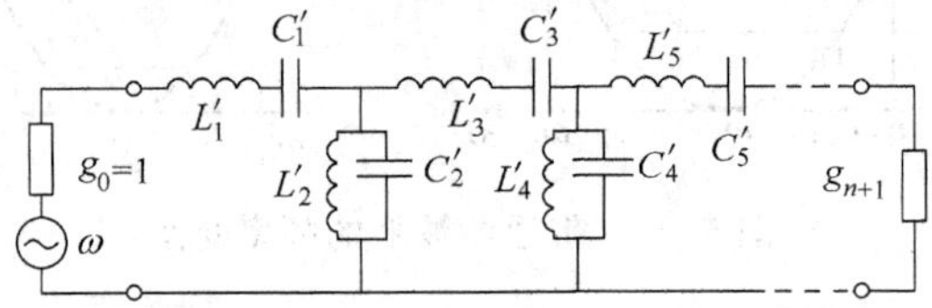

图 5.93　带通滤波器的归一化电路

4. 带阻滤波器与低通原型的频率变换

带阻滤波器与低通原型各自的衰减频率特性如图 5.94 所示。

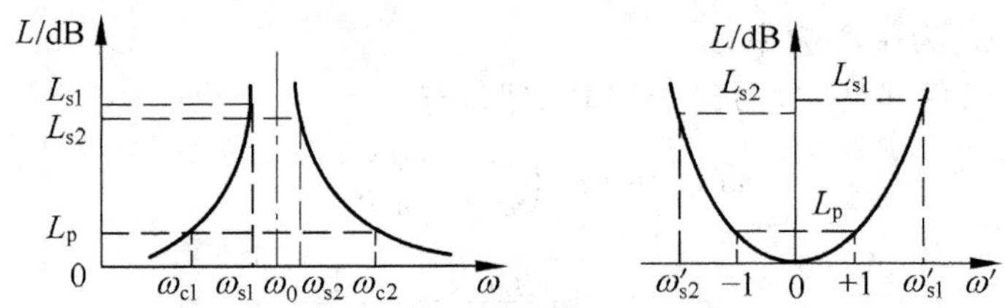

图 5.94　带阻滤波器的频率变换

两者间具有频率变换式

$$\frac{1}{\omega'} = \frac{1}{W}\left(\frac{\omega_0}{\omega} - \frac{\omega}{\omega_0}\right) \tag{5.17.26}$$

式中，$\omega_0 = \sqrt{\omega_{c1}\omega_{c2}}$ 为中心频率；

$W = \dfrac{\omega_{c2} - \omega_{c1}}{\omega_0}$ 为相对带宽。

利用等衰减条件求得低通原型中的串联电感变换为带阻滤波器中的串接的并联谐振电路，其元件归一化值为

$$L_k' = \frac{W g_k}{\omega_0}, \quad C_k' = \frac{1}{W\omega_0 g_k} \tag{5.17.27}$$

低通原型中的并联电容变换为带阻滤波器中的并接的串联谐振电路，其元件归一化

值为

$$L_i' = \frac{1}{W\omega_0 g_i}, \quad C_i' = \frac{Wg_i}{\omega_0} \tag{5.17.28}$$

元件真值的计算和负载性质的判断方法同前。带阻滤波器的归一化电路如图5.95所示。

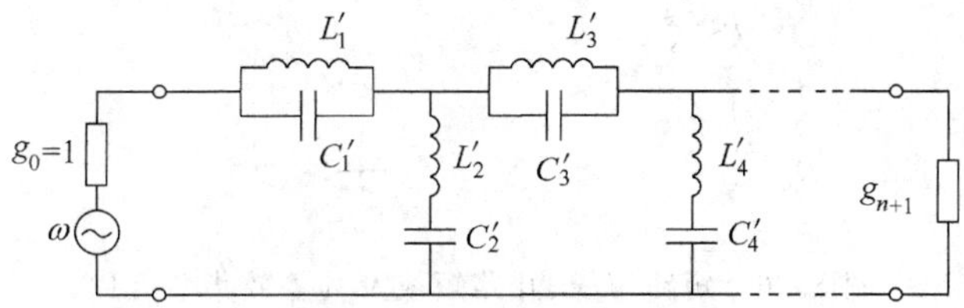

图5.95　带阻滤波器的归一化电路

5.17.4　电感与电容的微波实现

前面讨论的滤波器的电路都是由集总参数的电感和电容组成的，但是严格说来，在微波频段时并不存在这种集总参数的电感和电容，那么如何解决这一问题呢？

1. 集总参数与分布参数的区分

所谓集总参数指的是若在某一个区域中只含有磁能或只含有电能，那么相应地存在集总参数的电感或电容。但是除了直流情况外，不可能只有单一形式的能量存在。为了区分集总参数和分布参数，必须从能量的观点予以讨论。

在网络中若磁场储能 W_m 大于电场储能 W_e，称该网络为电感，反之则称该网络为电容。定义两个能量比

$$\eta_m = \frac{W_e}{W_m}, \quad \eta_e = \frac{W_m}{W_e}$$

当 $\eta_m \ll 1$ 时，网络等效为一集总参数电感；$\eta_e \ll 1$ 时，网络等效为一集总参数电容。

2. 短路短线和开路短线的等效电感和电容

图5.96是短路短线和开路短线的示意图，将它们看作单端口网络，可分别等效于电感和电容。短路线的输入阻抗为

$$Z_{in} = jZ_C \tan\frac{2\pi}{\lambda_g}l$$

当线长 $l < \lambda_g/8$ 时，上式变为

$$Z_{in} \approx jZ_C\frac{2\pi}{\lambda_g}l = jZ_C\frac{\omega}{v_p}l = j\omega L$$

可见短路线的等效电感为

$$L = \frac{Z_C l}{v_p} \tag{5.17.29}$$

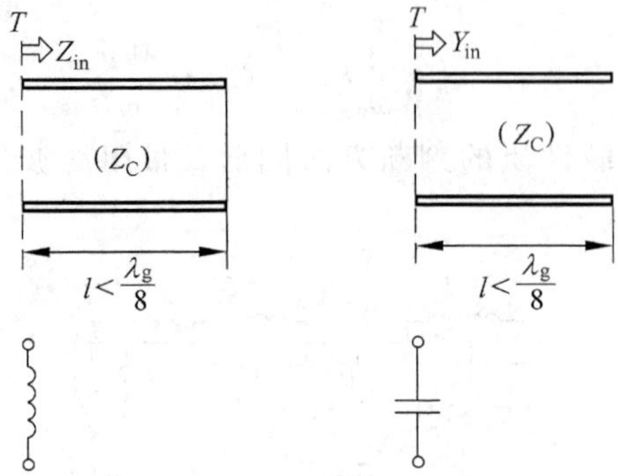

图 5.96　短路短线、开路短线及其等效集总元件

对于开路短线，当 $l<\lambda_g/8$ 时，与上式类似可得其等效的集总参数电容为

$$C=\frac{Y_C l}{v_p} \tag{5.17.30}$$

从能量的观点来看，在短路短线中磁场储能大于电场储能，而在开路短线中电场储能大于磁场储能。以短路线为例做一简单计算。图 5.96 中短路线上的电流和电压分别为

$$I=I_0\cos(\beta z)$$

$$V=I_0 Z_C\sin(\beta z)$$

两种储能分别为

$$W_m=\int_0^l I^2 Z_2\,dz=Z_C I_0^2\left(\frac{2\beta l+\sin(2\beta l)}{4\beta}\right)$$

$$W_e=\int_0^l \frac{V^2}{Z_C}dz=Z_C I_0^2\left(\frac{2\beta l-\sin(2\beta l)}{4\beta}\right)$$

两者的比为

$$\eta_m=\frac{W_e}{W_m}=\frac{2\beta l-\sin(2\beta l)}{2\beta l+\sin(2\beta l)}$$

同样地，对于开路线

$$\eta_e=\frac{W_m}{W_e}=\frac{2\beta l-\sin(2\beta l)}{2\beta l+\sin(2\beta l)}$$

图 5.97 画出了 η_m(短路线)和 η_e(开路线)随 $\theta=\beta l$(或 l)的变化曲线，在 $l=\lambda_g/8$ 点处，η_m 为 0.2，表明短路线的磁场储能大于电场储能，所以一般取 $l<\lambda_g/8$ 的短路线用来等效为一电感；在 $l=\lambda_g/8$ 点处，η_e 也为 0.2，表明开路线的电场储能大于磁场储能，故常取 $l<\lambda_g/8$ 的开路线用来等效为一电容。

3. 短传输线段的等效 T 型和 Π 型电路

一段长度为 $\theta=\beta l$ 的 TEM 波传输线，特性阻抗为 Z_C，将其视作二端口网络，如图

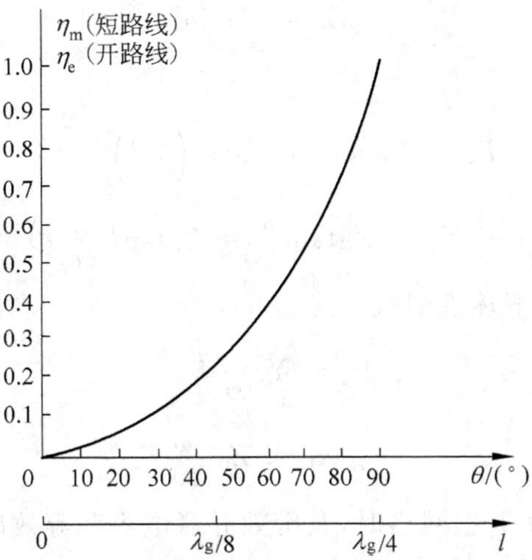

图 5.97 η_m 和 η_e 随 θ(或 l)的变化曲线

5.98(a)所示。该短传输线段的 A 矩阵为

$$[A]=\begin{bmatrix}\cos\theta & \mathrm{j}Z_C\sin\theta \\ \mathrm{j}\dfrac{1}{Z_C}\sin\theta & \cos\theta\end{bmatrix} \tag{5.17.31}$$

图 5.98(b)中 T 型网络的 A 矩阵为

$$\begin{aligned}[A]&=\begin{bmatrix}1 & \mathrm{j}\dfrac{X_L}{2} \\ 0 & 1\end{bmatrix}\begin{bmatrix}1 & 0 \\ \mathrm{j}B_C & 1\end{bmatrix}\begin{bmatrix}1 & \mathrm{j}\dfrac{X_L}{2} \\ 0 & 1\end{bmatrix} \\ &=\begin{bmatrix}1-\dfrac{1}{2}X_LB_C & \mathrm{j}\dfrac{1}{2}X_L\left(2-\dfrac{1}{2}X_LB_C\right) \\ \mathrm{j}B_C & 1-\dfrac{1}{2}X_LB_C\end{bmatrix}\end{aligned} \tag{5.17.32}$$

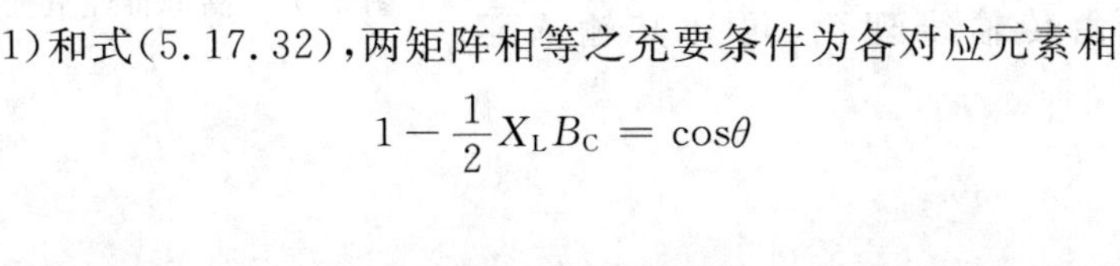

图 5.98 短传输线段及其 T 型、Π 型等效电路

比较式(5.17.31)和式(5.17.32)，两矩阵相等之充要条件为各对应元素相等，即

$$1-\frac{1}{2}X_LB_C=\cos\theta$$

$$B_C = \frac{1}{Z_C}\sin\theta$$

由此解得

$$B_C = Y_C\sin\theta = Y_C\sin\left(\frac{\omega}{v_p}l\right)$$

$$\frac{1}{2}X_L = Z_C\tan\frac{\theta}{2} = Z_C\tan\left(\frac{\omega}{2v_p}l\right)$$

当线的长度 $l<\lambda_g/8$ 时取下述近似式：

$$B_C \approx Y_C\,\frac{\omega}{v_p}l$$

$$\frac{1}{2}X_L \approx Z_C\,\frac{\omega}{2v_p}l$$

可见把一段传输线等效为 T 型网络时，其等效并联电容和等效串联电感分别为

$$\left.\begin{aligned} C &\approx \frac{Y_C l}{v_p} \\ \frac{L}{2} &\approx \frac{Z_C l}{2v_p} \end{aligned}\right\} \tag{5.17.33}$$

类似地，一段短传输线等效为 Π 型网络时，如图 5.98(c)所示，其等效串联电感和并联电容分别为

$$\left.\begin{aligned} L &\approx \frac{Z_C l}{v_p} \\ \frac{C}{2} &\approx \frac{Y_C l}{2v_p} \end{aligned}\right\} \tag{5.17.34}$$

上述等效电路表面上看为低通滤波器的形式，其实不然，一段 TEM 波传输线是没有截止频率的，这是一种全通网络。为了构成低通滤波器还必须进一步采取措施。

4. 高低阻抗线间接构成的低通滤波器

从均匀传输线上取出一段短线来，可以求得其等效电感和等效电容，但是因为线上是行波状态，在无损情况下必然有电场能量与磁场能量相等的结论，因此也就无法把一段均匀传输线等效为一个集总参数，为了使一段传输线上的电场能量与磁场能量不相等，可以采用具有高低特性阻抗的传输线段相间地连接起来，形成如图 5.99 所示的结构。

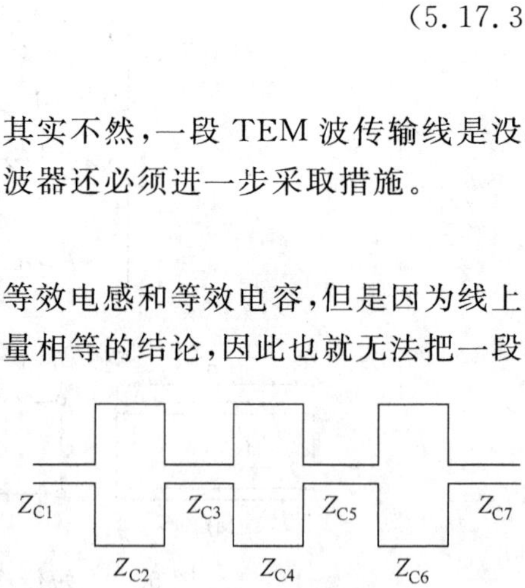

图 5.99　高低特性阻抗线段相间连接

一段高特性阻抗 Z_C 的传输线，接一低的负载阻抗 Z_L，由传输线理论，可知其输入阻抗为

$$Z_{in}=Z_C\frac{Z_L/Z_C+\mathrm{j}\tan(\beta l)}{1+\mathrm{j}Z_L/Z_C\tan(\beta l)}$$

若 $l<\lambda_g/8$、$Z_L\ll Z_C$，那么上式可近似为

$$Z_{in}\approx Z_L+\mathrm{j}Z_C\tan(\beta l)\approx Z_L+\mathrm{j}Z_C\beta l$$

$$=Z_L+\mathrm{j}\omega\frac{Z_C l}{v_p}=Z_L+\mathrm{j}\omega L$$

式中

$$L=\frac{Z_C l}{v_p}\tag{5.17.35}$$

而当 $Z_L\gg Z_C$ 时，有

$$Y_{in}=\frac{1}{Z_C}\frac{Z_C/Z_L+\mathrm{j}\tan(\beta l)}{1+\mathrm{j}Z_C/Z_L\tan(\beta l)}\approx\frac{1}{Z_C}\left(\frac{Z_C}{Z_L}+\mathrm{j}\tan(\beta l)\right)$$

$$\approx\frac{1}{Z_L}+\mathrm{j}\frac{\beta l}{Z_C}=\frac{1}{Z_L}+\mathrm{j}\omega\frac{l}{Z_C v_p}$$

$$=\frac{1}{Z_L}+\mathrm{j}\omega C$$

式中

$$C=\frac{l}{Z_C v_p}\tag{5.17.36}$$

这样，高低特性阻抗的传输线相间连接，就得到了串联电感和并联电容的梯形网络，由此可实现低通滤波器。

5. 1/4 波长和 1/2 波长的谐振线

1/4 波长和 1/2 波长的短截线，可以等效为集总参数的谐振电路。一段终端短路传输线的输入阻抗为

$$Z_{in}=\mathrm{j}Z_C\tan\frac{2\pi}{\lambda_g}l=\mathrm{j}X$$

当线长为 $\lambda_{g0}/4$ 的奇数倍时（λ_{g0} 为传输线谐振波长），则 $X\to\infty$，等效为并联谐振，如图 5.100(a)所示。其并联谐振电纳为

$$\mathrm{j}B=-\mathrm{j}Y_C\cot\left(\frac{\pi}{2}\frac{\lambda_{g0}}{\lambda_g}\right)$$

而 1/4 波长的终端开路线则可以等效为串联谐振电路，如图 5.100(b)所示，其串联谐振电抗是

$$\mathrm{j}X=-\mathrm{j}Z_C\cot\left(\frac{\pi}{2}\frac{\lambda_{g0}}{\lambda_g}\right)$$

为使集总参数谐振电路和微波谐振线之间建立等效关系，引入如下两个参量：并联谐振电路的电纳斜率参量定义为

$$b=\frac{\omega_0}{2}\left(\frac{\mathrm{d}B}{\mathrm{d}\omega}\right)_{\omega=\omega_0}\tag{5.17.37}$$

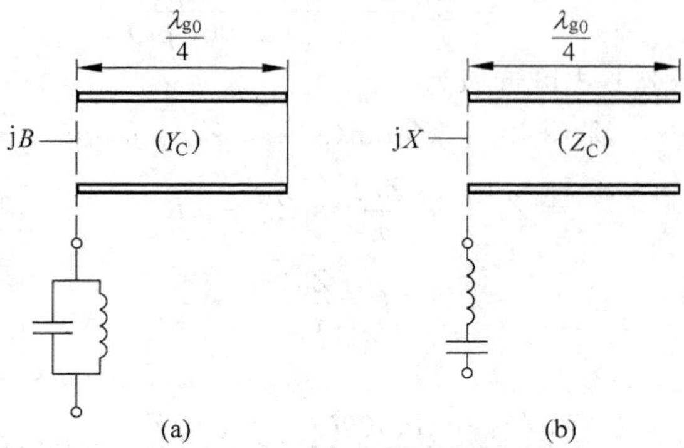

图 5.100 $\frac{\lambda_{g0}}{4}$传输线及其等效电路

串联谐振电路的电抗斜率参量定义为

$$x=\frac{\omega_0}{2}\left(\frac{\mathrm{d}X}{\mathrm{d}\omega}\right)_{\omega=\omega_0} \tag{5.17.38}$$

当集总参数电路的斜率参量等于相应的微波谐振线的斜率参量时，就说这两者是等效的。对 1/4 波长短路线，运用上述定义，其电纳斜率参量是

$$b=\begin{cases}\dfrac{\pi}{4}Y_C & \text{对 TEM 模传输线}\\[2ex] \dfrac{\pi}{4}Y_C\left(\dfrac{\lambda_{g0}}{\lambda_0}\right)^2 & \text{对 TE}_{10}\text{ 模矩形波导}\end{cases} \tag{5.17.39}$$

对 1/4 波长开路线，其电抗斜率参量是

$$x=\begin{cases}\dfrac{\pi}{4}Z_C & \text{对 TEM 模传输线}\\[2ex] \dfrac{\pi}{4}Z_C\left(\dfrac{\lambda_{g0}}{\lambda_0}\right)^2 & \text{对 TE}_{10}\text{ 模矩形波导}\end{cases} \tag{5.17.40}$$

众所周知，1/2 波长的开路线与 1/4 波长的短路线相对应；而 1/2 波长的短路线与 1/4波长的开路线相对应。因此 1/2 波长的开路线与集总参数的并联谐振电路等效；而 1/2 波长的短路线则与集总参数的串联谐振电路等效。如图 5.101 所示。

1/2 波长短路线的电抗斜率参量是

$$x=\begin{cases}\dfrac{\pi}{2}Z_C & \text{对 TEM 模传输线}\\[2ex] \dfrac{\pi}{2}Z_C\left(\dfrac{\lambda_{g0}}{\lambda_0}\right)^2 & \text{对 TE}_{10}\text{ 模矩形波导}\end{cases} \tag{5.17.41}$$

1/2 波长开路线的电纳斜率参量是

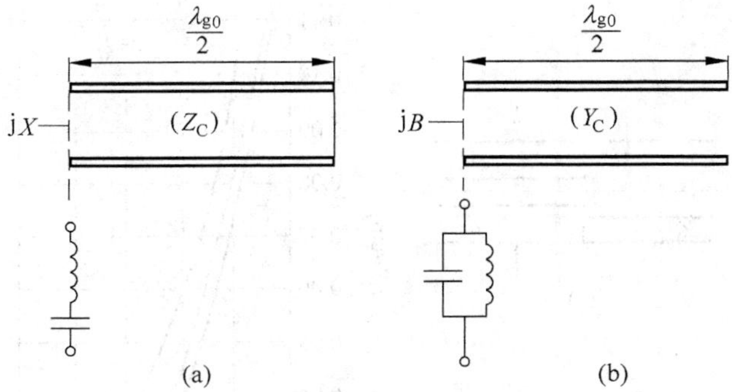

图 5.101　$\frac{\lambda_{g0}}{2}$传输线及其等效电路

$$b=\begin{cases}\dfrac{\pi}{2}Y_C & \text{对 TEM 模传输线}\\[2mm] \dfrac{\pi}{2}Y_C\left(\dfrac{\lambda_{g0}}{\lambda_0}\right)^2 & \text{对 TE}_{10}\text{ 模矩形波导}\end{cases}\tag{5.17.42}$$

6. 不连续性

传输线中如果存在结构上的不连续性，将引起电磁场的重新分布，从而引起电场储能和磁场储能的不平衡。例如波导横截面尺寸的改变，同轴线内外导体直径的变化，带状线中心导带宽度的阶梯跳变、拐角、波导中插入销钉、膜片等都属不连续性。在这些不连续性处，将激起高次模，引起电力线和磁力线的重新分布以满足新的边界条件，因而电场储能和磁能储能不再相等。若 $W_e>W_m$，该不连续性区域等效为容性元件；若 $W_m>W_e$，该区域等效为感性元件。对常见的不连续性已有解析的或实验的结果，例如图 5.102 中绘出了同轴线内导体阶梯边缘电容的曲线，图 5.103 中绘出了矩形波导中对称电感膜片的电抗曲线。上述两图中有关参数的含义将在后面的设计举例中说明。其他不连续性结构的数据，可查阅有关资料。

5.17.5　微波低通滤波器

综合设计法确定了低通原型，而频率变换又在各种实际的滤波器与低通原型间建立了转换关系，所以低通原型电路是设计各种滤波器的基础。现在的问题是如何根据实际的技术指标的要求，去和某一种低通原型建立起联系，确定元件数目 n 和元件的归一化值 g_k，然后化成真实值，余下的问题就是元件的微波实现。下面通过两个设计实例来阐明上述问题。

【例 5.9】　设计一切比雪夫式低通微带滤波器，其技术指标：截止频率 $f_c=4.5$GHz，带内等波纹衰减值 $L_p=0.5$dB，阻带边频 $f_s=9.0$GHz 处的 $L_s=35$dB，输入和输出微带

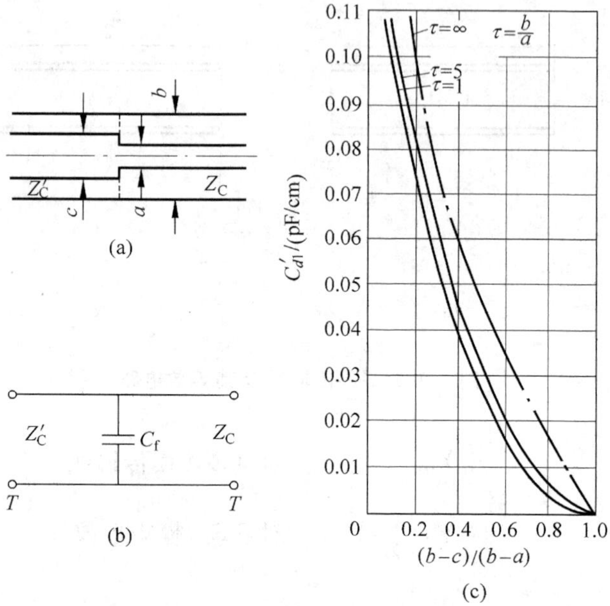

图 5.102　同轴线内导体阶梯边缘电容

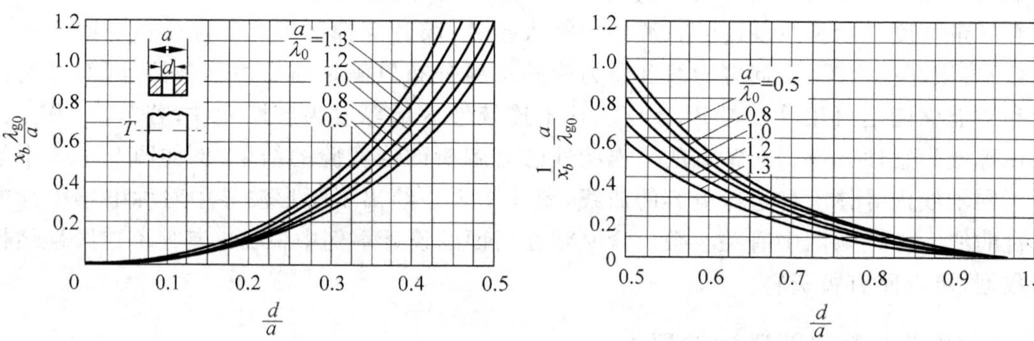

图 5.103　矩形波导对称电感膜片的电抗

线特性阻抗均为 50Ω，微带基片厚度 $h=1\mathrm{mm}$，相对介电常数 $\varepsilon_r=10$，求微带线低通滤波器的结构尺寸。

解　① 确定低通原型。由于设计公式的近似和制造的公差，设计时将截止频率稍作提高，以确保最高工作频率的通过。这里取 $f_c=5\mathrm{GHz}$，故有

$$\omega_s'=\frac{9.0}{5.0}=1.8$$

由 $\omega_s'-1=0.8$、$L_s=35\mathrm{dB}$、$L_p=0.5\mathrm{dB}$ 查图 5.86(b)得 $n=5$，查表 5.3 得

$$g_1 = g_5 = 1.7058,\ g_2 = g_4 = 1.2296,\ g_3 = 2.5408,\ g_6 = 1.0000$$

选用电感输入式梯形网络如图 5.104 所示。

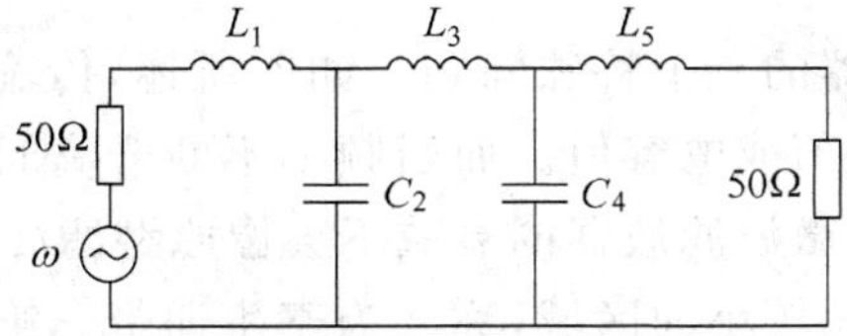

图 5.104 电感输入式梯形网络

② 计算元件的真值。按式(5.17.17)有

$$L_1 = L_5 = \frac{g_1}{\omega_c} R_g = \frac{1.7058 \times 50}{2\pi \times 5.0 \times 10^9} = 2.7149(\mathrm{nH})$$

$$C_2 = C_4 = \frac{g_2}{\omega_c R_g} = \frac{1.2296}{2\pi \times 5.0 \times 10^9 \times 50} = 0.7828(\mathrm{pF})$$

$$L_3 = \frac{g_3}{\omega_c} R_g = \frac{2.5408 \times 50}{2\pi \times 5.0 \times 10^9} = 4.0438(\mathrm{nH})$$

③ 元件的微波实现。滤波器的结构如图 5.105 所示。

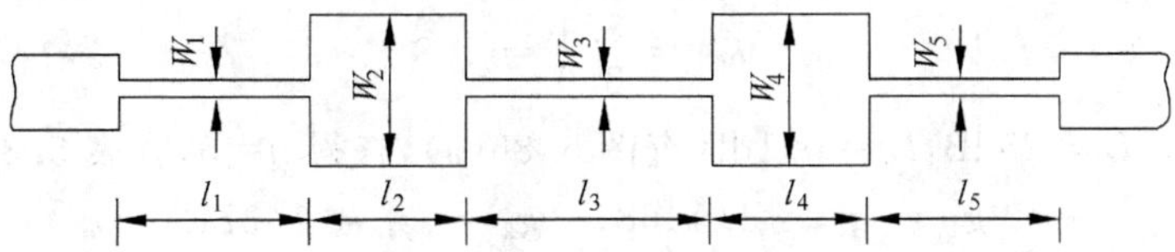

图 5.105 微带低通滤波器结构示意图

这里选用高低特性阻抗线间接的方式实现串联电感和并联电容。选取高特性阻抗 $Z_{\mathrm{Ch}}=100\Omega$，低特性阻抗 $Z_{\mathrm{Cl}}=30\Omega$。原则上，高阻线 Z_{Ch} 应尽量大些，低阻线 Z_{Cl} 应尽量小些，这样对集总参数的接近程度会更好一些。但制作工艺给这些选择以限制，故在此对高阻线，$W/h<1.0$，查图 3.30 和图 3.31 得 $W_1/h=0.15$，$\sqrt{\varepsilon_e}=2.4$，故高阻线的宽度 $W_1=0.15\mathrm{mm}$（对高精度设计，请查阅有关资料中的详细图表）。由式(5.17.35)计算长度得

$$l_1 = l_5 = \frac{L_1 v_p}{Z_{\mathrm{Ch}}} = \frac{2.7149 \times 10^{-9} \times 3 \times 10^{11}}{\sqrt{\varepsilon_e} \times 100} = 3.39(\mathrm{mm})$$

$$l_3 = \frac{L_3 v_p}{Z_{\mathrm{Ch}}} = \frac{4.0438 \times 10^{-9} \times 3 \times 10^{11}}{\sqrt{\varepsilon_e} \times 100} = 5.05(\mathrm{mm})$$

对低阻线，$W/h>1.0$，查图 3.29 和图 3.31 得 $W_2/h=2.5$，$\sqrt{\varepsilon_e}=2.7$，故低阻线的宽度 $W_2=2.5\mathrm{mm}$。由式(5.17.36)计算其长度

$$l_2 = l_4 = C_2 Z_{C1} v_p = 0.7828 \times 10^{-12} \times 30 \times \frac{3 \times 10^{11}}{\sqrt{\varepsilon_e}} = 2.61(\text{mm})$$

④ 检验寄生通带

寄生通带是微波滤波器的一个特殊问题。如前所述，传输线的尺寸只有远小于波长时，才能等效于所需的电感值或电容值。而当频率不断升高时，其相应的波长变短，使得上述关系不再成立，后果是微波滤波器的衰减不会像原型滤波器那样一直上升，而是会在某些频率范围内畸变成衰减较小的区域，称之为寄生通带。第一个寄生通带的波长大约为高阻线长度的两倍，故有

$$f = \frac{v_p}{2 \times 5.05} = \frac{3 \times 10^{11}}{2 \times 5.05 \times \sqrt{\varepsilon_e}} = 12.376(\text{GHz})$$

其和欲截止的9.0GHz之间有一定的频率间隔，故满足设计要求。

【例 5.10】 设计一切比雪夫式同轴线低通滤波器，其技术指标：截止频率 $f_c=3.0\text{GHz}$，带内等波纹衰减 $L_p=0.1\text{dB}$，阻带边频 $f_s=5.4\text{GHz}$ 处的 $L_s \geqslant 25\text{dB}$。输入、输出同轴线 $Z_C=50\Omega$，内外导体直径 $d=5\text{mm}$，$D=11.5\text{mm}$。求同轴线低通滤波器的结构尺寸。

解 ① 确定低通原型。

归一化阻带边频为

$$\omega_s' = \frac{5.4}{3.0} = 1.8$$

由 $\omega_s'-1=0.8$，$L_s \geqslant 25\text{dB}$，$L_p=0.1\text{dB}$ 查图 5.86(a)，查得 $n=5$，查表 5.3，得

$$g_1 = g_5 = 1.1468, \quad g_2 = g_4 = 1.3712$$
$$g_3 = 1.9705, \quad g_6 = 1.0000$$

选用电容输入式梯形网络，如图 5.106 所示。

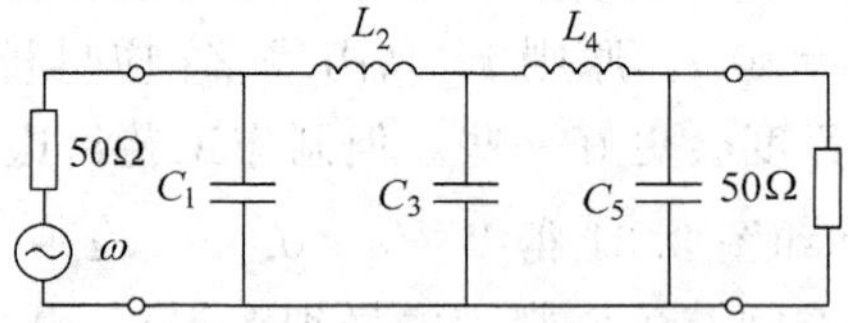

图 5.106　例 5.10 的等效电路

② 计算元件的真值。

按式(5.17.17)有

$$C_1 = C_5 = \frac{g_1}{\omega_c R_g} = \frac{1.1468}{2\pi \times 3.0 \times 10^9 \times 50} = 1.22(\text{pF})$$

$$C_3 = \frac{g_3}{\omega_c R_g} = \frac{1.9750}{2\pi \times 3.0 \times 10^9 \times 50} = 2.10(\text{pF})$$

$$L_2 = L_4 = \frac{g_2}{\omega_c} R_g = \frac{1.3712 \times 50}{2\pi \times 3.0 \times 10^9} = 3.64(\text{nH})$$

③ 元件的微波实现。

滤波器的结构如图 5.107 所示。

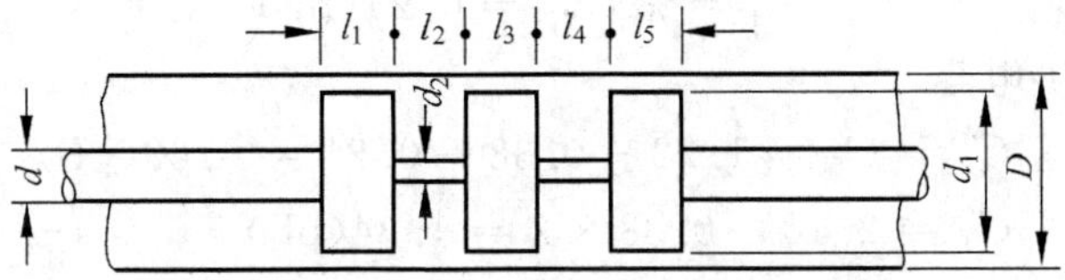

图 5.107 低通滤波器的同轴线结构

这里选用高低特性阻抗线间接的方式实现串联电感和并联电容。原则上，高阻段 Z_{Ch}应尽量高，低阻段 Z_{Cl}应尽量低，这样对集总参数的接近程度会更好一些，但机械加工给这种选择以限制，故对同轴线说来，一般取高特性阻抗 Z_{Ch}为(100～150)Ω，低特性阻抗 Z_{Cl}为(5～15)Ω。此处选取 $Z_{Ch}=120\Omega$，$Z_{Cl}=10\Omega$。因为

$$Z_{Ch} = 138\lg\frac{D}{d_2} = 120(\Omega)$$

所以

$$d_2 = 1.55(\text{mm})$$

由式(5.17.35)计算高阻段的长度为

$$l_2 = l_4 = \frac{L_2 v_p}{Z_{Ch}} = \frac{3.64 \times 10^{-9} \times 3 \times 10^{11}}{120} = 9.1(\text{mm})$$

又因为

$$Z_{Cl} = 138\lg\frac{D}{d_1} = 10(\Omega)$$

所以

$$d_1 = 9.73(\text{mm})$$

计算 120Ω 和 10Ω 线连接处的阶梯电容各参数如图 5.102 所示，分别为

$$a = 1.55,\ b = 11.5,\ c = 9.37$$

$$\tau = b/a = 7.4,\ (b-c)/(b-a) = 0.178$$

由图 5.102 查得 $C'_{d_1}=0.105(\text{pF/cm})$，$C'_{d_1}$为外导体内径单位周长的边缘电容，所以总的阶梯电容为

$$C_f = \pi b C'_{d_1} = 0.38(\text{pF})$$

计算 50Ω 与 10Ω 线连接处的阶梯电容的各参数为

$$a = 5,\ b = 11.5,\ c = 9.73$$

$$\tau = b/a = 2.3,\ (b-c)/(b-a) = 0.27$$

查得

$$C'_{d_1} = 0.058(\text{pF/cm})$$

所以

$$C_{\text{f}} = \pi d C'_{d_1} = 0.21(\text{pF})$$

因而低阻段仅需提供电容

$$C'_1 = C'_5 = 1.22 - 0.38 - 0.21 = 0.63(\text{pF})$$
$$C'_3 = 2.10 - 0.38 \times 2 = 1.34(\text{pF})$$

由式(5.17.36)计算低阻段长度为

$$l_1 = l_5 = C'_1 Z_{\text{C1}} v_{\text{p}} = 0.63 \times 10^{-12} \times 10 \times 3 \times 10^{11} = 1.89(\text{mm})$$
$$l_3 = C'_3 Z_{\text{C1}} v_{\text{p}} = 1.34 \times 10^{-12} \times 10 \times 3 \times 10^{11} = 4.02(\text{mm})$$

④ 检验寄生通带。

第一个寄生通带的波长约为高阻段长度 9.1mm 的两倍，故

$$f = \frac{v_{\text{p}}}{2 \times 9.1} \approx 16.48(\text{GHz})$$

和欲截止的 5.4GHz 之间有一定的频率间隔，故满足设计要求。

5.17.6 倒置变换器

在微波滤波器中，各支路元件是分布参数的结构，这些分布参数的元件要在同一点上进行串联和并联，在结构上难以实现。为此希望获得一种变型的低通原型电路，形式上它只含有一种电抗性质的元件(容性或感性)，如图 5.108 所示，倒置变换器在此起着元件的隔离变换作用。

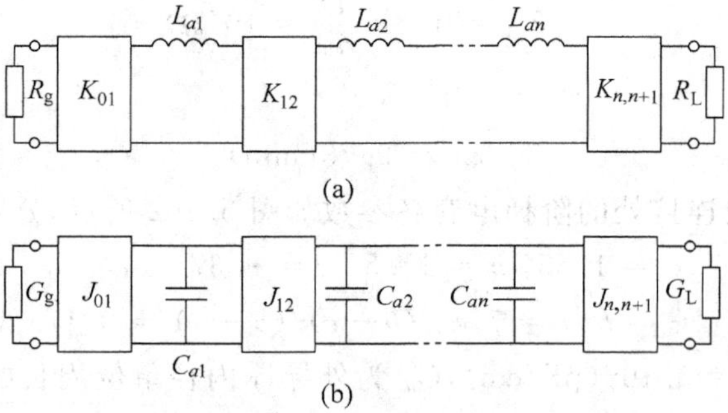

图 5.108 变形低通原型

倒置变换器是一个二端口网络，可以把负载(Z_{L} 或 Y_{L})变换成其倒数。图5.109分别是阻抗倒置器和导纳倒置器的原理图。图中 K、J 为实常数，K 称为阻抗倒置器的特性阻

抗，J 称为导纳倒置器的特性导纳。

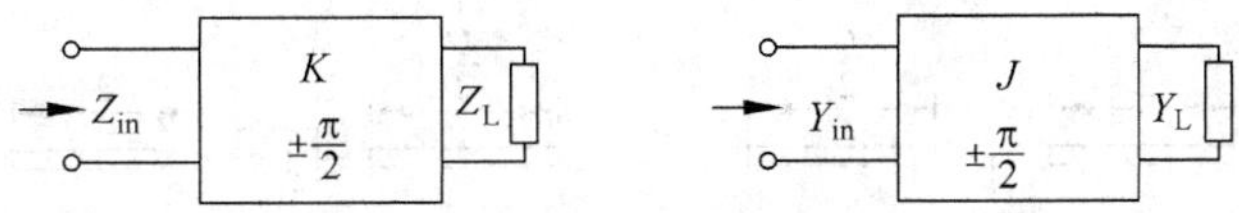

图 5.109　阻抗和导纳倒置器

阻抗倒置器和导纳倒置器两者的变换关系分别为

$$Z_{in}=\frac{K^2}{Z_L} \tag{5.17.43}$$

$$Y_{in}=\frac{J^2}{Y_L} \tag{5.17.44}$$

可见倒置器一端的串联电感变换成另一端的并联电容；而一端的并联电容转换成另一端的串联电感。

最简单的倒置变换器是一段 1/4 波长的均匀传输线，由传输线理论可知，其负载阻抗(或导纳)与输入阻抗(或导纳)之间存在着如下关系：

$$Z_{in}=\frac{Z_C^2}{Z_L}$$

$$Y_{in}=\frac{Y_C^2}{Y_L}$$

可见 1/4 波长传输线既可作阻抗倒置器，又可作导纳倒置器，前者的 K 就是传输线的特性阻抗 Z_C，后者的 J 就是传输线的特性导纳 Y_C。这种阻抗倒置器的 A 矩阵为

$$[A]=\begin{bmatrix}0 & jZ_C\\ j/Z_C & 0\end{bmatrix}=\begin{bmatrix}0 & jK\\ j/K & 0\end{bmatrix}$$

而作为导纳倒置器时的 A 矩阵为

$$[A]=\begin{bmatrix}0 & j/Y_C\\ jY_C & 0\end{bmatrix}=\begin{bmatrix}0 & j/J\\ jJ & 0\end{bmatrix}$$

以上两矩阵仅在中心频率上才是严格成立的，偏离中心频率后，也就偏离了式(5.17.43)、式(5.17.44)的变换关系，因而这种倒置器是窄频带的。能够在所有频率上都保持 K 或 J 为常数，相移为$\pm\frac{\pi}{2}$的倒置变换器为理想倒置变换器，其 A 矩阵为

$$[A]=\begin{bmatrix}0 & \pm jK\\ \pm j/K & 0\end{bmatrix} \tag{5.17.45}$$

或

$$[A]=\begin{bmatrix}0 & \pm j/J\\ \pm jJ & 0\end{bmatrix} \tag{5.17.46}$$

另一种简单的倒置变换器如图 5.110 所示。

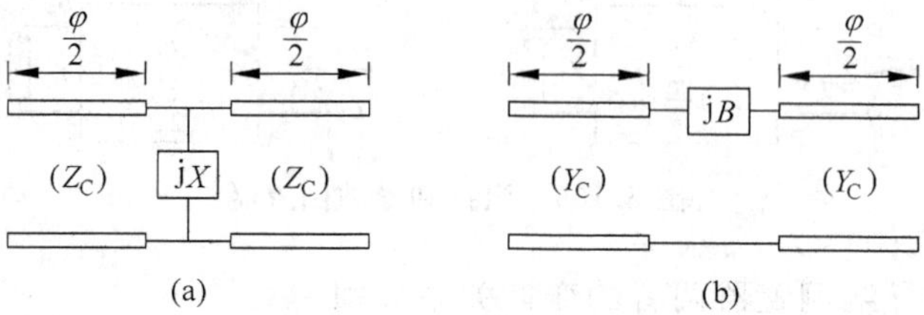

图 5.110　并联电抗与串联电纳倒置器

图中(a)为并联电抗与相邻两短传输线段组成的阻抗倒置器，(b)为串联电纳及相邻短线构成的导纳倒置器。为求图 5.110(a)中阻抗倒置器的参量，先求其 A 矩阵，为三个网络的级联，然后令级联后的 A 矩阵与式(5.17.45)相等，即可求得

$$\left.\begin{aligned}\varphi &= -\arctan\left(\frac{2X}{Z_C}\right)\\ K &= Z_C\tan\left|\frac{\varphi}{2}\right|\\ \frac{X}{Z_C} &= \frac{K/Z_C}{1-(K/Z_C)^2}\end{aligned}\right\}\tag{5.17.47}$$

对于图 5.110(b)中的导纳倒置器，类似可求得

$$\left.\begin{aligned}\varphi &= -\arctan\left(\frac{2B}{Y_C}\right)\\ J &= Y_C\tan\left|\frac{\varphi}{2}\right|\\ \frac{B}{Y_C} &= \frac{J/Y_C}{1-(J/Y_C)^2}\end{aligned}\right\}\tag{5.17.48}$$

当图 5.110(a)中 $X>0$(感抗)，(b)中 $B>0$(容纳)时，上两式中的 φ 皆为负值，表明相邻短线为负长度。这一负长度可由邻近接入的具有相同特性阻抗的传输线的正长度所抵消。这种倒置器的频带较 1/4 波长倒置器的频带宽，但基本上还是窄带的。

5.17.7　变形低通原型

倒置变换器加入到低通原型的元件之间，形成了只有一种电抗性质元件的低通原型，称之为变形低通原型，如图 5.108 所示。

下面我们来推导倒置器的参数 K(或 J)与低通原型中元件的归一化值 g_k 的关系。低通原型和变形低通原型的衰减特性相同，故两者的对应阻抗相同，或差一比例因子。

图 5.111(a)为电感输入式低通原型中的部分电路，图 5.111(b)为对应的电容输入式低通原型部分电路，图 5.111(c)为与图 5.111(b)相应的变型低通原型部分电路。图

5.111(a)中的开路面 T_2 对应着图 5.111(b)和图 5.111(c)中的短路面 T_2'。

图 5.111(a)中，T_1 面上的输入阻抗为

$$Z_{in}=j\omega L_k+\frac{1}{j\omega C_{k+1}} \qquad (5.17.49)$$

图 5.111(c)中，T_1' 面上的输入阻抗为

$$Z_{in}'=j\omega L_{ak}+\frac{k_{k,k+1}^2}{j\omega L_{a(k+1)}} \qquad (5.17.50)$$

设 Z_{in}' 与 Z_{in} 差一比例因子 L_{ak}/L_k，即

$$Z_{in}'=\frac{L_{ak}}{L_k}Z_{in}=j\omega L_{ak}+\frac{L_{ak}}{j\omega L_kC_{k+1}} \qquad (5.17.51)$$

比较式(5.17.50)和式(5.17.51)，得

$$K_{k,k+1}=\sqrt{\frac{L_{ak}L_{a(k+1)}}{L_kC_{k+1}}}=\sqrt{\frac{L_{ak}L_{a(k+1)}}{g_kg_{k+1}}}$$

仿此方法，可以得到阻抗倒置器和导纳倒置器的全部参数为

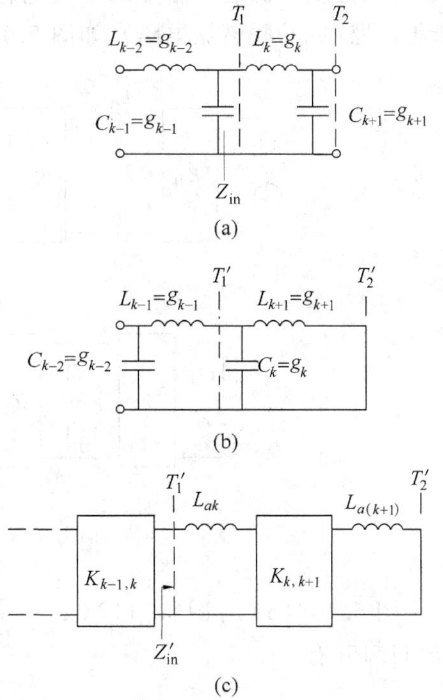

图 5.111 低通原型和变形电路

$$\left.\begin{aligned}K_{0,1}&=\sqrt{\frac{R_gL_{a1}}{g_0g_1}}\\K_{k,k+1}&=\sqrt{\frac{L_{ak}L_{a(k+1)}}{g_kg_{k+1}}}\\&(k=1\sim n-1)\\K_{n,n+1}&=\sqrt{\frac{L_{an}R_L}{g_ng_{n+1}}}\end{aligned}\right\} \qquad (5.17.52)$$

$$\left.\begin{aligned}J_{0,1}&=\sqrt{\frac{G_gC_{a1}}{g_0g_1}}\\J_{k,k+1}&=\sqrt{\frac{C_{ak}C_{a(k+1)}}{g_kg_{k+1}}}\\&(k=1\sim n-1)\\J_{n,n+1}&=\sqrt{\frac{C_{an}G_L}{g_ng_{n+1}}}\end{aligned}\right\} \qquad (5.17.53)$$

设计时，L_{ak}、$L_{a(k+1)}$ 和 $K_{k,k+1}$ 三个量中可任意选定两个；同样，C_{ak}、$C_{a(k+1)}$ 和 $J_{k,k+1}$ 三个量中也可任定两个，这给设计者带来了方便。

5.17.8 微波带通滤波器

在低通原型滤波器的基础上，经过倒置器的隔离变换，得到了只含有被分隔开的同一

电抗性质元件的变形低通原型，如图 5.108 所示。利用带通滤波器与低通原型的频率变换关系，把变形低通电路中的串接电感 L_{ak}（或并接电容 C_{ak}）再变换成带通滤波器的串联谐振电路（或并联谐振电路），如图 5.112 所示。

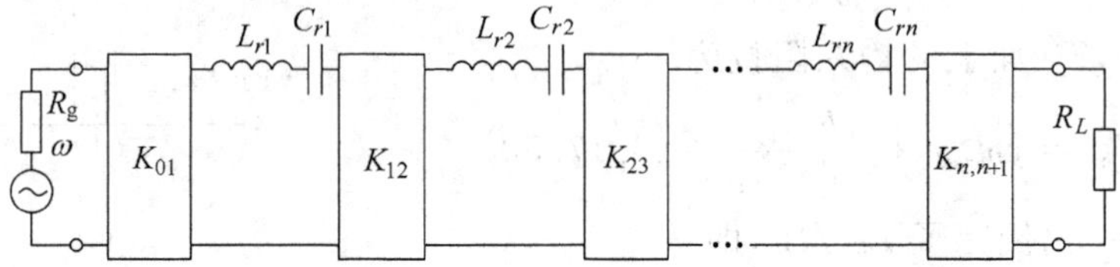

(a)

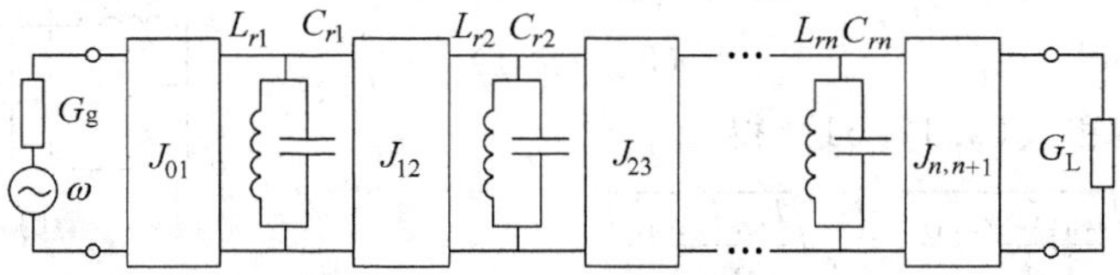

(b)

图 5.112　带通滤波器的等效电路

图 5.108(a)与图 5.112(a)中串接支路的变换关系由等衰减条件求出，由式(5.17.15)有

$$\mathrm{j}\omega' L_{ak} = \mathrm{j}\,\frac{1}{W}\left(\frac{\omega}{\omega_0} - \frac{\omega_0}{\omega}\right) L_{ak} = \mathrm{j}\omega L_{rk} + \frac{1}{\mathrm{j}\omega C_{rk}}$$

解得串联谐振电路的元件值与 L_{ak} 的关系为

$$\left.\begin{aligned} L_{rk} &= \frac{L_{ak}}{W\omega_0} \\ C_{rk} &= \frac{W}{\omega_0 L_{ak}} \end{aligned}\right\} \tag{5.17.54}$$

其中

$$\omega_0 = \frac{1}{\sqrt{L_{rk}C_{rk}}}$$

按式(5.17.38)求得该串联谐振电路的电抗斜率参量为

$$x_k = \omega_0 L_{rk} = \frac{1}{\omega_0 C_{rk}} \quad (\omega = \omega_0 \text{ 谐振时，感抗等于容抗})$$

将式(5.17.54)代入上式得

$$x_k = \frac{L_{ak}}{W}$$

将上式代入式(5.17.52)得阻抗倒置器的特性阻抗表示式为

$$\left.\begin{aligned} K_{01} &= \sqrt{\frac{R_g W x_1}{g_0 g_1}} \\ K_{k,k+1} &= W\sqrt{\frac{x_k x_{k+1}}{g_k g_{k+1}}} \\ &(k = 1 \sim n-1) \\ K_{n,n+1} &= \sqrt{\frac{W x_n R_L}{g_n g_{n+1}}} \end{aligned}\right\} \tag{5.17.55}$$

同样，对图 5.108(b)与图 5.112(b)中的并接支路进行类似变换，可得有关参量为

$$\begin{cases} C_{rk} = \dfrac{C_{ak}}{W\omega_0} \\ L_{rk} = \dfrac{W}{\omega_0 C_{ak}} \end{cases}$$

$$\omega_0 = \frac{1}{\sqrt{L_{rk}C_{rk}}}$$

$$b_k = \omega_0 C_{rk} = \frac{1}{\omega_0 L_{rk}} = \frac{C_{ak}}{W}$$

最后得导纳倒置器的特性导纳表示式为

$$\left.\begin{aligned} J_{01} &= \sqrt{\frac{G_g W b_1}{g_0 g_1}} \\ J_{k,k+1} &= W\sqrt{\frac{b_k b_{k+1}}{g_k g_{k+1}}} \\ &(k = 1 \sim n-1) \\ J_{n,n+1} &= \sqrt{\frac{W b_n G_L}{g_n g_{n+1}}} \end{aligned}\right\} \tag{5.17.56}$$

下面通过几个实例，熟悉上述理论的具体应用。

【例 5.11】 图 5.113 所示为微带分支线带通滤波器。在特性导纳为 Y_C 的主传输线上并联 i 路特性导纳为 Y_{Ci} 的 $\lambda/2$ 分支开路线，其间距均为 $\lambda_g/4$。$\lambda_g/2$ 分支开路线等效于一并联谐振回路，而 $\lambda_g/4$ 主线起着导纳倒置器的作用。为结构简单起见，在此其特性导纳均取为 Y_C，即 $J_{01}=J_{12}=J_{23}=\cdots=Y_C$，可见该滤波器的等效电路应如图 5.112(b)所示。根据低通原型滤波器参量由式(5.17.56)可反算出第 i 路分支线的电纳斜率参量 b_i，而第 i 路 $\lambda_g/2$ 分支开路线的电纳斜率参量由式(5.17.42)可知应为 $b_i=$

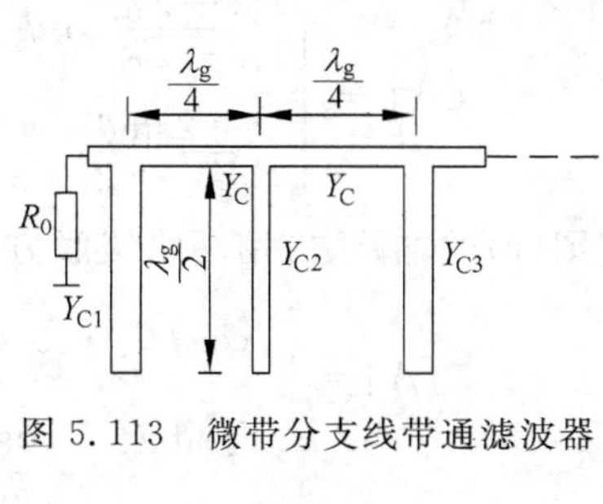

图 5.113 微带分支线带通滤波器

$\frac{\pi}{2}Y_{Ci}$，可见 Y_{Ci} 容易确定，再由 Y_{Ci} 去确定各分支线的具体尺寸。

这种分支线形式的带通滤波器不如下例中的平行耦合线形式的带通滤波应用广泛。原因是其占用的电路面积较大，寄生通带的频率较低，仅为 $2f_0$，各分支线特性导纳相差较大，以致分支线宽窄悬殊，不易制作。

【例 5.12】 图 5.114(a)所示为平行耦合微带线带通滤波器，其由 $n+1$ 个终端开路的 $\lambda/4$ 平行耦合线单元组合而成。图 5.114(b)所示为其中一个耦合单元，将其等效为一个导纳倒置器及相邻电长度为 θ、特性导纳为 Y_C 的传输线段的组合，如图 5.114(c)所示。

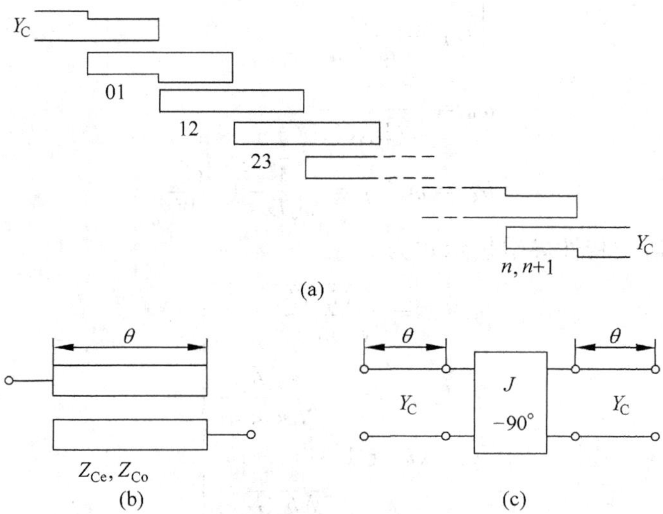

图 5.114 例 5.12 用图

(a) 平行耦合微带线带通滤波器 (b) 耦合单元 (c) 耦合单元的等效电路

对于图(b)的耦合单元电路，应用耦合微带线的奇偶模分析法可得其[A]为

$$[A]=\begin{bmatrix}\dfrac{Z_{Ce}+Z_{Co}}{Z_{Ce}-Z_{Co}}\cos\theta & -\mathrm{j}\left(\dfrac{2Z_{Ce}Z_{Co}}{Z_{Ce}-Z_{Co}}\cos\theta\cot\theta-\dfrac{Z_{Ce}-Z_{Co}}{2}\sin\theta\right)\\ \mathrm{j}\,\dfrac{2\sin\theta}{Z_{Ce}-Z_{Co}} & \dfrac{Z_{Ce}+Z_{Co}}{Z_{Ce}-Z_{Co}}\cos\theta\end{bmatrix}$$

对于图(c)的电路，应用网络级联方法可得其[A]为

$$[A]=\begin{bmatrix}\cos\theta & \mathrm{j}\,\dfrac{1}{Y_C}\sin\theta\\ \mathrm{j}Y_C\sin\theta & \cos\theta\end{bmatrix}\begin{bmatrix}0 & -\mathrm{j}\,\dfrac{1}{J}\\ -\mathrm{j}J & 0\end{bmatrix}\begin{bmatrix}\cos\theta & \mathrm{j}\,\dfrac{1}{Y_C}\sin\theta\\ \mathrm{j}Y_C\sin\theta & \cos\theta\end{bmatrix}$$

$$=\begin{bmatrix}\left(\dfrac{J}{Y_C}+\dfrac{Y_C}{J}\right)\sin\theta\cos\theta & \mathrm{j}\left(\dfrac{J}{Y_C^2}\sin^2\theta-\dfrac{1}{J}\cos^2\theta\right)\\ \mathrm{j}\left(\dfrac{Y_C^2}{J}\sin^2\theta-J\cos^2\theta\right) & \left(\dfrac{J}{Y_C}+\dfrac{Y_C}{J}\right)\sin\theta\cos\theta\end{bmatrix}$$

上列两矩阵中对应元素应相等，由 A_{11} 相等可得

$$\frac{Z_{Ce}+Z_{Co}}{Z_{Ce}-Z_{Co}}=\left(\frac{J}{Y_C}+\frac{Y_C}{J}\right)\sin\theta$$

在中心频率附近，$\theta\approx 90°$，故有

$$\frac{Z_{Ce}+Z_{Co}}{Z_{Ce}-Z_{Co}}=\frac{J}{Y_C}+\frac{Y_C}{J} \tag{5.17.57}$$

同样的近似应用于 A_{12} 可得

$$\frac{Z_{Ce}-Z_{Co}}{2}=\frac{J}{Y_C^2} \tag{5.17.58}$$

联立解以上两式可得

$$\left.\begin{aligned}\frac{Z_{Ce}}{Z_C}&=1+\frac{J}{Y_C}+\left(\frac{J}{Y_C}\right)^2\\ \frac{Z_{Co}}{Z_C}&=1-\frac{J}{Y_C}+\left(\frac{J}{Y_C}\right)^2\end{aligned}\right\} \tag{5.17.59}$$

式(5.17.59)即为图 5.114 中耦合单元及其等效电路之间的参量关系式。按上述等效方法，将各耦合单元级联后，得到图 5.115 的等效电路。图中各导纳倒置器之间为一段特性导纳为 Y_C 的半波长传输线段。

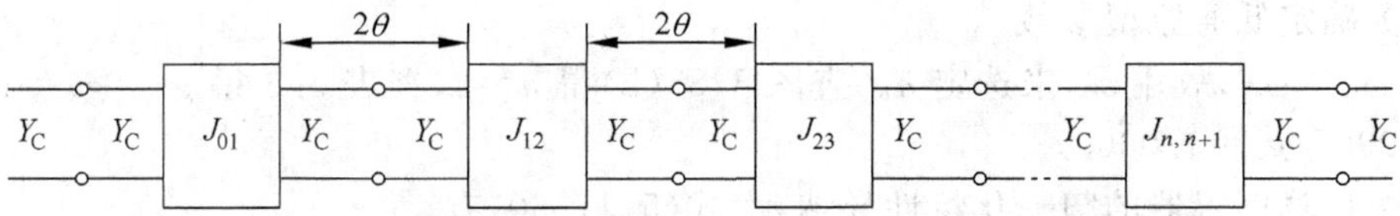

图 5.115 平行耦合线带通滤波器的等效电路

对于窄频带，平行线的耦合量很小，故 Z_{Ce} 和 Z_{Co} 皆接近于 Z_C，由式(5.17.58)可见 $J\ll Y_C$。由于 J 值较小，倒置器在此起着将半波长线的负载导纳变得很小的作用，故半波长线段可等效于一个并联谐振电路并接在导纳倒置器旁，其对应于图 5.112 中(b)的等效电路，故可应用式(5.17.56)求得各倒置器的特性导纳。求解时代入下列参量：各并联谐振电路的等效电纳斜率参量 $b=\frac{\pi}{2}Y_C$，并取 $G_g=G_L=Y_C$，则各倒置器的归一化特性导纳为

$$\left.\begin{aligned}
j_{01} &= \frac{J_{01}}{Y_C} = \sqrt{\frac{\pi W}{2g_0 g_1}} \\
j_{k,k+1} &= \frac{J_{k,k+1}}{Y_C} = \frac{\pi W}{2}\sqrt{\frac{1}{g_k g_{k+1}}} \\
&(k = 1 \sim n-1) \\
j_{n,n+1} &= \frac{J_{n,n+1}}{Y_C} = \sqrt{\frac{\pi W}{2g_n g_{n+1}}}
\end{aligned}\right\} \tag{5.17.60}$$

将式(5.17.60)代入式(5.17.59)即可求得各耦合单元的奇偶模特性阻抗，从而确定它们的尺寸大小。此种结构有下述优点：结构紧凑，寄生通带的中心频率可达 $3f_0$，对于制好的版图可通过调整耦合线段的长度和缝隙来满足综合设计的指标要求。

设计举例：设计一平行耦合微带线带通滤波器，中心频率 $f_0=3500$MHz，频率在(3500±70)MHz 内等波纹衰减小于 0.6dB，频率在(3500±250)MHz 外衰减大于 30dB，输入、输出微带线 $Z_C=50\Omega$，试求各耦合单元的 Z_{Ce} 和 Z_{Co}。若介质基片的 $\varepsilon_r=9.0$，厚度 $h=1$mm，试求各耦合单元的尺寸。

解 (1) 计算有关参量，分别为

$$W = \frac{\Delta f}{f_0} = \frac{140}{3500} = 0.04$$

$$\omega'_{s1} = \frac{1}{W}\left(\frac{f_{s1}}{f_0} - \frac{f_0}{f_{s1}}\right) = \frac{1}{0.04}\left(\frac{3.25}{3.5} - \frac{3.5}{3.25}\right) = -3.71$$

$$\omega'_{s2} = \frac{1}{W}\left(\frac{f_{s2}}{f_0} - \frac{f_0}{f_{s2}}\right) = \frac{1}{0.04}\left(\frac{3.75}{3.5} - \frac{3.5}{3.75}\right) = 3.45$$

(2) 确定低通原型参数

因 $\omega'_{s2} > \omega'_{s1}$，故用 ω'_{s2} 来选定 n。查图 5.85(b)得 $n=3$，查表 5.3 得 $g_1=g_3=1.5963$，$g_2=1.0967$，$g_4=1.0000$。

(3) 计算倒置器的归一化特性导纳，由式(5.17.60)有

$$j_{01} = j_{34} = \sqrt{\frac{\pi W}{2g_0 g_1}} = \sqrt{\frac{\pi \times 0.04}{2 \times 1 \times 1.5963}} = 0.1984$$

$$j_{12} = j_{23} = \frac{\pi W}{2}\sqrt{\frac{1}{g_1 g_2}} = \frac{\pi \times 0.04}{2}\sqrt{\frac{1}{1.5963 \times 1.0967}} = 0.0475$$

(4) 计算耦合单元的奇偶模特性阻抗，由式(5.17.59)有

$$(Z_{Ce})_{01} = (Z_{Ce})_{34} = Z_C\left[1 + \frac{J_{01}}{Y_C} + \left(\frac{J_{01}}{Y_C}\right)^2\right] = 61.9(\Omega)$$

$$(Z_{Co})_{01} = (Z_{Co})_{34} = Z_C\left[1 - \frac{J_{01}}{Y_C} + \left(\frac{J_{01}}{Y_C}\right)^2\right] = 42.1(\Omega)$$

$$(Z_{Ce})_{12} = (Z_{Ce})_{23} = Z_C\left[1 + \frac{J_{12}}{Y_C} + \left(\frac{J_{12}}{Y_C}\right)^2\right] = 52.5(\Omega)$$

$$(Z_{Co})_{12} = (Z_{Co})_{23} = Z_C\left[1 - \frac{J_{12}}{Y_C} + \left(\frac{J_{12}}{Y_C}\right)^2\right] = 47.7(\Omega)$$

(5) 求各耦合单元的尺寸

由上述的奇偶模特性阻抗值，查图 3.36 的耦合微带线奇偶模特性阻抗曲线，可得每一耦合单元微带线的宽度 W 及间距 s 为

$$\frac{W_{01}}{h} = \frac{W_{34}}{h} = 0.95 \qquad \frac{s_{01}}{h} = \frac{s_{34}}{h} = 0.70$$

$$\frac{W_{12}}{h} = \frac{W_{23}}{h} = 1.06 \qquad \frac{s_{12}}{h} = \frac{s_{23}}{h} = 2.03$$

计算各段耦合线的长度时，应考虑线上奇偶模的相速不相等，按平均有效介电常数 $\bar{\varepsilon}_e$ 去计算中心波长 λ_g，且由于线端的开路电容缩短效应，必须对线长进行修正。对于 $W/h\approx1$ 的微带线，切去线长 $\Delta l\approx0.3h$。故各耦合段的实际线长为

$$l_{01} = l_{34} = \frac{\lambda_{g01}}{4} - \Delta l$$

$$l_{12} = l_{23} = \frac{\lambda_{g12}}{4} - \Delta l$$

λ_{g01} 和 λ_{g12} 的计算可参见第 3 章中耦合微带线的例 3.4。

【例 5.13】 并联电感膜片耦合波导带通滤波器的结构示意图如图 5.116(a)所示，图(b)是它的等效电路图。可见这是一个用并联电感膜片与相邻两小段波导组合为阻抗倒置器，而用半波长波导段作为串联谐振电路的微波带通滤波器。它的另一等效电路应如

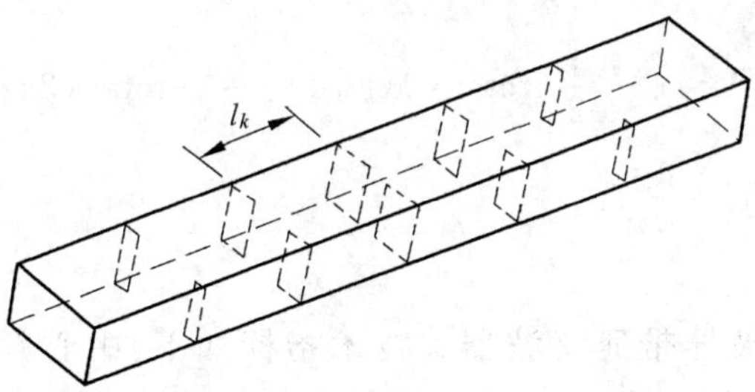

(a)

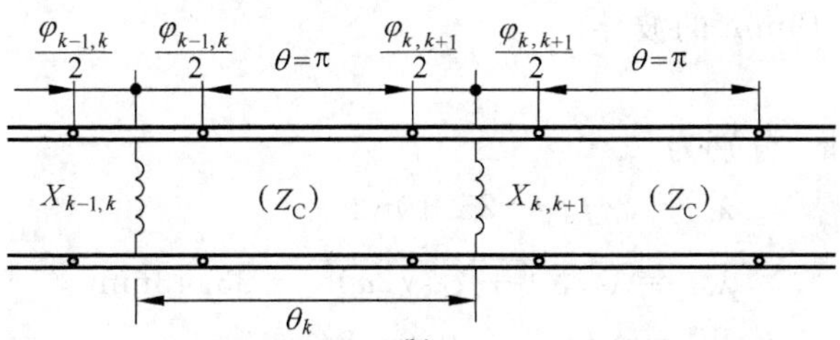

(b)

图 5.116 并联电感耦合波导带通滤波器

图 5.112(a)所示。

对于图中半波长波导段等效的串联谐振电路，由式(5.17.41)，其电抗斜率参量应为

$$x_k = \frac{\pi}{2} Z_C \left(\frac{\lambda_{g0}}{\lambda_0}\right)^2$$

将其代入式(5.17.55)中得到阻抗倒置器的归一化特性阻抗表示式

$$\left.\begin{aligned} k_{01} &= \frac{K_{01}}{Z_C} = \sqrt{\frac{\pi W_\lambda}{2g_0 g_1}} \\ k_{k,k+1} &= \frac{K_{k,k+1}}{Z_C} = \frac{\pi W_\lambda}{2\sqrt{g_k g_{k+1}}} \\ &(k = 1 \sim n-1) \\ k_{n,n+1} &= \frac{K_{n,n+1}}{Z_C} = \sqrt{\frac{\pi W_\lambda}{2g_n g_{n+1}}} \end{aligned}\right\} \tag{5.17.61}$$

式中

$$W_\lambda = \left(\frac{\lambda_{g0}}{\lambda_0}\right)^2 W$$

$$R_g = R_L = Z_C$$

利用式(5.17.47)就可以计算各并联膜片的归一化感抗及谐振腔体的实际长度为

$$x_{k,k+1} = \frac{X_{k,k+1}}{Z_C} = \frac{k_{k,k+1}}{1 - k_{k,k+1}^2} \tag{5.17.62}$$

$$\begin{aligned} \theta_k &= \theta + \frac{\varphi_{k-1,k}}{2} + \frac{\varphi_{k,k+1}}{2} \\ &= \pi - \frac{1}{2}\arctan(2x_{k-1,k}) - \frac{1}{2}\arctan(2x_{k,k+1}) \end{aligned} \tag{5.17.63}$$

$$l_k = \frac{\lambda_{g0}}{2\pi}\theta_k \tag{5.17.64}$$

设计举例：

设计一最平坦式波导带通滤波器。技术指标如下：中心频率 $f_0 = 11.95$GHz，带宽 $\Delta f = 500$MHz，带内最大衰减 $L_p = 3$dB，频率在(11.95±1.0)GHz 以外衰减不小于 30dB，采用横截面宽边 $a = 19$mm 的波导。

设计计算：

① 计算有关参量，分别为

$$\lambda_0 = c/f_0 = 25.10\text{mm}$$

$$\lambda_{g0} = \lambda_0 \sqrt{1 + (\lambda_0/2a)^2} = 33.43\text{mm}$$

$$W = \Delta f / f_0 = 0.04184$$

$$W_\lambda = (\lambda_{g0}/\lambda_0)^2 W = 0.0742$$

$$\omega'_{s1} = \frac{1}{W}\left(\frac{f_{s1}}{f_0} - \frac{f_0}{f_{s1}}\right) = -4.18$$

$$\omega'_{s2} = \frac{1}{W}\left(\frac{f_{s2}}{f_0} - \frac{f_0}{f_{s2}}\right) = 3.85$$

② 确定低通原型参数

因 $\omega'_{s2} > \omega'_{s1}$，故用 ω'_{s2} 选定 n，查图 5.84，得 $n=3$，查表 5.2，得 $g_0 = g_1 = g_3 = g_4 = 1.000$，$g_2 = 2.000$。

③ 计算倒置器的归一化特性阻抗

由式(5.17.61)有

$$k_{01} = \sqrt{\frac{\pi W_\lambda}{2g_0 g_1}} = 0.342$$

$$k_{12} = \frac{\pi W_\lambda}{2\sqrt{g_0 g_1}} = 0.0824$$

$$k_{23} = 0.0824,\ k_{34} = 0.342$$

④ 计算并联膜片的归一化感抗

由式(5.17.62)得

$$x_{01} = \frac{k_{01}}{1-k_{01}^2} = 0.387$$

$$x_{12} = \frac{k_{12}}{1-k_{12}^2} = 0.0829$$

$$x_{23} = 0.0829,\ x_{34} = 0.387$$

⑤ 计算谐振腔的实际长度

由式(5.17.63)，电感倒置器相邻波导的负长度被半波长的波导谐振腔所吸收，故谐振腔的实际电长度为

$$\theta_1 = \pi - \frac{1}{2}\arctan(2x_{01}) - \frac{1}{2}\arctan(2x_{12}) = 2.73$$

$$\theta_2 = \pi - \frac{1}{2}\arctan(2x_{12}) - \frac{1}{2}\arctan(2x_{23}) = 2.89$$

$$\theta_3 = \pi - \frac{1}{2}\arctan(2x_{23}) - \frac{1}{2}\arctan(2x_{34}) = 2.73$$

由式(5.17.64)，各谐振腔的实际长度为

$$l_1 = \frac{\lambda_{g0}}{2\pi}\theta_1 = 14.53\text{mm}$$

$$l_2 = \frac{\lambda_{g0}}{2\pi}\theta_2 = 15.86\text{mm}$$

$$l_3 = \frac{\lambda_{g0}}{2\pi}\theta_3 = 14.53\text{mm}$$

⑥ 求电感膜片的尺寸

$$a/\lambda_0 = 0.757$$

$$\lambda_{g0}/a = 1.759$$

$$x_{01}\frac{\lambda_{g0}}{a} = x_{34}\frac{\lambda_{g0}}{a} = 0.68$$

$$x_{12}\frac{\lambda_{g0}}{a} = x_{23}\frac{\lambda_{g0}}{a} = 0.147$$

由以上数据查图 5.103,得

$$d_{01}/a = d_{34}/a = 0.42,\ d_{12}/a = d_{23}/a = 0.22$$

所以

$$d_{01} = d_{34} = 0.42a = 8.0(\text{mm}),\ d_{12} = d_{23} = 0.22a = 4.2(\text{mm})$$

5.17.9 微波带阻滤波器

微波带阻滤波器的设计思路与带通滤波器类似。首先将其衰减频率特性转化成低通原型的衰减特性,求出低通原型的元件数目 n 和元件归一化值 g_k;然后选定一种变形低通原型,确定其倒置器的特性阻抗 K 或特性导纳 J;接着再一次应用频率变换,更确切地说是应用等衰减条件,把变形低通原型中的串接电感 L_{ak}(或并接电容 C_{ak})变换成带阻滤波器中串接的并联谐振电路(或并接的串联谐振电路),如图 5.117 所示。最后用微波结构实现这一等效电路。

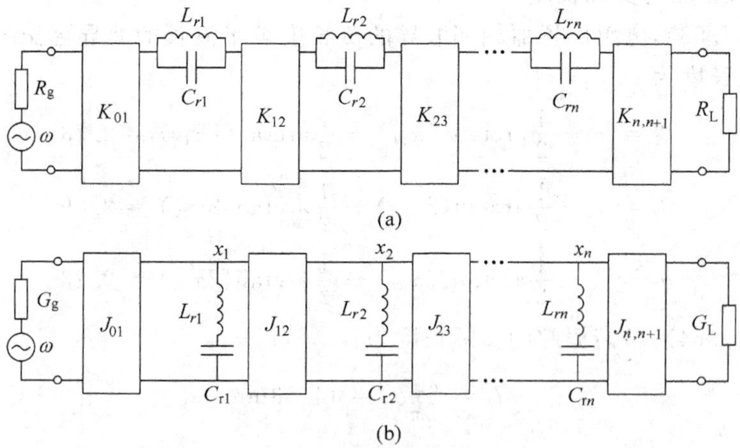

图 5.117 带阻滤波器等效电路

带阻滤波器与低通原型的频率变换式为

$$\frac{1}{\omega}=\frac{1}{W}\left(\frac{\omega_0}{\omega}-\frac{\omega}{\omega_0}\right)$$

图 5.108(a)与图 5.117(a)中串接支路的变换关系由等衰减条件式(5.17.15)表示为

$$\frac{1}{\mathrm{j}\omega' L_{ak}}=\frac{1}{\mathrm{j}WL_{ak}}\left(\frac{\omega_0}{\omega}-\frac{\omega}{\omega_0}\right)=\mathrm{j}\omega C_{rk}+\frac{1}{\mathrm{j}\omega L_{rk}}$$

得

$$\left.\begin{aligned}L_{rk}&=\frac{WL_{ak}}{\omega_0}\\C_{rk}&=\frac{1}{W\omega_0L_{ak}}\end{aligned}\right\}\tag{5.17.65}$$

式中

$$\omega_0=\frac{1}{\sqrt{L_{rk}C_{rk}}}$$

按式(5.17.37)求得该并联谐振电路的电纳斜率参量为

$$b_k=\omega_0C_{rk}=\frac{1}{\omega_0L_{rk}}$$

将式(5.17.65)代入得

$$b_k=\frac{1}{WL_{ak}}$$

所以

$$L_{ak}=\frac{1}{Wb_k}$$

将上式代入式(5.17.52),得倒置器的特性阻抗为

$$\left.\begin{aligned}K_{01}&=\sqrt{\frac{R_{\mathrm{g}}}{g_0g_1Wb_1}}\\K_{k,k+1}&=\frac{1}{W}\sqrt{\frac{1}{g_kg_{k+1}b_kb_{k+1}}}\\&(k=1\sim n-1)\\K_{n,n+1}&=\sqrt{\frac{R_{\mathrm{L}}}{g_ng_{n+1}Wb_n}}\end{aligned}\right\}\tag{5.17.66}$$

同样,对图 5.108(b)与图 5.117(b)进行类似变换,可得有关参量如下:

$$\left\{\begin{aligned}L_{rk}&=\frac{1}{\omega_0WC_{ak}}\\C_{rk}&=\frac{WC_{ak}}{\omega_0}\end{aligned}\right.$$

$$\omega_0 = \frac{1}{\sqrt{L_{rk}C_{rk}}}$$

$$x_k = \omega_0 L_{rk} = \frac{1}{\omega_0 C_{rk}} = \frac{1}{WC_{ak}}$$

$$C_{ak} = \frac{1}{Wx_k}$$

最后得倒置器的特性导纳为

$$\left.\begin{aligned} J_{01} &= \sqrt{\frac{G_g}{g_0 g_1 W x_1}} \\ J_{k,k+1} &= \frac{1}{W\sqrt{g_k g_{k+1} x_k x_{k+1}}} \\ &(k = 1 \sim n-1) \\ J_{n,n+1} &= \sqrt{\frac{G_L}{g_n g_{n+1} W x_n}} \end{aligned}\right\} \tag{5.17.67}$$

余下的问题是如何用微波结构来实现图 5.117 中的等效电路。现举两例：

图 5.118 所示为一波导带阻滤波器的结构外形图。

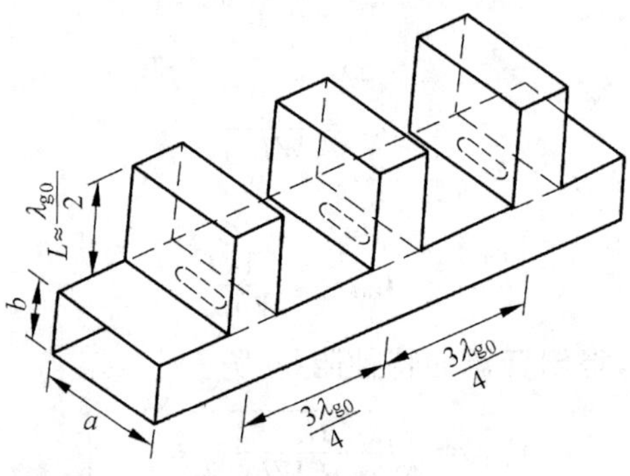

图 5.118 波导带阻滤波器

从图中可见，在主波导上等距相隔多个终端短路的 E-T 分支，各分支波导长度稍短于半波长，呈现容性，主波导与各分支线间用电感膜片耦合，故每个 E-T 分支等效于一并联谐振电路串接在主传输线上，各分支间为 $3\lambda_{g0}/4$ 波导段，当作阻抗倒置器，其作用与 $\lambda_{g0}/4$ 波导段相同，但由于加大了距离，使相邻分支的耦合减小。整个结构的等效电路如图 5.117(a)所示。

图 5.119 所示为一电容耦合微带分支线带阻滤波器的结构示意图，稍小于 $\lambda_{g0}/2$ 的开路分支带线通过缝隙电容与主带线相耦合，于是构成了串联谐振电路并接在主线上，各分支带线间的 $\lambda_{g0}/4$ 主带线当作导纳倒置器，其对应着图 5.117(b)的等效电路。限于篇

幅,对微波带阻滤波器在此未作更具体的设计计算举例。

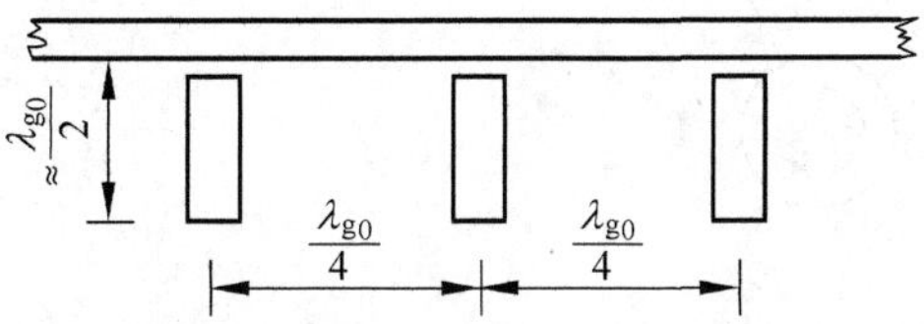

图 5.119 电容耦合微带分支线带阻滤波器

习 题

5.1 画出矩形波导 TE_{01} 模式抑制器的结构示意图,该结构对哪些模式的传输可视为毫无影响?

5.2 由 H—T 波导分支的性质,写出其散射矩阵。

5.3 证明任意无耗互易三分支的三个端口不可能同时实现匹配,即其散射参量 $s_{ii}(i=1,2,3)$ 不可能全部为零。

5.4 证明任意无耗互易三分支的两个端口不可能同时实现匹配,否则退化为二端口网络。

5.5 证明旋转对称无耗互易三分支的各端口实现最佳匹配时,输入驻波比不可能小于 2。

5.6 无耗旋转对称三分支网络如附图所示,jb 为归一化电纳,求其散射矩阵,并讨论 jb 为何值时,该网络有最佳匹配。

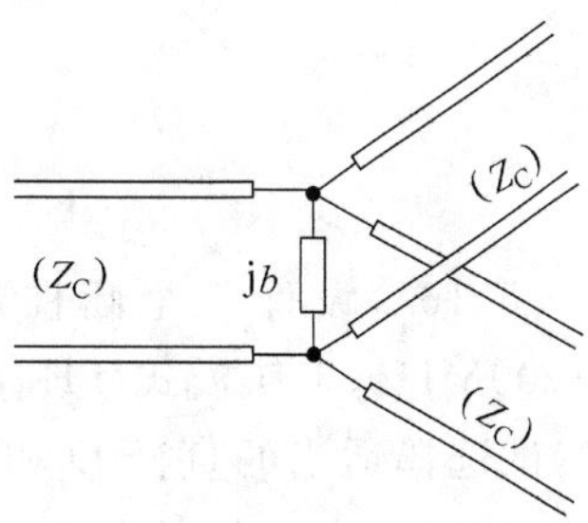

习题 5.6 图

5.7 写出图 5.16 所示三分贝微带线功分器的散射矩阵。

5.8 写出图 5.22 所示 E—H 调配器的散射矩阵。端口 1 和端口 4 短路活塞的位置为 l_1 和 l_4,这里 l_1 和 l_4 同时也是距魔 T 参考面 T_1 和 T_4 的距离。

5.9 按图 5.1(b)的结构安放矩形波导的匹配负载,若有 TE_{10} 和 TE_{20} 两个模同时输入(设该波导允许这两个模处于非截止状态),试求其散射矩阵。

5.10 用两个三端口环行器相连接,构成一个四端口环行器,如图所示,试求散射矩阵。

5.11 一个魔 T 和一个三端口环行器相连接,如图所示,试写出这个五端口的散射矩阵。

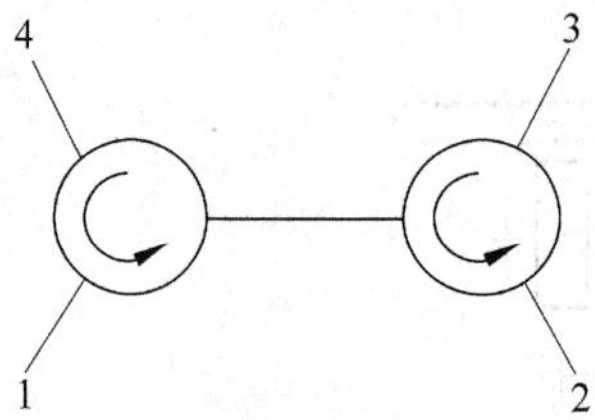

习题 5.10 图

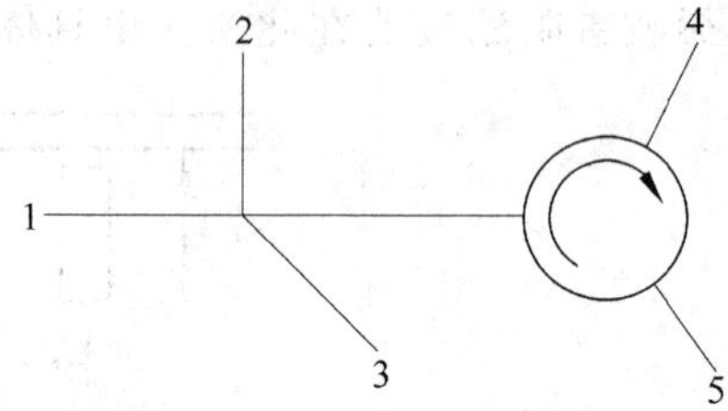

习题 5.11 图

5.12 矩形波导谐振腔,设 $a=23\text{mm}$, $b=10\text{mm}$,要求工作在 TE_{101} 模,$f_0=9375\text{MHz}$,试求所需长度 l。

5.13 半径 $R=5\text{cm}$,长 $l=10\text{cm}$ 的圆柱形谐振腔,求其 TE_{111} 模的谐振频率。

5.14 图 5.72 中的耦合装置可以在圆柱腔中激励起 TE_{01p} 振荡模式,而抑止 TM_{11p} 模式,试说明其原因。

5.15 有一种"重入式谐振腔",其场分布如图(a)所示,若将上顶部压下,如图(b)所示,频率升高还是降低?

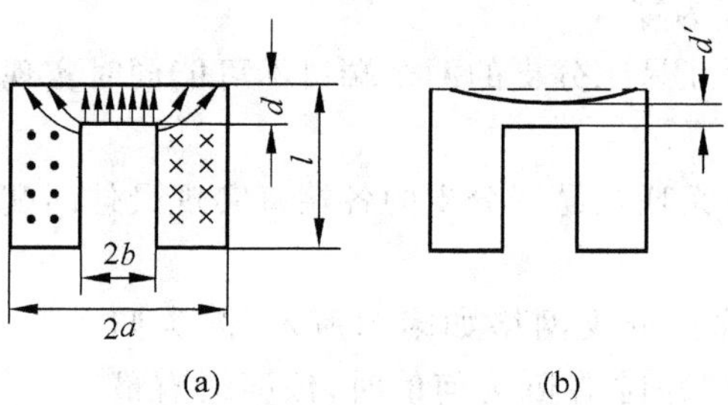

习题 5.15 图

5.16 设计一个圆柱形谐振腔,要求调谐范围 $f_1<f<f_2$, $f_1=9800\text{MHz}$, $f_2=10\,200\text{MHz}$,工作模式 TE_{011},要求在上述频率范围内除有 TM_{111} 简并模外,不出现其他模式,试选择适当的直径 D 和对应于上述 f_1 和 f_2 的长度 l_1 和 l_2。

5.17 有一集总电容的同轴腔,已知同轴线的特性阻抗 $Z_C=50\Omega$,终端负载电容 $C_0=1\text{pF}$,求谐振波长 $\lambda_0=10\text{cm}$ 时所对应的最短的谐振腔的长度。

5.18 3/2 波长环形电桥如图 5.39 所示,试写出该四端口网络的散射矩阵。

5.19 本题图所示为一六端口网络,矩形波导各端口工作模为 TE_{10} 模,圆波导工作模为 TE_{11} 模,圆波导的 TE_{11} 模的两个极化简并模算做两个端口。圆波导和矩形

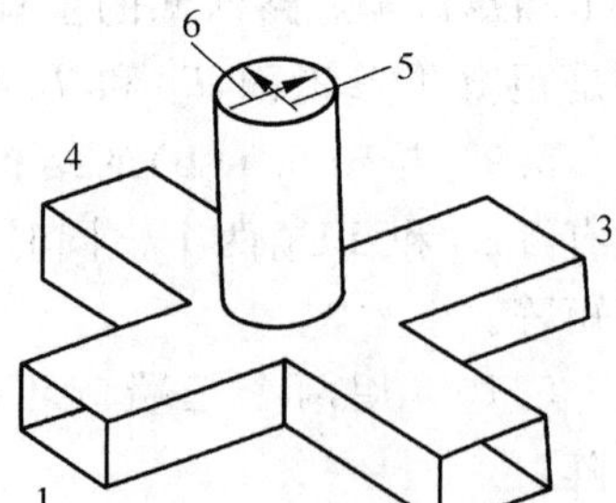

习题 5.19 图

波导的耦合孔的直径为圆波导的直径。设 $S_{ii}=0(i=1,2,3,4,5,6)$，试求该六端口的散射矩阵[s]。（此器件英文名 Turnstile Junction）

5.20 一低通滤波器的截止频率 $f_c=3\text{GHz}$，通带内最大衰减为 0.5dB，阻带边频 $f_s=5\text{GHz}$处衰减 $L_s\geqslant 35\text{dB}$，试确定其切比雪夫式低通原型电路。

5.21 已知 $n=5$、$L_p=3\text{dB}$ 最平坦式低通原型的归一化元件值，求截止频率 $f_c=2000\text{MHz}$，信源内阻 $R_g=50\Omega$ 的低通滤波器的元件真实值。

5.22 已知最平坦式低通原型（$n=3$、$L_p=3\text{dB}$）的归一化元件值，求高通、带通和带阻滤波器的元件真实值。

5.23 推导半波长短路线的电抗斜率参量如下式

$$x=\begin{cases}\dfrac{\pi}{2}Z_C & \text{对 TEM 模传输线}\\[2ex] \dfrac{\pi}{2}Z_C\left(\dfrac{\lambda_{g0}}{\lambda_0}\right)^2 & \text{对 TE}_{10}\text{ 模矩形波导}\end{cases}$$

5.24 设计一切比雪夫式同轴线微波低通滤波器。技术指标如下：

$f_c=3.6\text{GHz}$，$L_p=0.1\text{dB}$，$f_s=6.4\text{GHz}$，$L_s\geqslant 30\text{dB}$，输入、输出同轴线的内导体直径 $d=7\text{mm}$，外导体直径 $D=16\text{mm}$。求采用高低特性阻抗的传输线相间连接的该滤波器的结构尺寸。

5.25 设计一切比雪夫式微带低通滤波器，技术指标如下：

$f_c=2.0\text{GHz}$，$L\leqslant 0.5\text{dB}$，$f_s=6.0\text{GHz}$，$L_s\geqslant 40\text{dB}$，输入、输出微带线的特性阻抗为 50Ω，介质基片为厚度 1mm、介电常数 $\varepsilon_r=9.6$ 的陶瓷片。试应用高低阻抗线法设计该微带滤波器。

5.26 设计一平行耦合微带线带通滤波器，技术指标如下：

中心频率 $f_0=3000\text{MHz}$，频率在（3000±50）MHz 内等波纹衰减小于 0.6dB，频率在（3000±200）MHz 外衰减大于 30dB，输入、输出微带线特性阻抗均为 50Ω，试求各耦合单元的 Z_{Ce} 和 Z_{Co}（如图 5.114 所示）。若介质基片的 $\varepsilon_r=9.0$，厚度 $h=1\text{mm}$。试求每一耦合单元的线宽和间距。

5.27 设计一切比雪夫式波导带通滤波器。技术指标如下：

中心频率 $f_0=3.0\text{GHz}$，带宽 $\Delta f=0.1\text{GHz}$，带内最大衰减 $L_p=0.5\text{dB}$，频率在（3.0±0.2）GHz 外衰减不小于 30dB，采用横截面尺寸 $a=72\text{mm}$、$b=34\text{mm}$ 的矩形波导。求并联电感膜片耦合波导带通滤波器的结构尺寸（如图 5.116(a)所示）。

5.28 设计一切比雪夫式波导带阻滤波器，其结构示意图如图 5.118 所示，给定如下技术指标：

中心频率 3800MHz，频率在（3800±5）MHz 范围内衰减 $L_s\geqslant 15\text{dB}$，频率在（3800±30）MHz范围外衰减 $L_p\leqslant 0.5\text{dB}$，波导尺寸为 58mm×29mm，求结构实际尺寸。

6 有源微波电路

6.1 引　　言

按我国工业界习惯，有源微波电路通常是指包含微波半导体管的电路。例如，微波低噪声放大器、功率放大器、微波混频器、上变频器、微波倍频器、微波振荡器、微波检波器、微波开关、微波限幅器等。此处需注意，国外书籍和文献中所说的有源电路(active circuit)仅指有高频能量增长的电路，如放大器、振荡器等，而混频器、检波器、开关、限幅器等均归入无源电路(passive circuit)类。

为了实现上述各种功能的微波电路，研制了多种性能各异的半导体器件以适应不同的技术特性要求。例如三极管有双极晶体管(BJT)、场效应晶体管(MESFET)、高电子迁移率晶体管(HEMT)、异质结晶体管(HBT)、金属氧化物场效应管(DMOSFET)，双栅场效应管(DGFET)等；二极管有用于混频器的肖特基势垒二极管，用于检波器的低势垒管和反向管，用于振荡器的体效应管和雪崩管，用于倍频的变容管和阶跃恢复管，用于开关或衰减器的 PIN 管等。在众多的微波电路和半导体器件中，放大器、混频器和振荡器是基本部件，是各类电子系统中几乎均不可缺少的部件。因此在本书中，我们仅以放大器、混频器和振荡器作为主要的讲解对象，同时介绍这些电路中所用的半导体器件。为了能合理选择与正确使用各种半导体器件，本章还用适当篇幅介绍主要的微波半导体管的结构、特性和工作机理。只有对微波半导体管的性能有足够的了解，才便于正确设计与调测出优良的微波电路。

6.2 微波晶体管放大器

微波放大器按照用途分类可包括：低噪声放大器，用于接收设备的前端，通常噪声系数为 0.3dB～1dB；功率放大器，用作发射机后级，通常指功率为1瓦至几十瓦量级的放大器;宽频带放大器,通常指频带大于30%直至许多个倍频程。微波放大器的频率范围,一般是指1GHz以上,目前最高频率可做到40GHz左右。

6.2.1 微波晶体管

微波晶体管从结构与机理上可分为两大类,即双极晶体管(Bipolar Junction Transistor,BJT)和场效应晶体管(Field Effect Transistor,FET)。微波晶体管的材料主要有硅(Si)和砷化镓(GaAs)。双极型微波管BJT采用Si材料制成,适用于较低频段,f为0.1GHz~4GHz,价格便宜,可满足一般要求;异质结双极晶体管(Hetero-junction Bipolar Transistor, HBT),用不同材料构成的半导体结称为异质结(例如AlGaAs/GaAs),它具有很好的高频特性,工作频率范围f为2GHz~40GHz,其特点是相位噪声低,适于微波振荡器。近些年新出现的硅/锗(Si/Ge)异质结微波管Si/Ge HBT,由于采用Si工艺,因此成本低廉,但工作频率远高于BJT,f可望超过10GHz。场效应管中较低频段的是金属氧化物场效应管(Metal Oxide Simi-conductor FET,MOSFET),但是随着结构与工艺改进,LDMOSFET已可达到GHz范围,功率可高达几百瓦,是很有前途的低微波频段大功率放大器件。微波频段最常用的仍是金属半导体场效应管(metal semiconductor FET,MESFET),它用GaAs制成,工作频率范围f为2GHz~20GHz,用于小信号的一般放大器和功率放大器。高电子迁移率晶体管(High Electron Mobility Transistor,HEMT)用GaAs和AlGaAs材料,它的特点是噪声低、频率高,工作频率f为2GHz~40GHz或更高阶段,常用作低噪声放大器,常用的几种微波晶体管性能、特点和用途的比较列于表6.1,表中所列为近似量级可供电路设计选择晶体管的参考。

表6.1 常用微波晶体管性能

类型	BJT	MESFET	HEMT	HBT	MOSFET	Si/Ge HBT
材料	Si	GaAs	GaAs AlGaAs	GaAs AlGaAs	Si	Si,Ge
工作频率/GHz	<3	2~20	2~40	2~20	<1	<10
增益/dB	10	13~15	13~15	13~15	13~15	10
噪声系数	2	1	0.5	0.5	2	1
相位噪声	好	较差	较差	好		好
最大功率/W	30	10	1	1	300	10
价格	低	较高	较高	较高	低	低
用途	放大,振荡	放大,功放,开关	低噪声放大	振荡功放	功放	放大

1. 双极晶体管(BJT)

常用的 NPN 微波双极晶体管的工作原理与相应的低频双极晶体管相同,只是为提高工作频率在结构上有些改变。一种典型的 NPN 双极晶体管的平面梳状结构示意图如图 6.1 所示。图中,(a)是梳状结构的剖面图,(b)是符号,(c)是电极梳状结构平面图。为了简单起见,仅画出了一部分发射极和基极。下面利用图 6.1(a)简单讲述工艺结构的制作过程:首先在 N^+ 型衬底上生长一层外延层构成 N 型集电极,在外延层上扩散形成 P 型基区,然后在基区平面上按梳状结构形成 N^+ 型发射区和 P^+ 型基区以制作发射极和基极的欧姆接触,这样就形成了 NPN 型平面梳状微波双极晶体管。

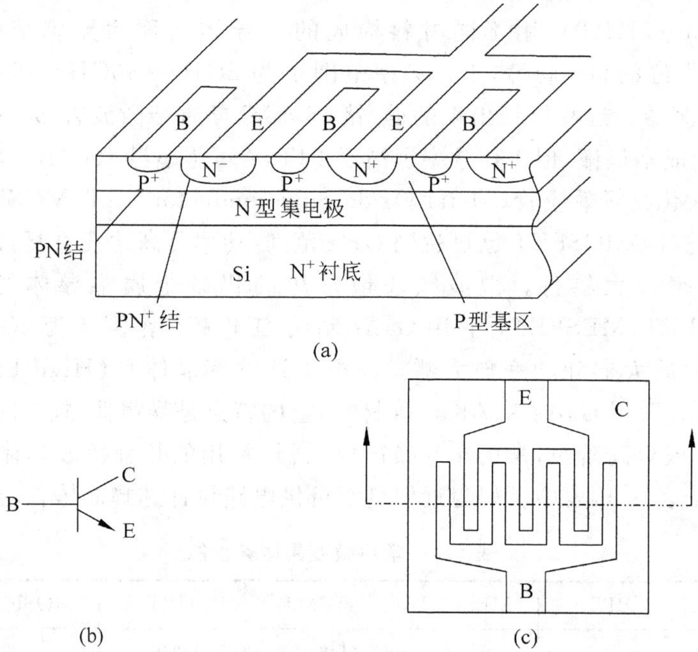

图 6.1　NPN 双极晶体管的符号和平面梳状结构示意图

(a) 梳状结构剖面图　(b) 符号　(c) 简化的平面梳状结构

图 6.2 所示是双极晶体管的管芯等效电路,对照图 6.1(a)可帮助我们理解等效电路中各个元件的意义。R_B 是基极串联电阻,R_E 是正向偏置发射结电阻,R_C 是集电极串联电阻,C_C 是集电结电容,C_{DE} 是正向偏置发射结扩散电容,C_{TE} 是正向偏置发射结势垒电容。α 是当集电极和基极交流短路时的电流传输系数,表示为

$$\alpha = \frac{I_C}{I_{E0}}\bigg|_{V_{CB=0}} \approx \frac{\alpha_0}{1+\dfrac{j\omega}{\omega_\alpha}} \tag{6.2.1}$$

式中，α_0 是 α 的低频值，ω 为工作频率，ω_α 为 α 的截止频率，α 还有一附加的相位，此处省去。

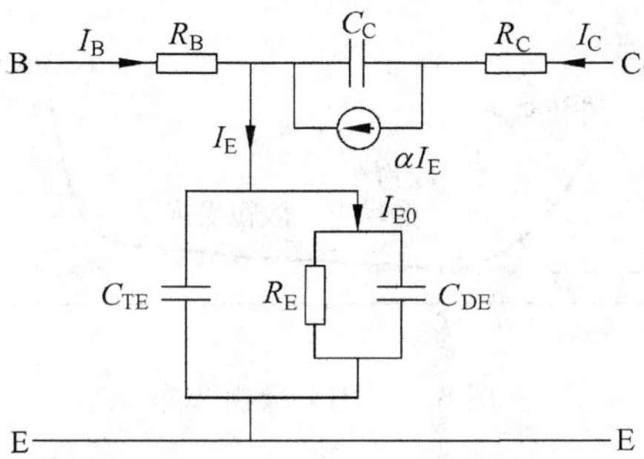

图 6.2 双极晶体管管芯等效电路

晶体管噪声的来源主要有三部分：(1)热噪声——主要由基极电阻 R_B 引起。(2)散粒噪声——主要是发射极电流 I_E 的散粒噪声以及分配噪声（发射极电流分成 I_C 和 I_B 的随机起伏）组成。(3)闪烁噪声——又称 $1/f$ 噪声，主要由离子复合引起。

为了计算双极晶体管的噪声系数，许多学者进行了推导，下面列出其中一种结果。

$$F=1+\frac{R_B}{R_s}+\frac{R_E}{2R_s}+\left(\frac{\alpha_0}{|\alpha|^2}-1\right)\left(\frac{(R_s+R_B+R_E)^2+X_s^2}{2R_ER_s}\right)$$

$$+\frac{\alpha_0 R_E}{2|\alpha|^2 R_s}\left[\omega^2 C_E^2 X_s^2-2\omega C_E X_s+\omega^2 C_E^2 (R_s+R_B)^2\right] \tag{6.2.2}$$

由公式(6.2.2)可看出，噪声系数是信号源阻抗 $Z_s=(R_s+jX_s)$ 的函数，将式(6.2.2)对 R_s 和 X_s 求导，并令导数等于零，便可解出使噪声系数为最小值时的信源电阻 R_{sopt} 和电抗 X_{sopt} 以及最小噪声系数值 F_{min}。R_{sopt} 和 X_{sopt} 称为晶体管的最佳信源阻抗，是微波晶体管噪声的重要参数，通常由生产厂家给出，作为设计低噪声放大器的依据。有关最佳噪声参数问题，后面还将详细介绍。

最小噪声系数有不少简化改进公式，其中福井(Fukui，1966)公式

$$F_{min}\approx 1+h\left(1+\sqrt{1+\frac{2}{h}}\right) \tag{6.2.3}$$

在 S 波段以下与实验结果吻合较好。式中

$$h=\frac{e}{kT}I_C R_B\left(\frac{f}{f_T}\right)^2$$

室温情况下 $T=290\mathrm{K}$，有

$$h\approx 0.04 I_C R_B\left(\frac{f}{f_T}\right)^2 \tag{6.2.4}$$

f_T 是晶体管截止频率，I_C 是集电极电流，单位为 mA。由此公式可知，为获得低噪声放大

器需要 R_B 小、f_T 高。由此式以及微波晶体管特性可以得到噪声系数和频率的关系如图 6.3 所示。

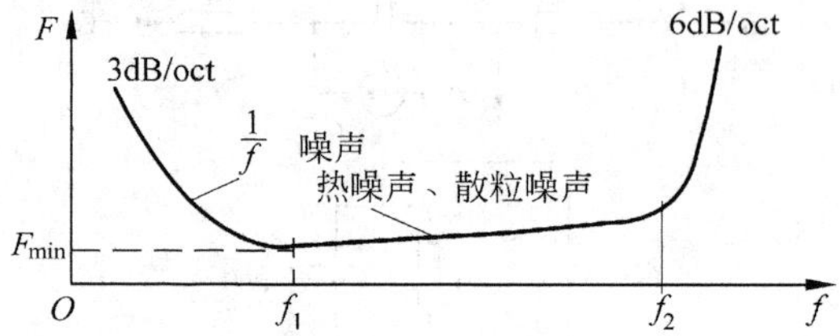

图 6.3　BJT 噪声分布

图 6.3 中，f_1 是下转角频率，f_2 是上转角频率，f_1 和 f_2 之间是正常的工作频率范围，超过 f_2 以上频段的噪声以“6dB/倍频程”的速率快速增大。f_2 的近似值为 $f_2 \approx \sqrt{1-\alpha_0}\,f_\alpha \approx 1.2 f_T\sqrt{1-\alpha_0}$。$f_1$ 以下频段是以 $1/f$ 噪声为主。对于 BJT 管，$1/f$ 噪声较小，f_1 大约为 100Hz～200Hz，f_2 大约为 2GHz～3GHz。

噪声系数和集电极电流的关系，如图 6.4 所示。通常 BJT 噪声最佳的集电极电流 I_{Copt} 约为 2mA～5mA。根据 BJT 等效电路还可以得到功率增益的近似表达式为

$$G = \frac{f_T}{8\pi R_B C_C f^2} \tag{6.2.5}$$

由此式可知 BJT 的功率增益 G 随工作频率的平方 f^2 的增加而下降。换句话说，G 将以“6dB/倍频程”降低的规律变化。

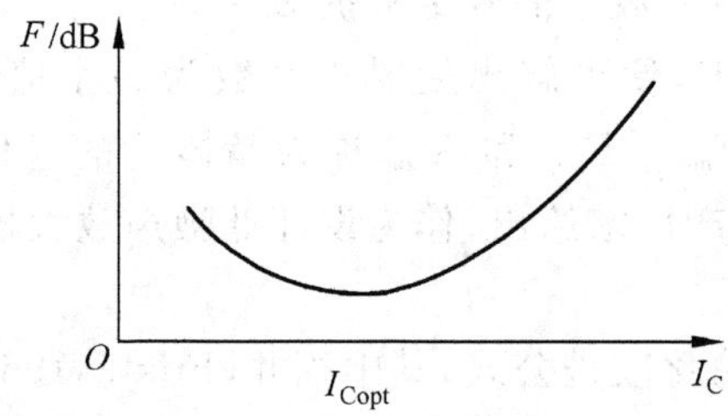

图 6.4　噪声系数和集电极电流的关系

2. 金属半导体场效应晶体管(MESFET)

图 6.5 是 MESFET 的结构、符号和直流电特性图。从结构示意图可以看出，MESFET 的工艺过程大致是这样的：用半绝缘的 GaAs 材料作衬底，在衬底上生长出非常薄的 N 型外延层，称作有源层沟道。在外延层上做上三个电极：源极(source，用 S 表示)、栅极(gate，用 G 表示)、漏极(drain，用 D 表示)。栅极与 N 型外延层之间为肖特基结，在栅极下形成耗尽层。源极、漏极与 N 型外延层之间为欧姆接触。如果栅—源之间

的电压 V_{GS} 为负值，即栅极电压为负，则耗尽层变宽使沟道变窄，阻止电子流通过有源层沟道，从而控制漏极电流 I_{DS} 的变化，当 V_{GS} 足够负时沟道被耗尽层夹断，此时的 V_{GS} 称为夹断电压，记作 V_P。

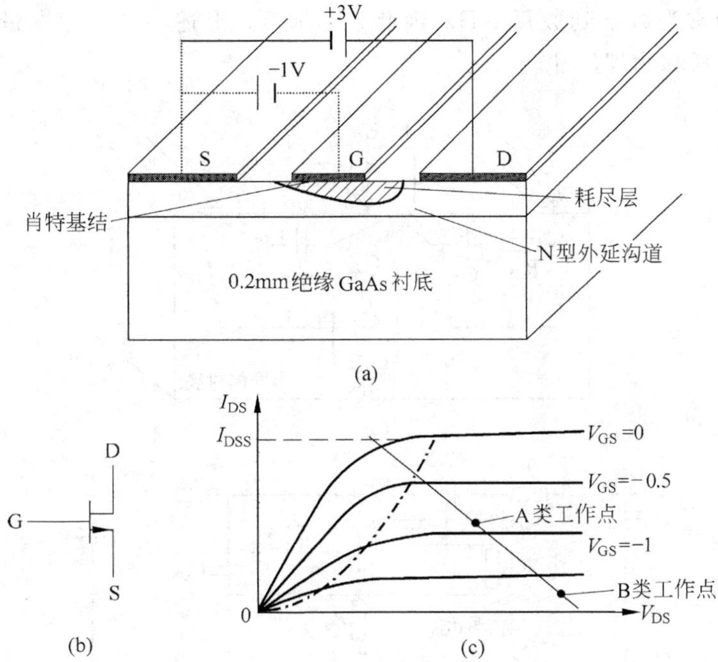

图 6.5　MESFET 结构示意图、符号和直流电特性

如果 MESFET 是工作在小信号 A 类工作状态，耗尽层仅受到 V_{GS} 的控制，用较小的栅极交流信号电压可以控制较大的漏极电流，这就是功率放大的机理。它的集总参数的等效电路示于图 6.6，这个等效电路直接与器件的物理参数相关，对于 12GHz 以下的频率是适用的。将图 6.6(a)与 6.6(b)对照，读者可以看出集总参数等效电路各元件的物理意义和位置。C_{GS} 是栅源结电容，C_{DG} 是栅漏部分耗尽层结电容，$(C_{GS}+C_{DG})$ 是栅极与沟道间耗尽层总电容。C_{DC} 是沟道中电荷偶极层的电容，称为畴电容，在简化的等效电路中常被省略。R_{DS} 是沟道电阻。C_{DS} 是源极与漏极间的衬底电容。R_S、R_G 和 R_D 分别是源极、栅极和漏极的分布参数电阻，包括体电阻和引出端的欧姆接触电阻。$g_m V_{GS}$ 是受控电流源，显然漏极电流是受 V_{GS} 的控制，g_m 是小信号跨导，与工作频率有关，在 12GHz 以下的频率，可近似认为 g_m 就等于低频跨导 g_{m0}，g_{m0} 的定义式为

$$g_{m0}=\left.\frac{\mathrm{d}I_{DS}}{\mathrm{d}V_{GS}}\right|_{V_{GS}=\mathrm{const}} \tag{6.2.6}$$

比较精确的 g_m 的表示式为

$$g_m = \frac{g_{m0}}{1+\frac{j\omega}{\omega_y}} e^{-j\omega\tau_0} \tag{6.2.7}$$

式中，τ_0 是载流子在沟道中从源端到漏端的渡越时间，通常为 ps（皮秒）的量级，ω_y 为跨导的截止频率，通常为数十到数百 GHz，因此 $\omega/\omega_y \ll 1$。上述各个等效参量的数值取决于 MESFET 的材料和物理尺寸。

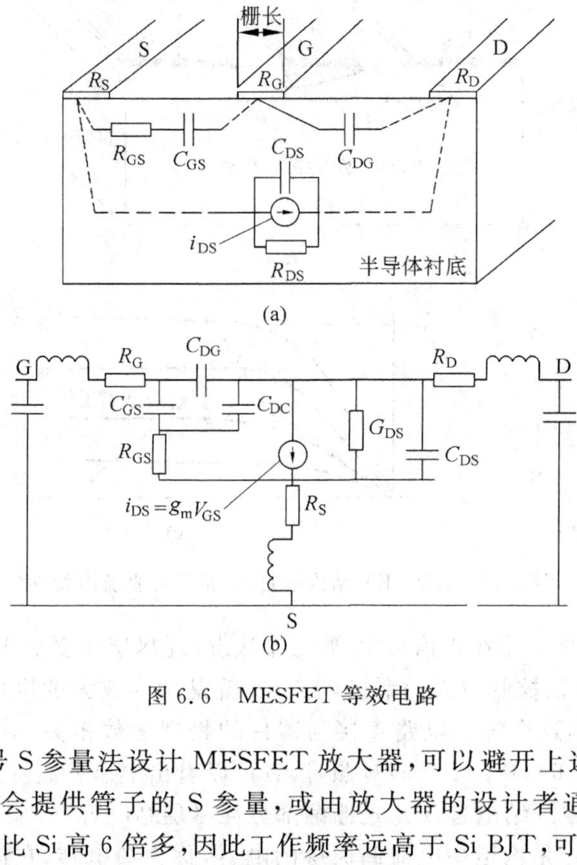

图 6.6　MESFET 等效电路

如果采用小信号 S 参量法设计 MESFET 放大器，可以避开上述复杂的集总参数等效电路。通常，厂家会提供管子的 S 参量，或由放大器的设计者通过测量得到。由于 GaAs 的电子迁移率比 Si 高 6 倍多，因此工作频率远高于 Si BJT，可达 20GHz。

为了再提高 FET 的工作频率，需要缩短栅极长度（即减小沟道耗尽层长度）以减小载流子渡越时间。当栅长缩短到一定程度后，大约小于 1μm 时即将出现短沟道效应，限制了工作频率的升高。为了说明什么是短沟道效应，需介绍 GaAs 的能带结构。

砷化镓的能带结构示意图如图 6.7 所示。砷化镓半导体材料具有 7 个能谷（导带），对于我们所讨论的问题，具有最低能量的主谷及附近的一个子谷起主要作用。该图的纵坐标是能量，横坐标是波数（电子的波数），横坐标上所注明的[100]表示晶格的方向。由于晶格对主谷电子的束缚作用弱，迁移率比较大，$\mu_L = 7600\text{cm}^2/(\text{V}\cdot\text{s})$，而晶格对子谷电子有较强的束缚作用，迁移率小，$\mu_V=160\text{cm}^2/(\text{V}\cdot\text{s})$。正常情况下低能量的电子不能从主谷跃迁到子谷中去，但是如果外加电场供给电子能量，当电场强度达到一定数值时，便有电子从主谷跃迁到子谷中去。根据这一特点可以得出砷化镓晶体中的电子"漂移速度-电场"特性，如图 6.8 所示。图中纵坐标是电子漂移速度，横坐标是砷化镓材料中的电场强度。

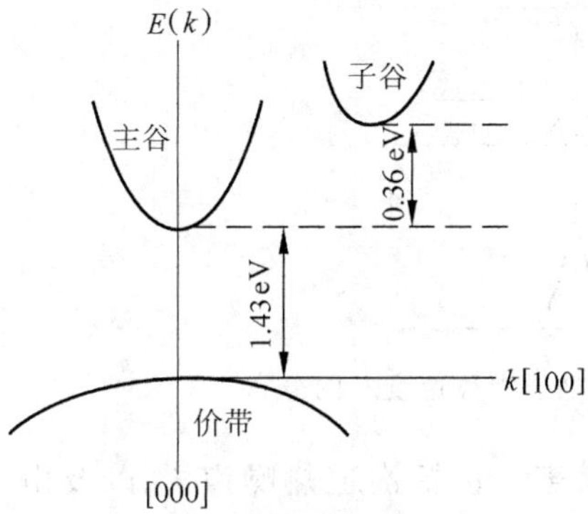

图 6.7 砷化镓能带结构图

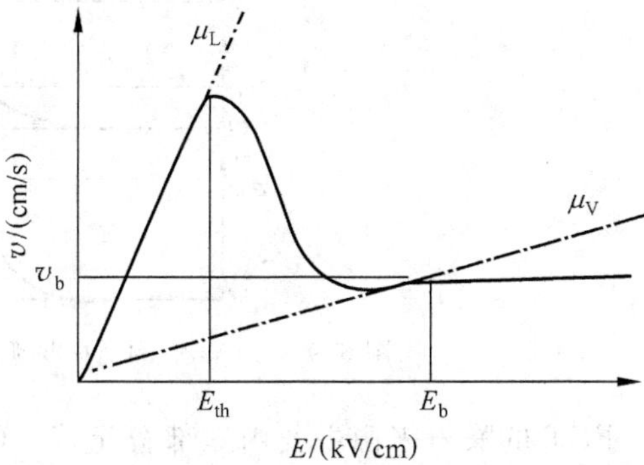

图 6.8 "漂移速度-电场"特性

用双能谷的概念和最简单的方程可以说明图 6.8 的典型的"漂移速度-电场"特性是如何形成的。设总的运动电子数为 n，它等于主谷中的电子数 $n_L(|E|)$ 和子谷中的电子数 $n_V(|E|)$ 之和，即

$$n=n_L(|E|)+n_V(|E|) \tag{6.2.8}$$

式中，$|E|$ 是材料中的电场强度。平均迁移率为

$$\mu(|E|)=\frac{\mu_L n_L(|E|)+\mu_V n_V(|E|)}{n} \tag{6.2.9}$$

电子的平均漂移速度 $\bar{v}$ 为

$$\bar{v}(|E|)=\mu(|E|)\,|E| \tag{6.2.10}$$

电子从电场取得的能量超过 0.36eV 时，电子将从主谷跃迁到子谷，相应的电场称作阈值电场，记作 E_{th}。图 6.8 的 $\bar{v}\to|E|$ 曲线分成三段，前两段的方程为

$$\bar{v}=\mu_L\,|E|,\quad |E|<E_{th} \tag{6.2.11}$$

$$\bar{v}=\frac{\mu_L n_L(|E|)+\mu_V n_V(|E|)}{n}\,|E|,\quad E_{th}<|E|<E_b \tag{6.2.12}$$

随着电场的增加，有更多的电子跃迁到子谷，但子谷电子的迁移率比较低，这将导致平均迁移率的下降。

随着栅长的缩短，沟道变短，而 V_{DS} 不变的情况下，沟道电场强度将增大。栅长很短时，沟道最窄处的电场将超过临界电场 E_{th}，造成电子向子谷跃迁，而导致电子漂移速度下降，使工作频率不能升高。短沟道电场强度 E 和电子漂移速度 v 的分布示于图 6.9。电子漂移速度的下降，还使 I_{DS} 不随栅极信号电压的增长而增长，呈现类似饱和现象，从而交流功率也下降。

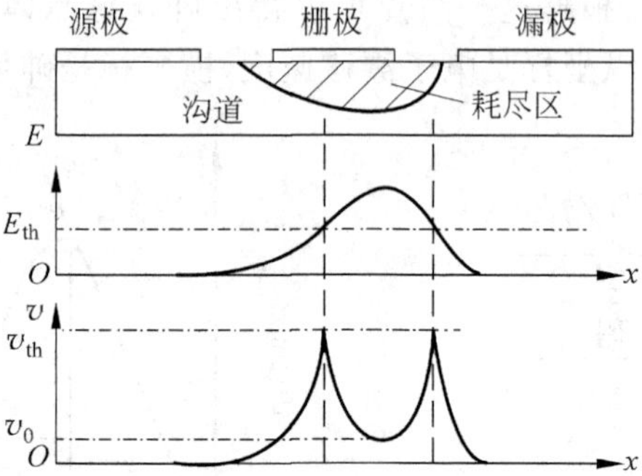

图 6.9 GaAs 短沟道电场强度 E 和电子漂移速度 v 的分布

FET 的噪声来源主要由三部分组成：(1)热噪声。包括沟道热噪声 i_{nD}^2 以及由 i_{nD}^2 通过栅极电容 C_{GS} 及 C_{DG} 耦合到栅极上的感应噪声。频率愈高，感应噪声也愈大。(2)高场扩散噪声和谷际散射噪声。这是由于当电场强度超过饱和电场($E_b=3000\text{V/cm}$)时，即饱和状态下电子随机性产生的噪声。(3)闪烁噪声。由于 GaAs 晶格的陷阱效应，它的 $1/f$ 噪声远高于 Si BJT 中的 $1/f$ 噪声。其转角频率 f_1 可高达百兆赫。

GaAs FET 在高频区的最小噪声系数与频率的关系近似为

$$F_{\min} \approx 1 + 2\sqrt{PR(1-C^2)}\,\frac{f}{f_T} \tag{6.2.13}$$

式中，f_T 是当共源极电流放大系数为 1 时的频率，叫特征频率，表示为

$$f_T = \frac{g_m}{2\pi C_{GS}} \tag{6.2.14}$$

式(6.2.13)中 P 因子与沟道噪声 i_{nD} 及偏置有关，R 因子与栅极感应噪声 i_{nG} 及尺寸有关，C 因子是 i_{nD} 和 i_{nG} 的相关系数。我们所关心的是噪声随频率变化的关系，由式(6.2.13)可以看出，GaAs FET 的最小噪声系数和工作频率 f 成正比，而不是平方关系。也就是说 $F_{\min}$ 超过第 2 转角频率 f_2 以后将以“3dB/oct”的速率增大。因此 FET 的高频区噪声特性优于 Si BJT。而且第 2 转角频率 f_2 也高达 20GHz 左右。但是 $1/f$ 噪声要比 BJT 大许多，所以 FET 作振荡器时将有较大的相位噪声。最小噪声系数和频率关系见图 6.10，图中同时画出了 Si BJT 的噪声系数随频率的变化曲线，以用于比较。

3. 高电子迁移率晶体管(HEMT)

前面所述的半导体结都是同种半导体材料以不同掺杂构成的同质结，HEMT 是利用异质结(不同半导体材料构成的结)的特殊性能来突破 GaAsFET 的频率上限，图 6.11 所示为 HEMT 的原理结构。最下部是半绝缘 GaAs 衬底，厚度约 0.2mm，在衬底上外延出

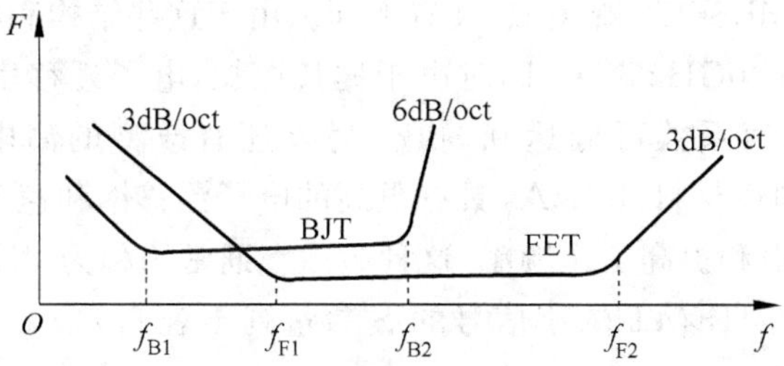

图 6.10 GaAs FET 和 Si BJT 的最小噪声系数

一层厚度约为 150Å(1Å=0.1nm)的 GaAs 作为沟道,沟道上部是 N 型 n^- AlGaAs 层。不掺杂的 GaAs 和 N 型 n^- AlGaAs 构成异质结。在此两层半导体之间还增加了很薄的一层不掺杂的 AlGaAs(厚度为 30Å)作为隔离层,见图中的虚线位置。最上部的源极 S 和漏极 D 与 N 型 n^- AlGaAs 之间增加 N 型重掺杂的 n^+ GaAs 是为了给源极和漏极引出端提供良好的电接触。

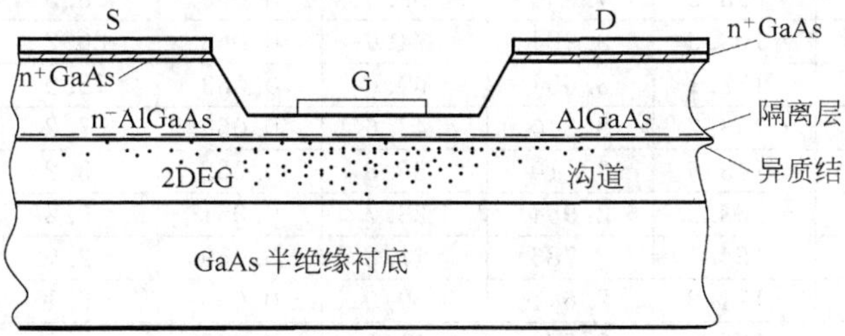

图 6.11 HEMT 的原理结构

HEMT 工作的物理机理是这样的:栅极 G 加负电压时,在 G 的下面形成耗尽层,n^- AlGaAs内的杂质离化自由电子被转移到 GaAs 一侧,这些自由电子在垂直方向受势阱约束,只在异质结下面水平方向可以运动,叫做二维电子气(2DEG)。由于沟道是不掺杂的 GaAs,消除了杂质散射,因此电子迁移率比 MESFET 的 N 型掺杂沟道迁移率几乎高出 1 倍。沟道中的二维电子气浓度随栅极电压而变化,因此栅极电压控制了 I_{DS}的大小。此外,由于沟道中电场分布比较均匀,这样就减弱了 MESFET 的短沟道效应。隔离层是一层很薄的不掺杂的 AlGaAs,它可以使二维电子气中的电子在空间上与原来附属的施主杂质(n^- AlGaAs 层)相对脱离,减弱了杂质干扰,从而进一步使电子迁移率提高。但该夹层可能使二维电子气浓度下降,因此其厚度应该尽可能的薄。这几层厚度很薄,掺杂浓度相差大,控制精度要求高,因此需要用分子外延等复杂工艺。

二维电子气在漏极正电压作用下,由源极向漏极运动,形成漏极电流 I_{DS},而外加栅压 V_{GS}将直接控制进入 GaAs 沟道的二维电子气浓度。因此通过控制 V_{GS}就控制了 I_{DS},可见

HEMT 的工作原理和 MESFET 既类似，又有不同。由于这些结构和材料的改进，使 HEMT 的工作频率上限提高到 40GHz 以上，同时由于栅长缩短，电子迁移率提高，使 HEMT 的噪声降低，在 S 波段的噪声系数可低达 0.3dB。另外还有改型的高电子迁移率晶体管，用 InGaAs 代替 GaAs 作沟道材料，InGaAs 具有更高的电子漂移饱和速度和更高的二维电子气浓度，可进一步降低噪声和提高工作频率，这种微波管通常简称为 PHEMT。

一个典型的有封装 HEMT 的小信号的 S 参量列于表 6.2。

表 6.2　一个典型的有封装 HEMT 的小信号的 S 参量和噪声参数（$V_{DS}=2V$，$I_{DS}=10mA$）

S 参量

频率/GHz	S_{11}		S_{21}		S_{12}		S_{22}	
	模	相角	模	相角	模	相角	模	相角
1.000	0.980	−20.6	5.620	159.7	0.017	75.8	0.541	−17.8
2.000	0.942	−40.7	5.401	140.7	0.033	61.6	0.523	−35.0
3.000	0.887	−59.4	5.051	122.6	0.045	49.5	0.501	−51.2
4.000	0.838	−76.9	4.685	105.8	0.054	38.5	0.480	−66.6
5.000	0.786	−93.2	4.334	89.9	0.060	28.5	0.461	−81.3
6.000	0.742	−108.3	3.984	74.9	0.063	20.2	0.448	−95.4
7.000	0.705	−122.1	3.654	60.6	0.063	12.9	0.449	−108.9
8.000	0.672	−133.7	3.340	47.6	0.063	7.2	0.463	−120.3
9.000	0.651	−143.9	3.110	35.8	0.062	3.2	0.481	−130.1
10.000	0.633	−153.9	2.954	23.7	0.061	−0.2	0.498	−138.8
11.000	0.611	−164.1	2.786	11.8	0.059	−2.9	0.513	−147.6
12.000	0.595	−174.8	2.641	0.0	0.058	−5.1	0.535	−157.0
13.000	0.588	176.0	2.518	−11.6	0.057	−6.7	0.562	−165.3
14.000	0.579	167.6	2.412	−23.0	0.057	−7.9	0.597	−172.8
15.000	0.569	159.3	2.342	−34.6	0.057	−10.1	0.634	−179.7
16.000	0.555	150.5	2.290	−46.6	0.058	−12.9	0.667	173.6
17.000	0.536	140.3	2.272	−59.4	0.059	−17.0	0.697	166.4
18.000	0.525	129.9	2.233	−72.6	0.060	−22.4	0.727	158.8

噪声参数

频率/GHz	$\|\Gamma_{opt}\|$	θ_{opt}	F_{min}/dB	R_n/50
2	0.86	31.0	0.28	0.19
4	0.87	57.0	0.30	0.18
6	0.86	83.0	0.34	0.13
8	0.81	108.0	0.39	0.09
10	0.74	132.0	0.47	0.05
12	0.63	156.0	0.55	0.03
14	0.49	179.0	0.67	0.04
16	0.33	−158.0	0.81	0.07
18	0.13	−136.0	1.00	0.11

4. 异质结晶体管(HBT)

HBT 和 BJT 都是结型器件,结构上有相似之处,HBT 的发射结由 N 型 AlGaAs 和 P 型 GaAs 组成异质结,集电结是 P 型 GaAs 和 N 型 GaAs 组成的同质结。基区重掺杂使电阻 R_B 减小,发射极集边效应的改善可减小发射极面积,也使电容 C_E 减小。砷化镓材料的电子迁移率是硅的 6 倍,因此电子可能以极高速度穿越基区。这些因素都使 HBT 的频率提高,噪声下降。电性能也达到微波频段要求,而且 $1/f$ 噪声和 BJT 相近,做振荡器时优于 FET。

近年来由于锗工艺技术的发展,又出现了发射结由 Si 和 Si-Ge 构成的异质结晶体管(Si/Ge HBT),Si/Ge HBT 的噪声系数和特征频率比 GaAs HBT 要差一些。但是由于 Si 材料和 Si 工艺技术成熟、工艺设备完善,因此 Si/Ge HBT 较 GaAs HBT 的成本价格低很多。

6.2.2 微波晶体管放大器的增益

微波晶体管放大器从使用角度可分为宽带型、低噪声型及功率型等。每一种类型的放大器都有各自的设计技术,但是也有共同的问题,例如增益、反射系数、稳定性等。微波晶体管和放大器都是用 S 参数表征和进行分析的。图 6.12 给出单级微波晶体管放大器的标准图,虚线框内表示一个完整的放大器。

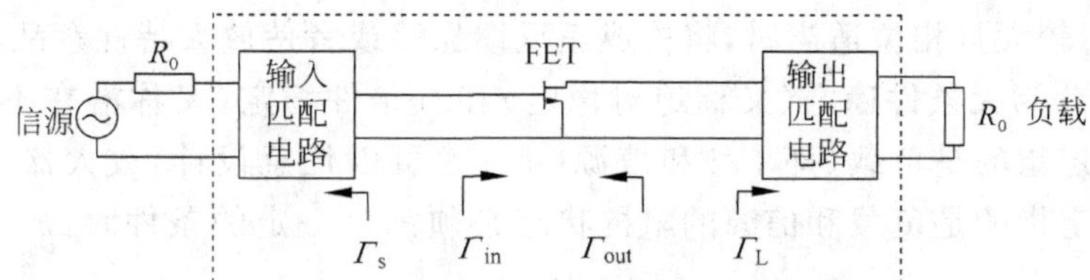

图 6.12 微波晶体管放大器框图

根据前面讲过的微波网络理论,可以得知图 6.12 中的输入和输出端的反射系数分别为 Γ_{in} 和 Γ_{out},各自表示为

$$\Gamma_{in} = S_{11} + \frac{S_{12}S_{21}\Gamma_L}{1 - S_{22}\Gamma_L} \tag{6.2.15}$$

$$\Gamma_{out} = S_{22} + \frac{S_{12}S_{21}\Gamma_s}{1 - S_{11}\Gamma_s} \tag{6.2.16}$$

通常,Γ_{in} 是晶体管 S 参数和 Γ_L 的函数,Γ_{out} 是晶体管 S 参数和 Γ_s 的函数。微波放大器增益的定义有好几种,最常用的是传输功率增益 G_T,它的定义是

$$G_T = \frac{P_L}{P_a} \tag{6.2.17}$$

其中，P_L 是负载吸收的功率，P_a 是信号源资用功率。资用功率是指负载与信号源全匹配时信号源能给出的最大信号功率。根据图 6.12 可以推导出传输功率增益 G_T 为

$$G_T = \frac{|S_{21}|^2(1-|\Gamma_s|^2)(1-|\Gamma_L|^2)}{|(1-S_{11}\Gamma_s)(1-S_{22}\Gamma_L)-S_{12}S_{21}\Gamma_s\Gamma_L|^2} \tag{6.2.18}$$

式中的 S_{11}、S_{21}、S_{12}、S_{22} 皆为微波晶体管的 S 参数。可见传输功率增益 G_T 与微波管的 S 参数和负载及信源匹配状况(即 Γ_s 和 Γ_L)都有关系。G_T 的物理意义是：插入放大器后，标准负载实际得到的功率比没有放大器时负载得到功率增大的倍数。因此传输功率增益 G_T 是实际工程中含义明确而且实用的功率增益。

当设计调整好输入和输出匹配网络之后，使微波管的输入和输出端都处于共轭匹配时，即 $\Gamma_s=\Gamma_{in}^*$，$\Gamma_L=\Gamma_{out}^*$ 时，负载得到最大传输功率，此时 G_T 最大，达到双向共轭匹配。此时的功率增益 $G_{T\max}$ 在文献、产品资料和微波电路设计软件中常用 MAG(maximum available Gain)符号表示。图 6.12 中，当没有输入和输出匹配网络时，即微波管前接 50Ω 信源，后接标准 50Ω 系统时，式中的 $\Gamma_s=\Gamma_L=0$，$G_T=|S_{21}|^2$。式(6.2.18)清楚地说明了晶体管 S_{21} 的物理含义。式中的各参数都是复数，通常都用计算机运算。

6.2.3 微波晶体管放大器的稳定性

微波晶体管放大器的稳定性是个特殊而且重要的理论问题。微波晶体管放大器自身存在不稳定因素，主要是由于微波晶体管内部有反馈，体现为 S_{12}，它表示了微波管内的反向传输。当 S_{12} 较大且相位适当时，将构成正反馈振荡或者使放大特性紊乱。根据微波管的 S 参数可以分为无条件稳定(又称绝对稳定)和有条件稳定(又称潜在不稳定)两种状态。无条件稳定指的是负载(即 Γ_L)和信源(即 Γ_s)可以任意设计，放大器均能够稳定工作。有条件稳定指的是负载和信源的阻抗状态必须满足一定的条件时，放大器才能稳定工作。

1. 稳定性判别圆

当输入反射系数大于 1，即 $|\Gamma_{in}|>1$ 时，说明放大器输入端的反射波大于入射波，这时放大器处于不稳定状态，有可能产生自激振荡。公式(6.2.15)和(6.2.16)表明对某一器件，Γ_{in} 是负载端反射系数 Γ_L 的函数。可以利用复变函数中保角映射的概念：在 Γ_{in} 复平面上的单位圆($|\Gamma_{in}|=1$)映射到 Γ_L 复平面上还是圆，在图 6.13 中此映射圆为 S_2 圆。S_2 圆将 Γ_L 平面分成圆内区及圆外区两个部分，一部分对应 Γ_{in} 平面上的单位圆内($|\Gamma_{in}|<1$)的区域；另一部分对应 Γ_{in} 平面上单位圆外的区域($|\Gamma_{in}|>1$)。由式(6.2.15)得

$$\Gamma_{in} = S_{11} + \frac{S_{12}S_{21}\Gamma_L}{1-S_{22}\Gamma_L} = \frac{S_{11}-\Delta\Gamma_L}{1-S_{22}\Gamma_L} \tag{6.2.19}$$

式中，$\Delta=S_{11}S_{22}-S_{12}S_{21}$。当 $\Gamma_L=0$ 时，$\Gamma_{in}=S_{11}$。此时在 Γ_L 平面上的原点($\Gamma_L=0$)和 Γ_{in} 平面上的 S_{11} 点互为映射点。由此可知，有以下两种情况。

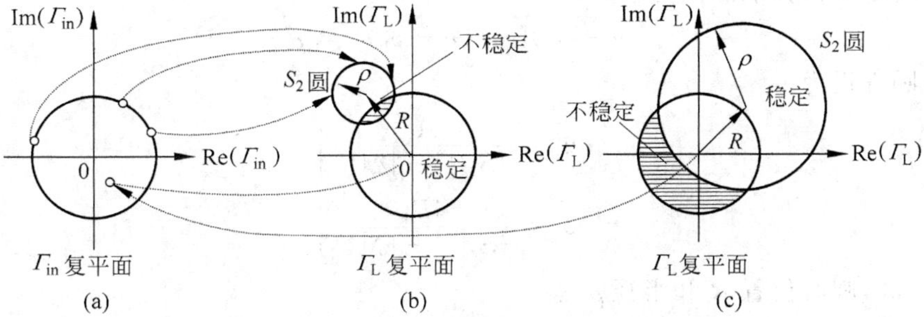

图 6.13 稳定判别圆的概念

(1) $|S_{11}|<1$ 时，则$|\Gamma_{in}|<1$，此时由于 S_{11} 点落在单位圆内，说明放大器工作是稳定的。Γ_{in}复平面的 S_{11} 对应 Γ_L 复平面内的原点，此点一定是稳定点，若 S_2 圆不包含原点，则 S_2 圆外为稳定区，S_2 圆内为不稳定区(图 6.13(b)所示)；若 S_2 圆包含 Γ_L 圆的原点，则 S_2 圆内为稳定区，圆外为不稳定区(图 6.13(c)所示)。在标准负载的情况下，必然有$|\Gamma_L|<1$，因此图中仅将 Γ_L 单位圆内($|\Gamma_L|=1$)的不稳定区划出阴影，在此范围内放大器工作是不稳定的。

(2) $|S_{11}|>1$，一般微波晶体管器件本身的$|S_{11}|$均小于 1，不会发生这种情况。

由以上分析可知，在$|S_{11}|<1$ 的条件下，S_2 圆将 Γ_L 平面分成圆内和圆外两个区，其中包含原点($\Gamma_L=0$)的部分是稳定区，另一部分为不稳定区。因此称 S_2 圆为“稳定判别圆”。为了确定 S_2 圆的位置，需求其圆心和半径的坐标。

由式(6.2.19)，令$|\Gamma_{in}|=1$，可得

$$|S_{11}-\Delta\Gamma_L|^2=|1-S_{22}\Gamma_L|^2 \tag{6.2.20}$$

利用复数绝对值恒等式的关系，得

$$|\Gamma_L|^2(|S_{22}|^2-|\Delta|^2)-2\mathrm{Re}[\Gamma_L^* C_2]+1-|S_{11}|^2=0 \tag{6.2.21}$$

式中

$$C_2=S_{22}-S_{11}^*\Delta \tag{6.2.22a}$$

$$\Delta=S_{11}S_{22}-S_{12}S_{21} \tag{6.2.22b}$$

方程(6.2.21)描述了 S_2 圆在 Γ_L 复平面上的轨迹。

令

$$\Gamma_L=u+\mathrm{j}v \tag{6.2.23a}$$

$$C_2=A+\mathrm{j}B \tag{6.2.23b}$$

得

$$|\Gamma_L|^2-\frac{2\mathrm{Re}[\Gamma_L^* C_2]}{|S_{22}|^2-|\Delta|^2}+\frac{1-|S_{11}|^2}{|S_{22}|^2-|\Delta|^2}=0 \tag{6.2.24}$$

$$u^2-\frac{2Au}{|S_{22}|^2-|\Delta|^2}+v^2-\frac{2Bv}{|S_{22}|^2-|\Delta|^2}+\frac{1-|S_{11}|^2}{|S_{22}|^2-|\Delta|^2}=0$$

通过配方使之成为标准的圆方程，即

$$(u-u_1)^2+(v-v_1)^2=\rho^2 \tag{6.2.25}$$

求得标准圆方程为

$$\left.\begin{aligned} u_1 &= \frac{A}{|S_{22}|^2-|\Delta|^2} \\ v_1 &= \frac{\mathrm{j}B}{|S_{22}|^2-|\Delta|^2} \end{aligned}\right\} \tag{6.2.26}$$

此即是 S_2 圆，圆心位置 R 和半径 ρ 是

$$R=\frac{C_2^*}{|S_{22}|^2-|\Delta|^2} \tag{6.2.27a}$$

$$\rho=\left|\frac{S_{12}S_{21}}{|S_{22}|^2-|\Delta|^2}\right| \tag{6.2.27b}$$

由以上推导可知，S_2 圆在 Γ_L 复平面上的位置、大小及与单位圆相对的关系与 S 参数密切相关。但综合来看，可以归纳为两种情况、6 种可能性。当 $|S_{11}|<1$ 时这两种情况分别为：

(1) $|S_{22}|^2-|\Delta|^2>0$，$|R|>\rho$

$$\left|\Gamma_\mathrm{L}-\frac{C_2^*}{|S_{22}|^2-|\Delta|^2}\right|^2=\frac{|C_2^*|^2+(1-|S_{11}|^2)(|S_{22}|^2-|\Delta|^2)}{||S_{22}|^2-|\Delta|^2|^2} \tag{6.2.28a}$$

(2) $|S_{22}|^2-|\Delta|^2<0$，$|R|<\rho$

$$\left|\Gamma_\mathrm{L}-\frac{C_2^*}{|S_{22}|^2-|\Delta|^2}\right|^2=\frac{|C_2^*|^2+(1-|S_{11}|^2)(|\Delta|^2-|S_{22}|^2)}{||S_{22}|^2-|\Delta|^2|^2} \tag{6.2.28b}$$

R 为 $\Gamma_\mathrm{L}=0$ 的点（即 $\Gamma_\mathrm{L}=1$ 的圆心）至 S_2 圆的圆心之间的距离，ρ 为 S_2 圆的半径。

根据上述不稳定的两种情况可以推断有 6 种可能性。按照公式(6.2.28a)可以得到图 6.14 的(a)、(b)、(c)3 种可能性，它们的 S_2 圆外为稳定区，S_2 圆内为不稳定区；按照公式(6.2.28b)可以得到图 6.14 的(d)、(e)、(f)3 种可能性，它们的 S_2 圆外为不稳定区，S_2 圆内为稳定区。

仿照以上方法，由 $|\Gamma_\mathrm{out}|=\left|S_{22}+\dfrac{S_{12}S_{21}\Gamma_\mathrm{s}}{1-S_{11}\Gamma_\mathrm{s}}\right|=1$，可以得到在 Γ_s 平面上的稳定判别圆（S_1 圆）。S_1 圆的方程为 $|\Gamma_\mathrm{s}-R_1|^2=\rho_1^2$，$S_1$ 圆的圆心位置 R_1 和半径 ρ_1 分别为

$$R_1=\frac{C_1^*}{|S_{11}|^2-|\Delta|^2},\quad \rho_1=\left|\frac{S_{12}S_{21}}{|S_{11}|^2-|\Delta|^2}\right| \tag{6.2.29}$$

绝定稳定是指对任意 $|\Gamma_\mathrm{L}|<1$ 的负载都满足 $|\Gamma_\mathrm{in}|<1$；同时对任意 $|\Gamma_\mathrm{s}|<1$ 也都满足 $|\Gamma_\mathrm{out}|<1$，则这样的晶体管的两端口网络是绝对稳定的，即无条件稳定。用这样的晶体管设计放大器，其两端口的无源阻抗都可以任选。

潜在不稳定是指在 $|\Gamma_\mathrm{L}|<1$ 单位圆内存在不稳定区，图 6.14(b)、(c)、(f)、(e)中阴影

范围内是不稳定区，设计放大器时要避开不稳定区。而且，晶体管输入、输出端互相影响，设计是要保证在 Γ_L、Γ_s 两个平面上同时避开不稳定区。

实践证明，绝大部分的微波晶体管产品的稳定性都属于图 6.14(a)和(b)两种可能性，其他 4 种可能性很少遇到。

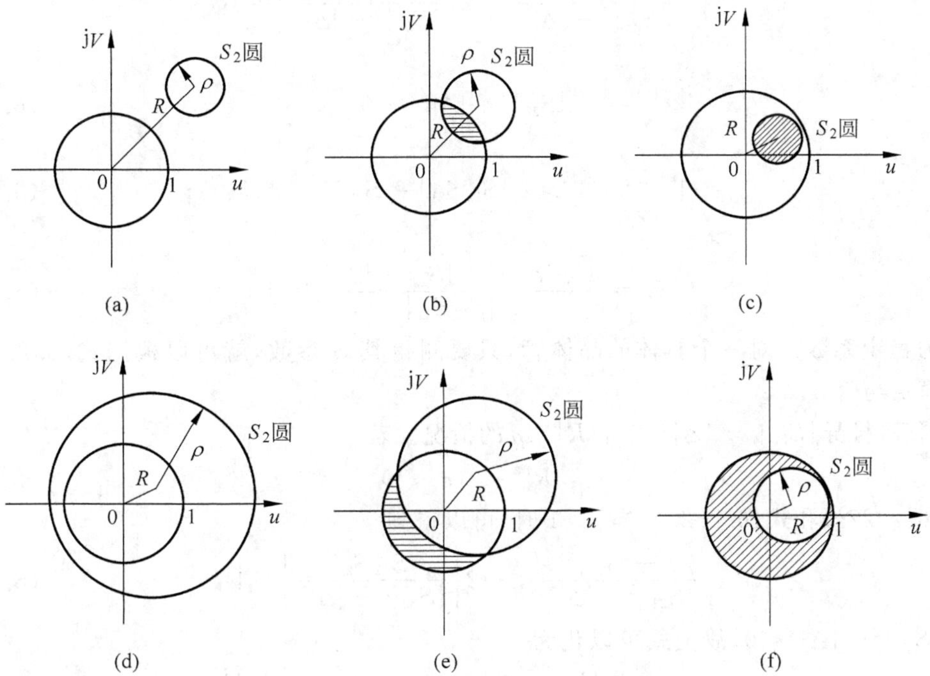

图 6.14 Γ_L 平面上的稳定判别圆($|S_{11}|<1$ 的情况)

2. 绝对稳定的充要条件

实际设计时，希望能根据测量的晶体管的 S 参数，简易地直接判断是否绝对稳定，而不必通过作图来判别，为此需要推导绝对稳定的必要条件和充分条件。

(1) 必要条件

在绝对稳定时，$|S_{11}|<1$，$|R|-\rho>1$，于是有 $|R|^2>(\rho+1)^2$。利用式(6.2.27b)，得

$$(\rho+1)^2=\left(1+\left|\frac{S_{12}S_{21}}{|S_{22}|^2-|\Delta|^2}\right|\right)^2$$

由式(6.2.27a)和式(6.2.22)得

$$|R|^2=\left|\frac{S_{22}^*-S_{11}\Delta^*}{|S_{22}|^2-|\Delta|^2}\right|^2=\frac{(S_{22}^*-S_{11}\Delta^*)(S_{22}-S_{11}^*\Delta)}{(|S_{22}|^2-|\Delta|^2)^2}$$

$$=\frac{(1-|S_{11}|^2)(|S_{22}|^2-|\Delta|^2)+|S_{12}S_{21}|^2}{(|S_{22}|^2-|\Delta|^2)^2}$$

$$=\frac{1-|S_{11}|^2}{|S_{22}|^2-|\Delta|^2}+\frac{|S_{12}S_{21}|^2}{(|S_{22}|^2-|\Delta|^2)^2}$$

$$=\frac{1-|S_{11}|^2}{|S_{22}|^2-|\Delta|^2}+\rho^2 \tag{6.2.30}$$

故得

$$\frac{1-|S_{11}|^2}{|S_{22}|^2-|\Delta|^2}>2\left|\frac{S_{12}S_{21}}{|S_{22}|^2-|\Delta|^2}\right|+1$$

由于

$$|S_{22}|^2-|\Delta|^2>0 \tag{6.2.31}$$

所以

$$1-|S_{11}|^2>2\ |S_{12}S_{21}|+|S_{22}|^2-|\Delta|^2 \tag{6.2.32}$$

得

$$K=\frac{1-|S_{11}|^2-|S_{22}|+|\Delta|^2}{2\ |S_{12}S_{21}|}>1 \tag{6.2.33}$$

K 称为稳定系数。对一个具体的晶体管，只要测得其 S 参数，就可以根据式(6.2.33)判断其稳定与否。

同理，推导 $|S_{22}|^2-|\Delta|^2<0$，$|R|<\rho$ 的情况。若

$$|R|^2<(\rho-1)^2$$

由式(6.2.27a)和式(6.2.22)，当 $\rho>1$ 时，可以得到

$$\frac{1-|S_{11}|^2}{|S_{22}|^2-|\Delta|^2}<-2\left|\frac{S_{12}S_{21}}{|S_{22}|^2-|\Delta|^2}\right|+1 \tag{6.2.34}$$

由于 $|S_{22}|^2-|\Delta|^2<0$，故上式可以化为

$$\frac{1-|S_{11}|^2}{|S_{22}|^2-|\Delta|^2}<\frac{2\ |S_{12}S_{21}|+|S_{22}|^2-|\Delta|^2}{|S_{22}|^2-|\Delta|^2} \tag{6.2.35}$$

由于 $|S_{22}|^2-|\Delta|^2<0$，上式去掉分母之后不等式应换号，所以有

$$1-|S_{11}|^2>2\ |S_{12}S_{21}|+|S_{22}|^2-|\Delta|^2 \tag{6.2.36}$$

得

$$K=\frac{1-|S_{11}|^2-|S_{22}|+|\Delta|^2}{2\ |S_{12}S_{21}|}>1 \tag{6.2.37}$$

可见此式与式(6.2.33)一致，所以 $K>1$ 是输入绝对稳定的必要条件。

(2) 充分条件

下面证明充分性。将式(6.2.37)$K>1$ 倒推回去，除了 $|R|^2<(\rho-1)^2$ 的条件外，必须补充一个条件，即 $\rho>1$，才能保证充分性，从图 6.14(d)亦可看出这个条件。由式(6.2.27b)有

$$\left|\frac{S_{12}S_{21}}{|S_{22}|^2-|\Delta|^2}\right|>1$$

即

$$|S_{12}S_{21}|>\big||S_{22}|^2-|\Delta|^2\big|$$

代入$|S_{22}|^2-|\Delta|^2<0$的条件，上式可改写为

$$|S_{12}S_{21}|>|\Delta|-|S_{22}|^2 \tag{6.2.38}$$

将式(6.2.36)代入上式，得

$$|S_{12}S_{21}|>2|S_{12}S_{21}|^2-1+|S_{11}|^2$$

$$1-|S_{11}|^2>|S_{12}S_{21}| \tag{6.2.39}$$

因此，需增加式(6.2.39)作为绝对稳定的充分条件之一。

再由图6.14(a)可得出，当$|S_{22}|^2-|\Delta|^2>0$和$K>1$时，由式(6.2.31)得

$$1-|S_{11}|^2>2|S_{12}S_{21}|+|S_{22}|-|\Delta|^2>|S_{12}S_{21}| \tag{6.2.40}$$

至此，证明了图6.14(a)和(b)输入端口绝对稳定的充要条件为

$$\left.\begin{array}{l} K>1 \\ 1-|S_{11}|^2>|S_{12}S_{21}| \end{array}\right\} \tag{6.2.41}$$

用同样方法考察Γ_s平面上稳定判别圆(S_1圆)，亦可证明输出端口绝对稳定的充要条件为

$$\left.\begin{array}{l} K>1 \\ 1-|S_{22}|^2>|S_{12}S_{21}| \end{array}\right\} \tag{6.2.42}$$

因此，要保证晶体管放大器两个端口都绝对稳定，两端口网络输入和输出端绝对稳定的充要条件为

$$\left.\begin{array}{l} K=\dfrac{1-|S_{11}|^2-|S_{22}|^2+|\Delta|^2}{2|S_{12}S_{21}|}>1 \\ 1-|S_{11}|^2>|S_{12}S_{21}| \\ 1-|S_{22}|^2>|S_{12}S_{21}| \end{array}\right\} \tag{6.2.43}$$

实践证明，若$K>1$成立，则$1-|S_{11}|^2$和$1-|S_{22}|^2$一定同时大于或同时小于$|S_{12}S_{21}|$，因此只需检验其中两项，即式(6.2.41)或式(6.2.42)就能作为晶体管双口网络的绝对稳定的充要条件。

在设计放大器时应首先根据晶体管的散射参量计算稳定系数K，若满足无条件稳定的条件，则可用任意信源阻抗和负载阻抗设计微波晶体管放大器，否则需画出稳定圆，选择适当的信源阻抗和负载阻抗避开不稳定区。在研究放大器的稳定性时必须对放大器要求的频带内和频带外的稳定性都要检查，尤其是频带外低频端由于增益高更容易处于不稳定状态，如果工作频带外出现自激振荡，将会对带内引入大量干扰波和噪声。实际上，式(6.2.43)是一个很严格的判据，工程设计时，只要使得K接近于1这样一个条件即够了。由于复数运算比较复杂费力，因此实际运算常靠计算机软件来完成。

6.2.4 微波晶体管放大器的噪声系数

噪声系数是小信号微波晶体管放大器的一个重要指标。如果用噪声等效电路来计算

整个放大器的噪声系数，那就太复杂了。采用有源二端口网络模型可以简化对噪声系数的计算，并能研究噪声系数与信源阻抗的关系，以便获得最小噪声系数，还能与放大器的增益、稳定性的考虑相结合，有利于设计低噪声放大器。

下面将叙述有源二端口网络的噪声系数。

由微波双极晶体管或场效应晶体管构成的放大器都可以用一个有源二端口网络来等效，如图 6.15(a)所示。将网络内部噪声全部等效到网络的输入端，用等效噪声电压源 $\overline{u}_n^2$ 和等效噪声电流源 $\overline{i}_n^2$ 来表示，网络本身则由无噪声网络取代，如图 6.15(b)所示。网络的输入端的信噪比经无噪网络传输后信噪比不变，可省去无噪声网络，直接计算有源二端口网络的噪声系数，如图 6.15(c)所示。

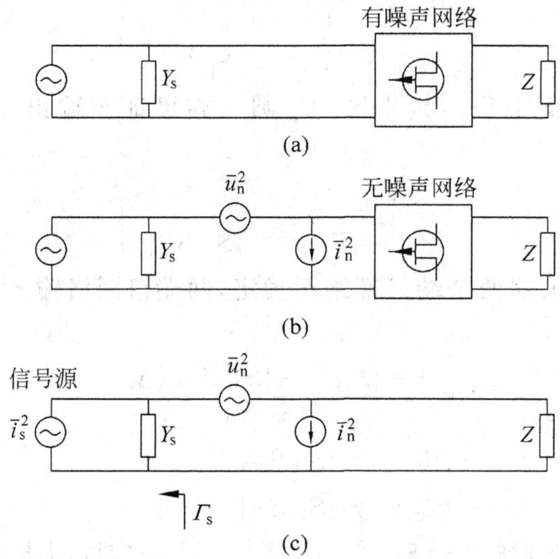

图 6.15　有源二端口网络的噪声计算模型

根据噪声系数的定义有

$$F = \frac{\overline{i}_{no}^2}{\overline{i}_{ns}^2} \tag{6.2.44}$$

其中 $\overline{i}_{ns}^2$ 代表信号源噪声功率，噪声源的导纳为 $Y_s = G_s + jB_s$，$\overline{i}_{ns}^2$ 可表示为

$$\overline{i}_{ns}^2 = 4kTG_sB \tag{6.2.45}$$

式中，k 是玻尔兹曼常数，T 为绝对温度，B 是频带。放大器输出端总噪声功率是

$$\overline{i}_{no}^2 = \overline{i}_{ns}^2 + |i_n + Y_s u_n|^2 \tag{6.2.46}$$

利用 $\overline{i}_{no}^2$ 和 $\overline{i}_{ns}^2$ 的表示式，可将噪声系数 F 写成

$$F = \frac{\overline{i}_n^2 + |Y_s|^2\overline{u}_n^2 + 2\mathrm{Re}(Y_s u_n i_n^*)}{4kTG_sB} + 1 \tag{6.2.47}$$

式中，Re 表示取实部。引入等效噪声电阻 R_n，则 $\overline{u}_n^2$ 可写作

$$\overline{u}_n^2 = 4kTR_nB \tag{6.2.48}$$

由式(6.2.47)可知噪声系数与 Y_S 密切相关，可以采用令 F 对 G_s 和 B_s 求导的方法获取最佳的 Y_S 值。令 $\frac{\partial F}{\partial G_s}=0$ 和 $\frac{\partial F}{\partial B_s}=0$，可求得最佳 G_{sopt} 和 B_{sopt}，使得噪声系数 F 最小，记作 F_{min}。省去一些较繁琐的推导过程，可得到任意信源导纳时的噪声系数的表示式为

$$F = F_{min} + \frac{R_n}{G_s}|Y_s - Y_{opt}|^2 \tag{6.2.49}$$

由此式可知噪声系数与三个参数有关：F_{min}，R_n，Y_{opt}。在微波工程中通常用 Γ_{opt} 取代 Y_{opt}，经简单运算，得

$$F = F_{min} + \frac{4R_nY_o}{|1+\Gamma_{opt}|^2}\frac{|\Gamma_s - \Gamma_{opt}|^2}{1-|\Gamma_s|^2} \tag{6.2.50}$$

式中

$$\Gamma_s = \frac{Y_0 - Y_s}{Y_0 + Y_s} \tag{6.2.51}$$

$$\Gamma_{opt} = \frac{Y_0 - Y_{opt}}{Y_0 + Y_{opt}} = |\Gamma_{opt}|\ e^{j\theta opt} \tag{6.2.52}$$

其中，Y_0 是微波信源标准导纳，Y_0 为 0.02S(S 是西门子，S=1/50Ω)。

式(6.2.50)表明放大器的噪声系数与下述四个参数有关：等效噪声电阻 R_n，最小噪声系数 F_{min}，最佳信源反射系数 Γ_{opt} 的模 $|\Gamma_{opt}|$ 和相角 θ_{opt}。这四个参数都是可以测量的量。设计低噪声放大器时，这四个参数是重要依据。典型的微波 HEMT 的噪声参数可参见表 6.2。

下面引入等噪声系数圆的概念。为此，首先将式(6.2.50)改写为

$$\frac{F-F_{min}}{\dfrac{4R_nY_0}{|1+\Gamma_{opt}|^2}} = \frac{|\Gamma_s - \Gamma_{opt}|^2}{1-|\Gamma_s|^2} \tag{6.2.53}$$

这是一个 Γ_s 的二次方程，令

$$N = \frac{F-F_{min}}{\dfrac{4R_nY_0}{|1+\Gamma_{opt}|^2}} \tag{6.2.54}$$

若 F 为常数，N 亦为常数，因 $F \geqslant F_{min}$，故必有 $N \geqslant 0$。若 F 为常数，可以证明 Γ_s 是一个圆，圆心位置 ρ_F 和圆半径 r_F 分别为

$$\rho_F = \frac{\Gamma_{opt}}{1+N} \tag{6.2.55}$$

$$r_F = \frac{N}{1+N}\sqrt{1+\frac{1}{N}(1-|\Gamma_{opt}|^2)} \tag{6.2.56}$$

当 $F=F_{min}$ 时，$N=0$，故 $\rho_F=\Gamma_{opt}$ 且 $r_F=0$。当 F 增加时，N 亦增加，圆心趋向 Γ_s 平面的原

点,半径增大。特别是当 $F\to\infty$ 时,有 $N\to\infty$,那么 $\rho_F\to 0$,$r_F\to 1$,对应于 Γ_s 平面的单位圆。若给出一系列的 F 值,则有一系列的 N 值,对应一系列的等噪声系数圆,且圆心都在 Γ_{opt} 到 Γ_s 平面原点的连线上。图 6.16 所示是表 6.2 给出的 HEMT 的等噪声圆分布。

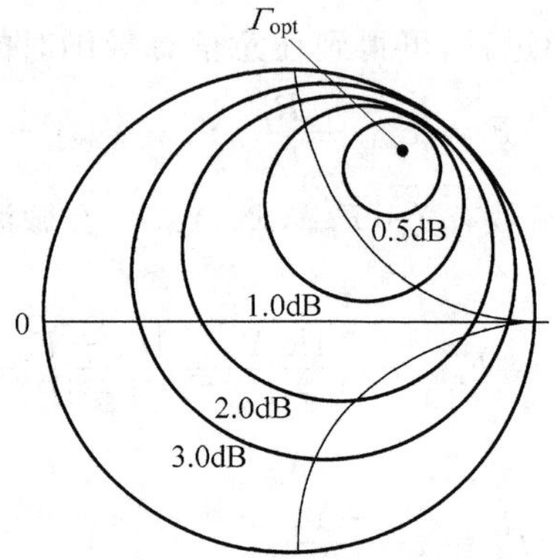

图 6.16　等噪声系数圆

在等噪声系数圆上各点的反射系数 Γ_s 不同,因此,为了得到某一个噪声系数,可以选用不同的信源导纳或信源反射系数。

除了等噪声系数圆,还可以画出等增益圆以及稳定判别圆。这样,在设计放大器时就可以同时兼顾稳定性、噪声系数和增益了。

6.2.5　微波低噪声放大器设计

在设计微波小信号放大器时,需要考虑的几项指标通常是:噪声系数、增益、工作频带、频带内增益起伏、输入输出驻波比和稳定性。常规设计步骤与设计内容如下,通常用微波电路计算机设计软件进行设计。

(1) 选择合适的微波晶体管型号,查出晶体管 S 参数和噪声参数。

(2) 判断微波晶体管的稳定性,如果稳定系数 K 远小于 1,就需要在电路中加负反馈以改善稳定性。

(3) 设计单级放大器的输入、输出匹配电路。若为多级放大器时,再设计级间匹配电路,然后逐级设计。

(4) 工作频带内的指标全满足之后,检查频带外尤其是频带外低频段有没有寄生振荡。例如 S_{11} 是否大于 1、增益是否过高等。若有不稳定情况,需重新设计。

【例 6.1】 设计一个单级微波低噪声放大器,工作频带为 3.7GHz～4.2GHz。

解　(1) 选用高电子迁移率晶体管 HEMT,工作电压为 2V,工作电流为 10mA。在

$f=4.0\text{GHz}$的 S 参数为 $S_{11}=0.85\angle-78°$，$S_{21}=2.8\angle108°$，$S_{12}=0.04\angle36°$，$S_{22}=0.51\angle-59°$。噪声参数中，最小噪声系数 $F_{min}=0.6\text{dB}$，最佳信源反射系数 $\Gamma_{opt}=0.71\angle51°$，噪声电阻为 $R_n=15$。

(2) 计算出的稳定系数是 $K\approx0.9$，已经接近于 1，而且由于此例是设计低噪声放大器，最佳噪声工作点是偏开共轭匹配状态的，因此可以直接进行电路设计，无需增加负反馈电路。

(3) 用史密斯圆图在频带中心频率点设计输入匹配电路。选定的微带电路结构形式见图 6.17。用史密斯圆图的目的是找出频带中心点的电路参数值，作为进一步用计算机优化的初始值，同时熟悉史密斯圆图技术。

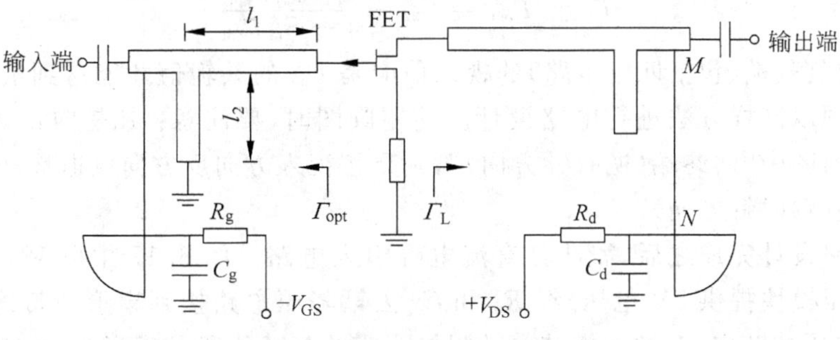

图 6.17 单级低噪声放大器设计举例

输入、输出匹配电路均使用并联分支微带线，各段微带线的特性阻抗都是 50Ω。简化后的输入匹配电路和相应的史密斯图见图 6.18，为了设计成最佳噪声状态，需要使输入电路的视入反射系数(向左视入)为 Γ_{opt}。

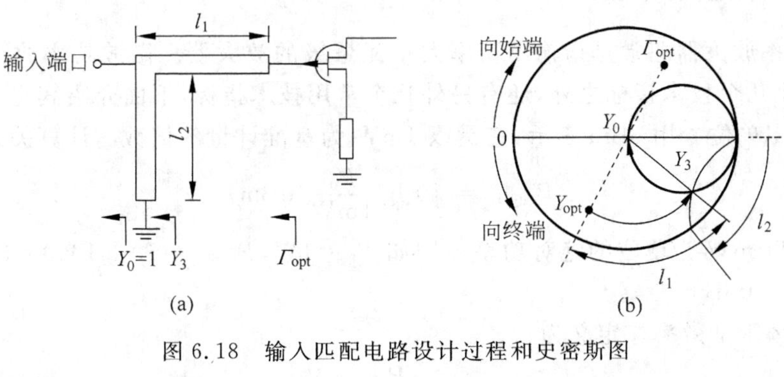

图 6.18 输入匹配电路设计过程和史密斯图

使用史密斯图的设计过程如下：

(1) 在图 6.18(b)中标出了 Γ_{opt}的位置，由于输入电路用并联分支，需使用导纳圆图。

(2) Γ_{opt}的圆心对称点就是最佳信源导纳 Y_{opt}，由图中可读出 $Y_{opt}=0.2-\text{j}0.46$。

(3) 由 Y_{opt} 沿等 Γ 圆(等反射系数圆)向终端(逆时针)转动与 $R=1$ 的圆相交于 Y_3 点,转动距离就是微带长度 l_1,从圆图上读出 $l_1=0.118\lambda_g$,得到 $Y_3=1-j2$。Y_3 的位置是并联分支线 l_2 接入的位置,见图中标注。

(4) 如果在 Y_3 点并联一个电纳(−j2),此时在并联微带左侧的导纳是 $Y_0=Y_3+(-j2)$。这样就达到了信源端的匹配。

(5) 用终端短路微带线实现要求的并联电纳(−j2)。仍用图 6.18(b)的圆图,由圆图的短路点(导纳无穷大点)沿单位图(最外圈的圆)向始端(顺时针)转动到电纳 $Y_m=-j2$,转动距离 $l_2=0.073\lambda_g$ 就是并联微带线长度。

输出匹配电路是要求从晶体管右视为 Γ_L(见图 6.17)。当左视达到 Γ_{opt} 之后,有

$$\Gamma_L=\Gamma_{out}^*=S_{22}+\frac{S_{12}S_{21}\Gamma_{opt}}{1-S_{11}\Gamma_{opt}}$$

也就是说,向负载端(包括匹配电路)的视入值应是 Γ_{out} 的共轭值才能达到最大增益匹配。用史密斯圆图以同样方法进行电路设计。使用圆图时,要注意:凡是向视入方向移动旋转就是史密斯图中“向终端(逆时针方向)”,凡是按视入方向反方向倒退移动,就是史密斯图中“向始端(顺时针方向)”。

匹配电路设计完成之后,需计算直流电源引入电路。图 6.17 中以 V_{DS} 为例,V_{DS}(通常由直流稳压模块提供 5V 电压)经 R_d 和 C_d 去耦降压电路接到扇形微带线短路器的 N 点,N 点为电压波节点,对地的微波等效阻抗为零。NM 线段是长度为 $\lambda/4$ 的高阻抗微带线。由于 N 点等效于微波短路,所以 M 点等效为微波开路,因此这段微带线对主电路的微波信号没有影响。$-V_{GS}$ 的引入电路也是同样原理。

微波放大器的匹配电路有很多种结构,更详细的内容可参考有关书籍。

6.2.6 微波功率放大器

微波功率放大器通常是指输出功率大于瓦量级的放大器。微波功率放大器除增益、频带、驻波比几个技术指标之外,还有另外几个常用技术指标,下面介绍其定义。

(1) 功率单位。用 dBm 表示,它是以 1mW 为基准计量的倍数。计算关系式为

$$P_{(dBm)}=10\lg\frac{P_0}{1mW}(dBm) \tag{6.2.57}$$

式中,P_0 是以 mW 为单位的绝对功率。例如 $P_0=1W$,$P_{(dBm)}=10\lg1000=30dBm$,$P_0=1mW$,$P_{(dBm)}=0dBm$。

(2) 功率附加效率。定义为

$$\eta_{add}=\frac{P_{out}-P_{in}}{P_{DC}} \tag{6.2.58}$$

式中,P_{out} 是放大器输出功率,P_{in} 是放大器输入功率,P_{DC} 是直流电源供给的直流功率。附加效率既反映输出功率的能力,又反映放大器的增益能力,比较实用。

(3) 1 分贝(dB)压缩点输出功率。当功率大到一定程度后将出现饱和，见图 6.19。当输出功率比理想线性放大输出功率跌落 1dB 点时的功率叫做 1 分贝压缩功率，常用符号 P_{1dB} 表示。通常功率放大器和微波晶体管都用 P_{1dB} 表示其功率能力，单位为 dBm。

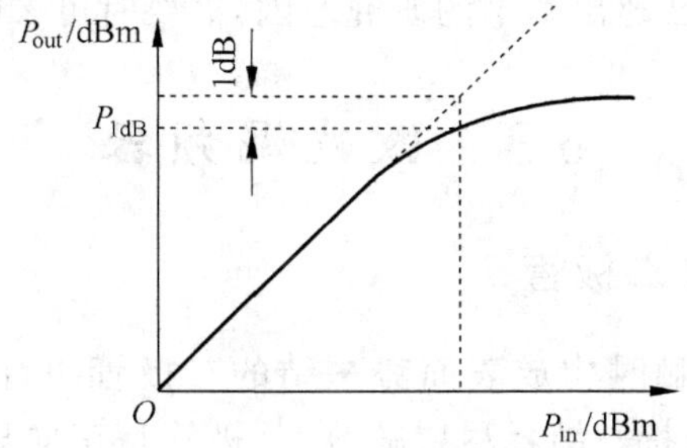

图 6.19 1 分贝(dB)压缩点功率

(4) 三阶交调系数。当放大特性出现非直线性时，多个微波信号之间将出现交叉调制谐波。当两个微波信号 ω_1 和 ω_2 加到放大器中，将产生 $\pm m\omega_1 \pm n\omega_2$ 组交叉调制分量，其中最靠近有用信号、影响最大的两个交调分量是 $(2\omega_1-\omega_2)$ 和 $(2\omega_2-\omega_1)$，叫做三阶交调分量(如图 6.20 所示)，它将造成话路信号的交调、串扰，增大数字通信的误码率。三阶交调分量和有用基波信号的比值叫三阶交调系数，定义为

$$M_3 = 10 \lg \frac{P_3}{P_S} \tag{6.2.59}$$

式中，P_3 是三阶交调分量功率，P_S 是基波信号功率。根据分析，在 P_{1dB} 点的 M_3 大约为 -23dBc。单位 dBc 的含义是三阶交调分量比基波信号小的倍数的 dB 值。

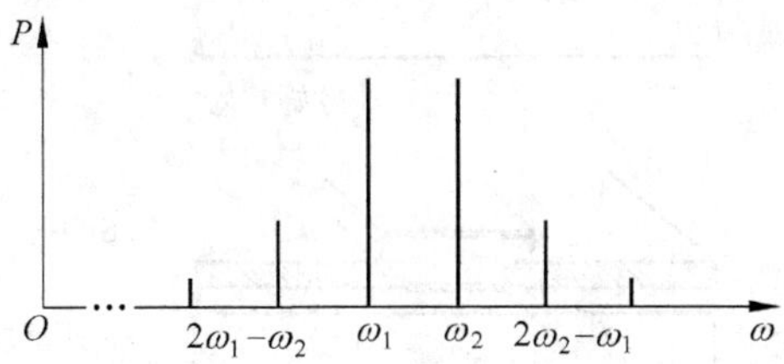

图 6.20 三阶交调分量

微波多路通信系统对功率放大器的功率增益线性度要求比较严格，常常要求 $M_3=-30$dBc～-40dBc，这就意味着功率放大器要远离 P_{1dB} 工作点才能保持工作在线性段。功率放大器最常用的设计方法就是功率倒退法。根据谐波分析，有一个简单规律：输出功率每降低 1dB，三阶交调分量将减小 2dB。例如要求 $M_3=-35$dBc 时，这个值比 P_{1dB} 时的 M_3 值(近似为 -23dBc)相差 12dB，只要输出功率下降 6dB，即可满足高线性度情况下 $M_3=-35$dBc 的要求，换句话说，$P_{1dB}=1$W 的功率管应工作在只输出 0.25W(6dB 下降)

的小功率状态。这种功率倒退法虽然牺牲了晶体管的功率能力，但是最简单，所以也常被采用。

要提高输出功率，还有许多精确的设计方法，例如大信号 S 参数法、谐波平衡法、负载牵引法、预畸变法等，这已超出本书的研究范围，需要时可参阅相关专题技术文献。

6.3 微波混频器

6.3.1 肖特基势垒二极管

金属和半导体直接接触时构成表面势垒结的二极管叫肖特基(Schottky)势垒二极管。金属端加正电压时，肖特基结耗尽层减薄，二极管是正向导通状态；金属端加负电压时，耗尽层加厚，二极管是反向不导通。肖特基势垒二极管是微波混频器最普遍采用的混频二极管。

1. 肖特基势垒二极管结构

肖特基势垒二极管芯的结构如图 6.21 所示。在 N^+ 半导体(Si 或 GaAs)衬底基片上生长外延层(大约 0.5μm)，外延层上做一层 SiO_2 保护层，在 SiO_2 上腐蚀出小孔(直径约为 1μm～5μm)，再蒸发金属，小孔中的金属与外延半导体形成肖特基势垒结。在势垒金属上再镀出金属电极就构成了二极管芯。窗孔直径愈小，结电容愈小，则工作频率愈高。

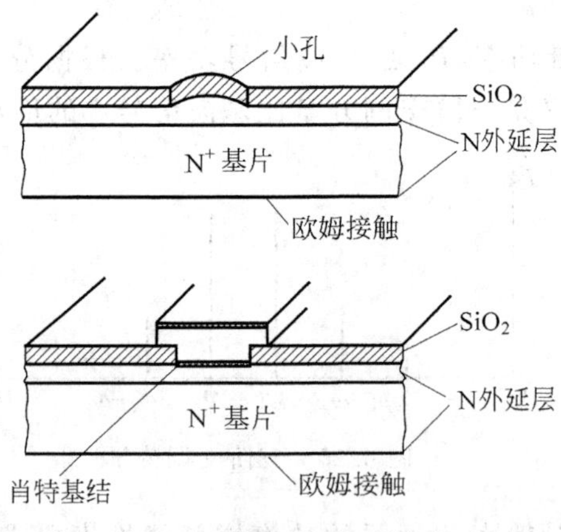

图 6.21 肖特基势垒二极管芯结构示意图

用此管芯封装成工程用的混频二极管有多种外形。如图 6.22 所示。图 6.22(a)是最简单的微带型塑料封装或环氧树脂保护封装；图 6.22(b)是陶瓷管壳封装，此种封装抗潮湿、抗热、结构稳定、容易更换，常用于仪表、雷达、航空等高要求的环境；图 6.22(c)是梁式引线结构，工艺过程是首先在 N 型半导体衬底上做好平面型肖特基结和金属引出带线，然后把金属带线下面的N型半导体腐蚀掉一部分，使金属带线形成悬臂梁结构。

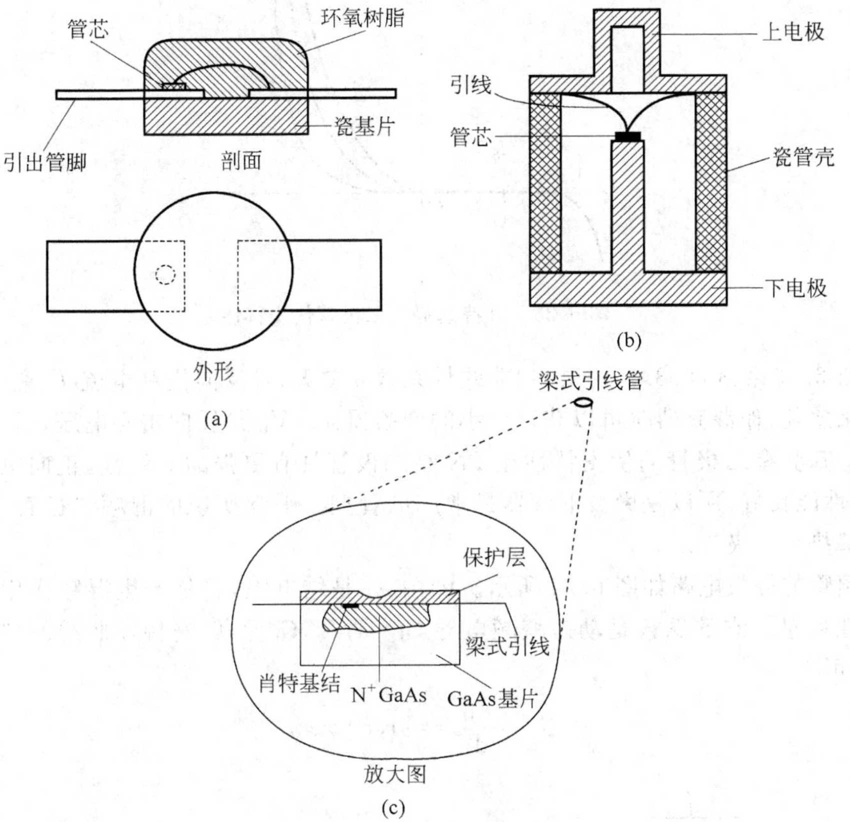

图 6.22 混频二极管封装结构

梁式引线的混频管尺寸极小，需要在显微镜下操作、焊装。从结构上看，混频管实际上是带有引出线的管芯，通常用在毫米波段。

2. 伏安特性和等效电路

肖特基势垒二极管的电压-电流(伏-安)特性是

$$i = I_S[\exp(\alpha V) - 1] \tag{6.3.1}$$

式中，α 是非线性系数，且有

$$\alpha = \frac{e}{nkT} \tag{6.3.2}$$

其中，e 是电子电荷，k 是波尔兹曼常数，T 是绝对温度，n 是斜率参量，n 取决于制造工艺。当金属半导体界面无缺陷时 $n\approx1$，一般情况 $n\approx1\sim1.2$。室温下 $\alpha=30\sim40$，I_S 是反向饱和电流，$I_S=10^{-11}\,\text{mA}\sim10^{-9}\,\text{mA}$，$V$ 是外加电压。伏安特性曲线见图 6.23。

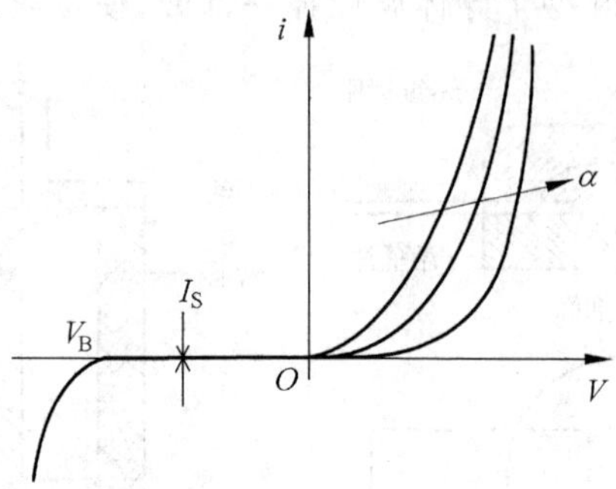

图 6.23　肖特基势垒二极管伏安特性

由图 6.23 和式(6.3.1)可看出，非线性系数 α 愈大、且反向饱和电流 I_S 愈小，则伏安特性变化愈陡，作混频器时可以获得更小的变频损耗。V_B 是反向击穿电压，通常为几伏。

肖特基势垒二极管的伏安特性比 PN 结二极管具有更强的非线性，正向电流变化陡峭，混频性能良好，所以是微波混频器最常用的管型。平常所说的混频二极管，基本上是指肖特基势垒二极管。

混频管的等效电路如图 6.24 所示。图中 R_j 是结电阻，它是产生混频作用的最主要的非线性参量。它的倒数是动态变频电导 $G_j=1/R_j$，G_j 是伏-安特性曲线的斜率。由式(6.3.1)可得

$$G_j=\frac{di}{dV}=\alpha I_S e^{\alpha\nu}\approx\alpha i \tag{6.3.3}$$

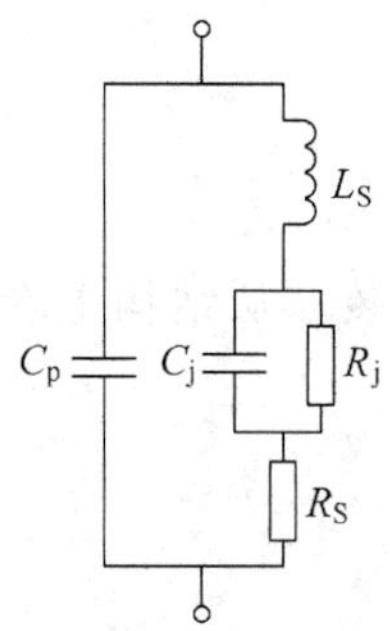

图 6.24　肖特基二极管的等效电路

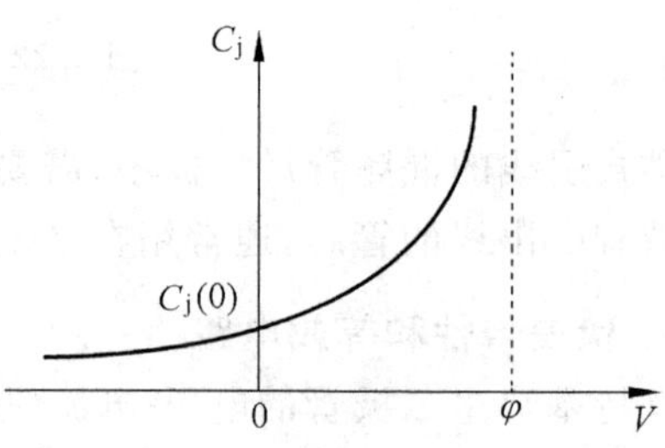

图 6.25　肖特基二极管结电容的变化

C_j 是混频二极管的结电容，它随外加电压变化的规律如下式，变化趋势见图 6.25。

$$C_j=\frac{C_j(0)}{\left(1-\dfrac{V}{\varphi}\right)^{\nu}} \tag{6.3.4}$$

式中，$C_j(0)$是外加电压等于零时的结电容；V 是加在结上的电压；φ 是势垒电位，对于 Si

半导体材料 $\varphi\approx0.5$V，对于 GaAs 半导体材料 $\varphi\approx0.9$V；ν 是结电容非线性系数，通常 $\nu\approx0.5$。图中，L_S 是引线电感，电阻 R_S 包括势垒区以外的 N 型半导体的体电阻和电极的欧姆接触电阻。由于 N 型半导体比 P 型半导体的迁移率高，所以常用 N 型 GaAs 半导体，以减小 R_S。C_P 是封装分布电容。

等效电路中的各参量的数值的大致范围是：$C_j(0)=0.05$pF～0.5pF，$R_S=1\Omega\sim5\Omega$，$L_S=0.05$nH～0.3nH，$C_p=0.005$pF～0.2pF。这些参数值愈小，混频二极管的工作频率愈高。另外还有一个可用来表征混频二极管高频性能的参量是品质因数 Q，表示为

$$Q=\frac{\frac{1}{\omega C_j}}{R_S}=\frac{1}{\omega C_j R_S} \tag{6.3.5}$$

$Q=1$ 所对应的频率称为混频二极管的截止频率，用 f_c 表示则

$$f_c=\frac{1}{2\pi C_j R_S} \tag{6.3.6}$$

在用作混频器时，f_c 必须大于工作频率 10 倍以上。

为了获得较低的变频损耗，需要使混频二极管工作在变频电导 G_j 足够大的区域，这就需要有足够大的本振功率加到混频二极管上，使整流后的直流电流达到 1mA～2mA，这是微波混频器较常用的工作点，此时所需本振功率大约是 1mW～3mW。如果本振功率再加大，变频损耗虽然可以有些降低，但由于混频管电流过大，会导致噪声系数变坏，而且微波本机振荡也难于给出更大功率。在正常工作状态下，微波混频器对中频（通常指 70MHz）所呈现的阻抗为 200Ω～400Ω，称为中频阻抗。

6.3.2 非线性电导混频的机理

常规的肖特基势垒二极管微波混频器主要是利用混频二极管的非线性电导 G_j。尽管非线性结电容 C_j 也有一些变频作用，由于其作用相对较小，严格分析时才加以考虑。单只二极管的混频器原理图示于图 6.26，图中 V_0 是直流偏压，一般微波混频器为了电路简单常常不用外加直流偏压。v_L 是本振电压，是毫瓦级大信号，v_s 是信号电压，是微瓦级或更小的弱信号。Z_L 是混频器输出负载阻抗。

设本振电压 $v_L(t)$ 和信号电压 $v_s(t)$ 分别为

$$v_L(t)=V_L\cos(\omega_L t) \tag{6.3.7}$$

$$v_s(t)=V_s\cos(\omega_s t) \tag{6.3.8}$$

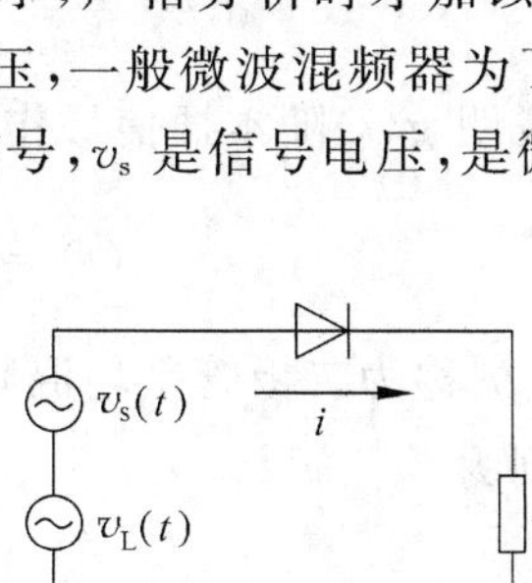

图 6.26 二极管混频器原理图

式中，ω_L 和 ω_s 分别是本振和信号的频率，V_L 和 V_s 分别是本振和信号的电压幅度。因为 $V_L\gg V_s$，那么可以认为直流偏压与本振电压确定了二极管的工作点，此工作点是时变的。设二极管的电流-电压特性为

$$i = f(v) \tag{6.3.9}$$

工作点为 $V_0 + V_L\cos(\omega_L t)$，将 $i = f(v)$ 在这个工作点展开为泰勒级数，得

$$i = f(V_0 + V_L\cos(\omega_L t)) + f'(V_0 + V_L\cos(\omega_L t))V_s\cos(\omega_s t) + \frac{1}{2!}f''(V_0 + V_L\cos(\omega_L t))V_s^2\cos^2(\omega_s t) + \cdots \tag{6.3.10}$$

当信号 ω_s 与本振 ω_L 加到混频管上时，非线性特性产生 $\pm n\omega_s \pm m\omega_L$ 许多混合谐波，如图 6.27 所示。当取 $\omega_s > \omega_L$ 时，则有用中频是 $\omega_{if} = \omega_s - \omega_L$，另有 $2\omega_L - \omega_s$ 称为信号的镜频。

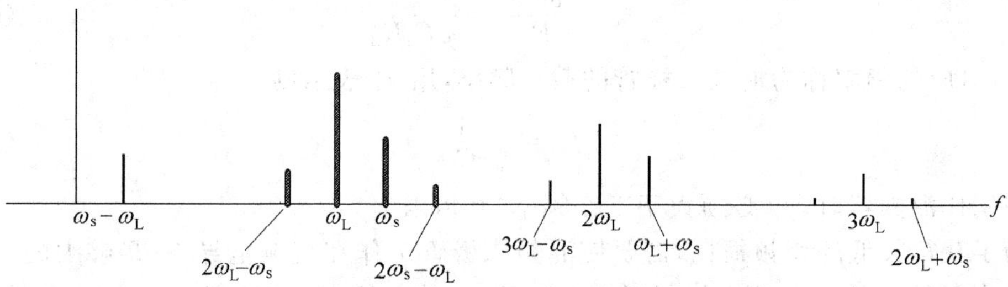

图 6.27 混频器产生的多谐波频谱

式(6.3.10)中第一项仅含直流、本振频率及其谐波，由于 V_s 比较小，故略去第三项及更高次项。第二项中的 $f'(V_0 + V_L\cos(\omega_L t))$ 的量纲为电导，记作 $g(t)$，$g(t)$ 称为时变电导，且

$$g(t) = f'(V_0 + V_L\cos(\omega_L t)) = \left.\frac{\mathrm{d}i}{\mathrm{d}v}\right|_{v=V_0+V_L\cos(\omega_L t)} \tag{6.3.11}$$

将式(6.3.1)代入式(6.3.11)，得

$$g(t) = \alpha I_s \mathrm{e}^{\alpha(V_0+V_L\cos(\omega_L t))} \tag{6.3.12}$$

此式说明 $g(t)$ 随本振信号作周期性变化，且为偶函数。将 $g(t)$ 展开为傅里叶级数得

$$g(t) = \sum_{n=-\infty}^{\infty} g_n \mathrm{e}^{\mathrm{j}n\omega_L t} = g_0 + 2\sum_{n=1}^{\infty} g_n\cos(n\omega_L t) \tag{6.3.13}$$

式中，g_0 称为二极管平均混频电导，g_n 是对应本振 n 次谐波的混频电导，g_0 和 g_n 的表示式分别为

$$g_0 = \frac{1}{2\pi}\int_0^{2\pi} g(t)\mathrm{d}(\omega_L t) \tag{6.3.14}$$

$$g_n = \frac{1}{2\pi}\int_0^{2\pi} g(t)\cos(n\omega_L t)\mathrm{d}(\omega_L t) \tag{6.3.15}$$

小信号电流的近似表示式可只考虑式(6.3.10)中的第二项，于是有

$$i=g(t)V_s\cos(\omega_s t)=\left[g_0+2\sum_{n=1}^{\infty}g_n\cos(n\omega_L t)\right]V_s\cos(\omega_s t)$$

$$=g_0V_s\cos(\omega_s t)+\sum_{n=1}^{\infty}g_nV_s\cos[(\omega_s+n\omega_L)t]+\sum_{n=1}^{\infty}g_nV_s\cos[(\omega_s-n\omega_L)t]$$

(6.3.16)

上式中显然包含了本振与信号频率的差频，此即为中频。若 $\omega_s>\omega_L$，则中频 $\omega_{if}=\omega_s-\omega_L$；若 $\omega_L>\omega_s$ 则中频 $\omega_{if}=\omega_L-\omega_s$。若 $\omega_s>\omega_L$，那么 $(2\omega_L-\omega_s)$ 为镜频，当镜频返回到输入端就能作为信号再次与本振差频，得到 $\omega_L-(2\omega_L-\omega_s)=\omega_{if}$，若能将这部分中频信号回收，则可减少变频损耗，称作镜像回收。中频信号的幅度为 g_1V_s，镜频信号的幅度为 g_2V_s。

6.3.3 混频器电路

1. 单端混频器

图 6.28 所示为一个微带单端混频器，是较简单的混频器，混频器中仅含一个肖特基二极管。单端混频器电路简单、性能不很理想，但是借助它容易说明混频器的基本功能。下面把这一电路特性作一简要说明。

微波混频器有以下几个必要的组成部分：

(1) 混频二极管。应该具有足够高的截止频率，满足 $f_T>10f_s$。

(2) 本振与信号的混合电路。此处用定向耦合器把 f_s 与 f_L 分隔开。定向耦合器的

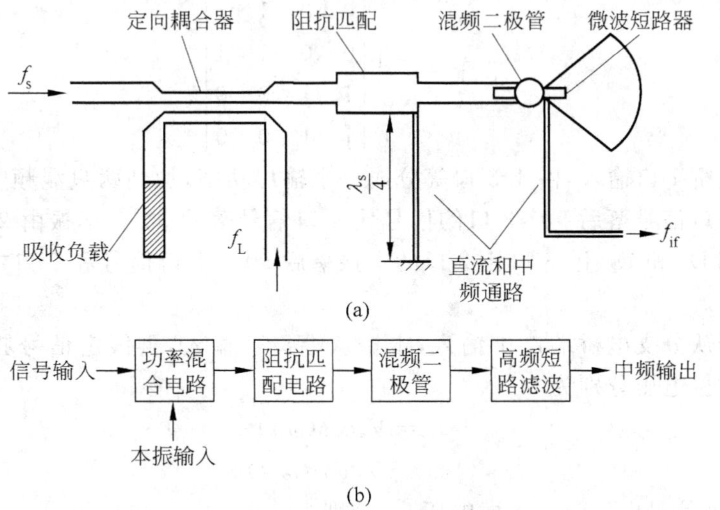

图 6.28 微带单端混频器

(a) 单端混频器微带电路 (b) 原理框图

耦合度要适当,若耦合度强,需要的本振功率小,但信号会漏掉,因而变频损耗大;若耦合度弱,则所需本振功率大。这种定向耦合器的耦合度通常为10dB,所以本振大部分功率将被消耗在负载上。

(3) 阻抗匹配电路。使混频二极管与50Ω信号源阻抗相匹配。微带匹配电路可以有许多种。

(4) 滤波电路。其作用是从混频器中取出中频功率同时阻止信号与本振漏出。混频管接在扇形微波短路器的短路点上,构成信号与本振对地短路,中频电流由此点引出,而信号与本振不致泄漏。

(5) 中频通路与直流通路。为了构成中频信号通路和混频二极管直流通路,用了一段$\lambda_s/4$的接地高阻抗微带线,它可以通过直流和中频而不影响主电路的信号和本振。

2. 平衡混频器

平衡混频器用两只混频管和分功率电桥组成平衡电路。平衡混频器也要满足混频器电路的五个基本要求:混频管、信号和本振的混合与隔离电路、阻抗匹配电路、微波与中频滤波电路、中频与直流通路。在单端混频器电路的分析中,我们已对上述五点作了说明。在平衡混频器中,有些问题如匹配电路、微波与中频滤波、直流通路等都与单端混频器相类似,不再讨论。平衡混频器的两只混频管特性应该一致。在平衡混频器中,功率分配电路是平衡混频器的关键电路之一,常采用分支线定向耦合器,又称为分支电桥,见图6.29左半边所示。分支电桥是四端口网络,它的散射矩阵为

$$[s]=\frac{-1}{\sqrt{2}}\begin{vmatrix}0 & 0 & 1 & \mathrm{j}\\ 0 & 0 & \mathrm{j} & 1\\ 1 & \mathrm{j} & 0 & 0\\ \mathrm{j} & 1 & 0 & 0\end{vmatrix} \tag{6.3.17}$$

信号由分支电桥1口输入,由4、3口等分成一半输出功率,加到两只混频管D_1和D_2上,4口的信号比1口信号落后90°,3口的信号比4口信号落后90°。本振由2口输入,由3、4口等分后加到D_1和D_2上,3口比2口的本振落后90°。1口信号和2口本振之间具有很好的相互隔离。

假设信号从分支电桥端口1输入,本振从端口2输入,再假定信号频率比本振频率高。信号与本振电压分别为

$$v_s=V_s\cos(\omega_s t) \tag{6.3.18}$$

$$v_L=V_L\cos(\omega_L t) \tag{6.3.19}$$

在二极管D_1处信号电压v_{s1}、本振电压v_{L1}分别为

$$v_{s1}=V_s\cos\left(\omega_s t-\frac{\pi}{2}\right) \tag{6.3.20}$$

$$v_{L1}=V_L\cos(\omega_L t-\pi) \tag{6.3.21}$$

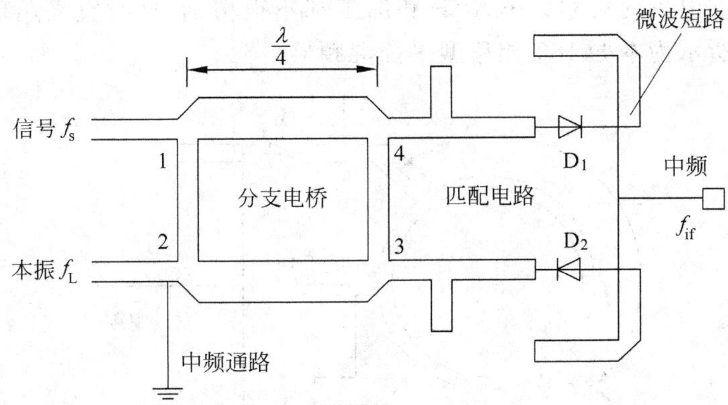

图 6.29 分支电桥平衡混频器

时变电导 $g_{D1}(t)$ 和中频电流 $i_{if,D1}$ 分别为

$$g_{D1}(t) = g_0 + 2\sum_{n=1}^{\infty} g_n \cos n(\omega_L t - \pi) \tag{6.3.22}$$

$$i_{if,D1} = g_1 V_s \cos\left[(\omega_s - \omega_L)t + \frac{\pi}{2}\right] \tag{6.3.23}$$

式中，v_{s1} 和 v_{L1} 的下标 1 表示分支电桥接混频管 D_1 的端口，$g_{D1}(t)$ 和 $i_{if,D1}$ 的下标 D_1 表示二极管 D_1。在二极管 D_2 处相应的信号电压 v_{s2}、本振电压 v_{L2}、时变电导 $g_{D2}(t)$ 和中频电流 $i_{if,D2}$ 分别为

$$v_{s2} = V_s \cos(\omega_s t) \tag{6.3.24}$$

$$v_{L2} = V_L \cos(\omega_L t + \frac{\pi}{2}) \tag{6.3.25}$$

$$g_{D2}(t) = g_0 + 2\sum_{n=1}^{\infty} g_n \cos\left(n\omega_L t + \frac{\pi}{2}\right) \tag{6.3.26}$$

$$i_{if,D2} = g_1 V_s \cos\left[(\omega_s - \omega_L)t - \frac{\pi}{2}\right] \tag{6.3.27}$$

式中，v_{s2} 和 v_{L2} 的下标 2 表示分支电桥接第 2 只混频管 D_2 的端口，$g_{D2}(t)$ 和 $i_{if,D2}$ 的下标 D_2 表示二极管 D_2。式(6.3.23)和式(6.3.27)表明在 D_1 和 D_2 处的中频电流反相，由于两二极管在电路中的接法是方向相反的，所以输出到负载的中频电流相减，于是得到中频电流

$$i_{if}(t) = i_{if,D1} - i_{if,D2} = 2g_1 V_s \cos\left[(\omega_s - \omega_L)t + \frac{\pi}{2}\right] \tag{6.3.28}$$

平衡混频器分为 90°相移型和 180°相移型两种，这取决于所采用的混合电路。分支电桥平衡混频器(图 6.29 所示)属于 90°相移型。环形电桥平衡混频器(图 6.30 所示)属于 180°相移型。这两种混频器的电性能基本上是相同的。在频率较高时，比如 10GHz 以

上的情况下,分支电桥的尺寸太小,计算和加工都不很精确,这时宜采用环形电桥平衡混频器。图 6.30 所示为本振 180°相移型平衡混频器。

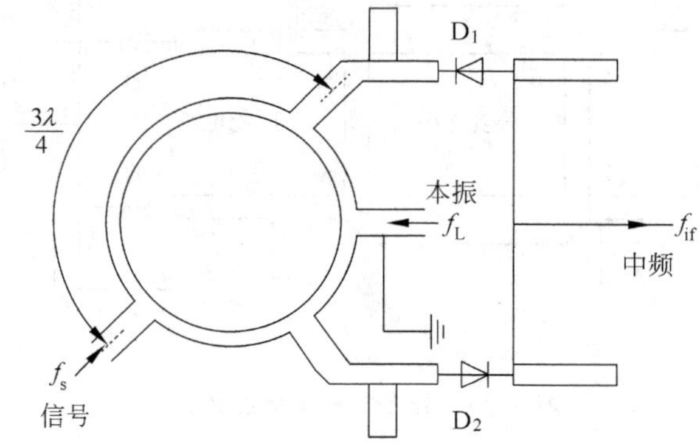

图 6.30　环形电桥平衡混频器

3. 正交场平衡混频器

正交场平衡混频器的结构示意图如图 6.31 所示。在结构上它由三部分组成:信号输入波导、混频腔、本振输入波导。在波导中,无论是信号还是本振都工作在 TE_{10} 模,高次模都是截止的。由于信号与本振的极化是互相垂直的,故称为正交场,由于信号与本振的电场相互正交,所以二者互相隔离。本振功率不会进入信号输入波导,信号功率亦不会进入本振输入波导。两个二极管性能相同,安装的极性如图所示,在装管子的横杆下面放置了金属杆的微扰棒,本振场由此棒耦合到二极管上,而对信号场的方向棒处于垂直位置,所以扰动比较小。对二极管来说,信号场是等幅同相的,本振场是等幅反相的,中频输出是并联的。正交场平衡混频器是本振 180°相移型,或称本振反相型。这种结构的平衡

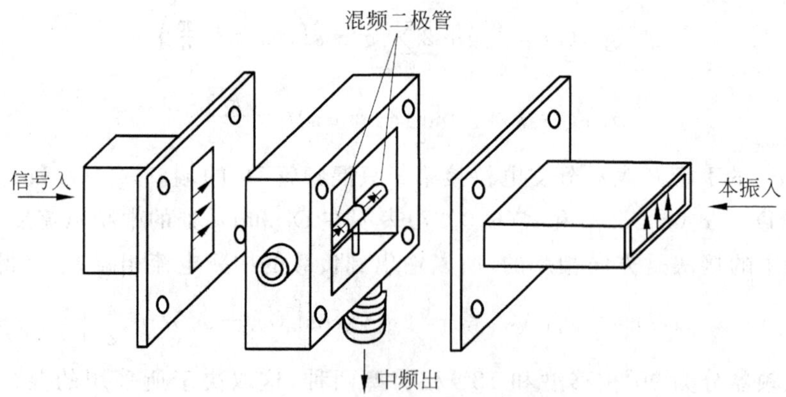

图 6.31　正交场平衡混频器结构示意图

混频器巧妙地利用了空间的场分布和正交场实现功率的平分以及信号与本振的隔离，同时能满足必要的相位关系，它的频带较宽、结构紧凑。

4. 桥式混频器

桥式混频器又称为双平衡混频器，它由 4 只相同特性的混频二极管构成环路。等效电路如图 6.32 所示，输入、输出电路在频率低时(例如 4GHz 以下)可以用高频磁芯线圈，此种元件称为平衡—不平衡变换器，简称为巴伦(balum)，在频率高时其常用微带线构成。信号加在左面信号巴伦的不平衡端，其平衡端加在二极管环行桥的对角线上，中心抽头为中频输出的一端。中频的另一端是本振巴伦的中心抽头。由于二极管桥和 2 个巴伦都是对称性结构，所以信号、本振、中频之间具有很好的相互隔离。

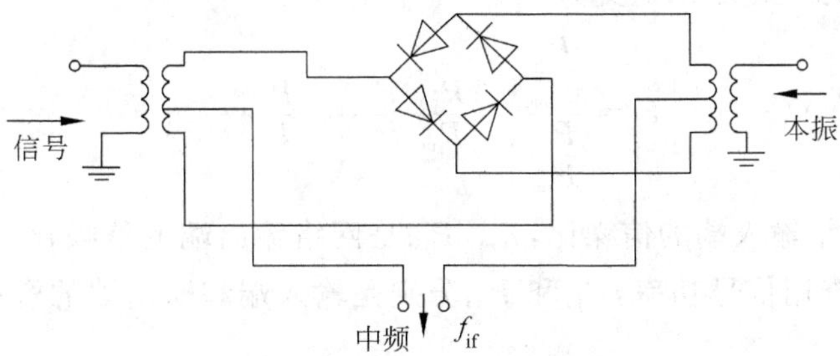

图 6.32 桥式双平衡混频器

桥式混频器的优点如下：

(1) 工作频带宽。可以达到几个倍频程带宽，例如 0.01GHz～1GHz，0.5GHz～4GHz，1GHz～18GHz。

(2) 隔离度好。由于 4 个管芯制造在同一个芯片上，故它们的特性一致性较好，只要巴伦制造对称，信号、本振、中频之间隔离度就可达 20dB～30dB。

(3) 谐波干扰少。由于电路与管芯的结构对称，信号 f_s 和本振 f_L 的全部偶次谐波项均不存在。

(4) 由于 4 只二极管分担混频作用，其信号强度的动态范围比单管的动态范围大 4 倍。

6.3.4 混频器的噪声系数

混频器输入端口的热噪声为白噪声，有极宽的频谱，从频谱图(如图 6.33 所示)看，高于本振 f_L 的右边叫上边带，低于 f_L 的左边叫下边带。如果信号频率 f_s 高于本振频率 f_L，则 f_s 处在上边带，f_s 与 f_L 之差是中频 f_{if}。此时，比 f_L 低一个中频的频率 f_i 叫镜频。在混频过程中，信频附近频带 B 内的噪声和镜频附近 B 内的噪声都能混频成中频输出，从这个意义上讲，此种混频器称为双通道混频器。常规的混频器都没有抑制镜频噪声功能，都属于双通道混频。

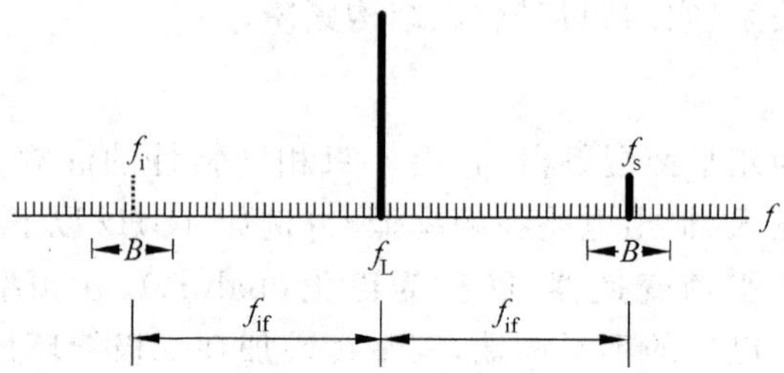

图 6.33 混频器输入端口噪声和频谱分布

线性网络的噪声系数 F 定义为

$$F = \frac{\dfrac{P_{si}}{P_{ni}}}{\dfrac{P_{so}}{P_{no}}} = \frac{P_{no}}{P_{ni}}\frac{P_{si}}{P_{so}} = \frac{P_{no}}{P_{ni}} \cdot L_m \tag{6.3.29}$$

式中，P_{si}/P_{ni} 是网络输入端的信噪比，P_{so}/P_{no} 是网络输出端的信噪比，P_{si} 和 P_{so} 分别是输入端和输出端的资用信号功率，P_{ni} 和 P_{no} 分别是输入端和输出端的资用噪声功率，L_m 是线性网络的衰减。

1. 单边带信号工作情况

一般情况下，通信、雷达、控制、测量信号都属于单边带信号，所谓单边带信号是指被混频信号由 f_s 的信号频带输入，而镜频频带不存在有用信号。混频器输出总噪声将包括三部分：信号频带噪声 $\frac{kT_oB}{L_m}$；镜频频带噪声 $\frac{kT_oB}{L_m}$；混频器自身噪声（热噪声和散弹噪声）P_{nd}。式中 T_o 为信号源内阻的等效噪声温度。总输出噪声 P_{no} 为

$$P_{no} = \frac{2kT_oB}{L_m} + P_{nd} = kT_{m2}B \tag{6.3.30}$$

式中，T_{m2} 称为混频器等效噪声温度。随同被接收信号而来的信源噪声在输出端产生的噪声功率是 kT_oB/L_m。单边带信号情况下噪声系数通常用 F_{SSB} 表示（single side band）为

$$F_{SSB} = \frac{P_{no}}{\dfrac{kT_oB}{L_m}} = L_m\frac{T_{m2}}{T_o} \tag{6.3.31}$$

2. 双边带信号工作情况

有些被接收信号，例如无线电天文、地物遥感、测温系统等，这类有用信号是物体的无线电波辐射，上边带和下边带两个边带都存在有用的输入信号，所以称为双边带信号。此种情况下，总输出噪声仍然为

$$P_{no} = \frac{2kT_o B}{L_m} + P_{nd} = kT_{m2} B$$

而信号输入携带的信源噪声则是 $kT_oB + kT_oB = 2kT_oB$，双边带信号情况下噪声系数用 F_{DSB} 表示(double side band)，则

$$F_{DSB} = \frac{P_{n2}}{\dfrac{2kT_o B}{L_m}} = \frac{1}{2} kT_{m2} B \tag{6.3.32}$$

从以上两种信号情况看，混频器的单边带信号的噪声系数比双边带信号的噪声系数大 1 倍。噪声系数的单位常用分贝表示，即

$$F_{(dB)} = 10 \lg F \tag{6.3.33}$$

单边带噪声系数 $F_{SSB(dB)}$ 比双边带噪声系数 $F_{DSB(dB)}$ 大 3dB。

6.3.5 接收机噪声系数

常规的微波接收系统由低噪声放大器、混频器、中频放大器组成。

1. 混频器和中频放大器级联噪声系数

有些情况下，简单的微波接收机只由混频器和中放(中频放大器)组成，如图 6.34 所示。图中混频器变频损耗是 L_m，噪声系数为 F，中放功率增益为 G_{if}，中放噪声系数为 F_{if}。

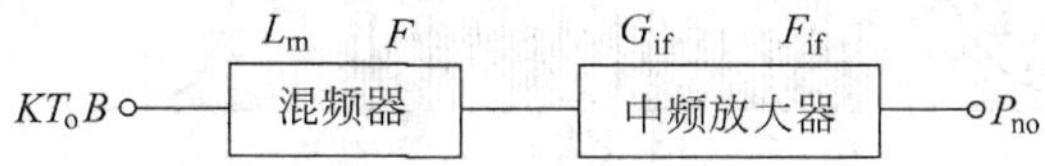

图 6.34 混频器与中放连接

根据级联噪声关系，得到总输出噪声功率为

$$P_{no} = kT_{m2} B G_{if} + (F_{if} - 1) kT_o B G_{if}$$

整机单边带噪声系数为

$$F_{SSB} = \frac{P_{no}}{\dfrac{kT_o B G_{if}}{L_m}} = L_m \left(\frac{T_{m2}}{T_o} + F_{if} - 1 \right) \tag{6.3.34}$$

对于大多数的肖特基势垒二极管，等效噪声温度比 T_{m2}/T_o 为 1.05～1.1 左右，因此混频中放接收机总机噪声系数近似为

$$F_{SSB} \approx L_m F_{if} \tag{6.3.35}$$

即总机噪声系数是混频器变频损耗和中放噪声系数的乘积。

用类似方法可得双边带信号时，混频中放接收机总体噪声系数近似为

$$F_{DSB} \approx \frac{1}{2} L_m F_{if} \tag{6.3.36}$$

2. 有低噪声放大器的接收机噪声系数

微波低噪声放大器通常具有较低噪声和足够宽的工作频带，常规接收机框图如图6.35所示。图中，低噪声放大器的功率增益为 G_a，噪声系数为 F_a。为了分析方便，把混频器和中放看成一个部件，其噪声系数和增益分别为 F_m 和 G_m。

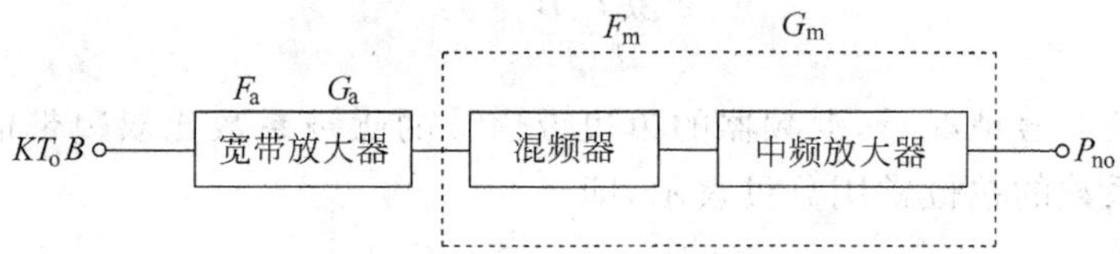

图 6.35　有低噪声放大器的微波接收机

当低噪声放大器的通频带足够宽时，即能覆盖信号和镜频时，信频频带噪声和镜频频带噪声都将混频成中频噪声而输出。例如多数微波中继通信站的中频频率为70MHz，只要低噪声放大器通频带大于140MHz就能覆盖信号和镜频，如图6.36所示。

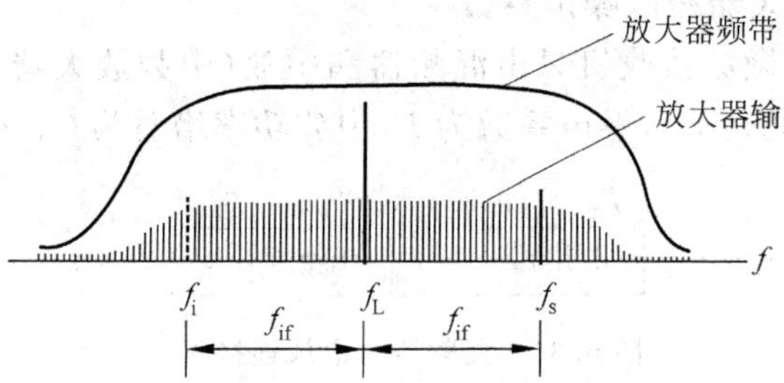

图 6.36　放大器工作频带和中频的关系

现在推导有放大器的整机噪声系数。放大器产生的在整机输出端的噪声功率 P_a，包含信频带和镜频带两部分，表示为

$$P_a = 2F_a kT_o BG_aG_m$$

混频中放产生在输出端的噪声功率为

$$P_m = 2(F_{DSB} - 1)kT_o BG_m$$

信号携带的信源噪声产生在输出端的噪声功率为

$$P_o = kT_o BG_aG_m$$

得到整机噪声系数为

$$F_o = \frac{P_a + P_m}{P_o} = 2\left[F_a + \frac{F_{DSB} - 1}{G_a}\right] = 2\left[F_a + \frac{F_{SSB}/2 - 1}{G_a}\right] \tag{6.3.37}$$

当低噪声放大器增益很高时，比如大于30dB，整机噪声系数近似为 $F_o \approx 2F_a$。由上

式可以看出一个重要现象：即使低噪声放大器增益非常高，整机噪声系数的极限值仍将是放大器噪声系数 F_a 的两倍，即增大了 3dB，这是一个极不利的状况。比如，低噪声放大器噪声系数为 0.5dB，当它和混频器连接之后，接收机噪声将达到 3.5dB 以上，其根本原因就是放大器在镜频频带处的噪声也混频成了中频，从而使输出噪声功率加大了 1 倍。

解决镜频噪声影响的方法通常有两种。

(1) 采用高中频。如果放大器通频带为 B_a，则中频频率应该是 $f_{if}>\frac{B_a}{2}$，也就是使镜频处于放大器频带之外，从而消除镜频噪声。这种情况下，由于 f_{if} 较高，还要用第二次混频把中频降到较低的适当频率。这就是微波接收系统常用二次变频或三次变频的原因。

(2) 加抑制镜频滤波器。图 6.37 所示为加有抑制镜频滤波器的接收机方框图。

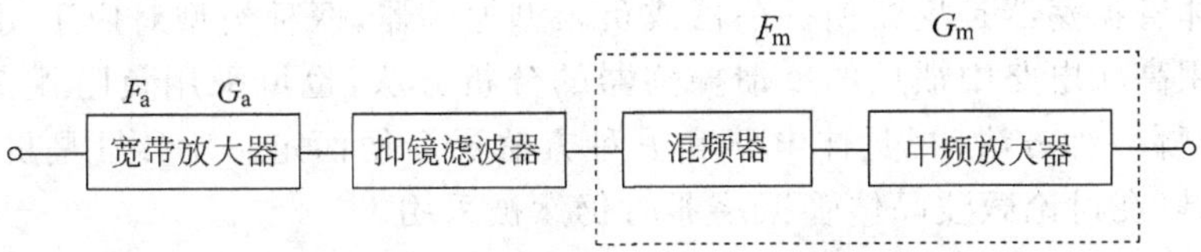

图 6.37 加有抑制镜频滤波器的接收机

这种方法是最常用的方式。抑制镜频滤波器可以用通信频的带通滤波器，也可以用阻镜频的带阻滤波器。不论用哪种滤波器，对镜频的衰减量都应该在 20dB 以上，也就是使镜频噪声比信频噪声减弱 20dB 才能保证整个接收机系统的噪声系数不致恶化。加有抑制镜频滤波器(假定滤波器对镜频衰减足够大)的系统噪声系数为

$$F_{on}=\frac{P_a+P_m}{P_o}\approx\frac{F_a kT_o BG_a G_m+2(F_{DSB}-1)kT_o BG_m}{kT_o BG_a G_m}=F_a+\frac{2(F_{DSB}-1)}{G_a} \tag{6.3.38}$$

6.4 微波振荡器

6.4.1 微波振荡器的种类与特性

微波振荡器从所用器件类型上可分为以下几种。

晶体三极管振荡器：双极晶体管(BJT)振荡器用于 1GHz～3GHz 范围内，成本低、性能稳定。场效应晶体管(MESFET)振荡器用于较高频段的 2GHz～40GHz 范围内。异质结双极晶体管(HBT)振荡器用于 2GHz～40GHz 范围内，HBT 的优点是相位噪声比较低。为了改善频率稳定性，晶体三极管振荡器的谐振电路常常采用介质谐振器做稳频电路。

二极管振荡器：雪崩二极管振荡器，频率可达到毫米波段，功率可以输出瓦的量级，

但是噪声比较大。正因为噪声比较大,经适当的设计可以作为测量仪表用的噪声源。体效应管振荡器也可达到毫米波段,它的功率略小,大约百毫瓦量级,噪声比较小。

真空器件:速调管、磁控管、行波管、返波管、回旋管等真空器件可以产生很大功率,例如兆瓦级,用于雷达、电子加速器等领域。真空器件是基于真空中的电子与微波场的相互作用,以电子为媒介将直流电源的能量转换为电磁场的微波能量。

晶体三极管和二极管都属于固态器件,由于固态器件体积小、电压低、功耗低,在许多微波工程子系统中都取代了真空器件,但是在大功率的性能上则无法与真空器件相比。由于篇幅所限,本书将不讨论真空器件。

6.4.2 微波晶体管振荡器

微波晶体管振荡器是反馈型振荡器或负阻型振荡器,两种类型对应了两种分析方法。我们可以采用高频电路中惯用的反馈振荡器的分析方法,也可采用负阻振荡器的分析方法,具体采用哪一种方法,视具体电路和哪种方法更简便而定。S 参量是贯穿本书的、非常有用的工具,在讨论微波晶体管振荡器时仍然被采用。

1. 反馈振荡器的振荡条件

图 6.38(a)所示为场效应晶体管反馈振荡器的原理图,图 6.38(b)所示为它的等效 S 参量网络。在设计此种振荡器时可首先将反馈电路断开,按晶体管放大器进行开环设计,然后再接入正反馈电路。通常的概念是:起振取决于小信号的 S 参量,稳定取决于大信号的 S 参量。用 S 参量来表示的振荡平衡条件为

$$S_{21}^{\mathrm{A}}S_{21}^{\mathrm{R}}=1 \tag{6.4.1}$$

式中,S_{21}^{A}是开环放大器的 S_{21},S_{21}^{R}是反馈网络的 S_{21},分别用上角标 A 和 R 表示。上式可分解为幅度平衡和相位平衡两个条件。

幅度平衡 $$|S_{21}^{\mathrm{A}}||S_{21}^{\mathrm{R}}|=1 \tag{6.4.2}$$

相位平衡 $$\angle S_{21}^{\mathrm{A}}+\angle S_{21}^{\mathrm{R}}=2n\pi \quad n=0,1,2,\cdots \tag{6.4.3}$$

$|S_{21}^{\mathrm{A}}|^2$ 代表了放大器的开环功率增益,记作 G_{T},$|S_{21}^{\mathrm{R}}|^2$ 代表了反馈网络的功率衰减,记作 $1/L$。公式(6.4.3)中的$\angle S_{21}^{\mathrm{A}}$和$\angle S_{21}^{\mathrm{R}}$分别表示 S_{21}^{A}和 S_{21}^{R}的相角。在上述分析中我们假设两个端口(即输入端口和输出端口)都是匹配的,这样可简化数学表达式,目的在于给出一个简洁的振荡平衡条件。

2. 负阻振荡器的平衡条件

晶体管放大器的潜在不稳定特性,也就是有条件稳定特性,恰恰说明了设计晶体管振荡器的可能性。在一个端口接入适当的负载,可能在另一端口呈现负阻,于是可以将晶体管振荡器等效为一个单端口的负阻器件。起振的条件为

$$\left.\begin{array}{l}K<1\\ |\Gamma_{\mathrm{s}}\Gamma_{\mathrm{in}}|>1\end{array}\right\} \tag{6.4.4}$$

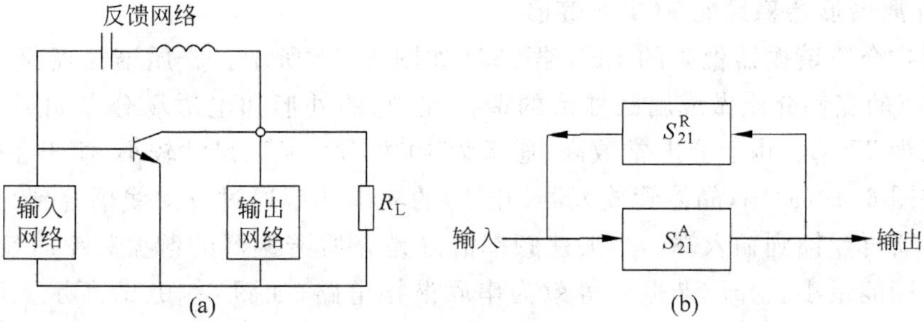

图 6.38 场效应晶体管反馈振荡器原理图
(a) 电路框图 (b) S 参量等效网络

式中，K 是稳定系数，Γ_s 信源反射系数，Γ_{in}是网络输入端的反射系数，参见式(6.2.33)及式(6.2.15)。

振荡的平衡条件为

$$\Gamma_s \Gamma_{in} = 1 \tag{6.4.5}$$

$$\Gamma_L \Gamma_{out} = 1 \tag{6.4.6}$$

式中，Γ_L 是负载反射系数，Γ_{out}是网络输出端的反射系数。上述二式皆可分解为幅度平衡和相位平衡条件，即

$$\left.\begin{aligned} &|\Gamma_s \Gamma_{in}| = 1 \\ &\angle \Gamma_s + \angle \Gamma_{in} = 2n\pi, \quad n = 0,1,2,\cdots \end{aligned}\right\} \tag{6.4.7}$$

和

$$\left.\begin{aligned} &|\Gamma_L \Gamma_{out}| = 1 \\ &\angle \Gamma_L + \angle \Gamma_{out} = 2n\pi, \quad n = 0,1,2,\cdots \end{aligned}\right\} \tag{6.4.8}$$

理论上，振荡器并没有输入端与输出端之分，通常把取出功率的端口称为输出端口，另一端口接无耗电纳，称为输入端口。晶体管振荡器的等效负阻电路如图 6.39 所示。正因为振荡器没有输入端和输出端之分，那么可以设想两个振荡平衡条件：式(6.4.5)和式(6.4.6)是没有区别的，即从两式中的任何一个可导出另一个。读者可自己证明，见习题 6.8。

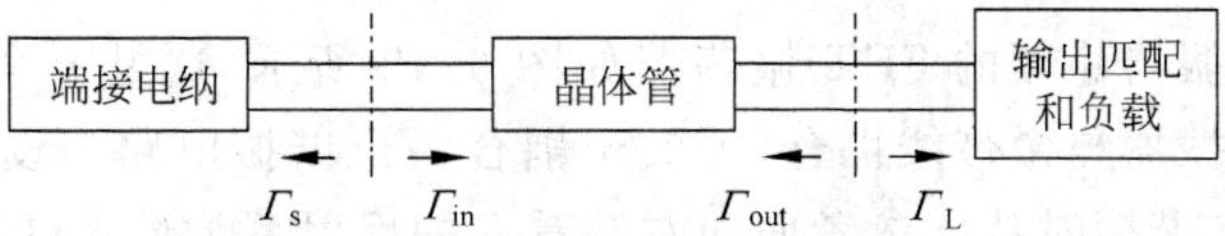

图 6.39 晶体管振荡器框图

3. 介质谐振器稳频的 FET 振荡器

反馈式介质谐振器稳频的 FET 振荡器如图 6.40 所示。介质谐振器是用高介电常数、高 Q 值的瓷性介质做成扁圆柱形的谐振腔，它的外形和电磁场分布如图 6.41 所示，谐振模式为 $TE_{01\delta}$。由于介电常数高(通常为 40 左右)，所以尺寸较小，便于和微带电路相集成。在图 6.40(a)中，晶体管放大器(开环)的输出功率通过分支线耦合到介质谐振器，介质谐振器再反馈到输入端。当振荡频率恰好是介质谐振器的谐振频率时反馈最强，失谐时则反馈能量小。介质谐振器等效为串联谐振电路，如图 6.40(b)所示。调节介质谐振器到微带线之间的耦合距离，可达到改变耦合量的目的，以满足幅度平衡条件。调节介质谐振器反馈到输入端的微带线的长度，可达到改变反馈相位的目的，以满足相位平衡条件。

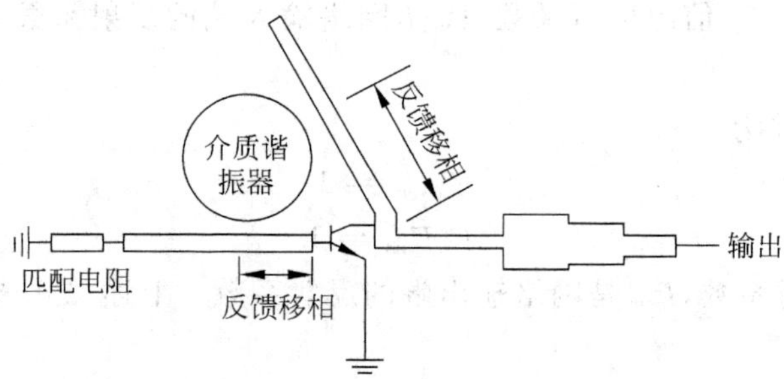

(a)

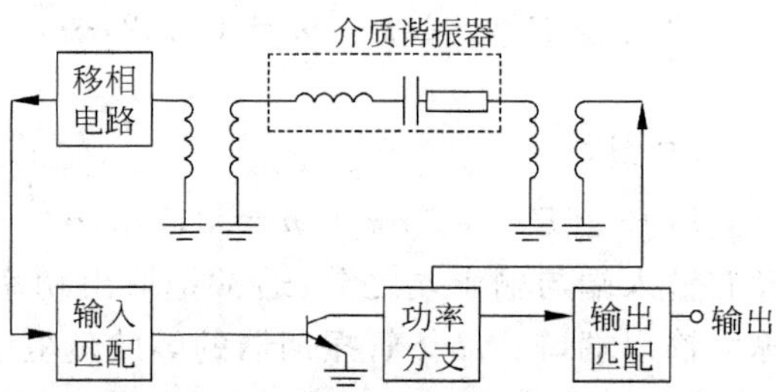

(b)

图 6.40　反馈式介质稳频 FET 振荡器

(a) 微带电路示意图　(b) 等效电路方框图

反射式介质谐振器稳频的 FET 振荡器如图 6.42 所示，这是一个 X 波段的振荡器，图中有一个介质谐振器与微带线耦合，等效于耦合一个谐振电路。设想以介质谐振器的中心线为参考面，在谐振时从此参考面向左端看入的反射系数最大，即接近开路。从开路面到 FET 的输入端有一段微带线 L，等效于在 FET 的输入端接有无耗电纳，而当谐振电路失谐时或严重失谐时向左端传输的能量将被吸收负载吸收。介质谐振器谐振时由

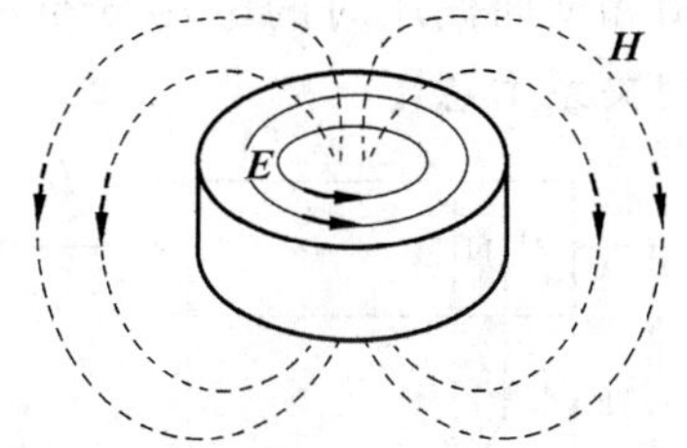

图 6.41　介质谐振器外形和电磁场分布

FET 向左视入的反射系数$|\Gamma_s|\approx 1$，由于反馈电容 C_f 的存在，放大器输入端口是可以实现$|\Gamma_{in}|>1$ 的，因此可以满足幅度平衡条件$|\Gamma_s\Gamma_{in}|>1$。调节介质谐振器的中心线与晶体管输入的距离 L，便可改变 Γ_s 的相位从而满足相位平衡条件。

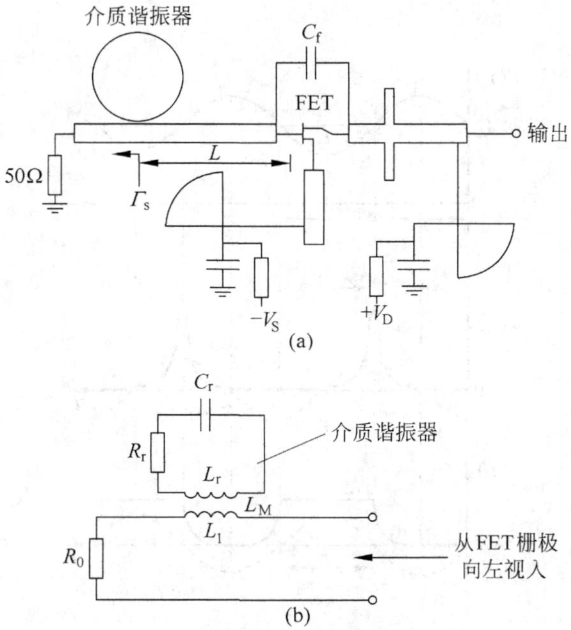

图 6.42　反射式介质稳频 FET 振荡器

(a) 微带电路示意图　(b) 等效电路图

6.4.3　雪崩二极管振荡器

雪崩二极管的负阻效应是由管子本身产生的，因此我们需要介绍管子本身的机理，但是这并不意味电路设计简单而不重要。

雪崩二极管是一种多层掺杂结构的二极管，通常用 P^+ N I N^+ 结构来解释负阻效应。

图 6.43 所示为它的结构示意图和反向偏压时的电场分布示意图，图 6.44 所示为雪崩电流、感应电流和电压之间的时间关系示意图。

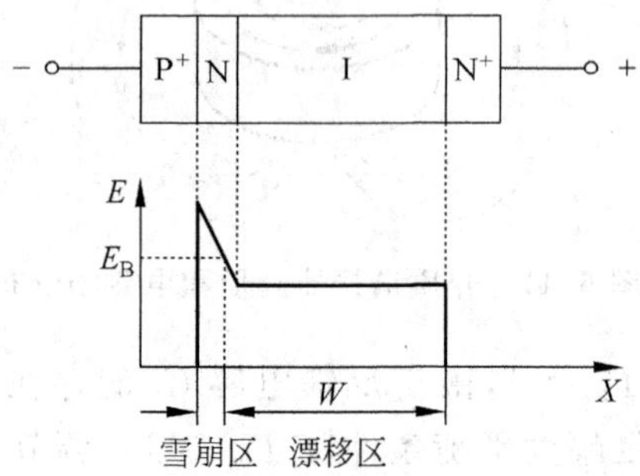

图 6.43　雪崩二极管的掺杂分布和电场分布

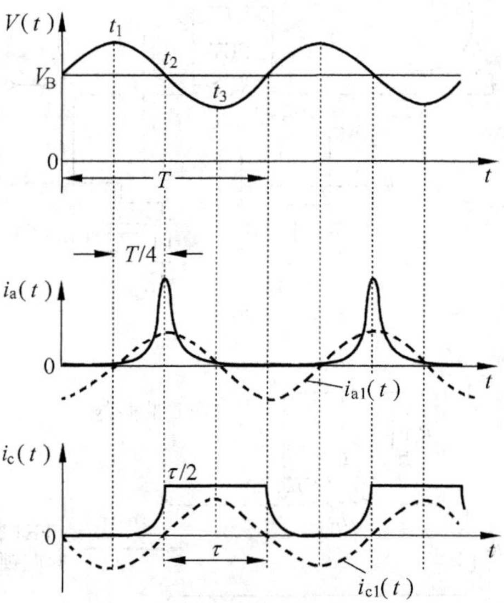

图 6.44　雪崩二极管雪崩电流、感应电流和电压之间的时间关系

当反向偏压加于雪崩二极管时，管子内部的电场是这样分布的：在 P^+N 结处电场是线性分布的；I 层的杂质浓度非常低，是高阻区，因而 I 层的电压降不能忽略，电场是均匀分布的。当反向偏压足够高时，在 P^+N 结处的电场将超过某一个值 E_B，E_B 称为雪崩电压，在这一电场 E_B 的条件下 P^+N 结处的载流子将发生雪崩倍增过程。载流子在高电场的作用下可获得足够大的动能，与半导体材料中的原子发生碰撞，使价电子获得足够的能量脱离束缚成为自由电子，同时产生空穴。新产生的自由电子和空穴在强电场的作用下

又再次重复上述过程，并呈雪崩式迅速发展，故称为雪崩倍增过程。空穴流到 P^+ 区很快被负极吸收，而电子则经由 I 区漂移到正极，形成雪崩电流。以上是直流电压的情况。

现在进一步考虑外加交流电压的情况，即在反向偏压 V_B 的上面叠加了一个极小的微波电压 $V(t)$。在 $t<t_1$ 时雪崩过程开始，在 $t_1<t<t_2$ 时雪崩过程逐渐加强，在 $t_2<t<t_3$ 时继续维持雪崩过程，并逐渐减弱。雪崩电流 i_a 是一个比较尖的呈指数增长和指数衰落的脉冲电流，从图中可以看到，i_a 落后于 $V(t)$ 的相角是 $\pi/2$。雪崩电子流注入到 I 层，该区的电场强度在 10^4 V/cm 以上，载流子以饱和漂移速度 V_S 漂移，$V_S \approx 10^7$ cm/s。若漂移区的宽度为 W，则通过漂移区的时间为 $\tau = W/V_S$，τ 称为漂移时间。振荡频率与漂移时间的乘积是 $\omega\tau = \theta$，θ 称为渡越角。

漂移区可被看作一个平板电容，电容两端的电压为 V_0，如图 6.45 所示。P^+N 结处形成的雪崩电子流在两平板间运动，自 A 板向 B 板运动时，相当于薄层负电荷 $-dQ$ 的运动，A 板感应电荷 Q_A 不断减少，B 板感应电荷不断增加，从而形成外电路的电流 i_c。i_c 称为感应电流，取决于这一薄层电荷的运动速度，而与其在两平板间的位置无关。若渡越时间 $\tau = T/2$，T 为微波信号的周期，那么渡越角 $\theta = \omega\tau = \pi$，由图 6.44 可以看到感应电流的基波比雪崩电流的基波相位滞后 $\pi/2$。雪崩电流的形状是一个比较尖的脉冲，感应电流的波形是一个比较平的宽脉冲。

考虑到雪崩电流相位落后于微波电压 $\pi/2$，感应电流相位落后于雪崩电流 $\pi/2$，因而感应电流相位落后于微波电压相位 π，这就是雪崩二极管负阻效应的来源。前面所说的引起振荡的外加微波电压实际是本身微小的电压波动产生的。满足 $\theta = \omega W/V_S = \pi$ 的频率称为渡越时间频率，又称漂移区特征频率，记作 f_d。这个频率的微小电压波动将不断增强构成自激振荡。f_d 表示为

$$f_d = \frac{V_S}{2W} \tag{6.4.9}$$

如果减薄漂移区或者增大漂移速度都能提高漂移区特征频率。例如，对于 Si 材料，$V_S = 10^7$ cm/s，I 层长度为 2.5μm，则 $f_d = 20$GHz。这是最佳工作频率，低于 20GHz 的一定范围内也能工作，如果外电路调谐到比 20GHz 高的频率，仍有负阻，也可以振荡。最高极限为 40GHz。

由于制作 P^+NIN^+ 这种 4 层结构的半导体工艺比较困难，实际的雪崩管的掺杂分布常采用 P^+NN^+ 结构，如图 6.46 所示。此种掺杂分布无 I 层，雪崩区比较宽，载流子在雪崩区的渡越时间不可忽视，雪崩区和漂移区不能严格分开。其理论计算比较复杂，物理过程可以理解为边雪崩边漂移。

雪崩二极管振荡器有同轴型、波导型、微带型等。图 6.47 所示为同轴型振荡器的结构示意图。雪崩二极管置于同轴型微波腔的内导体与外导体端部的缝隙处，腔长大约 1/4 波长，C_1 是可调螺钉，等效于可调电容器，用于微调振荡频率。用介质绝缘片做成射

频短路电容，能起到隔直流的作用。经过同轴线耦合环把振荡功率耦合输出，此振荡器的等效电路如图 6.48 所示。图中 C 是雪崩二极管的等效电容，$-G$ 是它的负电导，C_1 是可调电容，Y 是同轴腔的导纳，耦合环等效为 1∶n 的变压器，50Ω 电阻是振荡器负载。

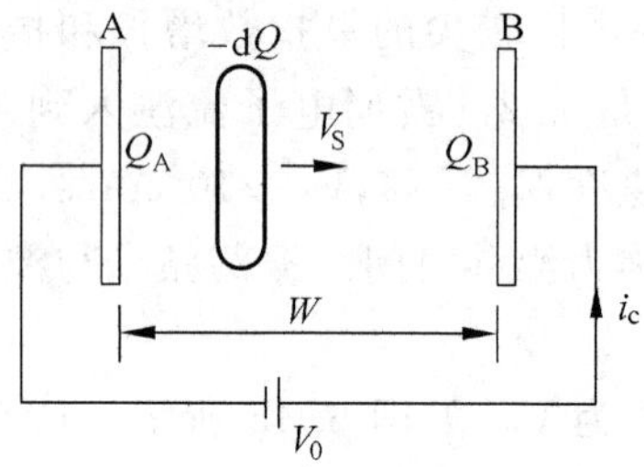

图 6.45　分析感应电流的假想的平板电容

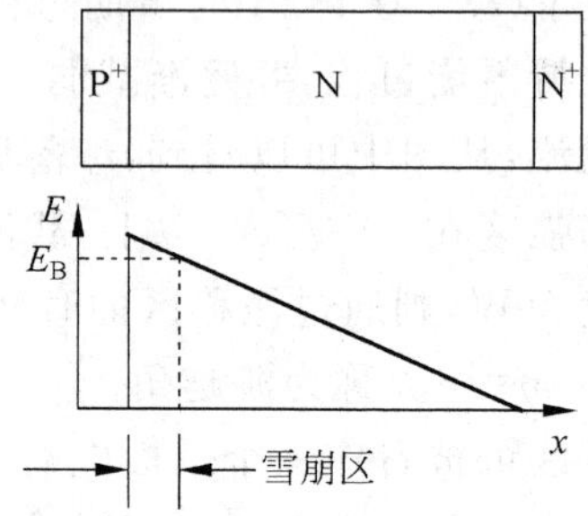

图 6.46　实际雪崩管的掺杂分布和电场分布

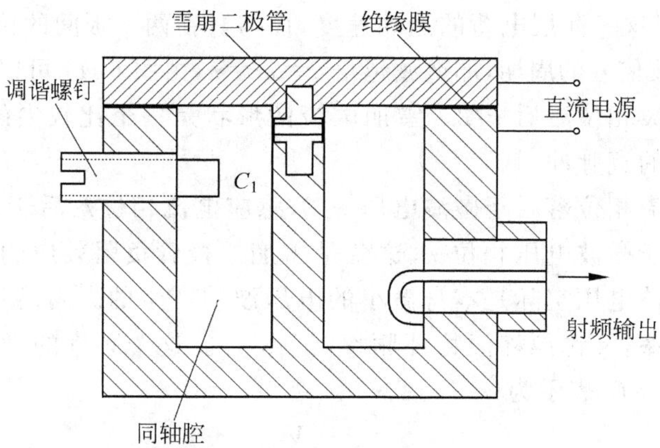

图 6.47　同轴型雪崩振荡器的结构示意图

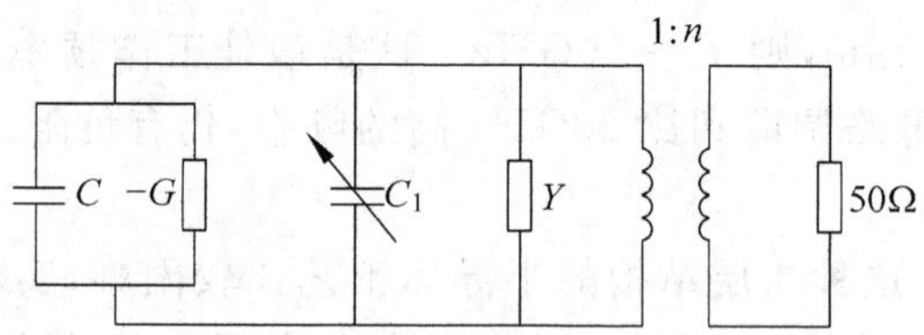

图 6.48　雪崩振荡器的等效电路

由负阻振荡器的振荡平衡条件，有

$$\mathrm{j}\omega C - G + \mathrm{j}\omega c_1 + Y + Y_L = 0 \tag{6.4.10}$$

Y_L 是折合到变压器初级的负载导纳，式(6.4.10)可分解为以下两个方程：

$$\omega C+\omega C_1-Z_C\tan\left(\frac{2\pi l}{\lambda_g}\right)+\operatorname{Im}(Y_L)=0 \tag{6.4.11}$$

$$-G+\operatorname{Re}(Y_L)=0 \tag{6.4.12}$$

这里 Z_C 是同轴腔的特性阻抗,l 是腔体长度,也可以把腔体的长度做成可调的,改变腔体的长度来改变振荡频率。

振荡器产生的微波振荡频率为

$$f\approx\frac{V_S}{2W} \tag{6.4.13}$$

特殊设计的雪崩管在远低于漂移区特征频率时可作为噪声管使用,用来取代气体噪声管,它具有功耗低、寿命长的优点,是一种很好的噪声源,在微波噪声测量中获得广泛的应用。

6.4.4 体效应二极管振荡器

1963 年,耿(Gunn)在实验中发现了一个重要现象:在一块 N 型砷化镓晶体的两端安置欧姆接触电极,而后加上直流电压,当外加电压使砷化镓材料内的电场超过 3kV/cm 时,产生了微波振荡,其振荡频率与电极间的距离成反比。由于这一现象是耿发现的,故名耿氏器件。耿氏器件是一种负阻半导体器件,可以构成微波振荡器和放大器。又因半导体材料是一块 N 型砷化镓晶体,没有结的存在,故又名体效应器件,以区别于结型器件。这种器件的工作机理是基于转移电子效应,故称之为转移电子器件。

这种器件的结构示意图与等效电路如图 6.49 所示。在 N 型砷化镓材料的两端有 N^+ 层,其作用是减小接触电阻。这种器件的等效电路见图 6.49(b),在形式上此等效电路与变容管或肖特基二极管相似。但是这里的 R 不是结电阻,而是负阻;C 不是结电容,而是等效电容。L_p 是封装电感;R_S 是半导体材料电阻和接触电阻;C_p 是封装电容。

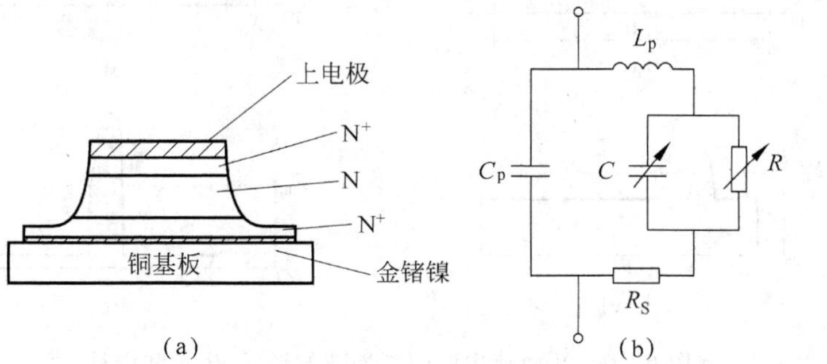

图 6.49 转移电子器件结构

(a) 管芯结构示意图 (b) 等效电路

砷化镓的能带结构已经在6.2.1节讲述过了。由图6.8可以看出,当外加电场超过E_{th}以后,随着电场的增加,有更多的电子跃迁到子谷,但子谷电子的迁移率比较低,这将导致平均迁移率的下降。半导体材料的电导率$\sigma = ne\mu(|E|)$,其中,n是主谷和子谷中电子数之和,e是电子电荷。$\mu(|E|)$的下降,意味着σ下降,这表示微分电导率为负值,这就是砷化镓材料形成负阻的机理。V-$|E|$曲线的下降段就是负阻出现的范围。

转移电子器件具有负阻效应,因而可以产生微波振荡,它们具有不同的振荡模式。偶极畴或称高场畴是形成微波振荡的主要模式,绝大多数转移电子器件都工作在这种振荡模式。"畴"指的是空间电荷的积累。图6.50描述了N型砷化镓中高场畴的形成、生长和传播。图6.50(a)是一个砷化镓片,砷化镓片厚度为W,两端面有N^+接触电极。砷化镓片在电路中的连接方式见图6.51。如果在砷化镓片上外加电场略低于阈值电场E_{th},由于在砷化镓内部存在掺杂的不均匀性,例如一个小的、低掺杂的区域,其电子密度稍低,那么加上外电场后,此处电场强度要高于别处。首先可能是此处的电场超过阈值,见图6.50(b),此处的电子漂移速度低于其左右区域的电子漂移速度,因而左边出现电子积累,右边出现电子的"抽空",形成正离子区,正负电荷层如同一个偶极层且有电荷积累,见图6.50(c),故称偶极畴。畴左边电场低于E_{th}的快电子进入畴以后跃迁为慢电子而积累在畴内。畴右边的电子也是低于E_{th}场的快电子,这些快电子的逸去,留下正电荷,从而使畴不断增长。畴内的正负电荷所形成的内建场与外加电场的方向一致,畴内的总电场进一步升高,电子漂移速度进一步减慢,这是一个正反馈的过程。畴内电场不断增强,畴外电场不断下降,当畴外电场下降到使电子漂移速度和畴的漂移速度相等时,畴不再生长,稳定下来形成稳定的偶极畴。

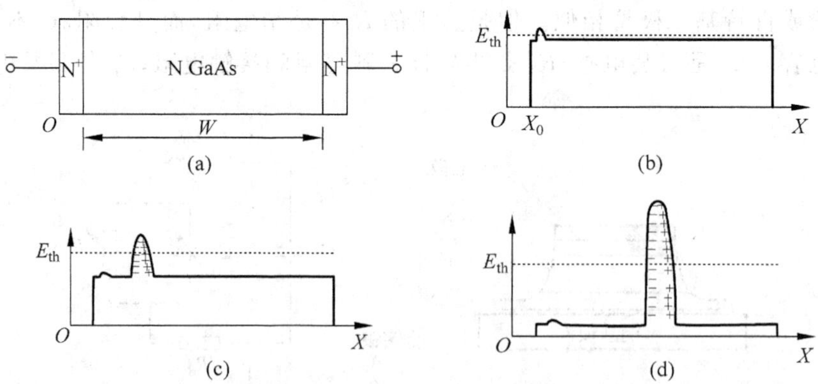

图6.50　N型砷化镓中高场畴的形成、生长和漂移

图6.50(d)所示的这个偶极畴向阳极漂移。偶极畴内存在有高电场故又可称作高场畴。高场畴到达阳极后消失,同时在外电路中形成电流脉冲,电流脉冲的重复频率就是微

波振荡频率，如图 6.52 所示。上述过程就是转移电子器件的偶极畴的工作机理。由于偶极畴一旦形成，电场便集中于畴内，畴外电场下降，因而在高场畴到达阳极之前不会再形成第二个畴。而且，由于阴极附近材料不均匀，偶极畴通常在阴极附近开始形成。

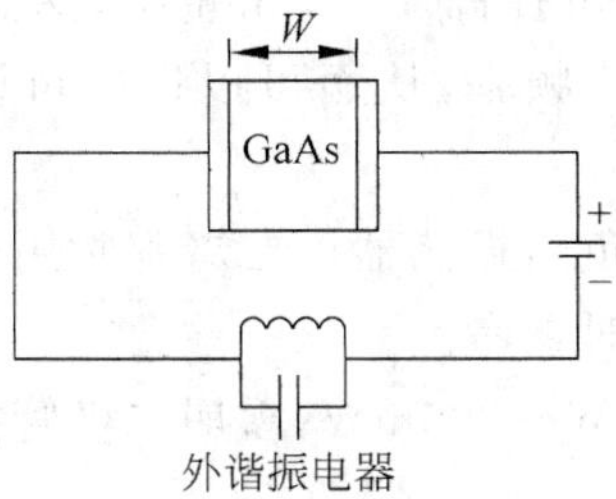

图 6.51 砷化镓耿氏管的原理电路

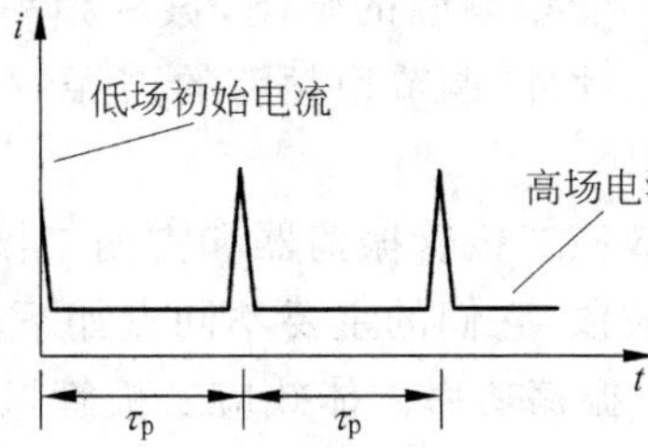

图 6.52 偶极畴振荡的电流波形

振荡的周期取决于畴的渡越时间为 τ_p，$\tau_p = W/V_S$。振荡频率为

$$f_d \approx \frac{v_S}{W} \tag{6.4.14}$$

式中，W 是砷化镓片的厚度，也就是畴的漂移距离，v_S 是畴的漂移速度。v_S 大约为 10^7 cm/s。利用转移电子器件的负阻效应可以做成振荡器，具体的电路结构也是有同轴式、波导式和微带式等。同轴结构的耿器件振荡器和雪崩二极管振荡器（如图 6.47 所示）是一样的，因为耿氏二极管和雪崩二极管都是自身具有负阻的器件。

图 6.53 所示为一个波导式耿氏二极管振荡器的结构示意图，当然此种结构也适用于雪崩二极管。在波导中距终端面 $\lambda_g/4$ 处置一金属杆，在杆的下面压入一只耿氏二极管，波导腔的高度比标准波导的高度低，以便于和耿氏管阻抗匹配，在矩形腔中加一个调谐螺钉，用于调整输出匹配。振荡功率经耦合窗耦合输出。金属杆的上面压入一片介质片起隔直流作用，以便供给偏压。耿氏二极管的位置有时不在宽边的中央，以达到改善阻抗匹配的目的。输出波导口最后过渡到标准高波导。

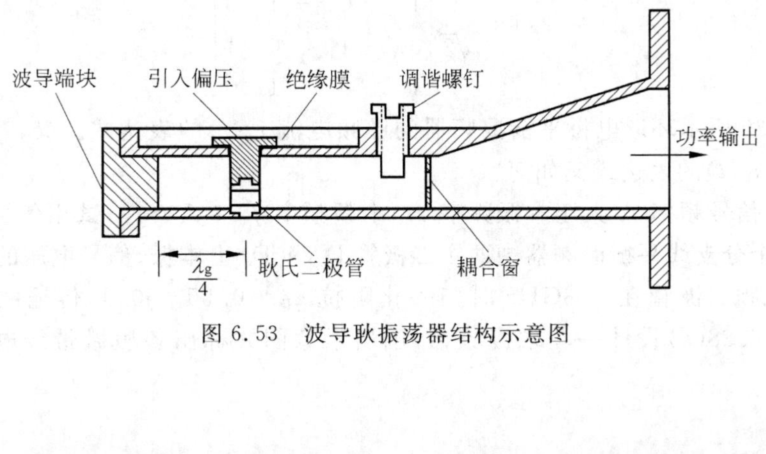

图 6.53 波导耿振荡器结构示意图

在实际的体效应振荡器或雪崩振荡器中，为了增加频率稳定度和改善性能，常常采用外加稳频腔方式，就是在图 6.53 的左侧 $\lambda_g/4$ 处连接一个孔耦合的高 Q 空腔谐振腔，也就是把波导端块换成孔耦合的高 Q 腔。由于稳频腔的 Q 值远高于耿氏二极管主振腔，振荡频率主要受稳频腔的牵制，振荡频率稳定度 $\tau=\Delta f/f$ 可提高 1～2 个量级，达到 10^{-5} 或 10^{-6} 级。此外，调节稳频腔的谐振频率还可以调整振荡频率，从而可以做成可调频率振荡器。

体效应二极管振荡器和雪崩二极管振荡器都属于负阻振荡器。二者都常用于厘米波至毫米波段，它们的主要不同点如下，可供设计和选用时参考。

(1) 振荡功率。体效应二极管振荡器略小，为 10mW～200mW；雪崩二极管振荡器较大，为几百毫瓦至几瓦。

(2) 振荡器噪声。体效应二极管振荡器的相位噪声小，频谱纯度高；雪崩二极管振荡器噪声大。

(3) 直流电源。体效应二极管振荡器用低电压、大电流的恒压源，电压 2V～5V，电流 0.1A～2A；雪崩二极管振荡器用小电流、大电压的恒流源，电压 10V～50V，电流 10mA～200mA。

(4) 振荡频率。体效应二极管振荡器频率略高，最高可达到 100GHz；雪崩二极管振荡频率稍低。

(5) 功率效率。体效应二极管振荡器的效率略低(η=微波振荡功率/直流电源功率)约为 $\eta=2\%\sim4\%$；雪崩二极管振荡器约为 $\eta=5\%\sim10\%$。

习　题

6.1　环行电桥的散射矩阵为

$$[s]=\frac{1}{\sqrt{2}}\begin{bmatrix}0 & 1 & 0 & 1\\ 1 & 0 & -1 & 0\\ 0 & -1 & 0 & 1\\ 1 & 0 & 1 & 0\end{bmatrix}$$

试导出图 6.30 所示环形电桥平衡混频器的中频电流 $i_{if}(t)$ 的表达式。又，若本振与信号输入口对换，$i_{if}(t)$ 的表达式又如何？

6.2　设信号频率 f_s 大于本振频率 f_L，中频频率 $f_{if}=f_s-f_L$，试用矢量图画出本题附图所示三个分支线平衡混频器中两个二极管 D_1 和 D_2 上本振、信号电压的相位关系。

6.3　混频二极管在 5.3GHz 时归一化阻抗 $\bar{z}_D=0.55-j0.4$，传输线特性阻抗为 50Ω，参考图 6.28(a)设计一单端混频器，画出示意图并标出各段微带线电长度和特性阻抗。

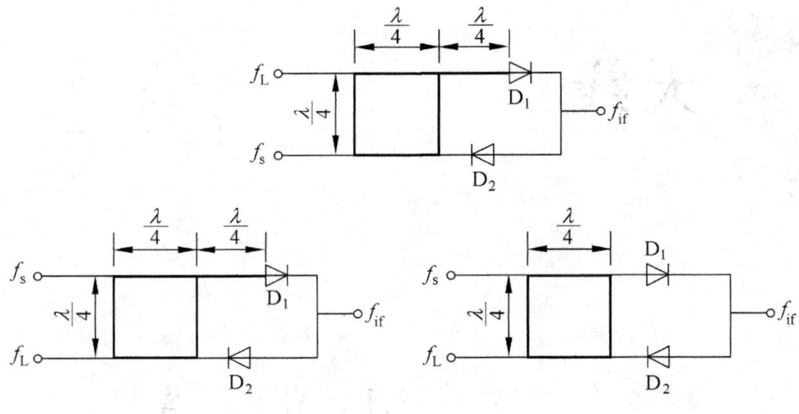

习题 6.2 图

6.4 一对混频二极管在 5.3GHz 时的归一化阻抗 $\bar{z}_D=0.55-j0.4$，传输线特性阻抗为 50Ω，试利用分支线定向耦合器设计一微带平衡混频器。参考图 6.29 画出示意图，标出各段微带线电长度和特性阻抗，标出中频输出及中频接地线。

6.5 表 6.1 列出了一个典型的封装的 HEMT 的小信号 S 参量，试分析其在 6.0GHz～18.0GHz频率范围的稳定性，可以任选高频端和低频端各一个频率点。

6.6 完成图 6.17 所示微波晶体管放大器设计，标出各段传输线的特性阻抗及长度，并计算最大功率增益。

6.7 假定电子的饱和漂移速度 $v_S=10^7$cm/s，试估计工作在 15GHz 雪崩二极管漂移区的厚度。

6.8 试从式(6.4.5)和式(6.4.6)中的任何一式导出另一式。

7 天线

7.1 引　　言

天线是一种电磁波能量的转换器，它可以将馈线中的电磁波转换为空间的电磁波，这个过程叫辐射，相反的过程叫接收。天线的种类五花八门，图 7.1 给出了若干微波天线的示意图。天线在通信、雷达、微波遥感、遥控遥测、电子对抗和射电天文等系统中是必不可少的部件，天线的指标参数对系统的整体性能起着非常关键的作用。天线的设计和研制必须针对某一种系统对天线提出的具体的技术指标，由于天线研制的复杂和困难，因此系统设计者和天线研制者之间应当对天线的指标进行充分的论证和协商，双方在满足总体要求和天线研制的可行性之间常常要作出妥协，才能使系统整体功能得以实现。

本章首先以电偶极子的辐射场为例说明辐射的基本概念，然后重点介绍天线的基本参数，包括接收天线的概念，以及与接收天线有关的基本参数。随后讨论振子天线、阵列天线、口面天线的基本原理。抛物面天线是微波工程中最有用的天线之一，故单列一节予以说明。

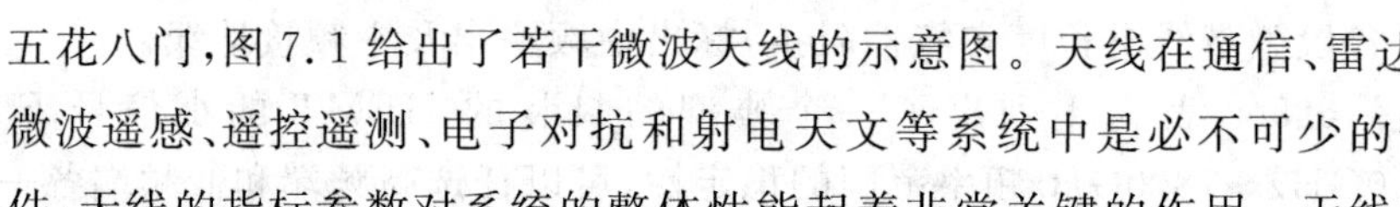

(a)　　(b)　　(c)

图 7.1　各种类型天线示意图

(a) 振子天线　(b) 环天线　(c) 螺纹天线

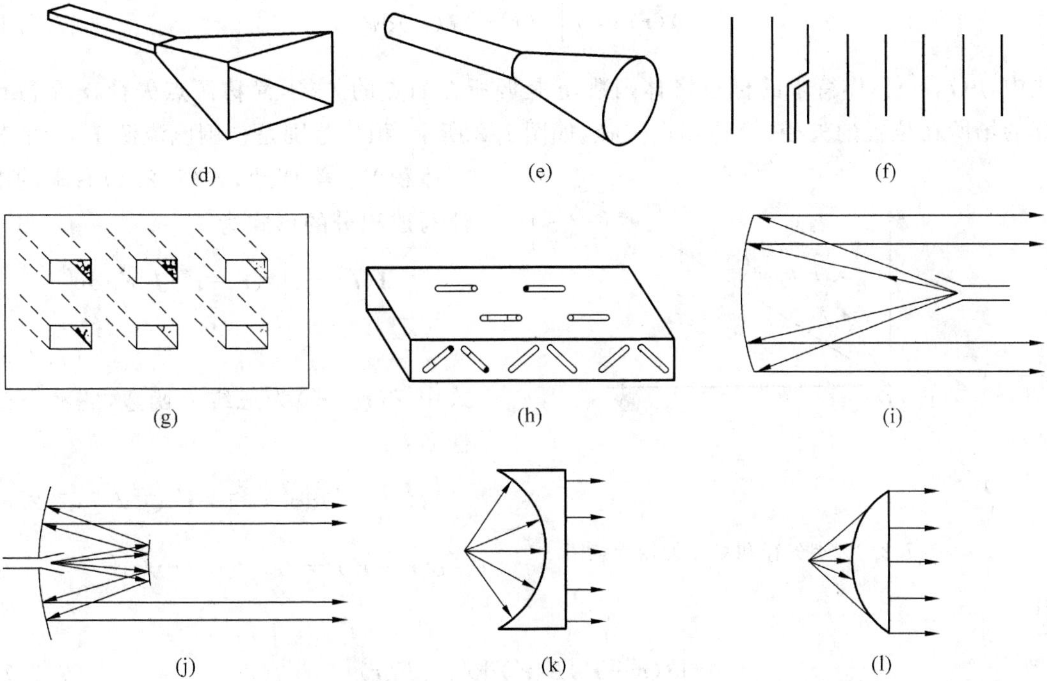

图 7.1(续)

(d) 矩形喇叭天线 (e) 圆喇叭天线 (f) 八木天线 (g) 孔径阵列天线
(h) 缝隙阵列天线 (i) 前馈抛物面天线 (j) 卡塞格伦天线
(k) 凹透镜天线 (l) 凸透镜天线

7.2 辐 射 场

7.2.1 电流源和磁流源的矢量位

本小节重点讨论电流源的矢量位,然后根据对偶性给出磁流源的矢量位。给定电流源 $\boldsymbol{J}_e$,矢位 $\boldsymbol{A}$ 满足的方程为

$$\nabla^2\boldsymbol{A}+k^2A=-\mu\boldsymbol{J} \tag{7.2.1}$$

此式即为式(1.10.10),为简化,省去下角标 e。由 $\boldsymbol{A}$ 可计算电场 $\boldsymbol{E}$ 和磁场 $\boldsymbol{H}$,分别为

$$\boldsymbol{E}=-\mathrm{j}\omega\left(\boldsymbol{A}+\frac{1}{k^2}\nabla\nabla\cdot\boldsymbol{A}\right)=\frac{1}{\mathrm{j}\omega\varepsilon}\nabla\times\boldsymbol{H} \tag{7.2.2}$$

$$\boldsymbol{H}=\frac{1}{\mu}\nabla\times\boldsymbol{A} \tag{7.2.3}$$

为了求 $\boldsymbol{A}$,我们将方程(7.2.1)的解写成下述体积分的形式:

$$\mathbf{A}(\boldsymbol{r}) = \mu\int_V g(\boldsymbol{r},\boldsymbol{r}')\boldsymbol{J}(\boldsymbol{r}')\mathrm{d}v' \tag{7.2.4}$$

式中，$g(\boldsymbol{r},\boldsymbol{r}')$称作待求的标量格林函数，$\boldsymbol{r}'$是源所在的点的矢径，简称源点矢径，$\boldsymbol{r}$是待计算的场所在位置的矢径，简称场点矢径，如图7.2所示，积分范围是包围电流源$\boldsymbol{J}(\boldsymbol{r}')$的某一体积$V$。类似地，式(7.2.1)右端的电流写成积分的形式为

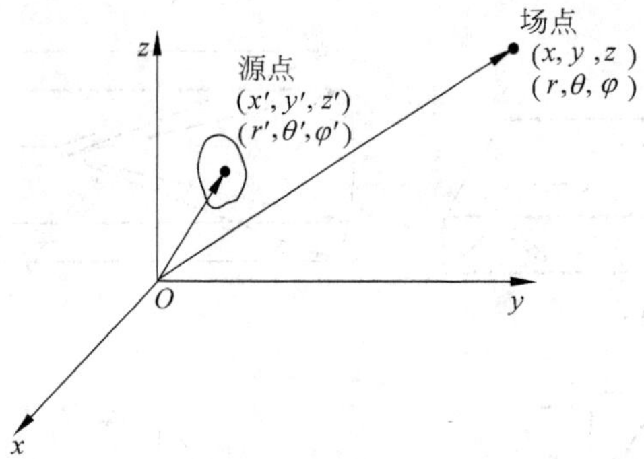

图7.2 源点矢径和场点矢径示意图

$$\boldsymbol{J}(\boldsymbol{r}) = \int_V \delta(\boldsymbol{r}-\boldsymbol{r}')\boldsymbol{J}(\boldsymbol{r}')\mathrm{d}v' \tag{7.2.5}$$

式中，$\delta(\boldsymbol{r}-\boldsymbol{r}')$为三维$\delta$函数，它有下述性质：

$$\int_V \delta(\boldsymbol{r}-\boldsymbol{r}')\mathrm{d}v' = 1 \quad \boldsymbol{r}' \in V \tag{7.2.6}$$

$$\delta(\boldsymbol{r}-\boldsymbol{r}') = 0 \qquad \boldsymbol{r} \neq \boldsymbol{r}'$$

且

$$\int_V \delta(\boldsymbol{r}-\boldsymbol{r}')F(\boldsymbol{r}')\mathrm{d}v' = F(\boldsymbol{r}) \tag{7.2.7}$$

此式称作δ函数的筛选性质，由此说明式(7.2.5)是正确的。将式(7.2.4)和式(7.2.5)代入式(7.2.1)得

$$\int_V \mu(\nabla^2+k^2)g(\boldsymbol{r},\boldsymbol{r}')\boldsymbol{J}(\boldsymbol{r}')\mathrm{d}v' = -\mu\int_V \delta(\boldsymbol{r}-\boldsymbol{r}')\boldsymbol{J}(\boldsymbol{r}')\mathrm{d}v' \tag{7.2.8}$$

注意到积分对任意的$\boldsymbol{J}(\boldsymbol{r}')$都成立，于是得$g(\boldsymbol{r},\boldsymbol{r}')$所满足的微分方程为

$$(\nabla^2+k^2)g(\boldsymbol{r},\boldsymbol{r}') = -\delta(\boldsymbol{r}-\boldsymbol{r}') \tag{7.2.9}$$

为求标量格林函数$g(\boldsymbol{r},\boldsymbol{r}')$，暂令$\boldsymbol{r}'=0$，这相当于源点位于坐标原点，于是$\delta(\boldsymbol{r}-\boldsymbol{r}')=\delta(\boldsymbol{r})$，$\delta(\boldsymbol{r})$对于坐标原点是球对称的，且在球坐标系中$\delta(\boldsymbol{r})$可写作下述形式：

$$\delta(\boldsymbol{r}) = \frac{\delta(r)}{4\pi r^2} \tag{7.2.10}$$

式中，$\delta(r)$是一维δ函数，$r=|\boldsymbol{r}|$。上式两端对包围原点的体积V作积分，其值应相等且都等于1。根据式(7.2.6)可知左端对积分V的积分确等于1。右端对体积的积分为

$$\int_V \frac{\delta(r)}{4\pi r^2}\mathrm{d}v = \int_V \frac{\delta(r)}{4\pi r^2}r^2\sin\theta\mathrm{d}\theta\mathrm{d}\varphi\mathrm{d}r$$

$$= \int\delta(r)\mathrm{d}r = 1$$

结果也等于 1。这说明式(7.2.10)是成立的。

现在回到式(7.2.9),令$|\boldsymbol{r}-\boldsymbol{r}'|=r$,在球坐标系中,式(7.2.9)可写作

$$(\nabla^2+k^2)g(r)=-\frac{\delta(r)}{4\pi r^2} \tag{7.2.11}$$

上式右端仅仅是 r 的函数,其解 $g(r)$亦仅仅是 r 的函数,与 θ、φ 无关,故上式左端第一项

$$\nabla^2 g(r)=\frac{1}{r}\frac{\mathrm{d}^2}{\mathrm{d}r^2}[rg(r)] \tag{7.2.12}$$

对于 $r\neq 0$ 的情况,即场点不在原点时,$\delta(r)=0$,那么式(7.2.11)变为

$$\frac{\mathrm{d}^2}{\mathrm{d}r^2}[rg(r)]+k^2[rg(r)]=0 \tag{7.2.13}$$

它的解为

$$g(r)=C\frac{\mathrm{e}^{-\mathrm{j}kr}}{r} \tag{7.2.14}$$

这正是熟知的球面波解,C 是待定常数。为确定这一常数,对式(7.2.11)作积分,积分范围是包围原点的半径为无限小的球,暂设小球半径为 r_0,右端积分等于-1,左端第一项积分为

$$\begin{aligned}\int_V \nabla^2 g(r)\mathrm{d}v &= \oint_{r=r_0}\hat{\boldsymbol{r}}\cdot\nabla g(r)\mathrm{d}s\\ &=\int_0^{2\pi}\mathrm{d}\varphi\int_0^{\pi}r^2\sin\theta\frac{\mathrm{d}g(r)}{\mathrm{d}r}\mathrm{d}\theta\bigg|_{r=r_0}\\ &=4\pi r^2\frac{\mathrm{d}g(r)}{\mathrm{d}r}\bigg|_{r=r_0}\\ &=-\mathrm{j}4\pi Cr_0\mathrm{e}^{-\mathrm{j}kr_0}-4\pi C\mathrm{e}^{-\mathrm{j}kr_0}\end{aligned} \tag{7.2.15}$$

与式(7.2.11)左端第二项对应的积分为

$$\begin{aligned}\int_V k^2 g(r)\mathrm{d}v &= k^2\int_0^{2\pi}\mathrm{d}\varphi\int_0^{\pi}\sin\theta\mathrm{d}\theta\int_0^{r_0}r^2 g(r)\mathrm{d}r\\ &=k^2\int_0^{r_0}4\pi r^2 g(r)\mathrm{d}r\end{aligned} \tag{7.2.16}$$

令 $r_0\to 0$,式(7.2.15)的值为$-4\pi C$,式(7.2.16)的值趋向于零。综上所述,式(7.2.11)对包围原点的半径为无限小的球所作的积分变为一个简单的式子$-4\pi C=-1$,那么 $C=1/4\pi$。这样,就解得标量格林函数

$$g(r)=\frac{\mathrm{e}^{-\mathrm{j}kr}}{4\pi r} \tag{7.2.17}$$

现在再将 $r=|\boldsymbol{r}-\boldsymbol{r}'|$ 代回到上式，于是得

$$g(\boldsymbol{r},\boldsymbol{r}') = \frac{\mathrm{e}^{-\mathrm{j}k|\boldsymbol{r}-\boldsymbol{r}'|}}{4\pi\,|\boldsymbol{r}-\boldsymbol{r}'|} \tag{7.2.18}$$

这就是自由空间的标量格林函数，将其代入到式(7.2.4)中，得矢位 $\boldsymbol{A}(\boldsymbol{r})$ 的表示式为

$$\boldsymbol{A}(\boldsymbol{r}) = \frac{\mu}{4\pi}\int \frac{\mathrm{e}^{-\mathrm{j}k|\boldsymbol{r}-\boldsymbol{r}'|}}{|\boldsymbol{r}-\boldsymbol{r}'|}\boldsymbol{J}(\boldsymbol{r}')\mathrm{d}v' \tag{7.2.19}$$

由 $\boldsymbol{A}(\boldsymbol{r})$ 可计算电流源的辐射场，$\boldsymbol{E}$ 和 $\boldsymbol{H}$ 的计算方法见式(7.2.2)和(7.2.3)。

利用对偶性，作对偶变换 $\mu\rightarrow\varepsilon,\boldsymbol{J}\rightarrow\boldsymbol{J}_{\mathrm{m}}$，可从式(7.2.19)得到磁流源的矢位 $\boldsymbol{A}_{\mathrm{m}}(\boldsymbol{r})$，进而求得磁流源的辐射场。$\boldsymbol{A}_{\mathrm{m}}(\boldsymbol{r})$ 的计算公式为

$$\boldsymbol{A}_{\mathrm{m}}(\boldsymbol{r}) = \frac{\varepsilon}{4\pi}\int \frac{\mathrm{e}^{-\mathrm{j}k|\boldsymbol{r}-\boldsymbol{r}'|}}{|\boldsymbol{r}-\boldsymbol{r}'|}\boldsymbol{J}_{\mathrm{m}}(\boldsymbol{r}')\mathrm{d}v' \tag{7.2.20}$$

由 $\boldsymbol{A}_{\mathrm{m}}(\boldsymbol{r})$ 可计算磁流源的辐射场，具体计算方法见式(1.10.13)和式(1.10.23)。

7.2.2 电偶极子辐射场

图 7.3 所示是一长度为 l 沿 $\hat{z}$ 方向放置的无限小电流源，电流强度为 I，这种短的线电流天线通常叫做电偶极子。利用上一节的结果，我们可以严格地求解短电流源所产生的场。由式(7.2.19)，并注意到电流源的体积为无限小，故可以将积分号去掉，得

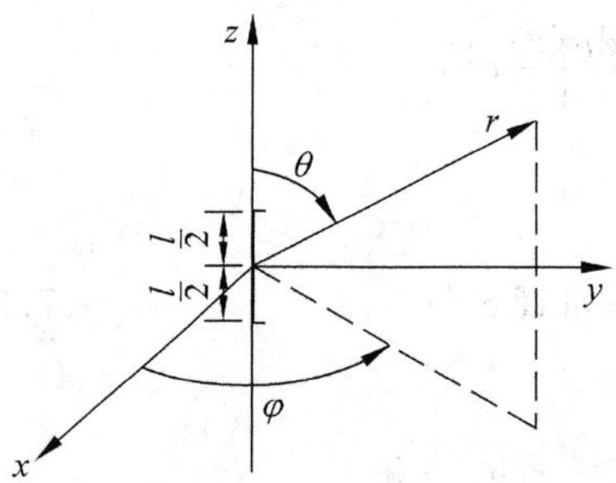

图 7.3 电偶极子与坐标系

$$\boldsymbol{A}(r) = \frac{\mu I l\,\mathrm{e}^{-\mathrm{j}kr}}{4\pi r}\hat{z} = A_z\hat{z} \tag{7.2.21}$$

这说明矢位 $\boldsymbol{A}$ 仅有 $\hat{z}$ 分量。按照矢量在球坐标系中和直角坐标系中各分量的变换关系

$$A_r = A_z\cos\theta = \frac{\mu I l\,\mathrm{e}^{-\mathrm{j}kr}}{4\pi r}\cos\theta \tag{7.2.22}$$

$$A_\theta = -A_z\sin\theta = -\frac{\mu I l\,\mathrm{e}^{-\mathrm{j}kr}}{4\pi r}\sin\theta \tag{7.2.23}$$

$$A_\varphi = 0 \tag{7.2.24}$$

根据球坐标的旋度展开式，并注意到 $\frac{\partial}{\partial\varphi}=0$，磁场

$$\boldsymbol{H} = \frac{1}{\mu}\nabla\times\boldsymbol{A} = \hat{\varphi}\frac{1}{\mu r}\left[\frac{\partial}{\partial r}(rA_\theta) - \frac{\partial Ar}{\partial\theta}\right] \tag{7.2.25}$$

即

$$\boldsymbol{H} = \hat{\varphi}\frac{Il}{4\pi}\mathrm{e}^{-\mathrm{j}kr}\left(\frac{\mathrm{j}k}{r}+\frac{1}{r^2}\right)\sin\theta \tag{7.2.26}$$

由场方程可求得电场的各个分量为

$$E_r = \frac{Il\,\mathrm{e}^{-\mathrm{j}kr}}{4\pi}\left(\frac{2\eta}{r^2} + \frac{2}{\mathrm{j}\omega\varepsilon r^3}\right)\cos\theta \tag{7.2.27}$$

$$E_\theta = \frac{Il\,\mathrm{e}^{-\mathrm{j}kr}}{4\pi}\left(\frac{\mathrm{j}\omega\mu}{r} + \frac{\eta}{r^2} + \frac{1}{\mathrm{j}\omega\varepsilon r^3}\right)\sin\theta \tag{7.2.28}$$

其中，$\eta=\sqrt{\frac{\mu}{\varepsilon}}$是空间的波阻抗。

现在来考虑不同区域内电偶极子场的特点。

$kr<1$ 范围，称为近区场，其主要组成部分是电场和磁场的$(1/r)$的高次项，它们分别为

$$E_r \approx -\mathrm{j}\eta\frac{Il\,\mathrm{e}^{-\mathrm{j}kr}}{2\pi kr^3}\cos\theta \tag{7.2.29}$$

$$E_\theta \approx -\mathrm{j}\eta\frac{Il\,\mathrm{e}^{-\mathrm{j}kr}}{4\pi kr^3}\sin\theta \tag{7.2.30}$$

$$H_\varphi \approx \frac{Il\,\mathrm{e}^{-\mathrm{j}kr}}{4\pi r^2}\sin\theta \tag{7.2.31}$$

$$E_\varphi = H_r = H_\theta = 0 \tag{7.2.32}$$

近区场的 E_r、E_θ 与 H_φ 相差一个因子 j，$\mathrm{j}=\sqrt{-1}$，即电场与磁场分量相位相差$(\pi/2)$，坡印亭矢量只有虚部没有实部，所以近区场不是向外辐射的场，只能是储能场。

$kr\gg1$ 的范围，称为远区场，略去$(1/r)$的高次项，仅保留$(1/r)$的一次项，可得

$$E_\theta \approx \mathrm{j}\eta\frac{kIl\,\mathrm{e}^{-\mathrm{j}kr}}{4\pi r}\sin\theta \tag{7.2.33}$$

$$H_\varphi \approx \mathrm{j}\frac{kIl\,\mathrm{e}^{-\mathrm{j}kr}}{4\pi r}\sin\theta \tag{7.2.34}$$

$$E_r \approx E_\varphi = H_r = H_\theta = 0 \tag{7.2.35}$$

上述三式说明远区场只有电场的 E_θ 分量和磁场的 H_φ 分量，$E_\theta\hat{\theta}$、$H_\varphi\hat{\varphi}$ 和 $\hat{\boldsymbol{r}}$ 方向成右手关系，且 E_θ 和 H_φ 同相，因而坡亭量的方向指向 $\hat{\boldsymbol{r}}$ 方向，且为实数，这表明远区场是辐射场，与$(1/r)$成正比，故为球面波。E_θ 和 H_φ 的比值为 η。

由式(7.2.26)～(7.2.28)可以求得一般情况下的复数坡印亭矢量 S，它包含 $\hat{\boldsymbol{r}}$ 分量和 $\hat{\theta}$ 分量，表示为

$$\boldsymbol{S} = \frac{1}{2}(\boldsymbol{E}\times\boldsymbol{H}^*) = \hat{\boldsymbol{r}}S_r + \hat{\theta}S_\theta \tag{7.2.36}$$

式中

$$S_r = \frac{1}{2}E_\theta H_\varphi^* = \frac{\eta}{8}\left(\frac{Il}{\lambda}\right)^2\frac{\sin^2\theta}{r^2}\left[1-\mathrm{j}\frac{1}{(kr)^3}\right] \tag{7.2.37}$$

$$S_\theta = -\frac{1}{2}E_r H_\varphi^* = \mathrm{j}\eta\frac{kIl^2\cos\theta\sin\theta}{16\pi^2 r^3}\left[1+\frac{1}{(kr)^2}\right] \tag{7.2.38}$$

其中，S_θ 为纯虚数，S_r 含实部和虚部，S_r 的实部对应于辐射场。

以电偶极子为球心，假想一封闭球面，球半径为 r，沿此球面对 S 作积分得电偶极子的总辐射功率为

$$P=\oint \boldsymbol{S}\cdot \mathrm{d}\boldsymbol{s}=\int_0^{2\pi}\mathrm{d}\varphi\int_0^{\pi}(\hat{\boldsymbol{r}}S_r+\hat{\theta}\,S_\theta)\cdot\hat{\boldsymbol{r}}r^2\sin\theta\mathrm{d}\theta \tag{7.2.39}$$

注意到 $\hat{\theta}\cdot\hat{\boldsymbol{r}}=0$，上式积分只保留与 S_r 有关的项，于是

$$P=\eta\frac{\pi}{3}\left(\frac{Il}{\lambda}\right)^2\left[1-\mathrm{j}\frac{1}{(kr)^3}\right] \tag{7.2.40}$$

上式中的实部代表了电偶极子的辐射功率，记作 P_{rad}，它表示为

$$P_{\text{rad}}=\eta\frac{\pi}{3}\left(\frac{Il}{\lambda}\right)^2 \tag{7.2.41}$$

由辐射功率可以引入辐射电阻的概念，这是一个假想的电阻，电流 I 消耗在辐射电阻 R_{rad} 的功率就是辐射功率，因此有

$$P_{\text{rad}}=\frac{1}{2}I^2R_{\text{rad}} \tag{7.2.42}$$

注意到 $\eta=120\pi$，对于电偶极子，辐射电阻

$$R_{\text{rad}}=\eta\left(\frac{2\pi}{3}\right)\left(\frac{l}{\lambda}\right)^2=80\pi^2\left(\frac{l}{\lambda}\right)^2$$

电偶极子的辐射电阻是非常小的。举例来说，设电偶极子的长度 $l=0.01\lambda$，计算得到辐射电阻 $R_{\text{rad}}=0.08\Omega$，若电流 I 为 1A，辐射功率才只有 0.04W，可见电偶极子的辐射能力是非常弱的。为了提高天线的辐射能力，需适当设计天线的形状及尺寸。

7.3 天线的基本参数(一)

天线的基本参数对于微波工程系统的设计和具体类型天线的评价是非常重要的，尤其在微波工程系统的设计中，总体设计要在微波系统的需求和具体天线实现的可行性之间作出权衡，向天线提出基本参数的指标要求。为了叙述的方便，有关天线基本参数的内容分为两节，这一节将讨论辐射方向图、立体角参数、方向性和增益。

7.3.1 辐射方向图

天线在空间不同方向辐射功率的强弱是不同的，为了描述这种特性引入辐射方向图。天线的基本参数都与辐射方向图密切相关。考虑球坐标中 r 等于常数的一个大球面，$r\gg\lambda$ 且 $r\gg$ 天线口面的线度，这表明我们研究的是远区场。电场 $\boldsymbol{E}$ 和磁场 $\boldsymbol{H}$ 包含且仅包含 $\hat{\theta}$ 和 $\hat{\varphi}$ 分量，分别为

$$\boldsymbol{E}=\hat{\theta}E_\theta+\hat{\varphi}E_\varphi \tag{7.3.1}$$

$$\boldsymbol{H}=\frac{1}{\eta}(\hat{\boldsymbol{r}}\times\boldsymbol{E})=\frac{1}{\eta}(\hat{\varphi}E_\theta-\hat{\theta}E_\varphi) \tag{7.3.2}$$

远区辐射场的坡印亭矢量

$$\boldsymbol{S}=\frac{1}{2}(\boldsymbol{E}\times\boldsymbol{H}^*)=\hat{\boldsymbol{r}}\frac{1}{2\eta}(|E_\theta|^2+|E_\varphi|^2) \tag{7.3.3}$$

远区场是球面波,故电场的两个分量总可以写成

$$E_\theta=\frac{f_\theta(\theta,\varphi)}{r}\mathrm{e}^{-\mathrm{j}kr} \tag{7.3.4}$$

$$E_\varphi=\frac{f_\varphi(\theta,\varphi)}{r}\mathrm{e}^{-\mathrm{j}kr} \tag{7.3.5}$$

式中,$f_\theta(\theta,\varphi)$和$f_\varphi(\theta,\varphi)$是$\theta$、$\varphi$的实函数。利用上述二式,$S_r$可改写为

$$S_r=\frac{1}{2r^2\eta}(|f_\theta(\theta,\varphi)|^2+|f_\varphi(\theta,\varphi)|)^2 \tag{7.3.6}$$

S_r与r、θ、φ有关,我们希望取一个与r无关的函数来描述辐射场在空间各个方向的分布,为此,用r^2去乘S_r,并记作$F(\theta,\varphi)$,表示为

$$F(\theta,\varphi)=r^2S_r=\frac{1}{2\eta}(|f_\theta(\theta,\varphi)|^2+|f_\varphi(\theta,\varphi)|^2) \tag{7.3.7}$$

$F(\theta,\varphi)$称作功率辐射方向图,它表示单位立体角内的辐射功率。按照惯例,用辐射方向图的最大值$F_{\max}(\theta,\varphi)$去除$F(\theta,\varphi)$,得归一化辐射方向图,记作$F_n(\theta,\varphi)$,则

$$F_n(\theta,\varphi)=\frac{F(\theta,\varphi)}{F_{\max}(\theta,\varphi)}=\frac{S_r}{S_{r\max}} \tag{7.3.8}$$

式中,$F_{\max}(\theta,\varphi)=r^2S_{r\max}$。如果辐射场仅有一个电场分量$E_\theta$或$E_\varphi$,那么

$$F_n(\theta,\varphi)=\frac{|F_\theta(\theta,\varphi)|^2}{|F_{\theta\max}(\theta,\varphi)|^2} \tag{7.3.9}$$

式中,$|F_\theta(\theta,\varphi)|^2=|f_\theta(\theta,\varphi)|^2/2\eta$。或

$$F_n(\theta,\varphi)=\frac{|F_\varphi(\theta,\varphi)|^2}{|F_{\varphi\max}(\theta,\varphi)|^2} \tag{7.3.10}$$

式中,$|F_\varphi(\theta,\varphi)|^2=|f_\varphi(\theta,\varphi)|^2/2\eta$。若仅有一个电场分量也可有场的辐射方向图,但一般情况下都是引用功率辐射方向图。

天线的归一化辐射方向图,常简称方向图或波瓣图,它是一个三维的立体图,图7.4给出了立体三维天线方向图的例子。实际工作中只是测量、计算和描绘某些平面的方向图,如图7.5和图7.6画出了φ为常数的平面内的方向图,可以采用直角坐标亦可采用极坐标,图中标出了主瓣、旁瓣、背瓣等。在无线通信和雷达的总体设计中,将对天线方向图的形状、主瓣半功率波束宽度(HPBW)、主瓣第一零点波束宽率(FNBW)、旁瓣电平、背瓣电平等项指标提出具体要求。

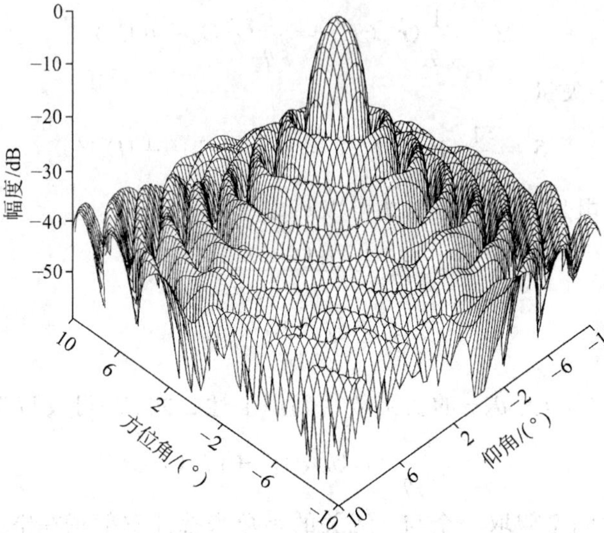

图 7.4　立体的天线辐射方向图

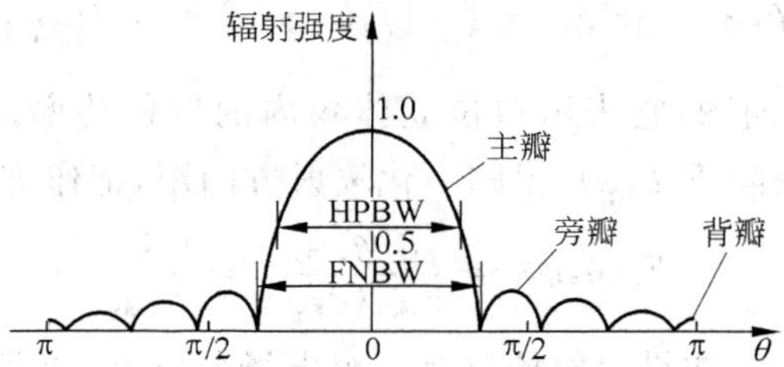

图 7.5　直角坐标系的天线归一化辐射方向图(φ=常数)

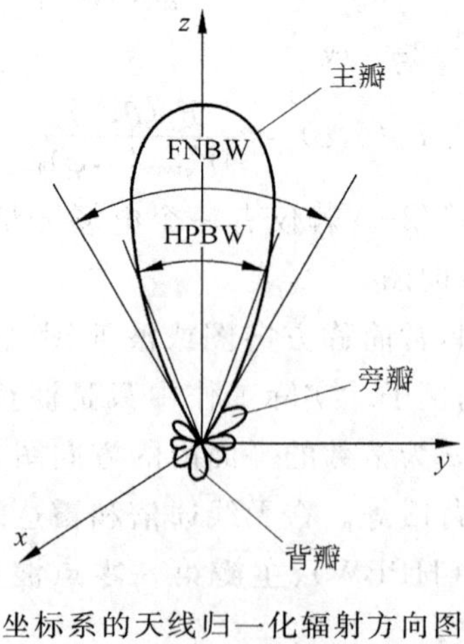

图 7.6　极坐标系的天线归一化辐射方向图(φ=常数)

以电偶极子为例，当电偶极子沿 z 轴放置时(如图 7.3 所示)，很容易证明，电偶极子的方向图 $F_n(\theta)=\sin^2\theta$，此式表明电偶极子的方向图仅与 θ 有关，而与 φ 无关。图 7.7(a)画出了 $\varphi=$常数，包含电偶极子的平面内的极坐标的方向图。与电偶极子的轴垂直的 xy 平面内的波瓣图是一个以原点为中心的单位圆($\theta=90°$平面)。三维立体波瓣图的形状可由这些平面的波瓣图想像出来。图 7.7(b)是由 xz 平面切开的半个三维立体波瓣图。电场 $\boldsymbol{E}$ 所在的平面称为 $\boldsymbol{E}$ 面，在本例中 $\varphi=$常数的平面为 $\boldsymbol{E}$ 面；磁场 $\boldsymbol{H}$ 所在的平面称为 $\boldsymbol{H}$ 面，本例 $\theta=90°$的平面为 $\boldsymbol{H}$ 面。$\boldsymbol{E}$ 面和 $\boldsymbol{H}$ 面叫做天线的两个主平面。

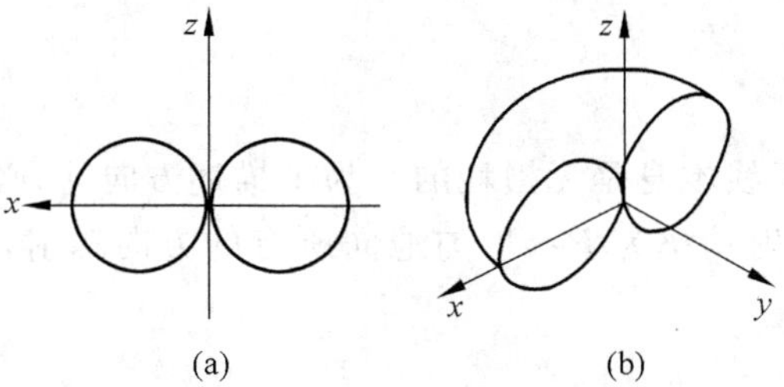

图 7.7　电偶极子的波瓣图

7.3.2　天线立体角

用下式来定义方向图立体角 Ω_p：

$$\Omega_p = \int_{4\pi} F_n(\theta,\varphi)\,d\Omega \tag{7.3.11}$$

其中微分立体角 $d\Omega=\sin\theta d\theta d\varphi$。$\Omega_p$ 描述了辐射能量在空间的集中程度。Ω_p 愈小，辐射能量就愈集中；反之 Ω_p 愈大，辐射能量就愈散开。两个极端情况是：当 $F_n(\theta,\varphi)=1$ 时，$\Omega_p=4\pi$，能量均匀地摊开在大球面上；当 $F_n(\theta,\varphi)$ 为 δ 函数时，$\Omega_p=0$。这两个极端情况都是不可实现的。

用下式来定义主瓣立体角：

$$\Omega_M = \int_{\text{主瓣}} F_n(\theta,\varphi)\,d\Omega \tag{7.3.12}$$

用下式来定义旁瓣立体角：

$$\Omega_m = \int_{\text{旁瓣}} F_n(\theta,\varphi)\,d\Omega \tag{7.3.13}$$

显然

$$\Omega_m = \Omega_p - \Omega_M \tag{7.3.14}$$

通常旁瓣(含背瓣)是无用且有害的能量辐射，希望 Ω_m 愈小愈好。

引入主瓣效率 η_M 为

$$\eta_M = \frac{\Omega_M}{\Omega_p} \tag{7.3.15}$$

损失因子 η_m 的定义为

$$\eta_m = \frac{\Omega_m}{\Omega_p} \tag{7.3.16}$$

显然损失因子等于 1 减去主瓣效率，即

$$\eta_m = 1 - \eta_M \tag{7.3.17}$$

对于理想无旁瓣天线，有 $\Omega_m = 0, \eta_m = 0, \eta_M = 1$。

7.3.3 方向性

在本小节中，假设天线本身是无损耗的。为了描述方向性，必须首先引入各向同性天线的概念。设天线的辐射功率为 P_T，均匀地向所有的方向辐射，在半径为 r 的大球面上的功率密度记作 S_{oi}，有

$$S_{oi} = \frac{P_T}{4\pi r^2} \tag{7.3.18}$$

显然其归一化方向图 $F_n(\theta,\varphi)=1$，这是一个理想的各向同性的天线，它仅具有理论上的意义，实际上并不存在。所谓方向性指的是，在同样的发射功率条件下，真实的无耗天线的辐射强度(功率密度)与理想无耗各向同性天线辐射强度之比，记作 $D(\theta,\varphi)$，有

$$D(\theta,\varphi) = \frac{S_r(\theta,\varphi)}{S_{oi}} \tag{7.3.19}$$

将式(7.3.18)代入上式的分母，得

$$D(\theta,\varphi) = \frac{4\pi S_r(\theta,\varphi) r^2}{P_T} \tag{7.3.20}$$

式中的 P_T 为无耗天线的辐射功率，如果空间是无耗的，它还等于在半径为 r 的大球面上对真实的无耗天线的辐射强度 $S_r(\theta,\varphi)$ 的积分，于是方向性

$$D(\theta,\varphi) = \frac{4\pi S_r(\theta,\varphi) r^2}{\int_{4\pi} S_r(\theta,\varphi) r^2 \mathrm{d}\Omega} \tag{7.3.21}$$

式中，$S_r(\theta,\varphi) r^2$ 为方向性函数 $F(\theta,\varphi)$，那么

$$D(\theta,\varphi) = \frac{4\pi F(\theta,\varphi)}{\int_{4\pi} F(\theta,\varphi) \mathrm{d}\Omega} \tag{7.3.22}$$

分子分母同时归一化，并注意到方向图立体角 Ω_P 的表示式，得

$$D(\theta,\varphi) = \frac{4\pi F_n(\theta,\varphi)}{\Omega_p} \tag{7.3.23}$$

令分子中的 $F_n(\theta,\varphi)=1$，得最大方向性，记作 D_0，可得

$$D_0 = \frac{4\pi}{\Omega_p} \tag{7.3.24}$$

此式表明最大方向性与方向图立体角成反比关系，Ω_p 小则 D_0 大，Ω_p 大则 D_0 小。D_0 大表示方向图“窄”。对于各向同性天线，$D_0=1$。

天线在任意(θ,φ)方向的方向性可写作

$$D(\theta,\varphi) = D_0 F_n(\theta,\varphi) \tag{7.3.25}$$

【例 7.1】 根据电偶极子的归一化辐射方向图计算电偶极子的方向图立体角、最大方向性等参数。计算结果为方向图立体角 $\Omega_p=8.38$ 球面度，旁瓣立体角 $\Omega_m=0$，主瓣立体角 $\Omega_M=\Omega_p$，最大方向性 $D_0=1.5$。计算结果请读者自己验算。

7.3.4 增益

真实的天线是有耗的，这时需要用增益取代方向性，供系统总体设计时考虑。设馈给天线的总功率为 P_{in}，辐射到空间的功率是 P_T，一部分功率被天线本身损耗掉，由此定义天线的辐射效率 η_e 为

$$\eta_e = \frac{P_T}{P_{in}} \tag{7.3.26}$$

增益的定义是，在加入相同功率条件下，真实的有耗天线辐射的功率密度与理想无耗各向同性天线辐射的功率密度之比，记作 $G(\theta,\varphi)$，表示为

$$G(\theta,\varphi) = \frac{S_r(\theta,\varphi)}{S_{oi}} \tag{7.3.27}$$

形式上，增益的表示式与方向性的表示式是类似的。可以证明，增益与方向性的区别仅差一个辐射效率，即有

$$G(\theta,\varphi) = \eta_e D(\theta,\varphi) \tag{7.3.28}$$

简单推导如下：理想各向同性天线的辐射功率密度仍如式(7.3.18)所示，将其代入到式(7.3.27)中，得增益 $G(\theta,\varphi)$ 为

$$G(\theta,\varphi) = \frac{4\pi S_r(\theta,\varphi) r^2}{P_{in}} \tag{7.3.29}$$

因为真实的有耗天线辐射的功率为

$$P_t = \int_{4\pi} S_r(\theta,\varphi) r^2 \mathrm{d}\Omega \tag{7.3.30}$$

再注意到，P_T 与 P_{in}之比为效率因子 η_e，于是增益的表示式可写作

$$G(\theta,\varphi) = \eta_e \frac{4\pi S_r(\theta,\varphi) r^2}{\int_{4\pi} S_r(\theta,\varphi) r^2 \mathrm{d}\Omega} \tag{7.3.31}$$

上式中第二个因子正是方向性的表示式，于是式(7.3.28)得证。

7.3.5 天线的极化

当一个天线处于发射状态时，天线的极化指的是该天线所辐射的电磁波的极化状态。例如一个沿 z 轴放置的电偶极子，其远区场 $\boldsymbol{E}$ 只有 $\hat{\theta}$ 分量，这种情况称作线极化波，电偶极子为线极化天线。一般来说，一个天线可能辐射线极化波、圆极化波或椭圆极化波，相应的天线被称为线极化天线、圆极化天线等。在不同方向天线辐射的电磁波的极化可能并不相同，如不特别说明，通常最大增益方向的辐射波的极化就是天线的极化。

采用复数符号法描述波的极化，在空间某一点取局部坐标的单位矢量为 $\hat{\theta}$、$\hat{\varphi}$ 和 $\hat{\boldsymbol{r}}$，三者满足右手关系 $\hat{\theta}\times\hat{\varphi}=\hat{\boldsymbol{r}}$，无论是线极化波、圆极化波或椭圆极化波的电场总可以写成下述形式：

$$\boldsymbol{E}=\hat{\theta}E_\theta+\hat{\varphi}E_\varphi=(\hat{\theta}\,|E_\theta|\,\mathrm{e}^{\mathrm{j}\psi_\theta}+\hat{\varphi}\,|E_\varphi|\,\mathrm{e}^{\mathrm{j}\psi_\varphi})\mathrm{e}^{\mathrm{j}\omega t} \tag{7.3.32}$$

E_θ 和 E_φ 是两个互相垂直的分量。取 $\boldsymbol{E}$ 的实部，记作 $\mathrm{Re}(\boldsymbol{E})$，有

$$\mathrm{Re}(\boldsymbol{E})=\hat{\theta}e_\theta+\hat{\varphi}e_\varphi \tag{7.3.33}$$

式中

$$e_\theta=|E_\theta|\cos(\omega t+\psi_\theta) \tag{7.3.34}$$

$$e_\varphi=|E_\varphi|\cos(\omega t+\psi_\varphi) \tag{7.3.35}$$

波的极化状态将取决于两个电场分量模的比值 $|E_\varphi|/|E_\theta|$ 和两个电场分量的相位差 $(\psi_\theta-\psi_\varphi)$。

下面首先描述波的极化状态的四种特例，然后再说明一般的波的极化状态。见图 7.8 和图 7.9。

(1) 当 ψ_θ 与 ψ_φ 相差 2π 的整数倍时，$\hat{\theta}$ 分量与 $\hat{\varphi}$ 分量同相，波是线极化的，相应的 $\boldsymbol{E}$ 矢量端点的轨迹斜跨第一和第三象限，如图 7.8(a)所示。

(2) 当 ψ_θ 与 ψ_φ 相差 π 的奇数倍时，$\hat{\theta}$ 分量与 $\hat{\varphi}$ 分量反相，波是线极化的，相应的 $\boldsymbol{E}$ 矢量端点的轨迹斜跨第二和第四象限，如图 7.8(b)所示。

(3) 若两分量的模相等，$|E_\theta|=|E_\varphi|=|E_0|$，且相位差 $\psi=\psi_\varphi-\psi_\theta=-\dfrac{\pi}{2}$，有

$$\begin{aligned}\mathrm{Re}(\boldsymbol{E})&=|E_0|\left[\hat{\theta}\cos(\omega t+\psi_\theta)+\hat{\varphi}\cos\left(\omega t+\psi_\theta-\frac{\pi}{2}\right)\right]\\&=|E_0|\left[\hat{\theta}\cos(\omega t+\psi_\theta)+\hat{\varphi}\sin(\omega t+\psi_\theta)\right]\end{aligned} \tag{7.3.36}$$

显然当 $\hat{\theta}$ 分量最大时，$\hat{\varphi}$ 分量最小，随着时间的推移，$\hat{\theta}$ 分量减小而 $\hat{\varphi}$ 分量增大，相应的 $\boldsymbol{E}$ 矢量端点逆时针方向旋转，且端点的轨迹是一个圆，半径为 $|E_0|$，如图 7.8(c)所示。图中同时标出了 $\hat{\theta}$、$\hat{\varphi}$ 和 $\hat{\boldsymbol{r}}$，电磁波是向 $\hat{\boldsymbol{r}}$ 方向传播的，右手大拇指指向 $\hat{\boldsymbol{r}}$，其余四个手指顺着 $\boldsymbol{E}$ 矢量的旋转方向。因此称为右手圆极化波。

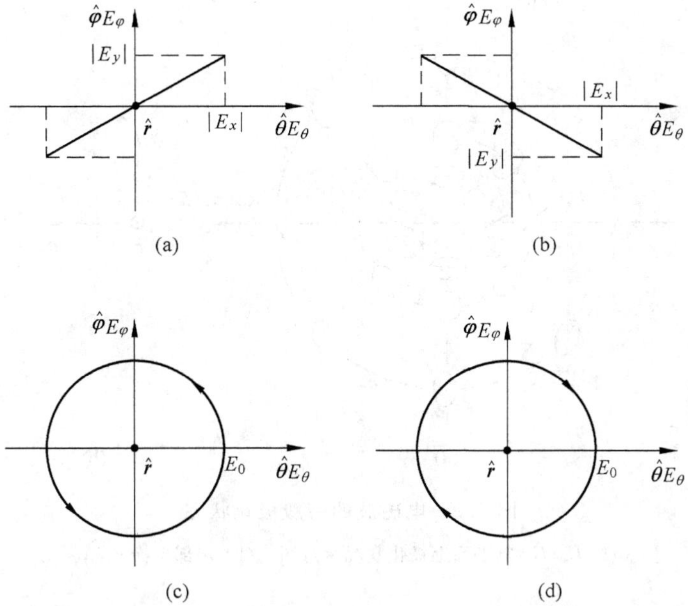

图 7.8 电磁波极化状态的四种特例

(4) 若两分量的模相等，$|E_\theta|=|E_\varphi|=|E_0|$，且相位差 $\psi=\psi_\varphi-\psi_\theta=\frac{\pi}{2}$，有

$$\begin{aligned}\mathrm{Re}(\boldsymbol{E})&=|E_0|\left[\hat{\theta}\cos(\omega t+\psi_\theta)+\hat{\varphi}\cos\left(\omega t+\psi_\theta+\frac{\pi}{2}\right)\right]\\&=|E_0|\left[\hat{\theta}\cos(\omega t+\psi_\theta)-\hat{\varphi}\sin(\omega t+\psi_\theta)\right]\end{aligned}\tag{7.3.37}$$

这时 $\boldsymbol{E}$ 矢量的端点顺时针方向旋转，如图 7.8(d)所示，为左手圆极化波。

关于圆极化波的旋转方向可以这样理解和记忆。本书采用的时间因子为 $e^{j\omega t}$，因此随着时间的推移相位是逐渐落后的，电场矢量的旋转也是从相位领先的分量转向相位落后的分量。由此不难判断出：上述第(3)条 $\hat{\theta}$ 分量领先 $\hat{\varphi}$ 分量 $\pi/2$，故为右手圆极化波；上述第(4)条 $\hat{\varphi}$ 分量领先 $\hat{\theta}$ 分量 $\pi/2$，故为左手圆极化波。

在一般情况下，电磁波是椭圆极化的。可以用一张图来概括关于波的极化状态的全部结果，如图 7.9 所示。令

$$\frac{E_\varphi}{E_\theta}=A\mathrm{e}^{\mathrm{j}\varphi}$$

其中 $A=|E_\varphi/E_\theta|$，$\psi=\psi_\varphi-\psi_\theta$。$A$ 和 ψ 的值不同，或者说 $\mathrm{R_e}(E_\varphi/E_\theta)$ 和 $\mathrm{Im}(E_\varphi/E_\theta)$ 的值不同则波的极化状态不同。各种极化波的 $\boldsymbol{E}$ 矢量端点轨迹画在图 7.9(a)的复平面上，图 7.9(b)还给出了局部坐标 $\hat{\boldsymbol{r}}$、$\hat{\theta}$、$\hat{\varphi}$，将两图对照观察可以更好地理解电磁波的极化状态。

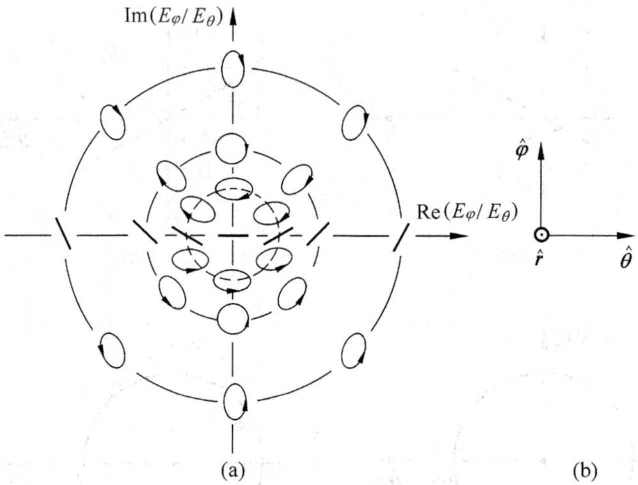

图 7.9　电磁波的一般极化状态

(a) (E_φ/E_θ)复平面上极化状况示意图　(b) 局部坐标 $\hat{r},\hat{\theta},\hat{\varphi}$

首先看实轴，即 $\psi=0$ 直线，显然波是线极化的：在正实轴线极化波电场矢量端点轨迹过第一、第三象限；在负实轴线极化波电场矢量端点轨迹过第二、第四象限；在复平面原点，只有 E_θ 分量，在无限远点只有 E_φ 分量。其次看两个特殊点：$(A,\psi)=(1,\mp\pi/2)$，这正是圆极化波，$\psi=-\pi/2$ 相当于右手圆极化波，$\psi=+\pi/2$ 相当于左手圆极化波。最后说明一般情况，除实轴为线极化波，$(A,\psi)=(1,\mp\pi/2)$两个点为圆极化外，复平面上其余各处均为椭圆极化波。在上半平面，$0<\psi<\pi$，E_φ 的相位领先 E_θ 的相位，波是左手极化波；在下半平面 $\pi<\psi<2\pi$，或者说 $-\pi<\psi<0$，E_θ 的相位领先于 E_φ 的相位，波是右手极化波。至于椭圆长轴的方向则与 A 和 ψ 都有关系。在虚轴上，$\psi=\mp\pi/2$，椭圆长轴方向仅与 A 有关：$A>1$ 时，$|E_\varphi|>|E_\theta|$，长轴沿 $\hat{\varphi}$ 方向；$A<1$ 时，$|E_\varphi|<|E_\theta|$，长轴沿 $\hat{\theta}$ 方向。了解了复平面上一些特殊点、特殊线上的极化状况，就比较容易判断其余各处的极化状况了。

7.3.6　天线的输入阻抗

天线的输入阻抗包括电阻与电抗两部分。天线的输入电阻与天线的损耗和辐射密切相关，它取决于天线的损耗电阻和天线的辐射电阻。而天线的电抗取决于天线的近区场，即储能场。完整地分析一个天线的输入阻抗必须同时研究天线的损耗、远区场和近区场。由于天线的种类繁多，近区场难于严格计算，因此输入阻抗的计算是非常复杂的。研究阻抗问题的主要目的是使天线与馈线的特性阻抗匹配，尤其在宽频带天线的设计中，阻抗失配是影响天线性能的主要因素之一。

以上所述是孤立的单个天线的输入阻抗。如果天线排成阵列，各个天线之间靠得比较近，例如 1/4 波长，天线的近区场耦合在一起互相影响，也影响到天线的阻抗，这时需引入互阻抗的概念。关于这一问题，我们将在 7.6.3 节中予以说明。

7.4 天线的基本参数(二)

本节讨论的天线基本参数与天线的接收特性密切相关。

7.4.1 天线的互易性

当天线作接收用时，其接收不同方向入射的均匀平面波的能力是不相同的，于是引入天线接收方向图来描述天线的接收特性。所谓天线的互易性指的是天线辐射方向图与天线接收方向图的互易性。

假设有两个天线：天线 1 和天线 2。两天线最大方向性之间的角度为(θ,φ)，如图 7.10 所示，天线 2 的最大方向性对准天线 1。利用电磁场的互易定理可以证明天线的接收方向图等于它的辐射方向图。

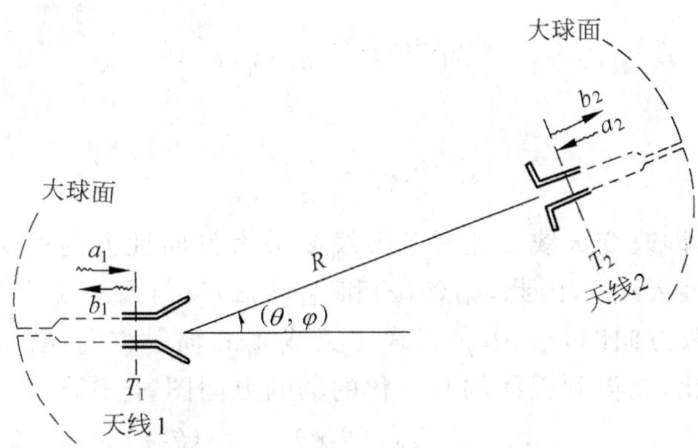

图 7.10 两天线以及两天线之间的空间构成的微波网络

现将电磁场的互易定理重新抄录如下：

$$\oint(\boldsymbol{E}_1\times\boldsymbol{H}_2-\boldsymbol{E}_2\times\boldsymbol{H}_1)\cdot \mathrm{d}\boldsymbol{s}=\langle 1,2\rangle-\langle 2,1\rangle \tag{7.4.1}$$

式中

$$\langle 1,2\rangle=\int(\boldsymbol{J}_{\mathrm{e}1}\cdot\boldsymbol{E}_2-\boldsymbol{J}_{\mathrm{m}1}\cdot\boldsymbol{H}_2)\mathrm{d}v \tag{7.4.2}$$

$$\langle 2,1\rangle=\int(\boldsymbol{J}_{\mathrm{e}2}\cdot\boldsymbol{E}_1-\boldsymbol{J}_{\mathrm{m}2}\cdot\boldsymbol{H}_1)\mathrm{d}v \tag{7.4.3}$$

$\boldsymbol{E}_1$、$\boldsymbol{H}_1$ 是源 $\boldsymbol{J}_{\mathrm{e}1}$、$\boldsymbol{J}_{\mathrm{m}1}$所产生的场，$\boldsymbol{E}_2$、$\boldsymbol{H}_2$ 是源 $\boldsymbol{J}_{\mathrm{e}2}$、$\boldsymbol{J}_{\mathrm{m}2}$所产生的场，$\boldsymbol{J}_{\mathrm{e}}$、$\boldsymbol{J}_{\mathrm{m}}$是电流密度和磁

流密度。为了证明天线的互易性，首先作一包围两天线的大球面，大球半径为无限大。由于空间媒质略有损耗，电场 $\boldsymbol{E}$ 和磁场 $\boldsymbol{H}$ 随 r 的衰减比$(1/r)$快，因而式(7.4.1)左端在大球面上的积分为零。由此证明式(7.4.1)的右端亦为零。其次再作包围两天线的任一封闭面 S，必有

$$\oint_S (\boldsymbol{E}_1 \times \boldsymbol{H}_2 - \boldsymbol{E}_2 \times \boldsymbol{H}_1) \cdot \mathrm{d}\boldsymbol{s} = 0 \tag{7.4.4}$$

按下述方式选取封闭面 S：在天线1的馈线和天线2的馈线上分别选择两个参考面 T_1 和 T_2，从参考面向外延伸然后并拢，平行地延伸到无限远，再做成一个大球面。这样，除两个参考面外，其余部分的面积分等于零(导体上和无限大球面上)或相互抵消(平行面上)。式(7.4.4)仅在参考面 T_1 和 T_2 处有值，天线以及天线之间的空间构成了一个微波网络，仿照散射矩阵互易性的证明方法可以得到该网络的散射参量

$$s_{12}(\theta,\varphi) = s_{21}(\theta,\varphi) \tag{7.4.5}$$

与通常的电路的散射参量不同的是 $s_{12}(\theta,\varphi)$和 $s_{21}(\theta,\varphi)$都是空间角度(θ,φ)的函数。根据散射参量的定义，$s_{21}(\theta,\varphi)$是天线2的内向波为零时，天线2的参考面 T_2 处的外向波 b_2 与天线1的参考面 T_1 处的内向波 a_1 之比，即

$$s_{21}(\theta,\varphi) = \left.\frac{b_2}{a_1}\right|_{a_2=0} \tag{7.4.6}$$

类似地

$$s_{12}(\theta,\varphi) = \left.\frac{b_1}{a_2}\right|_{a_1=0} \tag{7.4.7}$$

现在设天线1旋转，即改变天线1相对于天线2最大方向性方向的夹角(θ,φ)，天线2不动且最大方向性对准天线1，因此，$s_{12}(\theta,\varphi)$和 $s_{21}(\theta,\varphi)$仅与天线1有关。实际上 $s_{12}(\theta,\varphi)$代表了天线1的接收方向图，$s_{21}(\theta,\varphi)$代表了天线1的辐射方向图。将 $s_{21}(\theta,\varphi)$和 $s_{12}(\theta,\varphi)$对其最大值归一化，就得到天线的归一化的场的方向图，记作

$$f_n(\theta,\varphi) = \frac{s_{21}(\theta,\varphi)}{|s_{21}|_{\max}} = \frac{s_{12}(\theta,\varphi)}{|s_{12}|_{\max}} \tag{7.4.8}$$

取其模的平方就是归一化功率方向图 $F_n(\theta,\varphi)$，表示为

$$F_n(\theta,\varphi) = f_n(\theta,\varphi) f_n^*(\theta,\varphi) \tag{7.4.9}$$

以上论述说明从场的互易定理出发，借助于微波网络散射参量，证明了天线方向图的互易性，即天线的互易性。式(7.4.8)的优点是它同时包含了幅度和相位的信息，这种推导优于一般天线书中从功率的角度利用 z 参量或 y 参量所得到的结果。

7.4.2 极化损失因子

接收天线的极化与入射波的极化相同，称为极化匹配。如果接收天线不同于入射波的极化，天线接收到的功率将低于极化匹配时接收到的功率，引起极化损失，为了描述这

种现象，引入极化损失因子，记作 PLF。

常用的极化形式是线极化和圆极化。为了说明入射波极化与天线极化的关系，首先要规定好各自的坐标系和电磁波传播的方向，如图 7.11 所示，天线辐射的电磁波的方向与入射波方向都是沿各自的 z 轴方向传播。

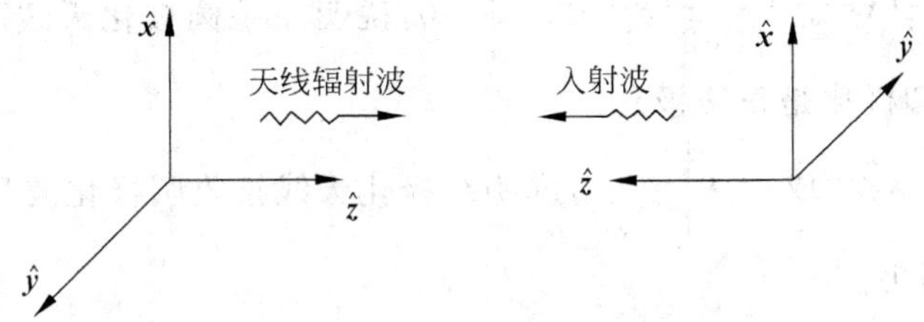

图 7.11　讨论天线极化损失因子所用的坐标系

假设入射波的电场为 $\boldsymbol{E}_i$，则有

$$\boldsymbol{E}_i = \hat{\boldsymbol{e}}_i E_i \tag{7.4.10}$$

式中，$\hat{\boldsymbol{e}}_i$ 是入射波电场矢量的单位矢量。接收天线的极化就是同一天线作为发射天线的极化(天线的互易性)，也就是天线辐射的电磁波的极化，其相应的电场记作 $\boldsymbol{E}_a$，则

$$\boldsymbol{E}_a = \hat{\boldsymbol{e}}_a E_a \tag{7.4.11}$$

极化损失因子 PLF 为

$$\mathrm{PLF} = |\hat{\boldsymbol{e}}_i \cdot \hat{\boldsymbol{e}}_a^*| \leqslant 1 \tag{7.4.12}$$

其中 PLF=1 为极化匹配。

【例 7.2】　设入射波为线极化波，$\boldsymbol{E}_i = \hat{\boldsymbol{y}} E_i$，天线的极化为：(1)线极化天线，$\boldsymbol{E}_a = \hat{\boldsymbol{x}} E_i$；(2)线极化天线，$\boldsymbol{E}_a = \hat{\boldsymbol{y}} E_i$；(3)圆极化天线，$\boldsymbol{E}_a = (\hat{\boldsymbol{x}} + \mathrm{j}\hat{\boldsymbol{y}}) E_0$。

试计算上述三种情况的极化损失因子。

解　(1) $\mathrm{PLF} = |\hat{\boldsymbol{y}} \cdot \hat{\boldsymbol{x}}| = 0$，极化完全失配，天线收不到功率，有时称这两个线极化是正交极化，它们是互相隔离的；

(2) $\mathrm{PLF} = |\hat{\boldsymbol{y}} \cdot \hat{\boldsymbol{y}}| = 1$，极化匹配；

(3) 注意$(\hat{\boldsymbol{x}} + \mathrm{j}\hat{\boldsymbol{y}})$不是单位矢量，故必须首先求它的单位矢量 $\hat{\boldsymbol{e}}_a$，$\hat{\boldsymbol{e}}_a = (\hat{\boldsymbol{x}} + \mathrm{j}\hat{\boldsymbol{y}})/|\hat{\boldsymbol{x}} + \mathrm{j}\hat{\boldsymbol{y}}| = \dfrac{1}{\sqrt{2}}(\hat{\boldsymbol{x}} + \mathrm{j}\hat{\boldsymbol{y}})$，那么圆极化天线接收线极化波时的极化损失因子为

$$\mathrm{PLF} = |\hat{\boldsymbol{y}} \cdot (\hat{\boldsymbol{x}} + \mathrm{j}\hat{\boldsymbol{y}})^* / \sqrt{2}| = \frac{1}{\sqrt{2}}$$

【例 7.3】　设入射波为右手圆极化波，$\boldsymbol{E}_i = (\hat{\boldsymbol{x}} - \mathrm{j}\hat{\boldsymbol{y}}) E_0$，天线的极化为：(1)右手圆极化波，$\boldsymbol{E}_a = (\hat{\boldsymbol{x}} - \mathrm{j}\hat{\boldsymbol{y}}) E_0$；(2)左手圆极化波，$\boldsymbol{E}_a = (\hat{\boldsymbol{x}} + \mathrm{j}\hat{\boldsymbol{y}}) E_0$；(3)线极化波$\boldsymbol{E}_a = \hat{\boldsymbol{x}} E_a$。试计算

上述三种情况的极化损失因子。

解 (1) $\text{PLF}=\left|\frac{1}{\sqrt{2}}(\hat{x}-\mathrm{j}\hat{y})\cdot\frac{1}{\sqrt{2}}(\hat{x}-\mathrm{j}\hat{y})^*\right|=1$，这说明右手圆极化天线与右手圆极化波极化匹配。

(2) $\text{PLF}=\left|\frac{1}{\sqrt{2}}(\hat{x}-\mathrm{j}\hat{y})\cdot\frac{1}{\sqrt{2}}(\hat{x}+\mathrm{j}\hat{y})^*\right|=0$，说明左手圆极化天线不能接收右手圆极化波，左手和右手圆极化是正交极化。

(3) $\text{PLF}=\left|\frac{1}{\sqrt{2}}(\hat{x}-\mathrm{j}\hat{y})\cdot\hat{x}\right|=\frac{1}{\sqrt{2}}$，说明线极化天线接收圆极化波只能接收一半功率，即有 3dB 的极化损失。

在卫星通信中，通常采用两个不同的线极化，或两个不同的圆极化无线，即通常所说的正交极化，从而形成两个正交极化通道。

7.4.3 天线有效面积

天线处于发射状态和接收状态工作时的等效电路分别如图 7.12(a)和(b)所示，图中 $R_g+\mathrm{j}X_g$ 为内阻抗，R_{rad} 为天线的辐射电阻，R_L 为天线的损耗电阻，X_A 为天线的电抗。

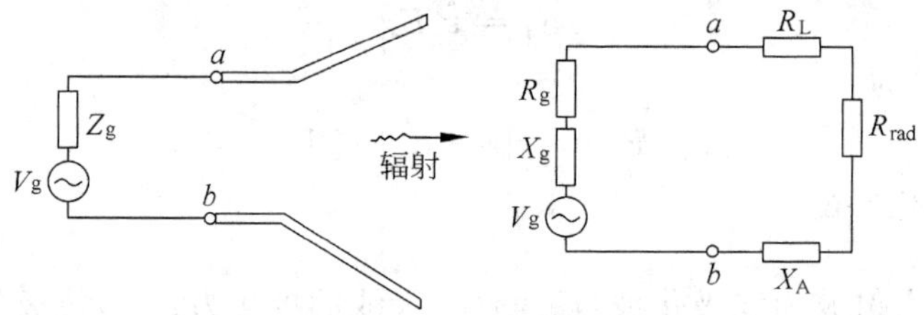

(a)

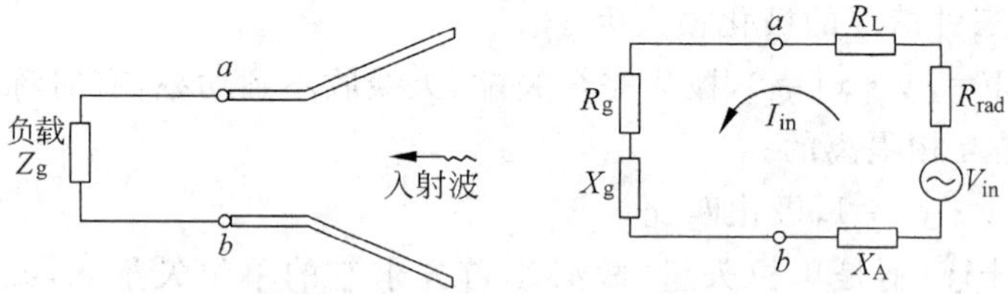

(b)

图 7.12 天线的等效电路
(a) 发射状态 (b) 接收状态

V_g 是发射状态时的信号源电压。在接收状态，入射到天线的电磁场对天线的作用体现为电压 V_{in}，$R_g+\mathrm{j}X_g$ 为负载阻抗。天线的负载检测到的功率与入射到天线的功率密度之比定义为天线有效面积，记作 A_e。这是一个与接收有关的概念，表示为

$$A_e = \frac{P_{in}}{S_{in}} \tag{7.4.13}$$

式中，P_{in}是天线负载所检测到的功率，S_{in}是入射波的功率密度，由图 7.12(b)，A_e 可写作

$$A_e = \frac{|I_{in}|^2 R_g/2}{S_{in}} = \frac{|V_{in}|^2}{2S_{in}}\left[\frac{R_g}{(R_{rad}+R_L+R_g)^2+(X_A+X_g)^2}\right] \tag{7.4.14}$$

若入射波的入射方向对准天线的最大增益方向，天线处于极化匹配状态，阻抗满足共轭匹配条件($R_{rad}+R_L=R_g, X_A=-X_g$)，则天线有效面积取最大值，即 $A_e=A_{emax}$，为简化符号省去下标 max，以下讨论只简记为 A_e，但其意义是最大有效面积，简称有效面积。于是

$$A_e = \frac{|V_{in}|^2}{8S_{in}}\left(\frac{1}{R_L+R_{rad}}\right) \tag{7.4.15}$$

若天线无耗，即 $R_L=0$，那么最大的有效面积为

$$A_e = \frac{|V_{in}|^2}{8S_{in}}\left(\frac{1}{R_{rad}}\right) \tag{7.4.16}$$

【例 7.4】 电偶极子的有效面积。设电偶极子无耗，天线与入射波极化匹配，由于电偶极子非常短，那么入射波在长度为 l 的电偶极子天线上感应的电压为 $V_{in}=E_i l$，式中 E_i 是入射波电场幅度。入射波为平面波，功率密度 $S_{in}=E_i^2/2\eta$，式中 $\eta=120\pi$，为空间波阻抗。将 V_{in}、S_{in}、η 和 R_{rad} 的表示式代入式(7.4.16)可得电偶极子有效面积为

$$A_e = \frac{(E_i l)^2}{8\,\dfrac{E_i^2}{2\eta}\left(\dfrac{80\pi^2 l^2}{\lambda^2}\right)} = \frac{3\lambda^2}{8\pi} \tag{7.4.17}$$

假设一个短的电偶极子天线长度 $l\approx 0.01\lambda$，线的直径 $d\approx 0.003\lambda$，显然，电偶极子的有效面积比实际电偶极子所占的面积大得多。这表明，一个小小的电偶极子可将面积为 A_e 范围内的能量捕获。

7.4.4 天线有效面积与天线方向性的关系

天线的有效面积是接收天线的概念，天线的方向性是从发射的观点引出的天线参数，那么两者之间有什么关系呢？为解决这一问题，我们首先由特例入手，然后再求一般的关系式。已知电偶极子天线的最大方向性 $D_0=1.5$，且有效面积如式(7.4.17)所示，那么可求得电偶极子天线的方向性与有效面积之比为

$$\frac{D_0}{A_e} = \frac{4\pi}{\lambda^2} \tag{7.4.18}$$

我们可以证明：这一关系式是普遍适用的。假设两天线最大方向性已经对准、极化匹配、天线无耗，如图 7.13 所示。当天线 1 发射，天线 2 接收到的功率 P_{r2} 为

$$P_{r2}\big|_{a_2=0} = \frac{P_{t1}D_{01}}{4\pi R^2}A_{e2} \tag{7.4.19}$$

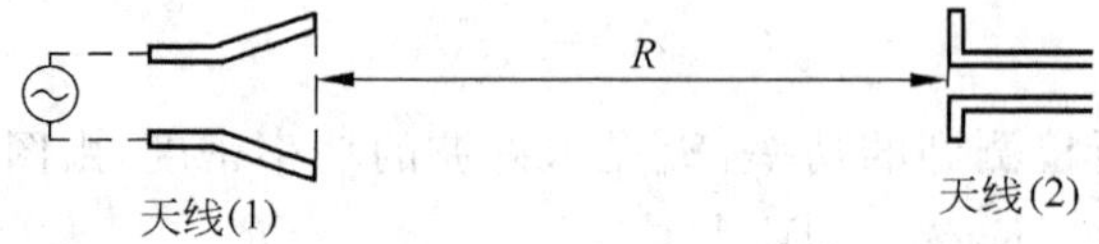

图 7.13　两天线距离为 R，最大方向性互相对准且极化匹配

式中，D_{01} 是天线 1 的最大方向性，A_{e2} 是天线 2 的有效面积，P_{t1} 是天线 1 的发射功率，R 是两天线之间的距离。P_{r2} 与 P_{t1} 之比等于 $|s_{21}|^2$（散射参量），即

$$\left.\frac{P_{r2}}{P_{t1}}\right|_{a_2=0} = |s_{21}|^2 = \frac{D_{01}A_{e2}}{4\pi R^2} \tag{7.4.20}$$

类似地，当天线 2 发射，天线 1 接收到的功率 P_{r1} 与天线 2 的发射功率 P_{t2} 之比等于 $|s_{12}|^2$（散射参量），即

$$\left.\frac{P_{r1}}{P_{t2}}\right|_{a_1=0} = |s_{12}|^2 = \frac{D_{02}A_{e1}}{4\pi R^2} \tag{7.4.21}$$

根据 7.5.1 节证明的天线互易性，可得

$$D_{01}A_{e2} = D_{02}A_{e1} \tag{7.4.22}$$

或

$$\frac{D_{01}}{A_{e1}} = \frac{D_{02}}{A_{e2}} \tag{7.4.23}$$

在推导式(7.4.23)的过程中我们未对天线的具体形式作任何限制，因此任意一个天线的方向性与有效面积之比必等于另一个天线的方向性与有效面积之比。已知偶极子天线的方向性与有效面积之比满足式(7.4.18)，那么由式(7.4.23)可以推论式(7.4.18)是普遍适应的。

最后，注意到最大方向性与天线立体角 Ω_p 之间的关系为 $D_0=4\pi/\Omega_p$，将其代入到式(7.4.18)中，得有效面积与天线立体角的关系为

$$A_e = \lambda^2/\Omega_p \tag{7.4.24}$$

或

$$\Omega_p = \lambda^2/A_e \tag{7.4.25}$$

7.4.5　天线的噪声温度

天线的噪声包括外部噪声和内部噪声两部分。内部噪声来源于天线本身的损耗，用图 7.12 中的损耗电阻 R_L 等效，内部噪声即是损耗电阻 R_L 产生的噪声。外部噪声来源于宇宙、大气（含云、雨、雪）以及各种地物的热辐射。本小节只讨论外部噪声。

1. 普朗克辐射定律

自然界中所有的物质，包括气体、液体、固体和等离子体，只要它们的温度高于绝对零

度都必然辐射非相干电磁波，这种辐射称为热辐射，这些热辐射被天线接收，就是外部因素引起的天线噪声。自然界中各种物质热辐射的机理是非常复杂的。黑体辐射的概念对于了解实际物质的热辐射特性是十分重要的。所谓黑体指的是在所有频率上吸收所有入射的辐射能而无反射的理想的完全不透明的材料。一个黑体是一个完全的吸收体，同时也是一个完全的发射体，其吸收本领愈强发射本领也愈强，否则，不能保持热平衡，物体的温度不能保持恒定。19 世纪的物理学家力图从经典的热力学导出黑体的辐射定律，但没能成功。普朗克引入了能量是离散的量子假设得出了黑体辐射定律的解析式，这在物理学界引发了一场革命。

普朗克辐射定律给出了绝对温度为 T 的黑体在单位立体角、单位频带内辐射的噪声功率密度 B_f 的表示式为

$$B_f = \frac{2hf^3}{c^2}\left(\frac{1}{\exp\left(\frac{hf}{kT}\right)-1}\right) \tag{7.4.26}$$

式中，$h=6.626\times10^{-34}\,\mathrm{J\cdot s}$，是普朗克常数；$k=1.38\times10^{-23}\,\mathrm{J\cdot K^{-1}}$，是玻尔兹曼常数；$f$ 是频率，单位为 Hz；T 是绝对温度，单位为 K；$c=3\times10^8\,\mathrm{m\cdot s^{-1}}$，是光速。$B_f$ 在物理学中叫做黑体的谱亮度。普朗克辐射定律对于黑体是严格成立的，但是我们研究的范围在微波波段，式(7.4.26)中的指数因子满足条件

$$\frac{hf}{kT} \ll 1 \tag{7.4.27}$$

如令 $hf/kT=x$，当 x 比较小时有近似式 $e^x-1\approx x$，于是式(7.4.26)简化为

$$B_f = \frac{2f^2kT}{c^2} = \frac{2kT}{\lambda^2} \tag{7.4.28}$$

式中，λ 为波长，单位为 m。此式为普朗克辐射定律的低频近似，即著名的瑞利-金斯近似。若 $\lambda T>0.77$，瑞利-金斯近似式与普朗克的严格表示式仅相差百分之一，对于大部分的微波波段采用近似式就足够了。当 $f=300\mathrm{GHz}$，$T=300\mathrm{K}$ 时，低频近似的相对误差将达到 3%，这对于工程问题是可以接受的。

2. 功率温度对应

在瑞利-金斯近似式的基础上可以导出噪声功率与温度的非常简单的对应关系。在微波波段常用微波吸波材料制作无回波暗室，这种吸波材料可近似认为是微波波段的黑体。设想将一个无耗微波天线放在周围用黑体材料做成的封闭暗室中，如图 7.14 所示，黑体保持恒定温度 T，从各个方向向天线辐射非相干电磁波，天线所接收的$(f,f+\Delta f)$频率范围内的总噪声功率为 P_{nb}，表示为

$$P_{\mathrm{nb}} = \frac{1}{2}A_{\mathrm{e}}\int_f^{f+\Delta f}\int_{4\pi} B_f F_n(\theta,\varphi)\,\mathrm{d}\Omega\,\mathrm{d}f \tag{7.4.29}$$

式中，A_{e} 是天线的有效面积，$F_n(\theta,\varphi)$是天线的归一化方向图。可以这样理解式中的因子

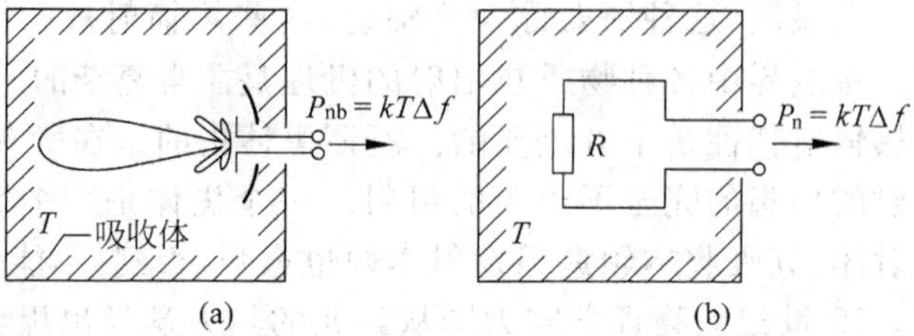

图 7.14　置于黑体闭室中的天线

(1/2)：因黑体辐射的电磁波极化方向是随机的，线极化的取向在 360°范围内均匀分布，而天线是固定极化的，因此天线仅能接收到一半的功率。现将瑞利-金斯近似式代入到式(7.4.29)中，若 $\Delta f \ll f$，可认为波长 λ 为一常数，对 f 积分后得

$$P_{nb} = kT\Delta f \frac{A_e}{\lambda^2}\int_{4\pi} F_n(\theta,\varphi)\mathrm{d}\Omega \tag{7.4.30}$$

上式中的积分正是天线立体角 Ω_p，再由式(7.4.24)可知 $A_e/\lambda^2=1/\Omega_p$，于是上式变为

$$P_{nb} = kT\Delta f \tag{7.4.31}$$

此式表明置于黑体封闭暗室中的微波天线所接收的功率与黑体的绝对温度之间是一一对应的。奈奎斯特于 1928 年对温度为 T 的电阻导出了一个同样形式的关系式，他证明了电阻的资用噪声功率 $P_n=kT\Delta f$。

3. 无耗天线的噪声温度

所谓无耗天线的噪声温度，指的是外部的噪声功率投射到无耗天线，被天线所接收而形成的噪声温度，有时又叫天线测量噪声温度。为了讨论这一问题，首先介绍亮温度和视在温度的概念。

在微波范围内，物理温度为 T 的绝对黑体其谱亮度 B_f 在$(f,f+\Delta f)$范围内对 f 的积分叫做黑体的亮度，记作 B_b，下标 b 表示黑体的意思，将下标 f 去掉表示已不是谱亮度而是亮度。B_b表示为

$$B_b = \int_f^{f+\Delta f} B_f \mathrm{d}f = \frac{2k}{\lambda^2}T\Delta f \tag{7.4.32}$$

对于非黑体，物理温度为 T，设其亮度为 B，因为是非黑体，其亮度必低于黑体，$B\leqslant B_b$，仿照上式引入与 B 相对应的温度，记作 T_B，称为非黑体的亮温度，非黑体的亮度与亮温度的关系为

$$B = \frac{2k}{\lambda^2}T_B\Delta f \tag{7.4.33}$$

显然，非黑体的亮温度 T_B 低于与其物理温度 T，也就是低于与其有相同物理温度的黑体的温度。

现在假想以天线作为球心做一个大球面，大球面上存在一个亮度分布 $B_i(\theta,\varphi)$，入射

到天线，如图 7.15 所示。仿照式(7.5.32)大球面的亮度分布 $B_i(\theta,\varphi)$对应了一个温度分布 $T_{AP}(\theta,\varphi)$称作视在温度，有

$$B_i(\theta,\varphi) = \frac{2k}{\lambda^2} T_{AP}(\theta,\varphi)\Delta f \tag{7.4.34}$$

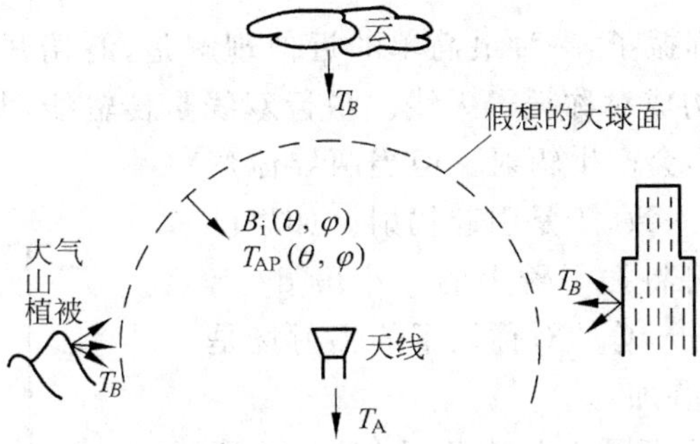

图 7.15　大球面上的亮度和视在温度分布

仿照式(7.4.29)，天线所接收的噪声功率 P_n 为

$$P_n = \frac{1}{2}A_e\int B_i(\theta,\varphi)F_n(\theta,\varphi)\Delta f\mathrm{d}\Omega \tag{7.4.35}$$

将式(7.4.34)代入

$$P_n = \frac{A_e}{\lambda^2}k\int T_{AP}(\theta,\varphi)F_n(\theta,\varphi)\Delta f\mathrm{d}\Omega \tag{7.4.36}$$

仿照黑体封闭暗室中天线接收功率的表示式(7.4.31)，令式(7.4.36)为下述形式：

$$P_n = kT_A\Delta f \tag{7.4.37}$$

比较式(7.4.37)与式(7.4.36)可知

$$T_A = \frac{A_e}{\lambda^2}\int_{4\pi} T_{AP}(\theta,\varphi)F_n(\theta,\varphi)\mathrm{d}\Omega \tag{7.4.38}$$

注意到(A_e/λ^2)是天线立体角 Ω_p 的倒数，因此 T_A 可写作

$$T_A = \frac{\int_{4\pi} T_{AP}(\theta,\varphi)F_n(\theta,\varphi)\mathrm{d}\Omega}{\int_{4\pi} F_n(\theta,\varphi)\mathrm{d}\Omega} \tag{7.4.39}$$

这里的 T_A 就是我们要求的无耗天线的噪声温度，或称天线测量温度，它仅仅考虑了外部噪声对天线的噪声温度的贡献。实际上，T_A 是视在温度分布按天线加权函数 $F_n(\theta,\varphi)$在 4π 立体角上的积分，并按加权函数的积分归一化。如果将天线置于黑体封闭暗室中，$T_{AP}(\theta,\varphi)=T$，且 T 是常数，由 T_A 的表示式很容易得到 $T_A=T$，这正是预期的结果。卫星通信地面站天线之所以常常建在城市的郊区，就是为了躲开高层建筑，降低 $T_{AP}(\theta,\varphi)$，从而降低天线测量温度 T_A。

7.5 振子天线

7.5.1 对称振子

图 7.16 所示为对称振子，一种最简单的近似理解是，终端开路的平行线的两根导体向相反方向弯曲 90°而构成对称振子天线。平行双线是传输线，其上电流相反，因而两电流的辐射场互相抵消，不会产生辐射。但当两导体弯曲 90°时，其上电流方向一致，于是引起辐射。如果已知振子两臂上的电流，可将振子臂上的一小段 dz'上的电流看作一个电偶极子，总的对称振子的辐射场是许多电偶极子辐射场的叠加。

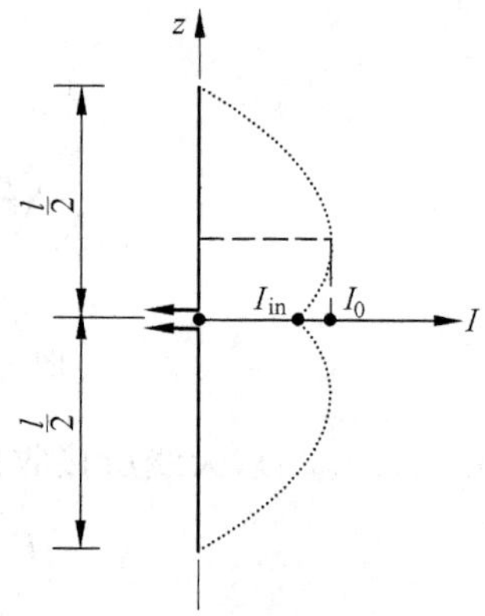

图 7.16 对称振子及其电流分布

由式(7.3.13)，对称振子上长度为 dz'的一小段电流元的远区辐射场的 E_θ 分量记作 dE_θ，则有

$$dE_\theta = j\eta\frac{kI(z')e^{-jkr}}{4\pi r}\sin\theta dz' \tag{7.5.1}$$

式中，$I(z')$是 z'处的电流强度，η 是自由空间波阻抗。对于远区场，上式分母中的 r 用 r_0 取代，指数中的 $r\approx r_0 - z'\cos\theta$，于是上式近似为

$$dE_\theta \approx j\eta\frac{kI(z')e^{-jk(r_0-z'\cos\theta)}}{4\pi r_0}\sin\theta dz' \tag{7.5.2}$$

总的辐射场为从 $-l/2$ 到 $l/2$ 的积分，即

$$E_\theta = j\eta\frac{k e^{-jkr_0}}{4\pi r_0}\sin\theta\int_{-l/2}^{l/2} I(z')e^{jkz'\cos\theta}dz' \tag{7.5.3}$$

为了计算辐射场，必须知道电流分布 $I(z')$，自 20 世纪 40 年代以来，许多学者就不断地探讨这一问题，建立了若干物理模型。当振子的直径 $d\ll l$ 时，振子上的电流分布与开路平行线上的电流分布非常接近，并且辐射方向图受电流分布偏差的影响也很小，因此我们假设

$$I(z') = \begin{cases} I_0\sin\left[k\left(\frac{l}{2}-z'\right)\right], & 0\leqslant z'\leqslant l/2 \\ I_0\sin\left[k\left(\frac{l}{2}+z'\right)\right], & -l/2\leqslant z'\leqslant 0 \end{cases} \tag{7.5.4}$$

将其代入式(7.5.3)，得

$$E_\theta = j\eta\frac{k e^{-jkr_0}}{4\pi r_0}\sin\theta\int_{-l/2}^{0} I_0\sin\left[k\left(\frac{l}{2}+z'\right)\right]e^{jkz'\cos\theta}dz' + j\eta\frac{k e^{-jkr_0}}{4\pi r_0}\sin\theta\int_{0}^{+l/2} I_0\sin\left[k\left(\frac{l}{2}-z'\right)\right]e^{jkz'\cos\theta}dz' \tag{7.5.5}$$

利用下述积分公式：

$$\int e^{\alpha x}\sin(\beta x+\gamma)\mathrm{d}x=\frac{e^{\alpha x}}{\alpha^2+\beta^2}[\alpha\sin(\beta x+\gamma)-\beta\cos(\beta x+\gamma)]$$

令 $\alpha=\mathrm{j}k\cos\theta,\beta=\pm k,\gamma=kl/2$，经过运算，整理后得

$$E_\theta=\mathrm{j}\eta\frac{I_0e^{-\mathrm{j}kr_0}}{2\pi r_0}\left[\frac{\cos\left(\frac{kl}{2}\cos\theta\right)-\cos\left(\frac{kl}{2}\right)}{\sin\theta}\right] \tag{7.5.6}$$

磁场的 H_φ 分量为

$$H_\varphi=E_\theta/\eta \tag{7.5.7}$$

场的方向图 $f(\theta)$ 为

$$f(\theta)=\frac{\cos\left(\frac{kl}{2}\cos\theta\right)-\cos\left(\frac{kl}{2}\right)}{\sin\theta} \tag{7.5.8}$$

图 7.17 画出了 $l/\lambda=0.1$、0.5、1、$4/3$、$3/2$ 时的电流分布和场的辐射方向图。当 $l/\lambda\leqslant0.1$ 时，其辐射方向图非常接近电偶极子的方向图，3dB 波束宽度为 90°；当 $l/\lambda=0.5$ 时，称为半波振子，3dB 波束宽度为 78°；当 $l/\lambda=1$ 时，3dB 波束宽度为 47.8°；当 $l/\lambda>1$ 时方向图开始出现旁瓣，甚至主瓣已不复存在。

根据罗比塔法则可以证明，$f(0)=0$，即在 $\theta=0$ 方向辐射场为零，这与振子的放置方向有关，实际上是在对称振子的轴线方向辐射场为零。

下面给出半波振子的方向图、辐射功率密度、最大方向性、辐射电阻和输入电阻。对称振子中用得最多的是半波振子，$l/\lambda=0.5$，这时 $kl/2=\pi/2$，于是半波振子的辐射场变为

$$E_\theta=\mathrm{j}\eta\frac{I_0e^{-\mathrm{j}kr_0}}{2\pi r_0}\left[\frac{\cos\left(\frac{\pi}{2}\cos\theta\right)}{\sin\theta}\right] \tag{7.5.9}$$

$$H_\varphi=\mathrm{j}\frac{I_0e^{-\mathrm{j}kr_0}}{2\pi r_0}\left[\frac{\cos\left(\frac{\pi}{2}\cos\theta\right)}{\sin\theta}\right] \tag{7.5.10}$$

场的方向图为

$$f(\theta)=\frac{\cos\left(\frac{\pi}{2}\cos\theta\right)}{\sin\theta} \tag{7.5.11}$$

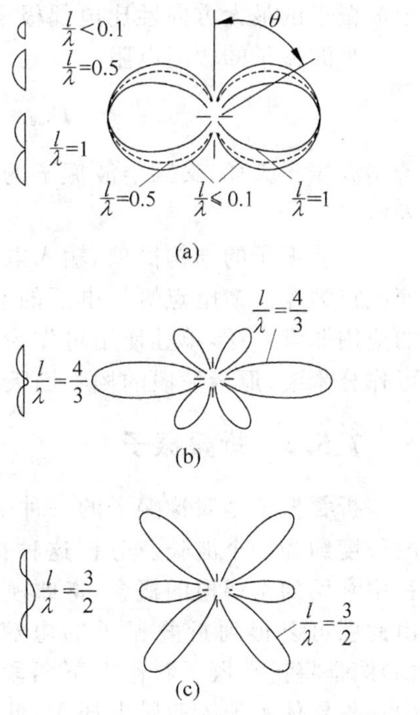

图 7.17　不同长度对称振子的电流分布和场的辐射方向图

(a) 辐射方向图未出现旁瓣　(b) 辐射方向图有旁瓣　(c) 辐射方向图已没有明显主瓣

当 $\theta=90°$时，$f(90°)=1$，是辐射最强的方向，半功率波束宽度 78°，半波振子在垂直于轴的 H 面内无方向性。

半波振子的辐射功率密度 $S_r(\theta)$为

$$S_r(\theta)=\frac{2\eta I_0^2}{(4\pi r_0)^2}\left[\frac{\cos\left(\frac{\pi}{2}\cos\theta\right)}{\sin\theta}\right]^2 \tag{7.5.12}$$

在 r_0 为半径的大球面上对 $S_r(\theta)$作积分，得半波振子的总辐射功率

$$P=\int_0^{2\pi}\mathrm{d}\varphi\int_0^{\pi}S_r(\theta)r^2\sin\theta\mathrm{d}\theta$$

$$=\frac{\eta I_0^2}{4\pi}\int_0^{\pi/2}\frac{\cos^2\left(\frac{\pi}{2}\cos\theta\right)}{\sin^2\theta}\mathrm{d}\theta=0.609\frac{\eta I_0^2}{2\pi} \tag{7.5.13}$$

最大方向性

$$D_0=\frac{S_r(90°)}{P/4\pi r^2}=\frac{1}{0.609}=1.64 \tag{7.5.14}$$

半波振子的最大方向性比电偶极子略有提高。

半波振子的辐射电阻

$$R_{\text{rad}}=\frac{P}{I_0^2/2}=\frac{0.609\eta}{\pi}=73(\Omega) \tag{7.5.15}$$

若半波振子无耗，又因半波振子的输入电流等于 I_0，所以辐射电阻就等于半波振子的输入电阻。

半波振子的结构简单，输入电阻数值适中，虽然输入电抗为感抗，但适当缩短臂长可使电抗为零。馈电点恰是电压的波节点，易于馈入较大的功率。由于这些优点，半波振子的应用非常广泛，单独使用可作为短波、米波波段的通信天线、广播的发射与接收天线，还可作分米波、厘米波段的抛物面天线的馈源，以及阵列天线中的阵列单元。

7.5.2 折叠振子

折叠振子是对称振子的一种变形。它由金属杆或金属管弯成，如图 7.18 所示，一圈的长度约为一个波长。分析这种折叠振子的方法仍是基于微波工程中常用的奇偶模的概念，奇偶模分解的具体过程如图 7.19 所示。由此图可以得到折叠振子的电流分布、输入阻抗和辐射方向性。(a)图是将折叠振子看作上下两段 1/4 波长的短路平行双线，在其中一根导体上加入激励电压 V，此为非对称激励。(b)图将非对称激励按奇偶模分解，左边导体分解为两个同相的 $V/2$ 的激励电压，右边导体分解为两个反相的 $V/2$ 的激励电压，(b)图又分成(c)图与(d)图之和。(c)图上两导体的电流方向相反，因而不会引起辐射。(d)图上两导体的电流方向相同，这正是我们所需要的天线式

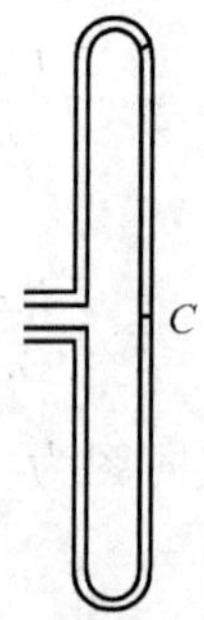

图 7.18　折叠振子

的激励，每根导体上的电流为 $I_a/2$，两根导体上的电流之和为 I_a，图中 A 点是电流的波节

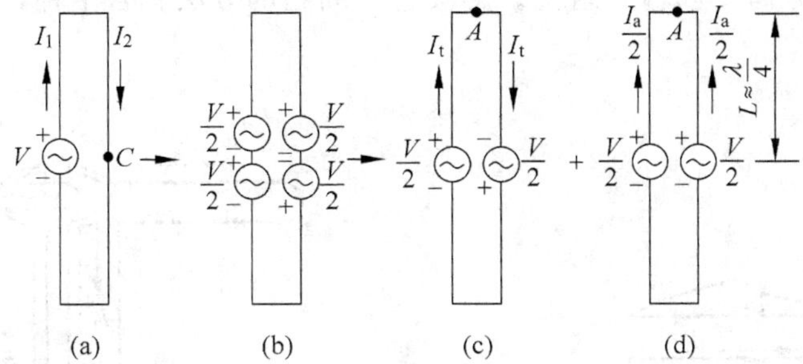

图 7.19 折叠振子的奇偶模分解

点，故 I_a 的分布与半波振子的电流分布相同。(d)图的输入阻抗为

$$\frac{V}{2}/I_{ai} = 73(\Omega)$$

其中，I_{ai}为输入点 I_a 的值。(c)图输入点 I_t 的值 $I_{ti} \approx 0$，因为输入点为电流 I_t 的波节点。再回到(a)图所对应的折叠振子，其输入阻抗为

$$Z_i = \frac{V}{I_{ti} + (I_{ai}/2)} \approx \frac{V}{(I_{ai}/2)}$$

$$= 4\left(\frac{V}{2}\bigg/ I_{ai}\right) = 4 \times 73 = 292(\Omega) \tag{7.5.16}$$

由上述分析可知，折叠振子的方向性与半波振子的方向性完全相同，而输入阻抗却是半波振子的 4 倍，因而与特性阻抗为 300Ω 的平行双线易于匹配。折叠振子与对称半波振子相比还有一个很大的优点，易于用支撑杆固定。这是因为折叠振子的 C 点恰是电压的波节点，如将支撑杆固定于 C 点将不会影响天线的输入阻抗和方向性。几十年来，折叠振子得到了广泛的应用。值得一提的是，有关折叠振子的分析工作是由已故中国科学院院士、清华大学常迵教授于 20 世纪 40 年代完成的，当时常先生正在美国哈佛大学从事天线的研究工作。1967 年 IEEE AP 杂志列出了一批在天线与电波传播领域有杰出贡献的科学家，其中就包括有常迵教授。

7.5.3 对称转换器

如果采用同轴线给对称振子馈电，就出现了一个馈电的结构问题，在非对称的同轴线与对称振子之间需要用到对称转换器。图 7.20 是没有对称转换器直接用同轴线向对称振子馈电的结构示意图。同轴线的内导体弯曲 90°形成振子的一臂，其上电流为 I_1，外导体的一部分向相反方向弯曲 90°形成振子的另一臂，其上电流为 I_2，I_1 是内导体的全部电流，而 I_2 仅是外导体的一部分电流，还有一部分外导体电流 I_3 流向外导体的外侧。显然

$I_2<I_1$，对称振子上的电流不对称，影响方向图和输入阻抗。I_3 亦将引起交叉极化的辐射，又进一步影响方向图和输入阻抗。解决这一问题的方法有若干种，下面仅举微波工程中常用的两种。

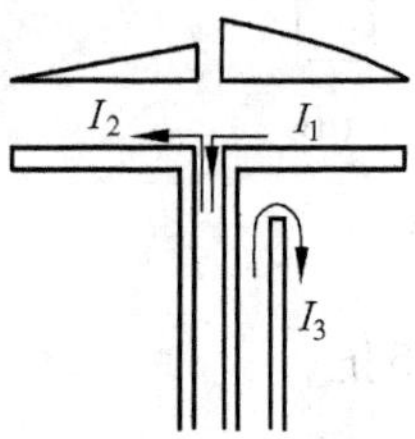

7.20　同轴线直接向对称振子馈电

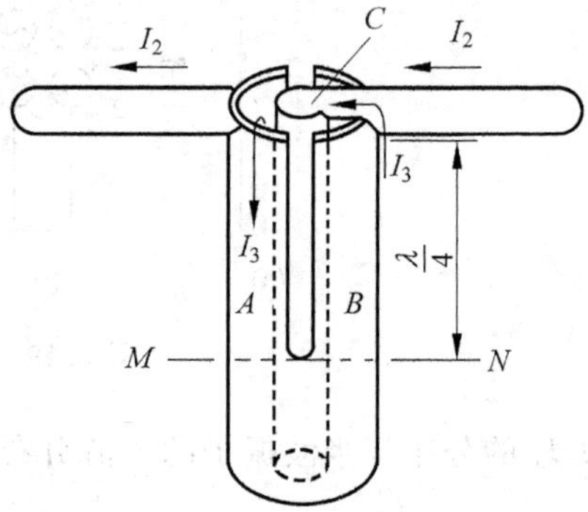

图 7.21　裂缝式对称转换器

1. 裂缝式对称转换器

其结构示意图如图 7.21 所示，同轴线的外导体开一条长度为 $\lambda/4$ 的裂缝，将外导体分为 A 和 B 两部分，在同轴线末端振子的一个臂接 A，另一个臂接 B。用短路导体 C 将 B 与内导体连接，于是同轴线内导体与 B 组成的一对传输线在 MN 截面处开路，全部功率通过同轴线内导体与 A 组成的另一对传输线。理想情况下，即裂缝长度严格等于 $\lambda/4$，B 的内壁电流等于零，而同轴线内导体和 A 的内壁电流数值相等、方向相反，其幅度记作 I_1。为了使图较为简洁，没有在图 7.21 中标出 I_1，读者可自己想像 I_1 的流向，如果 I_1 全部流向振子的两臂，而不流向同轴线外导体的外侧，则这种馈电结构就是非常完美的。非常幸运的是 A 与 B 组成的另一对传输线恰在 MN 截面处短路，从而在馈电端口处开路，这就阻止了流向 A 与 B 外壁的电流 I_3，即 $I_3=0$。这样，三对传输线中的两对巧妙地设计成 $\lambda/4$，就使得振子两臂的电流相等且等于 I_1。若工作波长变化使得裂缝长度不等于 $\lambda/4$，则 A 与 B 外臂上的电流 I_3 不等于零，但仍数值相等方向相反，不会产生交叉极化辐射，振子两臂的电流不是 I_1，而是 $I_2=I_1-I_3$，两臂电流仍然相等，因此裂缝对称转换器有比较宽的频带。

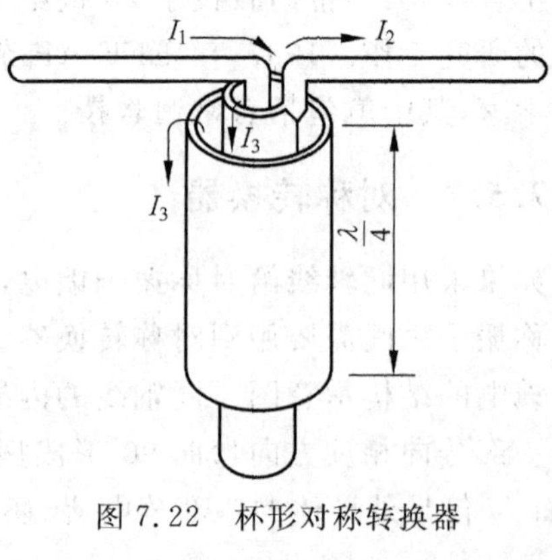

图 7.22　杯形对称转换器

2. 杯形对称转换器

图 7.22 是杯形对称转换器的示意图，从图上可以看到，在同轴线的外导体外面加了

一个 $\lambda/4$ 的杯，杯与同轴线外导体形成一对传输线，杯的底短路，开口处的电流 $I_3=0$，内导体的电流为 I_1，外导体的电流为 I_2，$I_2=I_1-I_3$，若 $I_3=0$ 则 $I_2=I_1$。若工作波长变化使得杯的长度不等于 $\lambda/4$，则 $I_3\neq 0$，从而 $I_2\neq I_1$，因此杯形对称转换器频带不够宽。

7.6 阵列天线

对称振子、缝隙天线、喇叭天线、微带天线的方向图都比较宽，为了获得较窄的方向图，将上述各种天线排成阵列，构成阵列天线。阵列中的各个单独的天线称作单元天线。阵列天线有线阵、面阵之分，面阵是线阵的推广，本节主要讨论线阵。阵列天线的一个重要规律是天线的方向性（或方向图）相乘原理，即阵列天线的总的方向性等于单元方向性与阵列因子的乘积。影响阵列天线方向图的因素是很多的，如阵列的几何形状（线、矩形面、圆形面、曲面等）、单元天线之间的相对分布（位置间距）、单元天线的激励幅度和相位、单元天线的辐射方向性等。除最后一个因素外，其余各因素都将被考虑在阵列因子之中。

7.6.1 二元阵

图 7.23 所示为两个距离为 d 的电偶极子组成的二元阵。总的辐射场 E_θ 为两单元天线辐射场 $E_{\theta 1}$ 和 $E_{\theta 2}$ 之和，即

$$\begin{aligned} E_\theta &= E_{\theta 1}+E_{\theta 2} \\ &= \mathrm{j}\,\frac{\eta k I l}{4\pi}\left[\frac{\mathrm{e}^{-\mathrm{j}\left(kr_1-\frac{\beta}{2}\right)}}{r_1}\sin\theta_1+\frac{\mathrm{e}^{-\mathrm{j}\left(kr_2+\frac{\beta}{2}\right)}}{r_2}\sin\theta_2\right] \end{aligned} \tag{7.6.1}$$

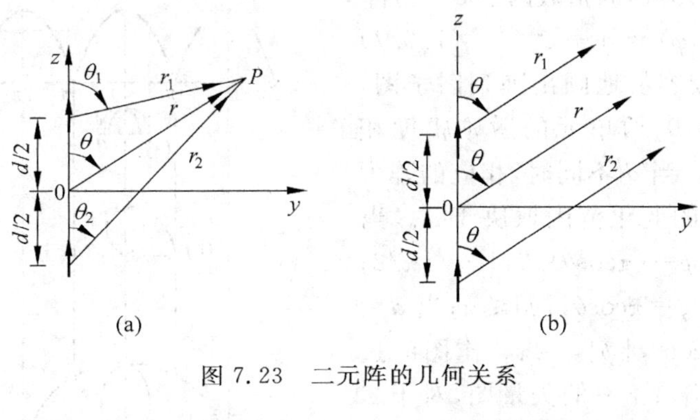

图 7.23 二元阵的几何关系

上述写法表示两单元天线的激励幅度相等，激励相位差为 β。对于远区场取下述近似：$\theta_1\approx\theta_2\approx\theta$，对于分母中的 r_1 和 r_2，有 $r_1\approx r_2\approx r$，对于指数中的 r_1 和 r_2，有 $r_1\approx r-(d\cos(\theta/2))$，$r_2\approx r+(d\cos(\theta/2))$。于是式(7.7.1)变为

$$E_\theta \approx \mathrm{j}\,\frac{\eta kIl}{4\pi r}\mathrm{e}^{-\mathrm{j}kr}\sin\theta\left[\mathrm{e}^{\mathrm{j}(kd\cos\theta+\beta)/2}+\mathrm{e}^{-\mathrm{j}(kd\cos\theta+\beta)/2}\right]$$
$$=\mathrm{j}\,\frac{\eta kIl}{4\pi r}\mathrm{e}^{-\mathrm{j}kr}\sin\theta 2\cos[(kd\cos\theta+\beta)/2]$$
$$=\mathrm{j}\,\frac{\eta kIl}{4\pi r}\mathrm{e}^{-\mathrm{j}kr}f(\theta,\varphi) \tag{7.6.2}$$

式中，$f(\theta,\varphi)$为阵列天线的总的方向性，表示为

$$f(\theta,\varphi)=\sin\theta\, 2\cos[(kd\cos\theta+\beta)/2] \tag{7.6.3}$$

事实上 $\sin\theta$ 是电偶极子的方向性，记作 $f_e(\theta,\varphi)$，称作单元方向性，$2\cos[(kd\cos\theta+\beta)/2]$ 是两单元天线场的叠加引出的一个因子，记作 $f_a(\theta,\varphi)$，称作阵列因子。采用单元方向性和阵列因子的符号式(7.6.3)可以写作

$$f(\theta,\varphi)=f_e(\theta,\varphi)f_a(\theta,\varphi) \tag{7.6.4}$$

此式表明二元阵天线的总的方向性为单元方向性与阵列因子的乘积。对于任意的阵列天线，其总的方向性总可以写成单元方向性与阵列因子相乘的形式，这就是方向性相乘原理。由于这一原理，今后讨论阵列天线时将着重于分析阵列因子，对于各种具体的单元天线另作研究。

二元阵的阵列因子写成两个指数和的形式将是有益的，则有

$$f_a(\theta,\varphi)=\mathrm{e}^{-\mathrm{j}\psi/2}+\mathrm{e}^{\mathrm{j}\psi/2}$$
$$=\mathrm{e}^{-\mathrm{j}\psi/2}(1+\mathrm{e}^{\mathrm{j}\psi}) \tag{7.6.5}$$

式中

$$\psi=kd\cos\theta+\beta \tag{7.6.6}$$

省去式(7.6.5)括号外面的指数因子 $\mathrm{e}^{-\mathrm{j}\psi/2}$，得

$$f_a(\theta,\varphi)=1+\mathrm{e}^{\mathrm{j}\psi} \tag{7.6.7}$$

利用此式可以比较容易地画出阵列因子图，见图 7.24。设 $\beta=0$，两单元的激励幅度相等，单元间距为 d。当 d 不同时，相应的阵列因子图亦不同，ψ 的变化范围取决于 d。当 $d=\lambda/4$，$kd=\pi/2$，$\psi=(\pi\cos\theta)/2$，$|\psi|\leqslant\pi/2$；当 $d=\lambda/2$，$kd=\pi$，$\psi=\pi\cos\theta$，$|\psi|\leqslant\pi$；当 $d=\lambda$，$kd=2\pi$，$\psi=2\pi\cos\theta$，$|\psi|\leqslant 2\pi$。作图的过程是这样的：首先作 $1+\mathrm{e}^{\mathrm{j}\psi}$的矢量图，对于二元阵这是一个圆；然后画出直角坐标的 $f_a(\psi)$图，确定 ψ 的变化范围；最后再画出极坐标形式的 $f_a(\theta)$。$f_a(\theta)$作图的具体方法是：选一个空间 θ 值计算相应的 φ 值，由直角

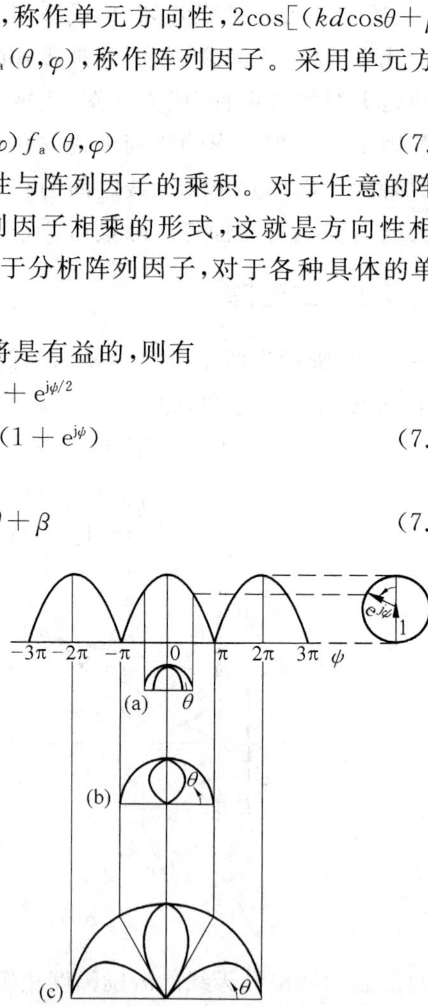

图 7.24　二元阵的阵列因子，幅度相等，$\beta=0$
(a) $d=\lambda/4$　(b) $d=\lambda/2$　(c) $d=\lambda$

坐标的 $f_a(\varphi)$ 图查得 $f_a(\varphi)$ 的值，然后标在极坐标形式的 $f_a(\theta)$ 上。

7.6.2 N 元线阵

N 元线阵是各种阵列天线的基础。沿 z 轴方向放置的 N 元线阵的阵列因子为

$$\begin{aligned} f_a(\psi) &= a_0 + a_1 e^{j\psi} + a_2 e^{j2\psi} + \cdots + a_{N-1} e^{j(N-1)\psi} \\ &= \sum_{n=0}^{N-1} a_n e^{jn\psi} \end{aligned} \tag{7.6.8}$$

式中，$\psi = kd\cos\theta + \beta$。令

$$Z = e^{j\psi} \tag{7.6.9}$$

阵列因子可改写为

$$f_a(z) = \sum_{n=0}^{N-1} a_n Z^n \tag{7.6.10}$$

为了说明 N 元线阵的特性，我们研究一个最简单的情况：等幅线阵。令 $a_n = 1$，等幅线阵的阵列因子变为等比级数，因而可写成闭合形式

$$\begin{aligned} f_a(z) &= \sum_{n=0}^{N-1} Z^n = \frac{Z^N - 1}{Z - 1} \\ &= Z^{\frac{N-1}{2}} \left[\frac{Z^{\frac{N}{2}} - Z^{-\frac{N}{2}}}{Z^{\frac{1}{2}} - Z^{-\frac{1}{2}}} \right] \end{aligned} \tag{7.6.11}$$

将 Z 的表示式(7.6.9)代入上式，并略去外面的指数因子 $\exp[j(N-1)\psi/2]$，得

$$f_a(\psi) = \left[\frac{e^{jN\psi/2} - e^{-jN\psi/2}}{e^{j\psi/2} - e^{j\psi/2}} \right] = \frac{\sin(N\psi/2)}{\sin(\psi/2)} \tag{7.6.12}$$

当 $\psi \to 0$ 时上式的极限为 N，N 是 $f_a(\psi)$ 的最大值，因此归一化的阵列因子为

$$f_{an}(\psi) = \frac{1}{N} \frac{\sin(N\psi/2)}{\sin(\psi/2)} \tag{7.6.13}$$

当 ψ 值较小时 $\sin(\psi/2) \approx \psi/2$，上式近似为

$$f_{an}(\psi) = \frac{\sin(N\psi/2)}{N\psi/2} \tag{7.6.14}$$

根据式(7.6.13)可以求出阵列因子的主瓣、旁瓣和零点的位置。

(1) 主瓣最大点对应于 $\psi = 0$；

(2) 波瓣的零点位置记作 ψ_0，ψ_0 满足关系式

$$\frac{N\psi_0}{2} = p\pi,\ p = \pm 1, \pm 2, \cdots, \pm N/2 \tag{7.6.15}$$

(3) 旁瓣最大点位置记作 ψ_m，ψ_m 近似地位于 $\sin(N\psi/2)$ 的极值点附近，ψ_m 满足关系式

$$\frac{N\psi_m}{2} = \frac{2p+1}{2}\pi,\ p = +1, \pm 2, \cdots, -N/2 \quad (N\ 为偶数) \tag{7.6.16}$$

【例 7.5】 设单元数 $N=8, d=\lambda/2, \beta=0$，阵列因子的示意图如图 7.25 所示。由已知条件得 $kd=\pi$，ψ 的变化范围为 $-\pi\leqslant\psi\leqslant\pi$，称作阵列因子示意图上的可见区。$\psi=kd\cos\theta=\pi\cos\theta$，$\psi=0$ 即 $\theta=90°$，主瓣最大方向指向 $\theta=90°$。旁瓣的零点 θ_0 位置满足关系式

$$4\pi\cos\theta_0 = p\pi,\ p=\pm 1, \pm 2, \pm 3, \pm 4$$

旁瓣最大点位置 θ_m 满足关系式

$$4\pi\cos\theta_m = \frac{2p+1}{2}\pi,\quad p=1, \pm 2, \pm 3, -4$$

两个零点之间有一个旁瓣最大点。

又，若 $\beta\neq 0$，不妨设 $\beta>0$，那么由 ψ 的表示式 $\psi=kd\cos\theta+\beta$，ψ 的变化范围为 $-\pi+\beta\leqslant\psi\leqslant\pi+\beta$，可见区向右移（图 7.25），相应的主瓣指向角 θ 亦发生变化，令 $\psi=0$，得

$$\theta = \arccos(\beta/kd)$$

本例中 $kd=\pi$，故有 $\theta=\arccos(\beta/\pi)$，可见改变各单元天线的馈电相位 β 便可改变主瓣的方向，这就是相控阵天线的主要依据。

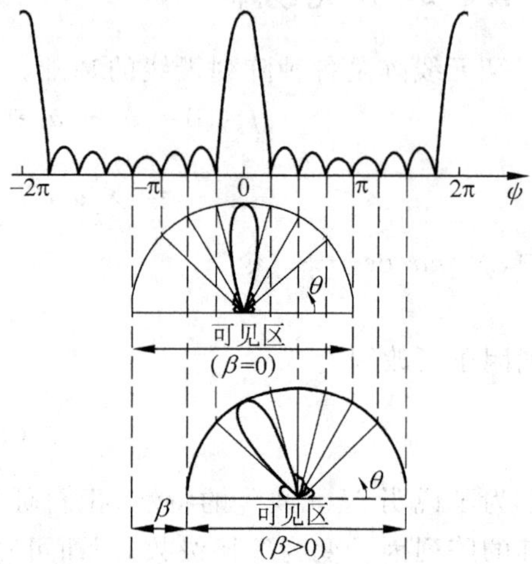

图 7.25 N 元线阵的振列因子，$N=8$

7.6.3 自阻抗与互阻抗

阵列天线中各单元天线之间的距离比较小，处于近场范围内，存在互耦。图 7.26 所示为二单元天线系统及其二端口网络。用[Z]矩阵描述该二端口网络可得

$$\left.\begin{aligned} V_1 &= Z_{11}I_1 + Z_{12}I_2 \\ V_2 &= Z_{21}I_1 + Z_{22}I_2 \end{aligned}\right\} \tag{7.6.17}$$

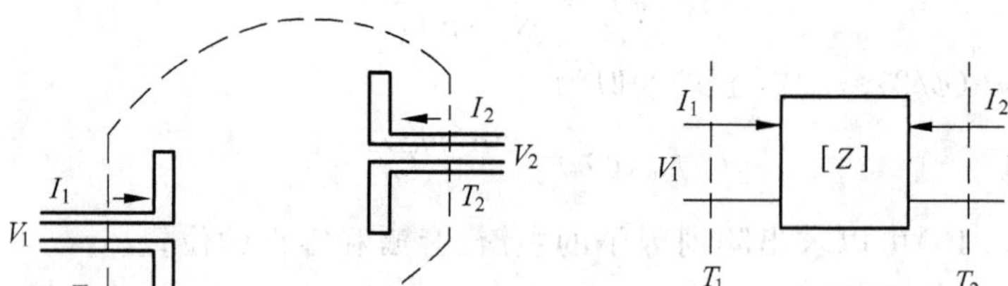

图 7.26 二单元天线系统及其二端口网络

式中各符号的意义已在第 4 章讨论过，现结合天线阻抗问题说明如下。

$$Z_{11} = \left.\frac{V_1}{I_1}\right|_{I_2=0} \tag{7.6.18}$$

Z_{11}是当振子天线 2 的电流 I_2 等于零时振子天线 1 的输入阻抗，称作天线 1 的自阻抗。

$$Z_{12} = \left.\frac{V_1}{I_2}\right|_{I_1=0} \tag{7.6.19}$$

Z_{12}是当振子天线 1 的电流 I_1 等于零时振子天线 1 的输入阻抗，称作振子天线 2 对振子天线 1 的互阻抗。二单元天线系统天线 1 的输入阻抗和天线 2 的输入阻抗分别为

$$Z_{i1} = \frac{V_1}{I_1} = \frac{1}{I_1}(Z_{11}I_1 + Z_{12}I_2) \tag{7.6.20}$$

$$Z_{i2} = \frac{V_2}{I_2} = \frac{1}{I_2}(Z_{21}I_1 + Z_{22}I_2) \tag{7.6.21}$$

推广到 N 单元阵列天线，第 p 个单元天线的输入阻抗可以写作

$$Z_{ip} = \frac{V_p}{I_p} = \frac{1}{I_p}\sum_{k=1}^{N} Z_{pk}I_k \tag{7.6.22}$$

此式表明，第 p 个单元天线的输入阻抗取决于各单元天线的激励电流、各单元天线的自阻抗和互阻抗。

7.7 口面天线

7.7.1 口面天线辐射场的计算方法

计算口面天线辐射场的一种方法大致包括下面几个步骤：(1)选择一个包围天线的封闭面，在这个封闭面上的场 $\boldsymbol{E}_a$ 和 $\boldsymbol{H}_a$ 是已知的或近似已知的；(2)利用 1.12 节中所叙述的镜像定理和等效原理求出等效面电流密度 $\boldsymbol{J}_{eS}$和等效面磁流密度 $\boldsymbol{J}_{mS}$；(3)用 $\boldsymbol{J}_{eS}$和 $\boldsymbol{J}_{mS}$取代式(7.2.29)和式(7.2.20)中的 $\boldsymbol{J}$ 和 $\boldsymbol{J}_m$，体积分改为面积分，计算矢量位 $\boldsymbol{A}_e$ 和 $\boldsymbol{A}_m$；(4)由矢量位 $\boldsymbol{A}_e$ 和 $\boldsymbol{A}_m$ 计算远区辐射场。

首先举例说明如何求得等效面电流密度和等效面磁流密度，以波导口的辐射为例。近似地，假设矩形波导口的场分布仍然是规则波导中的场分布，电场为 $\boldsymbol{E}_a$，磁场为 $\boldsymbol{H}_a$(图中未标出)。为了计算方便，将图 7.27(a)所示的矩形波导的波导口开拓成图 7.27(b)所示，这是又一次取了近似。现在将图 7.27(b)移到图 7.28(a)看如何求它的等效面源。对于罗夫等效，设想波导口面所在的无限大平面与半径为无限大的左半球构成封闭面 S，在无限大平面上可能有等效面电流源 $\boldsymbol{J}_{eS}$和等效面磁流源 $\boldsymbol{J}_{mS}$，如图 7.28(b)。本例中，在口面以外的平面已开拓为导体平面，故 $\boldsymbol{J}_{mS} = -\hat{\boldsymbol{n}}\times$

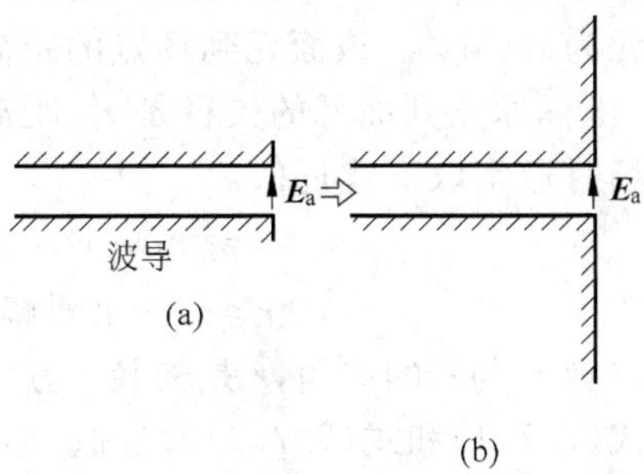

图 7.27 波导口与开拓后的波导口

$\boldsymbol{E}=0$，$\boldsymbol{J}_{\mathrm{e}S}$有值。采用电导体等效，用电导体取代左半球，在无限大导体平面上只有磁流源$\boldsymbol{J}_{\mathrm{m}S}$才能辐射电磁场，但$\boldsymbol{J}_{\mathrm{m}S}$只在波导口处有值，如图7.28(c)。应用镜像定理，将导体去掉，补充磁流源的镜像，使得$\boldsymbol{J}_{\mathrm{m}S}=-2\hat{\boldsymbol{n}}\times\boldsymbol{E}_{\mathrm{a}}$，补充电流源的镜像使得$\boldsymbol{J}_{\mathrm{e}S}=0$。波导口的$\boldsymbol{J}_{\mathrm{m}S}$的辐射场就是所要求的波导口的辐射场。在这个例子中，我们采用的是电导体等效，同时应用了镜像定理。假设给定口面的磁场$\boldsymbol{H}_{\mathrm{a}}$，请读者试用导磁体等效求出等效面电流源。

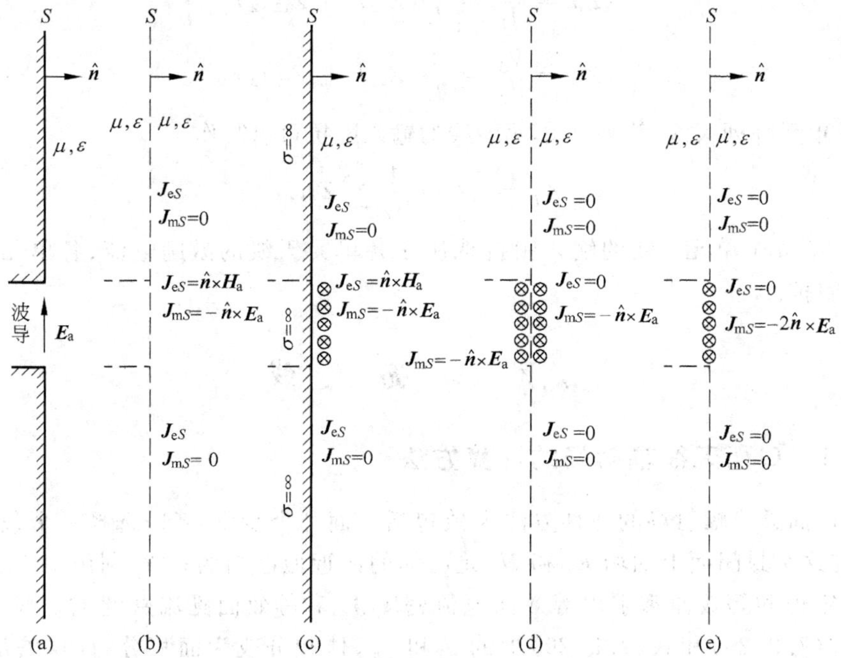

图7.28 无限大导体平面开拓后的波导口的等效面磁流源

其次说明如何由等效面电流源计算口面辐射场，参考图7.29可做下述近似计算。考虑无限大平面上矩形口面(任意形状亦可)，该口面与xy平面重合，口面上源点(x',y')处的面元为$\mathrm{d}x'\mathrm{d}y'$。该面元到场点的距离是r，矢径为$\boldsymbol{r}$，坐标原点到场点的矢径是$\boldsymbol{r}_0$，距离为r_0，坐标原点到面元的矢径是$\boldsymbol{r}'$，距离为r'。正如计算对称振子时所做的那样，在考虑远区场时通常取下述近似：

$$r\approx r_0-r'\cos\xi=r_0-\boldsymbol{r}'\cdot\hat{\boldsymbol{r}}\quad(\text{对相位})\tag{7.7.1}$$

$$r\approx r_0\quad(\text{对幅度})\tag{7.7.2}$$

式中，ξ是$\boldsymbol{r}'$与$\hat{\boldsymbol{r}}$的夹角，$\hat{\boldsymbol{r}}$是矢径$\boldsymbol{r}$方向的单位矢量。现在用$\boldsymbol{J}_{\mathrm{e}S}$和$\boldsymbol{J}_{\mathrm{m}S}$取代$\boldsymbol{J}$和$\boldsymbol{J}_{\mathrm{m}}$，并注意到式(7.7.1)和式(7.7.2)的近似，那么电矢位$\boldsymbol{A}_{\mathrm{e}}$和磁矢位$\boldsymbol{A}_{\mathrm{m}}$可以写作

$$\boldsymbol{A}_{\mathrm{e}}=\frac{\mu}{4\pi}\int_S\boldsymbol{J}_{\mathrm{e}S}\,\frac{\mathrm{e}^{-\mathrm{j}kr}}{r}\mathrm{d}s'\approx\frac{\mu\mathrm{e}^{-\mathrm{j}kr_0}}{4\pi r_0}\int_S\boldsymbol{J}_{\mathrm{e}S}\,\mathrm{e}^{\mathrm{j}kr'\cos\xi}\mathrm{d}s'\tag{7.7.3}$$

$$\boldsymbol{A}_{\mathrm{m}} = \frac{\varepsilon}{4\pi}\int_S \boldsymbol{J}_{\mathrm{m}S}\,\frac{\mathrm{e}^{-\mathrm{j}kr}}{r}\mathrm{d}s' \approx \frac{\varepsilon \mathrm{e}^{-\mathrm{j}kr_0}}{4\pi r_0}\int_S \boldsymbol{J}_{\mathrm{m}S}\,\mathrm{e}^{\mathrm{j}kr'\cos\xi}\mathrm{d}s' \tag{7.7.4}$$

上述两个积分中的相位因子 $kr'\cos\xi$ 可按下述方式计算。注意到 $\boldsymbol{r}'=\hat{\boldsymbol{x}}x'+\hat{\boldsymbol{y}}y'$，$\hat{\boldsymbol{r}}=\hat{\boldsymbol{x}}\sin\theta\cos\varphi+\hat{\boldsymbol{y}}\sin\theta\sin\varphi+\hat{\boldsymbol{z}}\cos\theta$，那么

$$kr'\cos\xi = k\boldsymbol{r}'\cdot\hat{\boldsymbol{r}} = k(x'\sin\theta\cos\varphi + y'\sin\theta\sin\varphi) \tag{7.7.5}$$

对于远区场，电场和磁场的 $\hat{\boldsymbol{r}}$ 分量为零，可以证明：若只考虑 $\hat{\theta}$ 和 $\hat{\varphi}$ 分量，下述近似式成立(习题 7.7)：

$$\boldsymbol{E}_{\mathrm{e}} \approx -\mathrm{j}\omega\boldsymbol{A}_{\mathrm{e}} \tag{7.7.6}$$

$$\boldsymbol{H}_{\mathrm{e}} \approx \frac{1}{\eta}\hat{\boldsymbol{r}}\times\boldsymbol{E}_{\mathrm{e}} \tag{7.7.7}$$

$$\boldsymbol{H}_{\mathrm{m}} \approx -\mathrm{j}\omega\boldsymbol{A}_{\mathrm{m}} \tag{7.7.8}$$

$$\boldsymbol{E}_{\mathrm{m}} \approx -\eta\hat{\boldsymbol{r}}\times\boldsymbol{H}_{\mathrm{m}} \tag{7.7.9}$$

式(7.7.6)～(7.7.9)的各个 $\hat{\theta}$ 和 $\hat{\varphi}$ 分量为

$$E_{\mathrm{e}\theta} = -\mathrm{j}\omega A_{\mathrm{e}\theta} \tag{7.7.10}$$

$$E_{\mathrm{e}\varphi} = -\mathrm{j}\omega A_{\mathrm{e}\varphi} \tag{7.7.11}$$

$$H_{\mathrm{e}\theta} \approx \mathrm{j}\frac{\omega}{\eta}A_{\mathrm{e}\varphi} = -\frac{E_{\mathrm{e}\varphi}}{\eta} \tag{7.7.12}$$

$$H_{\mathrm{e}\varphi} \approx -\mathrm{j}\frac{\omega}{\eta}A_{\mathrm{e}\theta} = \frac{E_{\mathrm{e}\theta}}{\eta} \tag{7.7.13}$$

和

$$H_{\mathrm{m}\theta} \approx -\mathrm{j}\omega A_{\mathrm{m}\theta} \tag{7.7.14}$$

$$H_{\mathrm{m}\varphi} \approx -\mathrm{j}\omega A_{\mathrm{m}\varphi} \tag{7.7.15}$$

$$E_{\mathrm{m}\theta} \approx -\mathrm{j}\omega\eta A_{\mathrm{m}\varphi} = \eta H_{\mathrm{m}\varphi} \tag{7.7.16}$$

$$E_{\mathrm{m}\varphi} \approx -\mathrm{j}\omega\eta A_{\mathrm{m}\theta} = -\eta H_{\mathrm{m}\theta} \tag{7.7.17}$$

下标 e 和 m 分别表示由 $\boldsymbol{J}_{\mathrm{e}S}$ 和 $\boldsymbol{J}_{\mathrm{m}S}$ 所产生的场。只要按照式(7.7.3)和式(7.7.4)计算出 $\boldsymbol{A}_{\mathrm{e}}$ 和 $\boldsymbol{A}_{\mathrm{m}}$，再根据式(7.7.6)～(7.7.17)就可求得远区场的各个场分量。

对于各种口面场分布和各种口面形状的天线都可按本小节所给出的步骤求它们的远区场。口面分布包括幅度和相位两个因素，口面形状包括矩形、圆形、椭圆形等。表 7.1 列出了各种口面分布的天线参数：天线的方向图、主瓣零点宽度、主瓣波束宽度(3dB)、第一旁瓣电平、方向性等参数，供天线设计和系统论证时参考。

7.7.2 口面天线辐射场计算举例

1. 无限大导体平面上的矩形口面的远区场

口面与 xy 平面重合，如图 7.29 所示，口面的范围是：$-a/2\leqslant x'\leqslant a/2$，$-b/2\leqslant y'\leqslant b/2$。口面的电场 $\boldsymbol{E}_{\mathrm{a}}=\hat{\boldsymbol{y}}E_0$，这是等幅等相的口面分布。试计算该矩形口面的远区场。

表 7.1

口面形状	幅度分布规律	幅度分布图形	主瓣零点宽度/rad	主瓣半功率宽度/rad	第一旁瓣电平/dB	方向性系数	方向性函数（忽略单元方向性）
矩形	$E=E_0$	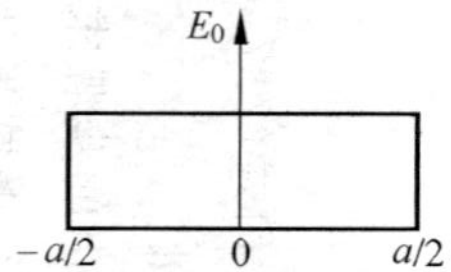	$\frac{2\lambda}{a}$	$0.88\frac{\lambda}{a}$	-13.2	$4\pi\frac{A}{\lambda^2}$	$\frac{\sin u}{u}\left(u=\frac{ka}{2}\sin\theta\right)$
矩形	$E=\left[1-4(1-\Delta)\frac{x^2}{a}\right]E_0$ $\Delta=0.8$ $\Delta=0.5$ $\Delta=0$	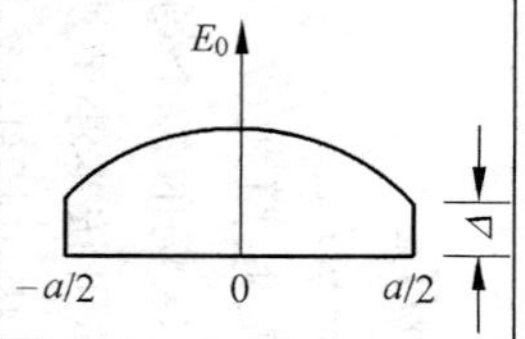	$1.06\frac{2\lambda}{a}$ $1.14\frac{2\lambda}{a}$ $1.43\frac{2\lambda}{a}$	$0.92\frac{\lambda}{a}$ $0.97\frac{\lambda}{a}$ $1.15\frac{\lambda}{a}$	-15.8 -17.1 -20.6	$0.994\times4\pi\frac{A}{\lambda^2}$ $0.97\times4\pi\frac{A}{\lambda^2}$ $0.833\times4\pi\frac{A}{\lambda^2}$	$\frac{\sin u}{u}+(1+\Delta)\frac{\partial^2}{\partial u^2}\left(\frac{\sin u}{u}\right)$
矩形	$E=E_0\cos\left(\frac{\pi x}{a}\right)$ $E=E_0\cos^2\left(\frac{\pi x}{a}\right)$ $E=E_0\cos^3\left(\frac{\pi x}{a}\right)$	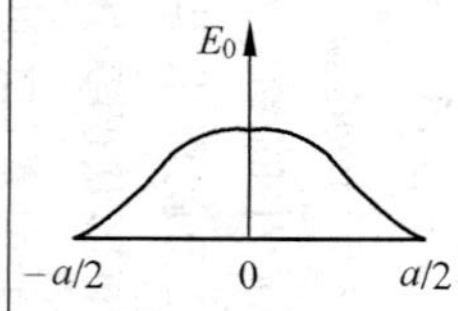	$1.5\frac{2\lambda}{a}$ $2.0\frac{2\lambda}{a}$ $2.5\frac{2\lambda}{a}$	$1.2\frac{\lambda}{a}$ $1.45\frac{\lambda}{a}$ $1.66\frac{\lambda}{a}$	-23.5 -32.0 -40.0	$0.81\times4\pi\frac{A}{\lambda^2}$ $0.667\times4\pi\frac{A}{\lambda^2}$ $0.575\times4\pi\frac{A}{\lambda^2}$	$\cos u\Big/\left[u^2-\left(\frac{\pi}{2}\right)^2\right]$ $\sin u/[u(u^2-\pi^2)]$ $\cos u\Big/\left\{\left[u^2-\left(\frac{\pi}{2}\right)^2\right]\times\left[u^2-\left(\frac{3\pi}{2}\right)^2\right]\right\}$
圆形	$E=E_0$	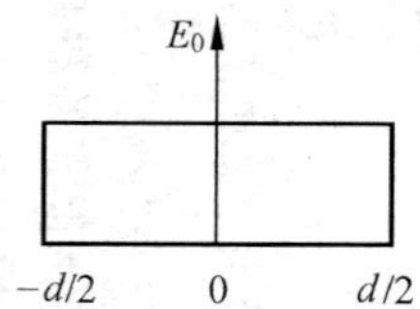	$2\arcsin\left(1.22\frac{\lambda}{d}\right)$	$1.02\frac{\lambda}{d}$	-17.6	$4\pi\frac{A}{\lambda^2}$	$\frac{J_3(u)}{u}$
圆形	$E=E_0\left[1-\left(\frac{2r}{d}\right)^2\right]$ $E=E_0\left[1-\left(\frac{2r}{d}\right)^2\right]^2$ $E=E_0\left[1-\left(\frac{2r}{d}\right)^2\right]^3$ $E=E_0\left[1-\left(\frac{2r}{d}\right)^2\right]^4$	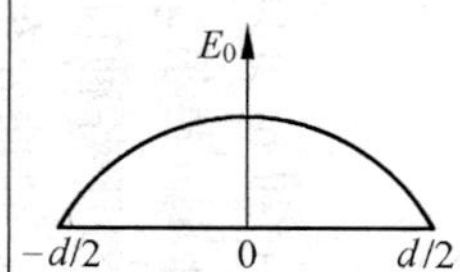	$2\arcsin\left(1.63\frac{\lambda}{d}\right)$ $2\arcsin\left(2.03\frac{\lambda}{d}\right)$ $2\arcsin\left(2.42\frac{\lambda}{d}\right)$ $2\arcsin\left(2.79\frac{\lambda}{d}\right)$	$1.26\frac{\lambda}{d}$ $1.47\frac{\lambda}{d}$ $1.65\frac{\lambda}{d}$ $1.81\frac{\lambda}{d}$	-24.5 -30.5 -35.8 -40.6	$0.75\times4\pi\frac{A}{\lambda^2}$ $0.56\times4\pi\frac{A}{\lambda^2}$ $0.44\times4\pi\frac{A}{\lambda^2}$ $0.36\times4\pi\frac{A}{\lambda^2}$	$\frac{J_2(u)}{u^2}$ $\frac{J_3(u)}{u^3}$ $\frac{J_4(u)}{u^4}$ $\frac{J_5(u)}{u^5}$

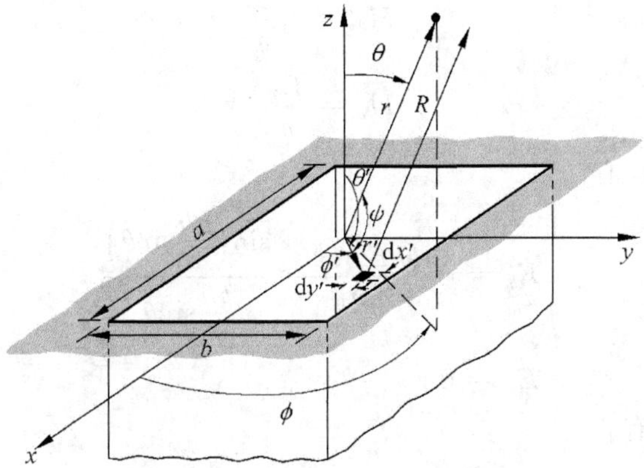

图 7.29　矩形口面的几何关系

上一小节中利用等效原理和镜像定理得到口面的等效面磁流源 $\boldsymbol{J}_{mS}$ 为

$$\boldsymbol{J}_{mS}=\begin{cases}-2\hat{\boldsymbol{n}}\times\boldsymbol{E}_a=-2\hat{z}\times\hat{\boldsymbol{y}}E_0=\hat{x}2E_0 & (\text{矩形口面上})\\ 0 & (\text{其他})\end{cases}\tag{7.7.18}$$

将 $\boldsymbol{J}_{mS}$ 的表示式代入到式(7.7.4)，并注意到 $kr'\cos\xi$ 的表示式(7.7.5)，矢量位 $\boldsymbol{A}_m$ 为

$$\boldsymbol{A}_m=\hat{\boldsymbol{x}}\frac{\varepsilon e^{-jkr_0}}{4\pi r_0}\int_{-\frac{b}{2}}^{\frac{b}{2}}\int_{-\frac{a}{2}}^{\frac{a}{2}}2E_0e^{jk(x'\sin\theta\cos\varphi+y'\sin\theta\sin\varphi)}dx'dy'\tag{7.7.19}$$

利用下述积分关系式

$$\int_{-c/2}^{c/2}e^{j\alpha z}dz=c\frac{\sin(\alpha c/2)}{\alpha c/2}\tag{7.7.20}$$

式(7.7.19)可以写作

$$\boldsymbol{A}_m=\hat{\boldsymbol{x}}\frac{\varepsilon e^{-jkr_0}}{2\pi r_0}E_0ab\left(\frac{\sin X}{X}\right)\left(\frac{\sin Y}{Y}\right)\tag{7.7.21}$$

式中

$$X=\frac{ka}{2}\sin\theta\cos\varphi\tag{7.7.22}$$

$$Y=\frac{kb}{2}\sin\theta\sin\varphi\tag{7.7.23}$$

将 $\hat{\boldsymbol{x}}$ 分解为 $\hat{\boldsymbol{r}}$、$\hat{\theta}$、$\hat{\varphi}$ 分量，得 $\hat{\boldsymbol{x}}=\hat{\boldsymbol{r}}\sin\theta\cos\varphi+\hat{\theta}\cos\theta\cos\varphi-\hat{\varphi}\sin\varphi$，只取其 $\hat{\theta}$ 和 $\hat{\varphi}$ 分量，由式(7.7.14)～(7.7.17)得

$$E_\theta=j\frac{abkE_0e^{-jkr_0}}{2\pi r_0}\sin\varphi\left(\frac{\sin X}{X}\right)\left(\frac{\sin Y}{Y}\right)\tag{7.7.24}$$

$$E_\varphi=j\frac{abkE_0e^{-jkr_0}}{2\pi r_0}\cos\theta\cos\varphi\left(\frac{\sin X}{X}\right)\left(\frac{\sin Y}{Y}\right)\tag{7.7.25}$$

$$H_\theta = -\frac{E_\varphi}{\eta} \tag{7.7.26}$$

$$H_\varphi = \frac{E_\theta}{\eta} \tag{7.7.27}$$

在 $\boldsymbol{E}$ 平面内($\varphi=\pi/2$),有

$$E_\theta = \mathrm{j}\,\frac{abkE_0\mathrm{e}^{-\mathrm{j}kr_0}}{2\pi r_0}\,\frac{\sin\left(\frac{kb}{2}\sin\theta\right)}{\frac{kb}{2}\sin\theta} \tag{7.7.28}$$

$$E_\varphi = 0 \tag{7.7.29}$$

在 $\boldsymbol{H}$ 平面内($\varphi=0$),有

$$E_\theta = 0 \tag{7.7.30}$$

$$E_\varphi = \mathrm{j}\,\frac{abkE_0\mathrm{e}^{-\mathrm{j}kr_0}}{2\pi r_0}\cos\theta\,\frac{\sin\left(\frac{ka}{2}\sin\theta\right)}{\frac{ka}{2}\sin\theta} \tag{7.7.31}$$

2. 无限大导体屏上的圆形口面的远区场

口面与 xy 平面重合,如图 7.30 所示。口面上的场为 $\boldsymbol{E}_a=\hat{\boldsymbol{y}}E_0(\rho'\leqslant a)$,$a$ 是圆口面的半径。等效面磁流 $\boldsymbol{J}_{mS}$ 为

$$\boldsymbol{J}_{mS} = \begin{cases}-2\hat{\boldsymbol{n}}\times\boldsymbol{E}_a = -2\hat{\boldsymbol{z}}\times\hat{\boldsymbol{y}}E_0 = \hat{\boldsymbol{x}}2E_0 & (\rho'\leqslant a)\\ 0 & (\text{其他})\end{cases} \tag{7.7.32}$$

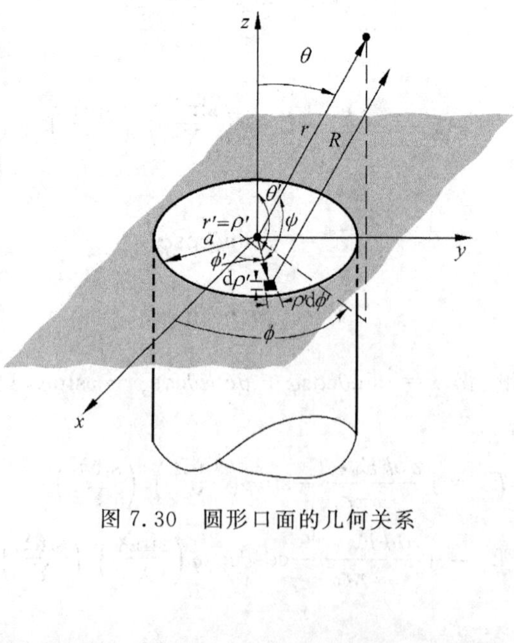

图 7.30 圆形口面的几何关系

将式(7.7.19)的面积元改为 $ds'=\rho'd\rho'd\varphi'$,并注意到 $x'=\rho'\cos\varphi'$,$y'=\rho'\sin\varphi$,再将该式中的被积函数的相位因子改写,即

$$k(x'\sin\theta\cos\varphi+y'\sin\theta\sin\varphi)=k\rho'\sin\theta\cos(\varphi-\varphi') \tag{7.7.33}$$

那么磁矢位

$$\boldsymbol{A}_{\mathrm{m}}=\frac{\varepsilon \mathrm{e}^{-\mathrm{j}kr_0}}{2\pi r_0}E_0\hat{\boldsymbol{x}}\int_0^a\rho'\mathrm{d}\rho'\int_0^{2\pi}\mathrm{e}^{\mathrm{j}k\rho'\sin\theta\cos(\varphi-\varphi')}\mathrm{d}\varphi' \tag{7.7.34}$$

其中对 φ' 的积分

$$\int_0^{2\pi}\mathrm{e}^{\mathrm{j}k\rho'\sin\theta\cos(\varphi-\varphi')}\mathrm{d}\varphi'=2\pi\mathrm{J}_0(k\rho'\sin\theta) \tag{7.7.35}$$

这里 J_0 是零阶贝塞尔函数。再作变量置换,$t=k\rho'\sin\theta$,$\mathrm{d}t=k\sin\theta\mathrm{d}\rho'$,那么对 ρ' 的积分

$$\int_0^a\rho'\mathrm{J}_0(k\rho'\sin\theta)\mathrm{d}\rho'=\frac{1}{(k\sin\theta)^2}\int_0^{ka\sin\theta}t\mathrm{J}_0(t)\mathrm{d}t \tag{7.7.36}$$

上式右端对 t 的积分可利用下述积分公式作出:

$$\int_0^a t\mathrm{J}_0(t)\mathrm{d}t=t\mathrm{J}_1(t)\Big|_0^a=\alpha\mathrm{J}_1(\alpha) \tag{7.7.37}$$

于是矢量位

$$\boldsymbol{A}_{\mathrm{m}}=\hat{\boldsymbol{x}}\frac{a^2\varepsilon\mathrm{e}^{-\mathrm{j}kr_0}E_0}{r_0}\frac{\mathrm{J}_1(ka\sin\theta)}{ka\sin\theta} \tag{7.7.38}$$

将上述 $\boldsymbol{A}_{\mathrm{m}}$ 的表示式代入到式(7.7.14)～(7.7.17)可得远区场的各个分量,下面给出 E_θ 和 E_φ 的表示式为

$$E_\theta=\mathrm{j}\frac{ka^2E_0\mathrm{e}^{-\mathrm{j}kr_0}}{r}\sin\varphi\frac{\mathrm{J}_1(ka\sin\theta)}{ka\sin\theta} \tag{7.7.39}$$

$$E_\varphi=\mathrm{j}\frac{ka^2E_0\mathrm{e}^{-\mathrm{j}kr_0}}{r}\cos\theta\cos\varphi\frac{\mathrm{J}_1(ka\sin\theta)}{ka\sin\theta} \tag{7.7.40}$$

读者可以很容易得到 E 平面($\varphi=\pi/2$)和 H 平面($\varphi=0$)的 $\boldsymbol{E}_\theta$ 和 $\boldsymbol{E}_\varphi$ 的表示式。E 平面

$$E_\theta=\mathrm{j}\frac{ka^2E_0\mathrm{e}^{-\mathrm{j}kr_0}}{r_0}\frac{\mathrm{J}_1(ka\sin\theta)}{ka\sin\theta} \tag{7.7.41}$$

$$E_\varphi=0 \tag{7.7.42}$$

H 平面

$$E_\theta=0 \tag{7.7.43}$$

$$E_\varphi=\mathrm{j}\frac{ka^2E_0\mathrm{e}^{-\mathrm{j}kr_0}}{r_0}\cos\theta\frac{\mathrm{J}_1(ka\sin\theta)}{ka\sin\theta} \tag{7.7.44}$$

7.8 抛物面天线

抛物面天线是微波工程中最有用的天线。地面微波中继通信、卫星地面站、雷达、微波遥感、射电天文、家用卫星直接电视接收天线等都广泛采用这种类型的天线。射电天文

所用的大型抛物面天线可达数十米、上百米，而装在导弹头内的毫米波小型抛物面天线仅有数十厘米。抛物面天线是信息工程的一个子系统，通常分为馈线、馈源和反射面三个部分。反射面的形状可以是抛物柱面、旋转抛物面或旋转抛物面的一部分。由于馈电方式不同，又分为前馈和后馈两种，如图 7.31 所示。前馈时，馈源（例如喇叭天线）置于抛物面的焦点上，馈源发出的球面波照射到抛物面上反射后成为平面波。后馈时，馈源放在旋转抛物面（主反射面）的顶点，同时配一副反射面，副反射面可以是旋转双曲面，经二次反射后保证从主反射面发出的波近似为平面波，这种形式的天线系统叫做卡塞格伦天线。抛物面天线的两种基本类型如图 7.31 所示。

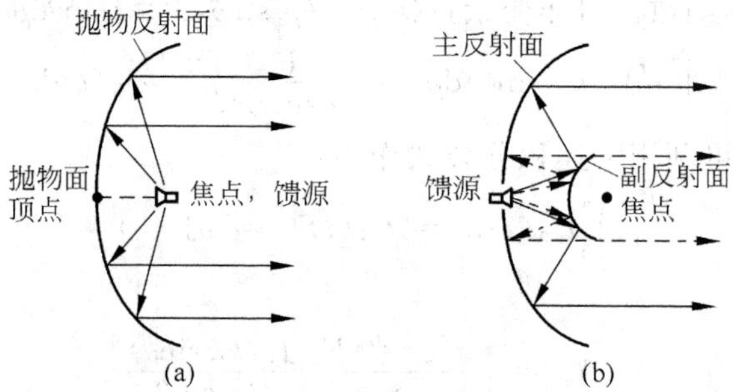

图 7.31　抛物面天线的两种基本类型

(a) 前馈　(b) 后馈

7.8.1　旋转抛物面天线

旋转抛物面的几何关系示于图 7.32。坐标原点置于抛物面的焦点，焦距为 f，选择一个通过焦点垂直于抛物面旋转轴的平面为 xy 平面，z 轴与旋转轴重合。由坐标原点发出的射线 OP 经旋转抛物面的反射后，变为与 z 轴平行的反射线，与 xy 平面交于 Q 点，入射线 OP 与反射线 PQ 之和等于常数，此常数为两倍焦距，即

$$OP + PQ = 2f \tag{7.8.1}$$

事实上 $OP = r'$，$PQ = r'\cos\theta'$，这里 θ' 是入射线单位矢量 $\hat{\boldsymbol{r}}'$ 与 $\hat{z}$ 的夹角。上式应写作

$$r'(1+\cos\theta') = 2f$$

或

$$r' = \frac{2f}{1+\cos\theta'} = f\sec^2\left(\frac{\theta'}{2}\right),\quad \theta \leqslant \theta_0 \tag{7.8.2}$$

θ_0 是 θ' 的最大值，如图 7.32 所示。

在直角坐标系中式(7.8.1)可写作

$$\sqrt{(x')^2+(y')^2+(z')^2} + z' = 2f$$

或

$$(x')^2 + (y')^2 = 4f(f - z'),\ (x')^2 + (y')^2 \leqslant (d/2)^2 \tag{7.8.3}$$

其中，d 是天线口面的直径。

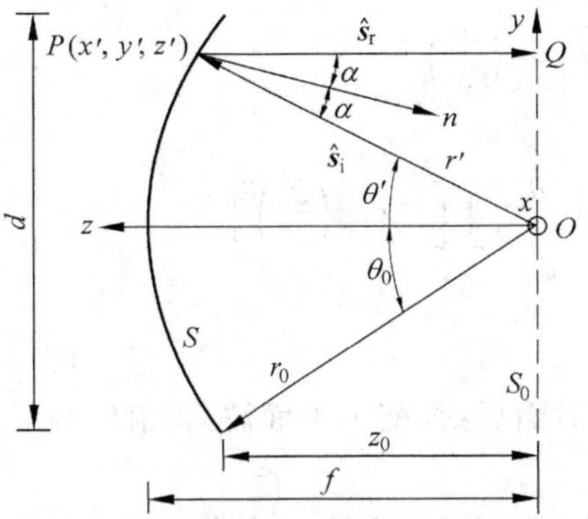

图 7.32 旋转抛物面的几何关系

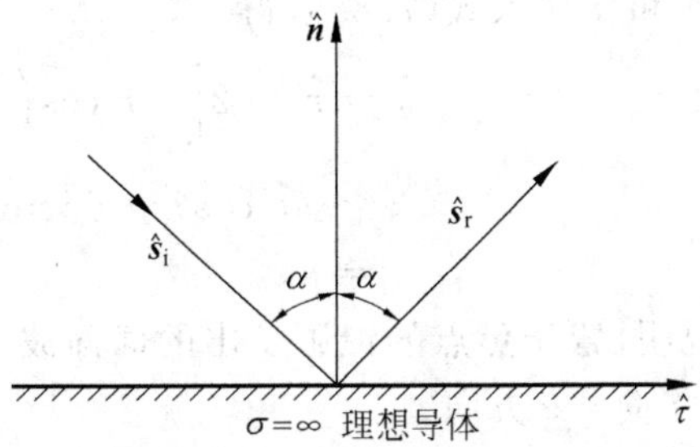

图 7.33 反射定律示意图

为进一步分析抛物面上的射线性质，我们给出反射定律的一种矢量形式的数学表示式。由图 7.33，取一局部直角坐标系，$\hat{\boldsymbol{n}}$ 和 $\hat{\tau}$ 是坐标系的单位矢量，$\hat{\boldsymbol{n}}$ 是理想导体表面的法向单位矢量，$\hat{\tau}$ 与理想导体相切，$\hat{\boldsymbol{s}}_i$ 是入射线的单位矢量，$\hat{\boldsymbol{s}}_r$ 是反射线的单位矢量。依据反射定律，入射角等于反射角，显然

$$\hat{\boldsymbol{s}}_i = -\hat{\boldsymbol{n}}\cos\alpha + \hat{\tau}\sin\alpha \tag{7.8.4}$$

$$\hat{\boldsymbol{s}}_r = \hat{\boldsymbol{n}}\cos\alpha + \hat{\tau}\sin\alpha \tag{7.8.5}$$

式中，α 为入射角和反射角。上述二式相减，得

$$\hat{\boldsymbol{s}}_r = \hat{\boldsymbol{s}}_i + 2\hat{\boldsymbol{n}}\cos\alpha$$

注意到 $\cos\alpha = -\hat{\boldsymbol{n}} \cdot \hat{\boldsymbol{s}}_i$，于是反射线单位矢量 $\hat{\boldsymbol{s}}_r$ 与入射线单位矢量 $\hat{\boldsymbol{s}}_i$ 的关系可写作

$$\hat{\boldsymbol{s}}_r = \hat{\boldsymbol{s}}_i - 2\hat{\boldsymbol{n}}(\hat{\boldsymbol{n}} \cdot \hat{\boldsymbol{s}}_i) \tag{7.8.6}$$

这就是反射定律的矢量形式的数学表示式。

利用式(7.8.6)可以证明，当入射线单位矢量 $\hat{\boldsymbol{s}}_i = \hat{\boldsymbol{r}}'$ 时，反射线单位矢量 $\hat{\boldsymbol{s}}_r = -\hat{\boldsymbol{z}}$。首先将式(7.8.2)改写为

$$f - r'\cos^2\left(\frac{\theta'}{2}\right) = 0 \tag{7.8.7}$$

令式(7.8.7)左端为 r' 和 θ' 的函数 S，即

$$S = f - r'\cos^2\left(\frac{\theta'}{2}\right) \tag{7.8.8}$$

然后对 S 求梯度，得

$$\nabla S = \hat{\boldsymbol{r}}'\frac{\partial S}{\partial r'} + \hat{\theta}'\frac{1}{r'}\frac{\partial S}{\partial \theta'} = -\hat{\boldsymbol{r}}'\cos^2\left(\frac{\theta'}{2}\right) + \hat{\theta}'\cos\left(\frac{\theta'}{2}\right)\sin\left(\frac{\theta'}{2}\right) \tag{7.8.9}$$

∇S 的方向垂直于抛物面，相应的法向单位矢量 $\hat{\boldsymbol{n}}=\nabla S/|\nabla S|$。$\nabla S$ 的模为

$$|\nabla S| = \cos\left(\frac{\theta'}{2}\right), \quad \frac{\theta'}{2} < \frac{\pi}{2} \tag{7.8.10}$$

于是

$$\hat{\boldsymbol{n}} = -\hat{\boldsymbol{r}}'\cos\left(\frac{\theta'}{2}\right)+\hat{\theta}\,'\sin\left(\frac{\theta'}{2}\right) \tag{7.8.11}$$

将 $\hat{\boldsymbol{s}}_{\mathrm{i}}$ 和 $\hat{\boldsymbol{n}}$ 代入式(7.8.6)得

$$\begin{aligned}\hat{\boldsymbol{s}}_{\mathrm{r}} &= \hat{\boldsymbol{r}}' - 2\left[-\hat{\boldsymbol{r}}'\cos\left(\frac{\theta'}{2}\right)+\hat{\theta}\,'\sin\left(\frac{\theta'}{2}\right)\right]\left[-\cos\left(\frac{\theta'}{2}\right)\right] \\ &= -\hat{\boldsymbol{r}}'\cos\theta' + \hat{\theta}\,'\sin\theta \\ &= -\hat{\boldsymbol{z}}\end{aligned} \tag{7.8.12}$$

这说明，置于焦点的馈源发出的球面波，经抛物反射面反射，变为平面波，其射线与 z 轴平行，指向 $-z$ 方向。

一般来讲，计算抛物面天线的辐射有两种方法：口面场法和面电流法。口面场法的主要想法是取垂直于 z 轴的平面作为孔径平面，设法确定该口面上的场分布，求出等效面电流源和等效面磁流源，然后计算辐射场。面电流法的主要想法是求出抛物面上的电流分布，然后计算辐射场。具体计算公式请参看天线方面的专著，下面仅对抛物面上的电流作一简要说明。抛物面的导体表面的电流密度 $\boldsymbol{J}_S$ 为

$$\boldsymbol{J}_S = \hat{\boldsymbol{n}} \times \boldsymbol{H} \tag{7.8.13}$$

式中，$\boldsymbol{H}$ 是入射波磁场 $\boldsymbol{H}_{\mathrm{i}}$ 与反射波磁场 $\boldsymbol{H}_{\mathrm{r}}$ 之和，$\hat{\boldsymbol{n}}$ 是抛物面法向单位矢量。如果近似地将抛物面的表面看作局部的小平面，平面波投射到这一局部平面上，近似有 $\hat{\boldsymbol{n}}\times\boldsymbol{H}_i=\hat{\boldsymbol{n}}\times\boldsymbol{H}_{\mathrm{r}}$，因此

$$\boldsymbol{J}_S \approx 2\hat{\boldsymbol{n}} \times \boldsymbol{H}_{\mathrm{i}} = 2\hat{\boldsymbol{n}} \times \boldsymbol{H}_{\mathrm{r}} \tag{7.8.14}$$

此式是电流密度的近似表示式，因为入射波并非平面波，抛物面亦非无限大平面，但是当抛物面的横向尺寸相对于波长而言足够大，抛物面的曲率半径足够大，反射面相对于馈源足够远时，上式的近似是可以接受的。$\boldsymbol{J}_S$ 在抛物面上的幅度和相位分布取决于初级馈源的设计及其与抛物面的相对位置。事实上，$\boldsymbol{J}_S$ 包括 J_x，J_y 和 J_z 三个分量，如图 7.34 所示，图中未画出 J_z 分量。如果主极化分量为 y 分量，那么 x 分量为交叉极化分量，交叉极化分量将产生交叉极化波瓣，这是我们所不希望的。

7.8.2 卡塞格伦天线

大型抛物面天线多采用双反射面结构，其中常用的一种结构是卡塞格伦天线，它的主反射面为旋转抛物面，副反射面为旋转双曲面，如图 7.35(a)所示。双曲面的两个焦点为 F 和 F'，旋转抛物面的焦点与旋转双曲面的一个焦点 F' 重合，实际的馈源(简称实馈源)置于双曲面的另一个焦点 F 处，其照射场经副反射面和主反射面两次反射后形成同相分

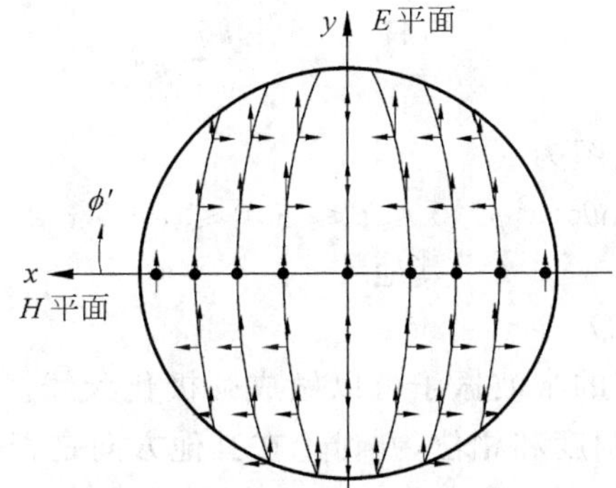

图 7.34 抛物面天线反射面上电流的主极化分量 J_y 和交叉极化分量 J_x 的示意图

布的口面场，从几何光学的观点看就是形成平行射线，如图 7.35(b)所示。这种天线结构的优点是馈源的配置方便，馈线和收发设备很容易放在抛物面的后面，只需在抛物面顶部开个洞便可，缺点是副反射面引起遮挡。故小型抛物面一般不采用此种结构。当实际馈源(实馈源)置于 F 点时，相当于有一虚拟馈源(虚馈源)置于 F' 点，如图 7.35(a)所示。虚馈源是一个等效馈源的概念，相应地，我们还可以引入等效抛物面的概念，如图 7.35(b)所示，实馈源放在 F 点，从 F 点发出的射线经等效抛物面反射形成平行射线。虚馈源的照射场的张角为 $2\theta_v$，不同于实馈源的照射场的张角 $2\theta_r$。等效抛物面的焦距为 f_e，不同于真实抛物面的焦距 f_m。有了虚馈源和等效抛物面的概念，使得双反射面卡塞格伦天线的设计得以简化。

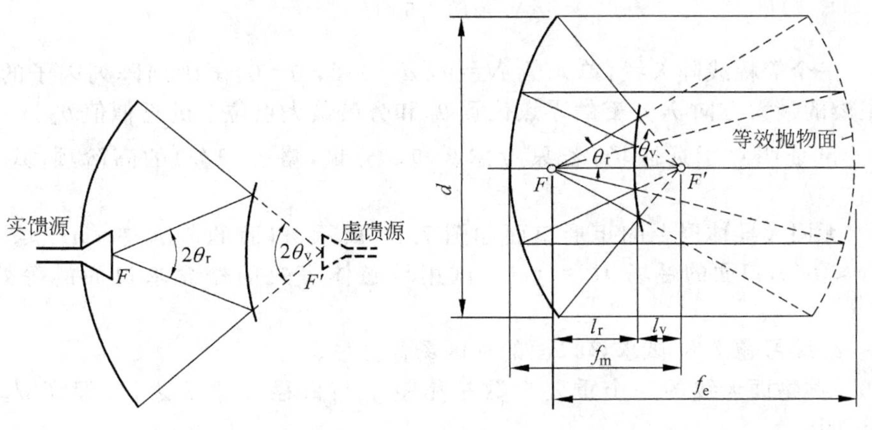

图 7.35 虚馈源和等效抛物面的概念

习　　题

7.1　天线归一化方向图为

$$F_n(\theta,\varphi)=\begin{cases}\sin\theta\cos^2\varphi & 0\leqslant\theta\leqslant\pi,0\leqslant\varphi\leqslant\pi/2,3\pi/2\leqslant\varphi\leqslant 2\pi\\ 0 & \text{其他}\end{cases}$$

试求该天线的最大方向性 D。

7.2　用两个互相垂直的半波振子可以做成圆极化天线。试说明在辐射最强方向形成圆极化时两半波振子的幅度和相位,并讨论在其他方向是否也是圆极化波。

7.3　若入射波为线极化,接收天线亦为线极化,两线极化方向之间的夹角为 α,问极化损失因子 PLF 等于什么?

7.4　有一线天线,长度为 l,沿 z 轴放置,线上电流为

$$I=I_0\mathrm{e}^{-\mathrm{j}kz'}\qquad 0\leqslant z'\leqslant l$$

其中 I_0 为常数,试导出远区场的表示式。

7.5　两个有限的金属平面,夹角为 $\theta=180°/n$, $n=2,3,4$。在分角线上某处放置一个电偶极子,其方向由纸面向外,如下图所示,试由镜像定理画出其 $2n-1$ 个镜像源的位置和极性($n=2,3,4$)。

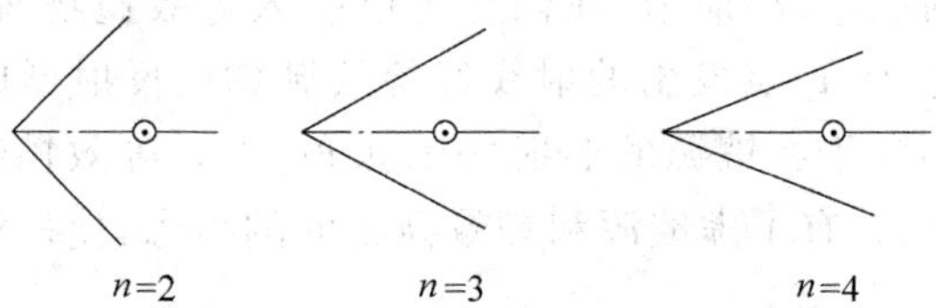

习题 7.5 图

7.6　一个等幅线阵天线,单元数 $N=9$, $d=\lambda/2$, $\beta=0$,试画出阵列因子的示意图,并指出主瓣的最大方向 θ,旁瓣的零点位置 θ_0 和旁瓣最大点位置的近似值 θ_m。

7.7　试证明对于远区场,若只考虑 $\hat{\theta}$ 和 $\hat{\varphi}$ 分量,略去$(1/r)$的高阶项,式(7.7.6)成立。

7.8　无限大导体屏上的矩形口面如图 7.29 所示,口面的范围是 $-a/2\leqslant x'\leqslant a/2$, $-b/2\leqslant y'\leqslant b/2$,口面的磁场 $\boldsymbol{H}_a=\hat{\boldsymbol{y}}H_0$,试用导磁体等效的概念求口面的等效面电流源 $\boldsymbol{J}_{eS}$。

7.9　继续习题 7.8,试求该口面的远区场各分量。

7.10　抛物面天线的一个重要参数是焦距 f 与口径尺寸 d 之比,即 f/d。参考图 7.32,试证明

$$4f/d=\cot\left(\frac{\theta_0}{2}\right)$$

7.11 仿照图 7.28 求无限大导磁体平面开拓后的波导口的等效面电流源。注，给定波导口面磁场 $\boldsymbol{H}_a$。

7.12 将对称振子的一臂置于理想导体平面上，振子臂与理想导体平面垂直，形成不对称振子，亦称单极子。试分析单极子与同样尺寸对称振子辐射电阻的关系。

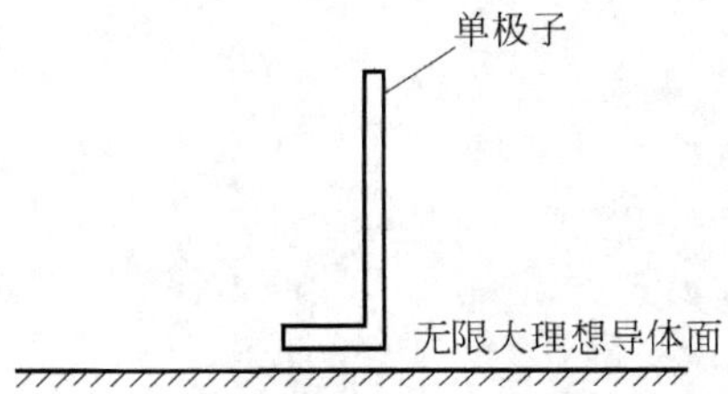

习题 7.12 图

8 电波传播

8.1 引　　言

本章首先简述了电磁波的传播环境和 9 种电波传播方式，然后讨论了自由空间的传输损失、对流层对微波传播的影响，分析了电波传播的菲涅尔区和电离层中电波传播的特点。电波传播是微波工程中的一个重要课题，在微波中继通信、卫星通信、移动通信系统、雷达和微波遥感系统的设计研制中是不可忽视的。

8.2 地球及其近地空间

地球及其近地空间构成了复杂的媒质，因此，提出了许多的电波传播的课题。在这一节中，首先简要地叙述地球及其近地空间的大致情况，然后简要地说明电波传播的各种模式。

图 8.1 所示是地球及其近地空间的示意图。地球的平均半径为 6370km，分为地核、地幔和地壳三层。地核的半径大约为 3460km，温

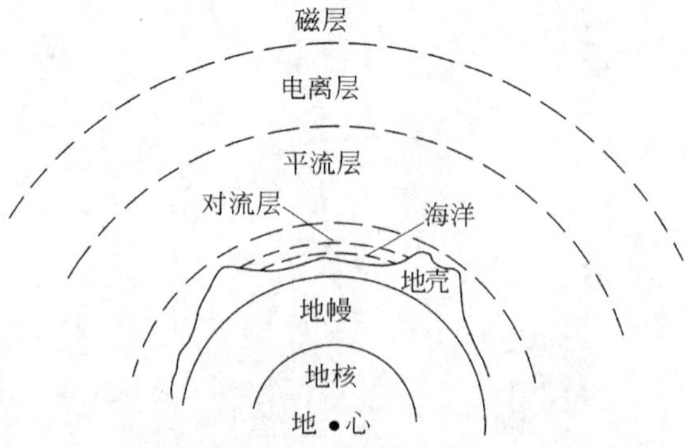

图 8.1　地球及其近地空间示意图

度高达5000℃；地幔是灼热的熔岩，温度大约2850℃；地球的表层是地壳，地壳的厚度各处不一，海洋下面最薄，仅有5km左右，大陆的最厚处可达60km。地壳的平均厚度为33km，地壳的构造非常复杂，有各种各样的地形地貌。人们早就提出了电波在地下和海洋下的传播问题，但是这方面的进展局限性很大，尤其对于微波，只能深入到地表下面若干波长的距离。

地球的近地空间指的是大气层和磁层。大气层是包围地球的一层气体，它对人们的生活至关重要，通常称作生物圈，同时也是电波传播的主要媒质，大气层中的电波传播问题是相当复杂的。大气层的厚度可达100km。大气温度随高度有一定的分布，如图8.2所示，从最接近地表的大气向上排列，大气按温度可分为对流层、平流层、中层和热层四层，相应的一些温度的转折点称为对流层顶、平流层顶、中层顶和热层顶。

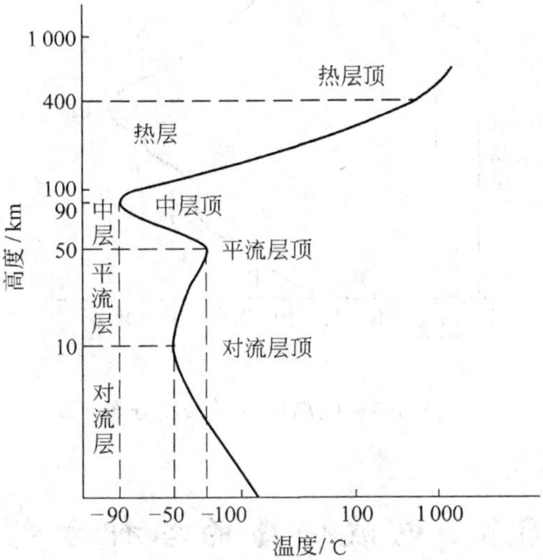

图8.2　大气温度随高度变化

对流层：从地表到(13±5)km的范围称为对流层，两极地区比较低，赤道地区比较高。太阳的能量照射到地表，地表受热，通过地面的辐射使接近地表的大气受热，形成大气的上下对流，故称为对流层。一般情况下对流层的温度由下而上是逐渐减低的，同时在对流层内由于水汽的存在和空气湍流，有各种大小尺度的气候变化。雷、雨、雪、雾、云等自然现象对电波传播有较大的影响。对流层顶的温度约为−50℃(223K)。

平流层：平流层内几乎不含水汽，而有一层臭氧层，它吸收太阳发射的紫外线，使温度随高度而略有升高。平流层内大气运动以水平运动为主，故称平流层。平流层对电波传播的影响较小。

电离层从60km延伸到1000km的高度。由于太阳的辐射，大气被电离形成电离层，电离层是等离子体，因为电子、负离子和正离子之间具有相等的电量。按照电子浓度不同,电离层分为D、E、F_1、F_2等层,D层只在白天存在。电离层电子密度分布如图8.3所示。

由图8.3可以看出,从电离层到磁层电子浓度是逐渐降低的,所以实际上磁层和电离层并没有明显的界限。离地面1000km到几万千米或更高的空间叫做磁层,磁层是地球磁场所达的范围,当然,在大气层内地球磁场同样是存在的,但一般仍把1000km以上的区域称作磁层。

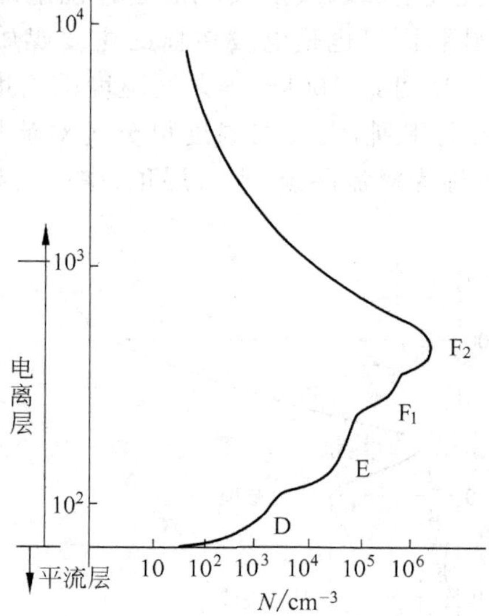

图8.3 电离层电子密度分布

8.3 电波传播的各种方式

按照媒质的情况以及不同媒质分界面对电波的影响,电波传播存在着多种方式。

(1) 地面波传播。电波沿地球表面传播,主要适用于长波和中波,因为频率高时地面波的衰减很大。

(2) 电离层电波传播。电离层对不同波长电磁波的影响如图8.4所示。长波、中波和短波分别由D层底、E层底和F层底反射回地面,反射情况和入射角有关,利用电离层的反射可完成地面上两点之间的通信。电离层反射一次叫单跳传播,反射两次叫双跳传播,单跳距离可达4000km,如图8.5所示。从图8.4还可以看出微波可以穿出电离层,这正是卫星通信选用微波的理由。

(3) 视距传播。当收发天线架设的高度远大于波长时,电波直接从发射天线到达接收天线,同时也存在着地面反射。此种传播方式限于视线距离以内,故称视距传播。微波中继通信和卫星通信均属此例,本章将讨论微波视距传播问题。

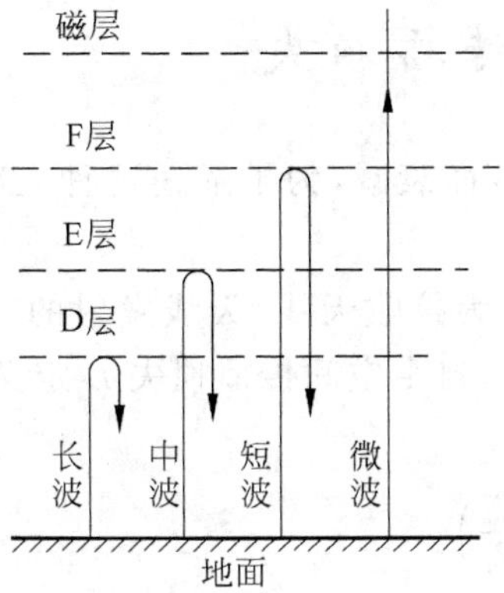

图 8.4 电离层对不同波长电磁波的影响

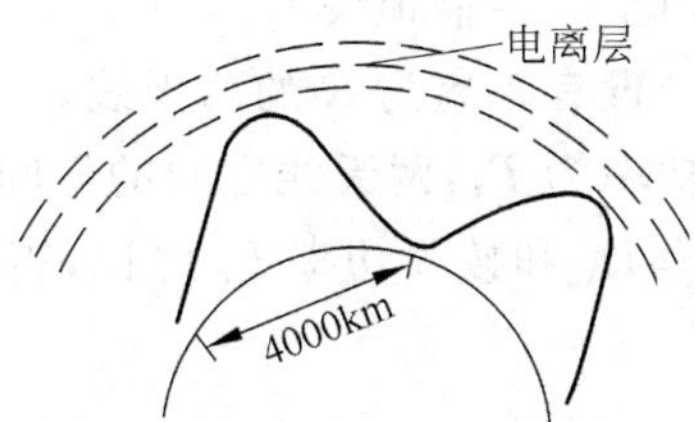

图 8.5 单跳传播与双跳传播

(4) 散射传播。由于对流层中存在不均匀性,电波照射到这种不均匀性时受到散射,位于地面上的另一处的接收天线接收对流层中不均匀性引起的散射波,实现散射通信。此外流星穿过大气时引起大气电离,构成散射,借助这种作用实现短暂的通信称为流星余迹散射通信。电波的散射传播方式可用于微波远距离通信,对流层散射通信最大距离可达 600km~800km。

(5) 波导模传播。电离层的下边缘与地球球壳的地表之间构成同心球波导,长波、超长波在这种波导中传播,其衰减比较小,从而可以实现远距离通信。

(6) 地下和水下传播。20 世纪 60 年代以来开展了对地下和水下传播的研究,实际上,电波传播是一部分在地上、一部分在地下或水下,所以这是一种电波传播的混合模式。可用地下探测雷达来探测地下水、地雷、管道以及探矿等,所发射的信号可以是时域脉冲,也可以是频域信号。美国阿波罗登月飞船的地下探测雷达工作频率为 5MHz、15MHz、150MHz,用于探测不同深度的月球岩石性质。

(7) 磁层传播。最近的理论和实验表明了当频率低于几千赫兹的无线电波的传播方向非常靠近地磁场的磁力线时,或者更明确地说电波传播的方向与磁力线重合时,传播衰减非常小,并且可以穿出电离层。

(8) 小区传播。由于地面移动通信的发展,使小区电波传播成为一种新的传播方式。小区又可分为宏小区和微小区,宏小区覆盖的半径约 1km~30km,微小区的覆盖半径约数十米到一千米,这种区分是人为的。发射天线的高度与周围建筑物的高度相当,移动台的高度与周围建筑物相当或更低。

(9) 室内传播。室内传播又分为建筑物内的电波传播、靠近建筑物和进入建筑物的传播。室内传播遇到的问题是电波穿过墙壁、楼板以及各种管道,将会引起反射和绕射。

本章不全面讨论各种传播方式,只选择一些读者感兴趣的问题作一简要论述。

8.4 自由空间传播损失

电波在自由空间传播时，其强度因能量的扩散而衰减，为了描述这种衰减，我们引入自由空间传播损失 L。

设有距离为 R 的两天线，一为发射天线，另一为接收天线，天线发射的功率为 P_t，接收功率为 P_r，两天线之间的空间可看作自由空间。自由空间传播损失 L 定义为天线发射功率 P_t 和接收功率 P_r 之比，表示为

$$L = 10\ \lg\left(\frac{P_t}{P_r}\right) \tag{8.4.1}$$

在距离 R 处，天线的辐射功率密度 S 为

$$S = \frac{P_t G_t}{4\pi R^2} \tag{8.4.2}$$

式中，G_t 是发射天线的增益。设接收天线有效面积为 A_r，并注意到 A_r 与接收天线增益 G_r 的关系为

$$G_r = 4\pi A_r/\lambda^2 \tag{8.4.3}$$

式中 λ 是自由空间波长。接收天线所接收的功率 P_r 为

$$P_r = SA_r = \frac{P_t G_t A_r}{4\pi R^2} = \frac{G_t G_r \lambda^2}{16\pi^2 R^2} P_t = \frac{A_t A_r}{\lambda^2 R^2} P_t \tag{8.4.4}$$

由此式可得

$$\frac{P_t}{P_r} = \frac{1}{G_t G_r}\left(\frac{4\pi R}{\lambda}\right)^2 \tag{8.4.5}$$

利用式(8.4.1)，并用分贝表示上式得

$$\begin{aligned} L &= 10\ \lg \frac{1}{G_t G_r}\left(\frac{4\pi R^2}{\lambda}\right)^2 \\ &= L_0 - G_t - G_r \quad (\text{dB}) \end{aligned} \tag{8.4.6}$$

式中

$$L_0 = 10\ \lg\left(\frac{4\pi R}{\lambda}\right)^2 \tag{8.4.7}$$

L_0 是当发射天线和接收天线为理想的各向同性天线时的自由空间传播损失。L_0 提供了一个标准，电波在传播过程中，考虑到其他因素所引起的衰减，任何实际的传播损失都将大于 L_0。若距离 R 的单位用 km，将波长 λ 换算为频率，频率的单位用 MHz，式(8.4.7)可改写为下述方便的形式：

$$L_0 = 32.4 + 20\ \lg R + 20\ \lg f \quad (\text{dB}) \tag{8.4.8}$$

式(8.4.4)～(8.4.6)是关于通信线路的基本方程，它给出了传播损失与天线参数、传输距

离、工作波长的关系。这一方程适用于卫星通信，也适用于地面中继通信以及其他的通信系统。

8.5 对流层对微波传播的影响

对流层是非均匀媒质，电波在对流层中传播时将受到折射、吸收、衰减和散射，此外由于降雨还引起降雨衰减和退极化现象，这对 10GHz 以上的微波尤其严重。

8.5.1 对流层的参数和标准大气

对流层的三个基本参数是温度、湿度和压强，这些参数都是随高度增加而减小的。在研究电波传播问题时还要用到媒质的介电常数 ε 和电导率 σ，对于微波波段，σ 是引起吸收衰减的原因。通常，用折射率 n 取代介电常数 ε，$n=\sqrt{\varepsilon/\varepsilon_0}=\sqrt{\varepsilon_r}$。实验表明，对流层的折射率 n 近似满足关系式

$$(n-1)\times10^6=\frac{77.6}{T}\left(P+\frac{4810e}{T}\right) \tag{8.5.1}$$

其中，P 是大气压强，单位为 mbar，e 是水汽压强，单位也是 mbar，T 是绝对温度(K)。n 与 1 相差极小，可令 $(n-1)\times10^6=N$，N 称为折射指数，于是式(8.5.1)变为

$$N=\frac{77.6}{T}\left(P+\frac{4810e}{T}\right) \tag{8.5.2}$$

靠近地面的 N 为 $N_s=310\sim320$，N_s 平均值为 315。

为研究 N 随高度的变化，我们将式(8.5.2)对高度 h 求导，得

$$\frac{\mathrm{d}N}{\mathrm{d}h}=77.6\left[\frac{1}{T}\frac{\mathrm{d}P}{\mathrm{d}h}-\left(\frac{P}{T^2}+\frac{9620e}{T^3}\right)\frac{\mathrm{d}T}{\mathrm{d}h}+\frac{4810}{T^2}\frac{\mathrm{d}e}{\mathrm{d}h}\right] \tag{8.5.3}$$

一般$\frac{\mathrm{d}P}{\mathrm{d}h}$是一常数，与气象条件关系不大，而温度 T 和湿度 e 随气象条件变化非常剧烈。为了实用的目的以及研究气象变化的影响，人为制定了标准大气的各种参数，从而建立了标准大气模型。

国际航空委员会规定的“标准大气”条件为：

气压 $P=1013\times10^{-3}\,\mathrm{Pa}$

气温 $T=288\mathrm{K}$

气温随高度变化斜率$\frac{\mathrm{d}T}{\mathrm{d}h}=-6.5℃/\mathrm{km}$

相对湿度为 60％

水汽压强 $e=10\times10^{-3}\,\mathrm{Pa}$

水汽压强变化斜率$\frac{de}{dh}=-3.5\times10^{-3}$ Pa/km

标准大气的折射指数梯度为

$$\frac{dN}{dh}=-0.039\text{N/m}=-39\text{N/km} \tag{8.5.4}$$

标准大气的折射率梯度为

$$\frac{dn}{dh}=\frac{dN}{dh}\times10^{-6}=-0.039\times10^{-6}\text{N/m} \tag{8.5.5}$$

从式(8.5.4)可以看出 N 随 h 的变化是指数的关系，即

$$N(h)=N_s e^{-th} \tag{8.5.6}$$

或

$$n(h)=1+N_s\times10^{-6}e^{-th} \tag{8.5.7}$$

式中 t 是待求的参数。许多国家测量 N 随高度的变化数据然后进行统计得到 N_s 和 t。根据我国的统计资料所建立的我国的标准大气模型为

$$N(h)=315e^{-0.129h} \tag{8.5.8}$$

或

$$n(h)=1+315\times10^{-6}e^{-0.129h} \tag{8.5.9}$$

式中 h 的单位为 km。

8.5.2 对流层对微波的折射

通常，研究对流层对微波的折射都采用几何光学的方法作近似处理。把大气分成若干薄层(如图 8.6a 所示)，每一薄层的厚度为 Δh，Δh 足够小，因此近似地可把每层内的折射率 n 看作常数，按照几何光学的斯涅尔定律，得

$$\begin{aligned}n\sin\varphi &= (n+\Delta n)\sin(\varphi+\Delta\varphi)\\ &= (n+2\Delta n)\sin(\varphi+2\Delta\varphi)\\ &= \cdots\\ &= n_n\sin\varphi_n\end{aligned} \tag{8.5.10}$$

式(8.5.10)和图 8.6(a)表明，大气中的微波射线发生了折射。考虑式(8.5.10)中的第一个等式并参考图 8.6(b)，忽略二阶无穷小量，得

$$n\sin\varphi\approx n\sin\varphi+n\cos\varphi\,\Delta\varphi+\sin\varphi\,\Delta n$$

或

$$n\cos\varphi\approx-\frac{\sin\varphi\,\Delta n}{\Delta\varphi\,n} \tag{8.5.11}$$

利用式(8.5.11)和图 8.6(b)的一些几何关系，可导出射线的曲率半径 ρ 的表示式。由图 8.6(b)，射线轨迹上的 a、c 两点的法线交于 O' 点，其夹角为 $\Delta\varphi$，当 $\Delta h\to0$ 时，射线曲率半

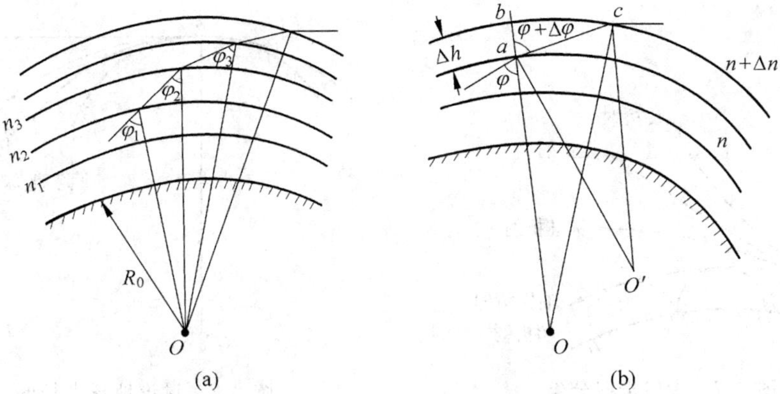

图 8.6 对流层对微波的折射

(a) 分层大气中的射线轨迹 (b) 推导射线曲率半径所用的几何关系

径 ρ 为

$$\rho = \frac{\overline{ac}}{\Delta\varphi} \tag{8.5.12}$$

由三角形 abc 可知

$$\overline{ac} = \frac{\Delta h}{\cos(\varphi + \Delta\varphi)} \approx \frac{\Delta h}{\cos\varphi} \tag{8.5.13}$$

把式(8.5.11)代入到式(8.5.13)中，再代入到式(8.5.12)中，并注意到 $\Delta n = \frac{\mathrm{d}n}{\mathrm{d}h}\Delta h$，于是

$$\rho = \frac{n}{\sin\varphi\left(-\frac{\mathrm{d}n}{\mathrm{d}h}\right)} \tag{8.5.14}$$

通常 $\varphi \approx 90°$，所以 $\sin\varphi \approx 1$，且 $n \approx 1$，那么

$$\rho \approx \frac{-1}{\frac{\mathrm{d}n}{\mathrm{d}h}} = -\frac{1}{\frac{\mathrm{d}N}{\mathrm{d}h}10^{-6}} \tag{8.5.15}$$

当大气的折射率随高度线性变化时，那么折射率梯度为常数，曲率半径 ρ 也是常数，射线的轨迹是圆弧。例如标准大气的曲率半径 $\rho = \frac{10^6}{0.039} \approx 25000(\mathrm{km})$，$\rho \approx 4R_0$，$R_0$ 是地球平均半径($R_0 = 6370\mathrm{km}$)。

按 $\frac{\mathrm{d}n}{\mathrm{d}h}$ 的性质和量级可将折射进行分类：当 $\frac{\mathrm{d}n}{\mathrm{d}h} < 0$ 时，$\rho > 0$，射线轨迹向下弯曲称作正折射；当 $\frac{\mathrm{d}n}{\mathrm{d}h} = 0$ 时，$\rho \to \infty$，无折射，射线为直线；当 $\frac{\mathrm{d}n}{\mathrm{d}h} > 0$ 时，$\rho < 0$，射线向上翘，称为负折射；此外还有临界折射和超折射。各种折射的示意图如图 8.7 所示。

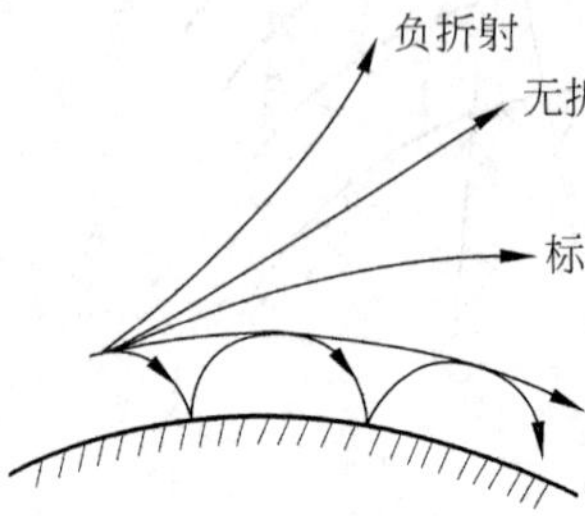

图 8.7　大气折射分类

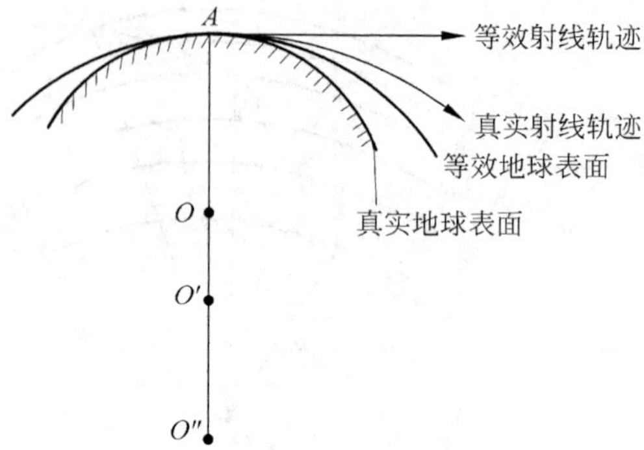

图 8.8　讨论地球半径的示意图
($OA=R_0, O'A=R_e, O''A=\rho$)

在大气正折射的情况下，射线的轨迹是弯曲的，这在分析许多问题时不方便，为此设法把真实的弯曲的射线轨迹改变为直线的射线轨迹，相应地必须把真实的地球表面改变为等效的地球表面，并引入等效地球半径的概念，如图 8.8 所示。电磁波在均匀的各向同性媒质中是沿直线传播的，而在非均匀媒质中是沿曲线传播的。当我们引入等效地球表面和等效地球半径之后，就把媒质的非均匀性$\left(\frac{dn}{dh}=常数<0\right)$的影响并入到等效地球半径中，仍把电磁波看作是沿直线传播的。等效的基本出发点是：真实射线轨迹的曲率$\frac{1}{\rho}$(ρ是曲率半径)改变为等效射线轨迹的曲率(实际上是零)，曲率的变化量为$\frac{1}{\rho}$；真实地球的曲率$\frac{1}{R_0}$(R_0 是平均地球半径)改变为等效地球的曲率$\frac{1}{R_e}$(R_e 是等效地球半径)，这个曲率的变化量是$\left(\frac{1}{R_0}-\frac{1}{R_e}\right)$；要求上述两个曲率的变化量相等，即

$$\frac{1}{\rho}=\frac{1}{R_0}-\frac{1}{R_e} \tag{8.5.16}$$

把式(8.5.15)代入上式，并解出 R_e，得

$$R_e=\frac{R_0}{1+\frac{dn}{dh}R_0}=KR_0 \tag{8.5.17}$$

其中 K 是等效地球半径因子，K 的表示式为

$$K=\frac{1}{1+\frac{dn}{dh}R_0}=\frac{R_e}{R_0} \tag{8.5.18}$$

从式(8.5.18)可以看出 K 的意义是等效地球半径与真实地球半径之比。用 K 对折射分

类与用$\frac{dn}{dh}$对折射分类是一致的。正折射时，$\frac{dn}{dh}<0, K>1$；负折射时，$\frac{dn}{dh}>0, K<1$；标准折射时，$\frac{dn}{dh}=-0.039\times10^{-6}$ N/m，$K=4/3$，这是 K 的平均值。通常，温带 $K\approx4/3$，寒带 $K=6/5\sim4/3$，热带 $K\approx4/3\sim2/3$。

以 K 作为折射分类的标准列于表 8.1。

表 8.1　折射的分类

参量	正折射					无折射	负折射
	超折射	临界折射	过折射	标准折射	次折射		
K	<0	∞	$\frac{4}{3}\sim\infty$	$\frac{4}{3}$	$1\sim\frac{4}{3}$	1	<1
$\frac{dN}{dh}$	<-157	-157	$-39\sim-157$	-39	$0\sim-39$	0	>0

8.5.3 大气对微波的衰减

微波在大气中传播将有衰减，不同频段的电磁波的衰减是不同的。大气对微波的衰减主要是由大气中的氧和水汽以及由水汽凝聚而成的云、雾、雨、雪等对电磁波能量的吸收所引起的，大气中的氮基本上不会引起微波的衰减。在微波波段大气有三个明显的吸收峰：22.5GHz（H_2O），60GHz（O_2），118.8GHz（O_2）。氧和水汽的吸收曲线可由理论分析得到，把二者的影响合并在一起得到图 8.9 所示的“标准大气”条件下的衰减对频率的曲线。由图 8.9 可以看出 10GHz 以下衰减比较小，大气衰减小于 0.01dB/km，此外 8mm、3mm 波段是衰减较小的两个大气窗口，因而，mm 波段中的 8mm 和 3mm 是被人们积极开发的两个波段。

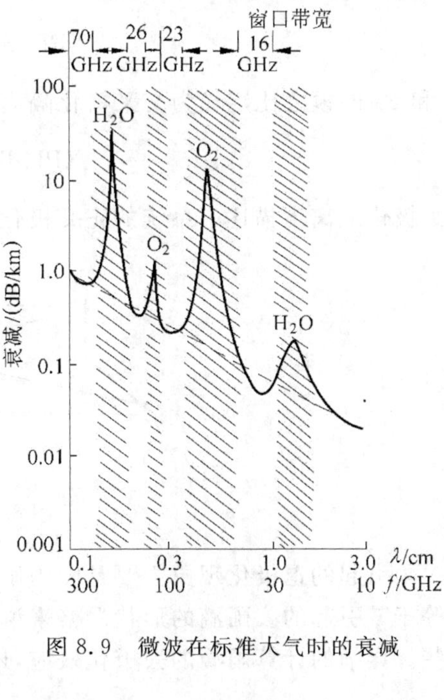

图 8.9　微波在标准大气时的衰减

降雨引起的衰减是严重的，无论对于地面通信还是卫星通信都必须考虑降雨对微波传播的影响。降雨对电波传播的影响取决于雨滴的几何尺寸、雨滴温度、雨滴谱、降雨率(mm/h)、雨区尺寸(雨区在传播方向的长度)、电波的工作频率、电波的极化形式等等。理论计算时通常假设雨滴为球形，不同滴径(雨滴半径的简称)的雨滴数目对滴径的分布函数称为雨滴谱,雨滴谱是根据大量观测数据经统计处理得出的,据此以及给定的雨滴温度和降雨率、工作频率和极化方式可计算降雨引起的衰减。

云的衰减与小雨相当。降雨的衰减包含吸收衰减和散射衰减两个因素。云的水颗粒的尺寸比较小,主要是吸收衰减。

8.5.4 降水的退极化效应

一种极化状态的电磁波转变为另一种极化状态,这种现象称作退极化或去极化。例如铅垂极化电波通过降雨区后出现水平极化电波,左旋圆极化电波通过降雨区后出现右旋圆极化电波等等。相应的,使电波出现退极化现象的媒质称作退极化媒质。通信设备中为了达到频率复用的目的,措施之一是采用正交极化信道,即两个正交的极化的波为两个信道,如果出现退极化效应,这显然会造成两个信道之间的干扰。所以研究降水的退极化效应是有意义的。

为了描述退极化现象引入两个参量:交叉极化分辨率,用 XPD 表示;交叉极化隔离度,用 XPI 表示。图 8.10 是退极化效应的示意图。两个正交的极化电波 $\boldsymbol{E}_1$ 和 $\boldsymbol{E}_2$,在通过雨区之后 $\boldsymbol{E}_1$ 变为 $\boldsymbol{E}_1'$,并分解为 $\boldsymbol{E}_{11}$ 和 $\boldsymbol{E}_{12}$ 两个正交分量;类似地,$\boldsymbol{E}_2$ 变为 $\boldsymbol{E}_2'$,并分解为 $\boldsymbol{E}_{22}$ 和 $\boldsymbol{E}_{21}$ 两个正交分量。如果没有退极化效应,那么 $\boldsymbol{E}_{12}$ 和 $\boldsymbol{E}_{21}$ 为零。$\boldsymbol{E}_{11}$ 和 $\boldsymbol{E}_{12}$ 的模之比定义为交叉极化分辨率,用分贝表示为

$$\mathrm{XPD(dB)} = 20\ \lg\left|\frac{\boldsymbol{E}_{11}}{\boldsymbol{E}_{12}}\right| \tag{8.5.19}$$

$\boldsymbol{E}_{11}$ 和 $\boldsymbol{E}_{21}$ 的模之比定义为交叉极化隔离度,用分贝表示为

$$\mathrm{XPI(dB)} = 20\ \lg\left|\frac{\boldsymbol{E}_{11}}{\boldsymbol{E}_{21}}\right| \tag{8.5.20}$$

交叉极化隔离度描述了系统的正交极化信号之间信道干扰的程度。

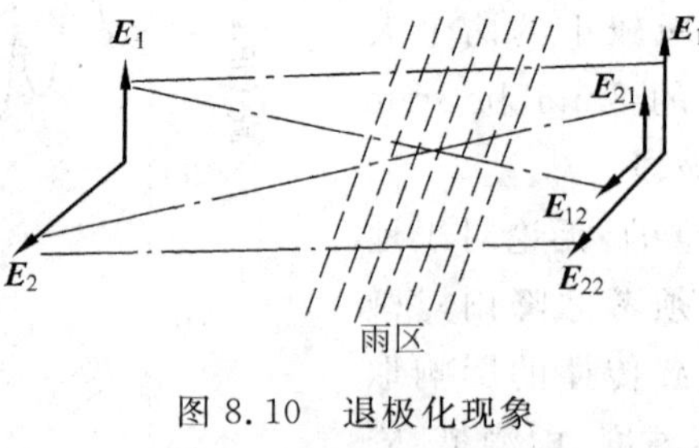

图 8.10 退极化现象

雨引起的退极化现象主要是因为雨滴的非球形和雨滴轴相对于电波传播之间的夹角不等于零引起的。雨滴的形状严格来说也非椭球形,但有一个方向长些,而另一正交方向短些。详细的计算雨滴的去极化效应,还要对雨滴散射、雨滴谱分布作进一步讨论,这里

从略。此处仅以一个最简单的例子来说明退极化现象。雨滴椭球长轴方向如图 8.11 中点划线所示，入射波的电场 $\boldsymbol{E}_1$ 与雨滴长轴有一夹角 α，把 $\boldsymbol{E}_1$ 按平行于长轴方向和垂直于长轴方向分解，得

$$\boldsymbol{E}_1 = \hat{\boldsymbol{l}}E_1\cos\alpha + \hat{\boldsymbol{s}}E_1\sin\alpha \tag{8.5.21}$$

其中，$\hat{\boldsymbol{l}}$ 表示长轴方向的单位矢量，$\hat{\boldsymbol{s}}$ 表示短轴方向的单位矢量，由于雨滴的作用，这两个分量在通过雨区时引起的衰减和相移是不一样的，合成的电场矢量 $\boldsymbol{E}_1'$ 的极化方向将与 $\boldsymbol{E}_1$ 不同，$\boldsymbol{E}_1'$ 再分解为 $\boldsymbol{E}_{11}$ 与 $\boldsymbol{E}_{12}$，这样就出现了退极化现象。

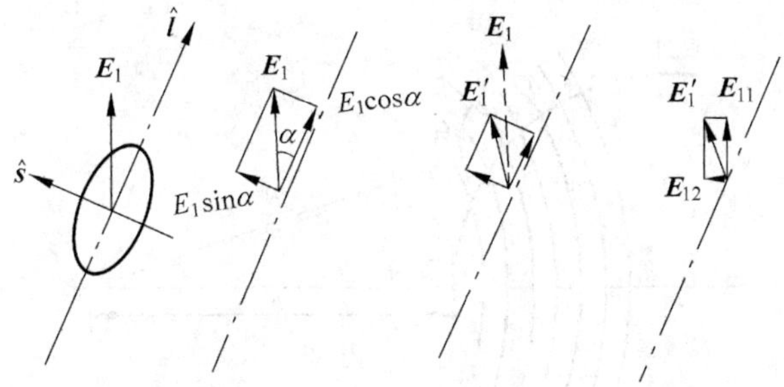

8.11　说明雨滴退极化效应的简化示意图(点划线表示雨滴长轴方向)

8.6　电波传播的菲涅耳区

8.6.1　惠更斯-菲涅耳原理

在讨论地面对微波传播的影响时，要用到惠更斯-菲涅耳原理。按照惠更斯原理，波阵面上的每一点可以认为是一个二次源，菲涅耳在考虑了相位关系后提出了一种作图法(见图 8.12)，所以我们统称为惠更斯-菲涅耳原理。本节，我们将从菲涅耳波带作图法入手，引出一些对电波传播有益的结论。

设 S 面是从点源 P_0 发出的一个球面单色波的波阵面的瞬时位置，它的半径是 r_0，求 P 点的场。为了简化，这里只考虑标量问题。S 面上某一点 Q 的场可以写为 $A\mathrm{e}^{-\mathrm{j}kr_0}/r_0$，其中 A 是幅度，r_0 是 P_0 点和 Q 点的距离，$-\mathrm{j}kr_0$ 是相位因子。显然球面 S 上的相位是相同的，振幅也是相同的。根据惠更斯原理，球面 S 上的波是二次源，这个二次源将以子球面波的形式传到 P 点。面元 $\mathrm{d}s$ 对 P 点的贡献为

$$\mathrm{d}U(P) = K(\alpha)\,\frac{A\mathrm{e}^{-\mathrm{j}kr_0}}{r_0}\,\frac{\mathrm{e}^{-\mathrm{j}kR}}{R}\mathrm{d}s \tag{8.6.1}$$

式中，$U(P)$是 P 点的场，$R=QP$，$K(\alpha)$是倾斜因子，α 是 Q 点法线与 QP 方向的夹角。按照菲涅耳作图法，$\alpha=0$ 时 K 最大，α 增加 K 迅速减小，当 QP 与波阵面 S 相切时，$\alpha=\frac{\pi}{2}$，

K 为零。P 点的场 $U(P)$ 为所有面元 $\mathrm{d}s$ 的积分，即

$$U(P)=\frac{A\mathrm{e}^{-\mathrm{j}kr_0}}{r_0}\int_S\frac{\mathrm{e}^{-\mathrm{j}kR}}{R}K(\alpha)\mathrm{d}s \tag{8.6.2}$$

为计算式(8.6.2)，采用菲涅耳作图法，以 P 点为中心作一组半径为

$$b,b+\frac{\lambda}{2},b+\frac{2\lambda}{2},b+\frac{3\lambda}{2},\cdots,b+\frac{i\lambda}{2},\cdots$$

的球面，$b=CP$，C 点是 P_0P 与波阵面 S 的交点，$i=1,2,3,\cdots$。上述球面与波阵面相交，把 S 面分成许多波带 $z_1,z_2,z_3,\cdots$

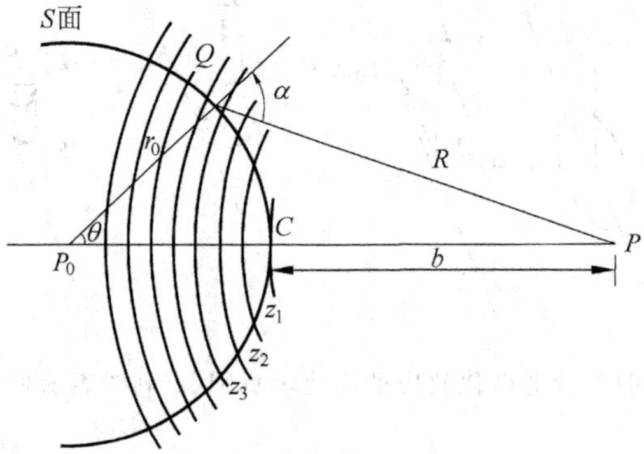

图 8.12　菲涅耳波带作图法

对于同一波带上的点，K 值相同。由图 8.12 可知，对于$\triangle P_0QP$，有

$$R^2=r_0^2+(r_0+b)^2-2r_0(r_0+b)\cos\theta \tag{8.6.3}$$

式中 θ 是 QP_0 与 PP_0 的夹角。R 对 θ 求导数得

$$R\mathrm{d}R=r_0(r_0+b)\sin\theta\mathrm{d}\theta \tag{8.6.4}$$

所以面元

$$\mathrm{d}s=r_0^2\sin\theta\mathrm{d}\theta\mathrm{d}\varphi=\frac{r_0}{r_0+b}R\mathrm{d}R\mathrm{d}\varphi \tag{8.6.5}$$

φ 是方位角，第 i 个波带对 $U(P)$ 的贡献为

$$\begin{aligned}U_i(P)&=2\pi\frac{A\mathrm{e}^{-\mathrm{j}kr_0}}{r_0+b}K_i\int_{b+(i-1)\lambda/2}^{b+i\lambda/2}\mathrm{e}^{-\mathrm{j}kR}\mathrm{d}R\\&=\frac{2\pi\mathrm{j}}{k}K_i\frac{A\mathrm{e}^{-\mathrm{j}k(r_0+b)}}{r_0+b}\mathrm{e}^{-\mathrm{j}ki\lambda/2}(1-\mathrm{e}^{\mathrm{j}k\lambda/2})\end{aligned} \tag{8.6.6}$$

式中 K_i 是第 i 个波带的倾斜因子。注意到 $k\lambda=2\pi$，最后两个因子化为

$$\mathrm{e}^{-\mathrm{j}ki\lambda/2}(1-\mathrm{e}^{\mathrm{j}k\lambda/2})=\mathrm{e}^{-\mathrm{j}\pi i}(1-\mathrm{e}^{\mathrm{j}\pi})=(-1)^i2 \tag{8.6.7}$$

所以

$$U_i(P)=2\mathrm{j}\lambda(-1)^iK_i\frac{A\mathrm{e}^{-\mathrm{j}k(r_0+b)}}{r_0+b} \tag{8.6.8}$$

由上式可以看出由于存在$(-1)^i$这一因子，这就使得各波带对P点的贡献是一正一负的。把各波带的贡献求和，得到P点的场为

$$U(P)=2\mathrm{j}\lambda\frac{A\mathrm{e}^{-\mathrm{j}k(r_0+b)}}{r_0+b}\sum_{i=1}^{n}(-1)^iK_i \tag{8.6.9}$$

为了叙述的方便，我们从求和级数中提出一个负号，上式写成下述形式

$$U(P)=-2\mathrm{j}\lambda\frac{A\mathrm{e}^{-\mathrm{j}k(r_0+b)}}{r_0+b}\sum_{i=1}^{n}(-1)^{i-1}K_i \tag{8.6.10}$$

下面对式(8.6.10)中的级数求和得

$$\begin{aligned}\sum_{i=1}^{n}(-1)^{i-1}K_i&=K_1-K_2+K_3-K_4+K_5-K_6+\cdots\\&=\frac{K_1}{2}+\left(\frac{K_1}{2}-K_2+\frac{K_3}{2}\right)+\left(\frac{K_3}{2}-K_4+\frac{K_5}{2}\right)+\cdots\end{aligned} \tag{8.6.11}$$

最后一项为$\frac{1}{2}K_n$(n为奇数)或$\frac{1}{2}K_{n-1}-K_n$(n为偶数)。暂时假定K_i大于K_{i-1}和K_{i+1}的算术平均值，那么式(8.6.11)的括号中的各项都是负的。于是

$$\left.\begin{aligned}&\sum_{i=1}^{n}(-1)^{i-1}K_i<\frac{K_1}{2}+\frac{K_n}{2}\quad(n\text{ 为奇数})\\&\sum_{i=1}^{n}(-1)^{i-1}K_i<\frac{K_1}{2}+\frac{K_{n-1}}{2}-K_n\approx\frac{K_1}{2}-\frac{K_n}{2}\quad(n\text{ 为偶数})\end{aligned}\right\} \tag{8.6.12}$$

因为$\frac{K_{n-1}}{2}$与$\frac{K_n}{2}$相差甚微，故有上式中的近似式成立。

同样把级数写成

$$\sum_{i=1}^{n}(-1)^iK_i=K_1-\frac{K_2}{2}-\left(\frac{K_2}{2}-K_3+\frac{K_4}{2}\right)-\left(\frac{K_4}{2}-K_5+\frac{K_6}{2}\right)-\cdots \tag{8.6.13}$$

最后一项为$-\frac{1}{2}K_{n-1}+K_n$(n为奇数)，或最后一项为$-\frac{1}{2}K_n$(n为偶数)。仍然暂时假定K_i大于它的两个相邻项的算术平均值，括号中的各项是负的，所以

$$\left.\begin{aligned}&\sum_{i=1}^{n}(-1)^{i-1}K_i>K_1-\frac{K_2}{2}-\frac{K_{n-1}}{2}+K_n\quad(n\text{ 为奇数})\\&\sum_{i=1}^{n}(-1)^{i-1}K_i>K_1-\frac{K_2}{2}-\frac{K_n}{2}\quad(n\text{ 为偶数})\end{aligned}\right\} \tag{8.6.14}$$

实际上K_1与K_2相差甚微，那么式(8.6.14)变为

$$\left.\begin{aligned}&\sum_{i=1}^{n}(-1)^{i-1}K_i>\frac{K_1}{2}+\frac{K_n}{2}\quad(n\text{ 为奇数})\\&\sum_{i=1}^{n}(-1)^{i-1}K_i>\frac{K_1}{2}-\frac{K_n}{2}\quad(n\text{ 为偶数})\end{aligned}\right\} \tag{8.6.15}$$

比较式(8.6.12)与式(8.6.15)可得

$$\left.\begin{aligned}\sum_{i=1}^{n}(-1)^{i-1}K_i = \frac{K_1}{2}+\frac{K_n}{2}\ (n\text{ 为奇数})\\ \sum_{i=1}^{n}(-1)^{i-1}K_i = \frac{K_1}{2}-\frac{K_n}{2}\ (n\text{ 为偶数})\end{aligned}\right\}\tag{8.6.16}$$

当 $n\to\infty$,并且 $\lim\limits_{n\to\infty}K_n\to 0$ 时

$$\sum_{i=1}^{n}(-1)^{i-1}K_i \approx \frac{K_1}{2}\tag{8.6.17}$$

可以证明,当 K_i 小于它的两个相邻项的算术平均值时同样有式(8.6.16)和式(8.6.17)这样的结果。

总的场为

$$U(P) = -\mathrm{j}\lambda(K_1 \pm K_n)\frac{A\mathrm{e}^{-\mathrm{j}k(r_0+b)}}{r_0+b}\tag{8.6.18}$$

惠更斯-菲涅耳原理还指出,如果 P_0 与 P 之间有障碍物,只有未挡住的部分二次源才对 P 点有贡献。

8.6.2 自由空间的菲涅耳区

现在根据上述惠更斯-菲涅耳原理引出自由空间菲涅耳区的概念。假想一个无限大平面 S 放在 P_0P 之间,并且垂直于 P_0P,在大平面 S 上划分菲涅耳波带,如图 8.13 所示。

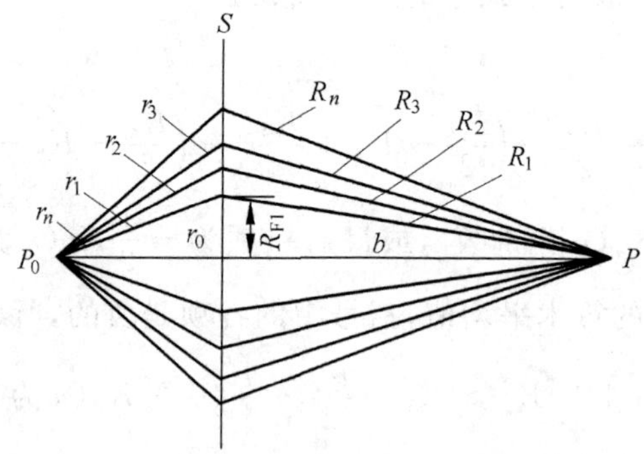

图 8.13 大平面上的菲涅耳波带

在平面 S 上划分菲涅耳带

$$\left.\begin{aligned}r_1+R_1-(r_0+b)&=\lambda/2\\ r_2+R_2-(r_0+b)&=2\lambda/2\\ &\vdots\\ r_n+R_n-(r_0+b)&=n\lambda/2\end{aligned}\right\}\tag{8.6.19}$$

(r_0+R_0)是 P_0 点到 P 点距离，r_n 和 R_n 是 P_0 点和 P 点到第 n 个菲涅耳带的距离，将式(8.6.19)改写为

$$\left.\begin{aligned} r_1+R_1 &= r_0+b+\lambda/2 \\ r_2+R_2 &= r_0+b+2\lambda/2 \\ r_i+R_i &= r_0 = r_0+b+i\lambda/2 \\ &\vdots \\ r_n+R_n &= r_0+b+n\lambda/2 \end{aligned}\right\} \tag{8.6.20}$$

式(8.6.20)中每一个等式左边是一个常数。$r+R$ 为常数的曲面正是以 P_0、P 为焦点的旋转椭球面，如图 8.14 所示。$i=1$ 的半椭球叫作第一菲涅耳椭球区，$i=2$、3 分别称作第二、第三菲涅耳椭球区，余此类推。

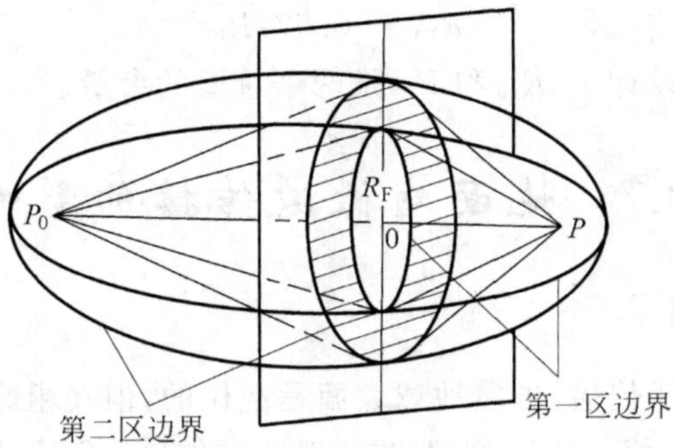

图 8.14　自由空间菲涅耳区

下面来求第一菲涅耳区的半径 R_{F1}。由图 8.13 和式(8.6.19)可得

$$\sqrt{r_0^2+R_{F1}^2}+\sqrt{b+R_{F1}^2}=(b+r_0)+\frac{\lambda}{2} \tag{8.6.21}$$

或

$$r_0\sqrt{1+\left(\frac{R_{F1}}{r_0}\right)^2}+R_0\sqrt{1+\left(\frac{R_{F1}}{b}\right)^2}=(b+r_0)+\frac{\lambda}{2} \tag{8.6.22}$$

当视距通信距离$(r_0+b)\gg\lambda$，并且 $r_0\gg\lambda, b\gg\lambda$ 时，显然有$\frac{R_{F1}}{r_0}\ll 1, \frac{R_{F1}}{b}\ll 1$，将式(8.6.22)中的根号展开成级数略去高阶$\frac{R_{F1}}{r_0}$和$\frac{R_{F1}}{b}$的项，可得

$$R_{F1}=\sqrt{\frac{\lambda r_0 b}{r_0+b}} \tag{8.6.23}$$

式中各量都用同样的长度单位，或

$$R_{F1}=\sqrt{\frac{300 r_0 b}{f(r_0+b)}} \tag{8.6.24}$$

式中距离的单位为 km，频率 f 的单位为 GHz，第一菲涅耳半径 R_{F1} 的单位为 m。当 $r_0=b$ 时 R_{F1} 取最大值，即

$$R_{F1max}=\sqrt{\lambda r_0/2}=\sqrt{\lambda b/2} \tag{8.6.25}$$

同理，第 n 个菲涅耳区的半径为

$$R_{Fn}=\sqrt{\frac{n\lambda r_0 b}{r_0+b}}=\sqrt{n}R_{F1} \tag{8.6.26}$$

计算表明，1/3 的第一菲涅耳带产生的场强恰等于自由空间的场强，所以工程上称作"最小"菲涅耳区，最小菲涅耳半径记作 R_{F0}，可由下式求出：

$$\pi R_{F0}^2=\frac{1}{3}\pi R_{F1}^2 \tag{8.6.27}$$

所以

$$R_{F0}=0.577R_{F1} \tag{8.6.28}$$

在微波中继通信线路的设计中，R_{F0} 和 R_{F1} 是两个重要的参量。

8.7 地面对微波传播的影响

8.7.1 视线距离

假设电波射线按直线传播，虽然地球表面是起伏的，但在粗略的计算中仍可假设地球是球形的。天线的高度为 h_1 和 h_2，直射波所能达到的最远距离为 $d_0=d_1+d_2$，如图 8.15 所示，该直射线与地球相切。从几何关系很容易得出 d_0 的表示式，设地球半径为 R_0，那么

$$d_1\approx r_0=P_0C=\sqrt{(R_0+h_1)^2-R_0^2}\approx\sqrt{2R_0h_1} \tag{8.7.1}$$

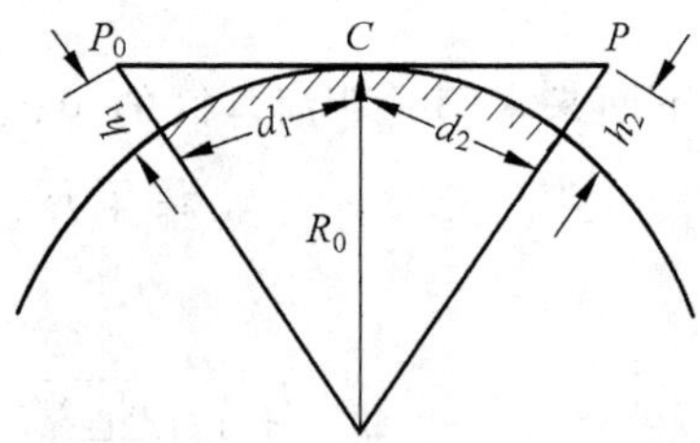

图 8.15 视线距离

类似地

$$d_2\approx b=CP=\sqrt{(R_0+h_2)^2-R_0^2}\approx\sqrt{2R_0h_2} \tag{8.7.2}$$

所以

$$d_0\approx\sqrt{2R_0}\,(\sqrt{h_1}+\sqrt{h_2}) \tag{8.7.3}$$

取 $R_0=6370$km，h_1、h_2 的单位为 m，那么

$$d_0=3.57(\sqrt{h_1}+\sqrt{h_2})\ \text{km} \tag{8.7.4}$$

在大气折射的情况下要用等效地球半径 R_e 代替 R_0，例如，在标准大气时

$$d_0=4.12(\sqrt{h_1}+\sqrt{h_2})\ \text{km} \tag{8.7.5}$$

其中 h_1 和 h_2 的单位为 m。

8.7.2 平地面的菲涅耳区

考虑到空间菲涅耳区的影响，实际的通信距离远比视线距离小得多。

由图 8.16 可以看出，在地面上的发射点 P_0 和接收点 P 之间，电波传播时由于地面的存在，除了直射线(直射波)之外还存在反射线(反射波)。通常天线架设的高度比波长大得多，分析地表面的影响可以采用镜像法。为简化起见，假设地面是平表面，P_0 点的镜像为 P_0'，可将反射线看作是由镜像 P_0' 发出的射线，以 P_0' 和 P 点为椭球的两个焦点，构成旋转椭球。第一菲涅耳椭球与地平面的相交部分为椭圆，称作有效反射区，这一部分地面的反射和散射对接收点(P 点)的场有比较大的影响。在确定了有效区的位置和尺寸之后应再对该区域的地面特性作进一步研究。

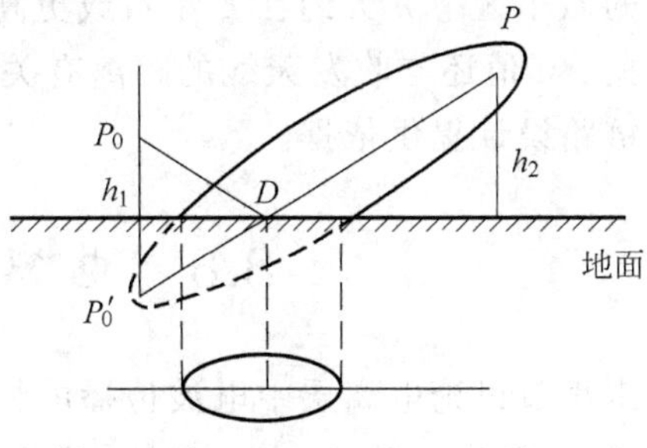

图 8.16 有效反射区示意图

一般来说，以 P_0 和 P 点为焦点构成的旋转椭球的第一菲涅耳区与地面不相交为好。

8.7.3 地面的反射和散射

根据地面起伏相对于波长的大小来区分地面对电波的影响是反射还是散射，实际的情况介于二者之间。当地面的起伏远小于波长时可将地面看作镜面；当地面起伏的量级与波长相当时地面被看作粗糙表面，它对电波的主要作用是散射。地面对电波反射和散射的示意图如图 8.17 所示。

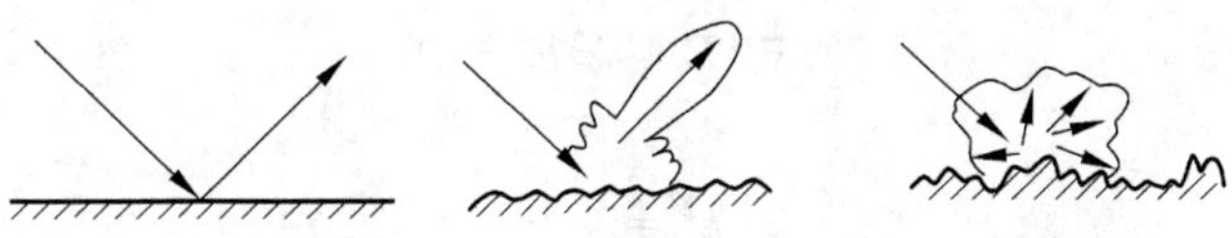

图 8.17 地面的反射和散射

粗糙表面的散射是一个重要的理论课题，是微波遥感的基础理论之一。

8.7.4 考虑地面影响的路径损失

在 8.4 节中，式(8.4.4)给出的自由空间的接收天线所接收的功率 P_r 为

$$P_r = K/R^2 \tag{8.7.6}$$

式中 K 是与发射接收天线、工作波长发射功率有关的常数，且有

$$K = \frac{A_t A_r}{\lambda^2} P_t \tag{8.7.7}$$

A_t 和 A_r 是发射和接收天线的有效面积，λ 是工作波长，P_t 是发射功率。

在地面移动通信中，实际的环境比自由空间复杂得多，可以用一近似模型来描述地面的路径损失，即接收的功率 P_r 为

$$P_r = K'/R^n \tag{8.7.8}$$

此处 $n \neq 2$。实测表明：市区和郊区的宏小区环境中路径损耗的指数 n 大约在 3～4 之间；市区的微小区中 n 大约在 4 左右或更高。K'不同于自由空间的 K，K'还与天线的架设高度有关。n 值还与收发天线的距离有关。K'和 n 要靠实测来确定，从而为进一步的移动通信链路设计提供依据。

8.8 电离层中的电波传播

本小节讨论电离层中电波传播的特性。

通常，距离地球 60km～80km 高度以外的区域被称为电离层。太阳辐射的紫外线比可见光具有更高的粒子能量，可使空气分子电离，电离的分子同时存在着复合。由于电离层的气体密度比较低，所以电子和正离子复合的速度也比较低，形成了大量的带电粒子。电子和正离子的密度相等，故电离层又是等离子体。影响电波和微波在电离层中传播特性的是电子而不是离子，这是因为离子的质量比电子大得多，离子不易被电场加速。

在研究电离层的传播特性时，主要考虑电场与电子的相互作用。假设电场是简谐场，则有

$$E = E_0 \exp(j\omega t)$$

它所满足的波动方程为

$$\nabla^2 E + k^2 E = 0$$

式中

$$k^2 = \omega^2 \varepsilon\mu$$

下面的推导将首先集中在等离子体的介电常数 ε，然后再由 ε 引出一些推论。电场对电子的作用使电子受力，由此可列出运动方程

$$m\frac{dv}{dt} = -eE - \xi v \tag{8.8.1}$$

式中 m 是电子的质量，v 是电子的运动速度，$v = v_0\exp(j\omega t)$，e 是电子的电荷，E 是电场强度，ξ 是阻尼系数。将 v 的表示式代入上式，很容易解得电子的运动速度

$$v = \frac{eE}{m(\zeta + j\omega)} \tag{8.8.2}$$

式中 $\zeta = \xi/m$。若每立方米体积中有 n 个电子，由于电子的运动引起的电流密度为 ven，用 J 表示，则

$$J = ne\frac{eE}{m(\zeta + \mathrm{j}\omega)} \tag{8.8.3}$$

也可写作

$$J = \frac{\zeta - \mathrm{j}\omega}{m(\zeta^2 + \omega^2)}ne^2E \tag{8.8.4}$$

J 与 E 的比值为复电导率 σ，有

$$\sigma = \frac{\zeta - \mathrm{j}\omega}{m(\zeta^2 + \omega^2)}ne^2 \tag{8.8.5}$$

由于空气稀薄，复电导率中的 ζ 与 ω 相比是可以忽略的，那么

$$\sigma = -\frac{\mathrm{j}\omega}{m\omega^2}ne^2 = -\mathrm{j}\frac{ne^2}{m\omega} \tag{8.8.6}$$

现在我们用 $(\varepsilon_0 + \sigma/\mathrm{j}\omega)$ 取代传播常数中的 ε，则

$$\varepsilon = \varepsilon_0 + \sigma/\mathrm{j}\omega = \varepsilon_0 - ne^2/m\omega^2 \tag{8.8.7}$$

当工作频率比较高时，ε 趋向于自由空间的介电常数；当工作频率很低时，ε 变为负值；在某一适当的工作频率，ε 等于零，此时对应的工作频率称为等离子体频率（亦称临界频率），其值为

$$f_\mathrm{p} = \frac{e}{2\pi}\sqrt{n/m\varepsilon_0} \tag{8.8.8}$$

采用等离子体 f_p 这一符号后，可将介电常数写作

$$\varepsilon = \varepsilon_0[1 - (f_\mathrm{p}/f)^2] \tag{8.8.9}$$

由此引出电离层中平面波的相速

$$v_\mathrm{p} = \frac{1}{\sqrt{\varepsilon\mu}} = \frac{1}{\sqrt{\varepsilon_0\mu}}\frac{1}{\sqrt{1 - \left(\frac{f_\mathrm{p}}{f}\right)^2}} \tag{8.8.10}$$

这个相速的表示式有些类似于波导中的相速表示式。当频率低于等离子体频率 f_p 时，信号将被电离层全部反射。等离子体频率的作用有点像波导中的截止频率，当然这只是形式上的相似，两者的物理内涵是不一样的。

通常，各个电离层的电子密度随着日夜交替而变化，随着太阳活动的起伏而变化，但粗略地讲，电离层的电子密度在 $10^{10} \sim 10^{12}$ 之间变化，其相应的等离子体频率为

$$\frac{1.6\times10^{-19}}{2\pi}\sqrt{\frac{10^{10}}{9.1\times10^{-31}\times10^{-9}/36\pi}} = 0.9(\mathrm{MHz})$$

$$\frac{1.6\times10^{-19}}{2\pi}\sqrt{\frac{10^{12}}{9.1\times10^{-31}\times10^{-9}/36\pi}} = 9(\mathrm{MHz})$$

这里，0.9MHz 属于中波，9MHz 属于短波。一方面利用短波在电离层的反射可以发展短波通信业务，另一方面亦可利用短波在电离层的反射测量不同电离层的电子密度。短波

通信是一种相对“古老”的、但又极有实用价值的通信手段。尤其在战争时期，其他的通信手段，例如光缆、电缆、微波中继、卫星通信，都可能遭到破坏，而短波通信却以其机动性、远距离传输特性，不易被破坏等优点受到重视。

短波通信的缺点是不够稳定。这是因为电离层的电子密度易受日照的变化、季节的变化和太阳11年活动周期的影响，从而等离子体频率亦随之变化。因此，采取了许多措施研究、统计、预测等离子体频率的变化，以保证可靠的短波通信质量。

在上述简化的电离层模型中，我们忽略了许多因素的影响，其中包括地球磁场对电子运动的影响，电波以相对于电离层层面不同角度的斜射所带来的影响等。

9 微波工程系统

9.1 引　　言

由微波器件、微波电路以及微波传播的空间构成的系统称为微波工程系统，其主要的特征是系统工作在微波频率范围。微波工程系统常常是一个更大系统的一部分，故又可称为微波子系统(microwave subsystems)。

微波技术或微波工程的主要服务对象是信息传输、信息提取和信息处理。本书引论中已经提到，微波在各种信息系统中得到了广泛的应用，例如微波地面接力通信、卫星通信、雷达、微波遥感，遥控遥测、电子对抗、光纤通信等。全面的论述这些系统超出了本书的范围，本章将以卫星通信为例说明微波工程系统的概念、使读者了解各种传输线、无源和有源微波器件、天线、电波传播在微波工程系统中的地位和作用，初步建立微波工程子系统的概念。

9.2 卫星通信的微波子系统

微波设备在卫星通信系统中有十分重要的地位，所以我们以卫星通信中的微波子系统为例来说明微波工程在一个大系统中的作用。简单地说，卫星通信就是地球上(包括地面、海洋表面以及低层大气)的微波通信站(称为地球站)利用人造卫星作为中继站而进行的通信。

9.2.1 卫星通信微波子系统框图

第一个通信卫星始于 1965 年，卫星轨道在赤道上空距地面高度为 35860km，与地球同步旋转，相对于地球上的观察者来说，卫星的位置是静止的。利用三颗这样的静止卫星就可以覆盖地球一周，如图 9.1 所示。微波子系统的简化框图如图 9.2 所示。下面简述卫星通信的工作过程。地球站 A 的信号经调制后送到发射机，经环行器通过天线发射，被卫星上的天线所接收，其工作频率为 f_1（例如 6GHz），称作上行频率。地球站 A 的射频信号经过大气层到达卫星转发器，转发器的作用是将收到的微波信号进行放大和频率变换，变为 f_4（例如 4GHz）的射频信号，通过转发器的发射机放大，由卫星上的天线向地球站 B 发射，由地球站 B 的接收机接收，这里 f_4 称作下行频率。地球站 B 接收到工作在 f_4 的射频信号后，再经过放大解调，取出信息。地球站 B 的上行频率 f_3 与地球站 A 的上行频率 f_1 稍有区别，地球站 B 的下行频率 f_4 与地球站 A 的下行频率 f_2 稍有区别，以避免相互干扰。频率低时大气损耗小，可将大气层近似认为是自由空间，但是当存在降水过程或天线仰角比较低时可能引入衰减。较高的上行频率导致电波的吸收损耗比较大，但因地球站天线尺寸及发射功率可以做得比较大，故不会使系统失效，所以一般取上行频率高于下行频率。卫星通信的上下行频率为 6GHz/4GHz 和 14GHz/11GHz。

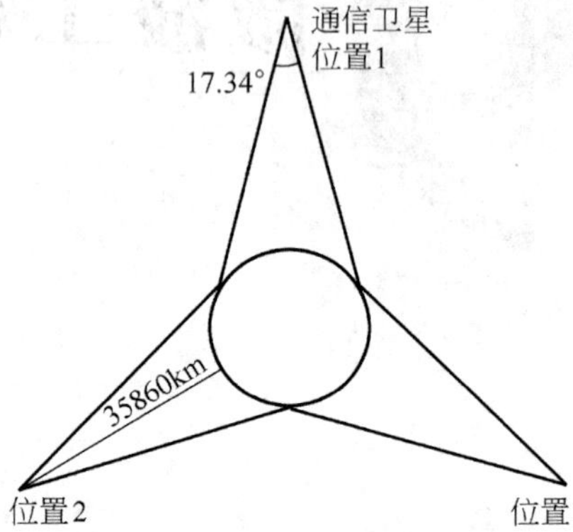

图 9.1　三颗同步卫星配置图

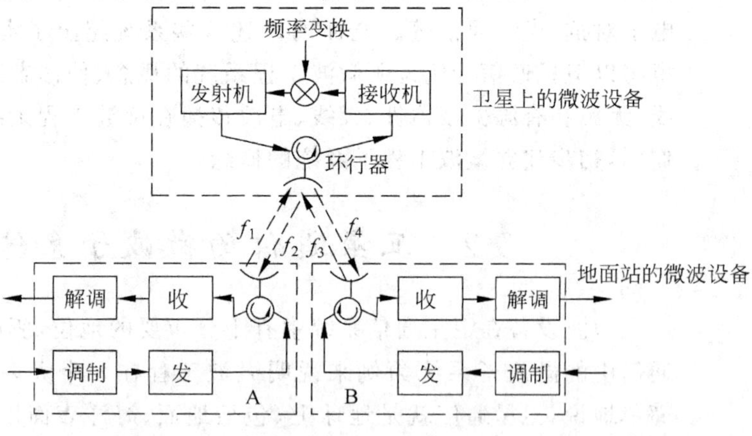

图 9.2　简化的卫星通信中的微波子系统

9.2.2　卫星通信线路增益损耗图

图 9.3 是电视信号在地球—空间—地球线路上的增益和损耗变化图。电视信号从进入地球站开始，再回到另一个地球站，完成“一跳”传输，其信号电平应恢复到起始的信号

电平。图中电平的变化范围是 10^{-17} W(−170dBW)～10^{9} W(90dBW)。最大的损耗发生在地球站—卫星之间的路径上,最大的增益是由地球站天线提供的。下面对图 9.3 各段增益和损耗作一简要说明。

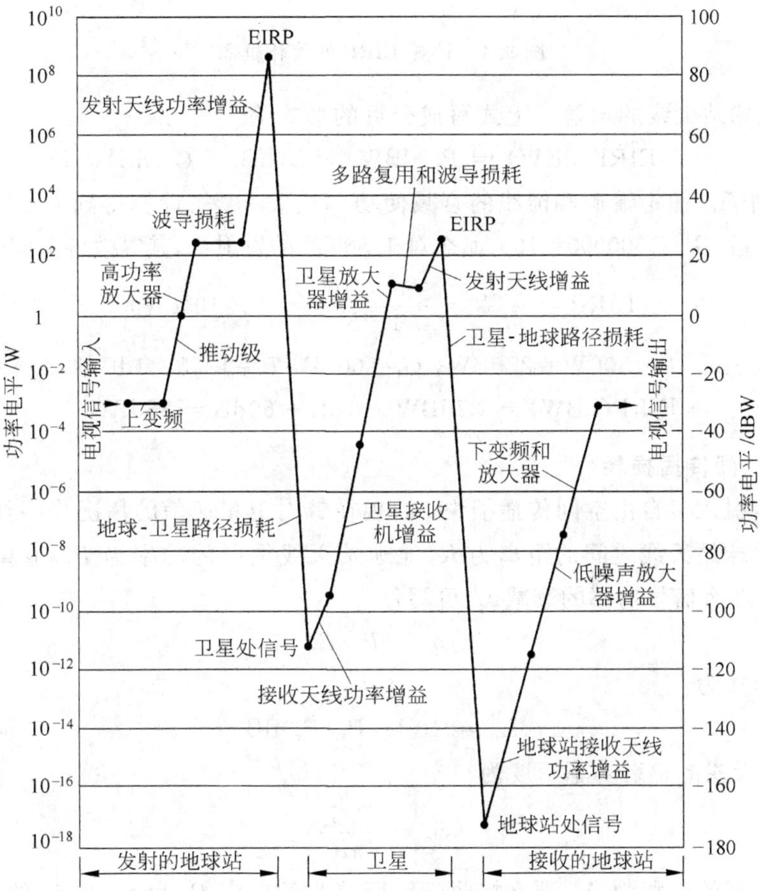

图 9.3 电视信号在地球-空间线路上的增益和损耗

1. 等效各向同性辐射功率

等效各向同性辐射功率的英文缩写为 EIRP(effective isotropic radiated power)。利用图 9.4 所示的简化框图来计算上行线路的 EIRP。末级功放的输出功率为 P,送到天线并被天线辐射的功率为 P_t,馈源和传输线的损耗为 L,L 与 P_t 和 P 的关系为 $L=P/P_t$,$L\geqslant 1$。EIRP 的定义为

$$\mathrm{EIRP} = P_t G_t = \frac{PG_t}{L} \tag{9.2.1}$$

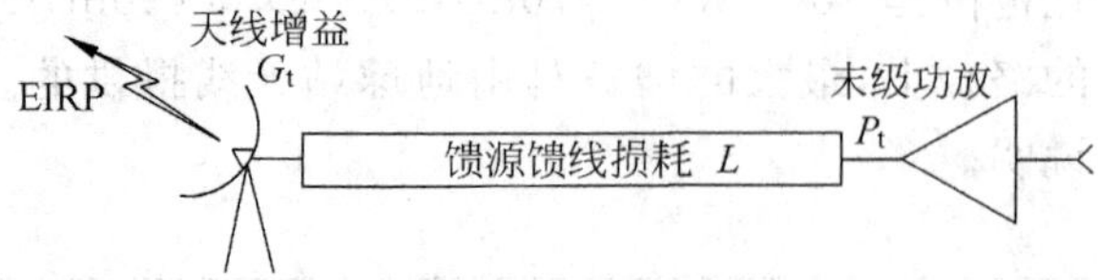

图 9.4 计算 EIRP 的简化框图

式中，G_t 是地球站天线的增益。上式写成分贝的形式为

$$\text{EIRP(dBW)} = P_t(\text{dBW}) - L(\text{dB}) + G_t(\text{dB}) \tag{9.2.2}$$

下面举一个例子。假定馈源和馈线的衰减使功率损失 20%，计算得到 $L=1.25$。给定地球站天线的增益，$G_t=1000000=10^6$，那么对于 500W 的发射机，其等效各向同性辐射功率

$$\text{EIRP} = \frac{PG_t}{L} = \frac{500 \times 10^6}{1.25} = 4 \times 10^8(\text{W})$$

如果用分贝来表示，$P=500\text{W}=27\text{dBW}$，$G_t=60\text{dB}$，$L=1.25=1\text{dB}$，那么

$$\text{EIRP(dBW)} = 27\text{dBW} - 1\text{dB} + 60\text{dB} = 86\text{dBW}$$

2. 自由空间传播损耗

在 8.4 节引入了自由空间传播损失 L_0，现在针对卫星通信的情况作一简要回顾。设卫星天线与地球站天线之间的距离为 R，地球站天线发射的功率为 P_t，卫星天线接收到的功率为 P_r，那么信号功率的衰减 L_{tr} 可写作

$$L_{tr} = P_t/P_r \tag{9.2.3}$$

写成分贝的形式为

$$L_{tr} = 10\lg(P_t/P_r)\text{dB} \tag{9.2.4}$$

在距离 R 处，天线的辐射功率密度为

$$S_r = \frac{P_tG_t}{4\pi R^2} \tag{9.2.5}$$

设接收天线的有效面积为 A_r，那么接收天线所接收的功率 P_r 为 S_r 与 A_r 的乘积，即

$$P_r = S_rA_r = \frac{P_tG_tA_r}{4\pi R^2} \tag{9.2.6}$$

注意到接收天线有效面积 A_r 与接收天线增益 G_r 之间的关系：$G_r=4\pi A_r/\lambda^2$（其中 λ 是波长），上式可改写为

$$P_r = \frac{G_tG_r\lambda^2}{16\pi^2R^2}P_t \tag{9.2.7}$$

或

$$\frac{P_t}{P_r} = \frac{1}{G_tG_r}\left(\frac{4\pi R}{\lambda}\right)^2 \tag{9.2.8}$$

此式是通信线路的基本方程，它包含了天线增益、传播距离和工作波长三个参数之间的关系。进一步的讨论还可将其改造成其他的形式，使通信线路的基本方程包括更多的参数。

现在令 $G_t=G_r=1$，在这种条件下的 L_{tr} 记作 L_0，L_0 称为自由空间传播损失，且

$$L_0=\left(\frac{4\pi R}{\lambda}\right)^2 \tag{9.2.9a}$$

用分贝表示为

$$L_0=20\lg\left(\frac{4\pi R}{\lambda}\right)\mathrm{dB} \tag{9.2.9b}$$

例如，若工作频率为 4GHz，距离 $R=35860\mathrm{km}$，那么

$$L_0=\left(\frac{4\pi\times3.586\times10^7}{0.075}\right)^2=3.61\times10^{19}$$

$$L_0=10\lg(3.61\times10^{19})=196\mathrm{dB}$$

3. 地球站的 G/T 值和噪声温度 T

地球—空间—地球线路中，最弱的信号是在下行线路的地球站天线处，如图 9.3 所示，地球站处的信号功率大约为 10^{-17}W。因此，必须考虑噪声的影响。为此，我们引入地球站接收天线的 G/T 值这一参量。它描述了地球站接收弱信号的能力。G 是地球站天线的增益，因为是下行线路，故卫星上的天线为发射天线，地球站天线为接收天线，在以后的公式中有时注明下标 r，表示接收。T 是低噪声放大器输入端的噪声温度，参看图 9.5。

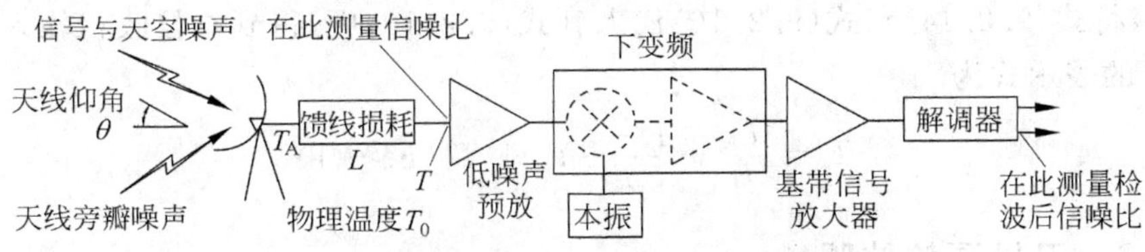

图 9.5　计算地球站天线 G/T 值所用的框图

为计算 G/T 值，必须计算总的噪声温度 T。T 由三部分组成：外界对天线贡献的噪声，在第 7 章中已讨论过，用天线温度 T_A 表示；天线的馈线和馈源损耗引起的噪声温度 T_L；接收机本身噪声对总的噪声温度 T 的贡献，用 T_r 来表示。在接收机输入端

$$T=\frac{T_A}{L}+T_L+T_r \tag{9.2.10}$$

为求损耗为 L 的无源网络对系统噪声温度的贡献，现考虑图 9.6 所示的一个有耗二端口网络。设有耗二端口网络的物理温度为 T_0，且在输入端的等效噪声温度为 T'_e，输入端匹配电阻的噪声温

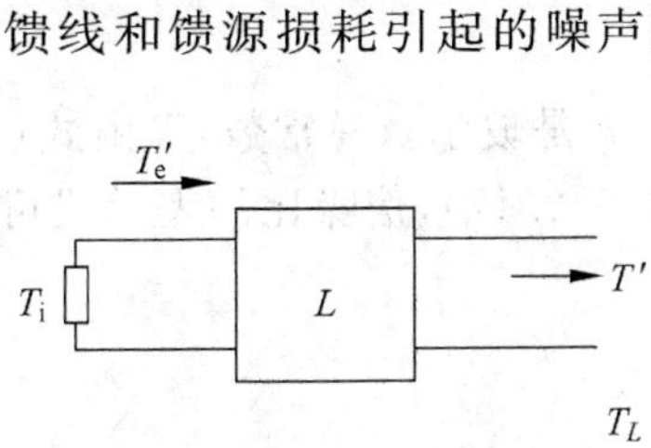

图 9.6　损耗为 L 的无源网络的等效噪声温度 T_L

度为 T_i，那么，在网络输出端的噪声温度 T' 为

$$T' = \frac{1}{L}(T_i + T'_e) \tag{9.2.11}$$

设 $T_i = T_0$，又设输入端匹配，输出端也匹配，那么从输出端向左看存在一个物理温度为 T_0 的数值等于馈线特性阻抗的匹配电阻，由此可知，此时 $T' = T_0$，且由式(9.2.11)可知 $T' = (T_0 + T'_e)/L$，于是

$$T_0 = \frac{1}{L}(T_0 + T'_e) \tag{9.2.12}$$

解得

$$T'_e = (L-1)T_0 \tag{9.2.13}$$

T'_e 是损耗为 L 的网络在网络输入端的等效噪声温度，再将其折合到网络的输出端，得 T_L 为

$$T_L = \frac{T'_e}{L} = \frac{L-1}{L}T_0 \tag{9.2.14}$$

根据接收机噪声系数可计算接收机噪声对总噪声的贡献。设接收机的噪声系数为 F_n，它是大于等于 1 的数，总有下式成立：

$$T_0 F_n = T_0 + T_r \tag{9.2.15}$$

式中，$T_0 = 290\text{K}$，T_r 就是待求的接收机本身对总噪声的贡献，即式(9.2.10)中的第三项。由上式解得

$$T_r = T_0(F_n - 1) \tag{9.2.16}$$

最后，将式(9.2.14)和式(9.2.16)代入到式(9.2.10)中，得到在接收机输入端的总噪声温度 T 的表示式为

$$T = \frac{T_A}{L} + \frac{L-1}{L}T_0 + T_0(F_n - 1) \tag{9.2.17}$$

9.2.3 卫星通信信噪比

信噪比是估计通信信号质量的一个重要参量。已知噪声温度 T，其相应的噪声功率 N 为

$$N = kTB_n \tag{9.2.18}$$

式中，k 是玻尔兹曼常数，T 由式(9.2.17)决定，B_n 是接收机通带宽度。利用式(9.2.7)和式(9.2.17)，信噪比的表示式可写作

$$\frac{P_r}{N} = \frac{(G_t P_t)G_r}{kTB_n\left(\frac{4\pi R}{\lambda}\right)^2} \tag{9.2.19}$$

注意到上式中 $G_t P_t = \text{EIRP}$，$(4\pi R/\lambda)^2$ 为自由空间传播损耗 L_0，于是上式改写为

$$\frac{P_r}{N} = \frac{(\text{EIRP})}{kB_n L_0}\left(\frac{G_r}{T}\right) \tag{9.2.20}$$

此式表明信噪比与四个因素有关，分别为 EIRP、L_0、B_n 和 G/T 值。四个因素中 G/T 值取决于地球站天线和接收机。

举例，设卫星的 EIRP 为 300W，地球站接收天线增益 $G_r=10^6$，自由空间传播损失 $L_0=3.61\times10^{19}$，$T=600$K，噪声带宽 $B_n=4.5\times10^6$ Hz。按式(9.2.20)计算信噪比 $P_r/N=223=23.5$dB。

对于卫星发射、地球站接收的下行线路而言，当卫星的 EIRP 确定后，地球站接收信号性能的优劣就取决于地球站的 G/T 值。地球站的天线主瓣最大方向总是对准卫星的，因而 G 总是最大增益，T 值则与天线的仰角有关。为了提高信噪比，则应采用大口径天线和低噪声接收机，以提高地球站的 G/T 值。

以上所述关于卫星通信微波子系统的分析表明，微波工程中的各种部件及其参数在卫星通信设备和卫星通信总体论证中起着十分关键的作用。微波子系统的设计和研制涉及到本书所述微波工程的全部领域。下一小节再对卫星通信中的天线分系统作一些简要说明。

9.2.4 卫星天线

卫星天线分系统有两大类：一类是遥测、指令和信标天线，这种天线一般是全向天线，以保证可靠地接收地球站发来的接收指令，并向地面发射遥测数据和信标；另一类是通信天线，按照波束覆盖区的大小和形状，可分为全球波束天线、点波束天线和区域波束天线。三种波束的示意图如图 9.7 所示。对于静止卫星而言，全球波束的半功率波束宽度约为 34.8°，恰好覆盖卫星对地球的整个视区。这种天线可由圆锥喇叭加上 45°的反射板构成，如图 9.8 所示。点波束天线的覆盖区域面积比较小，其形状一般为圆形，半功率波束宽度只有几度，天线结构为前馈抛物面天线，馈源为喇叭。赋形波束天线的覆盖区域边界不规则，目的是覆盖一个国家或一个地区的国土。为使波束成形，可以修改反射面的形状，也可以利用多个馈源产生多波束组合来实现。

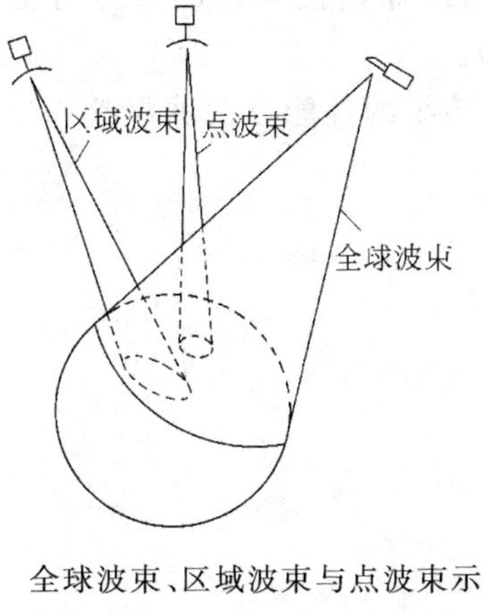

图 9.7 全球波束、区域波束与点波束示意图

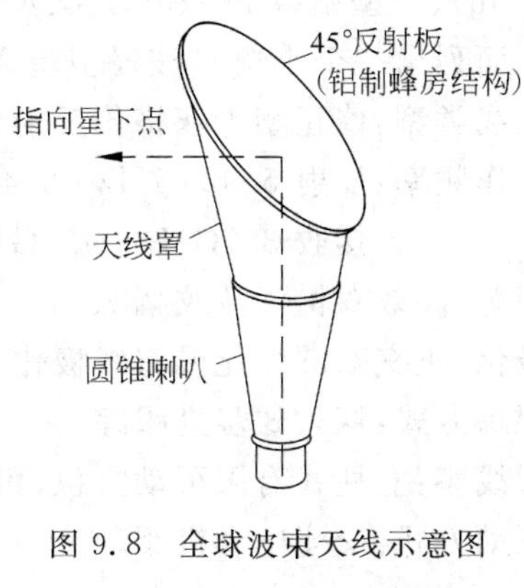

图 9.8 全球波束天线示意图

卫星上的通信天线具有下述一些特点：

(1) 一定的指向精度，通常要求指向误差小于波束宽度的5%。

(2) 足够的频带宽度。由于卫星通信上行、下行频率相差较大，故卫星天线常常是收、发合用的；有的天线系统是馈源分开，共用一个主反射面，有的天线系统采用复合馈源。

(3) 多副天线、多波束天线在卫星上完成不同波束间的信号转接，以沟通不同覆盖区的地球站之间的通信。

(4) 适当的极化方式，通常工作频率低于10GHz时，大都采用圆极化，有利于克服电离层的法拉第旋转效应。所谓法拉第旋转效应指的是一个线极化波在电离层中传播一段距离后，电波的极化方向发生旋转。频率高于10GHz时大都采用线极化，因为此时法拉第旋转效应可以忽略，而对流层(最接近地表的大气层)中降雨引起的退极化效应，使圆极化波变为椭圆极化波，导致极化隔离度显著降低，故采用线极化。国内的一些通信卫星在4GHz/6GHz时也采用线极化，这是综合考虑了法拉第旋转效应、降雨退极化效应以及线极化设备比较简单、易于实现等因素的结果。

(5) 消旋天线。为使通信卫星稳定，卫星本身是绕一固定轴自旋，如不采取措施，卫星天线波束也将随星体旋转，这导致卫星天线不能固定指向地球上的指定地点。为了解决这一问题，可采取机械式的或电子扫描的办法使天线波束指向固定，称为消旋天线。

9.2.5 地球站天线系统

直径3m～35m的天线是地球站中最引人注目的分系统，通常它是收、发共用的。天线系统通常由三个部分组成。

(1) 机械系统：底座、驱动齿轮和伺服装置；

(2) 辐射系统：包括照射喇叭、主反射面、卡塞格伦天线的副反射面；

(3) 馈线系统：包括馈线(大型天线采用波束波导)、跟踪耦合器、极化器、双工器等。

可用一种粗略的分类法将C波段和Ku波段的地球站按天线的直径分为：小型站(3m～7m)、中型站(7m～15m)、大型站(15m～35m)。

下面列出一个小型C波段卫星通信地面站天线系统的性能参数供参考。

天线类型：修正型卡塞格伦反射器

工作频率：发射5.925GHz～6.425GHz

　　　　　接收3.7GHz～4.2GHz

馈源：高效双槽深波纹喇叭

极化：正交双圆极化或双线极化

跟踪方式：探索式步进跟踪

天线座：立柱式有限可动方位、可动俯仰座架

驱动方式：交流电动机驱动

主、副反射面直径：7.3m，1m

主、副反射面公差：≤0.6mm，≤0.2mm

天线运动范围：方位 110°，俯仰 0°～90°

天线运动速度：0.13°/s

重量：4000kg

增益：≥51.4dBi(5.925GHz～6.425GHz)

≥48.2dBi(3.7GHz～4.2GHz)

圆极化轴比：≤0.5

驻波系数(VSWR)：≤1.25

端口隔离：≥20dB

收发隔离：≥85dB

方向图包络：第一副瓣≤－14dB

宽角副瓣≤29dBi～25lgθ(dBi)(1°≤θ≤20°)

天线噪声温度：≤48K(10°仰角)

习 题

9.1 已知卫星转发器和地球站的基本参数如下：

转发器可用带宽 36MHz×0.9； 卫星 EIRP 26.0 dBW；

下行线路工作频率 6GHz； 卫星高度 35860km；

地球站的 G/T 值 40.7dB/K。

试计算地球站天线处的信噪比。

9.2 已知卫星转发器的基本参数和地球站所要求的信噪比如下：

要求的信噪比 P_r/N 14.8dB； 卫星 EIRP 43.0dBW；

下行线路工作频率 12GHz； 转发器可用带宽 36MHz×0.9；

卫星高度 35860km。

试求地球站的 G/T 值。

又设天线噪声温度 $T_A=47$K(10°仰角)，馈线损耗 $L=0.1$dB，接收机噪声温度 $T_r=300$K，试求地球站天线的增益。如设天线有效面积与天线口面面积之比 $\gamma=0.6\sim0.65$，试估算地球站旋转抛物面天线的直径。

附录

附录Ⅰ　物理常数

真空中的电容率 $\varepsilon_0=8.854\times10^{-12}\,\mathrm{F/m}$

真空中的导磁率 $\mu_0=4\pi\times10^{-7}\,\mathrm{H/m}$

自由空间波阻抗 $\eta_0=120\pi\Omega$

真空光速 $c=2.998\times10^{8}\,\mathrm{m/s}$

电子电荷 $e=1.602\times10^{-19}\,\mathrm{C}$

电子质量 $m=9.109\times10^{-31}\,\mathrm{kg}$

普朗克常数 $h=6.626\times10^{-34}\,\mathrm{J\cdot s}$

波耳兹曼常数 $k=1.38\times10^{-23}\,\mathrm{J/K}$

铜的电导率 $\sigma=5.5\times10^{7}\,\Omega/\mathrm{m}$

附录Ⅱ　矢量微分算子

在微波工程中常用的微分算子有：

$\nabla\psi$,一个标量的梯度(gradient)

$\nabla\cdot\boldsymbol{A}$,一个矢量的散度(divergence)

$\nabla\times\boldsymbol{A}$,一个矢量的旋度(curl)

$\nabla^2\boldsymbol{A}$,一个矢量的拉普拉斯算子(Laplacian)

$\nabla^2\psi$,一个标量的拉普拉斯算子

Ⅱ.1　直角坐标

$$\nabla\psi=\hat{\boldsymbol{x}}\frac{\partial\psi}{\partial x}+\hat{\boldsymbol{y}}\frac{\partial\psi}{\partial y}+\hat{\boldsymbol{z}}\frac{\partial\psi}{\partial z} \tag{Ⅱ.1}$$

$$\nabla \cdot \boldsymbol{A}=\frac{\partial A_x}{\partial x}+\frac{\partial A_y}{\partial y}+\frac{\partial A_z}{\partial z} \tag{Ⅱ.2}$$

$$\nabla \times \boldsymbol{A}=\hat{\boldsymbol{x}}\left(\frac{\partial A_z}{\partial y}-\frac{\partial A_y}{\partial z}\right)+\hat{\boldsymbol{y}}\left(\frac{\partial A_x}{\partial z}-\frac{\partial A_z}{\partial x}\right)+\hat{\boldsymbol{z}}\left(\frac{\partial A_y}{\partial x}-\frac{\partial A_x}{\partial y}\right) \tag{Ⅱ.3}$$

$$\nabla \cdot \nabla \psi=\nabla^2 \psi=\frac{\partial^2 \psi}{\partial x^2}+\frac{\partial^2 \psi}{\partial y^2}+\frac{\partial^2 \psi}{\partial z^2} \tag{Ⅱ.4}$$

$$\nabla^2 \boldsymbol{A}=\hat{\boldsymbol{x}}\nabla^2 A_x+\hat{\boldsymbol{y}}\nabla^2 A_y+\hat{\boldsymbol{z}}\nabla^2 A_z \tag{Ⅱ.5}$$

Ⅱ.2 圆柱坐标

$$\nabla \psi=\hat{\rho}\frac{\partial \psi}{\partial \rho}+\hat{\varphi}\frac{1}{\rho}\frac{\partial \psi}{\partial \varphi}+\hat{\boldsymbol{z}}\frac{\partial \psi}{\partial z} \tag{Ⅱ.6}$$

$$\nabla \cdot \boldsymbol{A}=\frac{1}{\rho}\frac{\partial}{\partial \rho}(\rho A_\rho)+\frac{1}{\rho}\frac{\partial A_\varphi}{\partial \varphi}+\frac{\partial A_z}{\partial z} \tag{Ⅱ.7}$$

$$\nabla \times \boldsymbol{A}=\hat{\rho}\left(\frac{1}{\rho}\frac{\partial A_z}{\partial \varphi}-\frac{\partial A_\varphi}{\partial z}\right)+\hat{\varphi}\left(\frac{\partial A_\rho}{\partial z}-\frac{\partial A_z}{\partial \rho}\right)+\hat{\boldsymbol{z}}\left[\frac{1}{\rho}\frac{\partial(\rho A_\varphi)}{\partial \rho}-\frac{1}{\rho}\frac{\partial A_\rho}{\partial \varphi}\right] \tag{Ⅱ.8}$$

$$\nabla^2 \psi=\frac{1}{\rho}\frac{\partial}{\partial \rho}\left(\rho\frac{\partial \psi}{\partial \rho}\right)+\frac{1}{\rho^2}\frac{\partial^2 \psi}{\partial \varphi^2}+\frac{\partial^2 \psi}{\partial z^2} \tag{Ⅱ.9}$$

$$\nabla^2 \boldsymbol{A}=\nabla(\nabla \cdot \boldsymbol{A})-\nabla \times \nabla \times \boldsymbol{A} \tag{Ⅱ.10}$$

Ⅱ.3 球坐标

$$\nabla \psi=\hat{\boldsymbol{r}}\frac{\partial \psi}{\partial r}+\hat{\theta}\frac{1}{r}\frac{\partial \psi}{\partial \theta}+\hat{\varphi}\frac{1}{r\sin\theta}\frac{\partial \psi}{\partial \varphi} \tag{Ⅱ.11}$$

$$\nabla \cdot \boldsymbol{A}=\frac{1}{r^2}\frac{\partial}{\partial r}(r^2 A_r)+\frac{1}{r\sin\theta}\frac{\partial}{\partial \theta}(\sin\theta A_\theta)+\frac{1}{r\sin\theta}\frac{\partial A_\varphi}{\partial \varphi} \tag{Ⅱ.12}$$

$$\begin{aligned}\nabla \times \boldsymbol{A}=&\frac{\hat{\boldsymbol{r}}}{r\sin\theta}\left[\frac{\partial}{\partial \theta}(A_\varphi \sin\theta)-\frac{\partial A_\theta}{\partial \varphi}\right]+\frac{\hat{\theta}}{r}\left[\frac{1}{\sin\theta}\frac{\partial A_r}{\partial \varphi}-\frac{\partial}{\partial r}(rA_\varphi)\right]\\&+\frac{\hat{\varphi}}{r}\left[\frac{\partial}{\partial r}rA_\theta-\frac{\partial A_r}{\partial \theta}\right]\end{aligned} \tag{Ⅱ.13}$$

$$\nabla^2 \psi=\frac{1}{r^2}\frac{\partial}{\partial r}\left(r^2\frac{\partial \psi}{\partial r}\right)+\frac{1}{r\sin\theta}\frac{\partial}{\partial \theta}\left(\sin\theta\frac{\partial \psi}{\partial \theta}\right)+\frac{1}{r^2\sin^2\theta}\frac{\partial^2 \psi}{\partial \varphi^2} \tag{Ⅱ.14}$$

$$\nabla^2 \boldsymbol{A}=\nabla(\nabla \cdot \boldsymbol{A})-\nabla \times \nabla \times \boldsymbol{A} \tag{Ⅱ.15}$$

附录Ⅲ 矢量恒等式

Ⅲ.1 加法和乘法

$$\boldsymbol{A} \cdot \boldsymbol{A}=|\boldsymbol{A}|^2 \tag{Ⅲ.1}$$

$$\boldsymbol{A}+\boldsymbol{B}=\boldsymbol{B}+\boldsymbol{A} \tag{Ⅲ.2}$$

$$\boldsymbol{A}\cdot\boldsymbol{B}=\boldsymbol{B}\cdot\boldsymbol{A} \tag{Ⅲ.3}$$

$$\boldsymbol{A}\times\boldsymbol{B}=-\boldsymbol{B}\times\boldsymbol{A} \tag{Ⅲ.4}$$

$$(\boldsymbol{A}+\boldsymbol{B})\cdot\boldsymbol{C}=\boldsymbol{A}\cdot\boldsymbol{C}+\boldsymbol{B}\cdot\boldsymbol{C} \tag{Ⅲ.5}$$

$$(\boldsymbol{A}+\boldsymbol{B})\times\boldsymbol{C}=\boldsymbol{A}\times\boldsymbol{C}+\boldsymbol{B}\times\boldsymbol{C} \tag{Ⅲ.6}$$

$$\boldsymbol{A}\cdot(\boldsymbol{B}\times\boldsymbol{C})=\boldsymbol{B}\cdot(\boldsymbol{C}\times\boldsymbol{A})=\boldsymbol{C}\cdot(\boldsymbol{A}\times\boldsymbol{B}) \tag{Ⅲ.7}$$

$$\boldsymbol{A}\times(\boldsymbol{B}\times\boldsymbol{C})=(\boldsymbol{A}\cdot\boldsymbol{C})\boldsymbol{B}-(\boldsymbol{A}\cdot\boldsymbol{B})\boldsymbol{C} \tag{Ⅲ.8}$$

$$(\boldsymbol{A}\times\boldsymbol{B})\cdot(\boldsymbol{C}\times\boldsymbol{D})=(\boldsymbol{A}\cdot\boldsymbol{C})(\boldsymbol{B}\cdot\boldsymbol{D})-(\boldsymbol{A}\cdot\boldsymbol{D})(\boldsymbol{B}\cdot\boldsymbol{C}) \tag{Ⅲ.9}$$

$$(\boldsymbol{A}\times\boldsymbol{B})\times(\boldsymbol{C}\times\boldsymbol{D})=(\boldsymbol{A}\times\boldsymbol{B}\cdot\boldsymbol{D})\boldsymbol{C}-(\boldsymbol{A}\times\boldsymbol{B}\cdot\boldsymbol{C})\boldsymbol{D} \tag{Ⅲ.10}$$

Ⅲ.2 微分

$$\nabla\cdot(\nabla\times\boldsymbol{A})=0 \tag{Ⅲ.11}$$

$$\nabla\times(\nabla\varphi)=0 \tag{Ⅲ.12}$$

$$\nabla(\varphi+\psi)=\nabla\varphi+\nabla\psi \tag{Ⅲ.13}$$

$$\nabla(\varphi\psi)=\varphi\nabla\psi+\psi\nabla\varphi \tag{Ⅲ.14}$$

$$\nabla\cdot(\boldsymbol{A}+\boldsymbol{B})=\nabla\cdot\boldsymbol{A}+\nabla\cdot\boldsymbol{B} \tag{Ⅲ.15}$$

$$\nabla\times(\boldsymbol{A}+\boldsymbol{B})=\nabla\times\boldsymbol{A}+\nabla\times\boldsymbol{B} \tag{Ⅲ.16}$$

$$\nabla\cdot(\psi\boldsymbol{A})=\boldsymbol{A}\cdot\nabla\psi+\psi\nabla\cdot\boldsymbol{A} \tag{Ⅲ.17}$$

$$\nabla\times(\psi\boldsymbol{A})=\nabla\psi\times\boldsymbol{A}+\psi\nabla\times\boldsymbol{A} \tag{Ⅲ.18}$$

$$\nabla(\boldsymbol{A}\cdot\boldsymbol{B})=(\boldsymbol{A}\cdot\nabla)\boldsymbol{B}+(\boldsymbol{B}\cdot\nabla)\boldsymbol{A}+\boldsymbol{A}\times(\nabla\times\boldsymbol{B})+\boldsymbol{B}\times(\nabla\times\boldsymbol{A}) \tag{Ⅲ.19}$$

$$\nabla\cdot(\boldsymbol{A}\times\boldsymbol{B})=\boldsymbol{B}\cdot\nabla\times\boldsymbol{A}-\boldsymbol{A}\cdot\nabla\times\boldsymbol{B} \tag{Ⅲ.20}$$

$$\nabla\times(\boldsymbol{A}\times\boldsymbol{B})=\boldsymbol{A}\nabla\cdot\boldsymbol{B}-\boldsymbol{B}\nabla\cdot\boldsymbol{A}+(\boldsymbol{B}\cdot\nabla)\boldsymbol{A}-(\boldsymbol{A}\cdot\nabla)\boldsymbol{B} \tag{Ⅲ.21}$$

$$\nabla\times\nabla\times\boldsymbol{A}=\nabla(\nabla\cdot\boldsymbol{A})-\nabla^2\boldsymbol{A} \tag{Ⅲ.22}$$

Ⅲ.3 积分

$$\oint_C \boldsymbol{A}\cdot\mathrm{d}\boldsymbol{l}=\int_S(\nabla\times\boldsymbol{A})\cdot\mathrm{d}\boldsymbol{s} \tag{Ⅲ.23}$$

$$\oint_S \boldsymbol{A}\cdot\mathrm{d}\boldsymbol{s}=\int_V(\nabla\cdot\boldsymbol{A})\mathrm{d}v \tag{Ⅲ.24}$$

$$\oint_S(\hat{\boldsymbol{n}}\times\boldsymbol{A})\mathrm{d}s=\int_V(\nabla\times\boldsymbol{A})\mathrm{d}v \tag{Ⅲ.25}$$

（$\hat{\boldsymbol{n}}$ 为表面法线单位矢量）

附录Ⅳ 常用同轴射频电缆

型号	内导体结构		绝缘外径/mm	电缆外径/mm	特性阻抗/Ω	衰减/dB/m		电容/pF/m	试验电压/kV	电晕电压/kV
	根数×(直径/mm)	外径/mm				3000MHz	10000MHz			
SWY-50-2	1×0.68	0.68	2.2±0.1	4.0±0.3	47.5～52.5	2.0	4.3	115	3	1.5
SWY-50-3	1×0.90	0.90	3.0±0.2	5.3±0.3	47.5～52.5	1.7	3.9	110	4	2
SWY-50-5	1×1.37	1.37	4.6±0.2	9.6±0.6	47.5～52.5	1.4	3.5	110	6	3
SWY-50-7-1	7×0.76	2.28	7.3±0.3	10.3±0.6	47.5～52.5	1.25	3.5	115	10	4
SWY-50-7-2	7×0.76	2.28	7.3±0.3	11.1±0.6	47.5～52.5	1.25	3.2	115	10	4
SWY-50-9	7×0.95	2.85	9.2±0.5	12.8±0.8	47.5～52.5	0.85	2.5	115	10	4.5
SWY-50-11	7×1.13	3.39	11.0±0.6	14.0±0.8	47.5～52.5	0.85	2.5	115	14	5.5
SWY-75-5-1	1×0.72	0.72	4.6±0.2	7.3±0.4	72～78	1.3	3.3	75	5	2
SWY-75-5-2	7×0.26	0.78	4.6±0.2	7.3±0.4	72～78	1.5	3.6	76	5	2
SWY-75-7	7×0.40	1.20	7.3±0.3	10.3±0.6	72～78	1.1	2.7	76	8	3
SWY-75-9	1×1.37	1.37	9.0±0.4	12.6±0.8	7.2～78	0.8	2.4	70	10	4.5
SWY-100-7	1×0.60	0.6	7.3±0.3	10.3±0.6	95～105	1.2	2.8	57	6	3

注：SWY 系列同轴电缆绝缘材料全为聚乙烯。

附录Ⅴ 矩形与扁矩形波导

型号	频率范围/1000MHz	内截面尺寸/mm					壁厚 t/mm	外截面尺寸/mm					
		a	b	偏差(±)		r_{max}		A	B	偏差(±)		R_{min}	R_{max}
				Ⅱ级	Ⅲ级					Ⅱ级	Ⅲ级		
BJ－8	0.46～0.98	292.0	146.0	0.4	0.8	1.5	3	298.0	152.0	0.4	0.8	1.6	2.1
BJ－9	0.76～1.15	247.6	123.8	0.4	0.8	1.2	3	253.6	129.8	0.4	0.8	1.6	2.1
BJ－12	0.96～1.46	195.6	97.8	0.4	0.8	1.2	3	201.6	103.8	0.4	0.8	1.6	2.1
BJ－14	1.14～1.73	165.0	82.5	0.3	0.6	1.2	2	169.0	86.5	0.3	0.6	1.0	1.5
BJ－18	1.45～2.20	129.6	64.8	0.3	0.5	1.2	2	133.6	68.8	0.3	0.5	1.0	1.5
BJ－22	1.72～2.61	109.2	54.6	0.2	0.4	1.2	2	113.2	58.6	0.2	0.4	1.0	1.5
BJ－26	2.17～3.30	86.40	43.20	0.17	0.3	1.2	2	90.40	47.20	0.2	0.3	1.0	1.5
BJ－32	2.60～3.95	72.14	34.04	0.14	0.24	1.2	2	76.14	38.04	0.14	0.28	1.0	1.5
BJ－40	3.22～4.90	58.20	29.10	0.12	0.20	1.2	1.5	61.20	32.10	0.15	0.20	0.8	1.3
BJ－48	3.94～5.99	47.55	22.15	0.10	0.15	0.8	1.5	50.55	25.15	0.10	0.20	0.8	1.3
BJ－58	4.64～7.05	40.40	20.20	0.08	0.14	0.8	1.5	43.40	23.20	0.10	0.20	0.8	1.3

续表

型号	频率范围/1000MHz	内截面尺寸/mm					壁厚 t/mm	外截面尺寸/mm					
		a	b	偏差(±)		r_{max}		A	B	偏差(±)		R_{min}	R_{max}
				Ⅱ级	Ⅲ级					Ⅱ级	Ⅲ级		
BJ—70	5.38～8.17	34.85	15.80	0.07	0.12	0.8	1.5	37.85	18.80	0.10	0.20	0.8	1.3
BJ—84	6.57～9.99	28.50	12.60	0.06	0.10	0.8	1.5	31.50	15.60	0.07	0.15	0.8	1.3
BJ—100	8.20～12.5	22.86	10.16	0.05	0.07	0.8	1	24.86	12.16	0.06	0.10	0.65	1.15
BJ—120	9.84～15.0	19.05	9.52	0.04	0.06	0.8	1	21.05	11.52	0.05	0.10	0.5	1.15
BJ—140	11.9～18.0	15.80	7.90	0.03	0.05	0.4	1	17.80	9.90	0.05	0.10	0.5	1.0
BJ—180	14.5～22.0	12.96	6.48	0.03	0.05	0.4	1	14.96	8.48	0.05	0.10	0.5	1.0
BJ—220	17.6～26.7	10.67	4.32	0.02	0.04	0.4	1	12.67	6.32	0.05	0.10	0.5	1.0
BJ—260	21.7～33.0	8.64	4.32	0.02	0.04	0.4	1	10.64	6.32	0.05	0.10	0.5	1.0
BJ—320	26.4～40.0	7.112	3.556	0.020	0.040	0.4	1	9.11	5.56	0.05	0.10	0.5	1.0
BJ—400	32.9～50.1	5.690	2.845	0.020	0.040	0.3	1	7.69	4.85	0.05	0.10	0.5	1.0
BJ—500	39.2～59.6	4.775	2.388	0.020	0.040	0.3	1	6.78	4.39	0.05	0.10	0.5	1.0
BJ—620	49.8～75.8	3.759	1.880	0.020	0.040	0.2	1	5.76	3.88	0.05	0.10	0.5	1.0
BJ—740	60.5～91.9	3.099	1.549	0.020	0.040	0.15	1	5.10	3.55	0.05	0.10	0.5	1.0
BJ—900	73.8～112	2.540	1.270	0.020	0.040	0.15	1	4.54	3.27	0.05	0.10	0.5	1.0
BJ—1200	92.2～140	2.032	1.016	0.020	0.040	0.15	1	4.03	3.02	0.05	0.10	0.5	1.0
BB—22	1.72～2.61	109.2	13.10	0.10	0.20	1.2	2	113.2	17.1	0.22	0.44	1.0	1.5
BB—26	2.17～3.30	86.40	10.40	0.09	0.20	1.2	2	90.4	14.4	0.17	0.34	1.0	1.5
BB—32	2.60～3.95	72.14	8.60	0.07	0.15	1.2	2	76.14	12.60	0.14	0.28	1.0	1.5
BB—40	3.22～4.90	58.20	7.00	0.06	0.12	1.2	1.5	61.20	10.00	0.12	0.24	0.8	1.3
BB—48	3.94～5.99	47.55	5.70	0.05	0.10	0.8	1.5	50.55	8.70	0.10	0.20	0.8	1.3
BB—58	4.64～7.05	40.40	5.00	0.04	0.08	0.8	1.5	43.10	8.00	0.08	0.16	0.8	1.3
BB—70	5.38～8.17	34.85	5.00	0.04	0.08	0.8	1.5	37.85	8.00	0.07	0.14	0.8	1.3
BB—84	6.57～9.99	28.50	5.00	0.03	0.06	0.8	1.5	31.50	8.00	0.06	0.12	0.8	1.3
BB—100	8.20～12.5	22.86	5.00	0.02	0.04	0.8	1	24.86	7.00	0.05	0.10	0.65	1.15

注：精密的Ⅰ级波导其偏差为波导内截0面宽边(a)尺寸的千分之一。

附录Ⅵ　半导体材料

Ⅵ.1　能带论和晶体

半导体物理的基本理论是能带论，半导体材料和器件的许多特点和性质，如两种载流子的导电机理、掺杂的影响、PN结的特性，金属-半导体结(MS结)的特性等，都可用能带论予以解释。

孤立原子中电子的能量是不连续的，只能取一系列离散的值，称为能级。半导体材料是单晶结构，晶体内原子的整齐排列形成周期性势场，电子在这种周期性势场中的能级又分裂为许多新能级，这些新能级彼此靠得非常近，形成一个准连续区，称作能带。

由量子物理可知，自由电子具有波粒二象性，其动量和能量分别为

$$\boldsymbol{p} = \hbar k \tag{Ⅵ.1}$$

$$\mathscr{E} = \boldsymbol{p} \cdot \boldsymbol{p}/2m_0 = \hbar^2 k^2/2m_0 \tag{Ⅵ.2}$$

式中，$\boldsymbol{p}$ 是自由电子的动量，$\hbar = h/2\pi$，h 为普朗克常数，$h = 6.626 \times 10^{-34}\,\mathrm{J \cdot s}$，$\boldsymbol{k}$ 是波矢，$\boldsymbol{k} \cdot \boldsymbol{k} = k^2$，$k = 2\pi/\lambda$，$\lambda$ 是波长，$\mathscr{E}$ 是自由电子的能量，m_0 是自由电子质量。$\mathscr{E}$ 和 k 之间为简单的抛物线关系，由式(Ⅵ.2)可将自由电子质量写成下述形式：

$$m_0 = \frac{\hbar^2}{\left(\dfrac{\mathrm{d}^2 \mathscr{E}}{\mathrm{d}k^2}\right)} \tag{Ⅵ.3}$$

以这种方式引入自由电子质量的目的是为以后引入晶体中电子和空穴的等效质量做准备。

固体可分为晶体和非晶体两大类，半导体材料属于晶体。电子在晶体点阵中的状态比自由电子复杂得多。晶体具有对称性和周期性。求解对称周期势场中的薛定谔方程可以得出晶体中电子能量 $\mathscr{E}$ 与波矢 $\boldsymbol{k}$ 的关系曲线。图Ⅵ.1 给出了锗(Ge)、硅(Si)和砷化镓(GaAs)的 $\mathscr{E}$-$\boldsymbol{k}$ 关系曲线，也就是这三种半导体材料的能带结构。

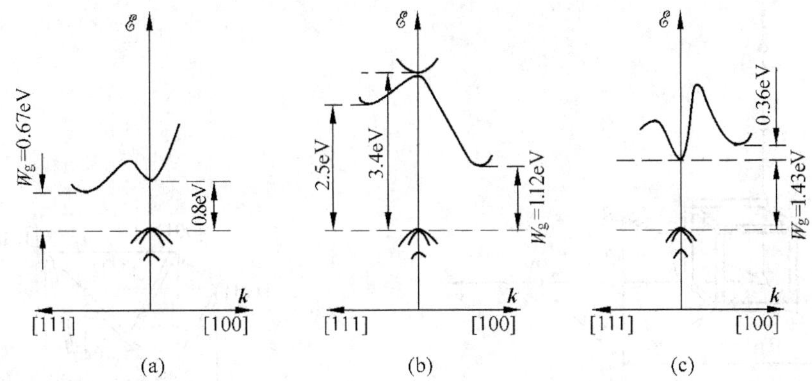

图Ⅵ.1 能带图

(a) 锗 (b) 硅 (c) 砷化镓

晶体是根据对称性而划分类别的，一般分为七大晶系，每个晶系又有几种典型的点阵结构。与我们所讨论的问题密切相关的是立方晶系。立方晶系的特点是它具有立方形的重复单元，有三种典型的点阵结构，如图Ⅵ.2 所示，图中画出了这三种点阵的一个重复单元或对称原胞，分别称作简立方、体心立方和面心立方。为了表示晶体中某个确定的晶

向，需要一个确定的坐标系，通常就以对称原胞的三个基矢的方向和长度定为晶体坐标系的坐标轴和坐标的自然单位，坐标轴称作晶轴，坐标的原点可以是晶体点阵的任意一个结点。立方晶体的晶体坐标系是最普通的三维直角坐标系，如图Ⅵ.3所示。坐标轴与立方晶体对称原胞的三个基矢重合，a、b、c 为坐标的自然单元，矢量 $\boldsymbol{R}$ 在坐标轴上的投影为$[mnp]$。图Ⅵ.4画出了立方晶系的几个常用的晶向，方括号中的三个数字，表示在三个基矢 $\boldsymbol{a}$、$\boldsymbol{b}$、$\boldsymbol{c}$ 方向的投影，其长度单位为对称原胞的三个基矢的长度，例如[100]代表 $\boldsymbol{a}$ 方向，[010]代表 $\boldsymbol{b}$ 方向，[001]代表 $\boldsymbol{c}$ 方向。当晶向指向为负数时，负号写在指数的上面，如$[11\bar{1}]$和$[\bar{1}01]$。

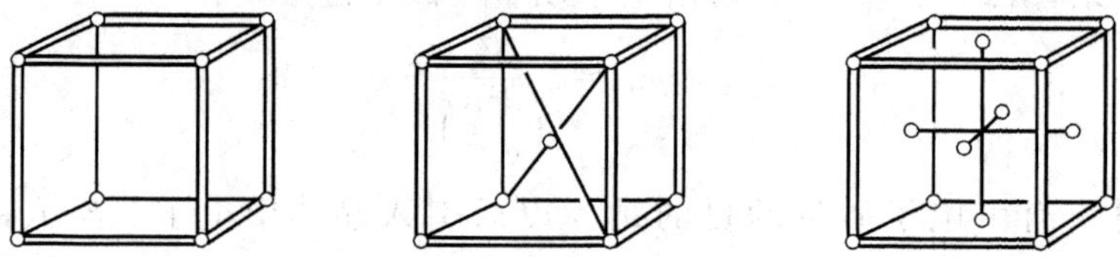

(a)　　(b)　　(c)

图Ⅵ.2　立方晶系

(a) 简立方　(b) 体心立方　(c) 面心立方

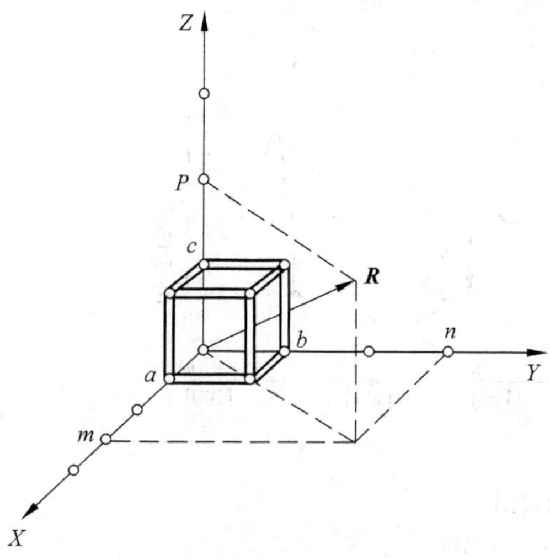

图Ⅵ.3　立方晶系的晶体坐标系

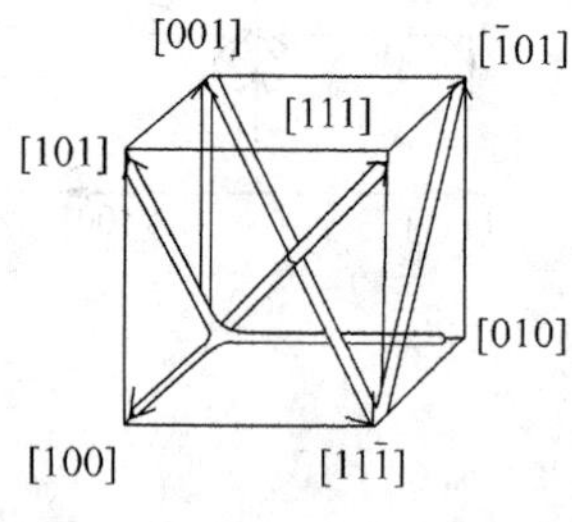

图Ⅵ.4　立方晶系中的几个常用晶向

由于晶体的对称性，在某些不同方向的晶向其性质可以完全相同，这些晶向彼此完全等效，如立方晶系的三个晶轴[100]、[010]和[001]就完全等效，可用[100]代表这三个晶轴，又如面心立方中的[111]和$[11\bar{1}]$也是等效的，可用[111]表示。图Ⅵ.4中的[100]和

[111]就是上面所说的意思,图Ⅵ.4的右半部分表示沿[100]晶轴方向的 $\mathscr{E}$-$\boldsymbol{k}$ 关系,其左半部分表示沿[111]方向的 $\mathscr{E}$-$\boldsymbol{k}$ 关系。

为了分析两种载流子导电的机理,我们将图Ⅵ.1所示的能带图简化,如图Ⅵ.5所示。这个简化的能带图可以反映 $\mathscr{E}$-$\boldsymbol{k}$ 关系的主要特点,当涉及到负阻效应时我们再回到图Ⅵ.1所示的能带结构图。

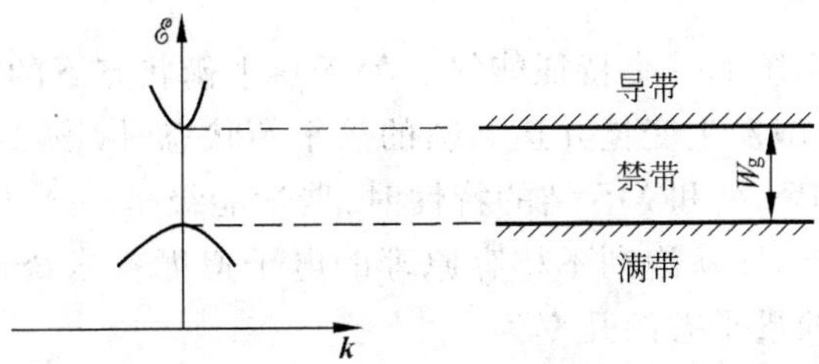

图Ⅵ.5　简化的能带结构示意图

由图Ⅵ.5可以看出半导体材料中的能带有满带、禁带和导带之分。若温度足够低,满带中的电子不具有足够的能量,不能由满带跃迁到导带,满带中所有的能级都被电子填满。导带提供了可能被电子占有的能级,在室温下,半导体材料中的一些价电子获得足够的能量,由满带跃迁到导带,于是导带中出现了自由电子,满带中出现未被电子填满的能级,即出现了空穴。在外电场作用下,无论是导带或是未被电子填满的满带中的电子,改变其在能带中的填充状态就会形成电流。

尽管 $\mathscr{E}$-$\boldsymbol{k}$ 的关系比较复杂,但是在导带底和满带顶都有一个或几个能量的极值点,在极值点

$$\frac{\mathrm{d}\mathscr{E}}{\mathrm{d}k}=0$$

导带底附近的 $\mathscr{E}$-$\boldsymbol{k}$ 曲线近似为一个向上的抛物线,称作能谷;满带顶附近的 $\mathscr{E}$-$\boldsymbol{k}$ 曲线近似为一个向下的抛物线。仿照式(Ⅵ.3),我们引入晶体中的电子的有效质量

$$m_{-}^{*}=\frac{k^{2}}{\left(\frac{\mathrm{d}^{2}\mathscr{E}}{\mathrm{d}k^{2}}\right)_{导带底}} \tag{Ⅵ.4}$$

和

$$m_{+}^{*}=\frac{k^{2}}{\left(\frac{\mathrm{d}^{2}\mathscr{E}}{\mathrm{d}k^{2}}\right)_{满带顶}} \tag{Ⅵ.5}$$

在导带底,$\frac{\mathrm{d}^{2}\mathscr{E}}{\mathrm{d}k^{2}}>0$,因而 $m_{-}^{*}>0$,令 $m_{-}^{*}=m_{e}^{*}$,这样就把晶体中导带底附近的电子看作一个有效质量为 m_{e}^{*} 的自由电子。在满带顶,$\frac{\mathrm{d}^{2}\mathscr{E}}{\mathrm{d}k^{2}}<0$,因而 $m_{+}^{*}<0$,这似乎是说“电子”的有

效质量为负值，这当然是不合理的，为此令 $m_h^* = -m_-^*$。由此启发我们引入正空穴的概念，把满带中大量处于不同状态的电子等效为“正空穴”自由粒子的行为，其有效质量为 m_h^*，$m_h^* > 0$。不论是电子还是正空穴以及它们的有效质量，都仅仅是一个复杂问题的等效描述，可以帮助我们建立起两种导电粒子、两种导电机理的概念。正空穴以后简称为空穴。

Ⅵ.2 费米能级

费米能级是电子系统的一个特征能级。处于热平衡状态下的电子系统有一个统一的费米能级，当系统的状态发生变化并达到新的热平衡状态时，该系统将形成一个新的统一的费米能级。在讨论 PN 结和 MS 结的特性时，费米能级是一个非常有用的概念。

量子统计物理指出，服从泡利不相容原理的电子遵循费米统计：在热平衡状态下，一个电子占有能量为 $\mathscr{E}$ 的量子态的几率为

$$f(\mathscr{E}) = \frac{1}{1 + e^{(\mathscr{E}-\mathscr{E}_F)/kT}} \qquad (Ⅵ.6)$$

式中，k 是玻尔兹曼常数，T 是系统的绝对温度，$\mathscr{E}_F$ 是费米能级。$f(\mathscr{E})$ 叫做费米分布函数，如图 Ⅵ.6 所示。所谓泡利不相容原理指的是系统的各个粒子（电子）不能具有相同的量子态，每个量子态只能被一个粒子所占有，但是也可以没有一个粒子占有这个量子态。

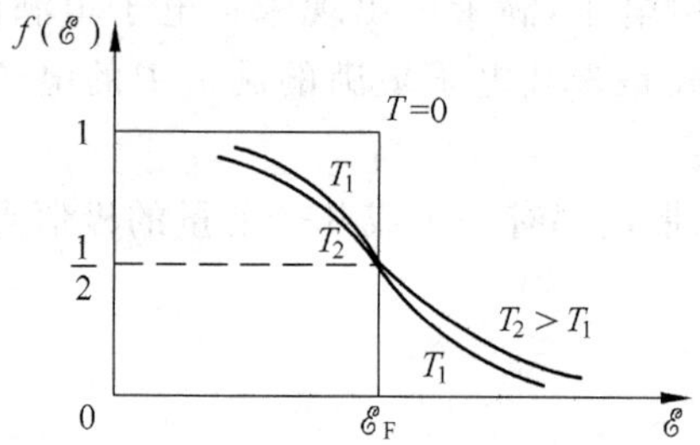

图 Ⅵ.6 费米分布函数

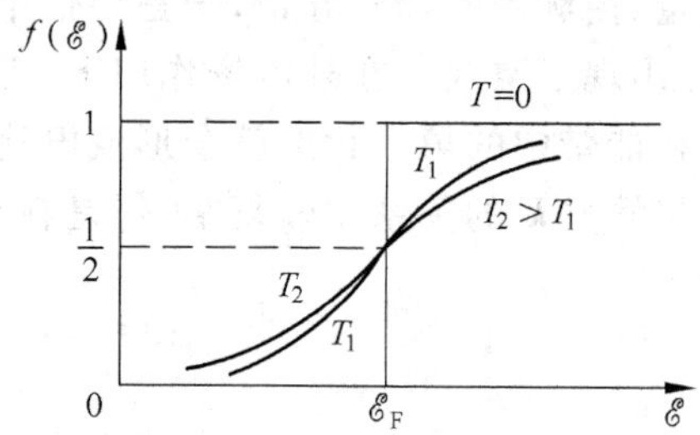

图 Ⅵ.7 $1-f(\mathscr{E})$ 的分布图

从图 Ⅵ.6 可以看出，当 $T=0$K 时，若 $\mathscr{E}<\mathscr{E}_F$，则 $f(\mathscr{E})=1$；若 $\mathscr{E}>\mathscr{E}_F$，则 $f(\mathscr{E})=0$。这说明在绝对温度为 0K 时，能量 $\mathscr{E}$ 小于费米能级 $\mathscr{E}_F$ 的量子态被电子占据的几率为 1；能量 $\mathscr{E}$ 大于费米能级 $\mathscr{E}_F$ 的量子态被电子占据的几率为零。这就是说，费米能级是这样一个特征能级：绝对温度为 0K 时量子态能否被电子占据的一个标志。从图 Ⅵ.6 还可以看出，当 $T>0$K 时，若 $\mathscr{E}<\mathscr{E}_F$，则 $f(\mathscr{E})>1/2$；若 $\mathscr{E}=\mathscr{E}_F$，则 $f(\mathscr{E})=1/2$；若 $\mathscr{E}>\mathscr{E}_F$，则 $f(\mathscr{E})<1/2$。这说明大部分电子的能量低于费米能级，小部分电子的能量高于费米能级，这也说明费米能级是系统的一个标志，或一个特征能级。

如果说 $f(\mathscr{E})$ 是能量为 $\mathscr{E}$ 的量子态被电子占据的几率，那么 $1-f(\mathscr{E})$ 便是能量为 $\mathscr{E}$ 的量子态不被电子占据的几率，换句话说，$1-f(\mathscr{E})$ 是能量为 $\mathscr{E}$ 的量子态被空穴占据的几

率。从式(Ⅵ.6)可以得出

$$1-f(\mathscr{E})=\frac{1}{1+\mathrm{e}^{(\mathscr{E}_F-\mathscr{E})/kT}} \tag{Ⅵ.7}$$

$1-f(\mathscr{E})$的分布如图Ⅵ.7所示。从图Ⅵ.7可以看出,当 $T>0\mathrm{K}$ 时,若 $\mathscr{E}<\mathscr{E}_F$,则 $1-f(\mathscr{E})<1/2$;若 $\mathscr{E}=\mathscr{E}_F$,则 $1-f(\mathscr{E})=1/2$;若 $\mathscr{E}>\mathscr{E}_F$,则 $1-f(\mathscr{E})>1/2$。这说明大部分空穴的能量 $\mathscr{E}$ 高于费米能级 $\mathscr{E}_F$,小部分空穴的能量 $\mathscr{E}$ 低于费米能级 $\mathscr{E}_F$。

Ⅵ.3 本征半导体和掺杂半导体

如半导体材料中不含杂质,那么它的"自由"电子数等于它的空穴数,这种半导体材料叫做本征半导体。引入电子数密度 n_e、空穴数密度 n_h 和本征数密度 n_i 来描述半导体材料的特征。n_e 是单位体积内的电子数,n_h 是单位体积内的空穴数,$n_i=\sqrt{n_e n_h}$叫做本征数密度。对于本征半导体,$n_e=n_h$;对于掺杂半导体,$n_e\neq n_h$。

本征数密度 n_i 的数量取决于半导体材料的种类和温度。根据统计物理导出的任意结晶半导体材料的电子数密度与空穴数密度的乘积满足下述关系式:

$$n_i=n_e n_h=\frac{32\pi^3}{h^6}(m_e^* m_h^*)^{\frac{3}{2}}k^2T^3\mathrm{e}^{-\frac{W_g}{kT}} \tag{Ⅵ.8}$$

式中,h 是普朗克常数,k 是波尔兹曼常数,T 是材料的绝对温度,W_g 是半导体的禁带宽度,m_e^* 是电子的有效质量,m_h^* 是空穴的有效质量。此式无论对本征半导体还是掺杂半导体都是成立的。

表Ⅵ.1中列出了三种本征半导体材料的一些参数。温度 $T=290\mathrm{K}$,表中所列 ε_r 是材料的相对介电常数,μ_e 是电子的迁移率,μ_h 是空穴的迁移率,我们将在Ⅵ.4节中讨论 μ_e 和 μ_h,其余各参数的符号已在前面说明了。表中的禁带宽度 W_g 的数据与图Ⅵ.1的数据一致。已知 W_g、温度 T、m_e^*/m_o 和 m_h^*/m_o,可由式(Ⅵ.8)计算 n_i^2 和 n_i。

表Ⅵ.1 三种常用的半导体材料的参数(T=290K)

参数 / 材料	ε_r	m_e^*/m_o	m_h^*/m_o	迁移率		禁带能量 W_g/eV	n_i^2/cm^{-6}	n_i/cm^{-3}
				μ_e	μ_h			
锗(Ge)	16.0	0.17	0.37	3800	1800	0.7 [111]	4.84×10^{26}	2.2×10^{13}
硅(Si)	11.8	0.31	0.59	1450	500	1.12 [100]	1.96×10^{20}	1.4×10^{10}
砷化镓(GaAs)	12.5	0.07	0.50	7600	400	1.43 [100]	1.96×10^{12}	1.4×10^{6}

在硅(Si)和锗(Ge)的本征半导体中掺入磷(P)、砷(As)、锑(Sb)等五价元素,构成掺

杂半导体材料。杂质的五价元素的原子每取代晶格中的一个四价元素便给出一个多余的价电子，因而这种杂质称作施主杂质。掺入施主杂质的材料称作 n 型材料，或 N 型材料。多余的电子易于摆脱施主原子成为“自由”电子。从简化的掺杂半导体材料能带图Ⅵ.8可以说明这一现象。图Ⅵ.8(a)为 n 型材料的简化能带图，$\mathscr{E}_c$ 是导带底能级、$\mathscr{E}_v$ 是满带底能级、$\mathscr{E}_c$ 和 $\mathscr{E}_v$ 的差是禁带宽度 W_g，$\mathscr{E}_d$ 是多余电子在 0K 时的能级，称作施主能级，$\mathscr{E}_{fn}$是 n 型材料的费米能级。施主能级高于费米能级。导带底能级与施主能级的差 $\Delta\mathscr{E}_d=\mathscr{E}_c-\mathscr{E}_d$ 称作电离能，对于 n 型材料 $\Delta\mathscr{E}_d<W_g$，这说明 n 型材料中的施主电子比本征材料中的电子更容易跃迁到导带中去。事实上，在常温下多余价电子就可获得大于电离能的能量。由上述分析可知，n 型材料导带中的自由电子主要是掺杂的多余电子。设加于本征材料的施主杂质的原子的密度为 N_d，$N_d \gg n_i$，那么自由电子密度 n_e，将取决于 N_d。又设施主杂质的所有原子全部都离子化，于是，$n_e \approx N_d$，且 $n_e \gg n_i$。由式(Ⅵ.8)，$n_h=n_i^2/n_e$，$n_h \approx n_i^2/N_d$，因此 $n_h \ll n_i$。由此可见，在 n 型半导体材料中自由电子的密度比空穴的密度大得多。

当施主杂质数 N_d 比本征数密度 n_i 大几个数量级时，相应的自由电子数密度 n_e 比本征数密度 n_i 大几个数量级，这种材料是重掺杂的，用 n^+ 表示，若掺杂的施主浓度更高则用符号 n^{++} 表示。对于 Ge 或 Si 当 $n_e \approx 10^{16}\ cm^{-3} \sim 10^{19}\ cm^{-3}$ 时用 n^+ 表示，当 $n_e > 10^{19} cm^{-3}$ 时用 n^{++} 表示。若 n_e 仅仅比 n_i 高一两个数量级，此种材料称作弱 n 型材料，用 n^- 表示，或用 ν 表示。

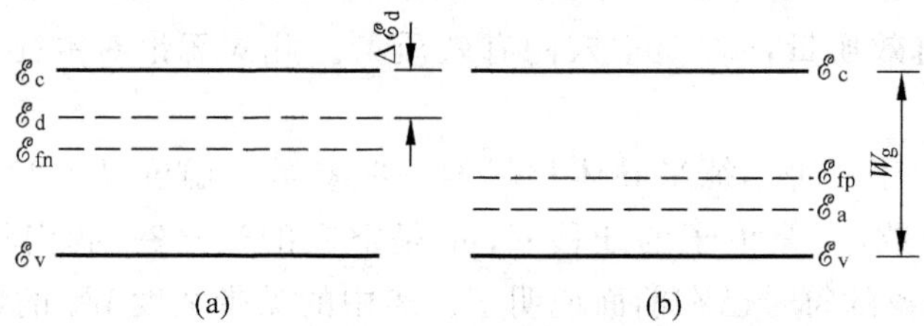

图Ⅵ.8　简化的掺杂半导体材料能带图

(a) n 型材料　(b) p 型材料

与 n 型材料相对应的是 p 型材料，在本征半导体材料中掺入硼(B)、铝(Al)、镓(Ga)、铟(In)(对硅本征半导体)、锌(Zn)、镉(Ga)(对砷化镓本征半导体)第三价元素的原子取代晶格中的四价元素。这些杂质称作受主杂质。掺入受主杂质的材料称作 p 型材料，或 P 型材料。图Ⅵ.8(b)为简化的 p 型材料的能带图。$\mathscr{E}_a$ 是受主能级，受主能级低于 p 型材料的费米能级 $\mathscr{E}_{Fp}$。若受主杂质，$N_a \gg n_i$，且 $n_h \approx N_a$，由式(Ⅵ.8)，$n_e=n_i^2/n_h \approx n_i^2/N_a \ll n_i$，这说明 p 型材料中空穴数密度的量级大于电子数密度 n_e。当受主杂质 N_a 比本征数 n_i 大几个数量级时，相应的空穴数 n_h 和 n_i 大几个数量级，这是重掺杂的半导体材料，用 p^+ 和 p^{++} 表示。若 n_h 仅仅比 n_i 高一两个数量级，这种材料称作弱 p 型材料，用 p^- 表示，或用 π 表示。

Ⅵ.4 漂移电流

在外电场的作用下，半导体材料中的自由电子和空穴做定向运动，形成漂移电流。由于晶体中存在着不断振动的原子，以及晶体的缺陷、杂质，自由电子将与之发生碰撞，两次碰撞之间的时间称作自由时间，其统计平均值叫作平均自由时间，记作 τ_e。在 τ_e 时间内，电子在外场作用下漂移，其相应的漂流速度是一个统计平均的概念，称作电子的平均漂移速度，用 $\boldsymbol{V}_{De}$表示，与外电场 $\boldsymbol{E}$ 的关系为

$$\boldsymbol{V}_{De} = -\mu_e \boldsymbol{E} \tag{Ⅵ.9}$$

其中 μ_e 称为电子迁移率，且有

$$\mu_e = \frac{e}{m_e}\tau_e \tag{Ⅵ.10}$$

e 是电子电荷，τ_e 为电子的自由时间，式(Ⅵ.9)中的负号表示电子的运动方向与电场方向相反。类似地，空穴的平均漂移速度 $\boldsymbol{V}_{Dh}$ 为

$$\boldsymbol{V}_{Dh} = \mu_h \boldsymbol{E} \tag{Ⅵ.11}$$

其中 μ_h 称为空穴迁移率，且

$$\mu_h = \frac{e}{m_h^*}\tau_h \tag{Ⅵ.12}$$

τ_h 称为空穴的平均自由时间。μ_e 和 μ_h 的量级见附表，从表中可以看到电子迁移率大于空穴迁移率。由漂移速度可以求得漂移电流，电子漂移电流密度 $\boldsymbol{J}_e$ 和空穴电流密度 $\boldsymbol{J}_h$ 分别为

$$\boldsymbol{J}_e = -e n_e \boldsymbol{V}_{De} = e n_e \mu_e \boldsymbol{E} \tag{Ⅵ.13}$$

$$\boldsymbol{J}_h = e n_h \boldsymbol{V}_{Dh} = e n_h \mu_h \boldsymbol{E} \tag{Ⅵ.14}$$

半导体材料中同时存在着两种载流子：电子和空穴，所以总电流是二者之和，即 $\boldsymbol{J}=\boldsymbol{J}_e+\boldsymbol{J}_h$。在 n 型材料中 $n_e \gg n_h$，电子是多子，空穴是少子，漂移电流主要由电子引起；在 p 型材料中 $n_h \gg n_e$，空穴是多子，电子是少子，漂移电流主要由空穴引起。这里，多子是多数载流子的简称，少子是少数载流子的简称。

参考文献

1 Kong J A. Theory of Electromagnetic Waves. John Wiley & Sons,1975

霍美瑜译. 电磁波理论. 北京:人民教育出版社,1980

2 方能航. 电磁理论导引. 北京:科学出版社,1986

3 谢处方,饶克谨. 电磁场与电磁波. 北京:人民教育出版社,1979

4 林德云,李国定. 电磁场理论基础. 北京:清华大学出版社,1990

5 Jackson J D著,朱培豫译. 经典电动力学. 北京:人民教育出版社,1980

6 Ramo,Whinnery,Venduzer. Field and Waves in Communication Electronics. 1965

7 Baden Fullen A J. Microwave-An Introduction to Microwave Theory and Techniques. Pergamon Press,Oxford,1978

8 Collin R E. Foundation for Microwave Engineering. McGraw-Hill,1966

吕继尧译. 微波工程基础. 北京:人民邮电出版社,1981

9 姚德森,毛钧杰. 微波技术基础. 北京:电子工业出版社,1989

10 吴明英,毛秀华. 微波技术. 西安:西北电讯工程学院出版社,1985

11 应嘉年,顾茂章,张克潜. 微波与光导波技术. 北京:清华大学出版社,1994

12 吴彝尊等. 光纤通信基础. 北京:人民邮电出版社,1987

13 赵梓森等. 光纤通信工程. 北京:人民邮电出版社,1987

14 Donald L Lee.. Electromagnetic Principles of Integrated Optics. New York:John Wiley & Sons,1986

15 李宗谦,余京兆. 微波技术. 西安:西安交大出版社,1991

16 Gandhi Om P. Microwave Engineering and Applications. New York:Pergamon Press,1981

17 Vincent F F. Microwave Circuits-Analysis and Computer-aided Design. Prentice-Hall International, Englewood Cliffs,1987

18 Wolff E A and Roger Kaul. Microwave Engineering and Systems Applications. New York:John wiley & Sons,1988

19 Helszajn J. Passive and Active Microwave Circuits New York:John Wiley & Sons,1978

20 吴培亨. 微波电路. 北京:科学出版社. 1980

21 朱明等. 微波电路. 长沙:国防科技大学出版社,1994

22 Alan Davis W. Microwave Semiconductor Circuit Desing. Van Nostrand Reinhold Company,1984

23 清华大学《微带电路》编写组. 微带电路. 北京:人民邮电出版社,1976

24 林守远.微波线性无源网络.北京:科学出版社,1987
25 kerns D M and Beatty R W. Basic Theory of Waveguide Junctions and Introductory Microwave Network. Analysis. Pergamon Press,1967
26 王蕴仪等.微波器件与电路.南京:江苏科学技术出版社,1981
27 赵国湘,高葆薪.微波有源电路.北京:国防工业出版社,1990
28 梁联倬.微波网络.北京:电子工业出版社,1990
29 Fawwaz T U,Richard K M,Adrian K F. Microwave Remote Sensing:Active and Passive. Volumel Addison-wesley Publishing Company,1981
30 王扑中,石长生.天线原理.北京:清华大学出版社,1992
31 Contantine A B. Antenna Theory Analysis and Design. New York:Harper & Row,1982
32 董在望,肖华庭.通信电路源理.北京:高等教育出版社,1989
33 郑君里,杨为理,应启珩.信号与系统.北京:高等教育出版社,1981
34 汤世贤.微波测量.北京:国防工业出版社,1981
35 藤泽和男,冈本尚道著,杨逢春译.微波电路例题解算.北京:国防工业出版社,1979
36 国际无线电咨询委员会,郭良等译.卫星通信手册.北京:人民邮电出版社,1991
37 吴海寰等.卫星通信系统.北京:人民邮电出版社,1988
38 甘本祓,吴万春编.现代微波滤波器的结构与设计.北京:科学出版社,1973
39 Bhartia P Bahl I J. Millimeter Wave Engineering and Applications. John Wiley & Sons. 1984
40 杨弃疾.电磁场理论(上册).北京:高等教育出版社,1992
41 杨弃疾.电磁场理论(下册).北京:高等教育出版社,1995
42 沈致远等.微波技术.北京:国防工业出版社,1980
43 赵姚同,周希朗.微波技术与天线.南京:东南大学出版社,1995
44 吕善伟.微波工程基础.北京:北京航空航天大学出版社,1995
45 陈敬熊,李桂生.电磁场理论中的直接法与积分方程法.北京:科学出版社,1987
46 晁立东,仵杰,王仲奕.工程电磁场基础.西安:西北工业大学出版社,2002
47 黄志洵,王晓金.微波传输线理论与实用技术.北京:科学出版社,1996
48 李英.电磁介质谐振器理论与应用.北京:电子工业出版社,1988
49 傅君眉.微波无源和有理电路原理.西安:西安交通大学出版社,1988
50 赵春晖,杨莘元.现代微波技术基础.哈尔滨:哈尔滨工程大学出版社,2000
51 闫润卿,李英惠.微波技术基础.北京:北京理工大学出版社,1997
52 孙道礼.微波技术.哈尔滨:哈尔滨工业大学出版社,1989
53 李宗谦,佘京兆.微波工程基础.南京:东南大学出版社,1996
54 Kraus J D and Fleisch D A. Electromagnetics with Applications. Fifth Edition. McGraw-Hill, 1999

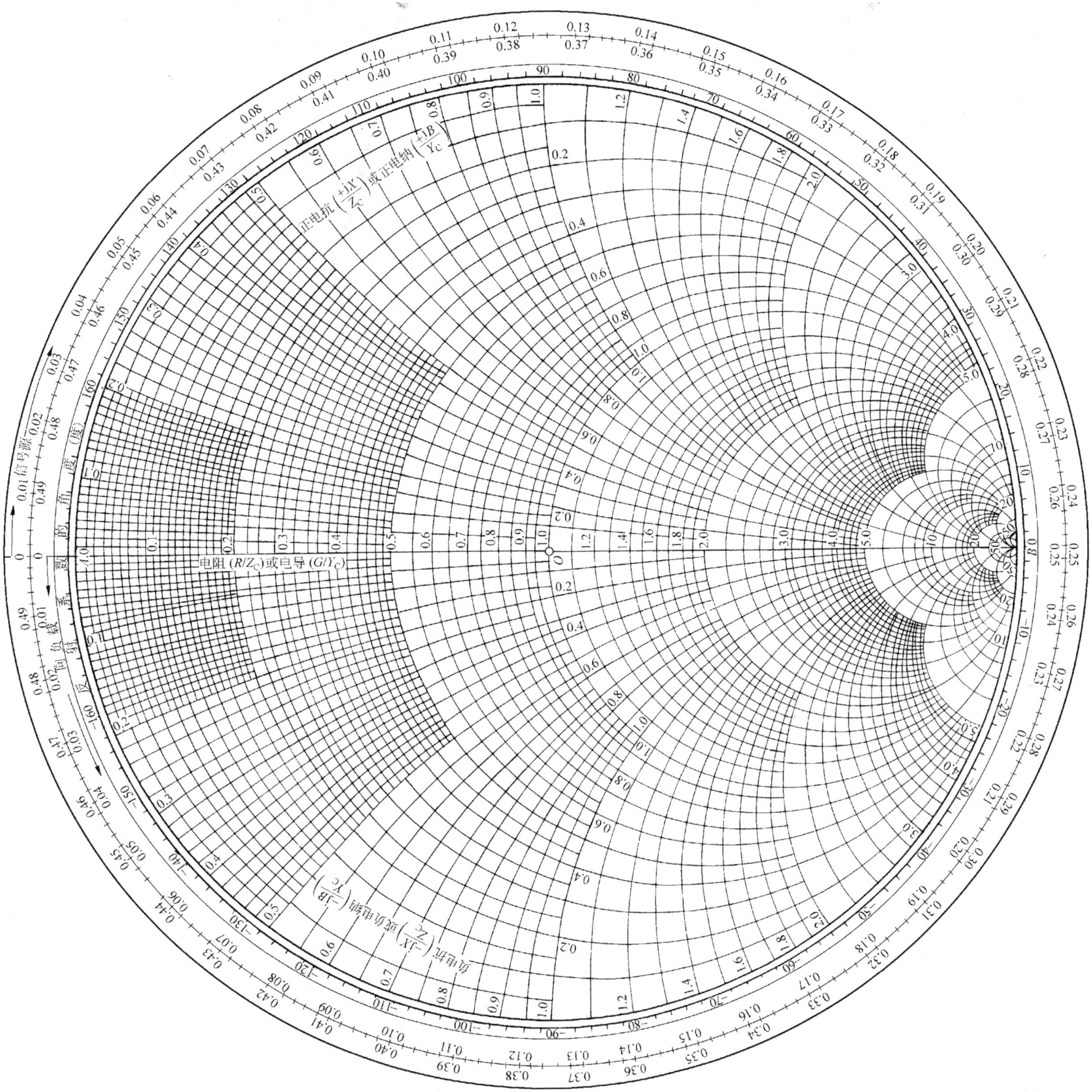
正电抗$\left(\frac{+jX}{Z_C}\right)$或正电纳$\left(\frac{+jB}{Y_C}\right)$
负电抗$\left(\frac{-jX}{Z_C}\right)$或负电纳$\left(\frac{-jB}{Y_C}\right)$
电阻(R/Z_C)或电导(G/Y_C)
向信号源
向负载
反射系数的角度(度)

史密斯圆图